Lewis Carroll Epstein

Epsteins Physikstunde

450 Aufgaben und Lösungen

Birkhäuser Verlag
Basel · Boston · Berlin

Die Originalausgabe erschien unter dem Titel "Thinking Physics. Practical Lessons in Critical Thinking" bei Insight Press, San Francisco.

Aus dem Englischen von
Jörgen Danielsen und Peter Schönau

2., korrigierte Auflage 1989

CIP-Titelaufnahme der Deutschen Bibliothek
Epstein, Lewis Carroll:
[Physikstunde]
Epsteins Physikstunde : 450 Aufgaben u. Lösungen / Lewis Carroll Epstein. [Aus d. Engl. von Jörgen Danielsen u. Peter Schönau]. - 2., korrigierte Aufl. - Basel ; Boston ; Berlin : Birkhäuser, 1988
Einheitssacht.: Thinking physics <dt.>
ISBN 3-7643-2318-3

Buch- und Umschlaggestaltung: Justin Messmer, Basel
Printed in Germany
ISBN 3-7643-2318-3

INHALT

LESEANLEITUNG

Sie sollten dieses Buch nicht einfach aufschlagen, durchlesen und dann weglegen. Sie sollten vielmehr eine Frage lesen und dann innehalten, vielleicht sogar das Buch schließen oder es eventuell beiseite legen und die Frage überdenken. Sie sollten die Lösung erst dann lesen, wenn Sie sich eine begründete Meinung gebildet haben. Wozu sich mit dem Denken abmühen? Wozu joggen? Wozu Liegestütze?

Wenn Sie im Alter von drei Jahren einen Hammer bekommen, mit dem Sie Nägel einschlagen, so denken Sie vielleicht: "Ganz nett." Aber wenn Sie mit drei Jahren einen Stein zum Nägeleinschlagen und erst mit vier Jahren einen Hammer erhalten, dann denken Sie: "Was für eine wundervolle Erfindung!" Man kann die Lösung nicht richtig würdigen, wenn man nicht vorher das Problem erkennt.

Wo liegen die Probleme der Physik? Wie man Dinge berechnet? Ja – aber es geht um viel mehr. Das wichtigste Problem der Physik ist die Imagination: Wie man geistige Bilder beschwört, wie man das Unwesentliche vom Wesentlichen trennt und wie man zum Kern eines Problems vordringt, *wie man sich selbst Fragen stellt.* Sehr oft haben diese Fragen wenig mit Berechnungen zu tun und sind einfach mit ja oder nein zu beantworten: Trifft ein schwerer Gegenstand, der aus der gleichen Höhe und zum gleichen Zeitpunkt wie ein leichter Gegenstand fallen gelassen wird, früher auf die Erde als der leichte Gegenstand? Hängt die beobachtete Geschwindigkeit eines sich bewegenden Gegenstandes von der Geschwindigkeit des Beobachters ab? Existiert ein Teilchen oder nicht? Diese qualitativen Fragen sind die wichtigsten Fragen der Physik. Sie sollten sich davor hüten, vor dem quantitativen Überbau der Physik den qualitativen Unterbau zu übersehen. Mehr als einer der weisen alten Physiker hat gesagt, daß man ein Problem erst wirklich versteht, wenn man die Antwort intuitiv errät, bevor man das Problem berechnet. Wie geht das? Indem Sie Ihre physikalische Intuition entwickeln, und wie geht *das?* Genauso wie Sie Ihren Körper entwickeln – durch Training. Nehmen Sie dieses Buch als Anleitung für geistige Liegestütze. Denken Sie sorgfältig über die Fragen und ihre Antworten nach, bevor Sie die vom Autor angebotenen Antworten lesen. Sie werden herausfinden, daß viele Antworten nicht so sind, wie Sie es zuerst erwartet haben. Bedeutet das, daß Sie keine "Antenne" für Physik haben? Überhaupt nicht. Die meisten Fragen wurden bewußt so ausgewählt, daß sie die Aspekte der Physik illustrieren, die der Mutmaßung des ersten Augenblicks zu widersprechen scheinen. Die Überprüfung von Ideen ist auch in der Privatsphäre Ihres eigenen Geistes keine schmerzlose Angelegenheit. Sie werden hier noch einmal auf einige Probleme treffen, die bereits Archimedes, Galilei, Newton, Maxwell und Einstein beschäftigten. Für die Gebiete der Physik, die Sie hier in Stunden durcheilen, brauchten sie Jahrhunderte. Ihre Denkstunden sind also eine lohnende Erfahrung. Genießen Sie sie!

Lewis Epstein

MECHANIK

Mechanik begann mit der Energiekrise, und diese begann mit dem Beginn der Zivilisation. Es ist ein uralter Traum, eine Maschine zu konstruieren, die mehr Arbeit leistet, als in sie hineingesteckt wird. Ist das ein unvernünftiger Traum? Schließlich bewirkt ein Hebel an einem Ende eine größere Kraft, als am anderen Ende angewendet wird. Wird dadurch aber mehr Arbeit verrichtet? Wird dadurch ein Mehr an Bewegung erzeugt? Wenn nicht der Hebel, könnte dann eine andere Anordnung zum höchsten Ziel, dem Perpetuum mobile, führen? Man kann sagen, daß der (erfolglose) Versuch der Herstellung von Gold die Geburtsstunde der Chemie war, während das (erfolglose) Streben der Astrologie die Astronomie hervorbrachte. Das (erfolglose) Streben nach dem Perpetuum mobile war der Startblock für die Mechanik.

Vielleicht haben Sie gemerkt, daß die Mechanik in diesem Buch den größten Raum einnimmt (wie auch in vielen anderen Physikbüchern). Warum ist die Mechanik so wichtig? Weil es das Ziel der Physik ist, jedes andere Gebiet der Physik auf die Mechanik zu reduzieren. Warum? Weil wir die Mechanik am besten verstehen. Früher dachte man sich die Wärme als eine Art Substanz, später fand man heraus, daß sie einfach nur Mechanik war. Wärme könnte man sich als kleine Kugeln vorstellen, die Moleküle genannt werden und im Raum herumspringen oder miteinander durch Federn verbunden sind und hin- und hervibrieren. Der Schall wurde ähnlich auf Mechanik reduziert, wie es auch viele Bemühungen gab, das Licht auf Mechanik zu reduzieren. Die Mechanik umfaßt zwei Teile – den leichteren Teil, die *Statik*, bei der alle Kräfte sich zu Null ausgleichen, so daß nicht viel geschieht, und den dramatischen Teil, die *Dynamik*, bei der sich die Kräfte nicht aufheben, wodurch eine Nettokraft übrigbleibt, die die Dinge in Gang bringt. Wieviel geschieht, hängt davon ab, wie lange die Kraft wirkt. Dabei ist "lange" mehrdeutig. Ist eine lange Strecke oder eine lange Dauer gemeint? Die einfache, aber subtile Unterscheidung zwischen einer Kraft, die über einige Meter, und einer Kraft, die über einige Sekunden wirkt, ist der magische Schlüssel zum Verständnis der Dynamik.

Sie werden auch feststellen, daß ein großer Teil der Ausführungen Situationen gewidmet ist, die zu einer Kollision führen ("Platsch", "Blupp", "Klatsch" usw.). Kollisionen sind ja zugegebenermaßen von sich aus eine interessante Sache, aber sind sie so wichtig? Viele Physiker glauben das. Warum? Weil, wenn die gesamte Welt mechanisch mit Hilfe von kleinen Kugeln (Molekülen, Elektronen, Photonen, Gravitonen usw.) beschrieben werden soll, eine Kugel die andere nur dadurch beeinflussen kann, daß sie sie trifft. Wenn das so ist, wird die Kollision zum wesentlichen Bestandteil der physikalischen Wechselwirkung. Es mag zwar das Ziel der Physiker sein, jedes Sachgebiet auf die Mechanik und die Mechanik auf Kollisionen zu reduzieren, aber sicher ist dieses Ziel nicht erreicht worden und wird es wahrscheinlich auch nicht. Trotzdem muß man zuerst die Mechanik verstehen, wenn man die Physik verstehen will. Vielleicht muß man die Mechanik sogar lieben.

VORSTELLUNG

Angenommen, Sie wollen eine längere Fahrradtour unternehmen. Sie fahren eine Stunde lang mit 8 km/h, dann 3 Stunden mit 6 km/h und schließlich 2 Stunden mit 11 km/h. Wieviele Kilometer sind Sie gefahren?

a) acht
b) fünfzehn
c) fünfundzwanzig
d) achtundvierzig
e) vierundsechzig

ANTWORT: VORSTELLUNG Die Antwort ist: d. Erinnern Sie sich daran, daß Geschwindigkeit mal Zeit die Strecke ergibt. Was ist aber die Geschwindigkeit? Sie ändert sich während der Fahrt. Daher teilen wir die Fahrradtour in Segmente auf. Eine Stunde mit 8 km/h ergibt 8 Kilometer. Drei Stunden mit 6 km/h ergeben 18 Kilometer, und zwei Stunden mit 11 km/h ergeben 22 Kilometer. Jetzt addieren wir die Segmente: 8 + 18 + 22 ergibt 48. Damit haben wir bereits die Antwort.

Wir haben zwar die Antwort, aber das ist nicht genug – das war reine Arithmetik, blinde Rechnerei. Können Sie sich im Geiste vorstellen, was Sie gerade tun? Verwenden Sie die Geometrie, um sich Dinge vorzustellen. Geometrie ist visuell.

Machen Sie sich eine Zeichnung, die den Verlauf der Fahrradtour zeigt. Eine Stunde lang liegt die Kurve auf 8 km/h, dann fällt sie auf 6 km/h und bleibt dort drei Stunden lang. Danach springt sie auf 11 km/h, bleibt dort zwei Stunden lang und fällt schließlich auf Null, d.h. das Fahrrad hält an.

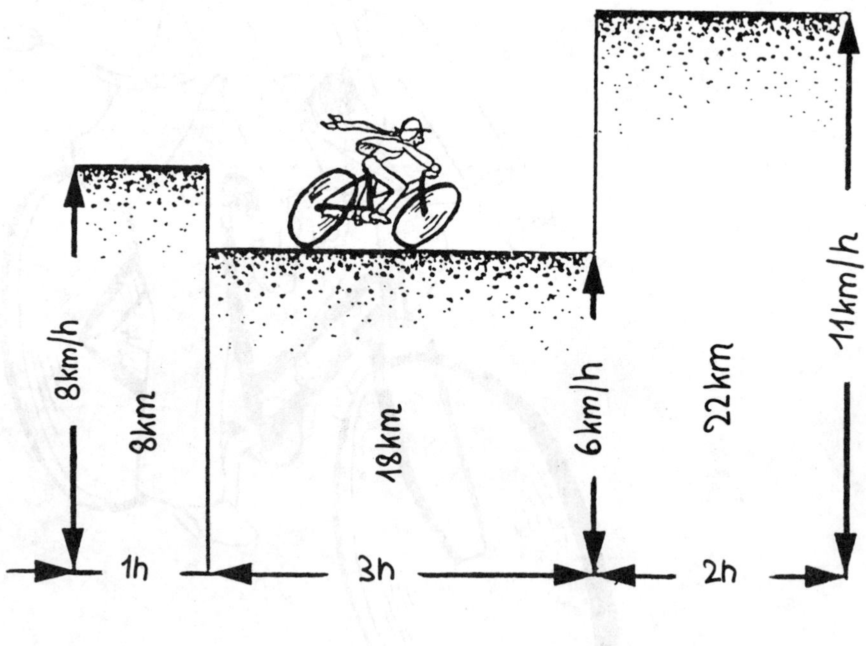

Jetzt teilen wir den Graphen in drei Rechtecke auf. Jedes Rechteck stellt einen Teil der Tour dar. Das erste Rechteck ist 8 km/h hoch und 1 h breit. Wie groß ist die Fläche dieses Rechtecks? Multiplizieren Sie seine Höhe mit seiner Breite – d.h. multiplizieren Sie 8 km/h mit 1 h, und Sie erhalten 8 km. Die Fläche des Rechtecks ist die während des ersten Teils der Tour gefahrene Strecke. Entsprechend ist die Fläche des zweiten Rechtecks 6 km/h multipliziert mit 3 h, woraus sich 18 km ergeben. Die Fläche eines jeden Rechtecks entspricht also der Strecke, die während dieses Teils der Fahrradtour zurückgelegt worden ist.

Das gibt Ihnen eine gute Vorstellung von der zurückgelegten Strecke. Stellen Sie sich einen Geschwindigkeitsschreiber vor, der die Geschwindigkeit im Verhältnis zur Zeit aufzeichnet. Die Gesamtfläche unter der Geschwindigkeitskurve zeigt Ihnen, wie weit Sie gefahren sind.

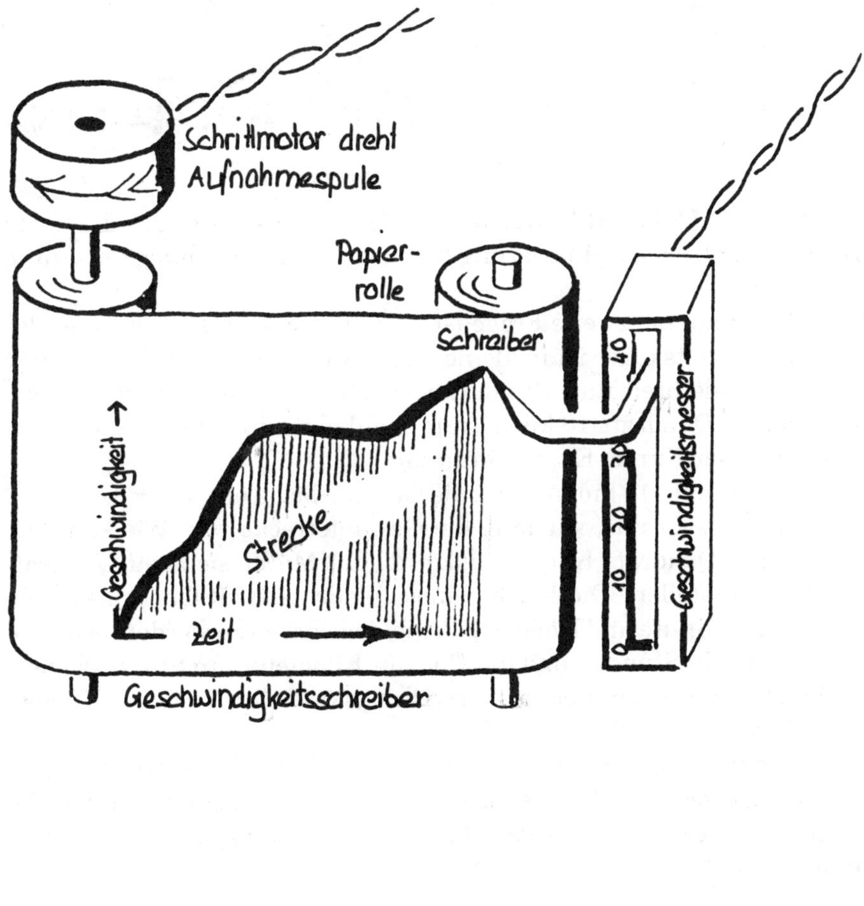

INTEGRALRECHNUNG

Sehen Sie sich die Geschwindigkeitskurve an und beantworten Sie dann die folgenden Fragen. Wie schnell war die Bewegung nach zwei Stunden Fahrt?

a) 0 km/h
b) 10 km/h
c) 20 km/h
d) 30 km/h
e) 40 km/h

Wie groß ist die zurückgelegte Gesamtstrecke?

a) 40 km
b) 80 km
c) 110 km
d) 120 km
e) 210 km

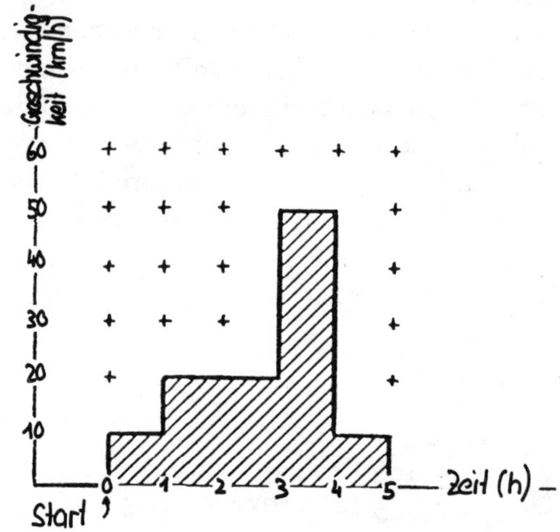

ANTWORT: INTEGRALRECHNUNG Die Antwort auf die erste Frage ist: c. Über der Markierung 2 h zeigt die Geschwindigkeitskurve 20 km/h an.

Die Antwort auf die zweite Frage ist ebenfalls: c. Der Bereich unter der Geschwindigkeitskurve ist in kleine Quadrate unterteilt. Jedes Quadrat ist eine Stunde breit und 10 km/h hoch. Das bedeutet, daß die Fläche jedes kleinen Quadrats 10 km beträgt. Zählen Sie jetzt die kleinen Quadrate unter der Kurve. Es sind insgesamt 11.

11 x 10 km ergibt 110 km. Also ist die Gesamtfläche unter der Kurve 110 km, und das zeigt uns, wie lang die Gesamtstrecke war. Wie kann die Fläche eines Quadrats Kilometer darstellen? Müßte sie nicht Quadratkilometer darstellen? Die Fläche eines Quadrats stellt Quadratkilometer dar, wenn Breite und Höhe in Kilometern gemessen werden. Wird die Breite jedoch in Stunden und die Höhe in Kilometer pro Stunde gemessen, können Sie sich mit etwas Vorstellungskraft die Fläche als Kilometer denken.

Das Verfahren, das Sie hier für die Ermittlung der zurückgelegten Strecke angewendet haben, ist das Verfahren der Integralrechnung. Ein Integral zu bilden, bedeutet viele kleine Teile zu integrieren oder aufzusummieren.

RENNAUTO

Ein Rennauto beschleunigt aus dem Stand in 10 Sekunden auf 90 km/h. Wie weit fährt es während dieser 10 Sekunden?

a) 1/90 km b) 1/10 km
c) 1/8 km d) 1/2 km
e) 90 km

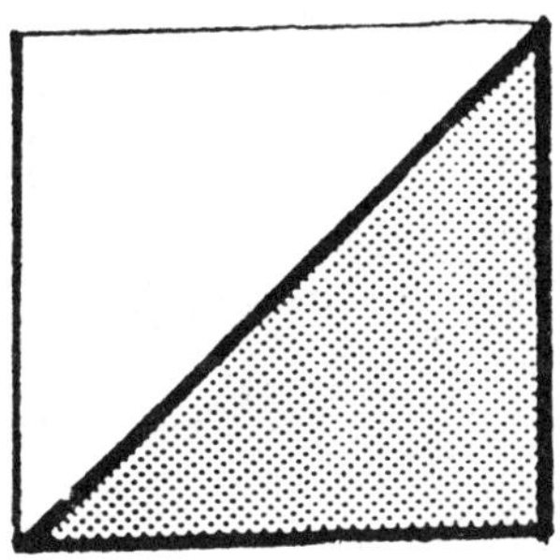

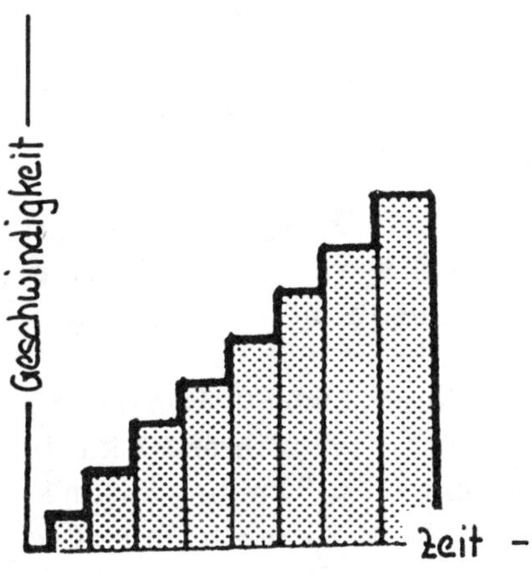

ANTWORT: RENNAUTO Die Antwort ist: c. Als erstes wollen wir alles in Stunden umrechnen. 10 Sekunden sind eine 1/6 Minute und eine Minute ist eine 1/60 Stunde, daher sind 10 Sekunden 1/360 Stunde. Die Fläche unter der Geschwindigkeitslinie ist ein Dreieck, und die Fläche eines Dreiecks ist die Hälfte seiner Höhe multipliziert mit der Länge, und zwar deshalb, weil die Fläche des Dreiecks die Hälfte der Fläche des Rechtecks ist, die wiederum Höhe mal Länge beträgt.

Die Höhe des Dreiecks ist 90 km/h, und die Länge beträgt 1/360 h, daher muß die insgesamt zurückgelegte Strecke (1/2 x (90 km/h) x (1 h/360) = 1/8 km betragen. Sie können sich das Dreieck auch als Treppe mit sehr kleinen Stufen darstellen, in denen die Geschwindigkeit jeweils konstant ist. Dann können Sie die Aufgabe wie bei der Integralrechnung lösen (das Ergebnis wird um so genauer, je kleiner Sie die Stufen machen).

OHNE TACHO

Um Gewicht zu sparen, wurde beim nächsten Rennauto sogar das Tachometer weggelassen. Bei maximaler Beschleunigung aus dem Stand hat der Wagen nach 10 Sekunden 1/10 km zurückgelegt. Welche Geschwindigkeit hat er nach 10 Sekunden erreicht?

a) 6 km/h
b) 52 km/h
c) 60 km/h
d) 62 km/h
e) 72 km/h

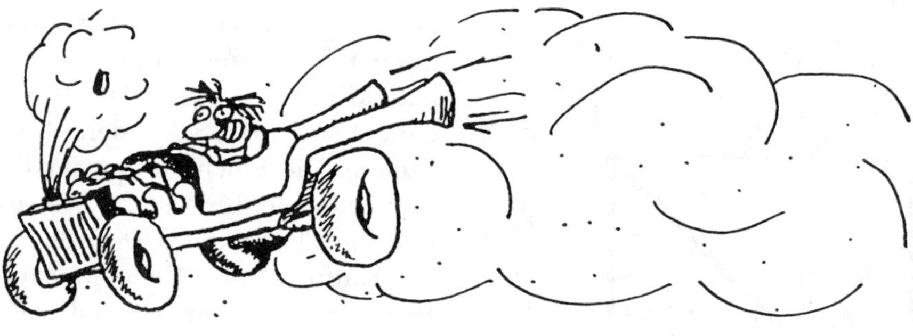

ANTWORT: OHNE TACHO Die Antwort ist: e. Diese Aufgabe ist fast eine Wiederholung der vorherigen. Die Regel war: (1/2) x (Höchstgeschwindigkeit) x (Zeit) = (Strecke). Daher gilt in diesem Fall (1/2) x (? km/h) x (1 h/360) = 1 km/10.

Teilen Sie beide Seiten dieser Gleichung durch 1 h/360. Denken Sie daran, daß 1 h/360 geteilt durch 1 h/360 gleich 1 ist, während 1 km/10 geteilt durch 1 h/360 36 km/h ergibt, daher gilt: (1/2) (? km/h) = 36 km/h, woraus sich schließlich ? km/h = (2) x (36 km/h) = 72 km/h ergibt.

NICHT WEIT

Sehen Sie sich diese Geschwindigkeitskurve an, und sagen Sie, wie weit dieser Gegenstand gekommen ist.

a) Das kann man nicht sagen, da der Graph keine Skala hat.
b) Er ist wieder am Anfangspunkt angelangt.
c) Er ist nicht wieder am Anfangspunkt angelangt, man kann aber nicht sagen, wo er jetzt ist.

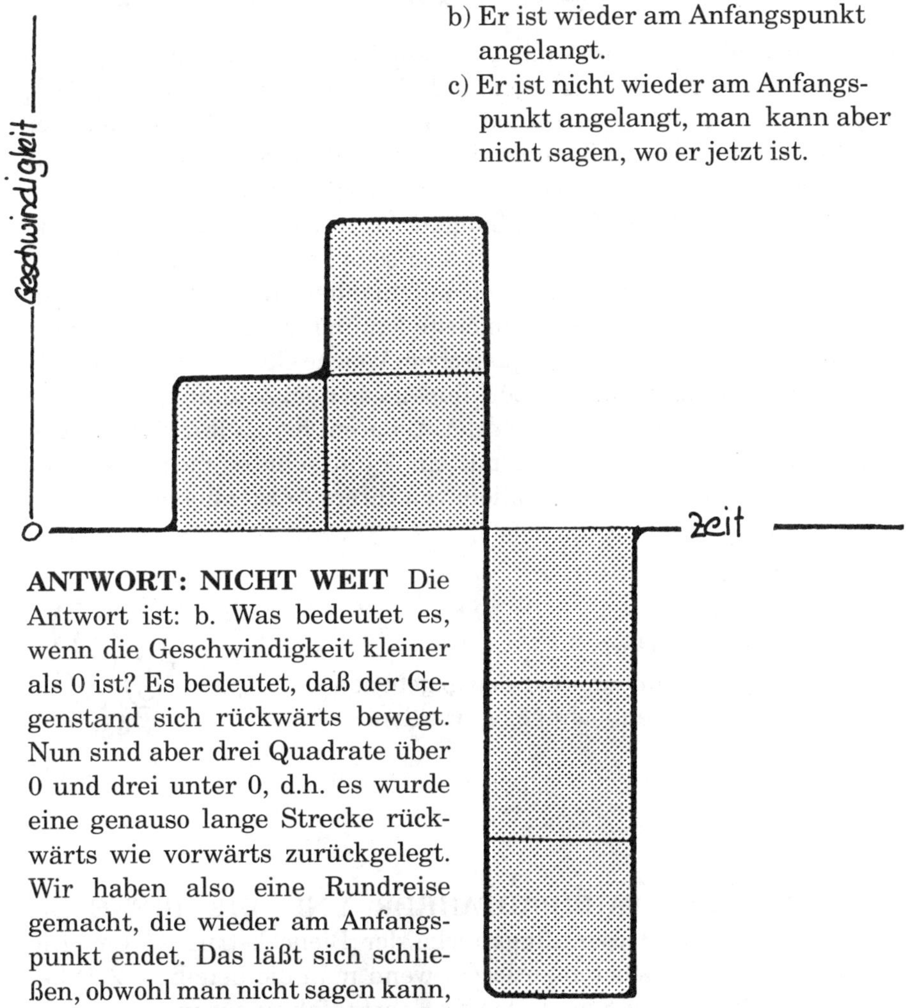

ANTWORT: NICHT WEIT Die Antwort ist: b. Was bedeutet es, wenn die Geschwindigkeit kleiner als 0 ist? Es bedeutet, daß der Gegenstand sich rückwärts bewegt. Nun sind aber drei Quadrate über 0 und drei unter 0, d.h. es wurde eine genauso lange Strecke rückwärts wie vorwärts zurückgelegt. Wir haben also eine Rundreise gemacht, die wieder am Anfangspunkt endet. Das läßt sich schließen, obwohl man nicht sagen kann, wie schnell die Bewegung war oder wieviel Zeit während der Bewegung vergangen ist! Einheiten spielen keine Rolle, wenn Sie vergleichbare Dinge betrachten.

DIE FAHRRADFAHRER UND DIE BIENE

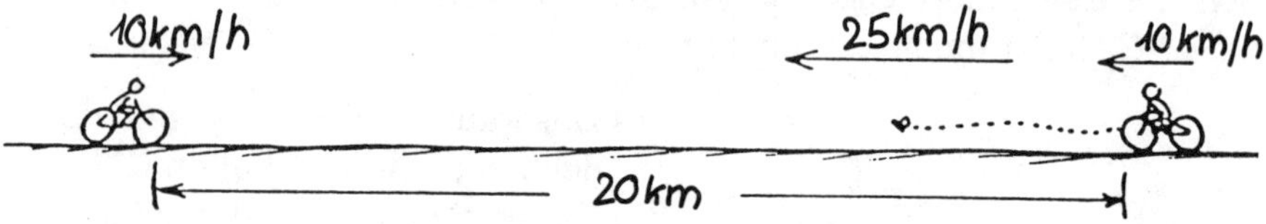

Zwei Fahrradfahrer fahren mit gleichmäßiger Geschwindigkeit von 10 km/h aufeinander zu. Als sie genau 20 km voneinander entfernt sind, fliegt eine Biene vom Vorderrad eines der Fahrräder mit gleichmäßiger Geschwindigkeit von 25 km/h direkt zum Vorderrad des anderen Fahrrads. Sie berührt es, dreht sich in vernachlässigbar kurzer Zeit um und kehrt mit der gleichen Geschwindigkeit zum ersten Fahrrad zurück, berührt dort erneut das Rad, dreht sich sofort wieder um und fliegt so immer hin und her. Dabei werden die aufeinanderfolgenden Flüge immer kürzer, bis die Fahrräder zusammenstoßen und die unglückliche Biene zwischen den Vorderrädern zerquetschen. Welche Gesamtstrecke hat die Biene bei den vielen Hin- und Rückflügen von dem Zeitpunkt an, als die Fahrräder 20 km voneinander entfernt waren, bis zu ihrem unseligen Ende zurückgelegt? (Das zu ermitteln kann sehr einfach oder sehr schwierig sein, was einzig und allein von Ihrem Ansatz abhängt.)

a) 20 km
b) 25 km
c) 50 km
d) mehr als 50 km
e) Das Problem kann mit den gegebenen Informationen nicht gelöst werden.

ANTWORT: DIE FAHRRADFAHRER UND DIE BIENE Die Antwort ist: b. Die Gesamtflugstrecke der Biene betrug 25 km. Die Aufgabe ist am einfachsten zu lösen, wenn man die beteiligte Zeit betrachtet. Es dauert eine Stunde, bis die Fahrradfahrer zusammenstoßen, da sie beide jeweils 10 km in einer Stunde zurücklegen. Also fliegt die Biene auch eine Stunde lang hin und her. Da ihre Geschwindigkeit 25 km/h beträgt, fliegt sie insgesamt 25 km. Wir stellen also wieder fest, daß die Zeit bei Geschwindigkeitsproblemen eine wichtige Rolle spielt.

WALDI

Dr. Schmidthuber trainiert seinen Hund Waldi während eines 15minütigen Spaziergangs, bei dem er einen Stock wirft, den Waldi immer wieder zurückholt. In welche Richtung sollte Dr. Schmidthuber den Stock werfen, damit Waldi eine möglichst lange Zeit läuft?

a) nach vorn
b) nach hinten
c) seitlich
d) in irgendeine Richtung, da alle Richtungen gleichwertig sind

ANTWORT: WALDI Die Antwort ist: d. Erneut ist die Zeit ein wichtiger Faktor. Dr. Schmidthuber läßt Waldi 15 Minuten lang laufen, egal wohin er den Stock wirft! Wenn nach der längsten Laufzeit pro Wurf gefragt worden wäre, wäre die Antwort b, also rückwärts gewesen, da Waldi die zusätzliche Strecke laufen müßte, die Dr. Schmidthuber während der Jagd nach dem Stock weitergegangen wäre. Die Frage bezog sich aber einfach auf Waldis Laufzeit während Dr. Schmidthubers 15minütigem Spaziergang. Eine Fangfrage? Vielleicht – aber es kommt hier darauf an, daß Sie wirklich die Frage beantworten, die gestellt worden ist. Leider beantworten viele Studenten bei Prüfungen häufig Fragen, die gar nicht gestellt wurden. Überprüfen Sie sich selbst auf dieses Mißgeschick, wenn Sie Ihr Examen ablegen!

ÜBERLAGERTE GESCHWINDIGKEITEN

Eine Straßenbahn nähert sich der Endstation mit einer Geschwindigkeit von 400 cm/s. Ein Junge in der Straßenbahn schaut nach vorn und geht mit einer Geschwindigkeit von 100 cm/s relativ zu den Sitzen und Gegenständen in der Straßenbahn vorwärts. Dieser Junge ißt gleichzeitig einen Hot Dog, den er mit 5 cm/s in seinen Mund schiebt (er ißt schnell). Eine Ameise auf dem Hot Dog läuft vom Mund des Jungen weg zum anderen Ende des Hot Dog. Sie läuft mit einer Geschwindigkeit von 2 cm/s um ihr Leben. Jetzt ist die Frage: Wie schnell nähert sich die Ameise der Endstation?

a) 0 cm/s
b) 300 cm/s
c) 350 cm/s
d) 497 cm/s
e) 500 cm/s

Könnten Sie ihre obige Antwort von Zentimeter pro Sekunde in Kilometer pro Stunde umwandeln? (Sie brauchen die tatsächliche Rechnung nicht durchzuführen.)

a) ja b) nein

Wenn Sie mit ja geantwortet haben, dann fragen Sie sich selbst, wie es möglich ist, *irgendwas* darüber zu sagen, wie weit die Ameise in einer *Stunde* geht, wenn das arme Tier in wenigen Sekunden aufgegessen und tot ist.

ANTWORT: ÜBERLAGERTE GESCHWINDIGKEITEN Die Antwort auf die erste Frage ist: d. Sie können sich das folgendermaßen vorstellen. Addieren Sie die Geschwindigkeit der Straßenbahn mit der des Jungen, beide bewegen sich in Richtung Endstation. Ziehen Sie davon die Geschwindigkeit des Hot Dog ab (der sich in die andere Richtung bewegt). Addieren Sie danach die Geschwindigkeit der Ameise (die sich auch in Richtung Endstation bewegt).

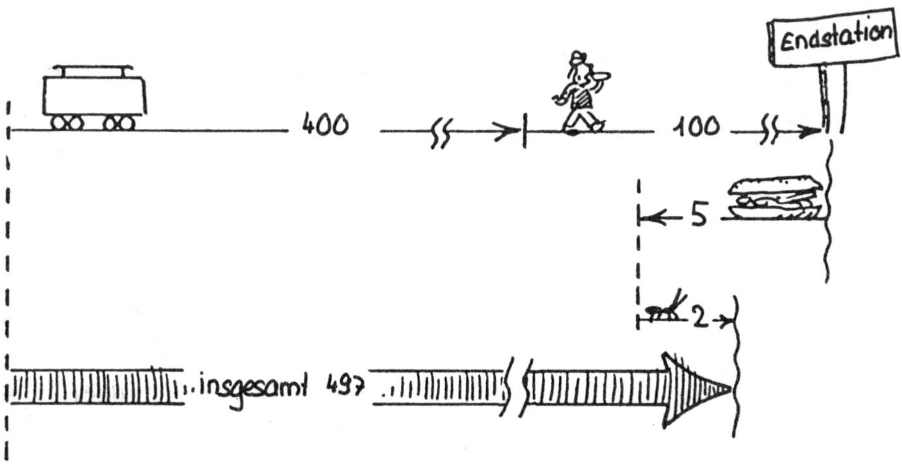

Der gleiche Ansatz kann auch bei Geschwindigkeiten angewendet werden, die nicht in die gleiche Richtung gehen, z.B. wenn sich der Junge schräg in der Straßenbahn bewegt (vergessen Sie den Hot Dog und die Ameise).

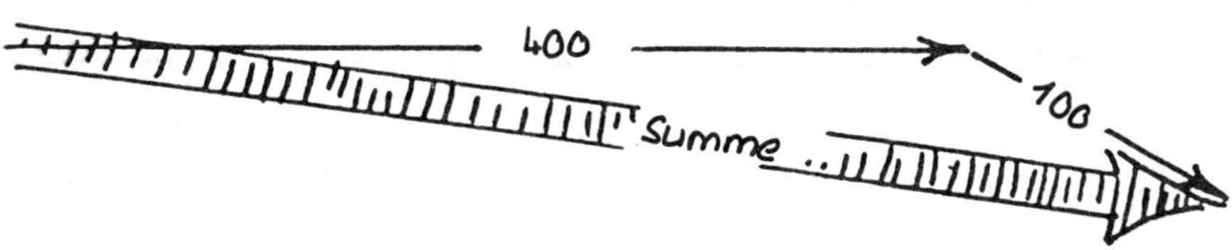

Die Antwort auf die zweite Frage ist: a. Sie müssen jedoch daran denken, daß Sie eine *bedingte* Aussage machen, wenn Sie von Kilometer pro Stunde sprechen. Sie sagen damit nicht, wie weit ein Gegenstand sich wirklich bewegt, sondern nur, wie weit er sich bewegen würde, *falls* er sich eine Stunde bewegen könnte.

GESCHWINDIGKEIT IST NICHT BESCHLEUNIGUNG

Während die Kugel diesen Hügel hinrabrollt,

a) nimmt ihre Geschwindigkeit zu und die Beschleunigung ab
b) nimmt ihre Geschwindigkeit ab und die Beschleunigung zu
c) nehmen beide zu
d) bleiben beide konstant
e) nehmen beide ab

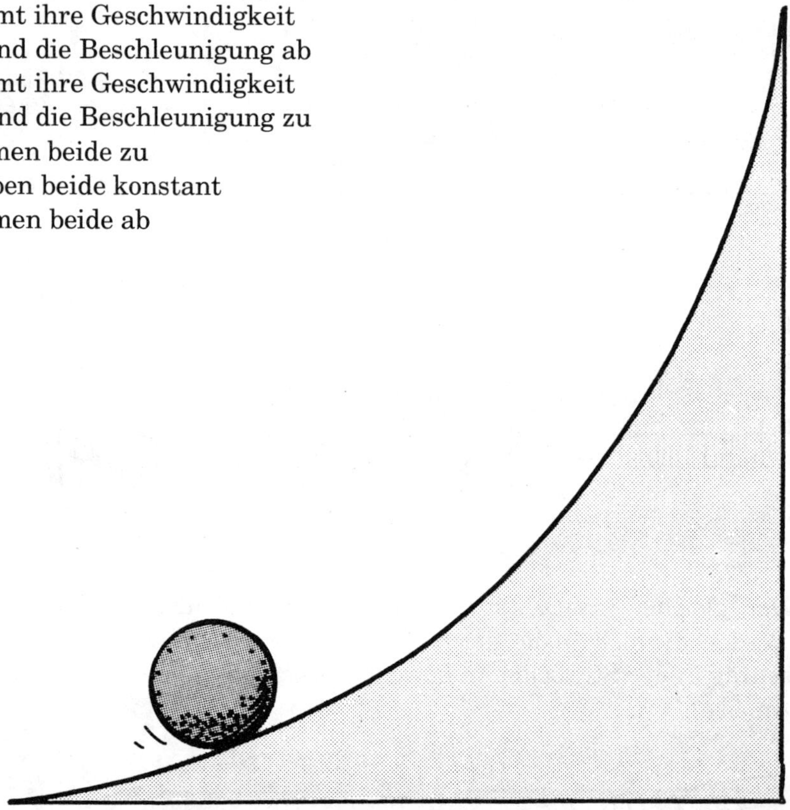

ANTWORT: GESCHWINDIGKEIT IST NICHT BESCHLEUNIGUNG Die Antwort ist: a. Die Geschwindigkeit der Kugel nimmt zu, während sie den Hügel hinabrollt; ihre Beschleunigung hängt jedoch davon ab, wie steil der Hügel ist. Oben auf dem Hügel ist die Beschleunigung am größten, da der Hügel dort am steilsten ist, während er weiter unten flacher ist, so daß sich die Beschleunigung der Kugel verringert. Daher kann sich die Beschleunigung bei gleichzeitig steigender Geschwindigkeit verringern. Behalten Sie dieses Beispiel im Gedächtnis und rufen Sie es sich wieder hervor, wenn Sie den Unterschied zwischen Geschwindigkeit und Beschleunigung vergessen.

In der Skizze zeigen wir die Beschleunigung einer Kugel a parallel zur Oberfläche als eine Komponente von g der Beschleunigung des freien Falls oder der Beschleunigung, die Sie auf einer senkrechten "Neigung" erfahren würde. Je steiler die Neigung ist, desto mehr nähert sich a dem Wert von g. Wir könnten auch sagen, je weniger steil die Neigung ist, desto mehr nähert sich a Null, d.h. der Beschleunigung, die die Kugel auf einer ebenen Oberfläche erfahren würde. Wir kehren später zu den Vektorkomponenten zurück.

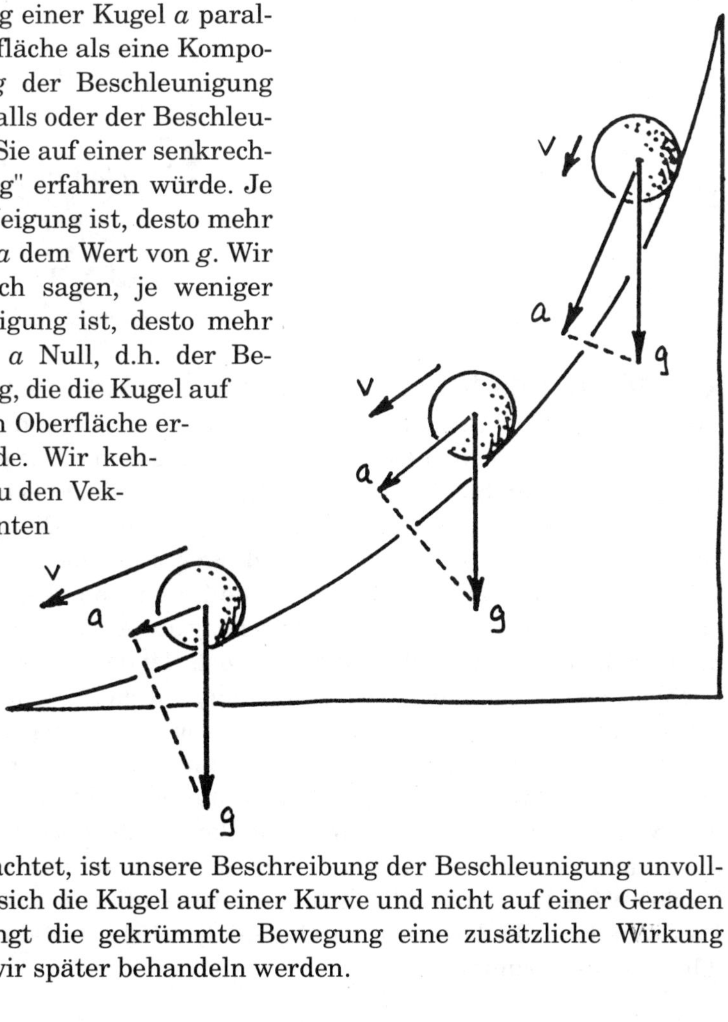

Streng betrachtet, ist unsere Beschreibung der Beschleunigung unvollständig. Da sich die Kugel auf einer Kurve und nicht auf einer Geraden bewegt, bringt die gekrümmte Bewegung eine zusätzliche Wirkung hervor, die wir später behandeln werden.

BESCHLEUNIGUNG AM HÖCHSTEN PUNKT

Ein Stein wird gerade nach oben geworfen, und am allerhöchsten Punkt seiner Bahn ist seine Geschwindigkeit kurzfristig null. Wie groß ist die Beschleunigung an diesem Punkt?

a) null
b) 9,81 m/s^2
c) größer als null, aber kleiner als 9,81 m/s^2

ANTWORT: BESCHLEUNIGUNG AM HÖCHSTEN PUNKT Die Antwort ist: b. Die Geschwindigkeit ist zwar kurzfristig null, sie unterliegt aber trotzdem einer Geschwindigkeitsänderung. Das wird dann offensichtlich, wenn Sie die Bewegung kurz vorher und nachher betrachten, da sich der Stein in diesen beiden Fällen bewegt. Die Geschwindigkeit des Steins ist z. B. eine Sekunde vor oder nach Erreichen des höchsten Punktes 9,81 m/s. Daher ist die Geschwindigkeit beim Durchlaufen des Nullwerts der gleichen Änderung ausgesetzt wie beim Durchlaufen jedes anderen Geschwindigkeitswerts. Ist der Luftwiderstand vernachlässigbar, ändert sich die Geschwindigkeit mit 9,81 m/s^2.

Eine andere Betrachtung führt zum gleichen Ergebnis. Das zweite Newtonsche Gesetz besagt, daß eine an einem Objekt wirkende Nettokraft das Objekt beschleunigt. Die Gravitation wirkt an allen Punkten des Wegs auf den Stein, wodurch eine konstante Beschleunigung auf allen Punkten des Weges erzeugt wird, also auch auf dem allerhöchsten Punkt! Wäre der Stein schließlich kurzzeitig stationär an dem höchsten Punkt und würde dort nicht beschleunigt, würde er stationär bleiben, d.h. niemals herunterfallen.

ZEITUMKEHR

Von einem fallenden Gegenstand wird ein Film gemacht, der die Abwärtsbeschleunigung des Gegenstands zeigt. Läuft jetzt der Film rückwärts, dann zeigt er die Beschleunigung des Gegenstands

a) aufwärts
b) immer noch abwärts

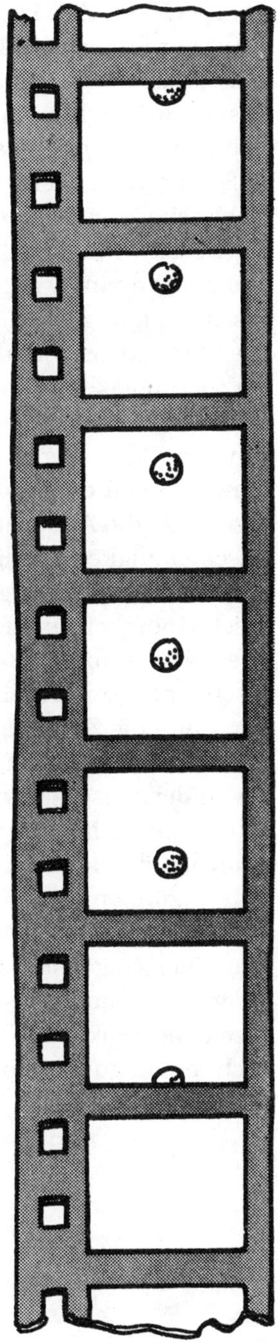

ANTWORT: ZEITUMKEHR Die (überraschende?) Antwort ist: b. Läuft der Film rückwärts, dann zeigt er eine Aufwärtsbewegung des Gegenstands, die Beschleunigung ist aber immer noch abwärts gerichtet. Lassen Sie den Film in Ihrem Kopf rückwärts ablaufen. Die Kugel bewegt sich anfangs schnell nach oben und dann immer langsamer, genauso, als ob Sie sie nach oben geworfen hätten. Die Aufwärtsbewegung wird also nicht schneller, d. h., es erfolgt keine Aufwärtsbeschleunigung. Da sich die Geschwindigkeit aber ändert, ist eine Beschleunigung vorhanden, und eine Verringerung einer Aufwärtsgeschwindigkeit ist eine Abwärtsbeschleunigung.

Hier wird etwas über die Geschwindigkeit von Änderungen gezeigt. Wird die Zeit umgekehrt, dann kehrt sich die Änderungsgeschwindigkeit jeder Sache um, d.h. die Änderungsgeschwindigkeit nimmt ab, wenn sie vorher zunahm. Aber wenn die Zeit umgekehrt wird, wird die Änderungsgeschwindigkeit der Änderung von etwas nicht umgekehrt. Die Beschleunigung ist die Änderungsgeschwindigkeit der Geschwindigkeit, und die Geschwindigkeit ist die Änderungsgeschwindigkeit der Position, daher ist die Beschleunigung die Änderungsgeschwindigkeit einer Änderungsgeschwindigkeit und kehrt sich deswegen nicht um.

Wie sieht es aber mit der Änderungsgeschwindigkeit einer Änderungsgeschwindigkeit einer Änderungsgeschwindigkeit aus? Kehrt sie sich um, wenn die Zeit umgekehrt wird? Die Antwort ist ja. Und wie sieht es dann mit der Änderungsgeschwindigkeit der Änderungsgeschwindigkeit der Änderungsgeschwindigkeit der Änderungsgeschwindigkeit aus? Sie kehrt sich nicht um, wenn die Zeit umgekehrt wird. Übrigens gibt es Symbole, die diese Dinge darstellen, womit wir uns eine Menge Worte sparen können.

Ist X die Position eines Gegenstands, dann ist $\dot{X}$ die Änderung der Position eines Gegenstands oder seine Geschwindigkeit, $\ddot{X}$ die Beschleunigung des Gegenstands, $\dddot{X}$ die Änderung der Beschleunigung, die als Ruck bezeichnet wird, und $\ddddot{X}$ ist die Änderung des Rucks, für die Sie sich vielleicht einen guten Namen ausdenken können.

SKALAR

Die Batterieausgangsspannung, der Flascheninhalt, die Uhrzeit und das Gewichtsmaß haben etwas gemeinsam. Sie werden nämlich dargestellt durch

a) eine Zahl
b) mehr als eine Zahl

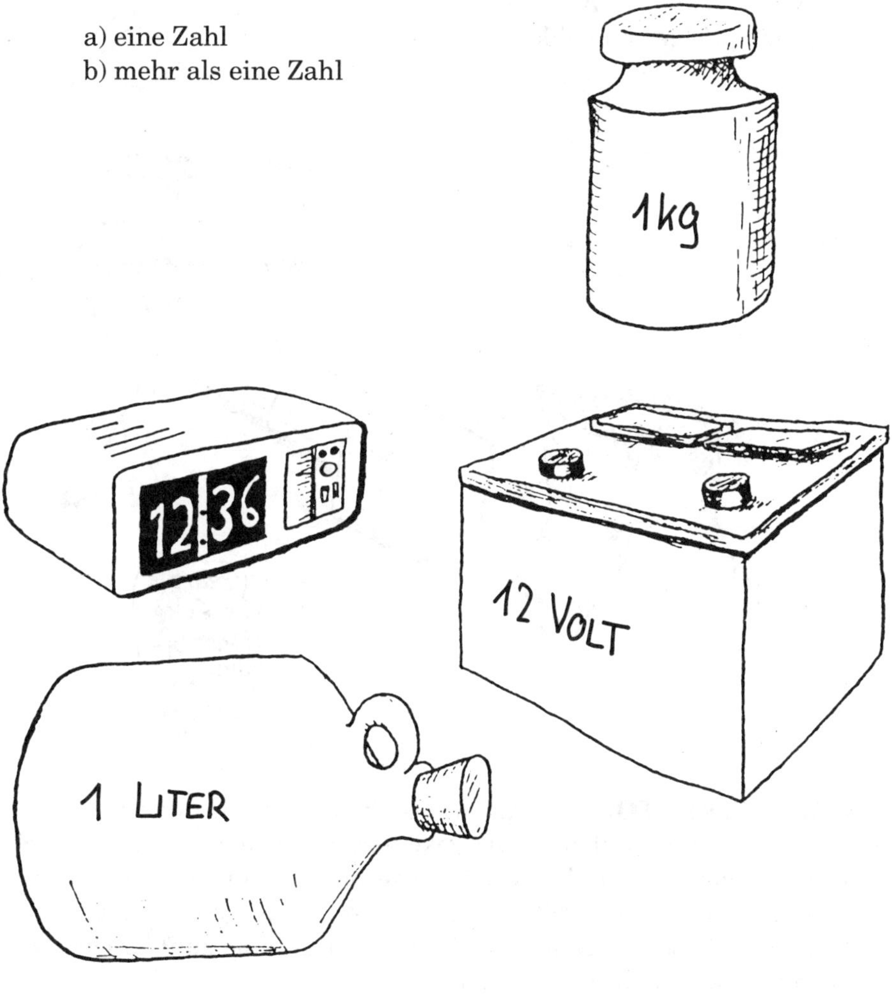

ANTWORT: SKALAR Die Antwort ist: a. Sie werden jeweils durch eine Zahl dargestellt, die Batterie durch 12 Volt, die Flasche durch 1 Liter, die Zeit durch 12:36 und das Gewicht durch 1 kg. Ein Gegenstand, der durch eine Zahl beschrieben wird, wird Skalar genannt. Beispiel: Wie bewerten Sie Ihren Lehrer auf einer Skala von 1 bis 10?

VEKTOR

Die Jeans, die Schraube, die Straßenkreuzung und Miss World haben etwas gemeinsam. Sie werden nämlich dargestellt durch

a) eine Zahl oder Angabe
b) eine Folge von Zahlen oder Angaben

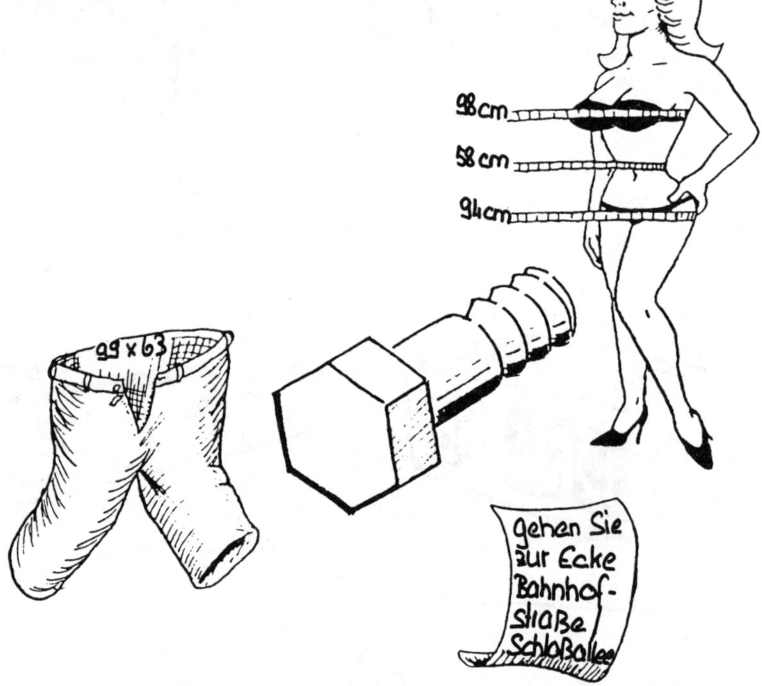

ANTWORT: VEKTOR Die Antwort ist: b. Die Jeans werden durch eine Längen- und eine Taillenangabe gekennzeichnet, die Schraube durch Länge, Durchmesser und Gewindegänge pro Zentimeter, die Straßenkreuzung durch zwei Straßen und Miss World zumindest durch drei Zahlen, z.B. 98, 58, 94. Dinge, die durch mehr als eine Zahl beschrieben werden müssen, nennt man Vektoren.

Das Wort Vektor bedeutet Träger. In der Medizin ist eine Stechmücke ein Malariaträger. In der Physik mißt ein Vektor, wohin eine Sache getragen wird. Nehmen wir an, daß ein Gegenstand drei Meter nach vorn, fünf Meter nach rechts und sechs Meter nach oben getragen wird. Der Verschiebungsvektor wäre dann (3, 5, 6). Vektoren können als Pfeile gezeichnet werden, die den Anfangspunkt mit dem Endpunkt verbinden.

Kräfte und Geschwindigkeiten sind Vektoren, da sie als Pfeile beschrieben werden können. Die Richtung des Pfeils zeigt die Richtung der Kraft oder der Geschwindigkeit, und seine Länge zeigt die Stärke der Kraft oder die Schnelligkeit der Bewegung. Es ist aber zu beachten, daß die Schnelligkeit kein Vektor ist. Warum? Sie wird nur durch eine Zahl beschrieben, z.B. 10 km/h. Die Schnelligkeit ist ein Skalar. Im Gegensatz zur Geschwindigkeit gibt sie nicht die Richtung der Bewegung an. Angenommen, Sie wollen kein Physiker werden. Warum sollten Sie sich dann mit dem Unterschied zwischen Skalaren und Vektoren befassen? Weil viele Leute, die keine Physiker sind, z.B. Bürokraten und Geschäftsleute, aufgefordert werden, Dinge zu klassifizieren, zu kategorisieren oder Bemessungsgrundlagen festzulegen. Diese Leute versuchen häufig, Dinge in eine Art Zensurenskala einzuordnen, ohne zuerst darüber nachzudenken, was sie da klassifizieren. Manchmal bringt gerade das die Dinge völlig durcheinander.

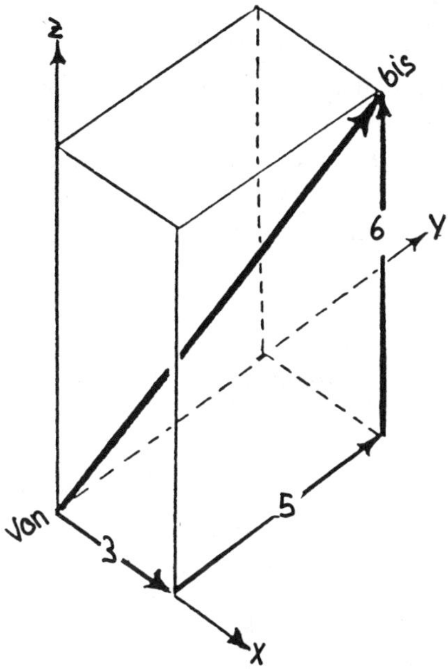

Die Richtungen vorwärts, rechts und aufwärts werden manchmal X, Y und Z genannt. Der hier gezeigte Vektor ist (X,Y,Z) = (3,5,6)

Ein populäres Maß für die Intelligenz ist z.B. eine Zahl, die IQ genannt wird. Das impliziert, daß die Intelligenz ein Skalar sei. Ist sie das wirklich? Manche Leute haben ein gutes Gedächtnis, können aber keine Schlußfolgerungen ziehen. Manche Leute lernen schnell und vergessen auch schnell wieder (Einpauker!). Die Intelligenz hängt von vielen Dingen ab, z.B. der Lernfähigkeit, der Erinnerungsfähigkeit, der Schlußfolgerungsfähigkeit usw. Daher ist die Intelligenz ein Vektor und kein Skalar. Das ist ein wesentlicher Unterschied, und daß er nicht erkannt wurde, hat viele tausend Menschen verletzt. Ob Physiker oder nicht, Sie sollten den Unterschied zwischen Vektor und Skalar unbedingt in Ihr Wissen aufnehmen.

TENSOR

Angenommen, wir haben ein kleines Gummiquadrat. Wenn das Quadrat einfach vom Ort A nach B verschoben würde, könnte die Änderung leicht als Vektor ausgedrückt werden. Wir wollen aber annehmen, daß das kleine Quadrat nicht verschoben wird. Es soll also am Ort A bleiben, wird jedoch zu einem Parallelogramm verzerrt. Die Änderung von einem Quadrat in ein Parallelogramm kann leicht ausgedrückt werden als

a) Skalar
b) Vektor
c) weder noch

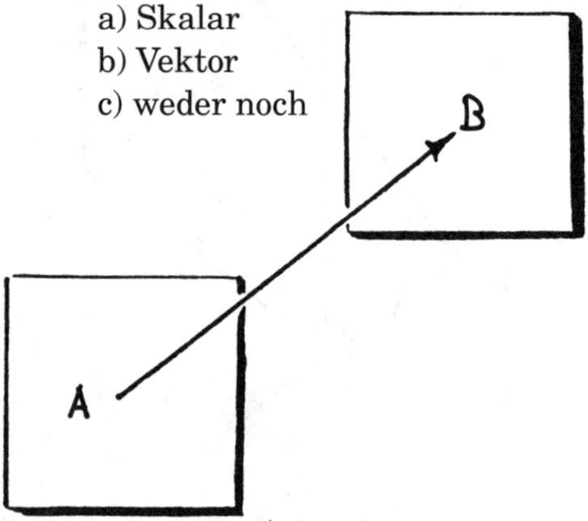

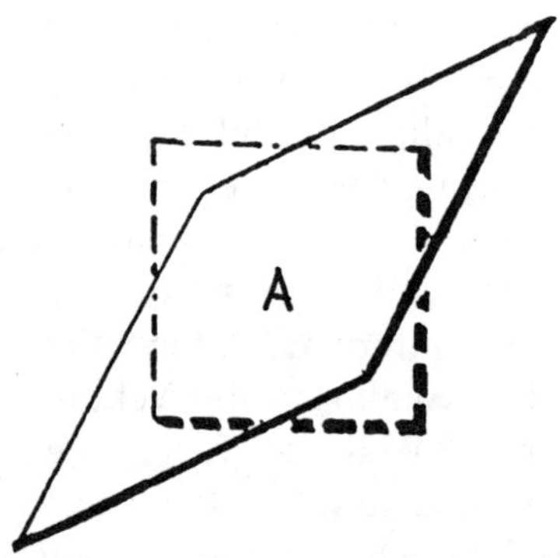

ANTWORT: TENSOR Die Antwort ist: c. Es gibt Dinge, die nicht leicht als Skalare oder Vektoren dargestellt werden können, z.B. das Parallelogramm. Sie können aber durch sogenannte Tensoren dargestellt werden. Ein Tensor ist ein Supervektor. Ein regulärer Vektor wird aus einer Folge von Skalaren gebildet, z.B. (3, 5, 6). Die Drei, die Fünf und die Sechs sind einfach Skalare. Ein Supervektor wird ebenfalls aus einer Folge gebildet, diese Folge enthält aber keine Skalare, die einzelnen Teile der Folge bilden selbst wieder einen Vektor. Daher nenne ich einen Tensor einen Supervektor. So ein Tensor muß folgendermaßen aussehen: (→ , ↗ , ↘), d.h. er ist eine Folge von Vektoren.

Wie viele Vektoren benötigt man, um ein Parallelogramm darzustellen? Nun, wie viele Seiten hat ein Parallelogramm? Vier. Sie brauchen aber nur zwei zu kennen, da die gegenüberliegenden Seiten eines Parallelogramms parallel sind – deshalb wird ja ein Parallelogramm Parallelogramm genannt. Daher kann ein Parallelogramm durch einen Tensor dargestellt werden, der sich aus zwei Vektoren zusammensetzt. Ein Quadrat (das ja auch ein Parallelogramm ist) wird z.B. durch diesen Tensor dargestellt: (↑ , →). Wird das Quadrat deformiert, dann wird die Form durch diesen Tensor dargestellt: (/ , ↗).

Jetzt kann jeder Vektor durch eine Folge von Skalarzahlen dargestellt werden, die wir nun in eine Spalte statt in eine Zeile schreiben wollen:

$$\begin{pmatrix} 3 \\ 5 \\ 6 \end{pmatrix} \text{ an Stelle von } (3, 5, 6)$$

Ein Tensor kann also folgendermaßen geschrieben werden:

$$\left[\begin{pmatrix} 3 \\ 5 \\ 6 \end{pmatrix}, \begin{pmatrix} a \\ b \\ c \end{pmatrix}, \begin{pmatrix} g \\ h \\ i \end{pmatrix} \right]$$

wobei $\begin{pmatrix} a \\ b \\ c \end{pmatrix}$ und $\begin{pmatrix} g \\ h \\ i \end{pmatrix}$ weitere Vektoren sind.

Dieser 3 x 3-Tensor muß eine Art verzerrten Würfels darstellen. Der Würfel hat drei Kanten, die jeweils durch einen dreidimensionalen Vektor dargestellt werden.
Wie man sich leicht denken kann, sind Tensoren sehr nützlich für Bauingenieure. Sie stellen praktische Dinge dar wie Scherspannung, Drehung, Dehnung und Verformung. Oft sieht man Tensortransformationen in den Wolken. Wenn die Windgeschwindigkeit hoch oben größer ist als die Windgeschwindigkeit in der Nähe des Bodens, so wird eine würfelförmige Atmosphärenmasse geschert, wodurch eine darin eingebettete Wolke ebenfalls geschert wird.

Tensortransformation einer Wolke durch Windscherung

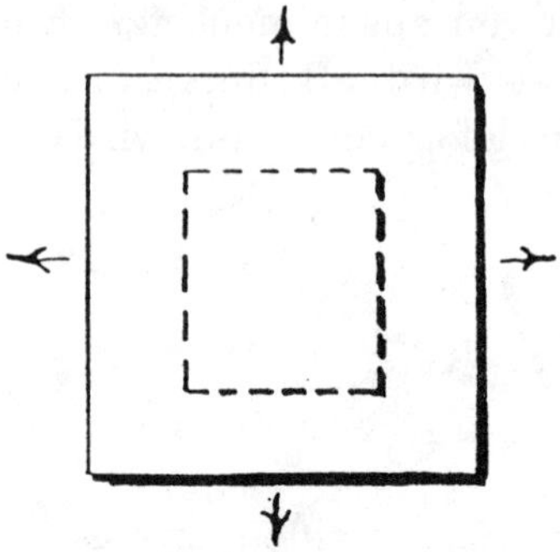

Dehnung

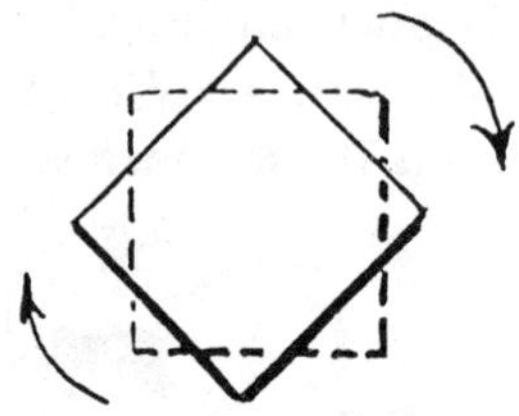

Drehung

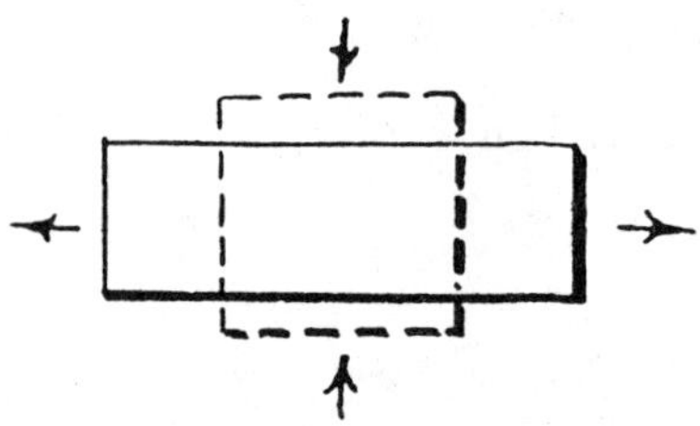

Verformung

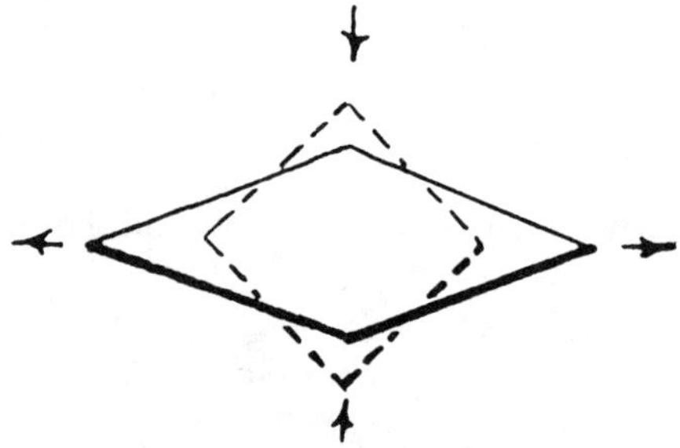

Verformung

Alle Tensortransformationen können als Kombination von Dehnungen, Drehungen und Verformungen dargestellt werden. Hier wird z.B. ein Quadrat durch eine Drehung, Verformung und Gegendrehung in ein Parallelogramm umgewandelt.

Drehung

Verformung

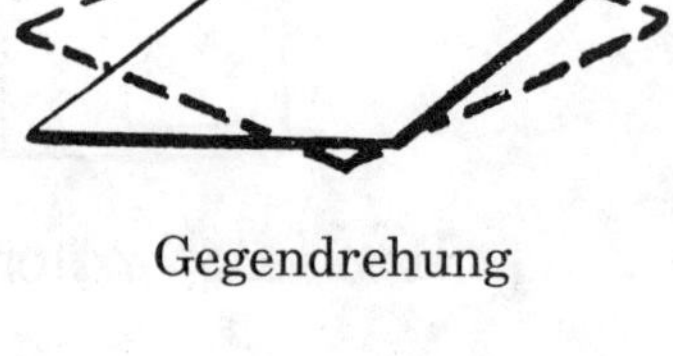

Gegendrehung

SUPERTENSOREN

Gibt es Supertensoren? a) ja b) nein

ANTWORT: SUPERTENSOREN Die Antwort ist: a. Der Supertensor ist ein Vektor, der sich aus einer Folge gewöhnlicher Tensoren zusammensetzt. Gibt es Supersupertensoren? Ja, das sind Vektoren, die sich aus einer Folge von Supertensoren zusammensetzen. Sie können immer so weitermachen.

Gibt es ein Beispiel dafür, was mit Hilfe eines Supertensors dargestellt werden kann? Ja, die Umwandlung eines menschlichen Schädels in den Schädel eines Pavians oder Hundes kann durch einen Supertensor dargestellt werden. Jedes Quadrat im Schädel wandelt sich in ein Parallelogramm um, das eine andere Form hat. Da alle Parallelogramme unterschiedlich sind, kann diese Umwandlung nicht durch einen gewöhnlichen Tensor beschrieben werden, der einfach ein Quadrat in ein Parallelogramm umwandelt. Es ist mehr als ein einfacher Tensor nötig – wir brauchen ein ganzes Bündel verschiedener Tensoren, und ein Supertensor ist eine Folge gewöhnlicher Tensoren. Gewöhnliche Tensoren können die Richtung und Länge gerader Linien ändern, Supertensoren können gerade Linien in gekrümmte Linien ändern und ihre Richtung und Länge beeinflussen. Gewöhnliche Tensoren können gerade Linien nicht krümmen.

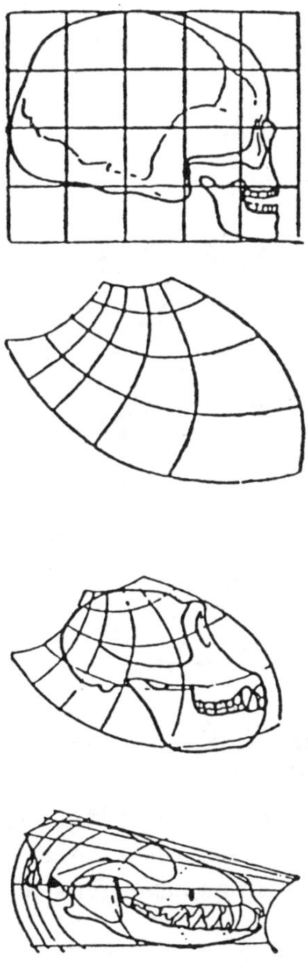

Die Gleichungen in Einsteins allgemeiner Relativitätstheorie sind mit Hilfe von Supertensoren geschrieben. Die von der Theorie beschriebene Gravitation krümmt die Pfade von Objekten, die bei Abwesenheit der Gravitation gerade Linien wären. Einige Versuche zur Erstellung einer vereinheitlichten Feldtheorie, die Gravitation, Elektrizität und andere Kräfte zu einem Phänomen kombinieren, beruhen auf Supersupertensoren.

Lehrbücher bezeichnen diese höheren Tensoren als Tensoren dritter und vierter Ordnung. Skalare werden hier manchmal Tensoren nullter Ordnung genannt.

BIEGUNG

Wasser schießt aus dem Ende eines Rohrs heraus, das in die Form einer 6 gebogen ist.

a) Das Wasser schießt im Bogen heraus.
b) Das Wasser schießt auf einer geraden Linie heraus.

Lassen Sie die Wirkung der Erdanziehung außer acht.

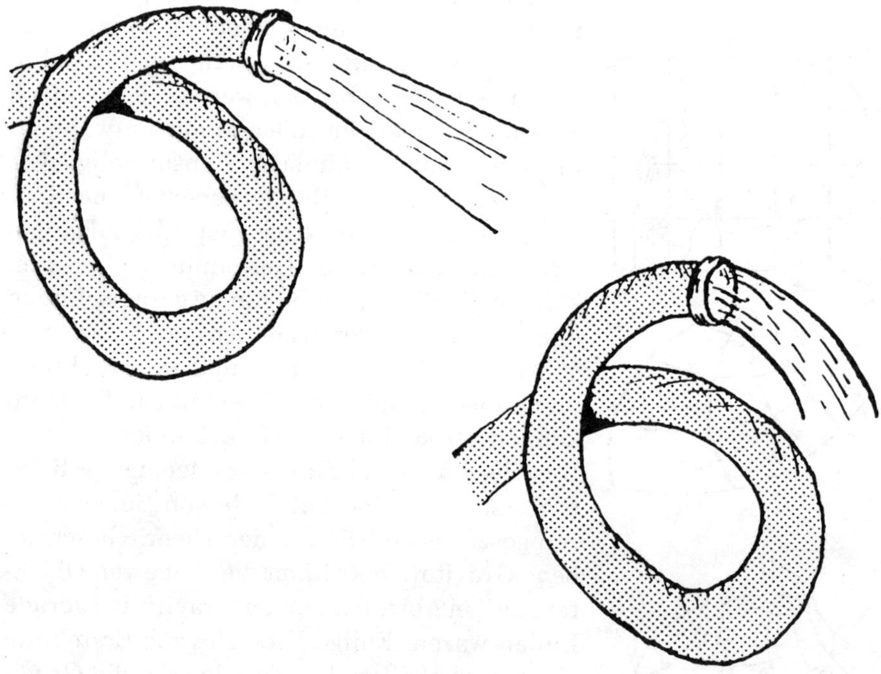

ANTWORT: BIEGUNG Die Antwort ist: b. Wenn das Wasser das Rohr verlassen hat, bewegt es sich auf einer Geraden. Um den Weg des Wassers zu biegen, ist eine Kraft erforderlich. Solange sich das Wasser im Rohr befindet, kann das Rohr das Wasser in eine Biegung zwingen. Wenn das Wasser austritt, ist es jedoch frei. Freie Dinge bewegen sich gradlinig.

FALLENDE STEINE

Ein Findling ist um ein Vielfaches schwerer als ein Kieselstein, d.h. die Gravitationskraft, die auf einen Findling wirkt, ist sehr viel stärker als die, die auf den Kieselstein wirkt. Wenn Sie aber einen Findling und einen Kieselstein gleichzeitig fallen lassen, fallen sie zusammen mit gleicher Beschleunigung (wenn man den Luftwiderstand außer acht läßt). Der Hauptgrund dafür, daß der schwerere Findling nicht stärker beschleunigt wird als der Kieselstein, hängt mit folgendem zusammen:

a) Energie
b) Gewicht
c) Trägheit
d) Oberfläche
e) nichts davon

ANTWORT: FALLENDE STEINE Die Antwort ist: c. Es ist nur Trägheit, nichts als Trägheit. Wäre die Beschleunigung nur der Kraft proportional, würde die größere Gravitationskraft, die auf den Findling wirkt, zu einer höheren Beschleunigung als beim Kieselstein führen. Die Beschleunigung eines Gegenstands hat aber auch mit seiner Masse zu tun, d.h. mit seiner Trägheit oder seiner Tendenz, sich einer Bewegungsänderung zu widersetzen. Masse widersetzt sich der Beschleunigung – je größer die Masse bei einer gegebenen Kraft, desto geringer die sich ergebende Beschleunigung. Das ist das zweite Newtonsche Gesetz: Die Beschleunigung ist direkt proportional zur Nettokraft und umgekehrt proportional zur Masse, d.h. $a = F/m$. Bei einem frei fallenden Objekt wirkt nur die Gravitationskraft – d.h. das Gewicht. Das Gewicht ist proportional zur Masse: Ein Findling, der hundertmal soviel wiegt wie ein Kieselstein, hat also auch die hundertfache Masse. Er wird zwar von einer hundertmal stärkeren Gravitationskraft gezogen, hat aber auch die hundertfache Trägheit oder das hundertfache Widerstreben, seinen Bewegungszustand zu ändern.

Wir sehen also, daß es einen Grund dafür gibt, warum das Verhältnis Kraft/Masse und daher die Beschleunigung für alle frei fallenden Objekte gleich ist (9,81 m/s^2)! Ist der Luftwiderstand nicht vernachlässigbar (nächste Frage), ist die Fallbeschleunigung geringer als 9,81 m/s^2. Wird der Luftwiderstand so groß wie das Gewicht des fallenden Objekts, dann ist die Nettokraft null, und es gibt keine Beschleunigung.

DER ELEFANT UND DIE FEDER

Wir wollen annehmen, daß ein Elefant und eine Feder von einem hohen Baum fallen. Wer trifft beim Fallen auf die größere Luftwiderstandskraft?

a) der Elefant
b) die Feder
c) beide gleich

ANTWORT: DER ELEFANT UND DIE FEDER Die Antwort ist: a. Die Wirkung des Luftwiderstands bei der Feder ist zwar deutlicher ausgeprägt, die tatsächliche Kraft des Luftwiderstands gegen den fallenden Elefanten ist jedoch um ein Vielfaches größer als die Kraft gegen die Feder, und zwar deshalb, weil der größere Elefant beträchtlich mehr Luft durchfliegt als die kleinere Feder. Außerdem fällt der schwerere Elefant schneller durch die Luft, wodurch der Luftwiderstand noch weiter ansteigt. Die Feder ist sehr leicht, so daß sie nicht sehr schnell fällt, bevor der Luftwiderstand so stark wird, daß er der Gewichtskraft entspricht. Wenn das geschieht, erreicht die Feder ihre Endgeschwindigkeit – die Beschleunigung hört auf, und Geschwindigkeit und Luftwiderstand bleiben während des restlichen Falls unverändert. Ein von einem hohen Baum fallender Elefant trifft andererseits auf einen Luftwiderstand, der sich auf etwa 100 Newton* aufbaut – sehr viel mehr als bei der Feder, aber praktisch vernachlässigbar, verglichen mit dem Gewicht des unglücklichen Elefanten, der bis zum Boden hin beschleunigt.

Wenn Sie diese Frage falsch beantwortet haben, dann wahrscheinlich deshalb, weil Sie nicht wirklich die gestellte Frage beantwortet haben. Unterscheiden Sie sorgfältig zwischen dem, wonach gefragt wird, und den Auswirkungen dessen, wonach gefragt wird. Es kommen noch viele solcher Fragen, seien Sie also auf der Hut!

---

* Die Krafteinheit 1 Newton (1 N) entspricht dem Gewicht einer Masse von 98,1 Gramm; ein 1-kg-Massestück erfährt also eine Gravitationskraft von rund 10 N.

EIN GLAS VOLLER FLIEGEN

Ein Schwarm Fliegen befindet sich in einem verschlossenen Glas. Sie stellen das Glas auf eine Waage. Die Waage zeigt das größte Gewicht an, wenn die Fliegen

a) auf dem Boden des Glases sitzen
b) im Glas herumfliegen
c) . . . das Gewicht des Glases ist in beiden Fällen gleich

ANTWORT: EIN GLAS VOLLER FLIEGEN Die Antwort ist: c. Wenn die Fliegen starten oder landen, könnte sich eine kleine Gewichtsänderung des Glases ergeben. Wenn sie aber einfach nur herumfliegen, ist das Gewicht des Glases genau so, als ob alle auf dem Boden säßen. Das Gewicht hängt von der Masse des Glases ab, die sich nicht ändert. Wie wird aber das Gewicht einer Fliege auf den Boden des Glases übertragen? Durch Luftströme, insbesondere durch den Abtrieb, der von den Flügeln der Fliegen erzeugt wird. Diese nach unten gedrückte Luft muß aber auch wieder nach oben kommen. Übt die Luftströmung nicht die gleiche Kraft auf die Oberseite des Glases wie auf den Boden aus? Nein. Die Luft übt mehr Kraft auf den Boden aus, da sie sich schneller bewegt, wenn sie auf den Boden trifft. Was verlangsamt die Luft auf dem Weg nach oben? Reibung. Ohne Luftreibung könnte die Fliege nicht fliegen.

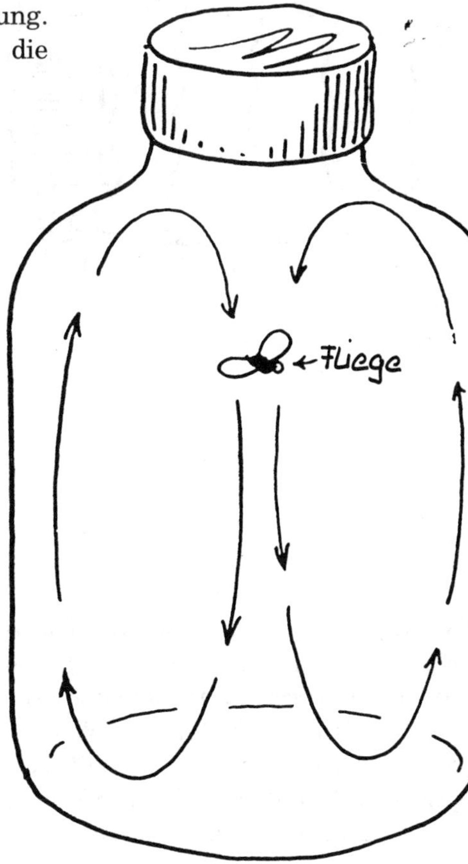

MIT DEM WIND

Jeder segelt gern, insbesondere an einem windigen Tag. Nehmen wir an, Sie segeln genau vor dem Wind, der mit einer Geschwindigkeit von 20 km/h bläst. In diesem Fall wäre die maximal erreichbare Geschwindigkeit des Segelbootes

a) fast 20 km/h
b) zwischen 20 und 40 km/h
c) . . . in diesem Fall gibt es keine theoretische Geschwindigkeitsgrenze

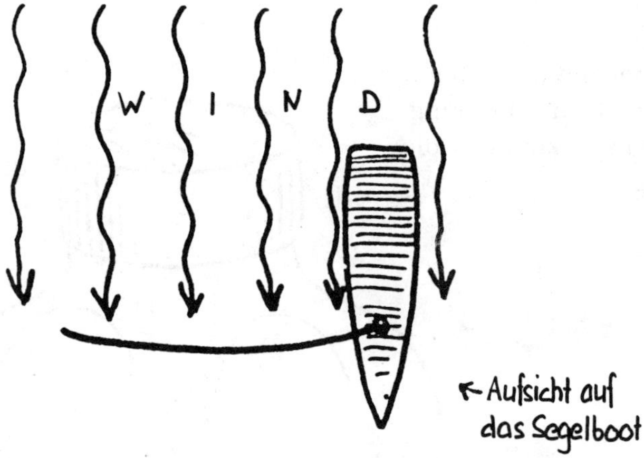

ANTWORT: MIT DEM WIND Die Antwort ist: a. Sie könnten die Windgeschwindigkeit nur erreichen, wenn die Wasserreibungskräfte auf das Boot null wären – und auch in diesem Fall könnten Sie nicht schneller als der Wind segeln. Warum? Wenn sich das Boot so schnell bewegen würde wie der Wind, würde die Luft nicht länger gegen das Segel stoßen. Das Segel würde durchhängen wie an einem Flautentag. Erreicht das Boot Windgeschwindigkeit, gibt es keinen Wind relativ zum Segel.

NOCHMAL MIT DEM WIND

Sie segeln erneut mit dem Wind und holen Ihr Segel dicht, so daß es nicht länger einen 90°-Winkel mit dem Kiel des Boots bildet.
Diese Taktik

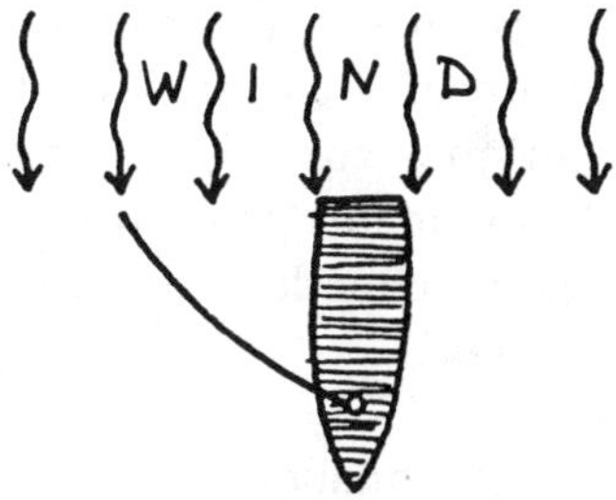

a) verringert die Geschwindigkeit des Bootes
b) erhöht die Geschwindigkeit des Bootes
c) beeinflußt die Geschwindigkeit des Bootes nicht

ANTWORT: NOCHMAL MIT DEM WIND

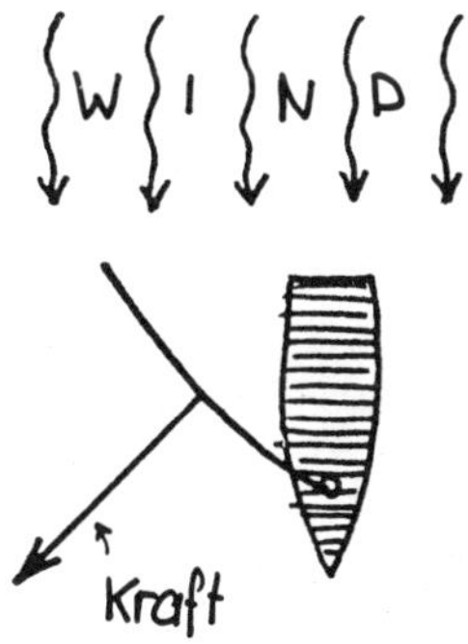

Die Antwort ist aus zwei Gründen: a. Erstens ist die Wirkung auf das Segel geringer, da das Segel in der angewinkelten Position weniger Wind aufnimmt. Zweitens ist die Richtung der Kraft des auftreffenden Windes nicht mit der Richtung der Bootsbewegung identisch. Immer wenn ein Gas oder eine Flüssigkeit mit einer glatten Oberfläche in Wechselwirkung tritt, steht die Wechselwirkungskraft senkrecht auf der glatten Oberfläche. Daher steht der Vektor, der diese Kraft darstellt, senkrecht auf der Segeloberfläche, wie im Bild. Dieser Vektor ist nicht nur kleiner als in dem Fall, in dem das Segel soviel Wind wie möglich einfängt (siehe letzte Frage), es ist auch nur ein Teil dieses Vektors parallel zur Bootsbewegung gerichtet. Diese Komponente treibt das Boot vorwärts. (Die seitlich zur Bootsbewegung stehende Komponente versucht nur das Boot zu kippen und trägt nicht zur Vorwärtsbewegung bei.) Daher wird das Boot vom Wind vorwärts gedrückt, aber mit nicht so großer Kraft wie vorher. Wird das Segel noch weiter dichtgeholt, verringert sich die Größe des Kraftvektors, und es ergibt sich eine kleinere Antriebskomponente. Wird das Segel vollständig dichtgeholt, so daß es parallel zum Kiel steht, fängt es überhaupt keinen Wind mehr, so daß die Antriebskraft null ist.

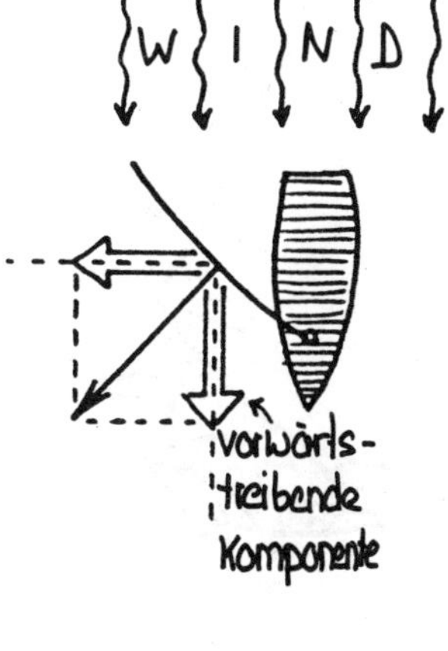

QUER ZUM WIND

Wir behalten den Winkel des Segels im Verhältnis zum Boot aus der letzten Frage bei und richten jetzt unser Boot so aus, daß es genau quer zum Wind segelt und nicht mehr mit dem Wind. Segeln wir jetzt schneller oder langsamer als vorher?

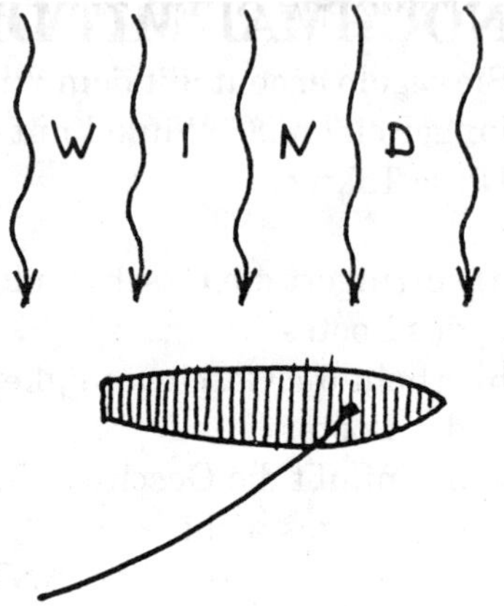

a) schneller
b) langsamer
c) genauso schnell

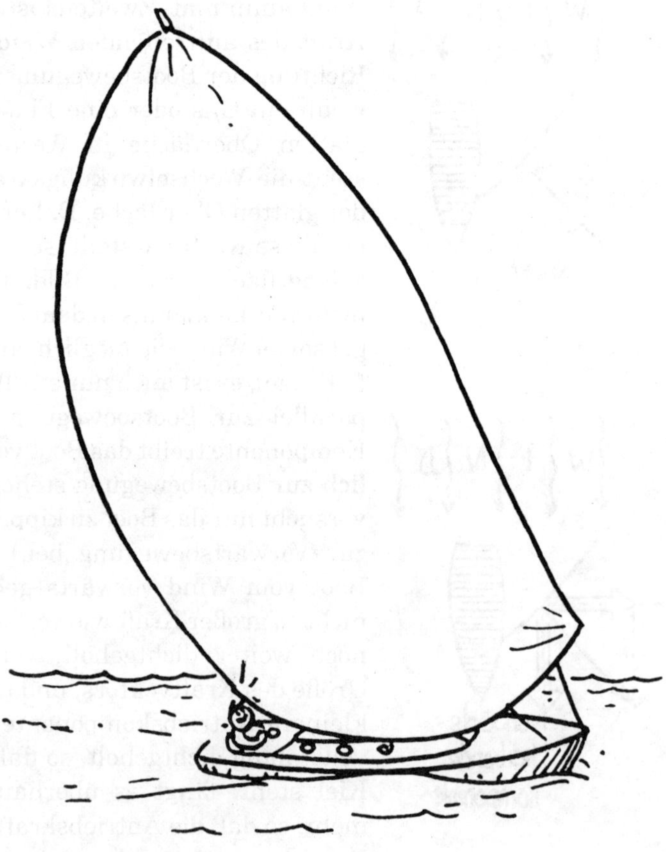

ANTWORT: QUER ZUM WIND Die Antwort ist: a. Wie vorher kann der Kraftvektor senkrecht zur Segeloberfläche in zwei Komponenten aufgeteilt werden – eine in Bootsrichtung, die das Boot antreibt, und die andere rechtwinklig zum Boot, die nutzlos ist. Wenn in diesem Fall der Hauptkraftvektor (Winddruck im Segel) nicht größer als vorher wäre, wäre die Geschwindigkeit des Bootes die gleiche. Der Kraftvektor ist aber größer. Warum? Das Segel holt den Wind nicht ein, so daß es schließlich nicht durchhängt, wie es oben der Fall war. Auch wenn das Boot so schnell wie der Wind fährt, trifft der Wind immer noch gegen das Segel. Das treibt das Boot noch schneller an, so daß es in dieser Position schneller als der Wind segeln kann. Es erreicht die maximale Geschwindigkeit, wenn der "relative Wind" (die Resultierende des "natürlichen" Windes und des "künstlichen" Windes durch die Bootsbewegung) am Segel entlangbläst, ohne auf es zu treffen.

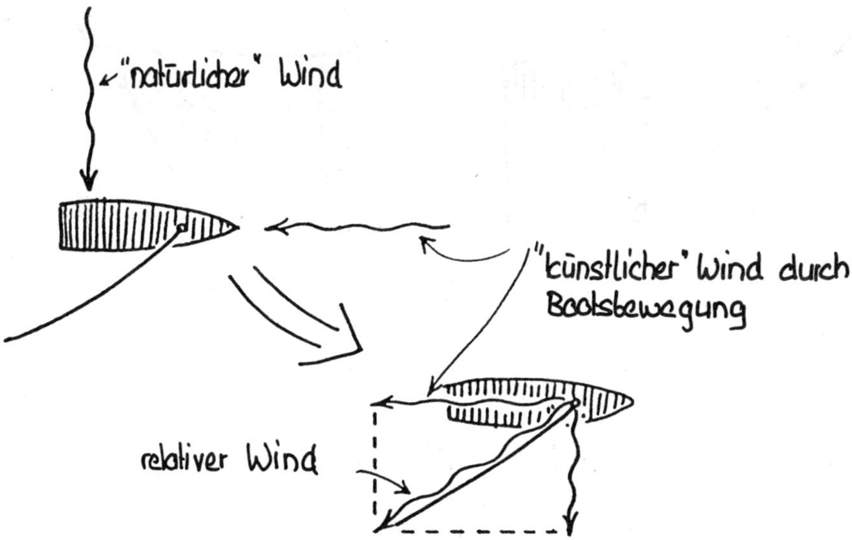

Wenn der Winkel des relativen Windes dem Segelwinkel entspricht, gibt es keinen Winddruck mehr.

GEGEN DEN WIND

Bei dieser Frage sollen Sie Ihr Verständnis der drei vorausgegangenen Fragen testen. Beachten Sie bei den vier dargestellten Segelbooten die Ausrichtung der Segel in bezug auf Wind- und Kielrichtung. Welches dieser Boote bewegt sich mit größter Geschwindigkeit in Vorwärtsrichtung?

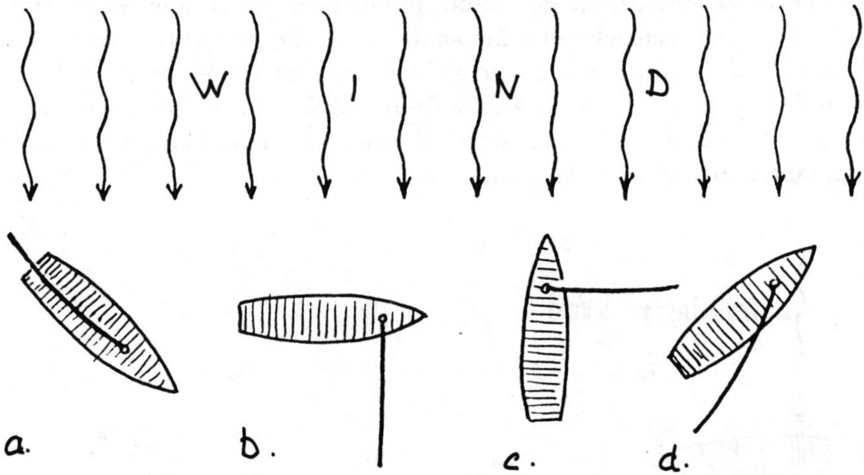

ANTWORT: GEGEN DEN WIND

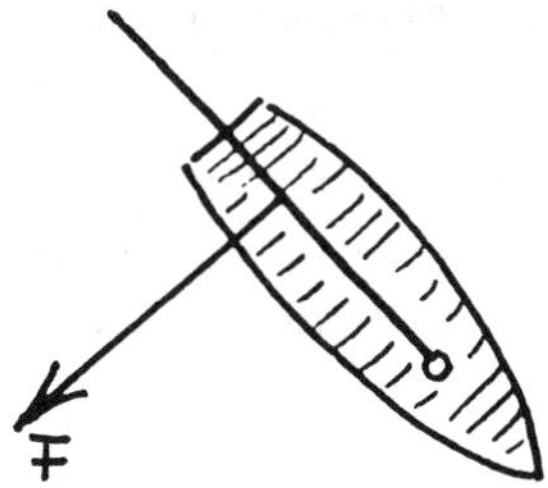

Die Antwort ist: d. Dies ist das einzige Boot, das sich vorwärts bewegt. Die Orientierung des Segels bei Boot a ist so, daß der Kraftvektor rechtwinklig zu der Richtung steht, in der sich das Boot frei bewegen kann (sie wird vom flossenartigen Kiel festgelegt). Diese vollständig seitliche Kraft hat keine Komponente in Vorwärts- (oder Rückwärts-) Richtung. Sie ist für den Antrieb des Boots genauso nutzlos wie die Schwerkraft beim Schieben einer Bowlingkugel über eine ebene Fläche. Beim Segelboot b ergibt sich überhaupt kein Winddruck, da der Wind einfach am Segel entlangbläst statt in es hinein. Das Segel des Segelbootes c nimmt den vollen Winddruck auf, treibt das Boot aber nach hinten statt nach vorn. Die Situation von d ist der aus der vorherigen Frage nicht unähnlich.

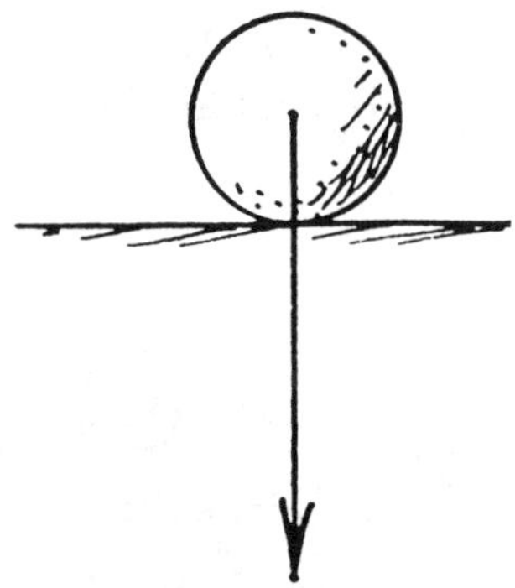

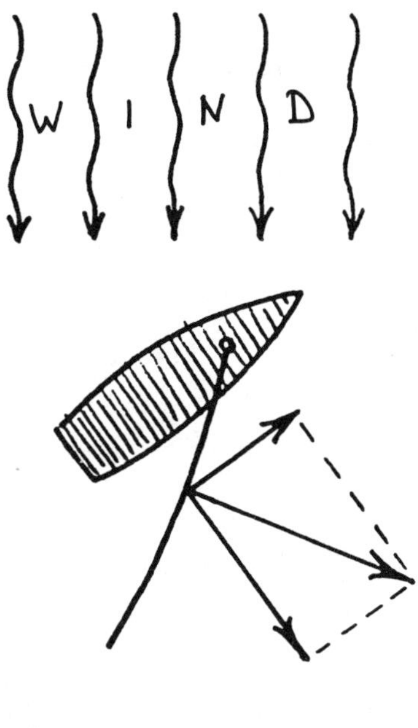

Es ist zu beachten, daß der Kraftvektor in der Skizze eine Komponente in Vorwärtsrichtung besitzt, die das Boot im angegebenen Winkel gegen den Wind antreibt. Dieses Boot kann tatsächlich schneller segeln als das quer zum Wind liegende Segelboot, da der Winddruck um so größer ist, je schneller es fährt. Deswegen ist die Höchstgeschwindigkeit eines Segelboots normalerweise bei einem bestimmten Winkel zum Wind vorhanden! Es kann nicht direkt gegen den Wind segeln, deshalb erreicht es ein genau voraus liegendes Ziel in einer Zickzackbewegung, die "Kreuzen" genannt wird.

KRAFTPROTZ

Wenn der Kraftprotz das Telefonbuch (Gewicht 40 N) so wie in der linken Abbildung hält, beträgt die Spannung in jedem senkrecht verlaufenden Seil 20 N. Wenn der Kraftprotz das Telefonbuch an einem vollständig waagerecht gestrafften Seil halten könnte, wäre die Spannung in jedem Seilstück

a) ca. 20 N
b) ca. 40 N
c) ca. 80 N
d) mehr als 1 Million N

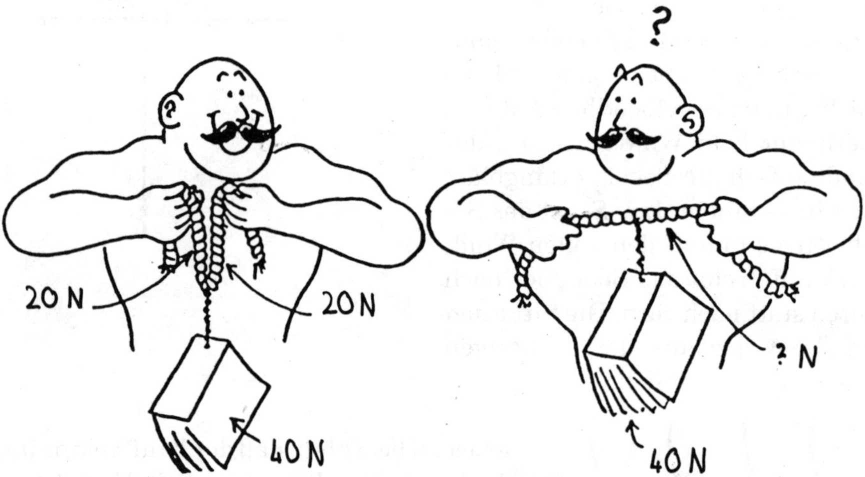

ANTWORT: KRAFTPROTZ Die Antwort ist: d. Um das zu verstehen, betrachten wir das an einem angewinkelten Seil aufgehängte Buch. Wir stellen alle Kräfte, die auf das Buch wirken, durch Vektorpfeile dar. Der 40-N-Vektor stellt das Gewicht des Buches dar und ist gerade nach unten zum Mittelpunkt der Erde hin gerichtet. Die Länge dieses Vektors legt die Maßeinheit für 40 N fest. Wie lang sind jetzt die anderen Vektoren, die nötig sind, um das Buch im Gleichgewicht zu halten? Die Größe dieser Vektorpfeile, verglichen mit unserem 40-N-Pfeil, gibt uns an, wie groß die Spannung im jeweiligen Seilstück ist.

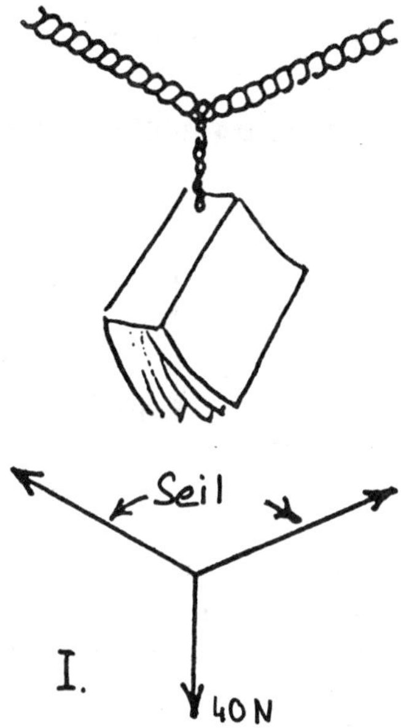

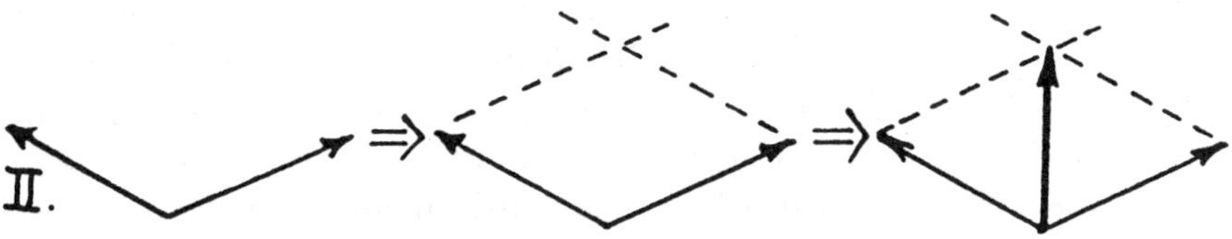

Wenn zwei Kräfte zusammenwirken, kann man die Gesamtwirkung der beiden Kräfte mit dem folgenden Verfahren ermitteln: Zeichnen Sie zuerst die beiden Kräfte als dünne Pfeile (Skizze II). Vervollständigen Sie dann das Parallelogramm mit gestrichelten Linien. Zeichnen Sie jetzt einen dicken Pfeil auf die Diagonale. Der dicke Pfeil ist die Nettokraft. Übrigens behauptet ein Physiklehrer namens Dave Wall, daß einige Leute meinen, sie müßten einen längeren Pfeil malen, wenn sie etwas mit einem längeren Seil ziehen. Die Länge des Kraftpfeils hängt nur von der Stärke der Kraft ab – und die hängt davon ab, wie stark Sie ziehen. Mit der Seillänge hat das nichts zu tun.

Die Gesamtwirkung der Zugseile besteht darin, das 4-kg-Buch festzuhalten, d.h. daß die Gesamtwirkung der Seile eine Aufwärtskraft von 40 N ergibt. Wieviel Kraft müssen die Seile ausüben, um eine Aufwärtskraft von 40 N zu erzeugen? Um diese Kraft zu bestimmen, ziehen Sie zuerst zwei Linien in Seilrichtung (Skizze III). Zeichnen Sie dann die Aufwärtskraft von 40 N ein, die die Seile erzeugen sollen (dicker Pfeil). Jetzt

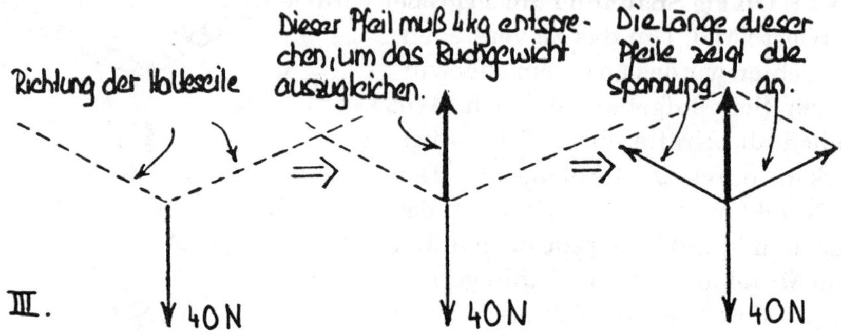

müssen Sie noch zwei gestrichelte Linien von der Spitze des dicken Pfeils einzeichnen, um ein Parallelogramm mit den Seilen zu bilden. An den Schnittpunkten der gestrichelten Linien mit den Seilen zeichnen Sie die Pfeilspitzen ein. Die gerade von Ihnen gezeichneten Pfeile entlang der Seile stellen die Kraft dar, die von den Seilen ausgeübt wird. Wie Sie sehen, ist jeder der Seilpfeile länger und stellt daher eine größere Kraft dar als der 40-N-Pfeil. Sie können die Kraft abschätzen, indem Sie die Länge der Pfeile mit der Länge des 40-N-Pfeils vergleichen, da die Zeichnung maßstabsgetreu ist, wenn Sie sie sorgfältig ausgeführt haben.
Nun hat unser Kraftprotz das Buch allerdings nicht in dem Winkel gehalten, den wir gerade untersucht haben. Aus den Skizzen können wir

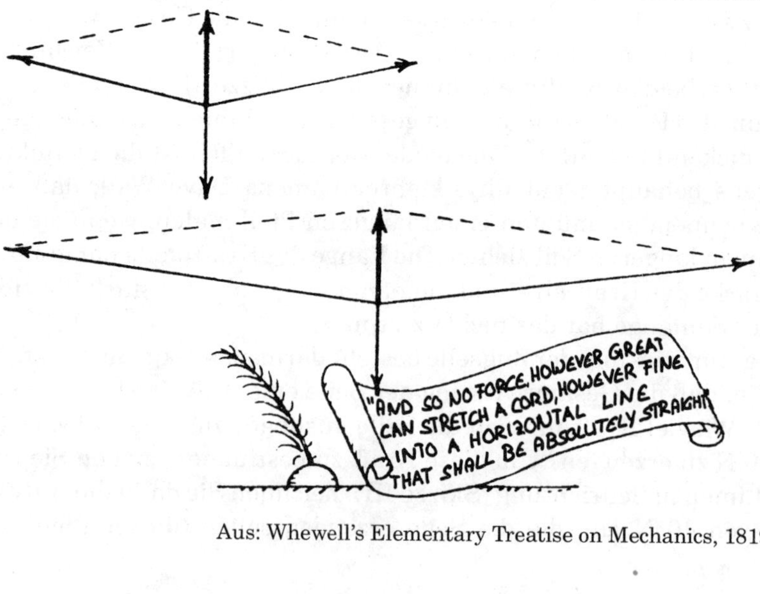

Aus: Whewell's Elementary Treatise on Mechanics, 1819.

sehen, daß die Spannung um so größer wird, je waagerechter die Halteseile werden, da unser Parallelogramm länger werden muß, je stumpfer der Basiswinkel wird. Wenn die Seile sich der Horizontalen nähern, nähert sich die zur Erzeugung einer vertikalen Resultierenden von 40 N erforderliche Kraft der Unendlichkeit. Es ist unmöglich, daß die das Buch tragenden Seile vollständig waagerecht sind ... ein Knick muß immer bleiben. Daher ist die Antwort "mehr als 1 Million N" eher zurückhaltend.

Falls Sie übrigens vergessen haben sollten, wie man ein Parallelogramm zeichnet, beginnen Sie einfach mit den beiden Seiten, die Sie haben. Legen Sie dann ein Lineal auf eine Linie und verschieben es solange parallel zu dieser Linie, bis es am Endpunkt der anderen Linie angelangt ist. Ziehen Sie dort wieder eine Linie. Schließlich wiederholen Sie das gleiche für die andere Seite ... fertig!

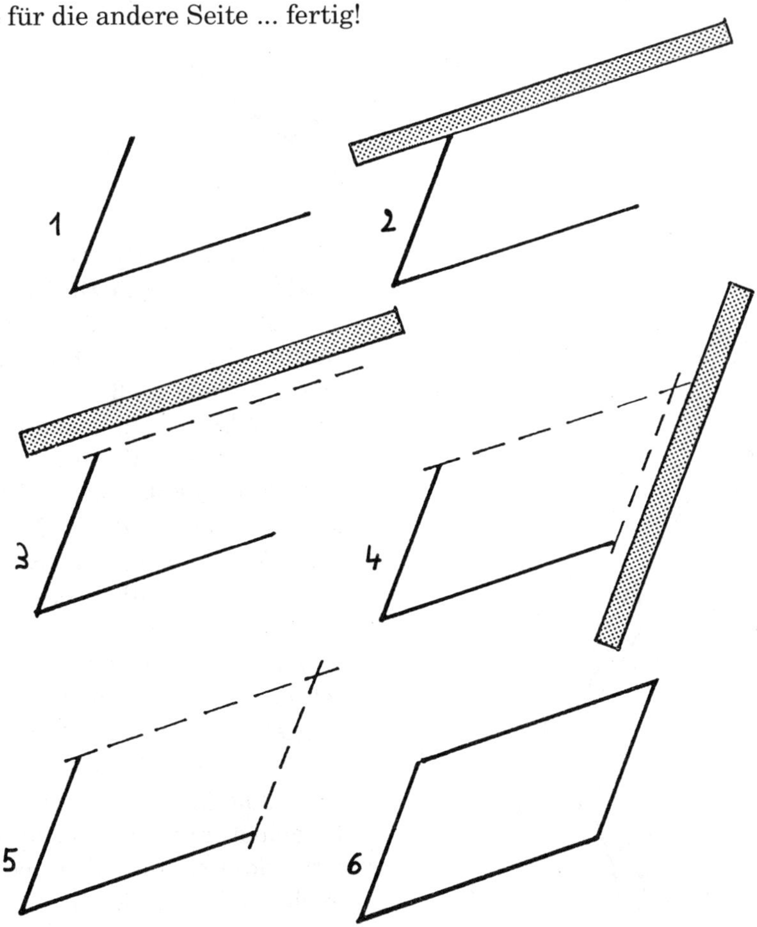

ADDIEREN SICH VEKTOREN IMMER?

Können zwei physikalische Gegenstände, die durch Vektoren dargestellt werden, immer als ein physikalischer Gegenstand angesehen werden, der die Summe der beiden Vektoren ist? Das heißt, wenn die Vektoren A und B etwas Gleichartiges darstellen, können die beiden zusammenwirkenden Gegenstände immer als ein Vektor C dargestellt werden, der die Diagonale des aus A und B gebildeten Parallelogramms ist? Kurz gesagt: Addieren sich Vektoren immer?

a) Ja, Vektoren addieren sich immer.
b) Nein, Vektoren addieren sich nicht immer.

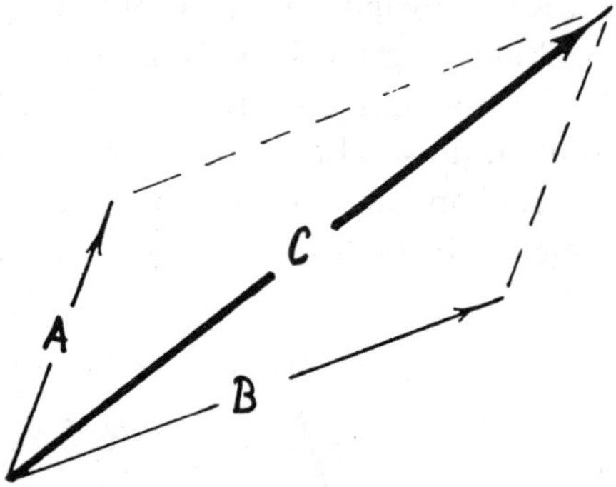

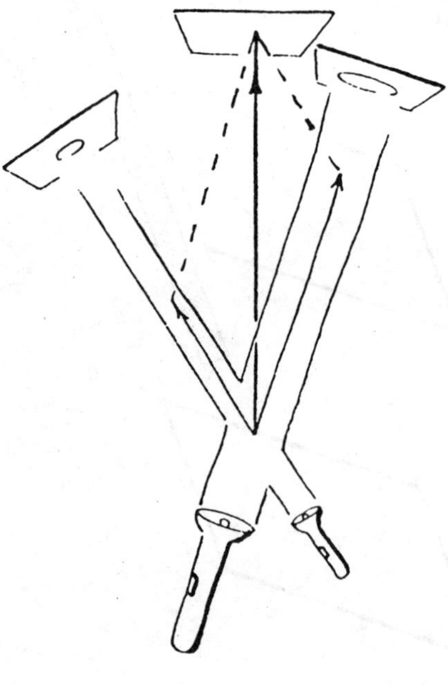

ANTWORT: ADDIEREN SICH VEKTOREN IMMER? Die Antwort ist: b. Die meisten Vektoren addieren sich. Viele Physikbücher setzen voraus, daß sich alles, was durch Vektoren dargestellt werden kann, auch wie Vektoren addieren läßt. Einige Leute setzen z.B. – ohne Beweis – voraus, daß sich Drehimpulsvektoren addieren. Sie addieren sich tatsächlich, das ist aber nicht offensichtlich.

Es addieren sich jedoch nicht alle Vektoren. Der Energiefluß in einem Lichtstrahl kann z.B. durch einen Vektor dargestellt werden. Er wird "Poynting Vektor" genannt. Wenn die beiden Strahlen zusammenwirken, addieren sie sich jedoch nicht zu einem dritten Strahl.

KRAFT?

Der starke Mann zieht die Feder auseinander. Wirkt eine Kraft auf die Feder?

a) natürlich
b) es wirkt keine Kraft auf die Feder

ANTWORT: KRAFT? Überraschung. Die Antwort ist: b. Wie kommt das? Nun, zum einen wirkt eine Kraft in eine bestimmte Richtung. In welche Richtung wirkt die Kraft auf die Feder? Nach links oder nach rechts? Zum andern beschleunigt eine Kraft Dinge. In welche Richtung wird die Feder beschleunigt? Sie wird überhaupt nicht beschleunigt. Sie bewegt sich nicht einmal. Nun, wenn keine Kraft auf die Feder wirkt, was wirkt dann auf sie? Eine Spannung. Kraft und Spannung sind sehr verschieden. Wenn man diesen Unterschied nicht berücksichtigt, entsteht eine ziemlich große Verwirrung. Spannungen ergeben sich aus verschiedenen Kräften, die auf unterschiedliche Teile eines Körpers wirken. Spannungen können daher Gegenstände zerbrechen. Wenn die gleiche Kraft auf alle Teile eines Körpers wirkt, wird dieser in Kraftrichtung beschleunigt, aber nicht auseinandergerissen.
Wenn die gleiche Kraft auf alle Teile eines Körpers wirkt, wird sie eine reine Kraft genannt. Reine Kräfte können Gegenstände nicht zerbrechen. Wenn alle auf einen Körper wirkenden Kräfte sich aufheben oder zu null addieren, wie es bei der Feder der Fall ist, wird die Spannung eine reine Spannung genannt. Natürlich lassen sich Situationen denken, in denen Kräfte und Spannungen gemischt sind. Kraft und Spannung werden zwar beide in der Einheit Newton (N) gemessen, trotzdem besteht ein großer Unterschied zwischen ihnen.* Tatsächlich sind sie wesentlich unterschiedliche Arten mathematischer Größen. Eine Kraft ist ein Vektor, und eine Spannung ist ein Tensor.

---

* Drehmoment und Energie haben auch die gleiche Einheit Newtonmeter (Nm), sind aber sicherlich zwei völlig verschiedene physikalische Größen.

ZIEHEN

Denken Sie bei dieser Aufgabe genau nach: In den beiden Fällen a und b führt eine Nettokraft von 100 N (10 N ist die Kraft, die eine Masse von 1 kg zum Erdmittelpunkt zieht, d.h. das Gewicht von 1 kg auf der Erde) zur Beschleunigung eines Blocks A über den Tisch zur Rolle hin. Vernachlässigen Sie die Reibung vollständig.

Die Beschleunigung von Block A ist

a) im Fall a größer
b) im Fall b größer
c) in beiden Fällen gleich

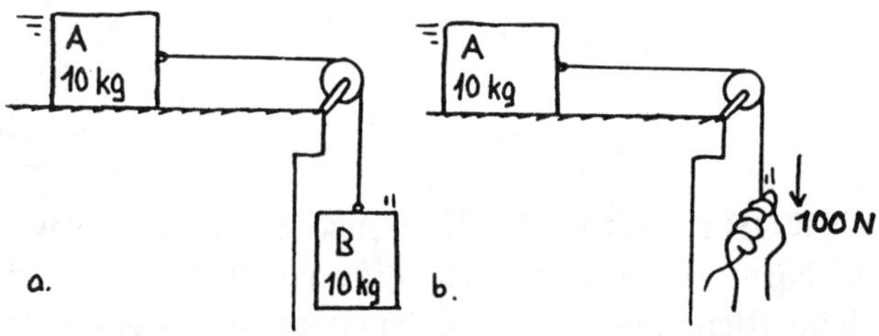

In diesem Fall spielt die Reibung aber eine Rolle – und zwar die Reibung zwischen Block A und der Oberfläche, zwischen der Luft und den sich bewegenden Blöcken und sogar die Reibung an der Rolle, ganz zu schweigen von ihrer Drehung. Wie könnten wir dann also die "Reibung vollständig vernachlässigen"? Das ist, als ob wir uns in einer künstlichen Welt hypothetischer, idealer oder eingebildeter Dinge bewegten.
Das ist zum Teil wahr. Gleichzeitig ist es einer der leistungsfähigsten Schlüssel für das Verständnis der real vorhandenen Welt. Machen Sie in Ihrem Kopf die Situation einfacher als sie ist, indem Sie Komplikationen und Einzelheiten ignorieren. Entkleiden Sie die Realität. Dann steht der wesentliche Teil der Situation allein und frei da, so daß Sie ihn erfassen können. Wenn Sie den wesentlichen Teil erst einmal erfaßt haben, können die Einzelheiten und Komplikationen wieder hinzugefügt werden.
Woher wissen Sie aber, daß die Reibung eine Komplikation ist, die weggelassen werden kann? Weil Sie sie in der Realität so weit verringern können wie Sie möchten, wenn Sie sich die Mühe machen. Und woher wissen Sie, welche anderen Dinge noch minimiert werden können? Durch ein funktionierendes Gefühl dafür, was in dieser Welt letztendlich getan werden kann und was nicht. Das ist die Kunst. Hoffentlich hilft dieses Buch Ihnen bei der Entwicklung dieser Kunst.

ANTWORT: ZIEHEN Die Antwort ist: b. Das ist so, weil die Seilspannung in beiden Fällen nicht gleich ist. Die Spannung in dem von Hand gezogenen Seil in Fall b beträgt 100 N, und diese beschleunigt natürlich den Block A. Wie groß ist aber die Spannung im Seil, wenn er von dem fallenden Gewicht gezogen wird? Geringer als 100 N. Warum? Wäre die Spannung 100 N, würde das hängende Gewicht überhaupt nicht abwärts beschleunigt, sondern befände sich im Gleichgewicht. Wäre die Masse von Block A sehr viel größer als 10 kg, läge die Spannung in der Nähe von 100 N, und Block A würde kaum bewegt. Im entgegengesetzten Fall, d.h., wenn Block A federleicht wäre, wäre die Spannung dagegen sehr klein – das Seil würde durchhängen, und B befände sich fast im freien Fall. In unserem Fall liegt die Masse von Block A in der Mitte zwischen diesen Extremen und ist weder größer noch kleiner als die von Block B. Die Spannung liegt in der Mitte zwischen 100 und 0 N, sie beträgt in Wirklichkeit 50 N. Damit wird Block A nur halb so stark beschleunigt, wenn er vom fallenden Gewicht gezogen wird.

Wir können das auch anders erkennen: In beiden Fällen wirkt zwar eine Kraft von 100 N, im Fall A wird aber die doppelte Masse beschleunigt, das Gewicht des 10-kg- Blocks beschleunigt die Masse der beiden 10-kg-Blöcke. Damit erkennen wir, daß die Beschleunigung im Fall a halb so groß sein muß wie im Fall b. Noch etwas: Im Fall b wirkt eine Kraft von 100 N auf die Masse eines 10-kg- Körpers. Das bedeutet, daß die Beschleunigung rund 10 m/s^2 beträgt, gleich wie im freien Fall (erinnern Sie sich an die fallenden Steine).

Daher wird der Block A mit 10 m/s^2 über den Tisch beschleunigt, wenn er von Hand mit einer Kraft von 100 N (gleich 100 kg m/s^2) beschleunigt wird, während er vom hängenden 10-kg-Gewicht nur mit der halben Beschleunigung, 5 m/s^2, beschleunigt wird. Die beiden Fälle sind nicht gleichwertig.

MAGNETAUTO

Kann ein vor einen Eisenwagen gehängter Magnet den Wagen antreiben?

a) Ja
b) Der Wagen bewegt sich, wenn keine Reibung vorhanden ist.
c) Er bewegt sich nicht.

ANTWORT: MAGNETAUTO Die Antwort ist: c. Sie können einfach sagen, daß man keine Arbeit erhält, wenn man keine hineinsteckt – oder daß das Perpetuum mobile unmöglich ist. Oder Sie können das dritte Newtonsche Gesetz zur Hilfe nehmen: Die Kraft, die auf das Auto wirkt, ist genauso groß wie die auf den Magneten wirkende und dieser entgegengerichtet – daher heben sich diese Kräfte gegenseitig auf. Diese formalen Erklärungen erläutern aber nicht, warum die Sache nicht funktioniert.

Um intuitiv zu erkennen, warum es nicht funktioniert, verbessern wir die Konstruktion, indem wir vorne an den Wagen einen weiteren Magneten setzen. Um die Sache dann noch zu verbessern, setzen wir die Magnete in den Wagen. Dann kommt die Frage: In welche Richtung fährt er?

PUFF UND FUPP

Nun kommt eine harte Nuß. Wenn Sie ein Loch in eine mit Preßluft gefüllte Dose schlagen und die austretende Luft nach rechts bläst, bewegt sich die Dose raketenartig nach links. Betrachten wir jetzt eine Dose, in deren Inneren ein Vakuum herrscht. Nachdem das Vakuum aufgefüllt ist, bewegt sich die Dose

a) nach links
b) nach rechts
c) überhaupt nicht

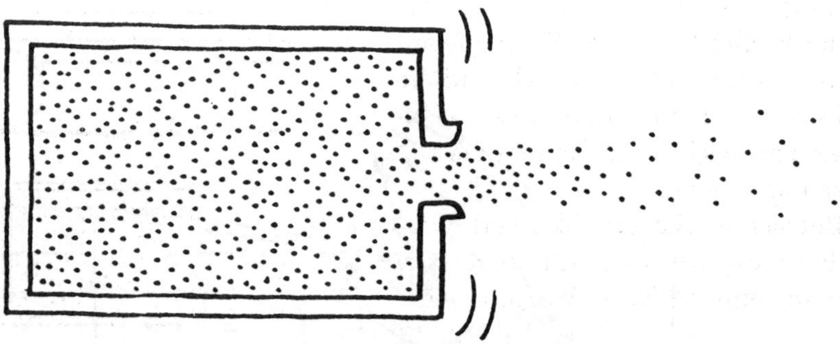

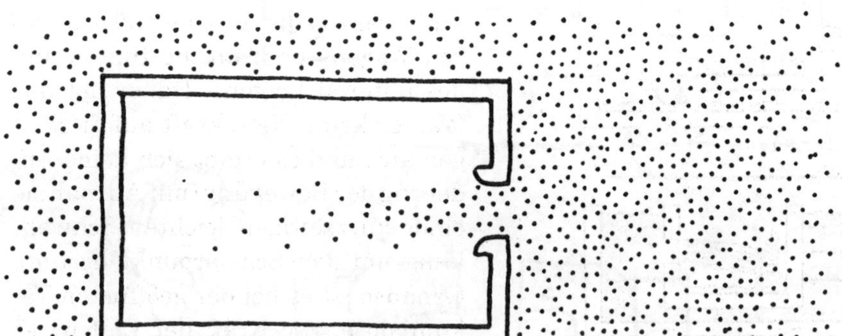

ANTWORT: PUFF UND FUPP Lesen Sie dies, bevor Sie eine begründete Antwort in Gedanken formuliert haben? Wenn ja, trainieren Sie Ihren Körper auch dadurch, daß Sie anderen bei Liegestützen zugucken? Wenn die Antworten auf beide Fragen nein ist und wenn Sie sich für die Antwort c entschieden haben, muß Ihnen gratuliert werden!

Um zu sehen warum, betrachten wir den wassergefüllten Karren in Skizze I. Wir sehen, daß er nach rechts beschleunigt wird, da die auf die rechte Wand wirkende Kraft des Wassers größer ist als die Kraft des Wassers, die auf die linke Wand wirkt. Die Kraft nach links ist kleiner, da die "Kraft", die auf den Auslaß wirkt, nicht auf den Wagen ausgeübt wird. Genauso ist es bei der Preßluftdose. Die Kraft, die auf das Loch wirkt, wird nicht auf die Dose ausgeübt, und dieses Ungleichgewicht beschleunigt die Dose nach rechts.

Betrachten Sie jetzt Skizze II. Werden diese wassergefüllten Karren beschleunigt? Nein. Warum nicht?

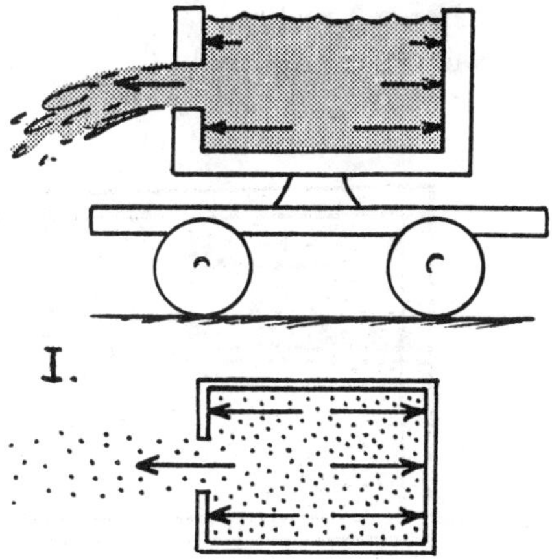

I.

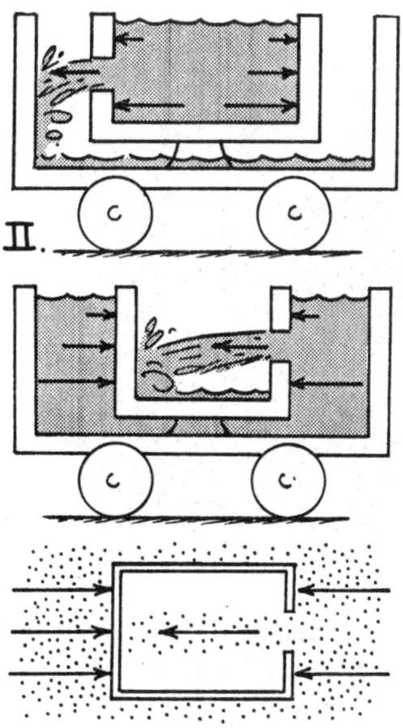

II.

Da die "Kraft" des austretenden Wassers auf die Wagen ausgeübt wird – und zwar auf die Außenwand des oberen Wagens und auf die Innenwand des unteren Wagens. Daher übt das Wasser keine Nettokraft auf die Wagen aus, und es ergibt sich keine Änderung der Bewegung (mit Ausnahme einer kurzzeitigen leichten Schwankung um den Schwerpunkt herum). Genauso ist es bei der geöffneten Vakuumdose. Die Kraft der Luft wirkt zwar nicht auf das Loch, wird aber auf einen anderen Teil der Dose ausgeübt, nämlich auf die linke innere Wand. Wie beim doppelwandigen Wagen sind die Kräfte also ausgeglichen, so daß kein Raketenantrieb auftritt.

LEVIS

Das Warenzeichen von Levi Strauss zeigt zwei Pferde, die versuchen, eine Jeans auseinanderzureißen. Nehmen wir an, Levi hätte nur ein Pferd gehabt und die andere Seite der Hose an einem Zaunpfosten festgemacht. Dadurch würde

a) die Spannung in der Hose halbiert
b) die Spannung in der Hose nicht verändert
c) die Spannung in der Hose verdoppelt

ANTWORT: LEVIS Die Antwort ist: b. Nehmen wir an, daß ein Pferd eine Kraft von einer Tonne ausüben kann. Dann muß das andere Pferd ebenfalls die Kraft von einer Tonne ausüben, wenn das Tauziehen ausgeglichen sein soll. Wenn jetzt ein Pferd mit einer Tonne Kraft zieht, muß der Pfosten mit einer Tonne zurückziehen, da andernfalls das Pferd die Hosen wegziehen würde. Es spielt daher keine Rolle, ob der Pfosten zieht oder ein anderes Pferd. Wirkt eine Kraft auf die Hose? Nein. Nur Spannung.

Die zugrundeliegende Idee kann erweitert werden. Angenommen, zwei Autos mit identischer Masse fahren mit 80 km/h aufeinander zu und prallen frontal aufeinander. Als zweiten Fall nehmen wir ein Auto, das mit 80 km/h auf eine unbewegliche Steinwand fährt. In welchem Fall wird das Auto stärker beschädigt? Es gibt keinen Unterschied. Der Schaden ist in beiden Fällen gleich.

Pferd und Auto können beide eine bestimmte Kraft ausüben. Dieser Kraft kann sich ein gleichwertiges Pferd oder Auto in entgegengesetzter Richtung oder ein unbewegliches Objekt entgegenstellen. Das unbewegliche Objekt wirkt tatsächlich wie ein Kraftspiegel. Seine Kraft stellt eine Reflexion der Kraft dar, die an das Objekt angelegt wird. Die Wand schlägt Sie, wenn Sie sie schlagen – und zwar genauso hart. Das ist das dritte Newtonsche Gesetz (actio = reactio).

PFERD UND KUTSCHE

Dies ist wahrscheinlich die älteste und berühmteste Denkaufgabe der klassischen Physik. Was ist richtig?

a) Wenn Kraft immer gleich Gegenkraft ist, kann ein Pferd keine Kutsche ziehen, da die Kraft des Pferds auf die Kutsche von der Gegenkraft der Kutsche auf das Pferd genau aufgehoben wird. Die Kutsche zieht das Pferd genauso stark rückwärts, wie das Pferd die Kutsche vorwärts zieht, daher können sie sich nicht bewegen.

b) Das Pferd zieht die Kutsche etwas stärker nach vorn, als die Kutsche das Pferd zurückzieht, daher bewegen sie sich nach vorn.

c) Das Pferd zieht die Kutsche vorwärts, bevor diese Zeit für eine Reaktion hat, daher bewegen sie sich nach vorn.

d) Das Pferd kann die Kutsche nur dann vorwärts ziehen, wenn es mehr wiegt als die Kutsche.

e) Die Kraft auf die Kutsche ist genauso stark wie die Kraft auf das Pferd, das Pferd ist jedoch durch die flachen Hufe mit der Erde verbunden, während die Kutsche auf den runden Rädern frei rollen kann.

ANTWORT: PFERD UND KUTSCHE Die Antwort ist: e. Die auf das Pferd wirkende Kraft ist tatsächlich genauso stark wie die Kraft, die auf die Kutsche wirkt. Sie sind aber an einer Beschleunigung und nicht an einer Kraft interessiert. Die Beschleunigung eines Gegenstands hängt von seiner Masse sowie der wirkenden Kraft ab.

Nun, wer hat mehr Masse – das Pferd oder die Kutsche? Es spielt keine Rolle, da das Pferd über die flachen Hufe mit der Erde verbunden ist. Daher zieht tatsächlich eine Kraft die Kutsche, und eine gleiche und entgegengesetzte Gegenkraft zieht am Pferd und an der *Erde.* Will man das Pferd zurückziehen, muß man außerdem auch die massive Erde zurückziehen, während die Kutsche, da sie sehr viel weniger Masse als die Erde besitzt, sehr viel leichter bewegt wird. Während sich die Kutsche vorwärts bewegt, bewegt sich jedoch die gesamte Erde leicht rückwärts.

Wenn das Pferd die Kutsche einen Meter vorwärts zieht, wie weit bewegt sich dann die Erde rückwärts? Nehmen wir an, die Kutsche wiegt 600 kg. Die Masse der Erde ist 10.000.000.000.000.000.000.000mal größer. Damit bewegt sich der Planet um den 10.000.000.000.000.000.000.000-sten Teil eines Meters rückwärts, aber das ist schwerlich zu bemerken! Übrigens können Sie sich einige Tinte sparen, wenn Sie 10.000.000.000.000.000.000.000 (eine 1 mit 22 Nullen) als 10^{22} schreiben.

POPCORN-NEUTRINO

In Mamas Bratpfanne befindet sich ein noch nicht aufgeplatztes Maiskorn, das zu einem Popcorn zerplatzt, das in Richtung p davonschießt. Daher ist es während des Zerfalls wahrscheinlich, daß

a) ein subatomares Teilchen, z.B. ein Neutrino in Gegenrichtung q ausgesendet wird
b) zwar kein Neutrino beteiligt ist, aber etwas Unsichtbares in Richtung q ausgesendet wird
c) überhaupt nichts in Richtung q ausgesendet wird

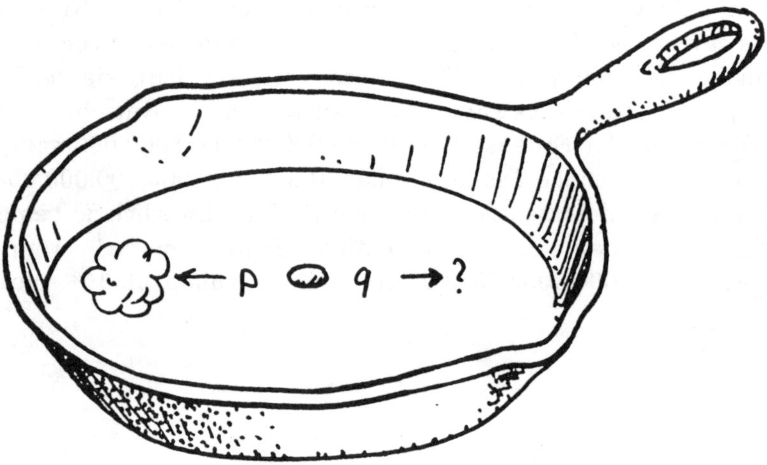

ANTWORT: POPCORN-NEUTRINO Die Antwort ist: b. Wenn Neutrinos aus Popcorn ausgesendet würden, wären sie bereits im 18. Jahrhundert entdeckt worden. Es muß aber etwas Unsichtbares aus dem Popcorn herausgeschossen sein. Was könnte es in Richtung p angetrieben haben? Was ist dieses unsichtbare Ding? Dampf. Im Maiskorn befindet sich Feuchtigkeit, die sich bei Erhitzung in Dampf umwandelt, die den Kern zerreißt. Wenn der Dampf in Richtung q davonschießt, prallt das Popcorn in Richtung p zurück.

IMPULS

Impuls ist Masse in Bewegung; er entspricht dem Produkt aus der Masse und der Geschwindigkeit eines Körpers. Wird zum Beispiel die Geschwindigkeit einer Kanonenkugel verdoppelt, so wird auch der Impuls verdoppelt. Oder wird statt dessen die Masse der Kanonenkugel verdoppelt, so verdoppelt sich der Impuls ebenfalls. Nehmen wir jetzt an, die Masse einer Kanonenkugel werde irgendwie verdoppelt und ihre Geschwindigkeit ebenfalls. Dann ist der Impuls

a) gleich groß
b) doppelt so groß
c) viermal so groß
d) weder noch

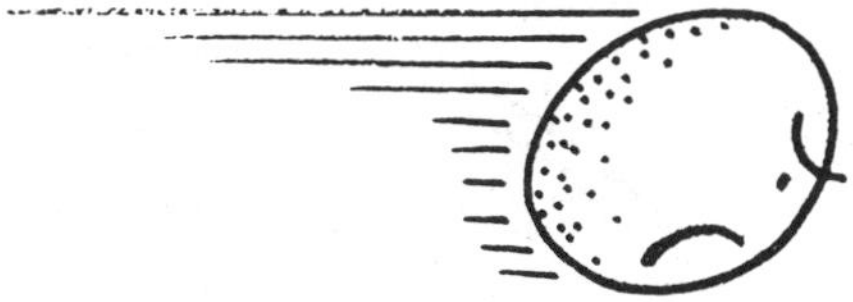

ANTWORT: IMPULS Die Antwort ist: c – was aus der Definition des Impulses folgt: Masse x Geschwindigkeit. Doppelte Masse x doppelte Geschwindigkeit ergibt vierfachen Impuls. Ein Körper erhält Impuls durch einen Kraftstoß – dieser ist "die *Kraft* multipliziert mit der *Zeit*, während der die Kraft wirkt".

Wir sagen: Kraftstoß = Impulsänderung

$$F \cdot t = \Delta(m \cdot v)$$

IN FAHRT BRINGEN

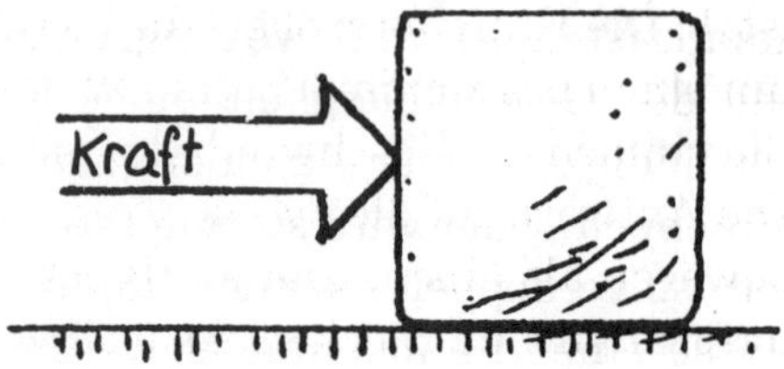

Wir wollen die Idee des Kraftstoßes und des Impulses weiterentwikkeln. Stellen Sie sich dazu einen Eisblock auf einem reibungsfreien gefrorenen See vor. Nehmen wir jetzt an, daß eine konstante Kraft auf den Block wirkt. Natürlich bringt diese den Block in Fahrt; sie beschleunigt ihn. Nachdem die Kraft einige Zeit gewirkt hat, hat die Geschwindigkeit des Blocks um einen bestimmten Betrag zugenommen. Bleibt jetzt aber die Kraft und die Masse des Blocks unverändert und wird die Dauer der Krafteinwirkung verdoppelt, dann ist die Geschwindigkeitszunahme

a) gleich groß b) doppelt so groß c) dreimal so groß
d) viermal so groß e) halb so groß

Als nächstes bleiben Kraft und Dauer der Krafteinwirkung unverändert, aber die Masse des Blocks wird verdoppelt, dann ist die Geschwindigkeitszunahme

a) gleich groß b) doppelt so groß c) halb so groß
d) viermal so groß e) ein Viertel der ursprünglichen

Nehmen wir jetzt an, daß nur die Kraft verdoppelt wird, während Masse und Dauer der Krafteinwirkung unverändert bleiben. Die Geschwindigkeitszunahme ist dann

a) gleich groß b) doppelt so groß c) halb so groß
d) viermal so groß e) ein Viertel der ursprünglichen

Schließlich wollen wir annehmen, daß Kraft, Masse und Dauer der Krafteinwirkung genauso sind wie am Anfang, während die Schwerkraft irgendwie verdoppelt ist – als ob das Experiment zum Beispiel auf einem anderen Planeten durchgeführt würde. Die Geschwindigkeitszunahme ist dann

a) unverändert b) doppelt so groß c) halb so groß
d) viermal so groß e) ein Viertel der ursprünglichen

ANTWORT: IN FAHRT BRINGEN Die Antwort auf die erste Frage ist: b. Die Kraft vergrößert die Geschwindigkeit des Blocks jede Sekunde um einen bestimmten Betrag. Wenn Sie die Zeit verdoppeln, verdoppeln Sie einfach die Geschwindigkeitszunahme.

Die Antwort auf die zweite Frage ist: c. Es ist schwerer, zwei Blöcke zu bewegen als einen, und ein Block mit doppelter Masse entspricht zwei ursprünglichen Blöcken. Es ist zweimal so schwer, einen Block mit doppelter Masse zu bewegen, daher wird die Geschwindigkeitszunahme halbiert. Beachten Sie bitte, daß dies nichts mit der Schwerkraft zu tun hat. Sogar wenn sich der Block in einem schwerelosen Raum befinden würde, wäre immer noch eine Kraft nötig, um die Geschwindigkeit zu ändern. Aus diesem Grunde müssen Raumschiffe immer Motoren an Bord haben, um ihre Bewegungen zu ändern, auch ganz tief im Weltraum. Im schwerelosen Raum mag das Gewicht des Blockes zwar null sein, er besitzt aber immer noch all seine Masse oder Trägheit ("Trägheit" ist ein Synomym für "Masse") – d.h. er hat immer noch seinen ganzen Widerstand gegen Geschwindigkeitsänderungen.

Die Antwort auf die dritte Frage ist: b. Es ist die Kraft, die bewirkt, daß sich die Geschwindigkeit ändert. Keine Kraft, keine Geschwindigkeitsänderung. Eine kleine Kraft bewirkt eine kleine Geschwindigkeitsänderung, eine große Kraft eine große Geschwindigkeitsänderung. Wenn Sie die Kraft verdoppeln, verdoppeln Sie die Geschwindigkeitsänderung – d.h. Sie verdoppeln die Beschleunigung.

Die Antwort auf die letzte Frage ist: a. Die zunehmende Schwerkraft (Gravitation) erhöht das Gewicht des Blocks, nicht aber seine Masse oder Trägheit. Es ist aber die Trägheit des Blocks, die zählt. Wenn wir uns Gedanken über die Reibung machen müßten, würde das Gewicht ins Spiel kommen, da das Gewicht die Reibung unter Kontrolle hat. Aber unser Eisblock, der hier auf Eis gleitet, bewegt sich reibungslos.

Diese ganze lange Geschichte kann durch eine kleine alte Gleichung abgekürzt werden.*

---

* Gleichungen sind nützliche Abkürzungen für Zusammenhänge, und der Physiker kommt nicht ohne sie aus. Sie werden aber häufig mißbraucht – wenn sie zum Ersatz für das Verständnis werden. Bemühen Sie sich niemals, Gleichungen zu behalten, bevor Sie die Begriffe verstehen, die diese Symbole darstellen. Erst nach einem begrifflichen Erfassen sind die Gleichungen wirklich von Bedeutung.

Diese Gleichung lautet: Geschwindigkeitsänderung ist gleich Kraft mal Zeitdauer geteilt durch Masse

$$\Delta v = \frac{F \cdot t}{m}$$

Dies ist eine Umformung der Gleichung Kraftstoß = Impulsänderung ($F \cdot t = \Delta\, mv$), die wir kurz in unserer letzten Frage (Impuls) behandelt haben.

Noch ein Gedanke:
Eine Bewegungsänderung muß nicht unbedingt eine Geschwindigkeitszunahme sein. Eine Abnahme ist ebenfalls eine Änderung. Eine Geschwindigkeitsabnahme kann wie eine Geschwindigkeitszunahme betrachtet werden, wenn die Kraft umgedreht wird. Und noch etwas: Die Geschwindigkeitsänderung kann sogar seitwärts erfolgen, wenn eine seitliche Kraft auf den Block wirkt. Eine solche Änderung muß nicht einmal unbedingt etwas daran ändern, wie schnell sich der Block bewegt. Sie könnte auch nur seine Bewegungs*richtung* ändern!
Ein letzter Gedanke: Die Worte "Schnelligkeit" und "Geschwindigkeit" sind – locker gesprochen – austauschbar. Strenggenommen ist die Schnelligkeit jedoch ein Maß dafür, wie schnell sich ein Gegenstand bewegt, ohne daß dabei die Richtung eine Rolle spielt, und Geschwindigkeit ist der Begriff, wenn auf die Richtung geachtet wird. So kann sich die Geschwindigkeit ändern, während die Schnelligkeit konstant bleibt, wie bei einem Klotz am Ende eines Seils, der sich auf einem Kreis bewegt (er ändert dauernd die Richtung, während sein "Tacho" konstant bleibt). Also berücksichtigt die Änderung der Geschwindigkeit eine Änderung der Schnelligkeit und/oder der Richtung, während die Schnelligkeitsänderung nur eine Änderung ist im "wie schnell?" Aus diesem Grunde definieren Physiker die Beschleunigung als die zeitliche Änderung der *Geschwindigkeit* (und nicht der Schnelligkeit).

ORKAN

Die von einem Orkan mit der Windgeschwindigkeit 120 km/h auf ein Haus ausgeübte Kraft ist

a) gleich stark ...
b) doppelt so stark ...
c) dreimal so stark ...
d) viermal so stark wie die Kraft, die von einem Sturm mit 60 km/h auf das gleiche Haus ausgeübt wird.

ANTWORT: ORKAN Die Antwort ist: d. Ist die Windgeschwindigkeit doppelt so groß, ist auch die Masse der Luft, die das Haus pro Sekunde trifft, doppelt so groß. Die Geschwindigkeit der Masse ist aber auch verdoppelt. Doppelte Masse mal doppelte Geschwindigkeit bedeutet, daß der vierfache Impuls pro Sekunde das Haus trifft. Die Kraft auf das Haus ist proportional zum Impuls pro Sekunde. Verdoppelt sich also die Windgeschwindigkeit, steigt die Kraft auf das Vierfache. Und wenn sich die Geschwindigkeit verdreifacht? Dann steigt die Kraft auf das Neunfache.

RAKETENSCHLITTEN

Ein kleiner Schlitten wiegt ein Kilogramm. Er wird auf reibungsloses Eis gesetzt und von einem Spielzeugraketenmotor angetrieben. Nachdem der Raketentreibstoff verbraucht ist, rutscht der Schlitten mit einem Zentimeter pro Sekunde über das Eis. Wieviel Kraft übte die Rakete auf den Schlitten aus, um ihn in Gang zu setzen?

a) 10 N
b) 40 N
c) 160 N
d) 320 N
e) Die gegebenen Informationen reichen für die Beantwortung der Frage nicht aus.

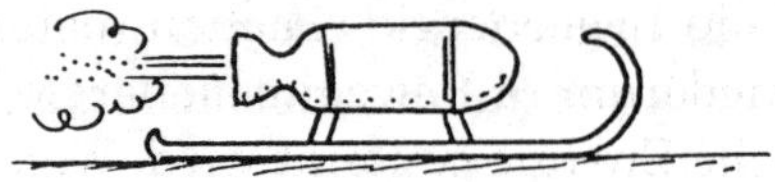

ANTWORT: RAKETENSCHLITTEN Die richtige Antwort ist: e, man kann es nicht sagen! Der Raketenmotor kann eine kleine Kraft über einen langen Zeitraum oder eine große Kraft über einen kurzen Zeitraum ausgeübt haben, das ist aber aus den gegebenen Informationen nicht ersichtlich. Die Frage ähnelt sehr stark der folgenden: Wie lang ist ein Rechteck, dessen Fäche 12 cm^2 beträgt? Es könnte ein Zentimeter lang und zwölf Zentimeter hoch oder zwei Zentimeter lang und sechs Zentimeter hoch oder drei Zentimeter lang und vier Zentimeter hoch sein. Im Fall des Schlittens entspricht die Impulszunahme der Fläche des Rechtecks, während sich die Kraft und die Dauer der Kraftwirkung wie die Seiten des Rechtecks verhalten, die miteinander multipliziert die Fläche ergeben.

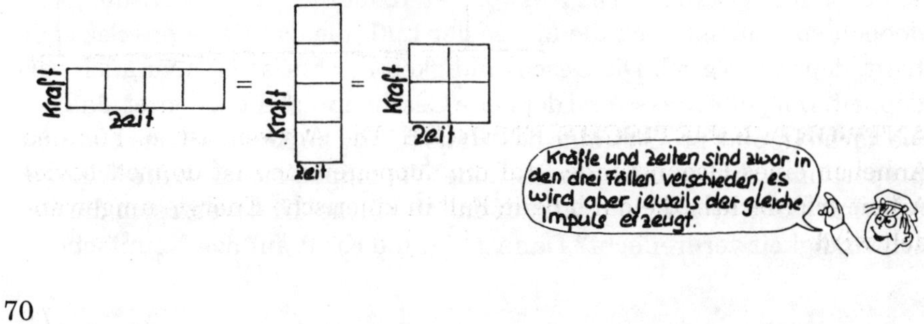

KINETISCHE ENERGIE

Wir haben gesehen, daß eine Kraft multipliziert mit der Dauer der Kraftwirkung der Änderung des Impulses des Objektes entspricht, auf das die Kraft wirkt: Kraftstoß = Δ Impuls. Wir betrachten jetzt einen anderen zentralen Gedanken in der Physik, das Arbeits-Energie-Prinzip. Die Arbeit (Kraft mal Weg, über den die Kraft wirkt), die an einem Körper ausgeführt wird, steigert die Energie des Körpers – sie kann zum Beispiel die Lageenergie erhöhen (potentielle Energie = Gewicht x Höhe), die wiederum in Bewegungsenergie umgewandelt werden kann, die kinetische Energie genannt wird. Wenden Sie diese Beziehung auf folgendes an: Ein Stein wird auf eine gegebene Höhe angehoben und auf den Boden fallen gelassen. Danach wird ein zweiter identischer Stein zweimal so hoch wie der erste angehoben und ebenfalls fallen gelassen. Wenn der zweite Stein auf den Boden auftrifft, hat er

a) halb soviel kinetische Energie wie der erste
b) genausoviel kinetische Energie wie der erste
c) doppelt soviel kinetische Energie wie der erste
d) viermal soviel kinetische Energie wie der erste

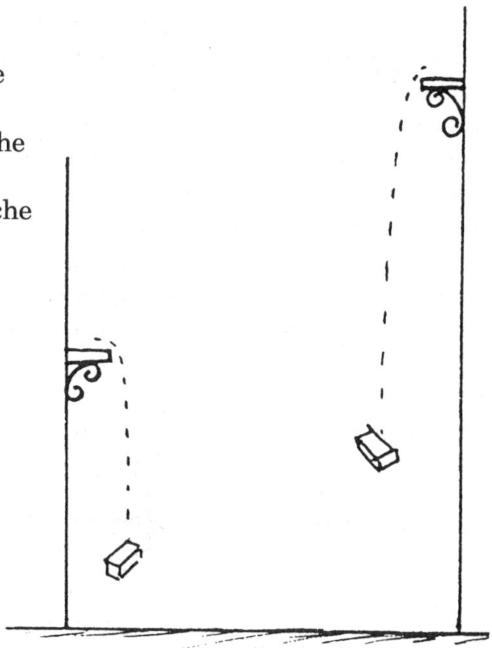

ANTWORT: KINETISCHE ENERGIE Die Antwort ist: c. Für das Anheben eines Gegenstandes auf die doppelte Höhe ist doppelt soviel Arbeit erforderlich, die dann beim Fall in kinetische Energie umgewandelt wird.

NOCHMAL KINETISCHE ENERGIE

Ein Stein wird auf eine gegebene Höhe angehoben und dann auf den Boden fallen gelassen. Danach wird ein zweiter Stein mit dem doppelten Gewicht genauso hoch wie der erste angehoben und ebenfalls fallen gelassen. Wenn der zweite Stein auf den Boden auftrifft, hat er

a) halb soviel kinetische Energie wie der erste
b) genausoviel kinetische Energie wie der erste
c) doppelt soviel kinetische Energie wie der erste
d) viermal soviel kinetische Energie wie der erste

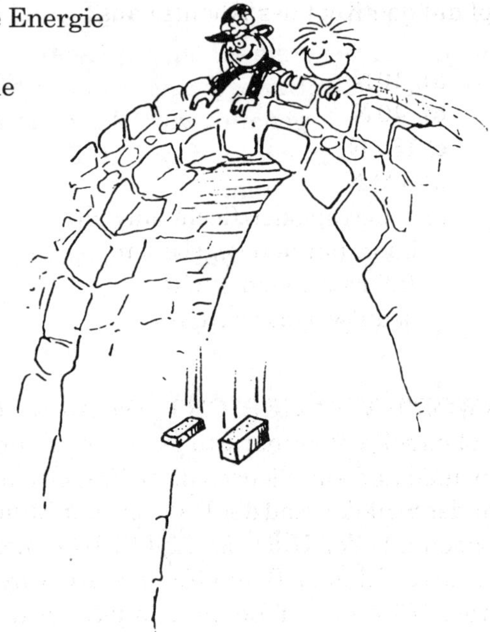

ANTWORT: NOCHMAL KINETISCHE ENERGIE Die Antwort ist: c. Das Anheben eines Steins mit doppeltem Gewicht ist das gleiche wie das zweimalige Anheben des ersten Steins und benötigt daher zweimal soviel Arbeit, die beim Fall in kinetische Energie umgewandelt wird.

VOR GERICHT

Bei der Vorbereitung seines Falles für den Prozeß grübelte ein Rechtsanwalt über diese Frage nach:*

Ein Blumentopf mit der Masse ein Kilogramm fiel einen Meter tief von einem Regal herunter auf den Kopf der Klientin. Wieviel Kraft übte der Topf auf den Kopf der Klientin aus?

a) 10 N
b) 40 N
c) 160 N
d) 320 N
e) Die Frage des Rechtsanwalts kann mit den gegebenen Informationen nicht beantwortet werden.

ANWORT: VOR GERICHT Die Antwort ist: e. Warum nicht? Dieses Problem sollte für einen Studenten mit Hauptfach Physik ein Kinderspiel sein, niemand kann jedoch diese Frage beantworten, ohne zu wissen, wie sehr der Schädel (und der Hals und der Blumentopf und das Haar oder gegebenenfalls der Hut) "nachgibt". Wäre der Blumentopf auf etwas sehr Weiches gefallen, z.B. ein Kopfkissen, wäre nur sehr wenig Kraft aufgetreten. Wäre er auf Beton gefallen, hätte es wohl 1000 kleine Stücke gegeben. Wäre er auf etwas gefallen, was überhaupt nicht nachgibt, wäre die Kraft unendlich groß gewesen! Nehmen wir an, daß die Klientin 5 cm nachgegeben hat, dann muß die gesamte Energie, die der Topf während des Falls angesammelt hat, d.h. etwa 10 Nm (gleich 10 Joule, da gilt 1 Nm = 1 J), während des Abbremsens innerhalb von 5 cm absorbiert worden sein. Wenn ein Kilogramm 1 Meter fällt, ist die kinetische Energie die gleiche, als wenn zwanzig Kilogramm ein Zwanzigstel der Strecke, also 5 cm, gefallen wären. Somit wirken in diesem Fall 200 N auf den Kopf. Hätte seine Klientin nur zweieinhalb Zentimeter nachgegeben, hätte die Kraft sogar 400 N betragen. (Man kann daraus sehen, daß ein Helm also nicht so sehr durch seine Härte als vielmehr durch das Nachgeben des darunterliegenden Tragegewebes wirkt.)

---

* Eine Frage, die mein Vater mir stellte – L. Epstein.

STAUERIN

Die Stauerin lädt 100-kg-Fässer auf einen LKW, indem sie sie eine Rampe hinaufrollt. Die Ladefläche des LKWs liegt einen Meter über der Straße, und die Rampe ist zwei Meter lang. Wieviel Kraft muß sie auf die Fässer ausüben, während sie die Rampe hinaufgeht?

a) 2000 N
b) 1000 N
c) 500 N
d) 100 N
e) weiß ich nicht

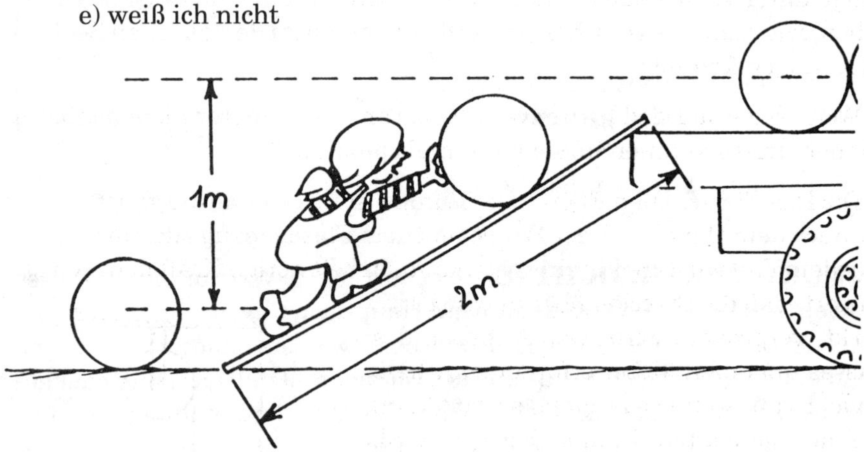

ANTWORT: STAUERIN Die Antwort ist: c. Nachher sind die 100-kg-Fässer 1 Meter höher als vorher, daher haben sie 1 Meter x 1000 N = 1000 J mehr Energie. Welche über die zwei Meter lange Rampe ausgeübte Kraft ergibt 1000 J Arbeit? Es müssen 500 N sein, da 2 m x 500 N = 1000 J. Dazu drei Bemerkungen:

1. Die meisten Bücher lösen diese Art von Problemen unter Verwendung eines anderen Verfahrens, nämlich mit Vektoren, wie es weiter vorn besprochen wird. Nehmen Sie andere Bücher zur Hand, um zu sehen, wie man Probleme dieser Art mit Hilfe von Vektoren löst. Es ist wichtig, Dinge unter verschiedenen Aspekten zu betrachten. Und es ist schön zu sehen, wie man aus verschiedenen Blickwinkeln zu den gleichen Schlußfolgerungen kommt.

2. Wenn Sie Äpfel und Birnen oder Kilogramm und Meter nicht addieren können, wieso können Sie sie dann multiplizieren?

3. Die Idee der schiefen Ebene oder Rampe ist im Grunde die gleiche Idee, die auch dem Hebel oder der Wippe und dem Flaschenzug zugrunde liegt. In jedem Fall wird die für eine bestimmte Arbeit nötige Kraft dadurch reduziert, daß die Strecke, über die die Kraft wirkt, vergrößert wird. Das Anheben des Fasses um einen Meter erfordert nur halb soviel Kraft, wenn es zweimal so weit (2 m) auf der geneigten Rampe bewegt wird. Wenn es das Anheben des schweren Mannes auf der Wippe um 10 cm erforderlich macht, daß der Junge 30 cm abgesenkt wird, braucht das Gewicht des Jungen nur ein Drittel des Gewichts des Mannes zu be-

tragen. Entsprechend muß der Mechaniker zwei Meter Seil einziehen, um den Motor um einen Meter anzuheben – ein Meter von Seil I und ein Meter von Seil II – daher zieht der Mechaniker nur mit einer Kraft, die dem halben Gewicht des Motors entspricht.

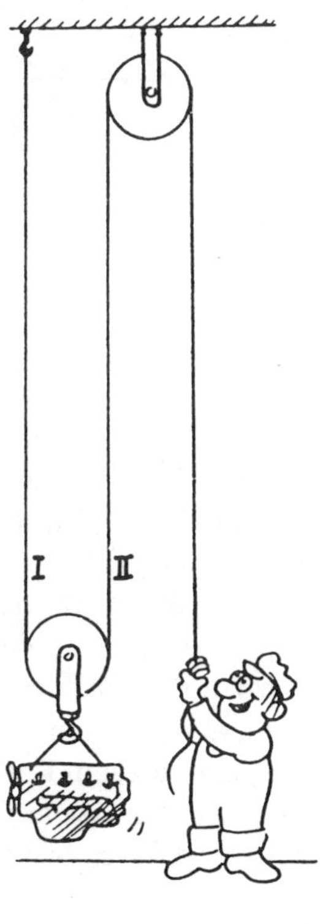

DEN HÜGEL HINAUF

Nehmen wir an, daß dieser Häuserblock 300 m lang und ziemlich steil angelegt ist. Wenn ich mit dem Fahrrad den Hügel auf einem Zickzackpfad hinauffahre, der 600 m lang ist, ist die von mir aufzuwendende Durchschnittskraft

a) 1/4
b) 1/3
c) 1/2
d) gleich der Durchschnittskraft, die ich auf dem geraden Weg nach oben ausüben müßte

Dabei muß ich

a) 1/4
b) 1/3
c) 1/2
d) genau soviel Energie aufwenden wie auf dem geraden Weg nach oben

ANTWORT: DEN HÜGEL HINAUF Die Antwort auf die erste Frage ist: c, die Antwort auf die zweite: d. Alle Wege nach oben benötigen die gleiche Energie. Wenn auf einigen Wegen mehr Energie als auf anderen benötigt würde, könnte ich auf dem Weg, der am wenigsten Energie benötigte, nach oben gehen und auf dem, für den die meiste Energie benötigt wird, wieder herunter. Dadurch würde ich mehr Energie zurückerhalten, als ich hineingesteckt hätte – zu schön, um wahr zu sein.
Energie, in diesem Falle Arbeit, ist Kraft mal Weg. Die Energie auf dem Weg nach oben ist auf beiden Wegen gleich, die zurückgelegte Strecke nicht. Wird die Strecke verdoppelt, halbiert sich die Kraft.

DAMPFLOKOMOTIVE

Lokomotiven für Personenzüge unterscheiden sich von solchen für Güterzüge. Die Lokomotive für Personenzüge ist für schnelle Geschwindigkeiten ausgelegt, während die Güterzuglokomotive schwere Lasten ziehen soll. Betrachten Sie die Lokomotiven I und II unten auf der Seite: Beachten Sie den Unterschied in der Größe der Antriebsräder und entscheiden Sie dann, welche der folgenden Aussagen richtig ist:

a) Lokomotive I ist für Güterzüge und Lokomotive II für Personenzüge.
b) Lokomotive I ist für Personenzüge und Lokomotive II für Güterzüge.
c) Beide sind für Güterzüge.
d) Beide sind für Personenzüge.

I.

II.

ANTWORT: DAMPFLOKOMOTIVE Die Antwort ist: b. Die Lokomotive für Personenzüge hat Antriebsräder mit größerem Durchmesser. Wegen des größeren Radumfangs bewegt jeder Kolbenhub die Lokomotive um eine größere Strecke. Bei gleicher Kolbengeschwindigkeit bewegt sich also die Passagierlokomotive schneller. Sie macht damit weniger Kolbenhübe und verbraucht dadurch weniger Dampf pro Kilometer Wegstrecke als die Güterzuglokomotive mit kleineren Rädern. Somit packt die Güterzuglokomotive mehr Dampf und Energie in jeden Kilometer Wegstrecke. Wie bei einem schweren Lastwagen, der in einem niedrigen Gang fährt, ist mehr Energie erforderlich, um den schweren Güterzug über einen Kilometer Gleisstrecke zu bewegen, als beim schnelleren, aber leichteren Personenzug.
Übrigens sind die meisten Dampflokomotiven, die Sie heutzutage in Filmen sehen können, Güterzuglokomotiven, da von diesem Typ sehr viel mehr hergestellt wurden.

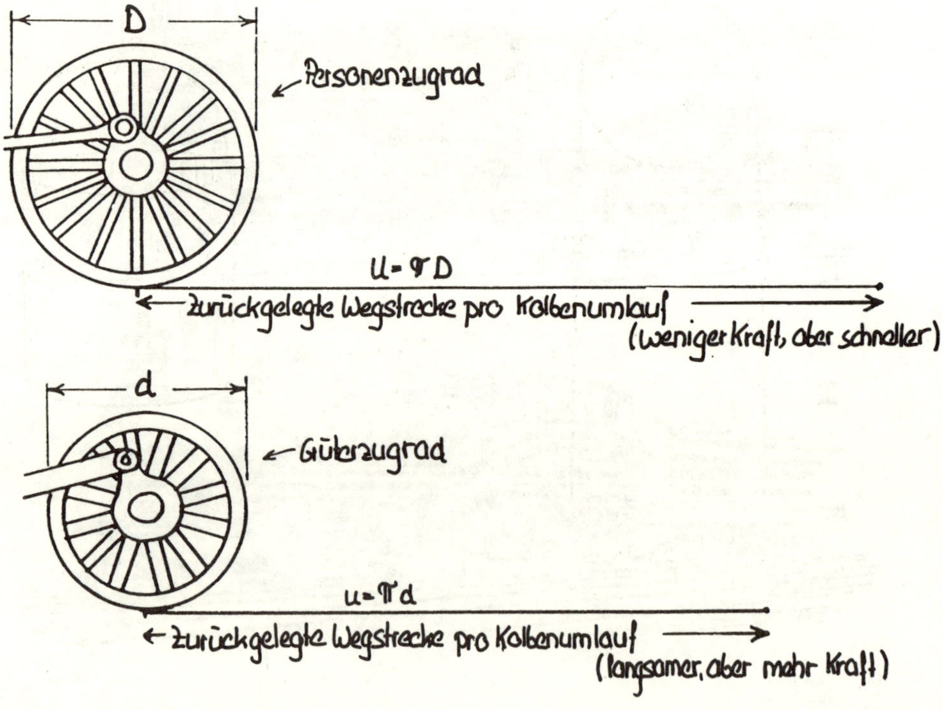

VERRÜCKTE ROLLE

Der Drehpunkt oder die Achse einer gewöhnlichen Rolle befindet sich in ihrem Mittelpunkt, und mit Ausnahme der Reibungseffekte ist der Zug in den beiden Seilstücken dies- und jenseits der Rolle gleich. Nehmen wir aber jetzt an, daß die Achse sich nicht in der Mitte der Rolle befindet, wie im unteren Bild. Dann sind die Spannungen im Seil auf beiden Seiten der Rolle

a) immer noch gleich
b) ziemlich unterschiedlich

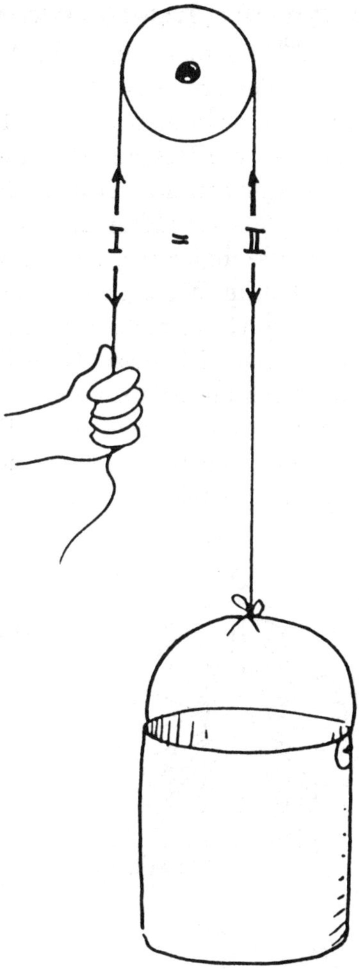

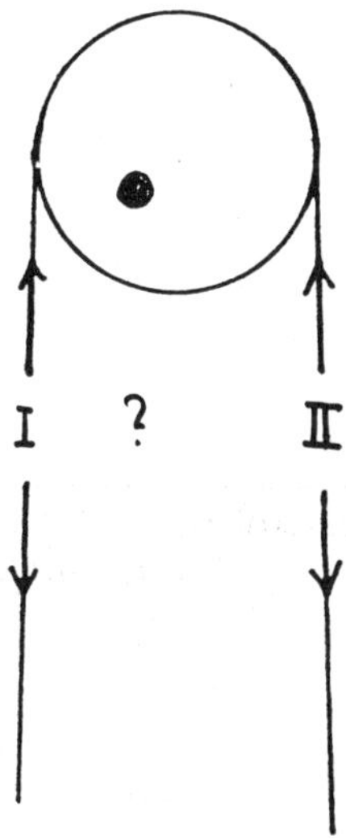

ANTWORT: VERRÜCKTE ROLLE Die Antwort ist: b. Warum? Die verrückte Rolle ist ein einfacher, verkleideter Hebel.

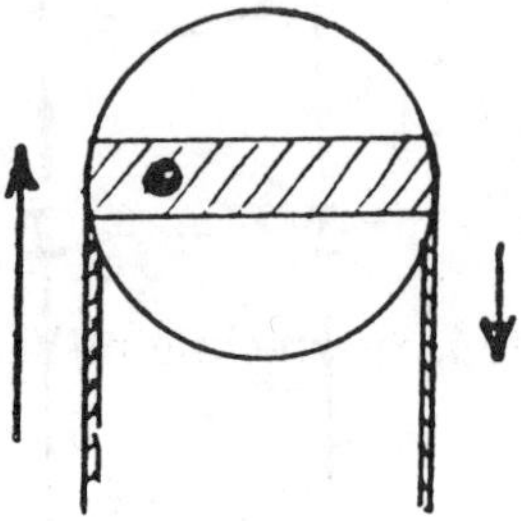

Die verrückte Rolle wird eine *exzentrische* Rolle genannt. Verstehen Sie, wie die exzentrische Rolle es dem *Compoundbogen* ermöglicht, mit sehr wenig Spannung in der Bogensehne in gespannter Position gehalten zu werden? Und können Sie sehen, wie die Spannung im Gegensatz zu einem konventionellen Bogen beim Abschuß des Pfeils steigt?

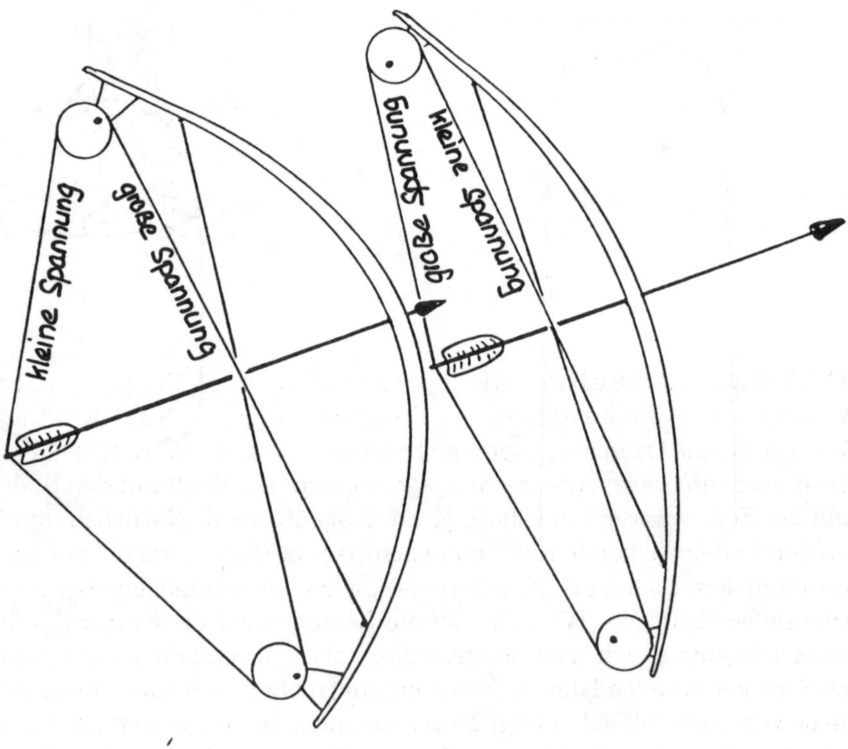

Übrigens haben Maschinenbauingenieure einen Namen für diese Art Mechanismus mit variablem Hebel. Er wird Knebelwirkung genannt.

LÄUFERIN

Eine Läuferin beginnt aus dem Stand zu laufen. Sie steckt einen gewissen Impuls in sich selbst und

a) mehr Impuls in den Boden
b) weniger Impuls in den Boden
c) den gleichen Impuls in den Boden

Eine Läuferin beginnt aus dem Stand zu laufen. Sie steckt eine bestimmte kinetische Energie in sich selbst und

a) mehr kinetische Energie in den Boden
b) weniger kinetische Energie in den Boden
c) die gleiche kinetische Energie in den Boden

ANTWORT: LÄUFERIN Die Antwort auf die erste Frage ist: c. Die Antwort auf die zweite Frage ist: b. Der Impuls ergibt sich aus Kraft mal Zeit. Die auf die Läuferin ausgeübte Kraft und die Zeit, während der diese Kraft ausgeübt wird, entsprechen jedoch genau der Kraft auf den Boden und der Zeit, während der diese Kraft ausgeübt wird. Natürlich ist die auf den Boden wirkende Kraft entgegengesetzt. Daher sind die der Läuferin und dem Boden erteilten Impulse gleich (aber entgegengesetzt). Energie ist Kraft mal Weg. Die auf die Läuferin und die Erde ausgeübten Kräfte sind gleich (aber entgegengesetzt), während die zurückgelegten Strecken während der Kraftanwendung nicht gleich sind. Die Läuferin bewegt sich vielleicht einige Meter vorwärts. Der massive Planet Erde bewegt sich auch nicht einen millionstel Zentimeter rückwärts. Daher geht praktisch null Energie in den Boden. Die gesamte Energie der Läuferin geht in die Läuferin.

SCHWIMMER

Ein Schwimmer beginnt aus der Ruhe zu schwimmen. Er steckt einen bestimmten Impuls in sich selbst und

a) mehr Impuls in das Wasser
b) weniger Impuls in das Wasser
c) den gleichen Impuls in das Wasser

Ein Schwimmer beginnt aus der Ruhe zu schwimmen. Er setzt eine bestimmte kinetische Energie in sich selbst und

a) mehr kinetische Energie in das Wasser
b) weniger kinetische Energie in das Wasser
c) die gleiche kinetische Energie in das Wasser

ANTWORT: SCHWIMMER Die Antworten sind: c und a. Der Schwimmer steckt genausoviel Impuls in das Wasser wie (entgegengesetzt) in sich, und zwar aus dem gleichen Grund wie bei der Läuferin.

Wenn wir aber zur Energie kommen, dann ändert sich die Geschichte. Die ausgeübten Kräfte auf den Schwimmer und das Wasser sind gleich (aber entgegengesetzt). Wenn jedoch der Schwimmer eine Handvoll Wasser einen Meter rückwärts drückt, bewegt sich sein Körper um weniger als einen Meter vorwärts (weil die Masse einer Handvoll Wasser sehr viel geringer als die Körpermasse des Schwimmers ist). Da die Energie Kraft mal Strecke ist und da jeder Zug das Wasser weiter als den Schwimmer drückt, geht mehr Energie in das Wasser als in den Schwimmer.

Also steckt der Schwimmer mehr Energie in das Wasser, während die Läuferin fast die gesamte Energie in sich selbst steckt. Daher kann eine schlechte Läuferin schneller vorwärts kommen als ein hervorragender Schwimmer.

DURCHSCHNITTLICHE FALLGESCHWINDIGKEIT

Wenn ein Stein eine Sekunde lang fällt, wie groß ist die Durchschnittsgeschwindigkeit während dieser Sekunde?

a) 0,0 m/s
b) 1,0 m/s
c) 4,0 m/s
d) 4,9 m/s
e) 9,8 m/s

ANTWORT: DURCHSCHNITTLICHE FALLGESCHWINDIGKEIT

Die Antwort ist: d. Die Geschwindigkeit des Steins am Ende der Sekunde beträgt zwar 9,8 m/s, seine Anfangsgeschwindigkeit war aber null, er wurde aus der Ruhe fallengelassen. Daher kann die Durchschnittsgeschwindigkeit nicht 9,8 m/s betragen, und natürlich auch nicht null. Da die Beschleunigung während des Falls konstant war, beträgt die Durchschnittsgeschwindigkeit einfach 4,9 m/s, also genau den Mittelwert zwischen null und 9,8 m/s. Wir unterscheiden zwischen der momentanen Geschwindigkeit, d .h. der Geschwindigkeit in einem bestimmten Moment, und der Gesamt- oder Durchschnittsgeschwindigkeit. Übrigens muß der Stein, da er die Durchschnittsgeschwindigkeit 4,9 m/s besitzt, in dieser Sekunde 4,9 m fallen.

DURCHSCHNITTLICHE FALLGESCHWINDIGKEIT (AKT II)

Um sicherzugehen, daß Sie die vorherige Antwort verstanden haben, betrachten Sie folgendes: Wenn ein Stein zwei Sekunden lang fällt, wie groß wäre seine Durchschnittsgeschwindigkeit während der beiden Sekunden?

a) 1,0 m/s
b) 4,0 m/s
c) 4,9 m/s
d) 9,8 m/s
e) 19,6 m/s

ANTWORT: DURCHSCHNITTLICHE FALLGESCHWINDIGKEIT (AKT II) Die Antwort ist: d. Die Geschwindigkeit beginnt bei null und wird in jeder Sekunde um 9,8 m/s schneller. Nach zwei Sekunden ist die Geschwindigkeit auf 19,6 m/s angestiegen (19,6 = 2 x 9,8). Der Durchschnitt aus null und 19,6 ist 9,8. Damit ist 9,8 m/s die Durchschnittsgeschwindigkeit. Wie weit ist der Stein während dieser beiden Sekunden gefallen? Nun, die Gesamtgeschwindigkeit ist Durchschnittsgeschwindigkeit mal Gesamtzeit, also beträgt die Fallstrecke 9,8 m/s x 2 s = 19,6 m.

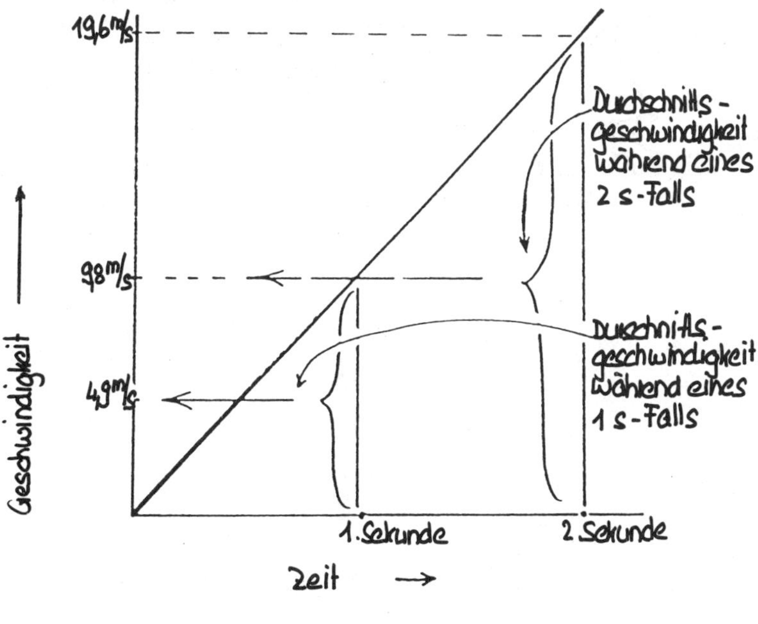

HAMMER

Der Zimmermann oben auf einem hohen Gebäude läßt seinen Hammer fallen. Nach einer Sekunde ist er ein Stockwerk herabgefallen. Nach einer weiteren Sekunde befindet er sich

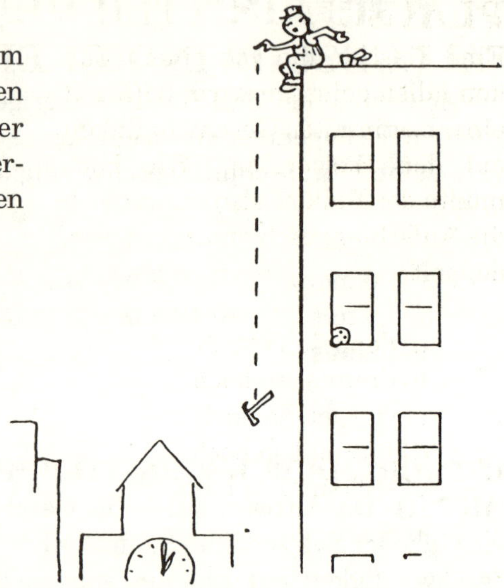

a) zwei Stockwerke unter dem Dach
b) drei Stockwerke unter dem Dach
c) vier Stockwerke unter dem Dach
d) sechzehn Stockwerke unter dem Dach
e) an einer anderen Stelle

ANTWORT: HAMMER Die Antwort ist: c. Manche Leute glauben vielleicht, daß der Hammer, wenn er in einer Sekunde ein Stockwerk herabgefallen ist, in zwei Sekunden zwei Stockwerke herabfällt. Das wäre richtig, wenn er immer mit der gleichen Geschwindigkeit fallen würde, aber das tut er nicht. Er wird während des Falls immer schneller, daher ist der zurückgelegte Weg während der einzelnen Sekunden nicht gleich. Von einer Sekunde zur nächsten wird der Weg immer länger. Nach zwei Sekunden haben sich sowohl die Durchschnittsgeschwindigkeit als auch die Fallzeit verdoppelt, daher hat sich die Gesamtstrecke vervierfacht. Zur Erinnerung: Weg = Durchschnittsgeschwindigkeit x Zeit.

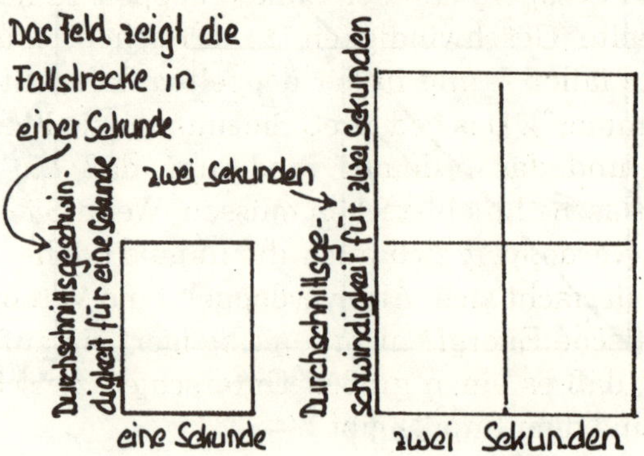

PLATSCH

Eine Flasche, die von einem Balkon fallen gelassen wird, trifft mit einer bestimmten Geschwindigkeit auf den Bürgersteig. Wie hoch müßte der Balkon sein, damit sich die Aufschlaggeschwindigkeit verdoppelt?

a) doppelt so hoch
b) dreimal so hoch
c) viermal so hoch
d) fünfmal so hoch
e) sechsmal so hoch

ANTWORT: PLATSCH Die Antwort ist: c. Der gesunde Menschenverstand scheint zu besagen, daß der Balkon doppelt so hoch sein müßte. Um aber doppelte Geschwindigkeit zu erreichen, muß die Flasche doppelt so lange fallen – und in der doppelten Zeit fällt sie viermal so weit (siehe "Hammer"). Das bedeutet, Sie müssen die Flasche viermal so hoch anheben, und das bedeutet wiederum, daß Sie viermal soviel Energie in die Flasche hineinstecken müssen. Wenn Sie sich zweimal so schnell bewegt, verdoppelt sich auch ihr Impuls (siehe "Impuls"), aber die Energie vervierfacht sich. Also verdoppelt eine Verdopplung des Impulses die kinetische Energie nicht – sie steigert sie auf das Vierfache! Wir sehen also, daß es einen großen Unterschied zwischen der kinetischen Energie und dem Impuls gibt.

ACHTERBAHN

Um sicherzugehen, daß Sie die letzte Frage verstanden haben, sehen Sie sich folgendes Problem an: Der Wagen einer Achterbahn wird nach oben gezogen und rollt dann den folgenden Abhang herunter. Damit es aufregender wird, möchten Sie den Wagen nun unten am Abhang doppelt so schnell laufen lassen. Wie hoch müßte der Abhang dafür sein?

a) doppelt so hoch
b) dreimal so hoch
c) viermal so hoch
d) fünfmal so hoch
e) sechsmal so hoch

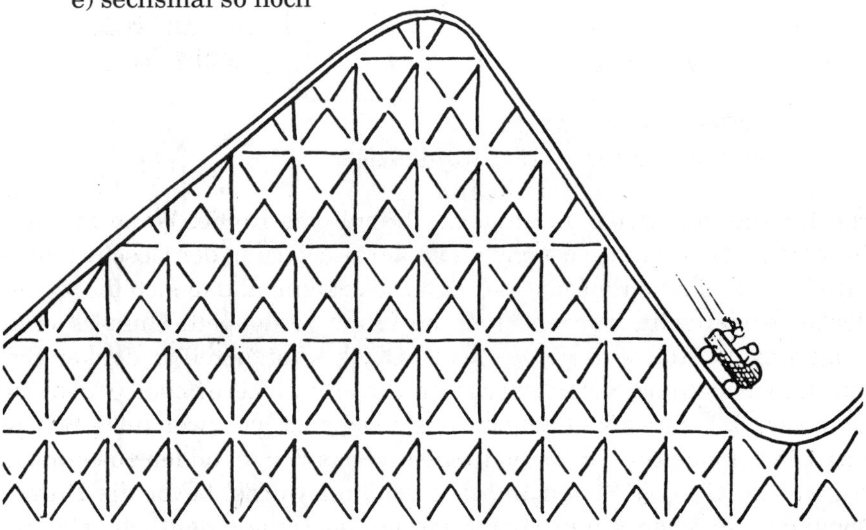

ANTWORT: ACHTERBAHN Die Antwort ist: c. Diese Frage ähnelt stark der vorherigen. Eine Verdopplung der Geschwindigkeit bedeutet eine Verdopplung des Impulses. Zur Verdopplung des Impulses erhöhen Sie die kinetische Energie auf das Vierfache. Um die kinetische Energie auf das Vierfache zu erhöhen, müssen Sie den Wagen viermal so hoch ziehen. Wie kann man sich die Beziehung zwischen kinetischer Energie und Impuls begrifflich vorstellen? Als Brotscheibe.Dabei ist die kineti-

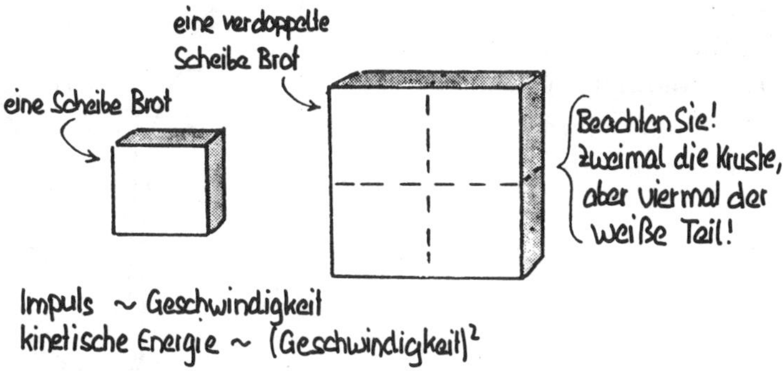

sche Energie der weiße Teil und der Impuls die Rinde. Wenn Sie den Umfang der Brotscheibe erhöhen, was der Steigerung der Geschwindigkeit eines Objekts entspricht, werden Sie erkennen, daß sich die weiße Fläche vervierfacht, während sich die Rinde verdoppelt. Um sich eine Steigerung der Masse des beweglichen Objekts vorzustellen, denken Sie sich einfach mehrere Scheiben oder einfach eine dickere Scheibe (denken Sie daran, daß eine 200-g-Scheibe das gleiche ist wie zwei 100-g-Scheiben). Die Scheibe Brot, d. h. die Rinde und das Weiße, bilden zusammen das, was zu Galileis Zeiten Impetus genannt wurde, bevor die Unterscheidung zwischen kinetischer Energie und Impuls deutlich erkannt wurde.

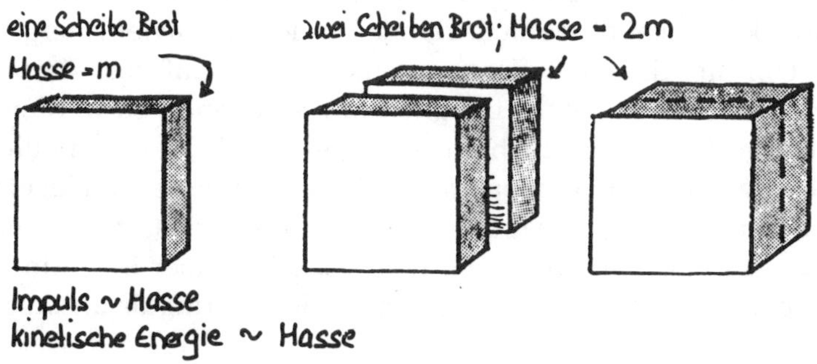

BLUPP

Sie werfen einen Stein in schönen schlammigen Matsch. Er dringt einen Zentimeter tief ein. Wie schnell müssen Sie den Stein hineinwerfen, wenn er vier Zentimeter tief eindringen soll?

a) doppelt so schnell
b) dreimal so schnell
c) viermal so schnell
d) achtmal so schnell
e) sechzehnmal so schnell

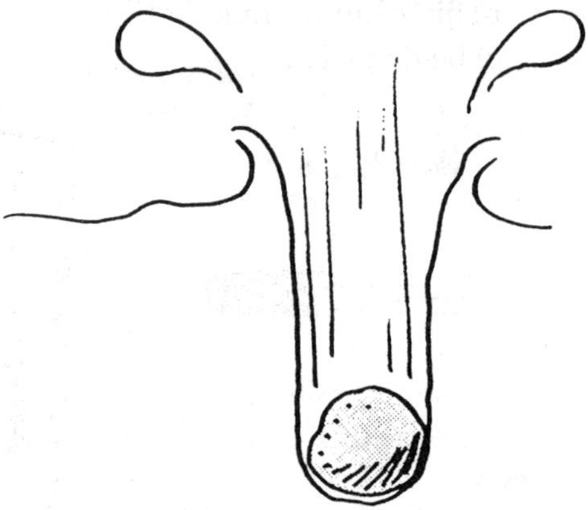

ANTWORT: BLUPP Die Antwort ist: a. Hier führt uns der gesunde Menschenverstand wieder in die Irre. Man glaubt, die vierfache Geschwindigkeit sollte dazu führen, daß er viermal so tief eindringt. Das ist aber nicht so. Warum? Stecken Sie Ihren Finger in den Schlamm. Es wird Sie nicht weiter überraschen, daß dazu etwas Kraft nötig ist. Um ihn viermal soweit hineinzustecken, muß die gleiche Kraft über die vierfache Strecke ausgeübt werden. Daher ist viermal soviel Energie erforderlich. Um die kinetische Energie eines Steins auf das Vierfache zu erhöhen, braucht die Geschwindigkeit nur verdoppelt zu werden (siehe die vorherige Frage). Betrachten wir eine Kugel. Wenn wir die Mündungsgeschwindigkeit verdoppeln und dabei die Masse der Kugel unverändert lassen, verdoppeln wir die "Fähigkeit" der Kugel, etwas umzuwerfen, da der Impuls verdoppelt wird. Wir erhöhen aber ihre Eindringfähigkeit auf das Vierfache. Kinetische Energie und Impuls unterscheiden sich voneinander.

GUMMIKUGEL

Eine Gummikugel und eine Aluminiumkugel haben beide die gleiche Größe, Geschwindigkeit und Masse. Sie werden auf einen Holzklotz abgefeuert. Welche wirft den Klotz eher um?

a) die Gummikugel
b) die Aluminiumkugel
c) beide gleich

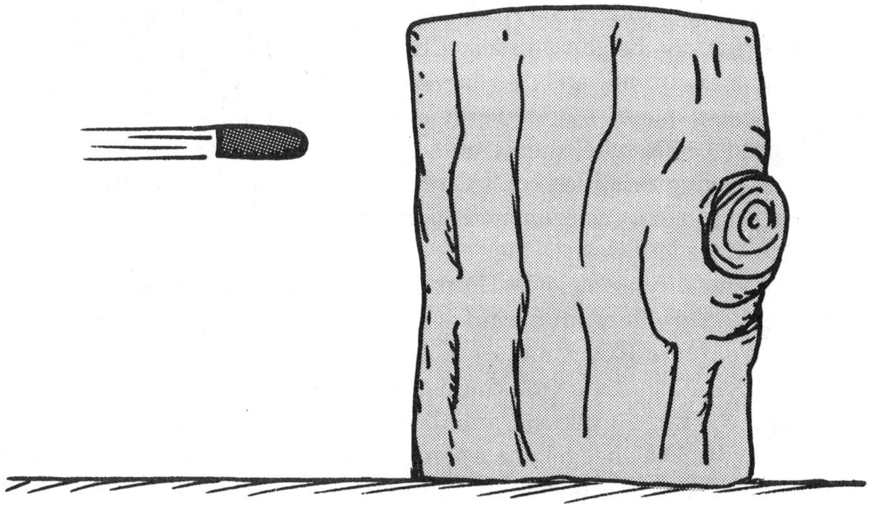

Welche beschädigt den Klotz eher?

a) die Gummikugel
b) die Aluminiumkugel
c) beide gleich

ANTWORT: GUMMIKUGEL Die Antwort auf die erste Frage ist: a und auf die zweite: b. In beiden Fällen ändert sich der Impuls der Kugel beim Auftreffen auf den Block. Vor dem Auftreffen sind beide Impulse gleich, nach dem Auftreffen aber unterschiedlich, da die Gummikugel zurückprallt, während die Aluminiumkugel eindringt. Der Impuls der Aluminiumkugel wird vollständig auf den Klotz übertragen, der den notwendigen Kraftstoß für das Anhalten liefert, um sie zu stoppen. Bei der Gummikugel ist der auf den Klotz übertragene Kraftstoß jedoch größer, da der Klotz nicht nur den für das Anhalten der Kugel notwendigen Kraftstoß liefern muß, sondern auch noch einen zusätzlichen Kraftstoß für das Zurückwerfen der Kugel. Je nach Elastizität kann der Kraftstoß beim Aufschlag der Gummikugel und damit auch der auf den Block einwirkende Impuls bis doppelt so groß werden. Daher wirft die Gummikugel den Klotz sehr viel wahrscheinlicher um. Wenn Sie den Scharfschützen unter Ihren Bekannten erzählen, daß Gummikugeln einen Gegenstand sehr viel eher umwerfen, werden sie Ihnen möglicherweise nicht glauben – es ist aber trotzdem wahr!

Jetzt kommen wir zur zweiten Hälfte der Frage. Die Gummikugel überträgt zwar den größten Impuls auf den Klotz, liefert aber nicht die meiste Energie. Wenn die Kugel mit ziemlich hoher Geschwindigkeit zurückprallt, heißt das, daß sie viel kinetische Energie für sich selbst behält, während die Aluminiumkugel anhält und daher die gesamte kinetische Energie abgibt. Die abgegebene Energie geht in den Klotz. Entscheidend dabei ist, daß die von der Aluminiumkugel an den Klotz abgegebene Energie keinen Impuls mitliefert! Energie ohne Impuls kann keine kinetische Energie sein. Es muß daher eine andere Art von Energie sein – die Energie der Wärme, Deformation und Beschädigung.

Wir sehen also, daß die Gummikugel viel Impuls, aber wenig Energie an den Klotz abgibt, während die Aluminiumkugel sehr viel mehr Energie, aber weniger Impuls an den Klotz liefert.

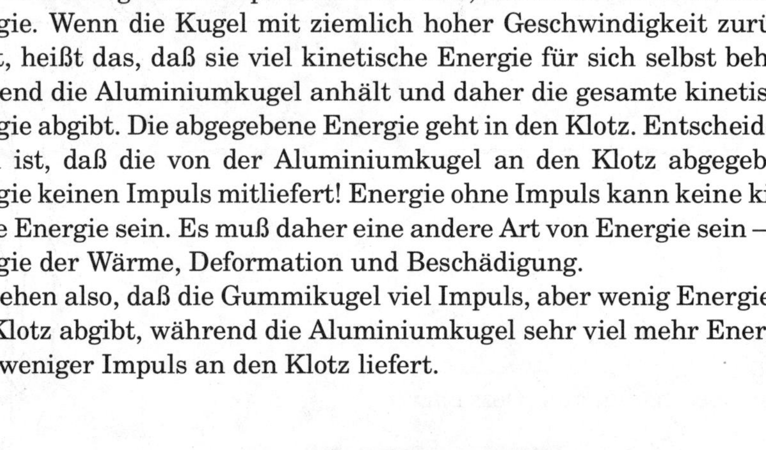

ANHALTEN

Ein Wagen fährt mit 10 km/h. Der Fahrer tritt auf die Bremse. Danach bewegt sich der Wagen noch 1 m weiter. Wenig später fährt der Wagen mit 20 km/h. Der Fahrer tritt wieder auf die Bremse. Wie lang ist jetzt der Bremsweg?

a) 1 m
b) 2 m
c) 3 m
d) 4 m
e) 5 m

ANTWORT: ANHALTEN Die Antwort ist: d. Ein Auto anzuhalten ist etwa das gleiche, wie einen Stein hochzuwerfen. Auf den Wagen wirkt eine konstante Anhaltekraft, die von den Bremsen geliefert wird. Auf den Stein wirkt ebenfalls eine konstante Anhaltekraft, die von der Schwerkraft (Gravitation) geliefert wird. Um zu erkennen, wie sich ein Stein verhält, wenn er aufwärts geworfen wird, machen Sie einen Film davon, wie er herabfällt, und lassen Sie diesen Film in Ihrem Kopf rückwärts ablaufen. Um die Geschwindigkeit eines fallenden Steins zu verdoppeln, muß seine Fallzeit verdoppelt werden, wodurch sich die Fallstrecke automatisch auf das Vierfache erhöht. Das bedeutet, wenn Sie den Stein mit doppelter Geschwindigkeit hochwerfen, erreicht er die vierfache Höhe.

Das Auto verhält sich genauso. Fährt es mit 20 km/h, ist der Bremsweg viermal so lang wie bei 10 km/h. Das ist vielleicht die praktischste und wichtigste Sache, die Sie aus diesem Buch lernen. Wenn Sie die Geschwindigkeit eines Autos verdoppeln, verdoppelt sich die Bremszeit, aber die Bremsstrecke vervierfacht sich – und die Strecke, nicht die Zeit bestimmt, ob Sie einen Unfall haben oder nicht.

KLATSCH

Ein Klumpen Ton bewegt sich mit 1 m/s und trifft auf einen gleich großen Tonklumpen, der sich nicht bewegt. Klatsch! Sie kleben zusammen und bilden einen doppelt so schweren Klumpen. Wie groß ist dessen Geschwindigkeit?

a) 0 m/s
b) 1/4 m/s
c) 1/2 m/s
d) 1 m/s
e) 2 m/s

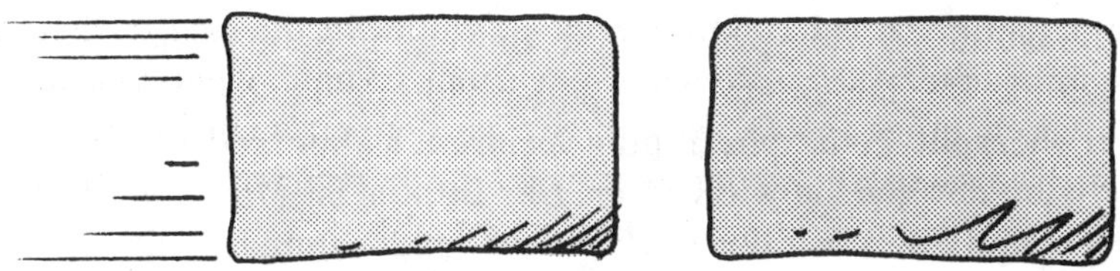

ANTWORT: KLATSCH Die Antwort ist: c. Der sich bewegende Klumpen verliert Geschwindigkeit an den Klumpen, der sich nicht bewegt, und zwar so lange, bis die beiden Geschwindigkeiten ausgeglichen sind. Man kann das auch anders formulieren, nämlich daß der dem beweglichen Klumpen verlorengehende Impuls in den unbeweglichen Klumpen übergeht. Das geschieht deshalb, weil der Kraftstoß, der die Geschwindigkeit des stationären Klumpens steigert, genau gleich und entgegengesetzt dem Kraftstoß ist, der den ursprünglich in Bewegung befindlichen Klumpen verlangsamt. Da der einem Klumpen verlorengehende Impuls in den anderen übergeht, geht kein Impuls verloren. Daher ist der Impuls nach der Kollision der gleiche wie vorher. Der Impuls ist Masse multipliziert mit Geschwindigkeit. Vor der Kollision ist der gesamte Impuls im beweglichen Klumpen und keiner im stationären Klumpen. Die Kollision verdoppelt die Masse des Klumpens, ohne Impuls hinzuzufügen oder wegzunehmen. Wenn sich die Masse verdoppelt und der Impuls gleich bleibt, muß sich die Geschwindigkeit halbieren. Nehmen wir einmal an, daß der bewegliche Klumpen auf einen doppelt so schweren unbeweglichen stößt. Jetzt verdreifacht sich die Masse, ohne daß Impuls hinzukommt oder wegfällt. Daher muß sich die Geschwindigkeit auf ein Drittel des ursprünglichen Werts verringern.

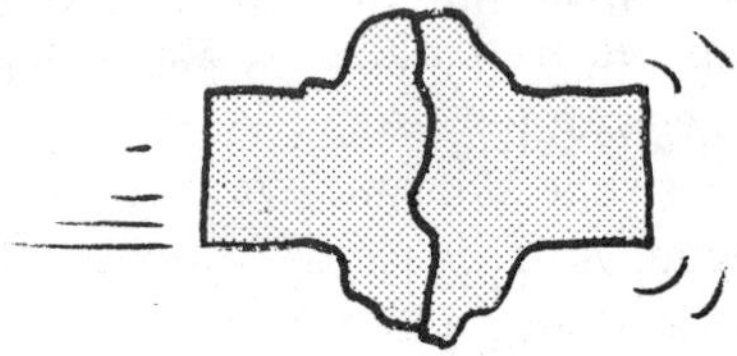

Dies illustriert ein sehr wichtiges Gesetz - das Impulserhaltungsgesetz. Wenn wir dafür sorgen, daß am Ende genau soviel Impuls herauskommt, wie am Anfang hineingesteckt wurde, dann haben wir Impulserhaltung. Warum haben wir nicht versucht, bei diesem Problem von der Erhaltung der kinetischen Energie ausgehen?

Weil die kinetische Energie nicht erhalten wird. Etwas kinetische Energie wird beim Zusammenprall und der Verformung in Wärme umgewandelt. Die Deformation verbraucht Energie. Bei einem Autounfall ist Energie erforderlich, um das Blech zusammenzudrücken.

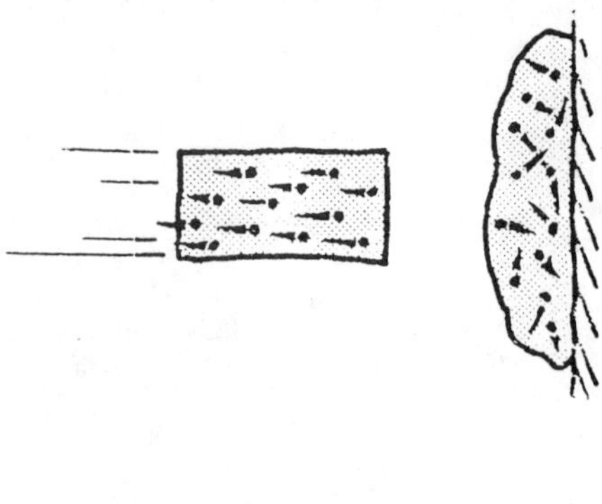

Wenn ein Tonklumpen auf eine

Steinwand trifft, wird die gesamte kinetische Energie in Wärme umgewandelt. Trifft jedoch ein vollkommen elastischer Ball auf eine Steinwand, dann prallt er ab, ohne kinetische Energie in Wärme umzuwandeln; er verliert daher keine kinetische Energie. Man sollte hier noch etwas erwähnen. In gewisser Weise ist Wärme in Wirklichkeit verborgene kinetische Energie. Wenn sich alle Moleküle in der gleichen Richtung bewegen, wird dies gewöhnliche kinetische Energie oder mechanische kinetische Energie genannt. Wenn alle Moleküle in verschiedenen Richtungen herumspringen, der Ton als ganzes sich aber nicht mehr bewegt, ist die kinetische Energie durcheinandergebracht und verborgen. Dies wird thermische kinetische Energie oder Wärme genannt.

NOCHMAL KLATSCH

Ein Tonklumpen bewegt sich mit 1 m/s und trifft auf einen anderen, gleich großen Tonklumpen, der sich nicht bewegt. Sie kleben zusammen und bilden einen doppelt so großen Tonklumpen. Welcher Anteil der kinetischen Energie des sich ursprünglich bewegenden Tonklumpens wurde während der Kollision in Wärme umgewandelt?

a) 0 %
b) 25 %
c) 50 %
d) 75 %
e) 100 %, d.h. die gesamte kinetische Energie wurde in Wärme umgewandelt

ANTWORT: NOCHMAL KLATSCH Die Antwort ist: c. In der vorhergehenden Frage haben wir gesehen, daß die Geschwindigkeit der zusammengeklebten Klumpen halb so groß ist wie die ursprüngliche Geschwindigkeit des einen Klumpens vor dem Zusammenprall. Jetzt denken wir uns statt des großen Klumpens zwei kleine Klumpen der ursprünglichen Größe. Da diese Klumpen sich jetzt mit der halben Geschwindigkeit bewegen, muß ihre kinetische Energie jeweils ein Viertel der kinetischen Energie des beweglichen Klumpens vor dem Zusammenprall betragen (siehe die vorhergehende Frage). Da sich jetzt zwei Klumpen (als Paar in einem) bewegen, ist 1/4 + 1/4 = 1/2 soviel Energie wie in dem ursprünglich beweglichen Klumpen vorhanden. Daher ist die Hälfte (50 %) der ursprünglichen kinetischen Energie noch als kinetische Energie in dem doppelt so großen Klumpen vorhanden, während die andere Hälfte in Wärme umgewandelt wurde. Was wäre jedoch, wenn sie beim Zusammenprall ein Geräusch von sich geben würden (Klatsch)? Würde nicht dieses Geräusch etwas von der verlorenen kinetischen Energie verbrauchen, so daß nicht 50 % in Wärme umgewandelt würden?

Was wird aber aus dem Geräusch? Was wird aus allen Tönen, einschließlich des Geredes? Ein Geräusch wandelt sich in Wärme um, und zwar sehr schnell. Wie schnell? In der Zeit, in der ein Echo verklingt.

IM REGEN

Angenommen, ein offener Eisenbahnwagen rollt ohne Reibung in einem senkrecht fallenden Regenguß, so daß eine beträchtliche Menge Regentropfen in den Wagen fällt und sich dort ansammelt. Wir wollen uns ansehen, welche Wirkung der sich ansammelnde Regen auf Geschwindigkeit, Impuls und kinetische Energie des Wagens hat.

Die *Geschwindigkeit* des Wagens

a) nimmt zu
b) nimmt ab
c) ändert sich nicht

Der *Impuls* des Wagens

a) nimmt zu
b) nimmt ab
c) ändert sich nicht

Die *kinetische Energie* des Wagens

a) nimmt zu
b) nimmt ab
c) ändert sich nicht

ANTWORT: IM REGEN Die Antwort auf die erste Frage ist: b, auf die zweite: c und auf die dritte: b. Der rollende Wagen hat nur einen Impuls in horizontaler Richtung. Der Regen fällt gerade herab, so daß dem Wagen kein horizontaler Impuls hinzugefügt wird. Also ändert sich der Impuls des Wagens nicht. Die Masse des Wagens ändert sich jedoch – sie wird durch die Masse des sich ansammelnden Regens vergrößert. Eine erhöhte Masse bei gleichbleibendem Impuls führt zu einer verringerten Geschwindigkeit. Daher verlangsamt sich der Wagen, während sich der Regen ansammelt. Die Situation ist fast eine Wiederholung der letzten Frage. Geschwindigkeit und kinetische Energie werden verringert, während der Impuls unbeeinflußt bleibt. Was geschieht mit der verlorengegangenen kinetischen Energie? Sie wandelt sich in Wärme um – das Wasser im Wagen ist etwas wärmer als der Regen.

Wir haben uns bis jetzt nur der Erhaltungsregeln für Impuls und Energie bedient. Dank dieser Regeln können wir bei vielen Fragen aufwendige Überlegungen mit Kräften umgehen. Lassen Sie uns trotzdem über Kräfte nachdenken, damit wir unsere Schlüsse besser verstehen. Der in den Wagen fallende Regen hat schließlich, nachdem er im Wagen angekommen ist, dessen horizontale Geschwindigkeit. Daher muß eine Kraft auf ihn wirken, entweder durch Wechselwirkung mit der Wand, dem Boden oder der Oberfläche des angesammelten Wassers. Welche Kraft auch immer auf die Regentropfen wirkt und ihnen eine horizontale Geschwindigkeit gibt, sie wirkt auch auf den Wagen. Es ist diese Reaktionskraft, die den Wagen verlangsamt.

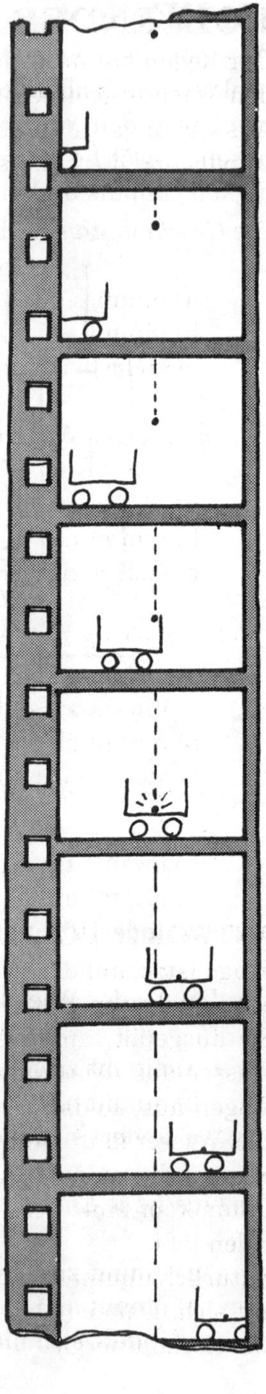

ROLLENDER ABFLUSS

Der Regen hat aufgehört. Ein Abflußstopfen wird am Boden des rollenden Wagens geöffnet, damit das Wasser abläuft. Überlegen Sie, welche Auswirkungen das abfließende Wasser auf die Geschwindigkeit, den Impuls und die kinetische Energie des rollenden Wagens hat.

Die *Geschwindigkeit* des Wagens

a) nimmt zu
b) nimmt ab
c) ändert sich nicht

Der *Impuls* des Wagens

a) nimmt zu
b) nimmt ab
c) ändert sich nicht

Die *kinetische Energie* des Wagens

a) nimmt zu
b) nimmt ab
c) ändert sich nicht

ANTWORT: ROLLENDER ABFLUSS Die Antwort auf die erste Frage ist: c, auf die zweite: b und auf die dritte: b. Wenn Sie einfach nur etwas loslassen, das Sie gerade festhalten, wird dadurch keine Kraft auf Sie ausgeübt, und Sie üben auch keine Kraft darauf aus. Wenn das Wasser aus dem Wagen abgelassen wird, übt es keine Kraft auf den Wagen aus, so daß sich die Geschwindigkeit des Wagens nicht ändert. Das Wasser läuft einfach mit der gleichen horizontalen Geschwindigkeit heraus, die es auch im Wagen hatte – genau so, als wenn irgendein Dummkopf eine Dose Bier aus dem Fenster eines fahrenden Wagens fallen läßt.

Natürlich nimmt das austretende Wasser Impuls und kinetische Energie mit sich. Daher hat der Wagen hinterher weniger Impuls und weniger kinetische Energie.

WIEVIEL MEHR ENERGIE?

Diese Frage wird die meisten Leser verblüffen. Die chemische potentielle Energie in einer bestimmten Menge Benzin wird in einem Auto, das die Geschwindigkeit von 0 auf 50 km/h steigert, in kinetische Energie umgewandelt. Um ein anderes Auto zu überholen, beschleunigt der Fahrer auf 100 km/h. Verglichen mit der für die Beschleunigung von 0 auf 50 km/h erforderlichen Energie ist die für die Beschleunigung von 50 km/h auf 100 km/h erforderliche Energie

a) halb so groß
b) genauso groß
c) doppelt so groß
d) dreimal so groß
e) viermal so groß

ANTWORT: WIEVIEL MEHR ENERGIE? Die Antwort ist: d. Der Geschwindigkeitsanstieg von 0 auf 50 km/h betrug 50 km/h und von 50 km/h auf 100 km/h ebenfalls 50 km/h. Daher könnte man glauben, daß der Energieanstieg in beiden Fällen gleich ist. Sollten Sie dieser Meinung sein, dann werden Sie jetzt etwas Neues lernen. Ersetzen wir die Geschwindigkeit 0 km/h, 50 km/h und 100 km/h in Gedanken durch 0 cm/s, 9,8 cm/s und 19,6 cm/s und erinnern uns an "Hammer". Der 19,6 cm/s schnelle Hammer mußte dort zweimal solang und viermal soweit gefallen sein wie derjenige mit 9,8 cm/s. Daher hat der schnellere Hammer die vierfache kinetische Energie des langsameren. Nehmen wir jetzt an, daß 50 km/h einem "Tropfen" kinetischer Energie entsprechen. Dann entsprechen 100 km/h 4 "Tropfen" kinetischer Energie, Sie müssen also 3 "Tropfen" hinzufügen, um von 50 km/h auf 100 km/h zu gelangen.

GESCHWINDIGKEIT IST KEINE ENERGIE

Ein Lastwagen steht auf der Spitze eines Hügels. Dann läßt man ihn herunterrollen. Am Fuß des Hügels beträgt seine Geschwindigkeit 4 km/h. Beim nächsten Mal wird der Lastwagen wieder den Hügel heruntergerollt, diesmal mit einer Anfangsgeschwindigkeit von 3 km/h. Wie schnell ist er jetzt am Fuß des Hügels?

a) 3 km/h b) 4 km/h
c) 5 km/h d) 6 km/h
e) 7 km/h

ANTWORT: GESCHWINDIGKEIT IST KEINE ENERGIE Die Antwort ist *nicht:* e – wenn Sie diese Antwort (7 km/h) gewählt haben, überlegen Sie noch einmal.

Das Herabrollen fügt eine bestimmte Menge kinetischer Energie hinzu, aber nicht *eine bestimmte Geschwindigkeit*. Würde nur Geschwindigkeit hinzugefügt, wäre die Antwort 3 + 4 = 7, aber das ist *falsch*.

Warum addieren sich aber die Geschwindigkeiten nicht? Um beim Herabrollen 4 km/h schneller zu werden, muß der Wagen eine bestimmte Zeit auf der abschüssigen Strecke verbringen. Wenn er aber bereits mit 3 km/h startet, verbringt er weniger Zeit auf dem Hügel und nimmt daher weniger Geschwindigkeit auf. Etwas addiert sich aber trotzdem, und zwar die Energie. Wir wissen, daß die Verdopplung der Geschwindigkeit die Energie auf das Vierfache steigert und daß die Verdreifachung der Geschwindigkeit die Energie verneunfacht usw. Die kinetische Energie ist proportional zum Quadrat der Geschwindigkeit. Damit hat 3 als die Anfangsgeschwindigkeit 9 Energieeinheiten, die Geschwindigkeit 4 (die das Herabrollen vom Hügel liefert) besitzt damit 16 Energieeinheiten. Also ist die Gesamtenergie 9 + 16 = 25 Energieeinheiten. Welcher Geschwindigkeit entsprechen aber jetzt 25 Energieeinheiten? Der Geschwindigkeit 5 – also ist die Antwort: c.

Beachten Sie, daß die Art der Geschwindigkeits- oder Energieeinheiten hier nicht wichtig ist. Man könnte die Geschwindigkeit statt in Kilometer pro Stunde auch in Meter pro Sekunde oder Meilen pro Stunde messen, ohne daß sich irgend etwas ändern würde. Wichtig ist, daß die Energien proportional zum Quadrat der Geschwindigkeit sind und daß sich die Energien im Gegensatz zum Impuls immer durch einfache Addition kombinieren.

HEUHAUFEN

Ein LKW steht auf dem Hügel 1 und rollt von dort in einen sehr großen Heuhaufen hinein. Ein identischer LKW steht auf Hügel 2, der doppelt so hoch ist, und rollt von dort in einen identischen Heuhaufen hinein. Wieviel weiter dringt der LKW von Hügel 2 in den Heuhaufen ein?

a) gleich weit
b) doppelt so weit
c) dreimal so weit
d) viermal so weit

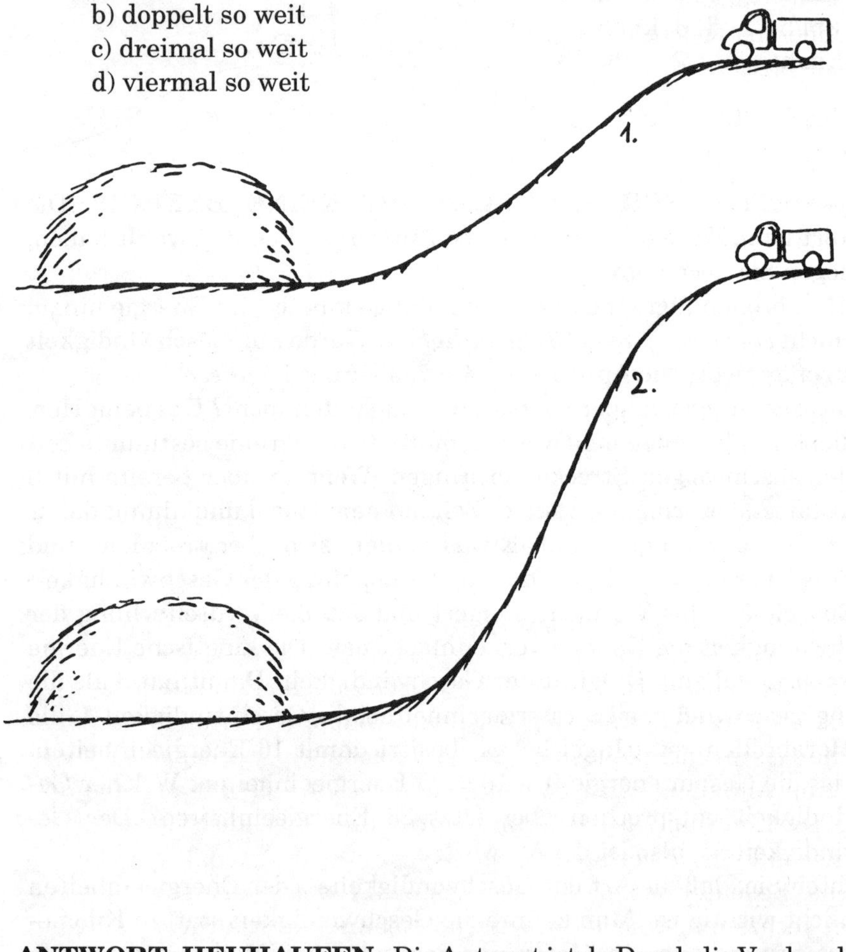

ANTWORT: HEUHAUFEN Die Antwort ist: b. Durch die Verdopplung der Strecke, auf der die Schwerkraft auf den herabrollenden LKW wirkt, wird die kinetische Energie des LKWs verdoppelt, womit sich die Strecke verdoppelt, über die die Kraft wirken kann, während der LKW in das Heu eindringt.

ANGRIFF

Mighty Mike wiegt 100 kg und läuft mit 4 m/s über das Football-Feld. Speedy Gonzales wiegt nur 50 kg, läuft aber mit 8 m/s, während Ponderous Poncho 200 kg wiegt, aber nur 2 m/s schnell ist. Wer wird beim Aufeinanderprallen Mike wirkungsvoller stoppen?

a) Speedy Gonzales
b) Ponderous Poncho
c) beide gleich

Wer bricht Mike eher die Knochen?

a) Speedy Gonzales
b) Ponderous Poncho
c) beide gleich

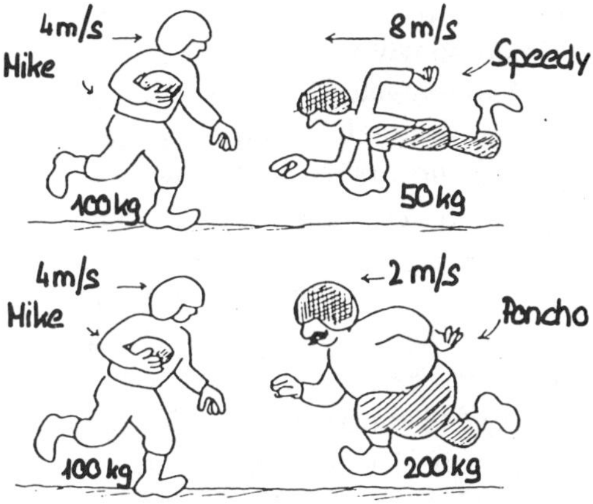

ANTWORT: ANGRIFF Die Antwort auf die erste Frage ist: c. Dies ist nichts weiter als die Impulserhaltung. Man kann erkennen, daß der Impuls von Mike dem Impuls von Speedy oder Poncho genau entgegengesetzt ist (100 x 4 = 50 x 8 = 200 x 2). Daher liefern Speedy und Poncho den gleichen Kraftstoß, um Mike anzuhalten. Sie sind also gleich wirksam, um Mike zu stoppen.

Die Antwort auf die zweite Frage ist: a. Speedy und Poncho haben zwar die gleiche Anhaltewirkung bzw. den gleichen Impuls, Mike schmerzt die Kollision mit Speedy aber mehr (fragen Sie jemanden, der schon mal Football gespielt hat). Warum? Weil Speedy mehr kinetische Energie besitzt als Poncho. Erinnern Sie sich an "Blupp" und "Anhalten". Wenn Sie die Geschwindigkeit einer Sache verdopppeln, verdoppelt sich die Zeit zum Anhalten, *es ist aber die vierfache Strecke für das Anhalten nötig*. Die Eindringtiefe ist viermal so groß, d.h., es ist auch viermal soviel kinetische Energie vorhanden. Speedy läuft aber viermal schneller als Poncho. Bedeutet das, daß er sechzehnmal tiefer eindringt als Poncho, wobei sechzehnmal soviel kinetische Energie verbraucht wird? Nein. Warum? Weil Speedy nur ein Viertel der Masse von Poncho besitzt, daher hat er ein Viertel von sechzehnmal soviel kinetische Energie, d.h. viermal soviel. Deswegen dringt Speedys vierfache Energie viermal weiter in Mike ein. Und deswegen schmerzt es mehr, von Speedy als von Poncho angegriffen zu werden.

DIE RAMME

Zu beobachten, wie Pfähle in den Boden gerammt werden, ist eine interessante Sache – die große Maschine, ihr Rattern und Puffen, und dann der Schlag des Hammers. Wir wollen annehmen, daß Hammer und Pfahl jeweils eine Tonne wiegen (Gewichtskraft also jeweils 10 kN). Weiter wollen wir annehmen, daß der Hammer aus einer Höhe von zwei Meter auf den Pfahl fällt und daß der Stoß den Pfahl zehn Zentimeter tief in den Boden treibt. Wie groß wäre die durchschnittliche Kraft des Pfahls auf den Boden, wenn er diese zehn Zentimeter weit eindringt?

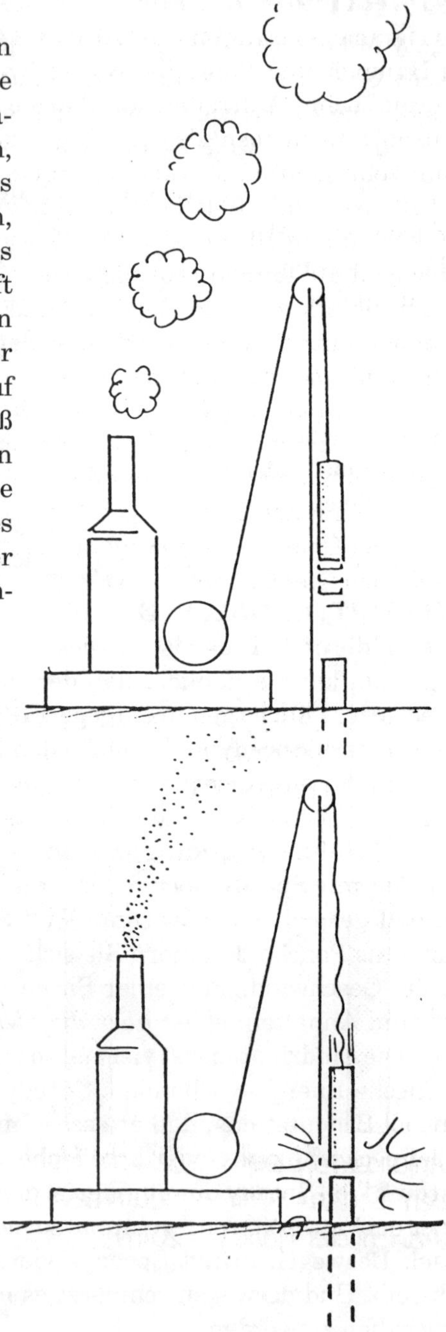

a) 10 kN (entsprechend einer Tonne)
b) 20 kN (entsprechend 2 Tonnen)
c) 100 kN (entsprechend 10 Tonnen)
d) 110 kN (entsprechend 11 Tonnen)
e) 120 kN (entsprechend 12 Tonnen)

ANTWORT: DIE RAMME Die Antwort ist: e. Die kinetische Energie des Hammers beträgt 20 kJ (10 kN x 2 m) beim Auftreffen auf den Pfahl. Da Hammer und Pfahl die gleiche Masse besitzen, wird die Hälfte der Energie beim Auftreffen in Wärme umgewandelt (siehe "Nochmal Klatsch"). Es bleiben also 10 kJ (gleich 10 kNm) Energie übrig, um den Pfahl zehn Zentimeter hineinzutreiben. 10 kNm entsprechen hundertmal 10 kNcm, d.h. 10 kN entlang 1 m ergibt die genau gleiche Arbeit wie 100 kN entlang 10 cm. Also übt dieser Pfahl die Kraft von 100 kN (entsprechend 10 Tonnen) auf die Erde aus? Sogar noch mehr! Der Pfahl drückt bereits mit dem Gewicht einer Tonne auf den Boden, bevor der Hammer auftrifft, und nach dem Schlag ruht der Hammer kurzzeitig auf dem Pfahl und fügt dadurch eine weitere Tonne hinzu. Wir haben also weitere zweimal 10 kN – insgesamt eine Kraft von 120 kN. Bedeutet das, daß 12 kJ Arbeit auf die Erde ausgeübt wurden? Ja, die 2 zusätzlichen Kilojoule kamen vom Gewicht des Pfahls und des Hammers, als sie sich über die zehn Zentimeter nach unten bewegten. Trickreich? Ein wenig. Das ist der Grund, warum Ingenieure einen genauso hohen Stundenlohn bekommen wie Klempner – oder etwa nicht?

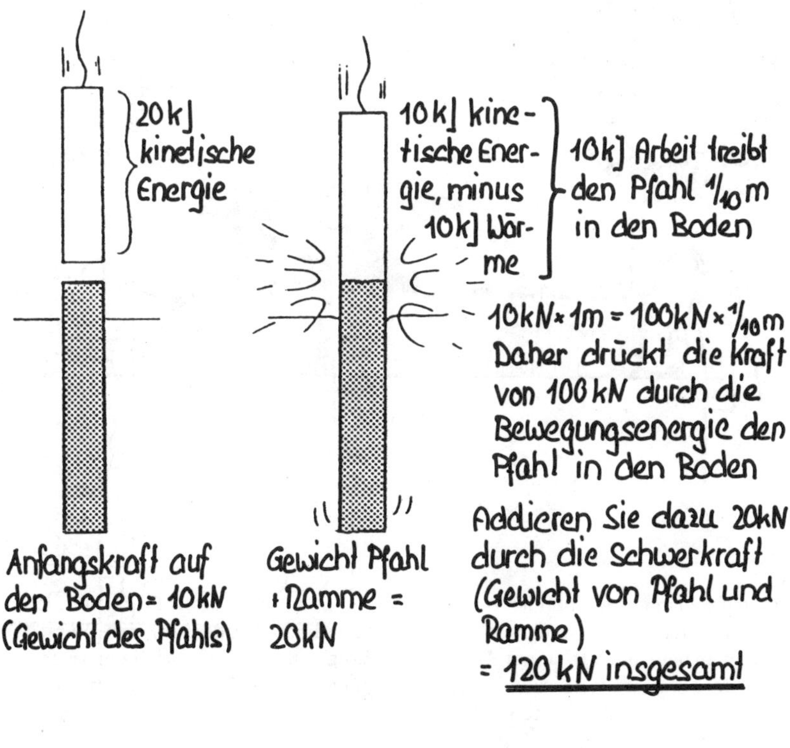

VORSCHLAGHAMMER

Im unten gezeigten Experiment* schirmt der Amboß den wagemutigen Physikprofessor vor einem großen Teil

a) des Impulses
b) der kinetischen Energie
c) der kinetischen Energie und des Impulses
d) weder noch

des Vorschlaghammers ab.

* Dieses Experiment werden ich und meine damaligen Studenten wahrscheinlich nie vergessen. Ich bat dummerweise einen freiwilligen Studenten, den Vorschlaghammer zu betätigen. In seiner Aufregung schlug er am Amboß vorbei und traf meine Hand, die an zwei Stellen brach. Heute mache ich dieses Experiment nur noch mit einem erfahrenen Assistenten. – Paul Hewitt

ANTWORT: VORSCHLAGHAMMER Die Antwort ist: b. Jedes bißchen des vom Vorschlaghammer auf den Amboß zu übertragenden Impulses wird auf den Professor (und danach auf die Erde, auf der er liegt) übertragen. Der Amboß schirmt den Professor auch nicht ein bißchen gegen den Impuls des Vorschlaghammers ab. Die Abschirmung der kinetischen Energie ist eine andere Sache. Ein großer Teil der kinetischen Energie des Hammers gelangt niemals zum Professor – sie wird vom Amboß in Form von Wärme absorbiert. Haben Sie schon einmal bemerkt, daß ein Hammerkopf warm wird, nachdem Sie kraftvoll zugeschlagen haben? Wärme ist das Grab der kinetischen Energie.

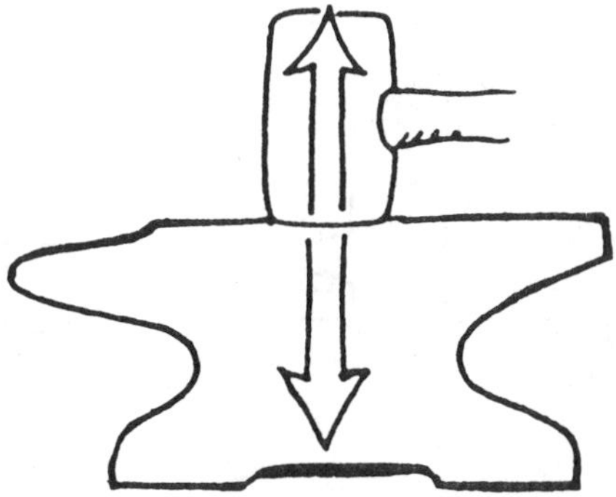

Um uns etwas genauer mit diesem Phänomen zu befassen, können wir untersuchen, was beim Auftreffen des Hammers auf den Amboß passiert. Während des Aufschlags ist die Kraft, die auf den Amboß wirkt, in jedem Moment gleich und entgegengerichtet zu der Kraft auf den Vorschlaghammer im gleichen Moment. Der Hammer wirkt genauso lang und genauso stark auf den Amboß, wie der Amboß auf den Hammer (zurück) wirkt. Daher ist der Kraftstoß, der den Hammer anhält, genauso groß wie der Kraftstoß, der in den Amboß und von dort in den Professor geht. Wenn der Hammer zum Stillstand kommt, muß sein Impuls vollständig in den Amboß übergegangen sein. Wir sehen also, daß der Amboß den gesamten Impuls erhält, den der Hammer verliert – der Impuls wird vollständig vom Hammer auf den Amboß übertragen. Dadurch bewegt sich der Amboß aber natürlich nicht sehr schnell, da er sehr viel mehr Masse als der Hammer hat.

Betrachten wir jetzt die kinetische Energie. Bei der Analyse des Impulses denken wir über die *Zeit* nach, während der die Kräfte wirken; wenn wir aber die Energie analysieren, denken wir über die *Strecke* nach, über die die Kräfte wirken. Der Grund: Die Energie, die ein Körper erwirbt, ist gleich der Kraft multipliziert mit der Strecke, über die die Kraft den Körper schiebt. Die Skizze zeigt die relativen Strecken, die der Hammer und der Amboß während des Schlags zurücklegen. Beachten Sie, daß sich der Hammer von I nach II bewegt und der Amboß nur von 1 nach 2, was eine sehr viel kleinere Strecke ist*. Gleiche Kräfte, aber ungleiche Strecken führen zu ungleichen Änderungen der kinetischen Energie – der Hammer verliert mehr kinetische Energie, als der Amboß gewinnt. Während also der gesamte Impuls des Hammers auf den Amboß und dann auf den Professor übertragen wird, gilt das nicht für die kinetische Energie. Der Professor wird vor der kinetischen Energie abgeschirmt und kann seine Vorlesung wieder aufnehmen.

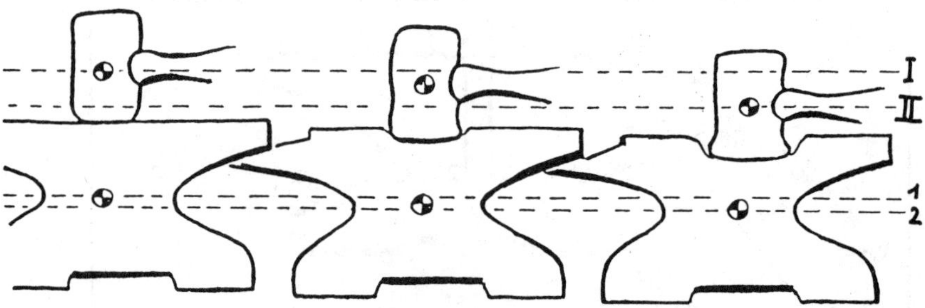

* Man kann das auch durch folgende Schlußfolgerung erkennen: Während des Auftreffens fällt die Geschwindigkeit des Hammers von ca. 50 km/h auf 2 km/h, während die Amboßgeschwindigkeit von 0 km/h auf 2 km/h steigt. Sie haben zwar beide am Schluß die gleiche Geschwindigkeit, der Hammer bewegte sich aber in jedem Moment schneller und mußte sich daher während des Stoßes weiter bewegen.

FEHLSTOSS

(Dieses Problem ist komplizierter als die meisten anderen in diesem Buch, es umfaßt die Erhaltung von Energie und Impuls und etwas Vektoraddition). Die weiße Kugel und die schwarze "8" liegen so auf dem Billardtisch, wie es die Abbildung zeigt. Wenn nun ein unerfahrener Spieler die "8" mit der weißen Kugel erfolgreich in der einen Ecke versenkt, wie groß ist dann die Gefahr, daß die weiße Kugel in die andere Ecktasche abgelenkt wird?

a) In der gezeigten Stellung ist die Gefahr groß.
b) In der gezeigten Stellung ist die Gefahr klein.

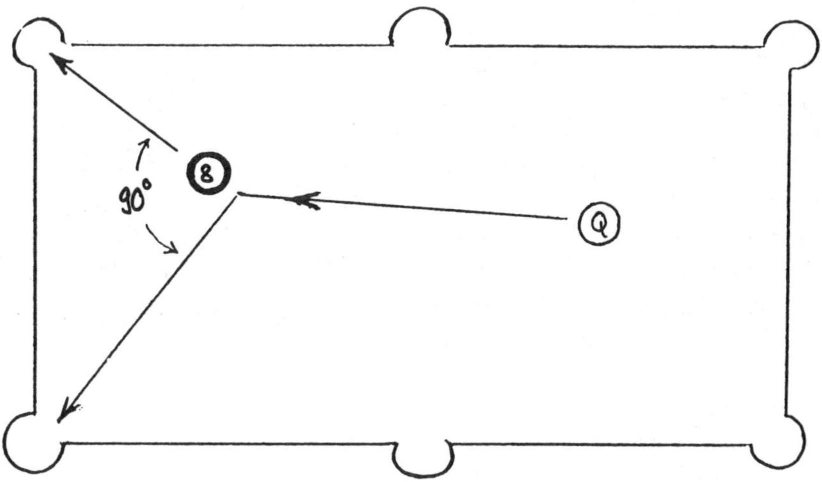

ANTWORT: FEHLSTOSS Die Antwort ist: a. Jeder Billardhai weiß, daß sich die Kugeln nach Auftreffen der weißen Kugel auf die "8" etwa unter einem Winkel von 90 Grad voneinander entfernen, d.h. sie prallen rechtwinklig voneinander ab. In der gezeigten Stellung sind die Ecktaschen ca. 90 Grad voneinander entfernt, daher ist die Gefahr eines Fehlstoßes groß.

Warum fliegen die Kugeln aber rechtwinklig voneinander weg? Die Kugeln haben die gleiche Masse (oder sollten sie zumindest haben), daher ist ihr Impuls proportional zur Geschwindigkeit. Deswegen sollte sich die Vektorsumme der Geschwindigkeit der weißen und der schwarzen Kugel nach der Kollision zur ursprünglichen Vektorgeschwindigkeit der weißen Kugel vor der Kollision addieren. Wie die Skizze zeigt, gibt es allerdings viele Kombinationen, deren Summe die ursprüngliche Geschwindigkeit der weißen Kugel ergibt. Welches Vektorpaar sollten wir wählen?

Wir müssen nicht nur den Impuls berücksichtigen, da die Kugeln elastisch sind und die Summe der kinetischen Energien der Kugeln nach der Kollision etwa der ursprünglichen kinetischen Energie der weißen Kugel vor dem Stoß entspricht. Nun ist die kinetische Energie der Kugel proportional zum Quadrat ihrer Geschwindigkeit. Da die Kugeln die gleiche Masse besitzen, muß das Quadrat der Ge-

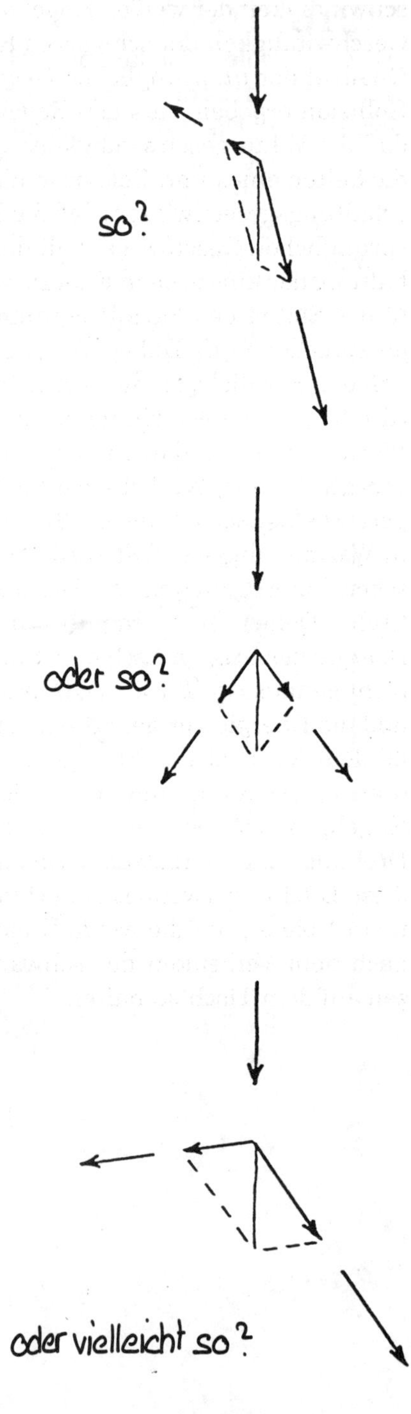

schwindigkeit der weißen Kugel nach der Kollision plus dem Quadrat der Geschwindigkeit der schwarzen Kugel nach der Kollision als Summe das Quadrat der ursprünglichen Geschwindigkeit der weißen Kugel vor der Kollision ergeben. Aus den Regeln der Vektoraddition wissen wir jetzt, daß die Vektorgeschwindigkeiten der schwarzen und der weißen Kugel die Seiten eines Parallelogramms bilden, während wir aus dem Impulserhaltungsgesetz wissen, daß die Diagonale des Parallelogramms der ursprünglichen Geschwindigkeit der weißen Kugel entspricht. Aus der Erhaltung der kinetischen Energie wissen wir, daß die Summe der Quadrate der Seiten des Parallelogramms dem Quadrat über der Diagonalen entsprechen muß. Dabei fällt uns sofort Pythagoras ein, und der besagt, daß das Parallelogramm rechtwinklig sein muß.

Also fliegen die Kugeln im Winkel von 90 Grad voneinander weg.

Warum sind wir dann auf Nummer Sicher gegangen und haben nur gesagt, daß der Winkel *etwa* 90 Grad beträgt? Weil die Kollision nicht perfekt elastisch ist und ein Teil der ursprünglichen kinetischen Energie in Wärme umgewandelt wird. Außerdem ist da ein wenig Reibung zwischen den Kugeln und dem Billardtisch. Daher sind Impuls und Energie der Kugeln nach dem Stoß nicht genauso groß wie der Impuls und die Energie vor dem Stoß. Außerdem kann etwas Energie verbraucht werden, um eine der Kugeln nach der Kollision in Drehung zu versetzen. Genau diese Effekte verwendet ein erfahrener Spieler, um die weiße Kugel nach dem Versenken der schwarzen auf dem Tisch zu halten.

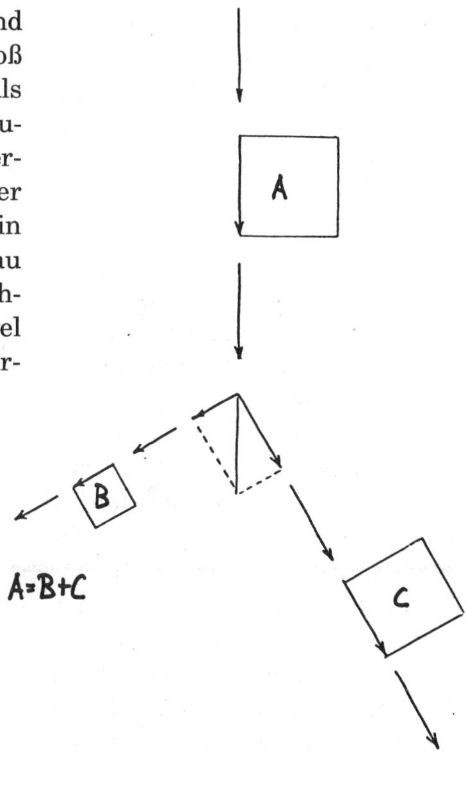

SCHWERE SCHATTEN

(Auch dieses Problem ist etwas komplizierter.) Angenommen, zwei elastische Kugeln bewegen sich im dreidimensionalen Raum, kollidieren und prallen voneinander ab, wobei kinetische Energie und Impuls erhalten bleiben. Die Kugeln werfen Schatten, und diese Schatten, die sich über eine flache zweidimensionale Oberfläche bewegen, kollidieren ebenfalls und prallen danach voneinander ab. Wir wollen jetzt einmal so tun, als ob die Schatten Masse hätten. Nehmen wir an, daß die Masse des Schattens einer Kugel proportional zur Masse der Kugel ist. Dann bewahren die kollidierenden Schatten

a) die kinetische Energie
b) den Impuls
c) kinetische Energie und Impuls
d) weder kinetische Energie noch Impuls

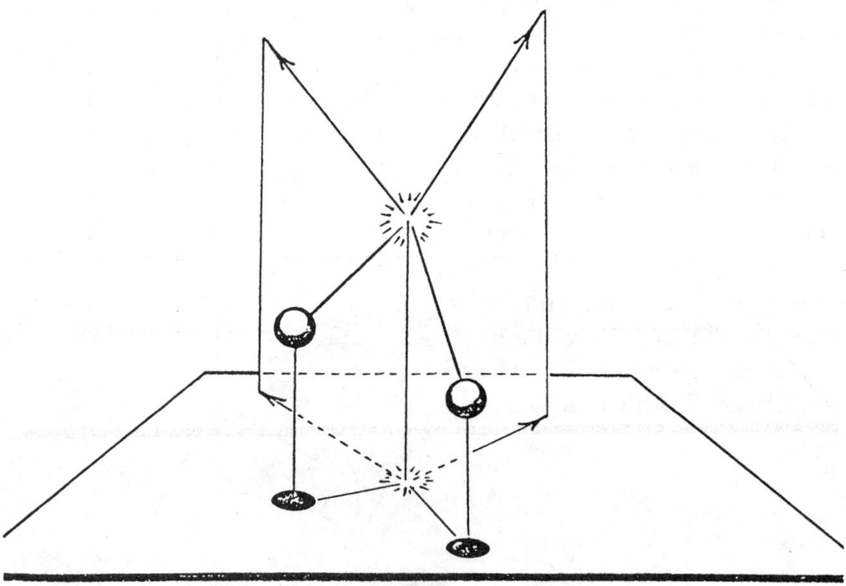

ANTWORT: SCHWERE SCHATTEN Die Antwort ist: b. Die Schatten können die kinetische Energie nicht erhalten. Angenommen, die Kugeln bewegen sich so wie in der folgenden Zeichnung: Dann sind die Schatten nach der Kollision stationär, also kann die Energie nicht erhalten bleiben.

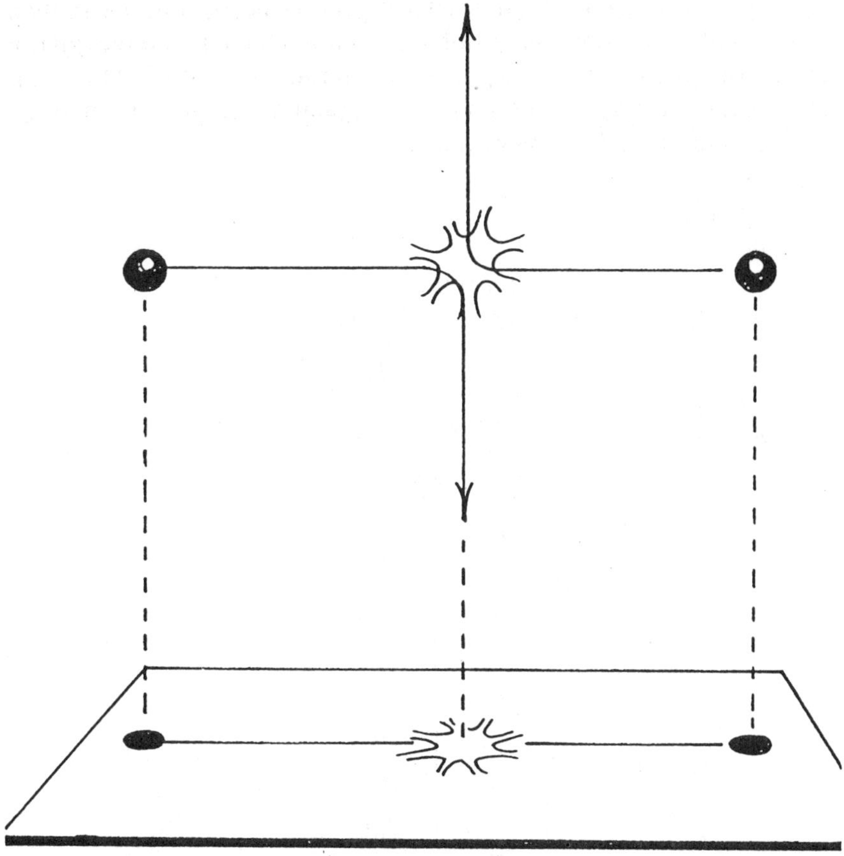

Jetzt zum Impuls. Die Impulse der Kugeln vor der Kollision addieren sich zu einem Gesamtimpulsvektor P_1, und nach der Kollision addieren sich die beiden Impulse zu P_2. Aus dem Erhaltungsgesetz wissen wir: $P_1 = P_2$. Der Schatten oder die Projektion von P_1 auf die Ebene ist p_1, und der

Schatten von P_2 ist p_2. Dann ist $p_1 = p_2$. Warum? Weil die Schatten zweier paralleler Stöcke (oder Vektoren) gleicher Länge gleich sind. Was geschähe, wenn die Kugeln nicht perfekt elastisch wären? Bliebe der Schattenimpuls immer noch erhalten? Ja. Alle Stöße – elastisch oder unelastisch – bewahren den Impuls, aber nur elastische Stöße bewahren die kinetische Energie. Was bedeutet es also, wenn Schatten den Impuls erhalten? Es bedeutet, daß wir uns einen Impuls wie P aus Komponenten zusammengesetzt denken können, z.B. eine horizontale und vertikale Komponente bzw. eine X- und Y- Komponente, und daß jede dieser Komponenten selbst erhalten bleibt, gerade so, als ob die andere Komponente nicht vorhanden wäre.

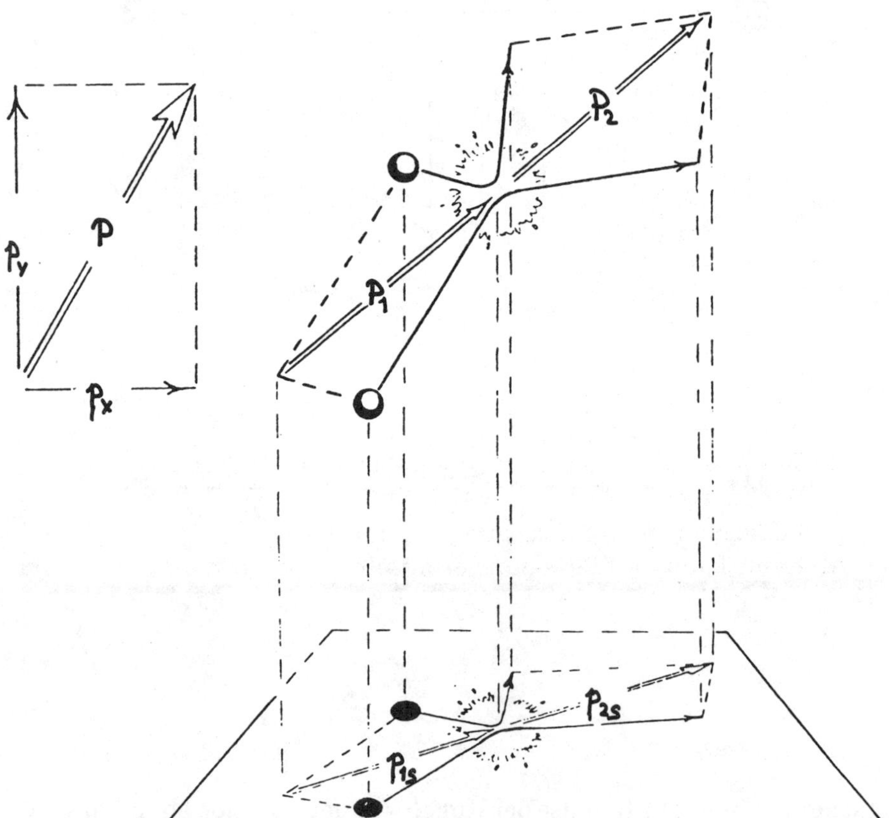

ABSOLUTE BEWEGUNG

Eine Wissenschaftlerin sitzt vollständig isoliert in einem Kasten, der sich gleichmäßig auf einem geradlinigen Weg durch den Raum bewegt, während eine andere Wissenschaftlerin vollständig isoliert in einem anderen Kasten sitzt, der sich gleichmäßig im Raum dreht. Jede Wissenschaftlerin kann alle wissenschaftlichen Errungenschaften in ihrem Kasten benutzen, um ihre Bewegung im Raum zu ermitteln.

a) Die Wissenschaftlerin im geradlinig bewegten Kasten kann ihre Bewegung ermitteln.
b) Die Wissenschaftlerin im sich drehenden Kasten kann ihre Bewegung ermitteln.
c) Beide können ihre Bewegungen ermitteln.
d) Keine kann ihre Bewegung ermitteln.

ANTWORT: ABSOLUTE BEWEGUNG Die Antwort ist: b. Diese Frage ist das drehende Gegenstück zu *Trägheit*. Wenn sich ein nicht drehender Kasten gleichmäßig auf einem geradlinigen Weg durch den Raum bewegt, können Sie diese Bewegung nicht ermitteln. Wenn Sie z.B. eine Münze über einer Tasse fallen lassen, fällt sie direkt in die Tasse ohne Rücksicht darauf, ob sich der Kasten bewegt oder nicht. Diesen Versuch können Sie in einem sich gleichmäßig bewegenden Zug oder Flugzeug ausführen. Wenn der Kasten aber anhält oder startet oder sich dreht oder springt, können Sie die Bewegung fühlen. Wenn der Kasten beschleunigt wird, wissen Sie, daß Sie sich bewegen – wird er nicht beschleunigt, können Sie keine Aussage darüber machen. Sie können alle physikalischen Experimente in dem sich gleichmäßig und linear bewegenden Kasten ausführen und es trotzdem nicht wissen. Selbst wenn Sie nach draußen sehen können und bemerken, daß sich der Hintergrund bewegt, können Sie nicht mit Sicherheit sagen, ob Sie sich bewegen oder ob der Hintergrund es tut. Sie können nur feststellen, daß Sie sich relativ zum Hintergrund bewegen oder umgekehrt, was gleichwertig ist. Die lineare Bewegung ist relativ. Der sich drehende Kasten ist etwas anderes. Sie wissen, daß Sie sich bewegen, ohne daß Sie sich den Hintergrund ansehen müssen. Ist die Drehgeschwindigkeit groß genug, brauchen Sie nur Ihren Magen zu fragen (ist Ihnen jemals in einem Karussell schlecht geworden?). Wenn sich Ihr Kasten sehr langsam dreht, können Sie diese Drehung immer noch feststellen, wenn Sie beispielsweise ein schwingendes Pendel beobachten. Die Drehbewegung ist absolut.

Warum ist eine Bewegungsart relativ und die andere absolut? Warum sind sie nicht beide relativ oder absolut? Oder warum ist es nicht umgekehrt? Dies sind tiefgehende und unbeantwortete Fragen. Wir wissen nichts weiter, als daß die lineare Bewegung in unserem Universum relativ ist, während die Drehbewegung absolut ist. Wäre das nicht so, wären die Bewegungsgesetze ganz anders als die, mit denen wir jetzt leben. Das erklärt aber nicht, warum die Dinge so sind, wie sie sind. Von der Beantwortung dieses tiefgehenden Problems sind wir weit entfernt – wer findet die Antwort? Vielleicht Sie!

RICHTUNGSÄNDERUNG

Ein Kater läuft über den Boden von I über II nach III, ohne seine Schnelligkeit zu ändern. Er ändert nur im Punkt II seine Richtung. Können wir mit Sicherheit sagen, daß im Punkt II eine Kraft auf den Kater ausgeübt wurde?

a) Ja, es mußte eine Kraft am Punkt II auf den Kater wirken.
b) Nicht notwendigerweise, da sich die Schnelligkeit des Katers nicht änderte.

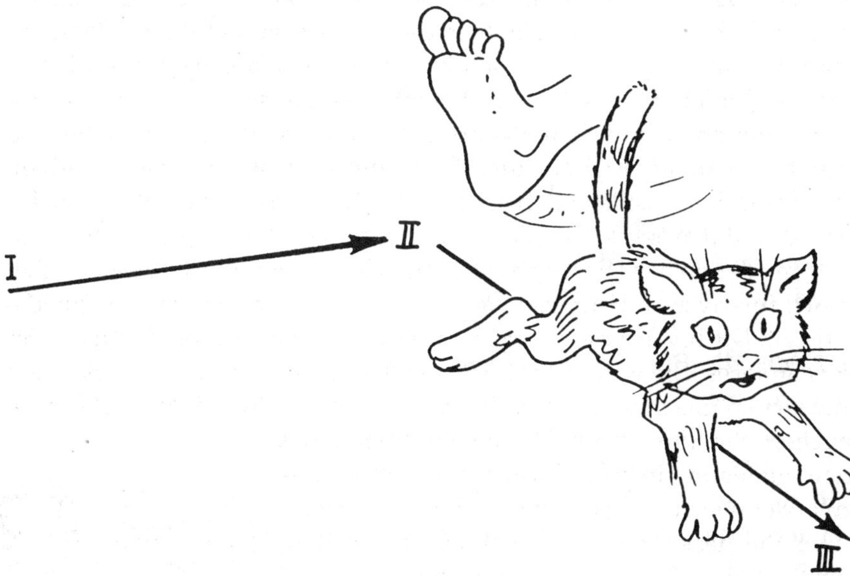

ANTWORT: RICHTUNGSÄNDERUNG

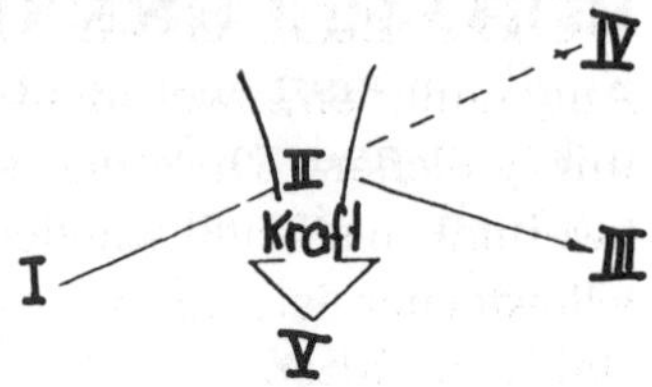

Die Antwort ist: a. Es mußte am Punkt II eine Kraft auf den Kater ausgeübt werden. Hätte keine Kraft auf den Kater eingewirkt, wäre er einfach geradeaus nach IV statt nach III gelaufen. Vielleicht tritt jemand den unglücklichen Kater beim Punkt II in Richtung V. Die Kraft des Tritts lenkt den Kater nach III um. Der Kater könnte auch selbst diese Richtungsänderung ausgeführt haben, indem er mit seinen Füßen auf den Boden drückt. Hätte sich der Kater jedoch auf reibungslosem Eis befunden, hätte er die Kraft an II für die Richtungsänderung nicht aufbringen können. Keine Kraft, also keine Drehung – ein "Ausrutscher".

Warum hat die Kraft aber nicht die Schnelligkeit des Katers geändert? Weil es eine seitliche Kraft war. Eine vorwärts gerichtete Kraft macht Dinge schneller. Eine rückwärts gerichtete Kraft verlangsamt sie, hält sie an oder setzt sie in Rückwärtsbewegung. Eine seitliche Kraft verursacht eine Drehung.

Physiker sagen gern, daß eine Kraft immer die Geschwindigkeit einer Sache ändert, aber nicht unbedingt die Schnelligkeit (d.h. den Betrag der Geschwindigkeit). Was ist Geschwindigkeit? Die Geschwindigkeit ist der "Pfeil", der die Bewegung einer Sache darstellt. Physiker nennen den Pfeil gern einen Vektor. Wenn sich eine Sache schnell bewegt, erhält sie einen neuen, längeren Pfeil, siehe Skizze A. Wenn sie sich als Ergebnis der Verlangsamung oder negativen Beschleunigung langsamer bewegt, erhält sie einen neuen, kürzeren Pfeil oder Vektor, siehe Skizze B. Wenn sie eine Richtungsänderung vollführt, erhält sie einen neuen Geschwindigkeitsvektor, der genauso lang wie der ursprüngliche sein kann, aber in eine andere Richtung zeigt. Das bedeutet gleiche Schnelligkeit, aber in verschiedener Richtung, siehe Skizze C. Wir erkennen also aus diesem Beispiel, daß sich die Geschwindigkeit ändern kann, während sich die Schnelligkeit (der Betrag der Geschwindigkeit) nicht ändert.

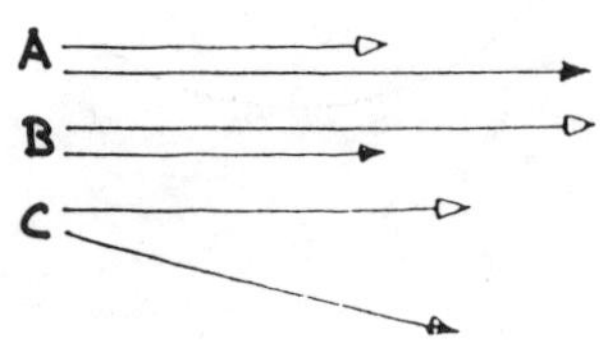

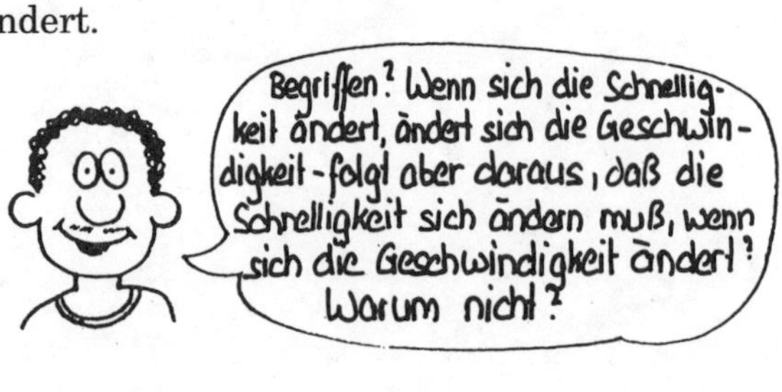

SCHNELLERE DREHUNG

Angenommen, zwei identische Gegenstände bewegen sich auf Kreisen mit gleichem Durchmesser, der eine Gegenstand bewegt sich aber zweimal so schnell wie der andere. Die Drehkraft (Zentripetalkraft), die erforderlich ist, um den schnelleren Gegenstand auf der kreisförmigen Bahn zu halten, ist

a) genauso groß wie die Kraft, die den langsameren Gegenstand auf der Bahn hält
b) ein Viertel so groß wie die Kraft, die den langsameren Gegenstand auf der Bahn hält
c) halb so groß wie die Kraft, die den langsameren Gegenstand auf der Bahn hält
d) doppelt so groß wie die Kraft, die den langsameren Gegenstand auf der Bahn hält
e) viermal so groß wie die Kraft, die den langsameren Gegenstand auf der Bahn hält

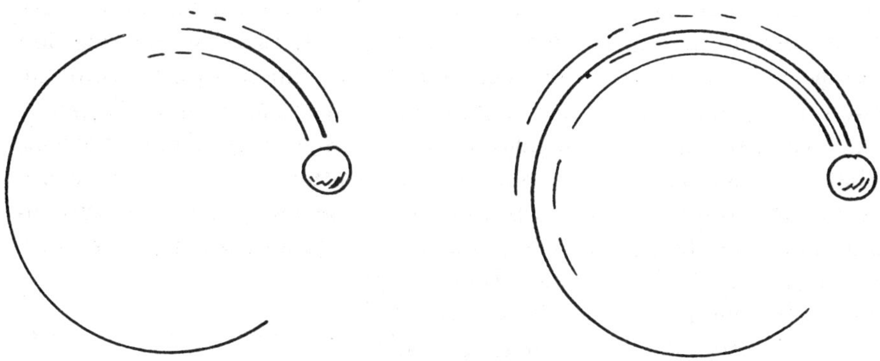

ANTWORT: SCHNELLERE DREHUNG

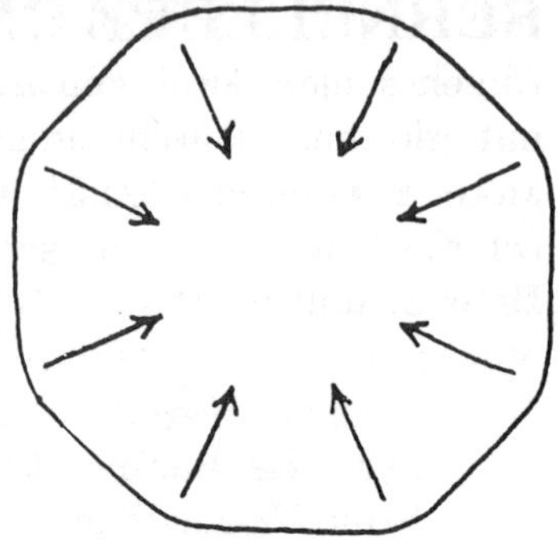

Die Antwort ist: e. Denken wir uns den Kreis als ein Vieleck mit vielen Seiten. Wenn der Gegenstand auf der Bahn umläuft, muß er an jeder Biegung einen kleinen Tritt kriegen. Wenn sich der Gegenstand jetzt zweimal so schnell bewegt, müssen Sie an jeder Biegung doppelt so stark treten, um ihn genauso weit abzulenken. Sie könnten also denken, daß die auf den Gegenstand einwirkende durchschnittliche Kraft sich verdoppeln würde. Das ist aber noch nicht alles. Wenn sich der Gegenstand doppelt so schnell bewegt, kommt er doppelt so oft an jede Biegung. Daher müssen Sie ihm zweimal so häufig zweimal so harte Tritte versetzen. Das erhöht die durchschnittliche Kraft auf das Vierfache. Wenn sich der Gegenstand dreimal so schnell bewegen würde, müßten Sie dreimal so häufig dreimal so stark treten, was die durchschnittliche Kraft auf das Neunfache erhöhen würde.

In der Nähe von Lew Epsteins Haus gibt es eine Straße mit einer scharfen Kurve. Das Straßenschild begrenzt die Geschwindigkeit auf 40 km/h. Eines Tages entschloß sich Lew Epstein jedoch, ein wenig zu mogeln und mit 60 km/h zu fahren. Was machen schon die zusätzlichen 20 km/h aus? Da er 60 km/h statt 40 km/h fuhr, hatte er seine Geschwindigkeit auf das 1,5fache gesteigert. Die Steigerung der Geschwindigkeit auf das 1,5fache erhöht jedoch die Zentripetalkraft auf seinen Wagen auf das 1,5 x 1,5 = 2,25fache. Daher macht eine 50prozentige Geschwindigkeitssteigerung eine mehr als 100prozentige Steigerung der Zentripetalkraft erforderlich, die der lose Kiesbelag der Straße nicht lieferte, so daß Lew Epsteins Auto in den Graben fuhr!

BERECHENBAR?

Ein Gegenstand mit bekannter Masse, z. B. ein Kilogramm, bewegt sich mit bekannter Geschwindigkeit von I nach II, nehmen wir an mit einem Meter pro Sekunde. Am Punkt II wirkt eine Kraft auf den Gegenstand. Die Kraft ändert die Schnelligkeit des Gegenstandes nicht, ändert aber die Richtung der Bewegung um 45 Grad. Ist es theoretisch möglich, die Stärke der Kraft zu berechnen?

a) Ja, die Stärke der Kraft kann berechnet werden (obwohl ich nicht unbedingt weiß, wie man es rechnet).
b) Nein, niemand kann die Kraft berechnen.

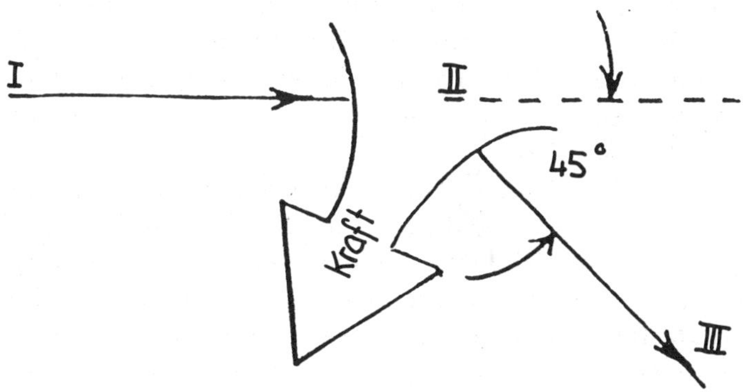

ANTWORT: BERECHENBAR?

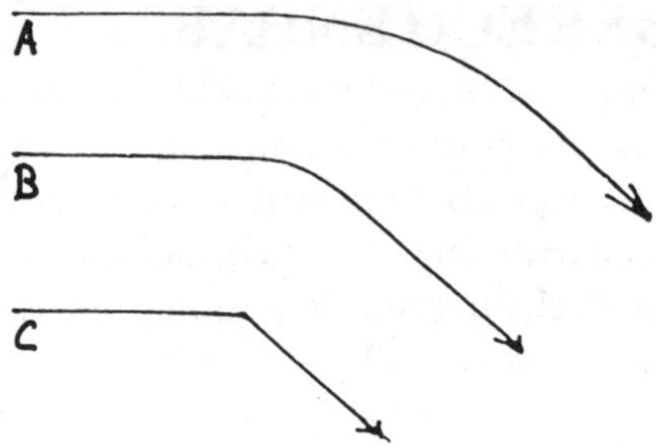

Die Antwort ist: b. Man kann sie nicht berechnen. Die Geschichte hier ähnelt sehr stark der Geschichte aus "Raketenschlitten". Die Drehung könnte durch eine kleine Kraft erfolgen, die lange einwirkt, oder durch eine große Kraft, die kurz einwirkt. Ist die Kraft klein und die Zeit lang, erfolgt die Drehung allmählich, siehe Skizze A; ist die Kraft jedoch stark und die Zeit kurz, erfolgt eine abrupte Drehung, siehe Skizze B. Für eine plötzliche Drehung wie in Skizze C müßte die Kraft unendlich groß sein. Daher gibt es in der Natur keine solchen Drehungen.

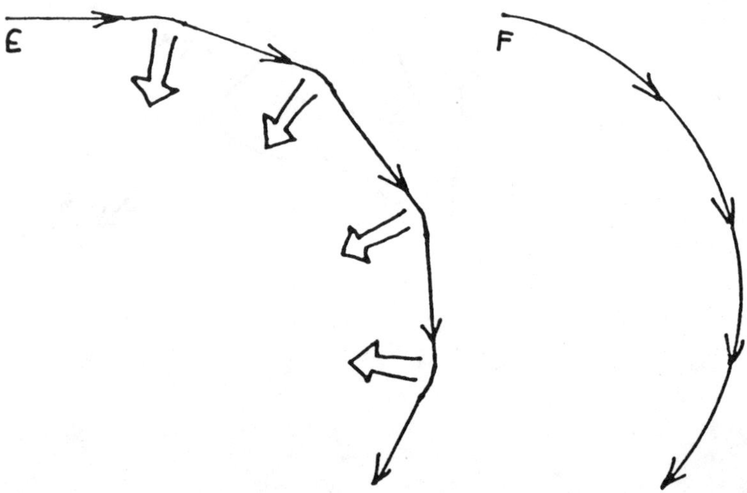

Wenn sich ein Gegenstand auf einer geknickten Bahn wie in Skizze E bewegt, wirkt die Kraft zu bestimmten Zeiten und zu anderen Zeiten nicht. Die Kraft wirkt in den Biegungen und ist auf den geraden Stücken nicht vorhanden. Häufig ist es zweckmäßig, über die Durchschnittskraft zu sprechen. Wenn sich ein Gegenstand auf einer glatten, kreisförmigen Bahn wie in Skizze F bewegt, ist die Kraft genauso groß wie die Durchschnittskraft.

ENGERE DREHUNG

Ein Gegenstand bewegt sich auf der gebogenen Bahn I mit der Geschwindigkeit 1 km/h. Ein identischer Gegenstand bewegt sich auf der gebogenen Bahn II mit der gleichen Geschwindigkeit. Der Durchmesser der Bahn II ist halb so groß wie der von Bahn I. Die durchschnittliche Kraft, die erforderlich ist, um den Gegenstand auf Bahn II zu halten, ist

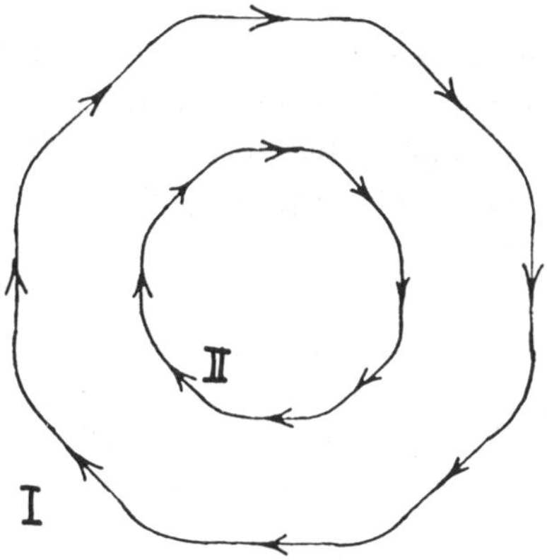

a) genauso groß wie die durchschnittliche Kraft auf Bahn I
b) halb so groß wie die durchschnittliche Kraft auf Bahn I
c) doppelt so groß wie die durchschnittliche Kraft auf Bahn I
d) viermal so groß wie die durchschnittliche Kraft auf Bahn I
e) ein Viertel so groß wie die durchschnittliche Kraft auf Bahn I

ANTWORT: ENGERE DREHUNG Die Antwort ist: c. Drehwinkel, Massen und Geschwindigkeiten der Objekte auf den Bahnen II und I sind alle genau gleich. Sie könnten daher möglicherweise annehmen, daß die durchschnittliche Kraft die gleiche wäre. Das ist aber falsch. Warum? Weil Sie den Durchschnitt der Kraft bilden müssen. Auf Bahn II ist zwischen den Biegungen weniger Zeit, genau halb soviel wie auf Bahn I, da Bahn II nur halb so lang ist wie Bahn I. Daher wird der Durchschnitt bei Bahn II über die halbe Zeit gebildet, wodurch die durchschnittliche Kraft auf Bahn II doppelt so groß wie die durchschnittliche Kraft auf Bahn I wird. Die Durchschnittsbildung entspricht der gleichmäßigen Aufteilung: Wird 1 DM auf 5 Kinder aufgeteilt, erhält jedes (durchschnittlich) 20 Pfennig, während es nur (durchschnittlich) 10 Pfennig bekommt, wenn die Mark auf 10 Kinder verteilt wird.

Sind die Bahnen I und II jetzt perfekte Kreise, stimmt das, was oben angeführt wurde, immer noch. Bewegen sich also identische Gegenstände mit identischer Geschwindigkeit, so ist die Kraft, die auf den Gegenstand auf dem kleineren Kreis wirkt, größer. Entspricht der Durchmesser des kleinen Kreises der Hälfte oder einem Drittel des Durchmessers des großen Kreises, dann ist diese Kraft zwei- bzw. dreimal so groß wie die Kraft, die auf den Gegenstand des großen Kreises wirkt.

Bewegt sich ein Gegenstand auf einem Kreis, ist die Drehkraft, die immer seitwärts ausgeübt wird, immer auf den Kreismittelpunkt gerichtet. Die Drehkraft wird Zentripetalkraft genannt. Die Drehkraft hält das Objekt nicht in Bewegung, sondern nur auf der Kreisbahn.

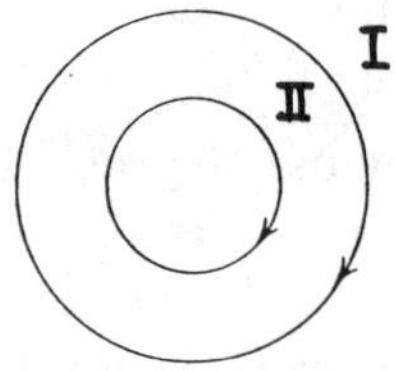

Jedermann weiß, daß ein Zug oder ein Auto schwerer um die Kurve kommt, wenn diese enger wird. Jetzt wissen Sie aber auch warum. Je enger die Kurve, desto kleiner ist der Drehkreis. Je kleiner der Drehkreis, desto größer ist die erforderliche Zentripetalkraft. Wird diese Zentripetalkraft nicht ausgeübt, springt der Zug aus den Schienen, oder der Wagen rutscht von der Straße.

Natürlich spielt es auch eine Rolle, ob die Gegenstände verschiedene Massen haben. Die zum Drehen eines Objekts erforderliche kinetische Kraft steigt proportional zur Masse.

Als Formel geschrieben ist die Zentripetalkraft F, die benötigt wird, um ein Objekt mit der Masse m, das sich mit der Geschwindigkeit v bewegt, auf einer gekrümmten Bahn mit dem Radius r zu halten:

$$F = m \frac{v^2}{r}$$

KARUSSELL

Peter und Danny stehen auf einem Karussell, das sich so dreht, wie es in der Zeichnung gezeigt wird. Peter wirft den Ball direkt zu Danny.

a) Der Ball kommt bei Danny an.
b) Der Ball geht rechts an Danny vorbei.
c) Der Ball geht links an Danny vorbei.

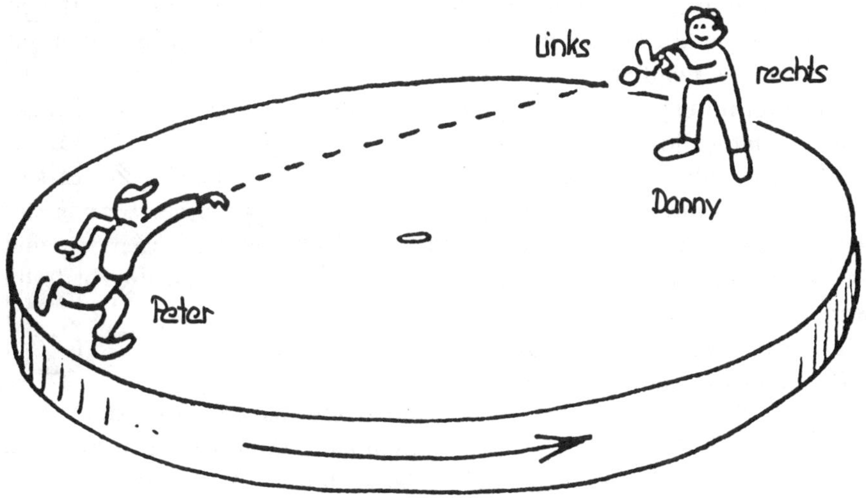

ANTWORT: KARUSSELL Die Antwort ist: b. Am Anfang könnte der Ball zwar direkt auf Danny zufliegen; während der Zeit, die er für die Strecke benötigt, dreht sich jedoch das Karussell, und der Ball fliegt daher an Danny vorbei. Der Film auf der nächsten Seite zeigt, wie sich das Karussell dreht und daß "R" den Platz einnimmt, der vorher von Danny belegt wurde. Also fliegt der Ball auf der "R"-Seite von Danny vorbei.
Außerdem fliegt der Ball nicht einmal am Anfang auf Danny zu, wenn Peter ihn wirft, selbst wenn Peter auf Danny zielt. Warum? Weil Peter nicht stillsteht. Er bewegt sich mit dem Karussell.
Der Ball nimmt Peters Geschwindigkeit mit, wodurch er weiter in Richtung "R" abgelenkt wird.
Wenn Sie in einer sich drehenden Welt leben, gehen die Dinge nicht in

die Richtung, in die sie gezielt sind. Tatsächlich scheinen sie nicht einmal auf geraden Linien zu gehen. Diese Ablenkung hat einen Namen. Sie ist nach einer der ersten Personen benannt, die sie untersucht haben – Coriolis. Es gibt sogar eine geringe Coriolis-Wirkung auf Dinge, die sich auf der Erde bewegen, da die Erde in Wirklichkeit eine sich drehende Welt ist. Angenommen, Sie zwingen den Ball, von Peter zu Danny zu fliegen. Wie wäre das möglich? Wir könnten Peter und Danny mit einem Rohr verbinden (siehe Skizze). Das Rohr ist gerade, es dreht sich aber, während der Ball unterwegs ist. Daher bewegt sich der Ball auf einer gekrümmten Bahn, obwohl das Rohr gerade ist. Man braucht eine Kraft, damit ein Gegenstand auf einer Kurve fliegt. Die dick ausgezogene Seite des Rohrs

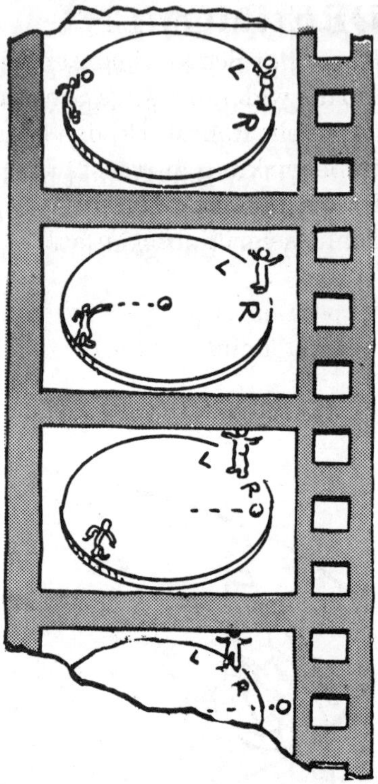

muß die Kraft auf den Ball ausüben. Glauben Danny und Peter, daß der Ball eine Kurve beschreibt? Nein. Sie bewegen sich mit dem sich drehenden Rohr. Daher glauben sie, daß der Ball einfach geradeaus fliegt – sie müssen sich aber Gedanken machen, warum er dauernd gegen die eine Seite des Rohrs stößt. Wenn sie erst einmal bemerkt haben, daß sie sich drehen, ist das Wunder erklärt.

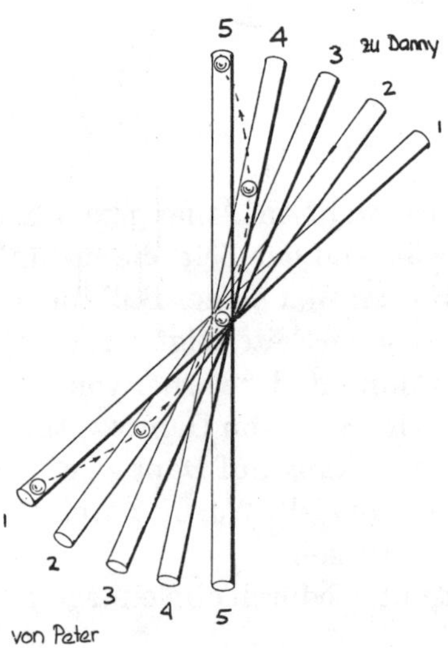

DREHMOMENT

Harry hat Schwierigkeiten, ein genügendes Drehmoment aufzubringen, um die widerspenstige Schraube mit einem Schlüssel zu drehen. Er hätte gerne ein Rohrstück, das er über den Schlüssel stecken könnte, um die Hebelwirkung zu verstärken. Er hat kein Rohr, aber ein Seil. Ist das Drehmoment größer, wenn er an dem Seil genauso stark zieht, wie er am Schlüsselgriff gezogen hat?

a) ja
b) nein

ANTWORT: DREHMOMENT Die Antwort ist: b, nein. Die Drehkraft bzw. das Drehmoment, das auf die störrische Schraube angewendet wird, hängt nicht nur von der angewendeten Kraft ab, sondern auch von der Länge des Hebelarms, auf den die Kraft wirkt. Sie können sich das anhand Ihrer Erfahrungen mit Schraubenschlüsseln oder Wippen veranschaulichen. Je größer der Hebel ist, desto größer ist das Drehmoment. Durch Anbringen des Seils an seinem Schraubenschlüssel erhöht Harry den Abstand von der Schraube bis zum Ort der Kraftanwendung, das verlängert aber nicht den Hebelarm. Der Hebelarm ist nämlich nicht der Abstand vom Drehpunkt (Schraube) zur angewendeten Kraft, sondern der Abstand zur *Wirkungslinie* der angelegten Kraft. Der Hebelarm ist immer rechtwinklig zur Wirkungslinie der angelegten Kraft. Er ist der kürzeste Abstand zwischen der Linie und dem Drehpunkt. Wenn Harry das Seil verwendet, ändert er die Länge des Hebelarms überhaupt nicht. Nach Definition ist das

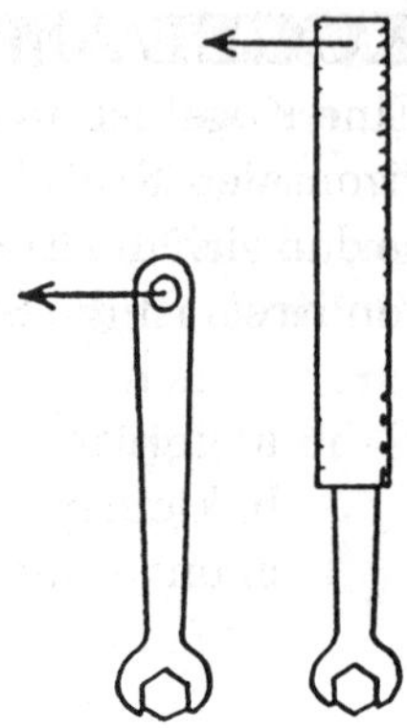

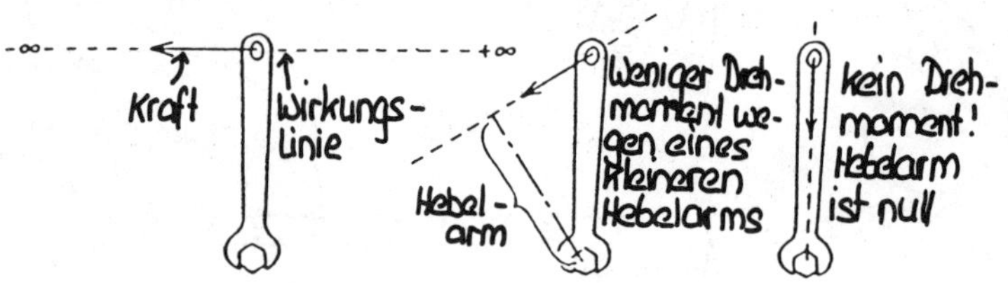

Drehmoment Kraft mal Hebelarm. Wir können das Drehmoment geometrisch darstellen; es ist die doppelte Fläche eines bestimmten Dreiecks. Nehmen wir den Hebelarm als Höhe des Dreiecks und den Kraftvektor als Dreiecksbasis. Erinnern wir uns daran, daß die Fläche des Dreiecks die Hälfte des Produkts aus Höhe und Grundseite ist. In unserem Fall gilt Höhe = Hebelarm und Grundseite = Kraft. Also ist die Fläche gleich dem halben Drehmoment. Aus der Skizze können Sie erkennen, daß die Fläche des Dreiecks, das aus der angelegten Kraft und dem Drehpunkt gebildet wird, in beiden Fällen (direkte Anwendung der Kraft oder Zwischenschalten eines Seils) gleich ist (gleiche Grundseite und Höhe), also ist auch das Drehmoment gleich.

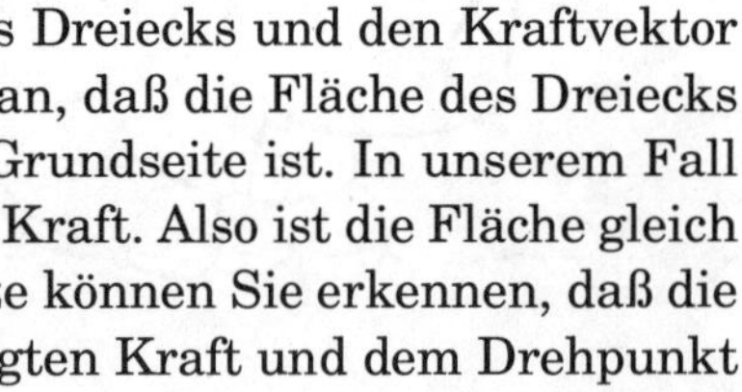

KUGEL AM FADEN

Eine Kugel ist an einem Faden befestigt und wird auf einem großen horizontalen Kreis herumgeschleudert. Dann wird der Faden eingezogen, so daß sich die Kugel auf einem kleineren Kreis bewegt. Auf dem kleineren Kreis ist die Schnelligkeit

a) größer
b) kleiner
c) unverändert

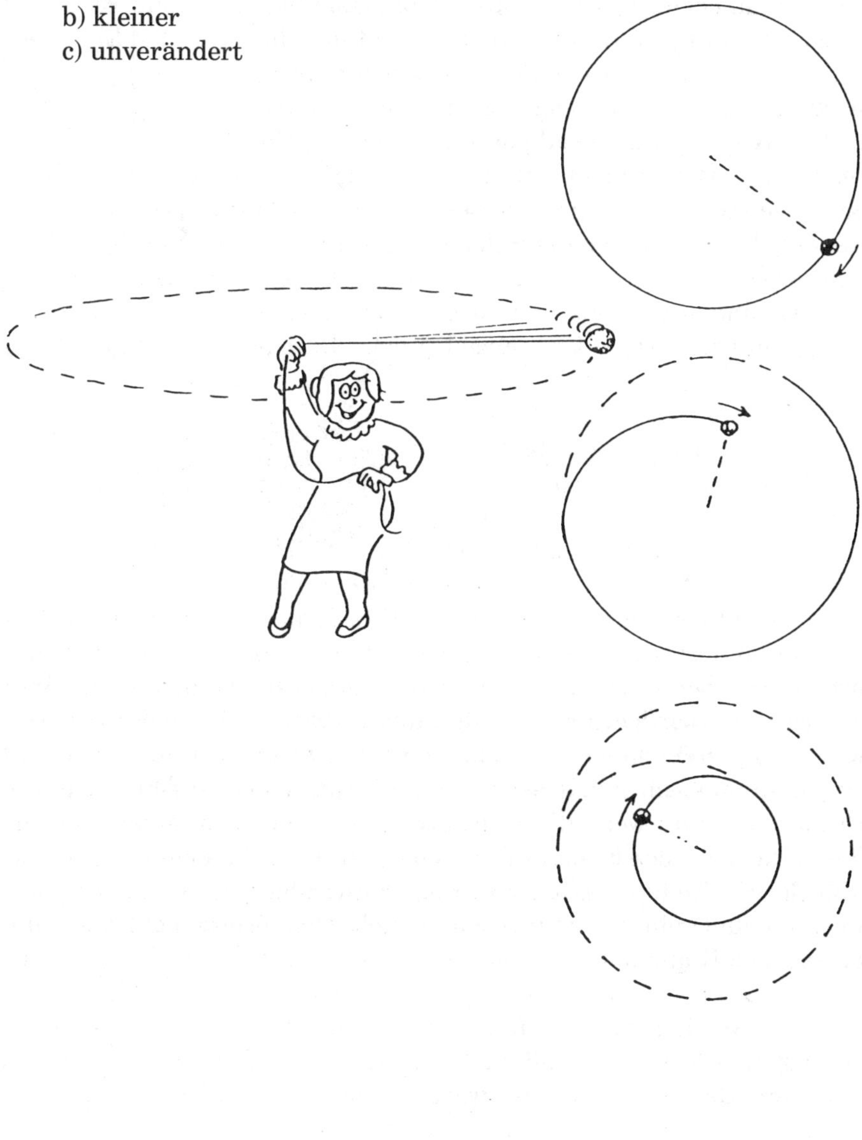

ANTWORT: KUGEL AM FADEN Die Antwort ist: a, größer. Wenn sich die Kugel auf einer kreisförmigen Bahn mit konstantem Radius bewegt, erhöht der Zug des Fadens ihre Schnelligkeit nicht – sie läuft mit konstanter Schnelligkeit um. Wird die Kugel aber auf einen kleineren Kreis gezogen, beschleunigt die Kraft des Fadens sie. Warum? Im ersten Fall, in dem der Radius konstant blieb, zog der Faden immer rechtwinklig zur Kugelbewegungsrichtung – die ausgeübte Kraft diente also nur zur dauernden Bewegungsrichtungsänderung, um die Kugel auf einer kreisförmigen Bahn zu halten, statt auf einer geraden Linie (was der Fall wäre, wenn der Faden reißen würde).

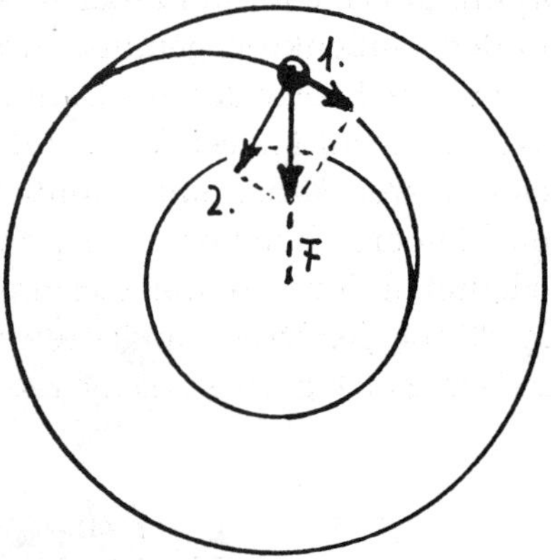

Wird die Kugel jedoch von einem großen Kreis auf einen kleineren gezogen, steht die Fadenkraft nicht genau senkrecht auf der Kugelbewegung. Wir können an der Skizze erkennen, daß die Kraft des Fadens eine Komponente in der Bewegungsrichtung der Kugel besitzt. Die Komponente 1 in der Skizze erhöht die Schnelligkeit, während die Komponente 2 einfach die Bewegungsrichtung der Kugel ändert.

Es gibt eine geniale Möglichkeit zur Bestimmung dieser Erhöhung der Schnelligkeit. Sie beruht auf der Idee des Drehimpulses, der für einen Körper der Masse m, der sich mit der Schnelligkeit v auf einem Kreis mit dem Radius r bewegt, das Produkt mvr ist. Genau wie die Kraft erforderlich ist, um den linearen Impuls eines Körpers zu ändern, ist ein Drehmoment erforderlich, um den Drehimpuls eines Körpers zu ändern – wirkt kein Drehmoment auf einen sich drehenden Körper, ändert sich der Drehimpuls nicht. Übt der Faden ein Drehmoment auf die Kugel aus? Er kann das nur, wenn die Kraft über einen Hebelarm wirkt (erinnern Sie sich an die letzte Frage). Gibt es einen Hebelarm? Nein, die Wirkungslinie der Kraft läuft genau durch den Drehpunkt.

Es gibt kein Drehmoment und daher auch keine Änderung des Drehimpulses. Die Kugel hat auf dem kleinen Kreis den gleichen Drehimpuls mvr wie auf dem großen Kreis. Da sich das Produkt mvr nicht ändert, wird eine Verringerung des Radius durch eine Steigerung der Schnelligkeit kompensiert. Wird r z.B. halbiert, steigt v um den Faktor zwei, wird r auf ein Drittel des Anfangswerts eingezogen, verdreifacht sich die

Schnelligkeit. Dies gilt in Abwesenheit eines Drehmoments, das anderenfalls den Drehimpuls ändern könnte.
Wir können diese Idee auch bildlich darstellen, wie wir es beim Drehmoment getan haben. Erinnern wir uns daran, daß das Drehmoment Kraft mal Hebelarm ist, was man sich als die doppelte Fläche des aus Kraftvektor und Hebelarm gebildeten Dreiecks vorstellen kann (siehe Skizze A). Der Drehimpuls = *mvr* = (Impuls *mv*) x (Hebelarm *r*) kann entsprechend als doppelte Fläche des Dreiecks aus dem linearen Impulsvektor und dem Hebelarm dargestellt werden (siehe Skizze B).
Wirkt kein Drehmoment auf ein sich drehendes System, ändert sich der Drehimpuls nicht. Im Fall unserer kreisenden Kugel ist der Drehimpuls auf dem Außenkreis genauso groß wie auf dem Innenkreis. Das bedeutet, daß die Fläche des aus Bahnimpuls und Drehpunkt gebildeten Dreiecks sich nicht ändert. Ist der Radius des kleineren Kreises ein Drittel des größeren Kreisradius, muß der lineare Impuls (*mv*) der Kugel auf dem kleineren Kreis dreimal größer als auf dem größeren Kreis sein. Das bedeutet, daß sie dreimal so schnell kreisen muß. Es ist zu beachten, daß die Fläche des Drehimpulsdreiecks auf diese Art und Weise bei beiden Kreisen gleich groß ist (siehe Skizze C).

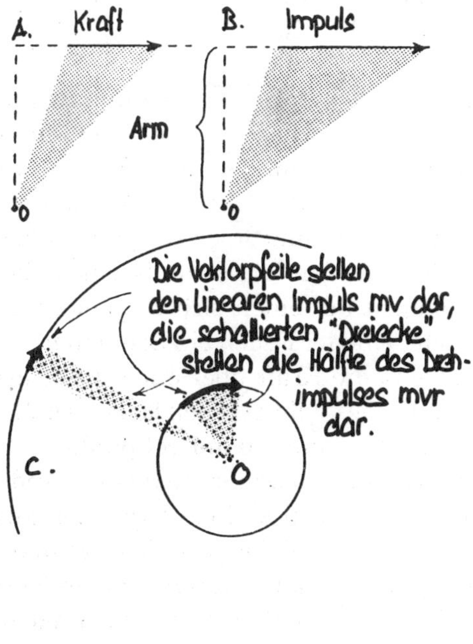

WEICHE

Eine Straßenbahn rollt (ohne Reibung) auf einem kreisförmigen Gleis. Dann wird eine Weiche so geschaltet, daß die Straßenbahn auf ein kleineres kreisförmiges Gleis umgeleitet wird. Beim Fahren auf dem kleineren Kreis ist die Schnelligkeit

a) größer
b) kleiner
c) unverändert

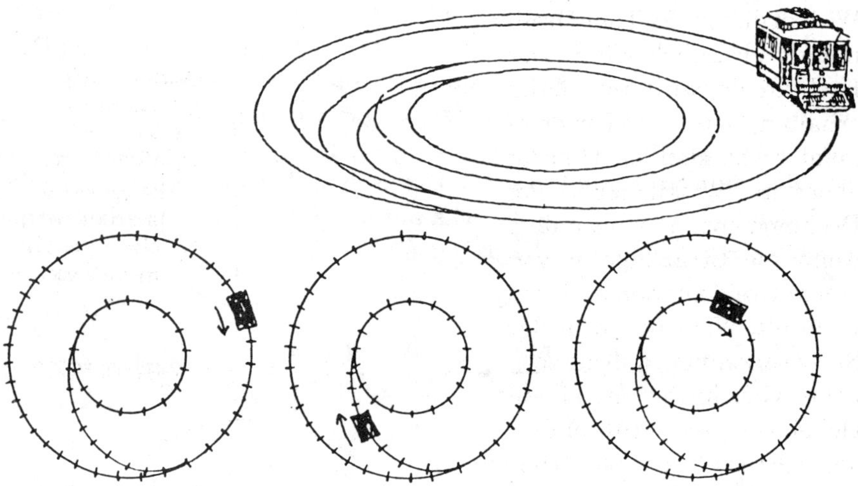

ANTWORT: WEICHE Die Antwort ist: c, unverändert. Die Kugel am Faden gewann Schnelligkeit beim Einziehen auf einen kleineren Kreis, da eine Kraftkomponente in Bewegungsrichtung vorhanden war. Das ist bei der Straßenbahn auf dem Gleis jedoch nicht der Fall. Wären die Gleise vollkommen gerade, könnten sie keine Kraft für die Beschleunigung oder im reibungslosen Zustand zur Verlangsamung der Straßenbahn ausüben. Gekrümmte Gleise üben jedoch eine Kraft aus, die den Bewegungszustand der Straßenbahn ändert – eine seitliche Kraft, die die Straßenbahn dreht. Diese seitwärts gerichtete Kraft hat jedoch keine Komponente in der Bewegungsrichtung der Straßenbahn. Daher können die Gleise die Schnelligkeit der frei rollenden Straßenbahn nicht ändern.

Wird in diesem Fall der Drehimpuls erhalten? Nein. Der Drehimpuls wird nur dann erhalten, wenn kein Drehmoment vorhanden ist. Hier ist aber in Wirklichkeit ein Drehmoment vorhanden, wenn die Straßenbahn von einem Kreis auf den anderen wechselt. Wir können in der Skizze erkennen, daß die seitliche Gleiskraft an einem Hebelarm vom Mittelpunkt der Kreise wirkt. Dies erzeugt ein Drehmoment, das den Drehimpuls des Wagens ändert, aber nicht die Schnelligkeit. Der Wagen rollt mit der gleichen Schnelligkeit, aber weniger Drehimpuls auf der inneren Spur. In diesem Fall wird der Drehimpuls reduziert, da der Radius reduziert wird.

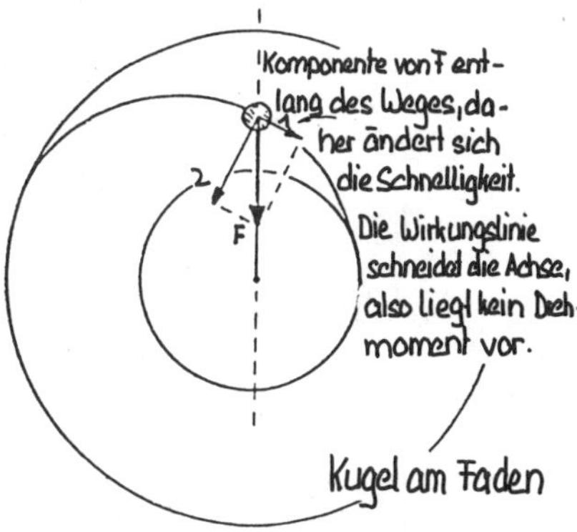

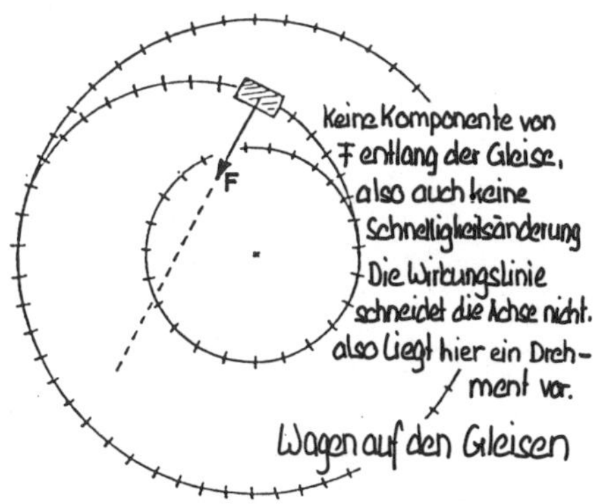

Wenn sich der Wagen in die Gegenrichtung bewegt, d.h. von innen nach außen, wirkt das Drehmoment so, daß der Drehimpuls erhöht wird. Der Drehimpuls steigt, wenn der Radius steigt. Wie vorher bleibt jedoch die Schnelligkeit des frei rollenden Wagens konstant.

Wir können uns dies auch aus Sicht der Arbeit/Energie ansehen: Bei der

Kugel am Faden wirkte die Kraftkomponente 1 entlang der Kugelverschiebungsrichtung, also wurde Arbeit (Kraft x Weg) an der Kugel verrichtet, die ihre kinetische Energie erhöhte. (Es ist wichtig, daß man erkennt, daß keine Arbeit ausgeführt wird, wenn sich die Kugel auf einem Weg mit konstantem Radius bewegt, da dann keine Komponente 1 vorhanden ist.) Im Fall der Straßenbahn, die von einem Gleis auf das andere wechselt, gibt es an keinem Punkt eine Kraftkomponente 1, weder auf den Kreisen mit konstantem Radius noch entlang des Verbindungsgleises. Die Gleiskraft ist überall senkrecht auf der Verlagerung, daher wird von der Gleiskraft keine Arbeit an der Straßenbahn verrichtet. Somit ändert sich auch die kinetische Energie und damit die Schnelligkeit nicht.

HOCHNÄSIGES AUTO

Wird ein Auto vorwärts beschleunigt, hat es die Tendenz, sich um seinen Schwerpunkt zu drehen. Der Wagen geht vorne hoch,

a) wenn die Antriebskraft von den Hinterrädern übertragen wird (bei Vorderradantrieb würde der Wagen vorne nach unten gedrückt)
b) egal, ob die Antriebskraft über die Vorder- oder die Hinterräder übertragen wird

ANTWORT: HOCHNÄSIGES AUTO Die Antwort ist: b. Wird der Wagen vorwärts beschleunigt, drücken die Reifen rückwärts auf die Straße, die wiederum vorwärts auf die Reifen drückt. Diese Kraft der Straße auf die Reifen beschleunigt nicht nur das Auto vorwärts, sondern erzeugt auch ein Drehmoment um den Schwerpunkt des Wagens herum. Egal, ob diese Kraft auf die Vorder- oder Hinterräder oder auf alle vier ausgeübt wird, die Wirkungslinie der Kraft ist immer entlang der Straßenoberfläche und erzeugt eine Drehung der Autovorderseite nach oben und der Rückseite nach unten (was die Reibkraft und damit die Kraftübertragung auf den Boden bei Autos mit Hinterradantrieb verstärkt). Sie können aus der Skizze erkennen, daß die Reibungskraft (durchgezogener Pfeil), die das Auto beschleunigt, den Wagen gegen den Uhrzeigersinn um den Schwerpunkt herumzudrehen versucht (gestrichelter Pfeil).

Man kann leicht erkennen, daß bei Betätigung der Bremsen die Kraft und daher auch das Drehmoment entgegengerichtet sind, so daß die Vorderseite des Autos nach unten gedrückt wird.
Diese Kippwirkung ist bei einem Boot mit Außenbordmotor besonders deutlich. Man kann aus der Skizze erkennen, daß bei Beschleunigung des Bootes die Nettokraft vorwärts gerichtet ist, so daß das Drehmoment das Boot gegen den Uhrzeigersinn kippt, während bei Verlangsamung die Wasserwiderstandskraft vorherrscht, so daß die Nettokraft rückwärts gerichtet ist und das Drehmoment das Boot im Uhrzeigersinn kippt.

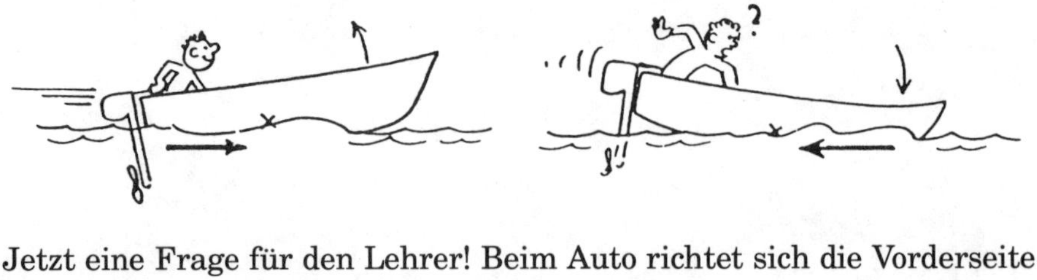

Jetzt eine Frage für den Lehrer! Beim Auto richtet sich die Vorderseite nur während der Beschleunigung auf und geht in die Waagerechte zurück, wenn eine konstante Geschwindigkeit erreicht worden ist. Beim Außenborder bleibt der Bug aber aufgerichtet. Wie kommt das? Wenn die Geschwindigkeit des Bootes konstant ist, ist die Reibungskraft auf den Rumpf genauso groß wie die Schraubenkraft, ihr aber entgegengerichtet. Die Schraube liegt aber tiefer und ist weiter vom Bootsschwerpunkt entfernt als der Rumpfboden. Daher erzeugen die Rumpfreibung und die Schraube zusammen ein Kräftepaar oder Drehmoment.

KRAFTPROTZ & WINZLING

Angenommen, Sie hätten ein Auto, das fast nur aus Rädern besteht, und ein anderes Auto, das ganz winzige Räder hat. Wenn die Autos die gleiche Gesamtmasse besitzen und ihre Schwerpunkte gleich weit vom Boden entfernt sind, wessen Vorderseite richtet sich dann stärker auf, wenn sie beide in 10 s von 0 auf 80 km/h beschleunigen?

a) Kraftprotz
b) Winzling
c) beide gleich

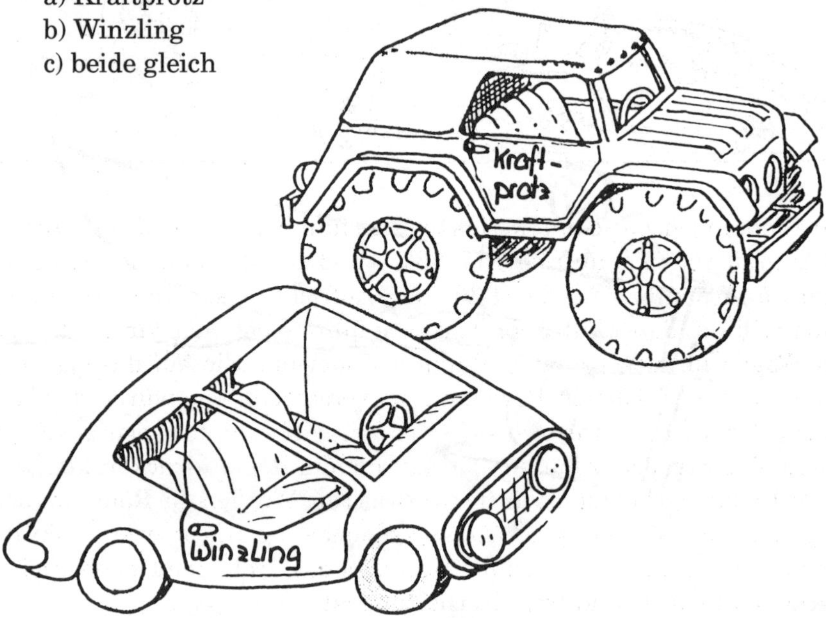

ANTWORT: KRAFTPROTZ & WINZLING Die Antwort ist: a. Bei der letzten Frage spielten die Räder überhaupt keine Rolle, außer daß sie den Wagen in Bewegung setzen; man könnte also erwarten, daß die Größe der Räder hier keinen Unterschied macht. Selbst wenn das Auto keine Räder hätte und auf einem Schlitten gezogen würde, würde sich die Vorderseite bei Beschleunigung des Schlittens aufrichten.

Sie könnten jedoch so ein instinktives Gefühl haben, daß das großrädrige Auto sich stärker aufrichten müßte – und damit liegen Sie richtig. Bis jetzt wurde nämlich nur die Hälfte der "Aufrichtungsgeschichte" erzählt. Um uns die andere Hälfte vor Augen zu führen, nehmen wir an, daß sich der Wagen im interstellaren Raum befindet und Sie auf das Gaspedal treten, um die Räder in Bewegung zu versetzen. Was würde das Auto machen? Nun, es würde sich sicherlich nirgendwohin bewegen. Warum? Weil keine Straße vorhanden ist, auf die die Reifen drücken können – keine Reibung! Trotzdem würde es etwas tun. Würden die Räder im Uhrzeigersinn in Bewegung gesetzt, würde sich die Karosserie gegen den Uhrzeigersinn drehen. Warum? Weil dies das drehende Gegenstück zu Aktio und Reaktio und Impulserhaltung ist.
Wenn wir zur Erde zurückkehren, wirkt dieser Effekt immer noch. Es gibt zwei Effekte, die die Vorderseite des Wagens aufrichten. Einer hängt nur von der Beschleunigung des Wagens ab und hat nichts mit den Rädern zu tun. Der zweite hängt nur von den sich drehenden Rädern ab und hat nichts mit der Beschleunigung zu tun. Wenn die Masse der Räder sehr viel kleiner als die Masse des Autos ist, spielt nur der erste Effekt eine Rolle. Wenn sich die Masse der Räder aber der Masse des Fahrzeugs nähert, wird der zweite Effekt wichtiger.

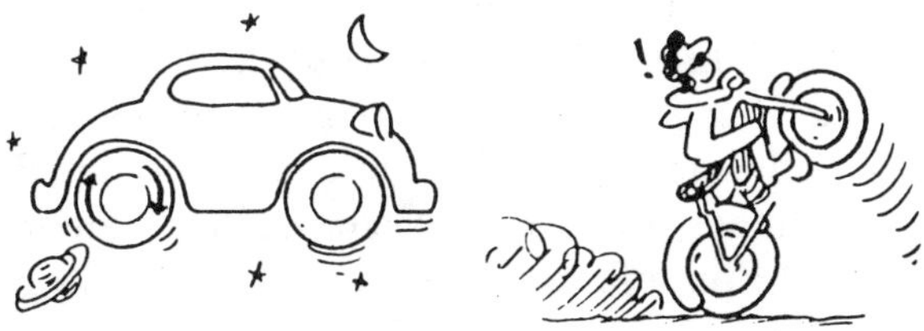

SCHWINGUNG

Ziehen Sie ein Pendel auf eine Seite und lassen Sie es los. Dann schwingt es von allein vor und zurück. Während der Hin- und Herbewegung des Pendels werden erhalten

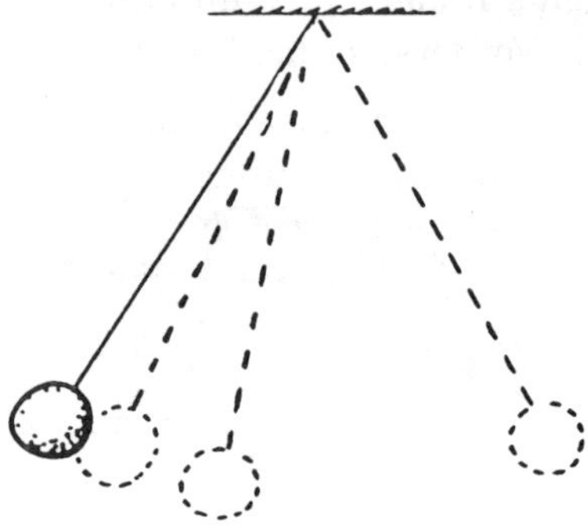

a) Impuls und Drehimpuls
b) nur der Drehimpuls
c) nur der Impuls
d) weder Impuls noch Drehimpuls

ANTWORT: SCHWINGUNG Die Antwort ist: d. Als erstes schwingt das Pendel nach rechts und dann wieder nach links. Wenn der Impuls nach rechts +5 ist, dann muß er beim Zurückschwingen –5 sein, während er beim Anhalten am Ende einer Schwingung null ist. Daher ändert sich der Impuls von +5 über null auf –5 über null auf +5 usw. Er ändert sich dauernd und kann daher nicht erhalten werden. Wie sieht es mit dem Drehimpuls aus? Nun, zuerst dreht sich das Pendel im Uhrzeigersinn um den Aufhängepunkt, am Ende einer Schwingung dreht es sich überhaupt nicht, und dann dreht es sich gegen den Uhrzeigersinn und wiederholt diesen Wechsel immer wieder. Also wird auch der Drehimpuls nicht erhalten. Wie kommt das? Vielleicht haben Sie gedacht, daß Impulse immer erhalten bleiben? Wohin geht der Impuls? Wenn ein Ball auf einen Schläger trifft, wohin geht dann sein Impuls? In den Schläger. Der lineare Impuls des Pendels geht in den Faden, dann in die Decke und schließlich in die Erde. Der Drehimpuls des Pendels geht über die Schwerkraft direkt in die Erde. Das bedeutet, daß die Erde all das bekommt, was das Pendel verliert. Wenn sich das Pendel nach rechts bewegt, bewegt sich die Erde ein klitzekleines Stück nach links. Wenn sich das Pendel im Uhrzeigersinn dreht, dreht sich die Erde ein klitzekleines Stück gegen den Uhrzeigersinn.

Schwingt das Pendel in die andere Richtung, kehrt die gesamte Erde natürlich auch ihre winzige Bewegung um. Nehmen wir an, daß die Masse der Erde eine Milliarde mal größer als die Masse des Pendels ist und dieses Pendel um einen Meter nach rechts bewegt. Wie weit bewegt sich die gesamte Erde? Ein milliardstel Meter nach links.

KLEINE UND GROSSE SCHWINGUNGEN

Ein bestimmtes Pendel wird um ein Grad ausgelenkt und schwingt in einer Sekunde von einem Ende zum anderen. Jetzt wird es um zwei Grad ausgelenkt. Die Zeit für die Bewegung von einem Ende zum anderen ist jetzt

a) eine halbe Sekunde
b) eine Sekunde
c) zwei Sekunden

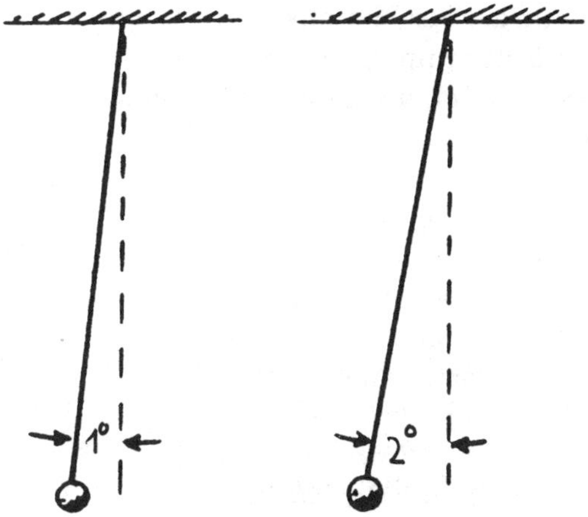

ANTWORT: KLEINE UND GROSSE SCHWINGUNGEN Die Antwort ist: ?. Warum probieren Sie es nicht genauso wie Galileo Galilei aus? Verwenden Sie einen langen Faden und ein schweres Gewicht. Messen Sie nicht eine einzelne Schwingung, sondern die Zeit für 10 Schwingungen. Die Schwingungen werden während der Zeitmessung ein wenig kleiner, kümmern Sie sich nicht darum.

Nachdem Sie das Experiment durchgeführt haben, denken Sie über folgendes nach. Ziehen Sie das Pendel nach B zurück und lassen Sie es nach C schwingen. Ziehen Sie es danach nach A zurück und lassen Sie es nach C zurückschwingen. Der Weg von A aus ist länger, wird aber schneller zurückgelegt. Die Schwingungsperiode wird von der Länge des Pendels und nicht von seiner Auslenkung bestimmt.

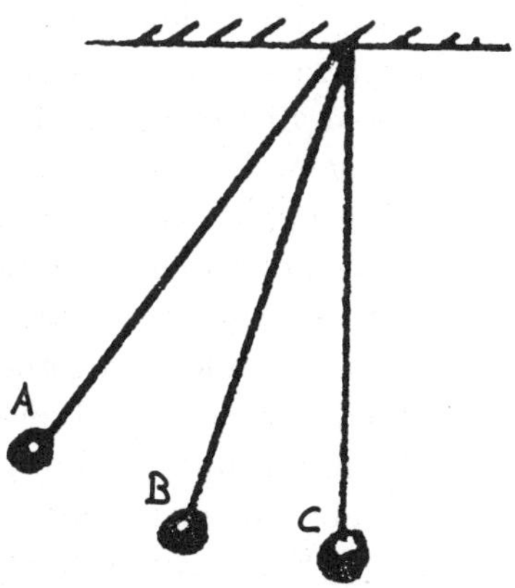

KREISEL

Jetzt kommt eine schwierige Frage: Eine häufig wiedererzählte Geschichte handelt von einem Physiker, der ein großes, sich drehendes Schwungrad in seinem Koffer verbarg. Der Hotelportier nahm den Koffer und ging damit um eine Ecke. Was passierte mit dem Koffer?

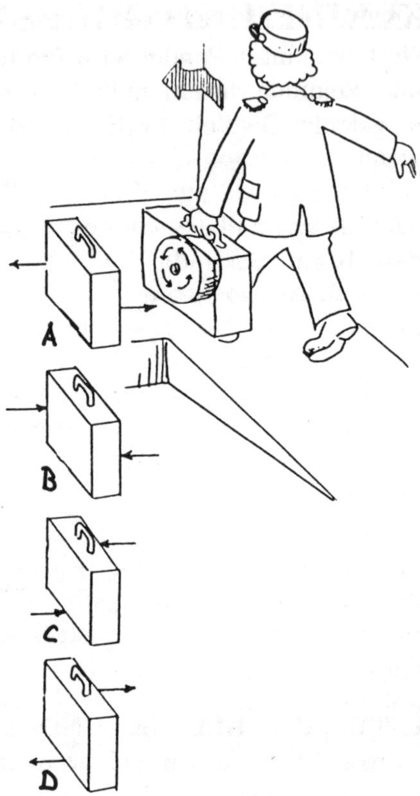

a) Der Koffer drehte sich einfach genauso um die Ecke wie der Portier, wie in Skizze A.
b) Der Koffer widersetzte sich der vom Portier ausgeführten Drehung, wie in Skizze B.
c) Als der Portier um die Ecke ging, kippte der Koffer, wie es in Skizze C gezeigt wird.
d) Als der Portier um die Ecke ging, kippte der Koffer, wie es in Skizze D gezeigt wird.

ANTWORT: KREISEL Die Antwort ist: d. Die Kreiselbewegung ist ziemlich kompliziert, wir können sie aber vereinfachen, wenn wir uns das sich drehende Schwungrad als ein rundes Rohr oder als einen Reifen vorstellen, in dem eine schwere Flüssigkeit umläuft. Als nächstes stellen wir uns den Ring quadratisch vor. Die Flüssigkeit fließt auf einer Seite nach oben, oben horizontal zur anderen Seite, dann senkrecht nach unten und unten waagerecht wieder zurück.

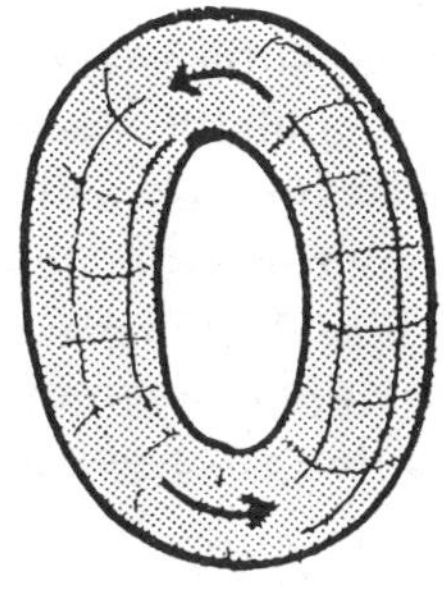

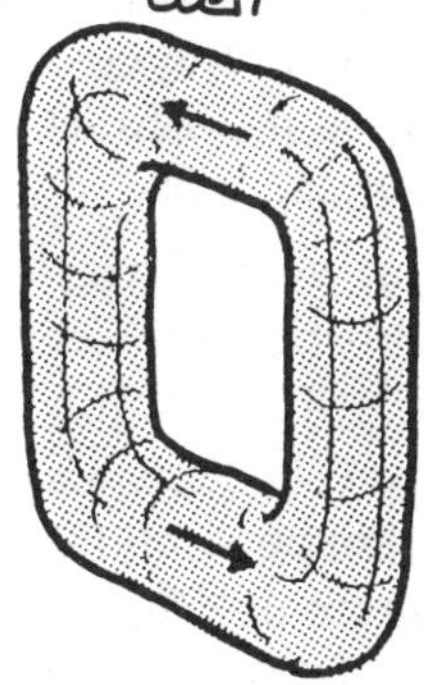

Als nächstes stellen wir uns das "quadratische" Schwungrad bei der Drehung von Position I in Position II vor. Der Teil der Flüssigkeit, der in den vertikalen Rohrstücken auf- bzw. abwärts fließt, ändert die Strömungsrichtung bei Drehung des Schwungrades von Position I in II nicht – die vertikalen Seiten bleiben vertikal. Die Flüssigkeit, die in den horizontalen Teilen fließt, ändert aber die Strömungsrichtung. Die Flüssigkeit beginnt z.B. an der Oberseite in Richtung 1 und endet in Richtung 2.

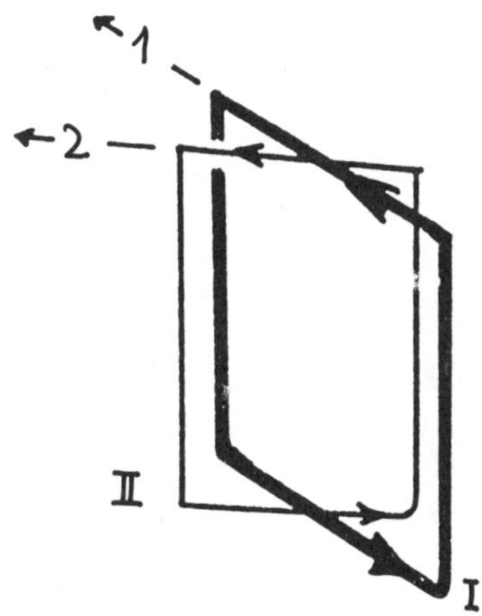

Die letzte Skizze zeigt, wie ein Flüssigkeitsteil, der in dem oberen oder unteren Rohr fließt, tatsächlich gezwungen wird, in einer Kurve zu fließen, wenn der Portier eine Drehung macht. Wenn etwas jedoch durch ein sich drehendes Rohr läuft, übt es eine Kraft auf die Seite des Rohrs aus. (Erinnern Sie sich an "Karussell".) Warum? Alle

Dinge wollen sich geradlinig bewegen, hier werden sie aber zu einer Drehung gezwungen. Die Pfeile in der letzten Skizze zeigen die Richtung der Kraft, die auf die Seiten des Rohrs wirkt. Die Kurven oben und unten sind entgegengerichtet, daher sind auch die Kräfte oben und unten entgegengerichtet. Die Kraft auf das Rohr ist die gleiche wie die Kraft auf das Schwungrad, und diese Kraft wird auf den Koffer übertragen. Die Oberseite kippt nach rechts und die Unterseite nach links – genau wie in Skizze D.

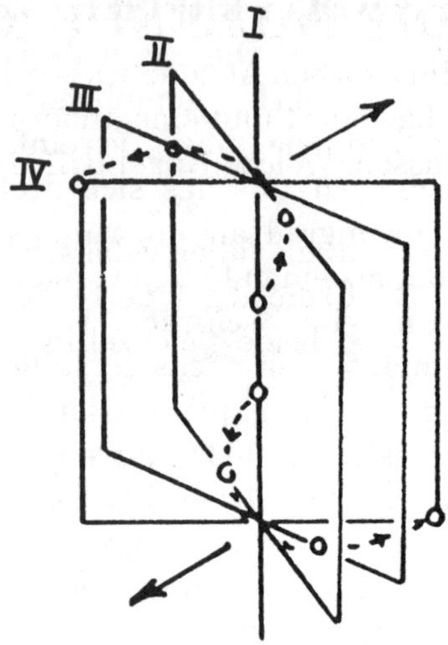

DIE FALLENDE KUGEL

Im gleichen Augenblick wird eine sehr schnelle Kugel aus einem Gewehr abgefeuert und eine andere Kugel einfach aus gleicher Höhe fallen gelassen. Welche Kugel trifft zuerst auf den Boden?

a) die fallen gelassene Kugel
b) die abgefeuerte Kugel
c) beide gleichzeitig

ANTWORT: DIE FALLENDE KUGEL Die Antwort ist: c. Und zwar deshalb, weil beide Kugeln über die gleiche Strecke mit der gleichen Abwärtsbeschleunigung fallen. Sie treffen daher auch beide gleichzeitig auf den Boden (die Schwerkraft hat bei bewegten Objekten keine Ferien).
Dieses Problem kann man besser verstehen, wenn man die Bewegung der abgefeuerten Kugel in zwei Teile aufteilt: eine horizontale Komponente, die sich nicht ändert, da keine horizontale Kraft wirkt (mit Ausnahme des Luftwiderstands), und eine vertikale Komponente, die mit g beschleunigt und von der horizontalen Bewegungskomponente unabhängig ist.
Man kann das auch anders betrachten. Wenn das Gewehr nach oben gerichtet wird, kommt die fallengelassene Kugel zuerst auf dem Boden an.

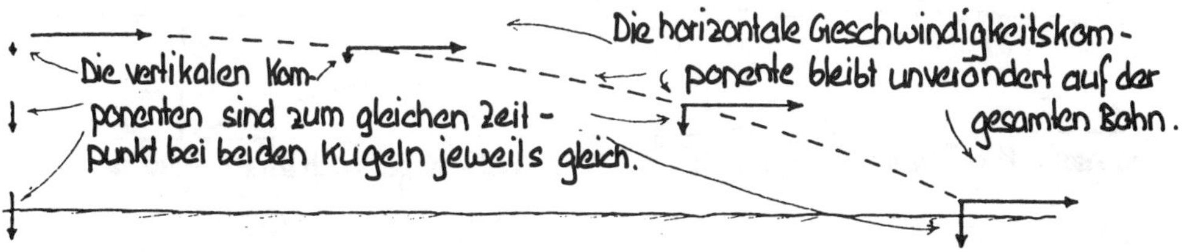

Wird das Gewehr andererseits nach unten gerichtet, gewinnt offensichtlich die abgefeuerte Kugel. Irgendwo in der Mitte zwischen aufwärts und abwärts gibt es ein Unentschieden – und das ist genau dann, wenn das Gewehr waagerecht gehalten wird.
Man kann sich das auch noch ganz anders vorstellen: Angenommen, der Boden würde nach oben beschleunigen und nicht die Kugel nach unten. Ist Ihnen klar, daß das Ergebnis das gleiche wäre?

FLUGBAHN

Eine aus einem Hochgeschwindigkeitsgewehr abgeschossene Kugel kann mindestens 100 Meter weit fliegen, ohne überhaupt zu fallen.

a) richtig
b) falsch

ANTWORT: FLUGBAHN Die Antwort ist: b. Es ist eine weitverbreitete Vorstellung, die sogar in Polizeischulen gelehrt wird, daß eine mit ausreichend großer Energie abgeschossene Kugel eine gewisse Distanz fliegt, ohne überhaupt zu fallen. Das ist aber ein echtes Mißverständnis. Selbst Licht aus einem Laser beginnt sofort zu fallen. Außerdem ist die Fallgeschwindigkeit ungeachtet der Schnelligkeit der Kugel immer die

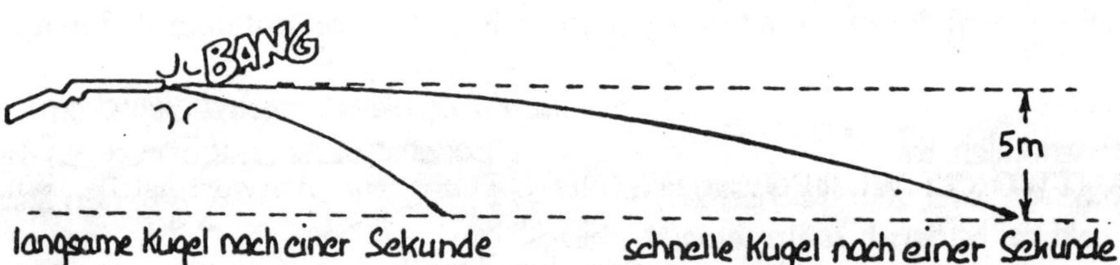

gleiche. Wird die Kugel horizontal auf einer sogenannten ebenen Flugbahn abgefeuert, fällt sie während der ersten Sekunde um ca. 5 Meter. Während dieser Sekunde fliegt die schnelle Kugel weiter als eine langsame, daher sieht die Flugbahn der schnellen Kugel weniger gekrümmt aus als die der langsamen Kugel, beide sind aber immer gekrümmt. Eine Flugbahn kann niemals völlig gerade sein (es sei denn, sie geht genau senkrecht nach oben oder unten).

WURFGESCHWINDIGKEIT

Ein Junge wirft einen Stein waagerecht von einer erhöhten Position 5 Meter über dem Boden weg. Der Stein fliegt über eine waagerechte Strecke von 20 Metern. Wie schnell warf der Junge den Stein? (Denken Sie an die Zeit.)

a) 10 m/s
b) 20 m/s
c) 25 m/s
d) 30 m/s
e) Die Frage kann mit den Angaben nicht gelöst werden.

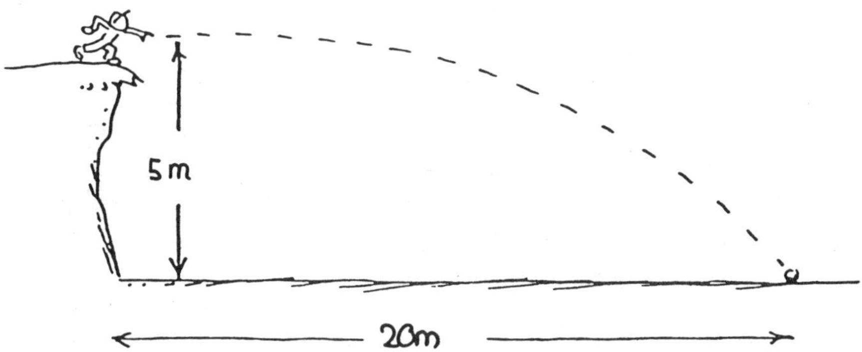

ANTWORT: WURFGESCHWINDIGKEIT Die Antwort ist: b. Wir wissen: Geschwindigkeit $= \frac{\text{zurückgelegte Strecke}}{\text{benötigte Zeit}}$, und es wurde angegeben, daß der Stein 20 Meter weit fliegt. Da der Stein genau waagerecht ohne anfängliche Geschwindigkeitskomponente in Aufwärts- oder Abwärtsrichtung geworfen wurde, ist die benötigte Zeit die gleiche, die der Stein auch braucht, um 5 Meter zu fallen, wenn er einfach fallen gelassen wird. Diese Zeit beträgt eine Sekunde, also muß die waagerechte Geschwindigkeit des Steins 20 m/s betragen haben.

ZWEITER WELTKRIEG

Um die Panzerfabrik zu treffen, sollte der Bomber seine Bombenlast

a) vor dem Ziel fallen lassen
b) direkt über dem Ziel fallen lassen
c) hinter dem Ziel fallen lassen

ANTWORT: ZWEITER WELTKRIEG

Die Antwort ist: a. Wird die Bombe fallen gelassen, fällt sie nicht einfach senkrecht nach unten – eine solche Bewegung würde null horizontale Geschwindigkeit voraussetzen. Wird die Bombe ausgelöst, hat sie eine anfängliche horizontale Geschwindigkeitskomponente, die dem Bomber (B29) entspricht. Ist der Luftwiderstand vernachlässigbar, fliegt die fallende Bombe weiterhin mit der Geschwindigkeit des Flugzeugs vorwärts. Der Film zeigt, wie die Bombe direkt unter dem Flugzeug weiterfliegt. Die Bombe bleibt tatsächlich etwas zurück, da der Luftwiderstand nicht wirklich vernachlässigbar ist. Wenn Sie aber innerhalb des fliegenden Flugzeuges eine Münze fallenlassen, ist der Luftwiderstand vernachlässigbar, und die Münze fällt Ihnen vor die Füße. Der Grund dafür ist, daß die Vorwärtskomponente ihrer Geschwindigkeit die gleiche wie die Ihrer Hände und Füße ist. Sie entspricht der des fliegenden Flugzeugs. Wenn das Flugzeug aber beim Fall der Münze beschleunigt, landet die Münze nicht direkt unter der Abwurfposition. Warum?

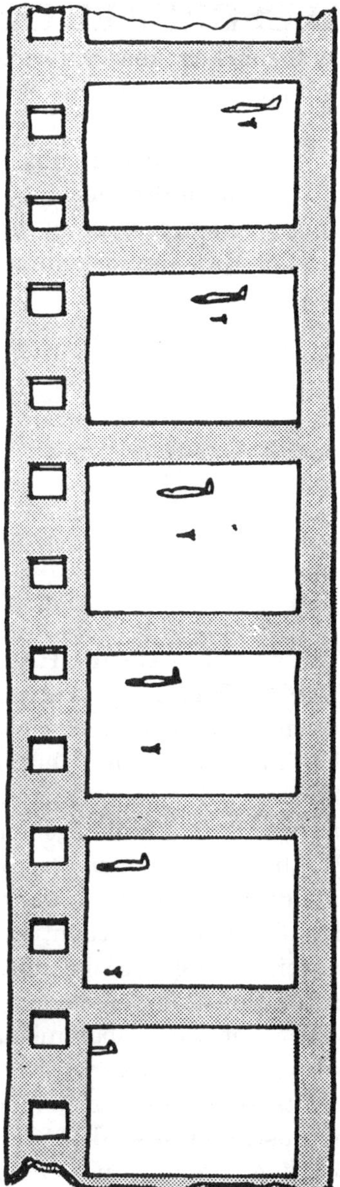

AUSSERHALB DER REICHWEITE

Ist es möglich, dem Schwerefeld der Erde zu entfliehen, wenn man sich weit genug von der Erde entfernt?

a) Ja, man kann aus der Reichweite der Schwerkraft der Erde herauskommen.
b) Nein, man kann nicht aus der Reichweite der Schwerkraft der Erde herauskommen.

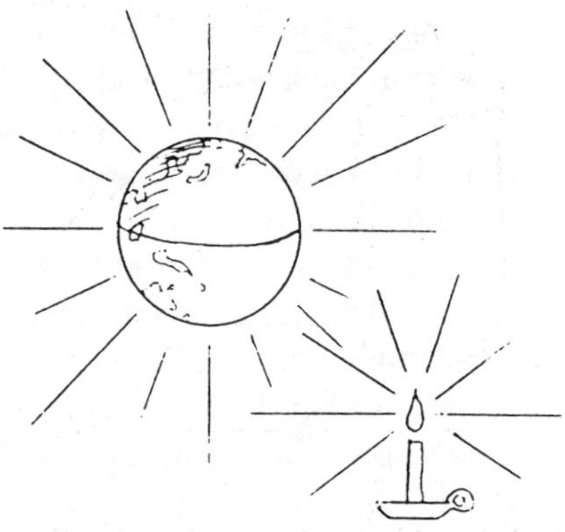

ANTWORT: AUSSERHALB DER REICHWEITE Die Antwort ist: b. Newtons Vision der Schwerkraft ist, daß "Flußlinien" oder "Tentakel" von der Erde (oder jeder anderen Masse) in den Raum hinausgehen. Diese Flußlinien *enden niemals.* Sie gehen immer weiter. Doch je weiter sie in den Raum hineinreichen, desto mehr verteilen sie sich, so daß die Schwerkraft, die sie erzeugen, immer schwächer wird, aber niemals verschwindet. Es ist genau wie bei den Lichtstahlen, die aus einer Kerze heraustreten, oder den Strahlungsteilchen, die ein Stück radioaktives Erz verlassen. Sie breiten sich im Raum aus, die Strahlung wird immer schwächer, sie hört aber niemals auf.
Wieviel schwächer wird sie? Das

hängt von der Entfernung ab. Stellen Sie sich eine Farbsprühdose vor. Die Dose sprüht ein kleines Quadrat auf die Wand. Jetzt stellen wir die Wand zweimal so weit von der Dose entfernt auf. Wieviel heller oder dünner wird die Farbe auf die weiter entfernte Wand gesprüht? Das hängt davon ab, wieviel Fläche die gleiche Farbmenge abdecken muß. Wieviel größer ist die Fläche des zweiten Quadrats? Doppelt so groß? Nein. Das zweite Quadrat ist zweimal so hoch und zweimal so breit, also ist die Fläche viermal so groß. Also ist die aufgesprühte Farbe im zweiten Quadrat nur ein Viertel so dicht. Genauso wird die Intensität der Schwerkraft, der Wärme, des Schalls oder des Lichts von einer solchen Punktquelle auf ein Viertel reduziert, wenn der Abstand von der Quelle verdoppelt wird.

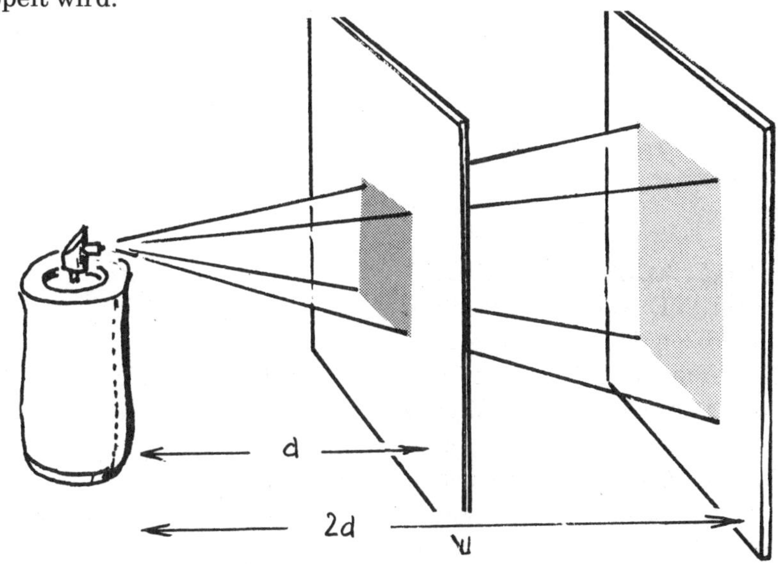

Wird der Abstand von der Quelle verdreifacht, ist das Quadrat dreimal höher und breiter, also wird die Sprühdichte auf ein Neuntel reduziert. Im allgemeinen gilt für jedes Ding, das sich von einer Punktquelle durch den Raum ausbreitet: Intensität~1/(Abstand)^2. Dies führt zu einem sehr plötzlichen Anstieg der Intensität, wenn Sie nahe an die Quelle herankommen. Dadurch erhalten Kinder die Vorstellung, daß die Wärme "in" einer Flamme ist, während der umgebende Raum kalt ist.

Zurück zur Schwerkraft. Jedes Stück Materie im Universum ist von einem Schwerefeld umgeben. Sie sind Materie, und Sie sind von Ihrem eigenen Schwerefeld umgeben. Wie weit reicht es? Bis zum Ende des Universums. Ihr Einfluß ist überall ... tatsächlich!

NEWTONS RÄTSEL

Diese Frage beschäftigte Newton jahrelang: Eine kleine Masse *m* befindet sich in einem bestimmten Abstand vom Mittelpunkt eines kugelförmigen Massehaufens. Durch die Schwerkraft des Massehaufens wird die kleine Masse mit einer bestimmten Kraft zum Mittelpunkt des Haufens gezogen. Jetzt betrachten wir eine Situation, bei der weder die kleine Masse noch der Mittelpunkt des Haufens sich bewegt, aber der Haufen gleichförmig ausgedehnt wird. Als Ergebnis dieser Ausdehnung befinden sich einige Teile des Kugelhaufens näher an *m* und einige weiter von *m* entfernt. Nach der Ausdehnung ist die Schwerkraft des Haufens auf die kleine Masse *m*

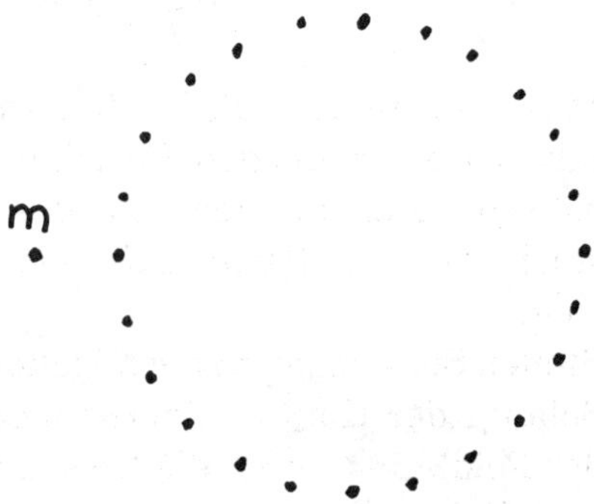

a) gestiegen
b) gefallen
c) unverändert geblieben

ANTWORT: NEWTONS RÄTSEL Die Antwort ist: c. Um das zu verstehen, stellen Sie sich das von dem Kugelhaufen ausgehende Schwerefeld wie die Tentakel eines Tintenfisches vor, eine Krafttentakel von jeder

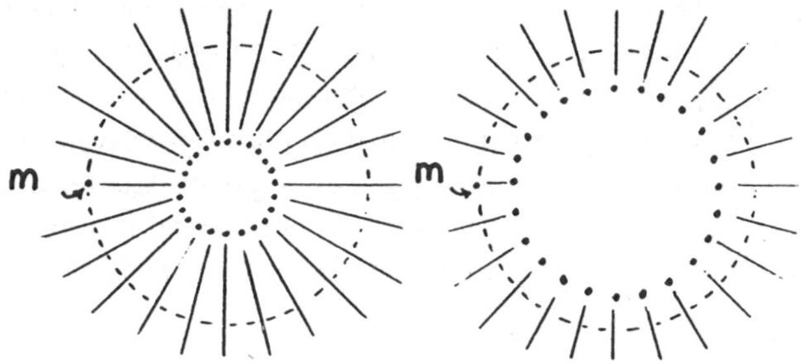

Masse im Haufen. Die Kraft des Feldes hängt davon ab, wie eng die Tentakel zusammenliegen. Physiker nennen die Tentakel "Feldlinien". In der Nähe des Kugelhaufens sind die Linien eng zusammen, und die Kraft ist stark. Weiter entfernt laufen sie auseinander, und die Kraft wird schwächer.

Stellen Sie sich jetzt eine kugelförmige Blase um den Haufen herum vor. Solange der Haufen innerhalb der Blase bleibt, ändert sich die Anzahl der Feldlinien durch die Oberfläche der Blase nicht. Daher ändert sich auch die Stärke des Schwerefeldes auf der Blasenoberfläche nicht.

Damit ändert sich die Kraft, die auf m wirkt, nicht, da m ein Punkt auf der Blase ist. Natürlich ist die Blase nur eine imaginäre Sache.

Wenn der Kugelhaufen hohl ist, scheint die Skizze anzudeuten, daß innerhalb des Hohlraums keine Schwerkraft vorhanden ist. Tatsächlich ist in der Hohlkugel keine Schwerkraft vorhanden, zumindest nicht infolge der Kugelmasse.

Warum dachte Newton darüber nach? Er stellte sich die Erde selbst als kugelförmigen Haufen kleiner Massen oder Atome (aber nicht als hohlen Globus) vor. Er wollte zeigen, daß das Kräftefeld außerhalb der Kugel das gleiche ist wie das Kräftefeld, das vorhanden wäre, wenn die gesamte Masse der Kugel im Mittelpunkt konzentriert wäre. Es macht Berechnungen viel leichter, wenn Sie sich die gesamte Masse als Punkt vorstellen können statt über den gesamten Haufen verteilt.

Übrigens fand Newton schließlich heraus, daß die Antwort c war, er kam aber nicht auf das Bild mit der Blase. Die Blasenidee kommt von einem Mathematiker mit dem Namen Carl Friedrich Gauß, der vielleicht der klügste Mensch war, der je gelebt hat. Man braucht nicht extra zu erwähnen, daß Gauß auch noch sehr viel andere Dinge herausfand. Gauß lebte zur Zeit von Napoleon und Beethoven, also nach Newton.

ZWEI BLASEN

Dies ist ein ziemlich schwieriges Problem, Sie können entweder darüber hinweggehen oder sich richtig hineinknien!
Wenn der gesamte Raum mit Ausnahme zweier nebeneinanderliegender Massen, nehmen wir z.B. zwei Tropfen Wasser, leer wäre, würden sich die beiden Tropfen gemäß Newtons Gravitationsgesetz anziehen. Wir wollen jetzt annehmen, daß der gesamte Raum voll Wasser wäre, mit Ausnahme zweier Blasen. Wie würden sich die Blasen bewegen?

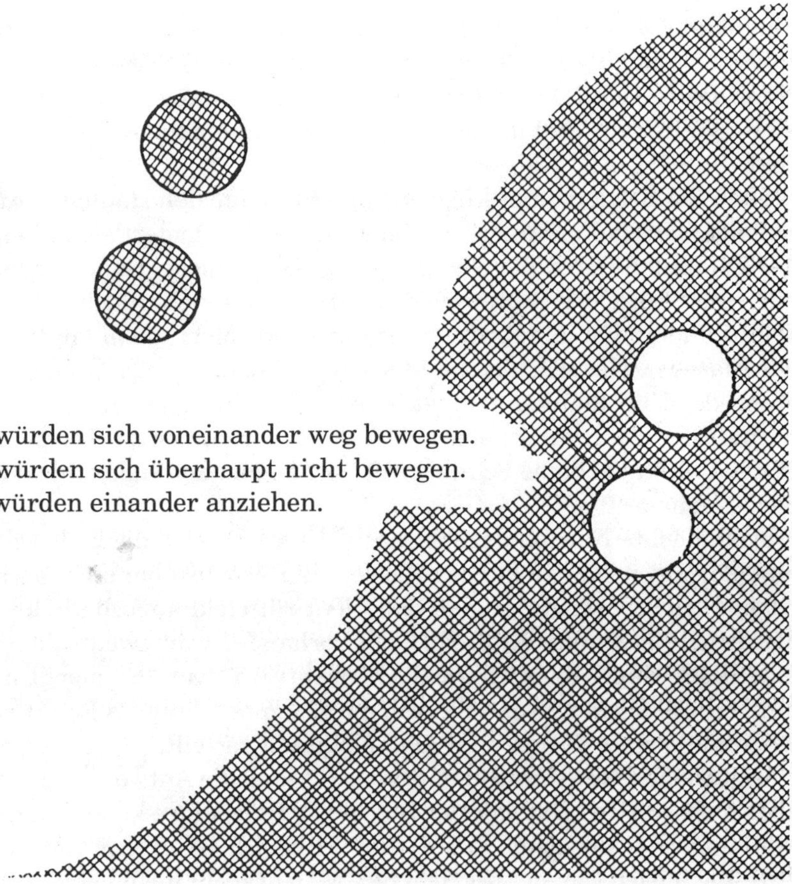

a) Sie würden sich voneinander weg bewegen.
b) Sie würden sich überhaupt nicht bewegen.
c) Sie würden einander anziehen.

ANTWORT: ZWEI BLASEN

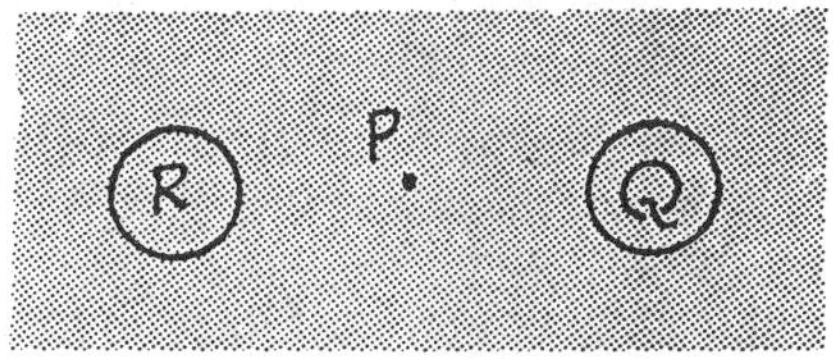

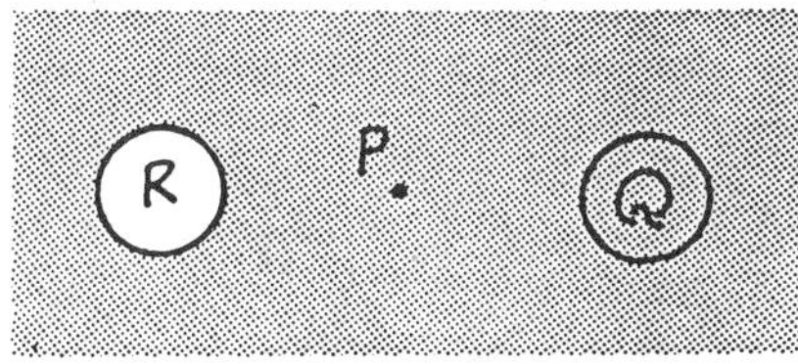

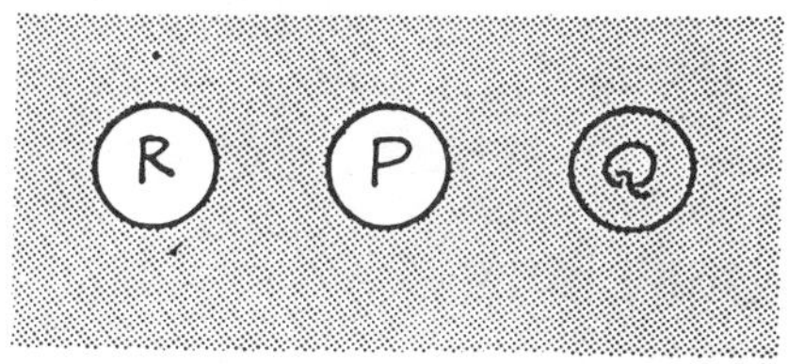

Die Antwort ist: c. Was soll diese Frage? Sie soll zumindest zwei Dinge klarmachen. Zum einen soll gezeigt werden, wie leicht sich eine einfache Situation, von der wir denken, daß wir sie gründlich verstehen, in eine verblüffende Situation umwandeln läßt (indem man das Innere nach außen kehrt). Zum zweiten Punkt kommen wir später. Warum bewegen sich die Blasen aufeinander zu? Wäre der gesamte Raum vollständig voll Wasser, gäbe es am Punkt P keine Nettoschwerkraft, da die Anziehung durch das Wasser im Bereich Q von der Anziehung durch das Wasser im Bereich R aufgehoben würde. Wird das Wasser bei R entfernt, so daß sich eine Blase bildet, ist das Gleichgewicht am Punkt P aufgehoben, so daß es eine Nettoanziehungskraft zu Q hin gibt. Es gibt also eine Schwerkraft im Punkt P – die Anziehung in Richtung auf Q oder von R weg. Es ist genauso, als ob R die Dinge abstoßen würde.

Was ist aber mit "Dinge" gemeint? Mit Dingen bezeichnen wir Teilchen, Kieselsteine, Felsen und dergleichen. Ein Stein im Punkt P würde sich von R wegbewegen. Wie sieht es aber mit Blasen aus? Wie beeinflußt die Gravitation Blasen? Die Schwerkraft führt dazu, daß Felsen und Blasen in entgegengesetzte Richtungen bewegt werden: Felsen nach unten, Blasen nach oben. Wenn sich also ein Felsen am Punkt P von R wegbewegt, würde eine andere Blase am Punkt P sich auf R zu bewegen. Die Blasen würden sich also anziehen.

Jetzt zum zweiten Punkt dieser Frage. Wir begannen mit der Vorstellung, daß Massen sich anziehen, und schlossen daraus, daß Blasen sich ebenfalls anziehen bzw. daß leerer Raum leeren Raum anzieht.

Wir hätten aber genausogut mit der Vorstellung beginnen können, daß leerer Raum leeren Raum anzieht, und von dort schließen, daß sich

Massen anziehen. Unser Universum ist ein fast leerer Raum mit wenig Masse darin, was uns zu einer bestimmten Betrachtungsweise führt. Wäre unser Universum hauptsächlich Masse mit wenig Leere darin, könnte uns das zu einer anderen Betrachtungsweise führen. Anders gesagt, wir könnten unsere Vorstellungen von Masse und leerem Raum genausogut austauschen.

In der Physik stehen Sie immer direkt am tiefen Wasser. Weichen Sie zwei Schritte vom ausgetretenen Pfad ab, versinken Sie darin. Und das ist dann nicht nur so als ob.

INNENRAUM

In einer Höhle tief unter der Oberfläche der Erde gibt es

a) mehr Schwerkraft als auf der Oberfläche der Erde
b) weniger Schwerkraft als auf der Oberfläche der Erde
c) die gleiche Schwerkraft wie auf der Oberfläche der Erde

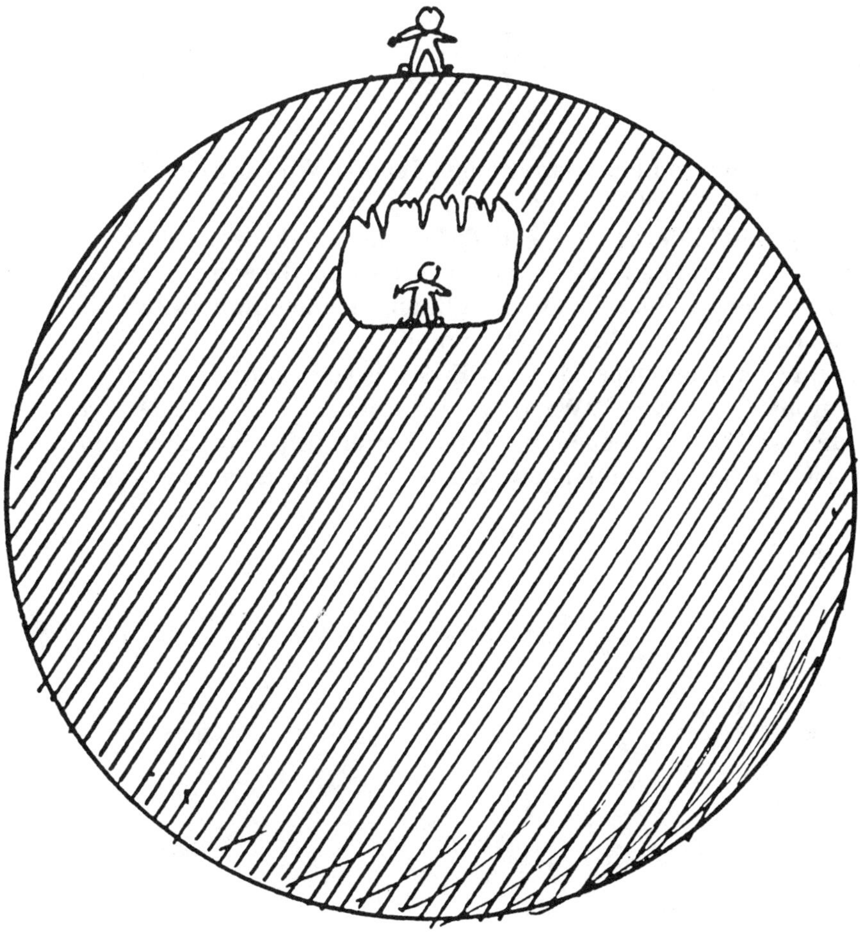

ANTWORT: INNENRAUM Die Antwort ist: b. In der Höhle ist weniger Schwerkraft vorhanden, da ein Teil der Masse der Erde sich über Ihrem Kopf befindet, wenn Sie in der Höhle stehen. Diese Masse zieht

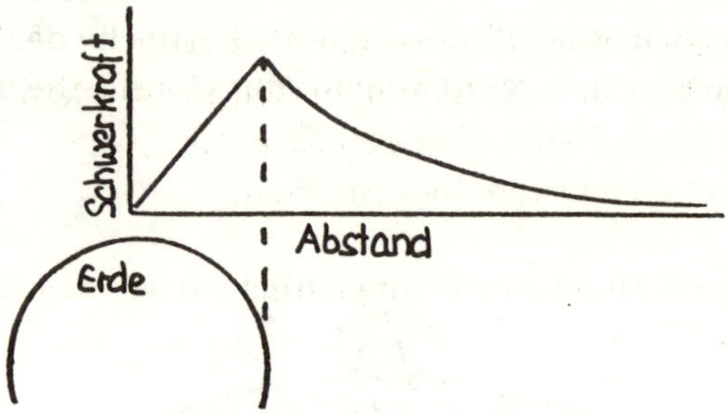

Sie nach oben und hebt damit einen Teil der Wirkung der Masse unter Ihren Füßen auf (die Sie nach unten zieht). Was wäre, wenn sich die Höhle genau in der Mitte der Erde befände? In diesem Fall wäre in der Höhle überhaupt keine Schwerkraft vorhanden. Sie würden genauso herumschweben wie im schwerelosen Raum in einem Raumschiff! Warum? Weil gleich viel Erde "über" und "unter" Ihnen wäre.

Die Dinge auf der Oberfläche der Erde, also dort, wo wir leben, erfahren die größte Schwerkraft. Wenn Sie sich von der Oberfläche der Erde weg in den Weltraum bewegen, wird die Schwerkraft schwächer, und wenn Sie sich in die Erde hineinbewegen, wird sie ebenfalls schwächer.

VON DER ERDE ZUM MOND

Von welchem der fünf aufgeführten Orte könnte ein Raumschiff am leichtesten gestartet werden?

a) New Mexico (nach Süden über Mexiko)
b) Kalifornien (nach Norden über den Pazifischen Ozean)
c) Florida (nach Osten über den Atlantik)
d) Moskau (nach Osten über Sibirien)

Die erste Reise zum Mond wurde tatsächlich an welchem der obigen Orte gestartet?

a) b) c) d)

Vor einem Jahrhundert erdachte Jules Verne eine Reise zum Mond. An welchem Ort begann sie?

a) b) c) d)

ANTWORT: VON DER ERDE ZUM MOND Die Antwort ist: c. Die Erde dreht sich von Westen nach Osten. Deshalb geht die Sonne im Osten auf und im Westen unter. (Machen Sie eine kurze Pause und vergegenwärtigen Sie sich das.) Wenn Sie also das Raumschiff nach Osten starten, können Sie einen Teil der Erddrehung "umsonst" ausnutzen. Da sich die Erde um die Pole dreht, stehen die Pole still, die Teile der Erde in der Nähe der Pole bewegen sich langsam, und die Teile weiter weg bewegen sich am schnellsten. Der Äquator ist am weitesten von den Polen entfernt und bewegt sich daher am schnellsten. Deswegen sollte eine Rakete so dicht wie möglich am Äquator nach Osten gestartet werden. Die Antwort auf die zweite und dritte Frage ist ebenfalls: c. Das ist jetzt Geschichte.

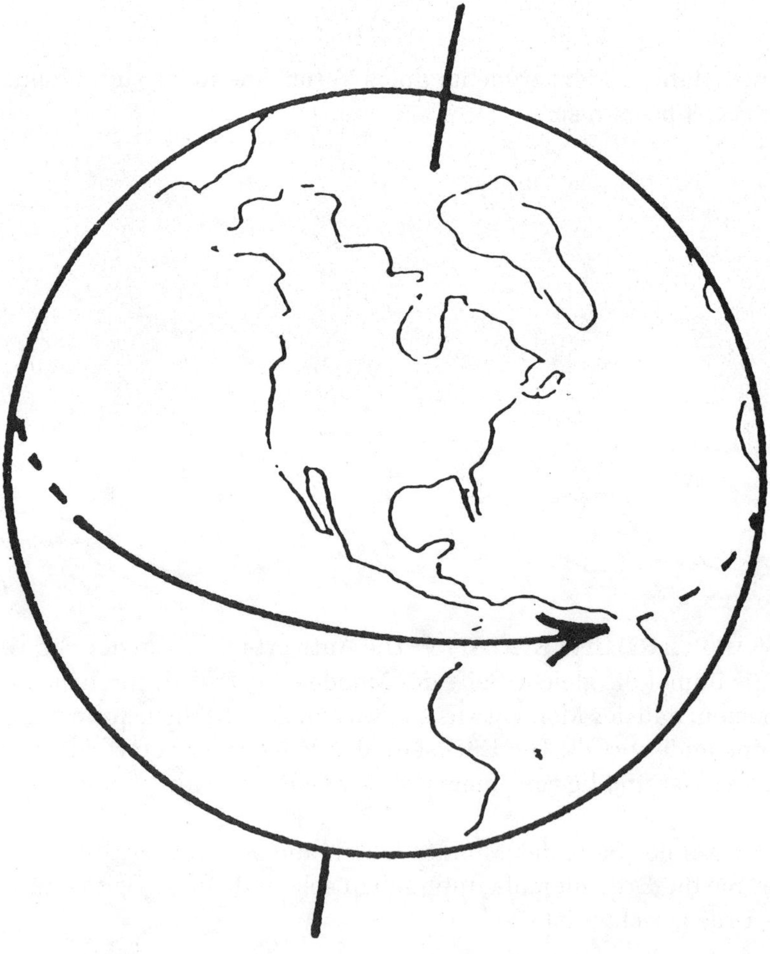

ERDUNTERGANG

Angenommen, Sie lebten auf dem Mond. Wenn die Erde direkt über Ihrem Kopf stünde, wie lange würde es dann dauern, bevor Sie den Erduntergang sehen könnten?

a) einen Tag (Erdtag, 24 Stunden)
b) einen Vierteltag (6 Stunden)
c) einen Monat (die Zeit, die der Mond benötigt, um einmal die Erde zu umkreisen)
d) einen Viertelmonat
e) Man könnte die Erde niemals untergehen sehen.

ANTWORT: ERDUNTERGANG Die Antwort ist: e. Von der Erde aus sehen Sie immer die gleiche Seite des Mondes. Deshalb dachten die alten Astronomen, daß der Mond etwas sei, was an der Himmelskuppel klebe, und keine andere Welt. Die Rückseite des Mondes war eine rätselhafte Sache, bis sie erstmalig von einem russischen Raumschiff photographiert wurde.

Wenn Sie auf der Seite des Mondes lebten, die der Erde zugewandt ist, würden Sie die Erde niemals untergehen sehen, da diese Seite dauernd auf die Erde gerichtet ist.

DAUERNDE NACHT

Wir wollen jetzt annehmen, daß die Erde immer noch einmal im Jahr die Sonne umkreist, aber eine Seite der Erde immer auf die Sonne gerichtet ist, so daß die eine Seite die Sonne immer sieht, während sie die andere Seite niemals zu Gesicht bekommt. Von der Erde sieht es dann so aus, als ob die Sonne am Himmel steht. In dieser angenommenen Situation würden die Sterne

a) ebenfalls stationär im Himmel erscheinen
b) einmal am Tag die Erde zu umkreisen scheinen
c) einmal im Jahr die Erde zu umkreisen scheinen

ANTWORT: DAUERNDE NACHT Die Antwort ist: c. Jemand, der in der Mitte der dunklen Erdseite steht, würde den Stern über seinem Kopf sehen, wenn die Erde sich in Position A befindet. Ein halbes Jahr später, wenn die Erde am Punkt C angekommen ist, kann er den Stern nicht sehen (er befindet sich unter seinen Füßen), und ein Jahr später ist der Stern wieder über seinem Kopf, da die Erde wieder in A angelangt ist. Auch wenn Sie sich die Sonne am Himmel festgefroren denken, so daß eine Seite der Erde dauernd Tag und die andere Seite dauernd Nacht hat, würden die Sterne scheinbar immer noch einmal im Jahr um den Himmel herumlaufen. Gott sei Dank ist das nicht der jetzige Zustand. Es gibt allerdings gute Gründe für die Annahme, daß es in einer fernen Zukunft dazu kommen wird (nämlich wenn die Drehung der Erde durch die Gezeitenreibung angehalten worden ist).

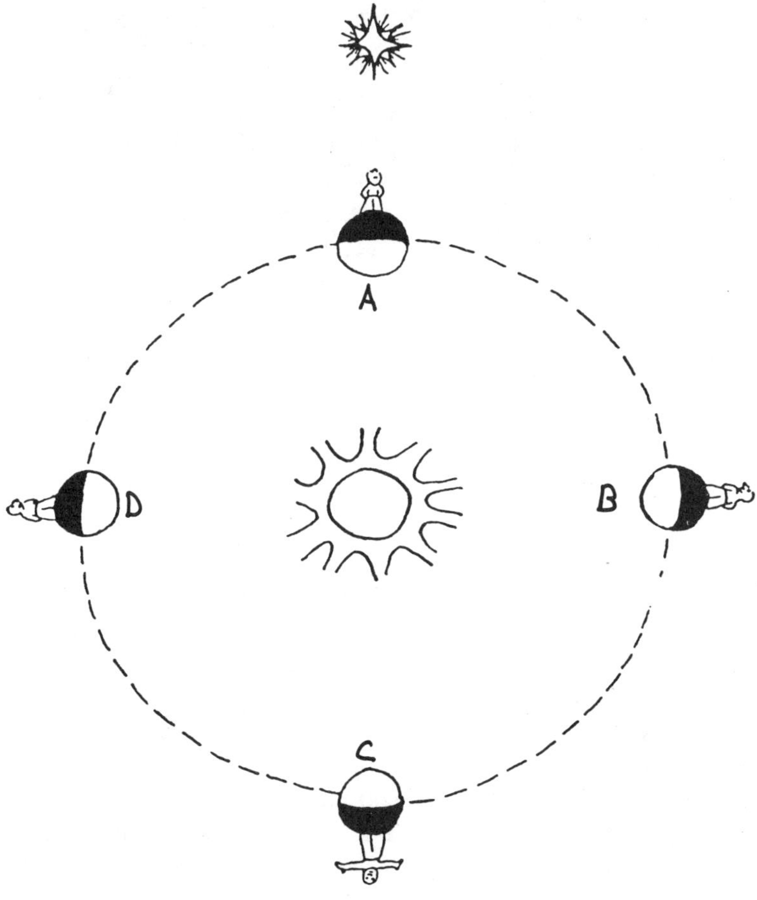

STERNENUNTERGANG

Ermitteln Sie mit Hilfe einer guten Digitaluhr den genauen Zeitpunkt, zu dem ein heller Stern hinter einem entfernten Gebäude oder Turm verschwindet. Beobachten Sie das Verschwinden einen Tag später noch mal. Mit Hilfe eines Nagels im Fensterrahmen können Sie Ihr Auge wieder in die gleiche Position bringen. Dabei werden Sie herausfinden, daß

a) der Stern jede Nacht zum gleichen Zeitpunkt verschwindet
b) der Stern jede Nacht ein wenig früher verschwindet
c) der Stern jede Nacht ein wenig später verschwindet

ANTWORT: STERNENUNTERGANG Die Antwort ist: b. Die Bewegung der Sterne am nächtlichen Himmel erfolgt durch die Erddrehung. Daher sollten die Sterne wie die Sonne einmal alle 24 Stunden die Erde umkreisen, aber nicht ganz. Warum nicht ganz? Weil wir es hier mit zwei Kreisbewegungen zu tun haben: eine tägliche um die Erde und eine jährliche um die Sonne. Wäre die Erde immer mit einer Seite zur Sonne ausgerichtet, würde der Stern die Erde einmal im Jahr umkreisen. Die Erde ist aber nicht immer mit einer Seite zur Sonne ausgerichtet, da sie sich dreht. Sie dreht sich so schnell, daß Sie die Sonne 365 mal im Jahr umlaufen sehen. Also sehen Sie auch den Stern 365 mal im Jahr umlaufen. NEIN. Sie sehen den Stern 366 mal umlaufen! Wieso einmal mehr? *Weil er einmal im Jahr umlaufen würde, auch wenn die Erde der Sonne immer die gleiche Seite zuwenden würde.*

Erinnern Sie sich daran, es gibt zwei Kreisbewegungen, und die Gesamtbewegung ist die Summe aus beiden.

Woher wissen Sie, daß die Kreisbewegungen addiert werden müssen? Vielleicht muß man sie ja voneinander abziehen. Die beiden Bewegungen addieren sich, da die Rotation der Erde und der Umlauf der Erde um die Sonne die gleiche Richtung haben. Die Sonne dreht sich ebenfalls in der gleichen Richtung. Umlauf und Rotation der Erde kamen wahrscheinlich mit dem Material, das der Sonne entnommen wurde, als die Erde geschaffen wurde. Deshalb drehen sich alle in der gleichen Richtung.

Daher muß sich ein Stern etwas schneller als die Sonne über den Himmel bewegen. Die Sonne läuft einmal in ca. 24 Stunden um, der Stern also in etwas weniger als 24 Stunden. Wieviel weniger? Der Umlauf der Sonne beträgt ca. 1440 Minuten (1440 Minuten = 24 Stunden X 60 Minuten pro Stunde). Der Stern muß etwas schneller umlaufen, so daß er nach einem Jahr einen Umlauf mehr als die Sonne gemacht hat. Mit anderen Worten, der Stern hat in einem Jahr einen zusätzlichen Umlauf gemacht. Wenn ein normaler Umlauf (Sonnenumlauf) 1440 Minuten dauert und Sie von der Zeit 4 Minuten abziehen (4 X 365 entspricht ungefähr 1440), dann sind Sie nach 365 Umdrehungen (einem Jahr) eine Drehung voraus.

Also gehen die Sterne nicht jede Nacht zum gleichen Zeitpunkt unter (oder auf), sondern vier Minuten früher als die Nacht zuvor. Das ergibt pro Woche ungefähr eine halbe Stunde. Sie sehen also nachts zu einer bestimmten Zeit nicht immer die gleichen Sterne, obwohl sie tagsüber zum gleichen Zeitpunkt (z.B. mittags) immer den gleichen Stern sehen – die Sonne. Aus diesem Grund unterscheiden sich die Konstellationen in der Winternacht von denen der Sommernacht.

1931 empfing ein Funktechniker mit dem Namen Jansky, der für die Bell Telephone Laboratories arbeitete, mit einem besonders empfindlichen Kurzwellenempfänger ein Funkgeräusch, und zwar jeden Tag ungefähr zur gleichen Zeit. Niemand konnte erklären oder auch nur raten, woher das Funkgeräusch kam. Schließlich beobachtete Jansky, daß das Geräusch jeden Tag vier Minuten früher erschien. Er schloß daraus, daß das Funkgeräusch von den Sternen kommen müsse. Jahrelang glaubte ihm keiner, aber er hatte tatsächlich die erste extraterrestrische Radioquelle entdeckt – den Mittelpunkt der Milchstraße.

GEOGRAPHISCHE LÄNGE UND BREITE

Wenn Sie sich den nächtlichen Himmel ansehen, können Sie sofort Ihre

a) geographische Breite
b) geographische Länge
c) beide
d) keine von beiden

abschätzen.

ANTWORT: GEOGRAPHISCHE LÄNGE UND BREITE Die Antwort ist: a. Befindet sich der Polarstern direkt über Ihrem Kopf, müssen Sie sich am Nordpol befinden (befindet er sich direkt unter Ihren Füßen, müssen Sie am Südpol sein). Befindet er sich auf halber Strecke dazwischen – das bedeutet am Horizont –, sind Sie am Äquator. Ist der Polarstern auf halber Strecke zwischen oben und dem Horizont – das bedeutet 45° über dem Horizont (oder unter dem Zenit) –, müssen Sie sich auf 45° nördlicher Breite befinden. Warum nicht 45° südlicher Breite? Weil Sie auf 45° südlicher Breite den Polarstern nicht sehen können.

Ist der Polarstern der hellste Stern am Himmel? Nein. Aber er ist leicht zu finden – siehe Skizze. Der Große Wagen zeigt Ihnen den Weg. Ich habe zwei Große Wagen gezeichnet, da sich der Große Wagen jeden Tag um den Polarstern dreht und daher manchmal über, manchmal unter, manchmal links und manchmal rechts vom Stern befindet. Der Polarstern ist ungefähr so hell wie ein Stern des Großen Wagens.

Wie sieht es mit der geographischen Länge aus? Was ist die geographische Länge? Die geographische Länge gibt an, wieviele Grade östlich oder westlich von Greenwich in England Sie sich befinden. Die Fidjiinseln und Greenwich befinden sich auf gegenüberliegenden Seiten der Erde, so daß die Fidjiinseln sich auf 180° östlicher oder westlicher Länge befinden (es spielt keine Rolle, wenn Sie einmal halb herum gelaufen sind).

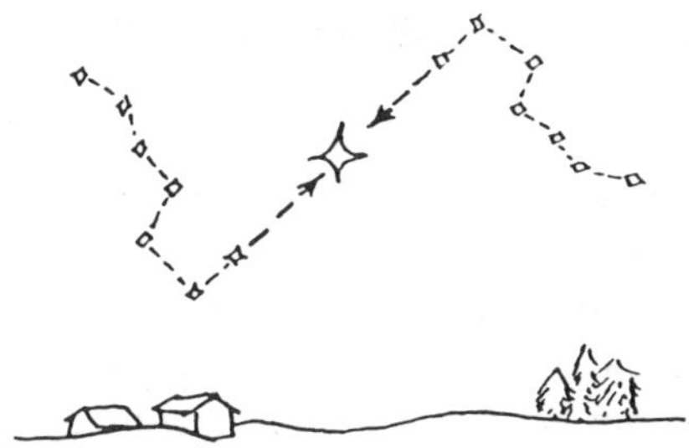

New Orleans in Louisiana befindet sich ein Viertel des Weges um die Erde herum westlich von England, es liegt daher auf 90° westlicher Länge. Kalkutta in Indien liegt ein Viertel des Wegs um die Erde herum östlich von Greenwich, also auf 90° östlicher Länge.

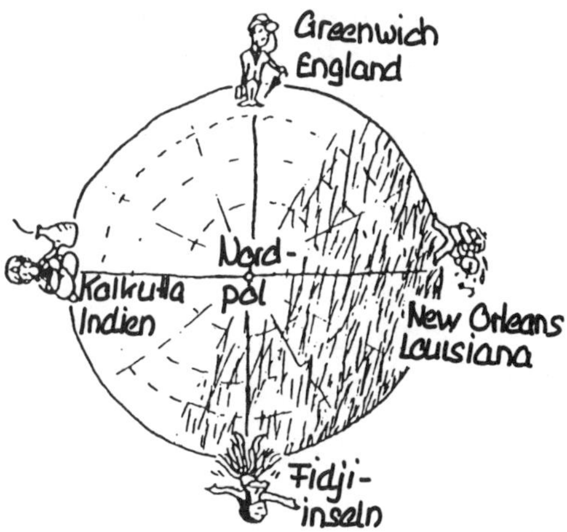

Wie können Sie Ihre geographische Länge feststellen? Durch Betrachtung der Sterne? Das wird nicht funktionieren, da der Himmel über New Orleans heute um Mitternacht (New Orleans-Zeit) dem Himmel über Kairo, Ägypten, heute um Mitternacht (Kairo-Zeit) entspricht. Sie benötigen mehr als einen Blick in den Himmel. Sie müssen die Zeit wissen.

Sie müssen nicht nur die örtliche Zeit kennen, die Sie mit Hilfe einer Sonnenuhr bestimmen können, Sie müssen außerdem wissen, welche Zeit es gerade in Greenwich ist. Wie geht das? Nun, nehmen wir an, daß es bei Ihnen gerade

12 Uhr mittags ist und Sie zum Telefon laufen und in Greenwich fragen, welche Zeit sie dort gerade haben. Greenwich antwortet "Mitternacht". Wo sind Sie? Auf der anderen Seite der Erde, genau Greenwich gegenüber, also auf 180° östlicher oder westlicher Länge. Bevor es Telefone und Funkgeräte gab, mußten Seeleute Uhren mit sich führen, die die Greenwich-Zeit anzeigten. Ging die Uhr des Seemanns nur eine Minute zu langsam oder zu schnell, konnte der Fehler bei der Schiffsnavigation 16 Seemeilen betragen (16 Seemeilen = 24 000 Seemeilen um die Erde, geteilt durch 1440 Minuten für einen Tag).
Warum kann man die geographische Länge nur soviel schwieriger bestimmen als die geographische Breite? Da die geographische Breite Gott erschaffen hat, während die geographische Länge Menschenwerk ist, d.h. die Natur bestimmte den Nordpol durch die Erddrehung, während die Menschen Greenwich festlegten. Im metrischen System sollte die Erde in tausend metrische Grad (nicht 360°) unterteilt werden, wobei null Grad in Paris lag. In einigen amerikanischen Landvermessungsdokumenten wird die geographische Länge von Washington, D.C., aus gemessen.

SINGULARITÄT

New Orleans liegt genau ein Viertel des Wegs um die Erde von London entfernt (New Orleans liegt auf 90° westlicher Länge). Wenn es in London zwölf Uhr Mittag ist, wie spät ist es dann in New Orleans?

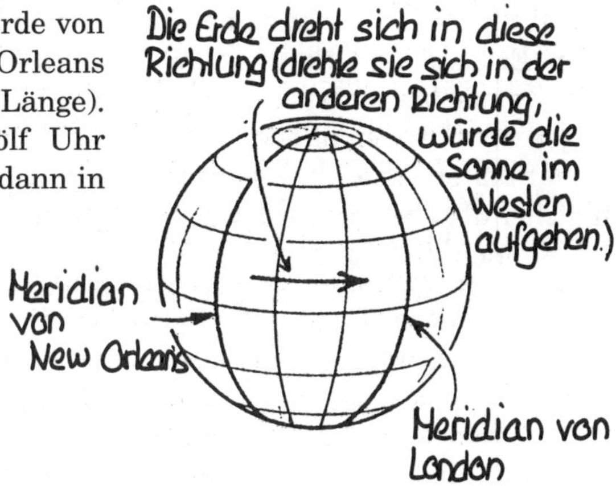

a) zwölf Uhr Mittag
b) Mitternacht
c) sechs Uhr morgens
d) sechs Uhr abends
e) irgendeine Zeit

Wenn es in London Mittag ist, wie spät ist es dann am Nordpol?

a) Mittag
b) Mitternacht
c) sechs Uhr morgens
d) sechs Uhr abends
e) irgendeine Zeit

ANTWORT: SINGULARITÄT Die Antwort auf die erste Frage ist: c. Ein Viertel von 24 Stunden ist 6 Stunden. Die Sonne steht in London jetzt höher. In 6 Stunden dreht die Erde New Orleans unter die Sonne. Also muß es in New Orleans 6 Uhr morgens sein.

Die Antwort auf die zweite Frage ist: e. Es ist an jedem Ort auf der Erde Mittag, wenn sich die Sonne über dem Meridian befindet, der durch den Ort läuft. Allerdings laufen alle Meridiane durch den Nordpol, daher gilt die Regel für die Zeitbestimmung am Nordpol nicht.

Ein Ort, an dem eine Regel zusammenbricht, wird Singularität genannt. Üblicherweise sind Regeln, die zusammenbrechen, Regeln zur Berechnung von irgend etwas. (Was ist z.B. $1/(x-2)$ für $x = 2$. Unendlich? Plus unendlich? Oder minus unendlich?) Phantastischerweise gibt es im Universum Singularitäten, an denen die Gesetze der Physik zusammenbrechen, wie z.B. im Mittelpunkt eines schwarzen Lochs.

PRÄSIDENT EISENHOWERS FRAGE

Praktisch jeder Einwohner der USA war erstaunt und beunruhigt, als die UdSSR die erste Runde des Weltraumwettlaufs mit dem Start des ersten Erdsatelliten Sputnik im Jahre 1957 gewann. Die wichtigste Frage war die Masse der Nutzlast (Raumschiff), die die UdSSR in Umlauf bringen konnte. Genau das war die Frage, die der Präsident der Vereinigten Staaten seinen wissenschaftlichen Ratgebern stellte: "Alles, was wir sicher über den Sputnik wissen, sind Höhe und Umlaufgeschwindigkeit. Können Sie aus diesen Informationen die Masse von Sputnik berechnen?" Die wissenschaftlichen Ratgeber antworteten:

a) "Ja, das können wir."
b) "Nein, das können wir nicht."

ANTWORT: PRÄSIDENT EISENHOWERS FRAGE Die Antwort ist: b. Genau wie Steine mit verschiedenen Massen in gleicher Weise fallen, wenn kein Luftwiderstand vorhanden ist (erinnern Sie sich an "Fallende Steine") und genau wie Projektile verschiedener Massen, die mit der gleichen Geschwindigkeit abgeschossen werden, gleichen Flugbahnen folgen, kreisen Satelliten jeglicher Masse, die sich mit gleicher Geschwindigkeit auf gleicher Höhe bewegen, auf der Umlaufbahn um die Erde. Die Kraft, die einen Satelliten auf der Umlaufbahn hält, ist einfach das Gewicht des Objekts auf dieser Höhe, das wiederum proportional zu seiner Masse ist. Würde die Masse eines Satelliten also verdoppelt, würde die Kraft, die ihn auf der Umlaufbahn hält, ebenfalls verdoppelt, er würde also das doppelte Gewicht haben. Sputnik würde auf der gleichen Umlaufbahn bleiben und die gleiche Geschwindigkeit halten, wie immer sich seine Masse ändern würde.

Die Masse von Sputnik können wir nur durch eine Sondierung bestimmen. Würde z.B. ein anderer Satellit bekannter Masse und Geschwindigkeit auf Sputnik stoßen und die Rückprallgeschwindigkeit gemessen, könnte die Masse von Sputnik durch die Impulserhaltung bestimmt werden. Ohne eine Wechselwirkung kann die Masse aber anhand der Umlaufbahn nicht bestimmt werden.

BAUMWIPFELUMLAUFBAHN

Wenn die Erde keine Luft (Atmosphäre) oder störende Berge hätte, könnte ein Satellit mit entsprechender Anfangsgeschwindigkeit beliebig dicht zur Erdoberfläche umlaufen – unter der Voraussetzung, daß er sie nicht berührt.

a) Ja, das wäre möglich.

b) Nein, Umlaufbahnen sind nur in einem ausreichenden Abstand über der Erdoberfläche möglich, wo die Gravitation reduziert ist.

ANTWORT: BAUMWIPFELUMLAUFBAHN Die Antwort ist: a. Man muß sich vor Augen führen, daß ein Satellit einfach ein frei fallender Körper ist, der genügend tangentiale oder seitliche Geschwindigkeit besitzt, damit er um die Erde herumfällt und nicht auf sie herab. Wird ein Projektil horizontal auf Baumwipfelhöhe mit einer alltäglichen Geschwindigkeit abgefeuert, würde die gekrümmte Bahn schnell auf die Erde treffen. Würde es jedoch mit 8 km/s abgeschossen, würde die gekrümmte Bahn mit der Krümmung der Erdoberfläche übereinstimmen. Wären keine Hindernisse und kein Luftwiderstand vorhanden, würde es fortlaufend fallen, ohne auf die Erde zu treffen – es würde sich in einer kreisförmigen Umlaufbahn befinden. Würde es mit höheren Geschwindigkeiten abgeschossen, würde es elliptischen Umlaufbahnen folgen - bei Abschußgeschwindigkeiten über 11 km/s würde es vollständig von der Erde wegfliegen. Also ist das Wesentliche beim Start von Satelliten, sie aus dem Luftwiderstand herauszubekommen und ihre tangentialen Geschwindigkeiten hoch genug zu machen, so daß die Krümmung ihrer

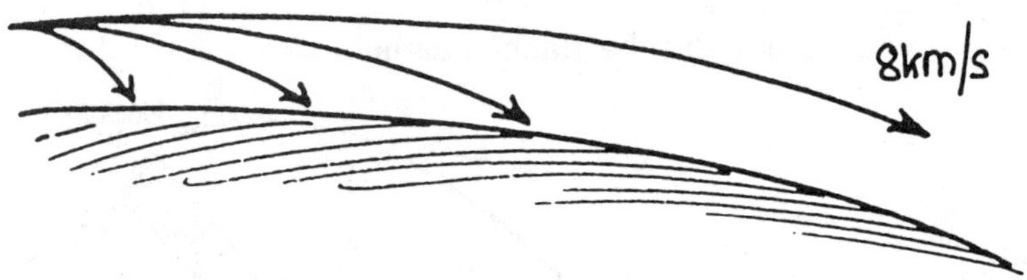

Bahn zumindest der Krümmung der Erde entspricht.

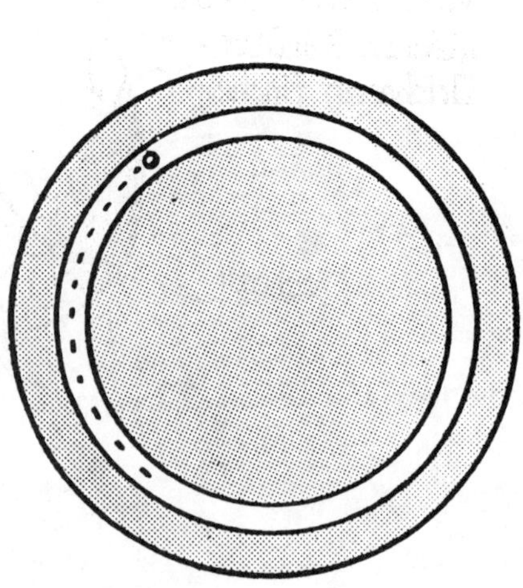

Ein Satellit könnte nicht nur auf Baumwipfelhöhe umlaufen (unter der Voraussetzung, daß keine Atmosphäre, keine Berge und keine anderen Hindernisse vorhanden sind), er könnte auch in einem Tunnel unter der Erdoberfläche umlaufen, vorausgesetzt, der Tunnel wäre luftleer, so daß der Satellit auf keinen Widerstand trifft.

Frage: Wäre die Geschwindigkeit in einem solchen Tunnel größer oder kleiner als 8 km/s?

ABGESCHALTETE GRAVITATION

Das zweite Keplersche Gesetz besagt, daß eine imaginäre Linie zwischen einem Planeten und der Sonne gleiche Flächen in gleichen Zeiten während des Umlaufs um die Sonne überstreicht. Wenn die Gravitation zwischen der Sonne und dem Planeten irgendwie abgeschaltet würde und die Planeten nicht länger auf elliptischen Bahnen fliegen würden, würde dann das oben genannte Keplersche Gesetz immer noch zutreffen?

a) Ja, das zweite Gesetz würde immer noch gelten, auch wenn die Gravitation abgeschaltet worden wäre.

b) Nein, die Keplerschen Gesetze beziehen sich auf die von der Gravitation erzeugten elliptischen Umlaufbahnen. Wenn die Gravitation abgeschaltet ist, ist das zweite Keplersche Gesetz bedeutungslos.

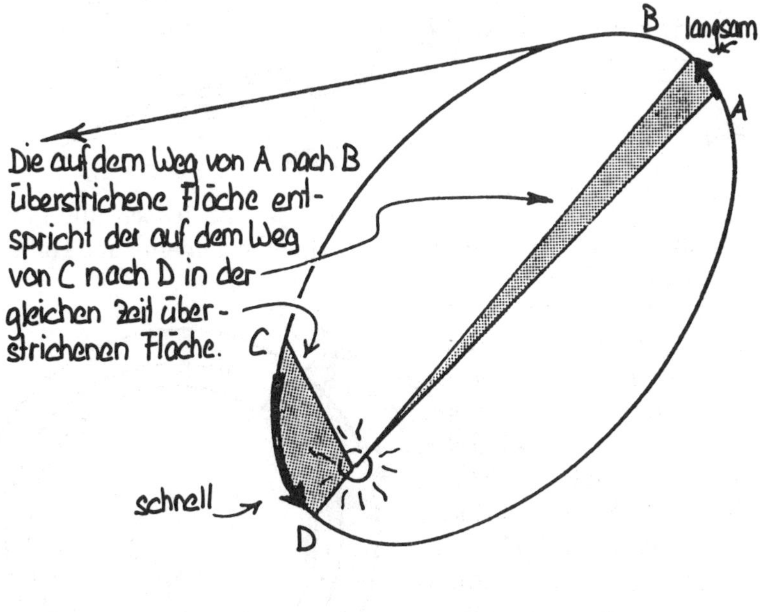

ANTWORT: ABGESCHALTETE GRAVITATION Die Antwort ist: a. Keplers zweites Gesetz besagt, daß die imaginäre Linie zwischen einem Planeten und der Sonne gleiche Flächen in gleicher Zeit überstreicht. Das bedeutet nichts weiter, als daß der Drehimpuls des Planeten um die Sonne sich nicht ändert (erinnern Sie sich an "Kugel am Faden"). Wird jetzt die Gravitation abgeschaltet, z.B. wenn sich der Planet in der Position E befindet, schießt der Planet entlang der Linie e f g h i j mit konstanter Geschwindigkeit davon. Wenn die Abstände zwischen e und f, g und h, e und j alle gleich sind, muß der Planet für diese Strecken jeweils die gleiche Zeit benötigt haben.

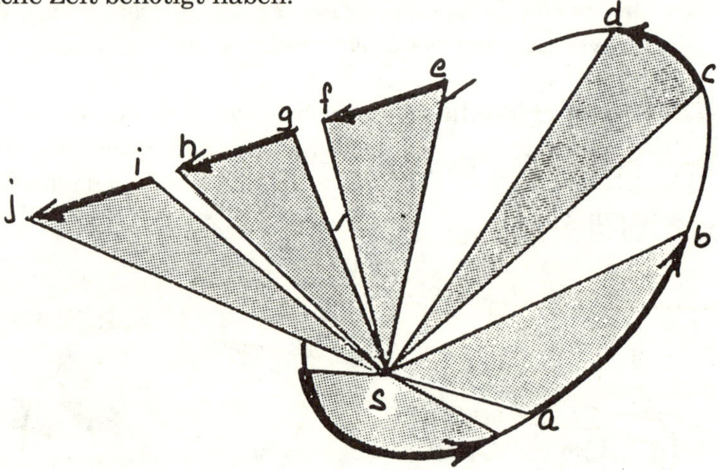

Die Flächen der Dreiecke efs und ghs und ijs sind jedoch alle gleich. Warum? Weil die Dreiecke gleiche Basen und eine gemeinsame Höhe im Punkt s besitzen.

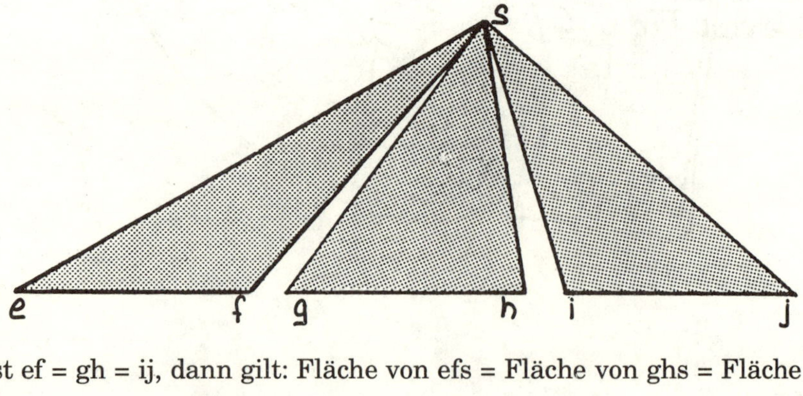

Ist ef = gh = ij, dann gilt: Fläche von efs = Fläche von ghs = Fläche von ijs.

SCIENCE FICTION

Wenn Sie sich von der Erde entfernen, wird ihre Schwerkraft schwächer. Wenn sie aber nicht schwächer würde? Angenommen, sie würde stärker? Wenn dies so wäre, könnten dann Dinge wie der Mond um die Erde umlaufen?

a) Ja, genauso wie jetzt.
b) Ja, aber anders als jetzt.
c) Nein, es wäre keine Umlaufbahn möglich.

ANTWORT: SCIENCE FICTION

Die Antwort ist: b. Die Erde und der Mond werden von der unsichtbaren Schwerkraft zusammengehalten. Nehmen wir aber einmal an, sie würden von einer Feder zusammengehalten. (Sie müssen sich eine

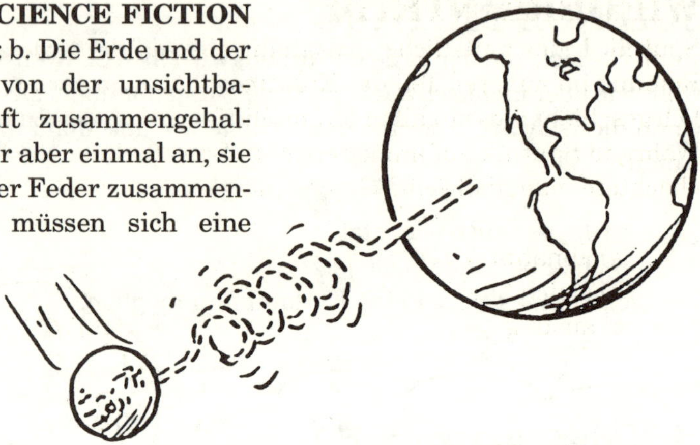

Möglichkeit ausdenken, mit deren Hilfe die Feder umlaufen kann, ohne um die Erde gewickelt zu werden.) Auch wenn der Mond von einer Feder gehalten würde, könnte er immer noch um die Erde laufen. Jetzt wird aber die Kraft, d.h. die Kraft der Feder, bei Ausdehnung stärker und nicht schwächer werden.

Übrigens, wenn die Planeten an Federn um die Sonne umlaufen würden, würden sie sich immer noch auf elliptischen Umlaufbahnen bewegen, die Sonne stünde aber im Mittelpunkt der Ellipse und nicht in einem Brennpunkt, und alle Planeten würden etwa die gleiche Zeit für einen Umlauf um die Sonne benötigen, ohne Rücksicht auf die Größe ihrer Umlaufbahn.

Vor Newtons Zeit hatte ein Mann mit dem Namen Robert Hooke (ein großer Name in der Entwicklung des Mikroskops) die Idee, daß die Gravitation wie eine Feder arbeiten müßte. Hooke konnte nie verstehen, warum Newton den ganzen Ruhm für seine Gravitationstheorie einstrich. Wie Sie jedoch sehen können, führt die Federidee nicht zu der Art elliptischer Umlaufbahnen, die man tatsächlich in der Natur findet.

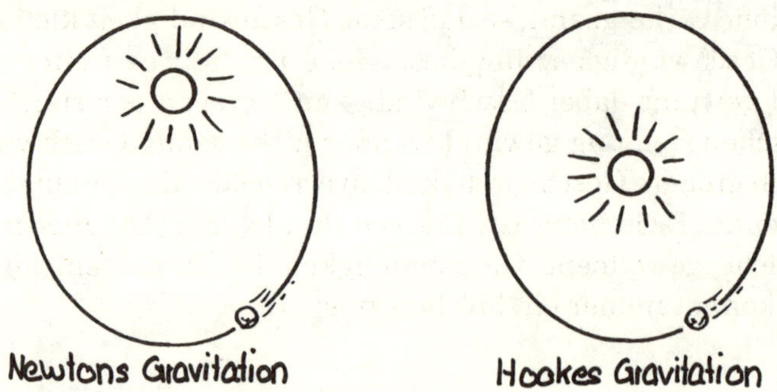

WIEDEREINTRITT

Sputnik I, der künstliche Erdsatellit, fiel auf die Erde zurück, weil die Reibung im äußeren Teil der Erdatmosphäre ihn verlangsamte. (Natürlich geschieht dies mit allen Raumschiffen auf niedrigen Umlaufbahnen.) Während Sputnik auf immer engeren Spiralbahnen die Erde umlief, beobachtete man, daß seine Geschwindigkeit

a) abnahm
b) gleich blieb
c) anstieg

ANTWORT: WIEDEREINTRITT

Die Antwort ist: c. 1958 überraschte das viele Menschen sehr, da ihnen erzählt worden war, daß die atmosphärische Reibung den Satelliten verlangsamte. Die Erklärung ist folgende: Auf jeder Höhe über der Erdoberfläche gibt es eine kritische Geschwindigkeit. Die kritische Geschwindigkeit ist in der Nähe der Erdoberfläche maximal und wird mit steigender Höhe immer geringer. Wird das Raumschiff auf einer gegebenen Höhe verlangsamt, so daß seine Geschwindigkeit kleiner als die kritische Geschwindigkeit für diese Höhe ist, fällt es weiter zur Erde herab und gewinnt dabei Geschwindigkeit – wegen der steigenden atmosphärischen Reibung gewinnt es aber nicht genug Geschwindigkeit, um die noch größere Geschwindigkeit zu erreichen, die für einen engeren Umlauf um die Erde nötig ist. Die von ihm bei der Annäherung an die Erdoberfläche gewonnene Geschwindigkeit ist immer ein bißchen zu klein und kommt immer ein bißchen zu spät.

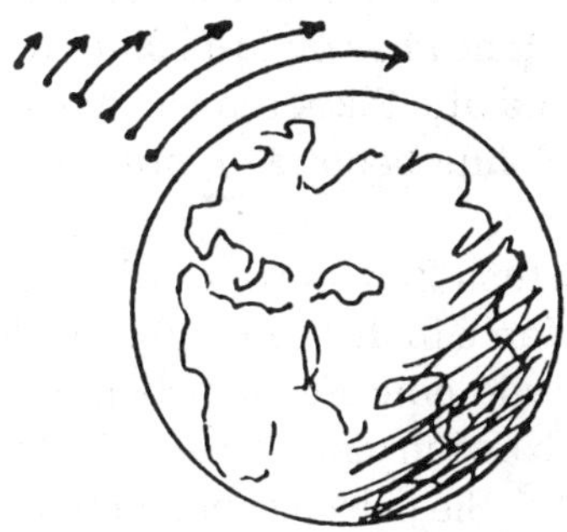

BARYZENTRUM

Was ist richtig?

a) Der Mond dreht sich um den Mittelpunkt der Erde.
b) Die Erde dreht sich um den Mittelpunkt des Mondes.
c) Sie drehen sich beide um einen Punkt zwischen den Mittelpunkten.

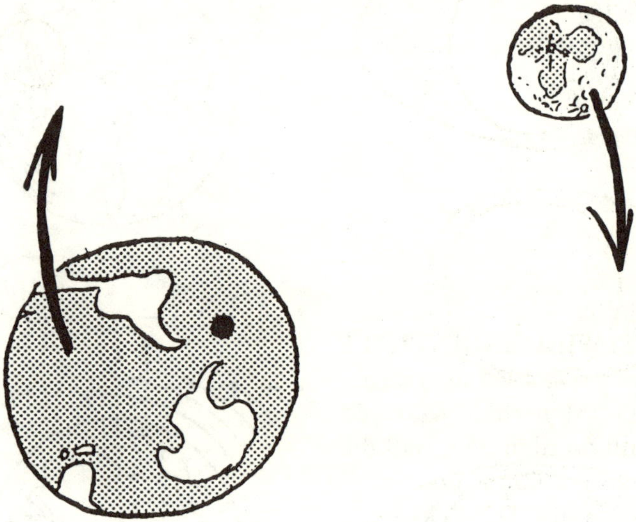

ANTWORT : BARYZENTRUM Die Antwort ist: c. Sie müssen sich um ihren gemeinsamen Massenmittelpunkt (Schwerpunkt) drehen, der sehr viel dichter an der Erde als am Mond liegt, da die Erde achtzigmal soviel Masse wie der Mond besitzt. Tatsächlich ist der gemeinsame Mittelpunkt, der Baryzentrum genannt wird, so dicht an der Erde, daß er sich in der Erde befindet, aber nicht an ihrem Mittelpunkt. Das Baryzentrum liegt ungefähr 1600 km unter der Erdoberfläche. Der Durchmesser der Erde beträgt 12 800 km und der Abstand zum Mond etwa 30 Erddurchmesser.

Wie lange braucht die Erde, um sich einmal um das Baryzentrum zu drehen? Genauso lange, wie der Mond dafür benötigt – einen Monat.

EBBE UND FLUT

Auf welcher Seite der Erde ist die vom Mond erzeugte Flut am tiefsten?

a) auf der mondzugewandten Seite
b) auf der mondabgewandten Seite
c) auf beiden Seiten etwa gleich tief

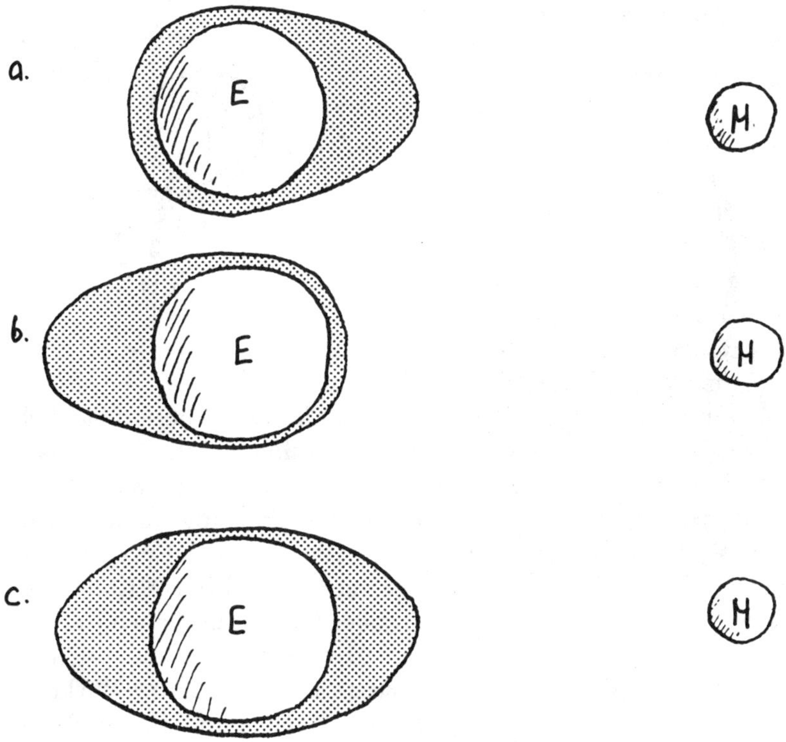

ANTWORT: EBBE UND FLUT Die Antwort ist: c. Sie denken vielleicht, daß die Schwerkraft des Mondes das Wasser auf die Seite der Erde zieht, die dem Mond zugewandt ist. Oder Sie glauben, daß die Drehung der Erde um das Baryzentrum das Wasser auf die Seite schleudert, die am weitesten vom Baryzentrum entfernt ist, und das ist die mondabgewandte Seite.

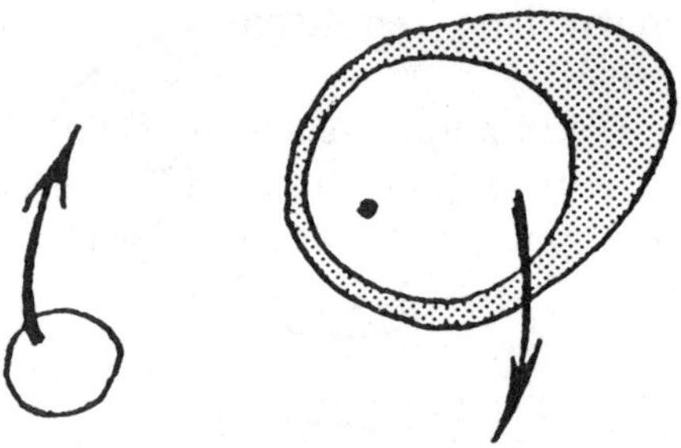

Tatsächlich sind beide Gedanken richtig. Auf der mondnahen Seite ist die Schwerkraft des Mondes am stärksten, so daß das Wasser zum Mond hingezogen wird. Auf der mondfernen Seite ist wegen der Entfernung vom Baryzentrum die Zentrifugalwirkung am stärksten, so daß das Wasser hier auch herausgeschleudert wird. Die Meeresoberfläche wird dadurch wie ein Rugbyball geformt, ein Ende zeigt zum Mond, das andere von ihm weg. Sie sollten aber nicht annehmen, daß der Wasserpegel tatsächlich durch die Schwerkraft oder die Zentrifugalwirkung steigt. Das Wasser wird von den Regionen der Erde abgezogen, wo sich der Mond am Horizont befindet, und sammelt sich an den mondnahen und mondfernen Enden. Wie sieht es aber mit der eigenen Schwerkraft der Erde und der Zentrifugalwirkung der täglichen Erddrehung um ihren Mittelpunkt aus? Diese Kräfte müssen die Schwerkraft des Mondes und die durch die monatliche Umdrehung verursachte Kraft übersteigen. Sie sind tatsächlich größer, aber überall auf der Erde gleich. Damit ist auch ihre Wirkung überall gleich, während die Schwerkraft des Mondes und die durch die Drehung um das Baryzentrum verursachte Kraft an verschiedenen Orten unterschiedlich groß sind. Aus diesem Grund ist die Wassertiefe nicht überall auf der Erde gleich.

DIE RINGE DES SATURN

Vor mehr als hundert Jahren berechnete J.C. Maxwell, daß die Ringe des Saturn, wären sie aus einem Stück Blech geschnitten, nicht stark genug wären, um der Gezeitenspannung, d.h. den unterschiedlichen Gravitationskräften, die durch den Saturn auf sie einwirken, zu widerstehen, und daher auseinandergerissen würden. Wenn wir aber annehmen, daß die Ringe aus einer dicken Stahlplatte und nicht aus Eisenblech geschnitten würden – könnte die dicke Platte halten? Die dicke Platte würde

a) genauso leicht zerreißen wie das dünne Blech
b) noch leichter zerreißen als das dünne Blech
c) nicht so leicht zerreißen wie das dünne Blech

ANTWORT: DIE RINGE DES SATURN Die Antwort ist: a. Als erstes müssen wir begreifen, warum Material bricht oder zerreißt. Material zerbricht nicht einfach infolge einer Kraft. Eine gleichmäßige Kraft auf einen Stab beschleunigt z.B. einfach den Stab in Richtung der Kraft. Material zerbricht, weil verschiedene Kräfte auf verschiedene Teile des Materials wirken. Die Kraftunterschiede erzeugen Spannungen, Kompressionen oder Scherkräfte, und diese Spannungen zerreißen das Material.

Wir wollen jetzt annehmen, daß die Ringe des Saturn massive Scheiben wären. Saturn übt auf die Innenseite dieser Scheibe eine größere Schwerkraft aus als auf die Außenseite. Diese Spannung versucht, die Scheibe auseinanderzureißen. Die Gravitationsspannung ist proportional zur Masse des Rings. Wird die massive Scheibe in Drehung versetzt, vergrößert das noch die Spannung, da die Zentrifugalkraft auf dem äußeren Teil der Scheibe größer ist als auf dem inneren. (Das ist der Grund dafür, daß Schwungräder manchmal explodieren.) Die Zentripetalspannung ist ebenfalls proportional zur Masse des Rings. Deswegen hilft eine Steigerung der Masse des Rings durch Übergang von dünnem Blech auf dicke Stahlplatten nicht. Die Ringe wären zwar stärker, die Spannung, die auf sie wirkt, wäre aber ebenfalls stärker. Daher würde ein massiver Ring um den Saturn auseinandergerissen, egal ob er dick oder dünn ist.

Maxwell entschied, daß die Ringe keine massiven Scheiben sein könnten. Sie mußten aus vielen Einzelteilchen zusammengesetzt sein. Auf diese Weise konnte jedes Teilchen mit seiner eigenen Geschwindigkeit den Saturn umlaufen, so daß die Geschwindigkeit an die Schwerkraft im jeweiligen Abstand vom Planeten angepaßt ist. Daher dreht sich der innere Teil der Ringe des Saturn schneller als der äußere Teil, und alle Spannungen werden vermieden.

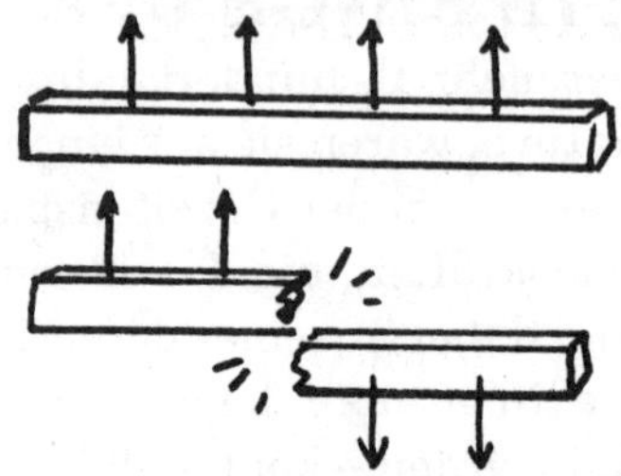

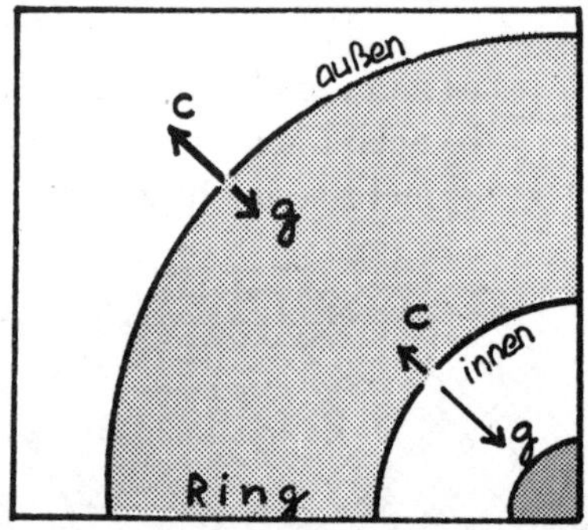

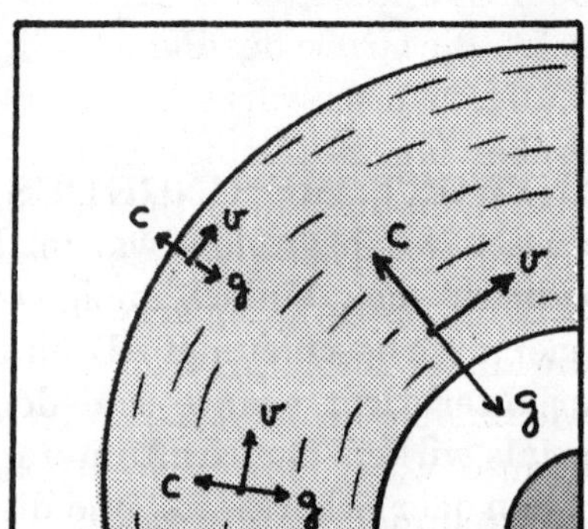

LOCHMASSE

Die Masse eines "schwarzen Lochs" muß unendlich sein oder zumindest fast unendlich.

a) richtig
b) falsch

ANTWORT: LOCHMASSE Die Antwort ist: b. Wenn sich ein Objekt schnell genug bewegt, kann es sich von einem Planeten oder Stern entfernen. Wenn es sich nicht schnell genug bewegt, fällt es zurück. Die Mindestgeschwindigkeit, die erforderlich ist, um wegzukommen, wird die Fluchtgeschwindigkeit genannt. Je größer die Masse eines Planeten oder Sterns ist, desto größer ist die Fluchtgeschwindigkeit – vorausgesetzt, die Größe des Planeten ändert sich nicht.
Nun ist ein schwarzes Loch ein Ding, bei dem die Fluchtgeschwindigkeit größer als die Lichtgeschwindigkeit ist. Die Lichtgeschwindigkeit ist aber nicht unendlich. Sie ist eine große Zahl, aber endlich. Die Masse des schwarzen Lochs ist also endlich und nicht unendlich. Tatsächlich können schwarze Löcher von sehr kleinen Massen gebildet werden, wenn die Masse ausreichend komprimiert ist. Wenn Sie herausfinden könnten, wie man eine Masse komprimieren und ein schwarzes Loch bilden könnte, wäre das ein phantastisches Projekt für eine wissenschaftliche Ausstellung!

WEITERE FRAGEN (OHNE ERKLÄRUNGEN)

Mit den folgenden Fragen, die denen auf den vorausgegangenen Seiten entsprechen, werden sie allein gelassen. Denken Sie physikalisch!

1. Angenommen, Sie wollen auf einer Reise durchschnittlich 40 km/h schnell fahren und finden nach der halben Strecke heraus, daß Ihre Durchschnittsgeschwindigkeit nur 30 km/h betragen hat. Wie schnell sollten Sie während Ihrer restlichen Reise fahren, um die Gesamtdurchschnittsgeschwindigkeit 40 km/h zu erreichen?

a) 50 km/h b) 60 km/h c) 70 km/h d) 80 km/h
e) keine dieser Geschwindigkeiten

2. Ein Rennauto beschleunigt von null auf 100 km/h auf der Strecke D in der Zeit T. Ein weiteres Rennauto beschleunigt von null auf 100 km/h auf der Strecke "?" und in der Zeit 2T. Mit anderen Worten, das zweite Rennauto brauchte zweimal solange, um auf 100 km/h zu beschleunigen. Wie weit fuhr das zweite Rennauto, während es auf 100 km/h beschleunigte?

a) 1/4D b) 1/2D c) D d) 2D e) 4D

3. Während die Kugel den Hügel hinunterrollt

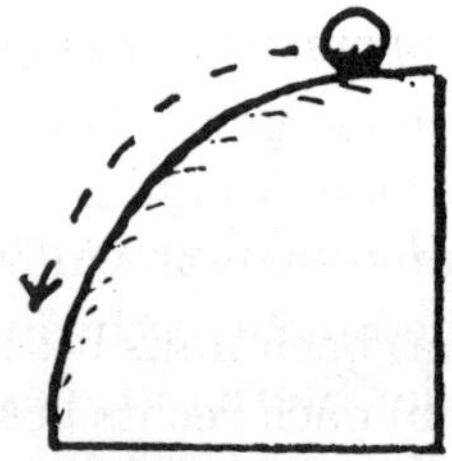

a) nimmt die Geschwindigkeit zu und die Beschleunigung ab
b) nimmt die Geschwindigkeit ab und die Beschleunigung zu
c) nehmen beide zu
d) bleiben beide konstant
e) nehmen beide ab

4. Wenn ein Gegenstand frei fällt (kein Luftwiderstand), nimmt die Geschwindigkeit zu, und die Beschleunigung

a) nimmt zu b) nimmt ab c) bleibt konstant

5. Wenn ein Gegenstand durch die Luft fällt und vom Luftwiderstand beeinflußt wird, nimmt die Geschwindigkeit zu, und die Beschleunigung

a) nimmt zu b) nimmt ab c) bleibt konstant

6. Das Segelboot ist am schnellsten, wenn der Wind aus

a) Norden b) Osten c) Süden
d) Westen e) weder noch

weht.

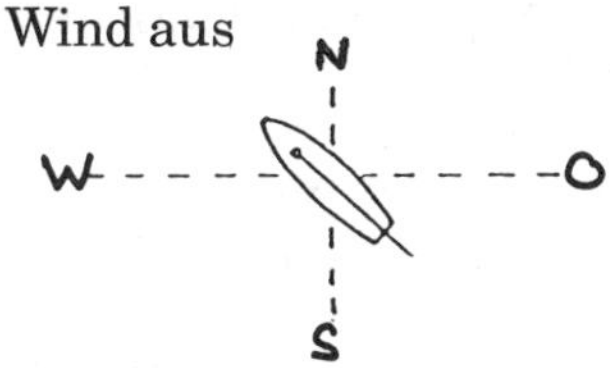

7. Die Spannung im Seil, an dem der 100-kg-Mann hängt, beträgt etwa

a) 500 N
b) 1000 N
c) 2000 N
d) 4000 N
e) beträchtlich mehr als 4000 N

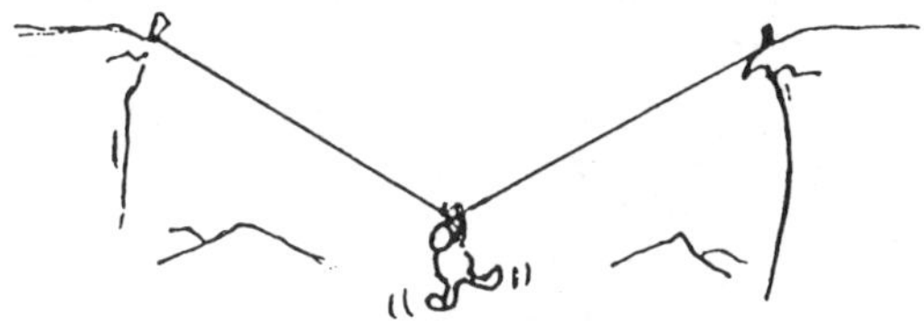

8. Die Spannung am Faden, der das abwärtsbeschleunigte 20-kg-Gewicht und das aufwärtsbeschleunigte 10-kg-Gewicht verbindet, beträgt

a) weniger als 100 N
b) 100 N
c) mehr als 100 N, aber weniger als 200 N
d) 200 N
e) mehr als 200 N

9. Der Wagen wird

a) nach links beschleunigt
b) nach rechts beschleunigt
c) nicht beschleunigt

10. Wird Luft in den Rasensprenger geblasen, dreht er sich im Uhrzeigersinn. Wird Luft in den Rasensprenger gesaugt, dreht er sich

a) ebenfalls im Uhrzeigersinn
b) gegen den Uhrzeigersinn
c) überhaupt nicht

11. Angenommen, Sie fahren auf der Autobahn, und ein Käfer klatscht auf Ihre Windschutzscheibe. Worauf wirkt die größte Kraft?

a) auf den Käfer b) auf die Windschutzscheibe
c) auf beide die gleich große Kraft

12. Angenommen, Sie springen von einem erhöhten Standpunkt auf den Boden, wobei Sie Ihre Knie während des Auftreffens beugen und damit die Zeit zur Reduzierung Ihres Impulses auf das Zehnfache einer steifbeinigen Landung ausdehnen. Damit werden die Durchschnittskräfte auf Ihren Körper während der Landung reduziert, und zwar

a) weniger als zehnfach b) zehnfach
c) mehr als zehnfach

13. Ein Cadillac und ein Volkswagen rollen mit der gleichen Geschwindigkeit einen Hügel herab und werden zwangsweise angehalten. Verglichen mit der Kraft, die den Volkswagen anhält, muß die auf den Cadillac wirkende Kraft

a) größer b) gleich c) kleiner sein

14. Wenn ein 10-kg-Gegenstand aus der Ruhe 10 m nach unten fällt, schlägt er etwa mit

a) 100 N b) 500 N c) 1000 N d) weiß ich nicht

auf.

15. Ein Eisblock rutscht eine schiefe Ebene herunter, während der andere an ihrem Ende herunterfällt. Der Block, der den Boden mit der größten Geschwindigkeit erreicht, ist der

a) rutschende Block
b) fallende Block
c) beide gleich

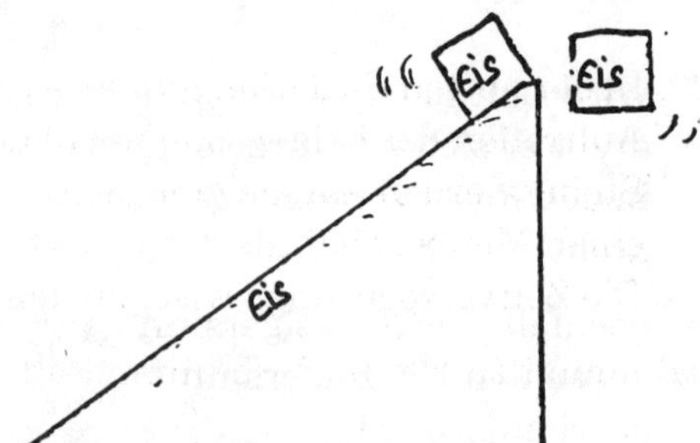

16. Vom Dach eines Gebäudes werden drei Steine mit gleicher Geschwindigkeit geworfen. Einer wird gerade nach oben geworfen, einer seitlich und einer gerade nach unten. Welcher Stein bewegt sich am schnellsten, wenn er auf den Boden trifft?

a) der nach oben geworfene
b) der seitlich geworfene
c) der nach unten geworfene
d) Alle treffen mit der gleichen Geschwindigkeit auf.

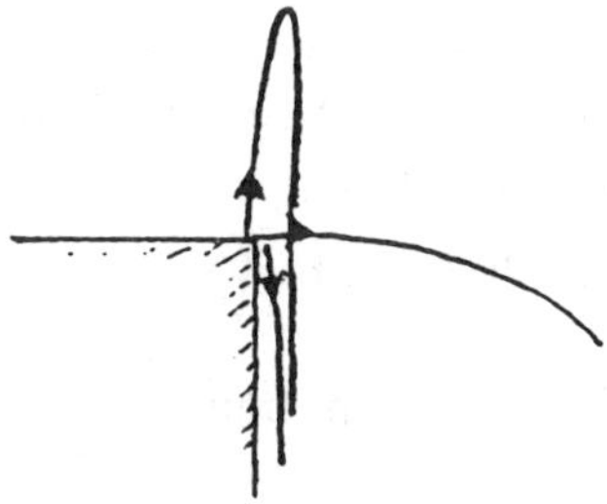

17. Ein Stein wird von einem hohen Turm heruntergeworfen. Eine halbe Sekunde später wird ein zweiter Stein fallengelassen. Der Abstand zwischen den Steinen während des Falls

a) nimmt zu
b) nimmt ab
c) bleibt konstant

18. In der obigen Situation trifft der zweite Stein

a) weniger als eine halbe Sekunde nach dem ersten
b) eine halbe Sekunde nach dem ersten
c) mehr als eine halbe Sekunde nach dem ersten

auf den Boden.

19. Zwei Steine werden gleichzeitig fallen gelassen, der eine aber von einem einen Meter höheren Ort als der andere. Während des Falls gilt folgendes für den Abstand zwischen den Steinen:

a) er nimmt zu b) er nimmt ab c) er bleibt konstant

20. In der obigen Situation gibt es eine Zeitverzögerung zwischen dem Auftreffen der beiden Steine auf den Boden. Angenommen, die Steine werden auf die gleiche Art und Weise fallen gelassen, einer einen Meter höher als der andere, aber aus einer größeren Höhe. Die Zeitverzögerung zwischen dem Aufprall beider Steine

a) nimmt zu b) nimmt ab c) bleibt gleich

21. Wird der Impuls eines fallenden Körpers verdoppelt, so wird die kinetische Energie

a) verdoppelt b) vervierfacht c) kann man nicht sagen

22. Ein Fahrer fährt mit 20 km/h, tritt auf die Bremse und kommt nach 5 m zum Stehen. Fährt er statt dessen 80 km/h, beträgt der Bremsweg:

a) 20 m b) 40 m c) 80 m d) mehr als 80 m

23. Angenommen, zwei Billardkugeln bewegen sich mit 1 m/s, stoßen zusammen und rollen dann in der gleichen Richtung jeweils mit 1 m/s weiter. Dieser unwahrscheinliche Stoß verletzt das Gesetz der Erhaltung

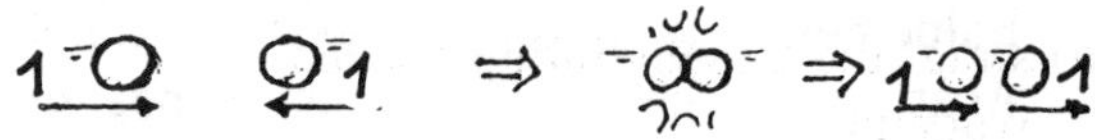

a) der kinetischen Energie b) des Impulses
c) beider d) weder noch

24. Angenommen, in der vorausgegangenen Situation würden beide Kugeln nach dem Stoß mit einer Geschwindigkeit von 2 m/s auseinanderlaufen. Dieser unwahrscheinliche Stoß verletzt das Gesetz der Erhaltung

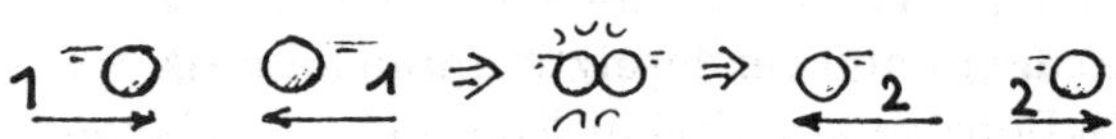

a) der kinetischen Energie b) des Impulses
c) beider d) weder noch

25. Ein Lehmklumpen rutscht aus einer Höhe von 2 m einen Hügel herab. Ein zweiter Lehmklumpen mit der halben Masse rutscht einen anderen Hügel herab. Am Fuß der beiden Hügel stoßen die beiden Klumpen zusammen und bleiben liegen. Wie hoch ist der Hügel, von dem der kleinere Klumpen herabrutschte?

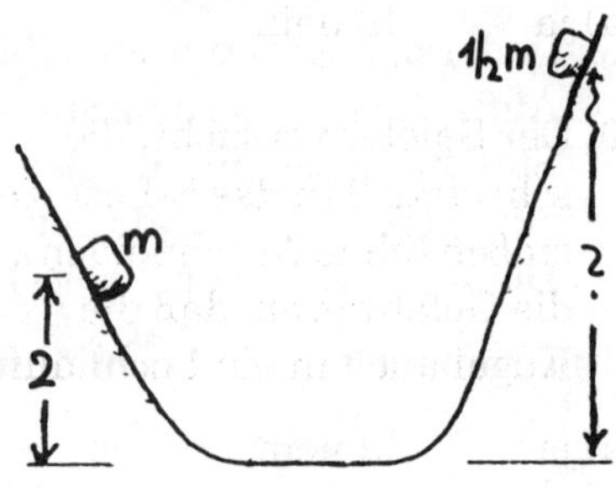

a) 3 m b) 4 m
c) 6 m d) 8 m
e) kann man nicht sagen

26. Ein 1-t-LKW fährt mit 20 km/h in einen riesigen Heuhaufen. Ein identischer 1-t-LKW hat 1 t Heuballen geladen und fährt nur mit 10 km/h in den gleichen Heuhaufen. Welcher LKW fährt weiter in den Heuhaufen hinein, bis er zu einem Halt kommt?

a) der schnelle, leere LKW b) der langsame, beladene LKW
c) beide gleich

27. Ein Eisenbahnwaggon rollt ohne Reibung im senkrecht fallenden Regen. Im Boden des Waggon, wird eine Ablaßschraube geöffnet, durch die das angesammelte Wasser ablaufen kann. Wenn das Wasser genauso schnell abläuft, wie es sich ansammelt,

a) steigt die Geschwindigkeit des Wagens
b) fällt die Geschwindigkeit des Wagens
c) bleibt sie gleich

28. Beim Abschuß einer Kugel erfährt ein Gewehr einen Rückstoß. Also erhalten das Gewehr und die Kugel etwas kinetische Energie und Impuls. Kugel und Gewehr erhalten gleiche

a) aber entgegengesetzte Impulsbeträge
b) Beträge kinetischer Energie c) beides d) weder noch

29. Würde der Amboß viel Schutz bieten, wenn ein anderer Amboß auf ihn fallen gelassen würde?

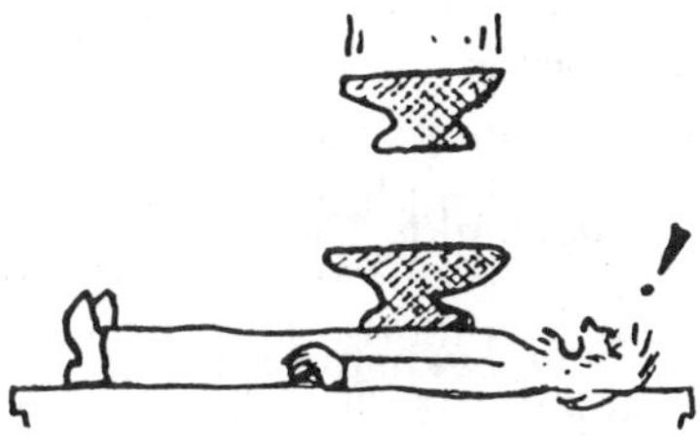

a) ja b) nein

30. Der Spieler versucht, die schwarze 8 in das S-Loch zu stoßen (ohne Anschneiden). Ist die Gefahr groß, daß die weiße Kugel auch in ein Loch läuft?

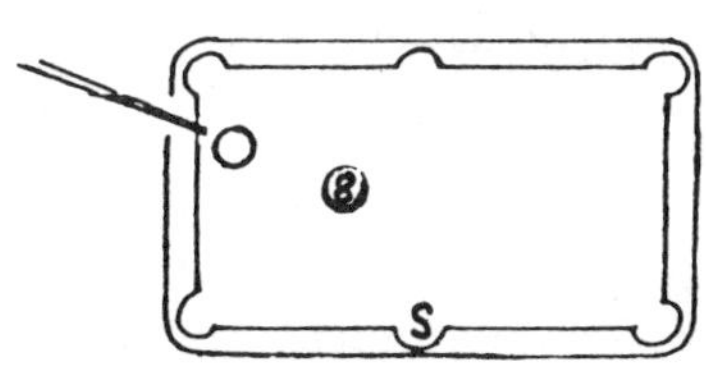

a) ja b) nein

31. Wenn sich die Schnelligkeit eines Gegenstands ändert, ändert sich auch seine Geschwindigkeit. Wenn sich die Geschwindigkeit eines Gegenstands ändert,

a) muß sich die Schnelligkeit auch ändern
b) kann sich die Schnelligkeit ändern, braucht sie aber nicht
c) darf sich die Schnelligkeit nicht ändern

32. Die Nettokraft, die auf einen Wagen wirkt, der sich mit konstanter Schnelligkeit in einem Kreis auf einer ebenen Oberfläche bewegt,

a) wirkt in Fahrtrichtung des Wagens
b) wirkt in Richtung auf den Mittelpunkt des Kreises
c) ist null

33. Der Fahrer in einem Wagen, der sich auf einem gegebenen Radius dreht und mit einer gegebenen Schnelligkeit fährt, erfährt eine bestimmte Zentrifugalkraft. Diese Kraft wird am stärksten erhöht durch

a) Verdoppelung der Schnelligkeit des Wagens
b) Verdoppelung des Drehradius
c) Halbierung des Drehradius
d) (a) und (b) erzeugen genau die gleiche Wirkung.
e) (a) und (c) erzeugen genau die gleiche Wirkung.

34. Ein Gegenstand, der in einen tiefen Bergwerksschacht am Erdäquator fallen gelassen wird, wird leicht nach

a) Norden b) Osten c) Süden d) Westen
e) überhaupt nicht

abgelenkt.

35. Ein Gegenstand, der in einen tiefen Bergwerksschacht am Nordpol fallen gelassen wird, wird leicht nach

a) Norden b) Osten c) Süden d) Westen e) überhaupt nicht

abgelenkt.

36. Wir wissen, daß die Kräfte I und II zusammen die Kraft III ergeben. Entspricht jetzt das von den Kräften I und II zusammen auf die Mutter erzeugte Drehmoment immer dem von der Kraft III erzeugten Drehmoment?

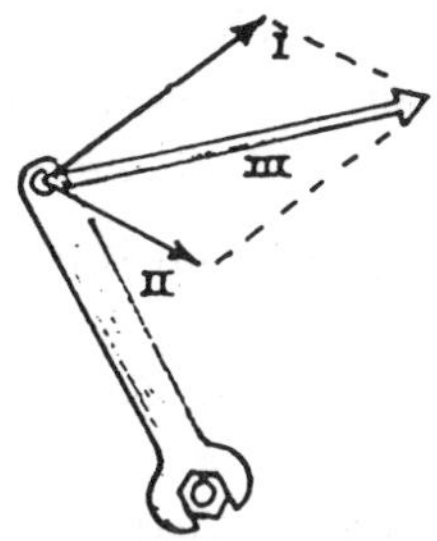

a) ja b) nein

37. Der Umfang eines Rades beträgt 2 Meter und der Umfang der Nabe 1 Meter. Ein 4-kg-Gewicht hängt an einem um die Nabe gewickelten Faden auf der linken Seite herunter. Welche Masse muß auf der rechten Seite an einem um das Rad gewickelten Faden aufgehängt werden, damit sich das Rad nicht dreht?

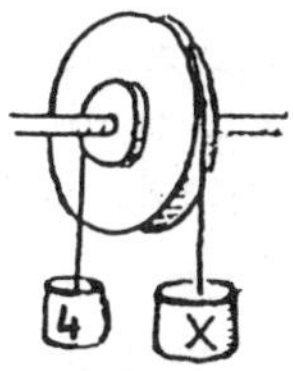

a) 2 kg b) 3,14 kg c) 6 kg d) 8 kg

38. Zwei Gewichte werden mit Hilfe eines Seils und zweier Rollen an der Decke aufgehängt. Wird das 1-t-Gewicht von X im Gleichgewicht gehalten, dann wiegt X

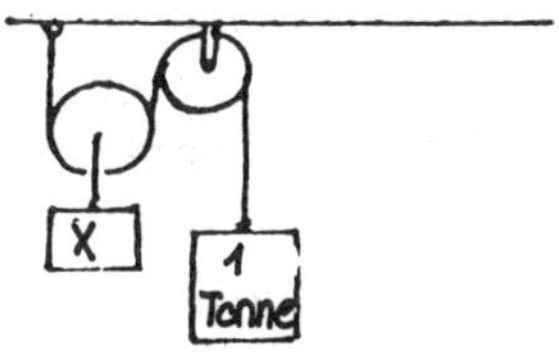

a) 1 t b) 2 t c) 1/2 t
d) 1/3 t e) 3 t

39. In der Antwort zu "Kugel an einem Faden" stand, daß kein Drehmoment auf die Kugel wirkte, da die Kraft auf den Mittelpunkt C gerichtet war und daher keinen Hebelarm besaß. Gibt es aber keine Hebelarme für die Komponenten 1 und 2? Warum sagen wir dann, daß kein Drehmoment vorhanden ist?

a) Es gibt wirklich keine Hebelarme um C für die Komponenten 1 und 2!
b) Die Komponenten 1 und 2 stehen senkrecht aufeinander und heben sich in bezug auf C auf.
c) Die Drehmomente durch die Komponenten 1 und 2 heben einander auf.
d) Druckfehler: Ein Nettodrehmoment ist bestimmt vorhanden!

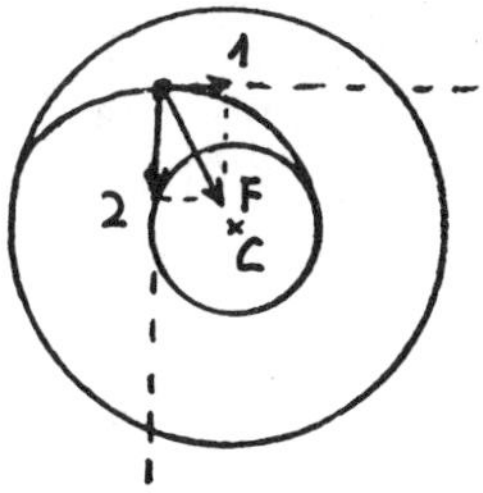

40. Ein Objekt ist im Raum isoliert und steht in keiner Wechselwirkung mit einer externen Stelle. Es kann durch interne Wechselwirkungen folgendes ändern:

a) den linearen Impuls b) die lineare kinetische Energie
c) beides d) weder noch

41. Das gleiche isolierte Objekt aus der vorausgegangenen Frage kann folgendes ändern:

a) den Drehimpuls b) die kinetische Rotationsenergie
c) beides d) weder noch

42. Der gezeigte Stoß der Hanteln verletzt die Erhaltung

a) der kinetischen Energie
b) des Impulses
c) des Drehimpulses
d) all dieser Größen
e) weder noch

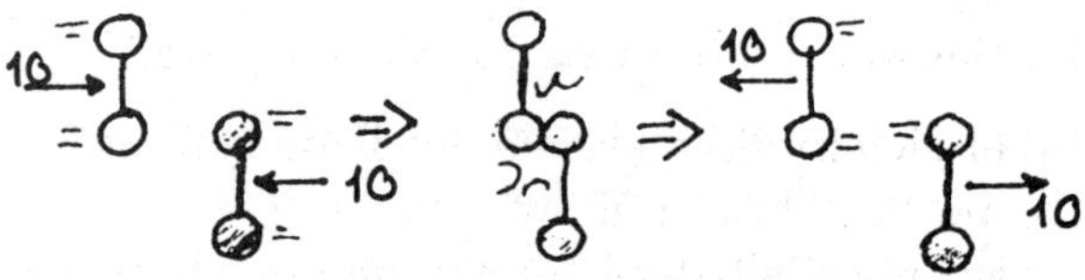

43. Wenn ein Jeep mit Vierradantrieb aus dem Stand beschleunigt, richtet er sich

a) vorne auf b) hinten auf c) weder noch

44. Das schwingende Pendel hat die größte Geschwindigkeit an der tiefsten Stelle der Schwingung und die größte Beschleunigung

a) ebenfalls an der tiefsten Stelle
b) am höchsten Punkt, wo es kurzzeitig anhält c) weder noch

45. Ein Scharfschütze feuert auf ein entferntes Ziel. Seine Kugel braucht eine Sekunde bis zum Ziel, daher sollte er

a) 10 m über das Ziel halten b) 20 m über das Ziel halten
c) Das kann man nur entscheiden, wenn man weiß, ob das Ziel in Augenhöhe ist.

46. Ein Ball wird horizontal mit 25 m/s von einem erhöhten Standpunkt aus weggeworfen. Eine Sekunde später trifft er auf den Boden, und zwar mit einer Geschwindigkeit von etwa

a) 20 m/s b) 25 m/s c) 30 m/s

47. Angenommen, ein Planet befindet sich auf einer Umlaufbahn um einen riesigen Stern, der zu einem schwarzen Loch zusammenfällt. Nach dem Kollaps ist die Umlaufbahn des Planeten

a) kleiner b) größer c) unverändert d) nicht vorhanden

48. Genaugenommen wiegen Sie im Erdgeschoß eines riesigen Wolkenkratzers

a) ein bißchen weniger b) ein bißchen mehr
c) genausoviel wie außerhalb des Wolkenkratzers

49. Der Mond fällt nicht auf die Erde, weil

a) er sich im Schwerefeld der Erde befindet
b) die Nettokraft auf ihn null ist
c) er außerhalb der Hauptanziehungskraft der Erdgravitation ist
d) er von der Sonne und den Planeten sowie von der Erde gezogen wird
e) alle obigen Punkte gelten
f) keiner der obigen Punkte gilt

50. Angenommen, ein amerikanisches und ein sowjetisches Raumschiff laufen beide frei auf kreisförmigen Umlaufbahnen in der gleichen Richtung um die Erde. Beträgt die Höhe des sowjetischen Raumschiffs 100 km und die Höhe des amerikanischen Raumschiffs 110 km, dann

a) läuft das amerikanische Raumschiff langsam dem sowjetischen voraus
b) läuft das sowjetische Raumschiff langsam dem amerikanischen voraus
c) bleiben sie beide Seite an Seite

51. Die Erdumlaufbahn um die Sonne ist leicht elliptisch, wobei die Erde der Sonne im Dezember am nächsten steht und im Juni am weitesten von der Sonne entfernt ist. Die Umlaufgeschwindigkeit der Erde ist daher

a) im Dezember größer
b) im Juni größer
c) das ganze Jahr gleich

52. Man findet heraus, daß ein Planet durchschnittlich etwas schneller die Sonne umläuft, als er entsprechend der Newtonschen Gesetze sollte. Es wird angenommen, daß ein noch nicht entdeckter Planet dafür verantwortlich ist. Die Umlaufbahn des nicht entdeckten Planeten liegt

a) innerhalb der Umlaufbahn des sich schnell bewegenden Planeten
b) außerhalb der Umlaufbahn des sich schnell bewegenden Planeten

FLÜSSIGKEITEN

Flüssigkeiten sind die Stoffe, aus denen die Träume sind, unendlich flexibel, ohne eigene Form. Fast ganz unbeeinflußt von der Reibung, der Feststoffe ausgesetzt sind, verdeutlichen Flüssigkeiten die Bewegungsgesetze. Sie sind natürliche Lehrer. Sie gewähren einigen Feststoffen das Privileg, auf ihnen zu schwimmen, während andere untergehen. Feststoffe, die untergehen, können jedoch ausgehöhlt werden, so daß sie hinterher schwimmen – Eisen kann schwimmen! Wie stark müßte ein zu schwerer Feststoff ausgehöhlt werden, damit er schwimmt? Vielleicht ist das die älteste Frage der Physik.

WASSERSACK

Zehn Liter Meerwasser wiegen etwas mehr als 10 kg. Angenommen, Sie gießen zehn Liter Meerwasser in einen Plastiksack, binden diesen so zu, daß er keine Luftblasen enthält, und hängen ihn an einem Seil ins Meer. Wenn der Wassersack vollständig eingetaucht ist, wieviel Kraft müssen Sie dann auf das Seil ausüben, damit er nicht absinkt?

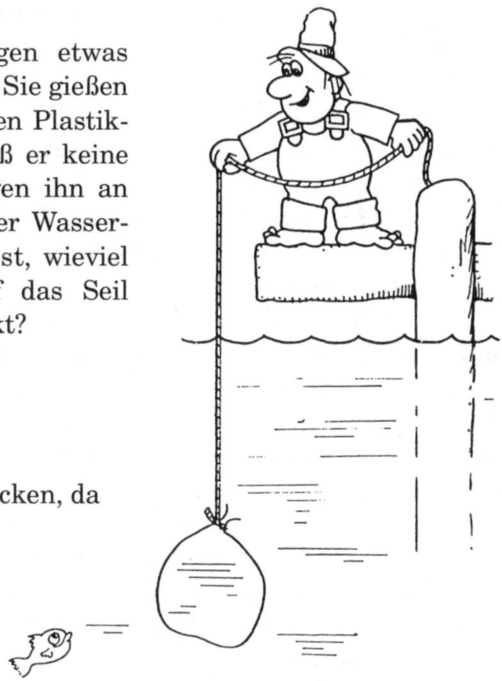

a) 0 N b) 50 N
c) 100 N d) 200 N
e) Sie müssen ihn herunterdrücken, da er sonst nach oben steigt.

ANTWORT: WASSERSACK Die Antwort ist: a. Wenn Sie ein Paket Wasser haben, das vollständig von anderem Wasser umschlossen ist, sinkt oder steigt das Paket nicht. Es bleibt an der gleichen Stelle – stehendes Wasser. Das Paket kann jede Größe oder Form haben. Das Gewicht des Wassers entspricht genau dem Auftrieb des umgebenden Wassers. Das bedeutet, daß die Auftriebskraft von zehn Litern Wasser 100 N entsprechen muß und daß diese zehn Liter eine beliebige Form annehmen können – jede Form, die das Volumen von zehn Litern Wasser annimmt, erfährt den Auftrieb von zehn Litern Wasser – 100 N.

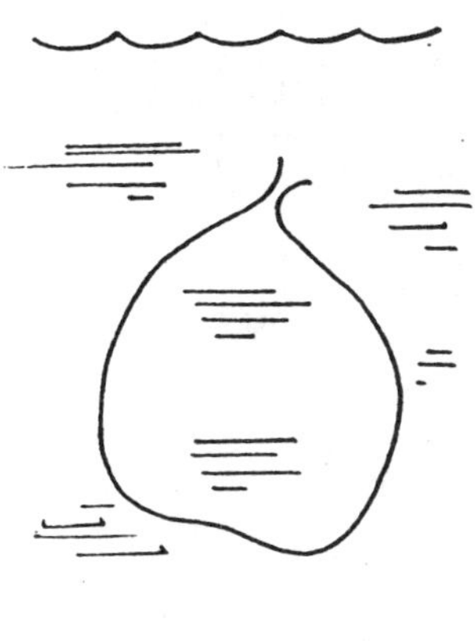

Wir wollen diesen Punkt genauer untersuchen. Angenommen, Sie haben etwas, dessen Volumen zehn Liter beträgt, dessen Masse aber 20 kg ist, d.h., seine Dichte ist doppelt so groß wie die des Meerwassers. Das umgebende Wasser kümmert es nicht, was sich in ihm befindet. Wenn das Volumen zehn Liter beträgt, ist die Auftriebskraft 100 N. Also hebt das Wasser 10 kg, und Sie müssen die restlichen 10 kg heben. Können wir sagen, daß jedes 20-kg-Objekt das scheinbare Gewicht von 100 N hat, wenn es untergetaucht ist? Nein. Unter Wasser wiegt ein 20-kg-Gegenstand nur dann 100 N, wenn sein Volumen 10 Liter beträgt. Wäre das Volumen des 20-kg-Objekts z.B. 20 Liter, wäre sein scheinbares Gewicht null. Um das scheinbare Gewicht eines untergetauchten Körpers zu bestimmen, müssen Sie das Gewicht des Wasservolumens abziehen, das der Körper verdrängt. Nehmen wir z.B. ein 20-kg-Objekt mit einem Volumen von 30 Litern. Sein Gewicht beträgt 200 N minus drei mal 100 N, also 200 minus 300 N, was zu einer negativen Zahl, nämlich minus 100 N, führt! Minus 100 N bedeutet, daß die Auftriebskraft um 100 N größer als das Gewicht des Gegenstands ist, so daß der Gegenstand aufschwimmt. Er treibt an die Oberfläche des Wassers. Dort macht er aber nicht Halt, sondern steigt weiter nach oben, bis ein Teil aus dem Wasser herausragt. Wie weit ragt er heraus? Er schwimmt so, daß zehn Liter seines Volumens über der Wasserlinie aufliegen. Damit bleiben zwanzig Liter im Wasser. Zwanzig Liter Wasser wiegen 200 N, also ist die Auftriebskraft, die auf den im Wasser liegenden Teil wirkt, 200 N, was genau ausreicht, um das Gewicht des Gegenstands auszugleichen. Wir erkennen also, daß die auf einen untergetauchten Körper ausgeübte Auftriebskraft dem Gewicht des vom Körper verdrängten Wassers entspricht. In dem Sonderfall, wo ein Körper schwimmt, ist diese Auftriebskraft gleich dem Gewicht des Körpers.

Diese ziemlich langatmige Antwort ist eine Zusammenfassung des Archimedischen Prinzips. Die folgenden Fragen behandeln es noch etwas genauer.

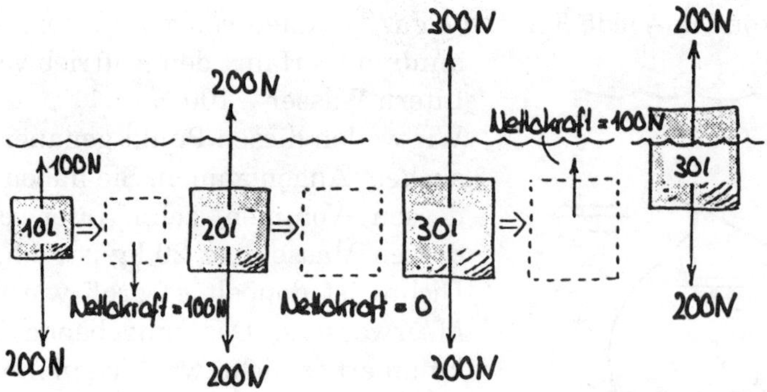

EINTAUCHEN

Sie hängen einen 50 kg schweren Findling (Gewichtskraft 500 N) an ein Seil und senken ihn unter die Wasseroberfläche ab. Wenn der Findling vollständig eingetaucht ist, merken Sie, daß Sie weniger als 500 N halten müssen. Wenn Sie den Findling noch weiter eintauchen, ist die Kraft, mit der Sie ihn halten,

a) kleiner als
b) gleich wie
c) größer als direkt unter der Oberfläche

ANTWORT: EINTAUCHEN Die Antwort ist: b. Der eingetauchte Findling erfährt eine Auftriebskraft, die dem vom Findling verdrängten Wasser entspricht, was zu einer Haltekraft von weniger als 500 N führt, wenn der Findling unter der Wasseroberfläche liegt. Wird der Findling weiter eingetaucht, ändert sich das Volumen und damit das Gewicht des verdrängten Wassers nicht. Da Wasser praktisch inkompressibel ist, ist die Dichte in der Nähe der Oberfläche gleich wie in sehr tiefem Wasser. Damit ändert sich die Auftriebskraft nicht mit der Tiefe, und die zum Halten des Findlings benötigte Kraft ist direkt unter der Oberfläche gleich wie im tieferen Wasser.
Der Wasserdruck andererseits steigt mit der Tiefe. Aus diesem Grund erfahren eingetauchte Objekte einen Auftrieb. Der Boden eines eingetauchten Körpers ist immer tiefer als die Oberseite, also ist auch der Druck auf die Unterseite immer größer als auf die Oberseite. Das bedeutet aber nicht, daß die Auftriebskraft auf einen eingetauchten Körper mit der Tiefe steigt, da der *Unterschied* des Aufwärts- und Abwärtsdrucks in allen Tiefen gleich ist, wie die Skizze zeigt.

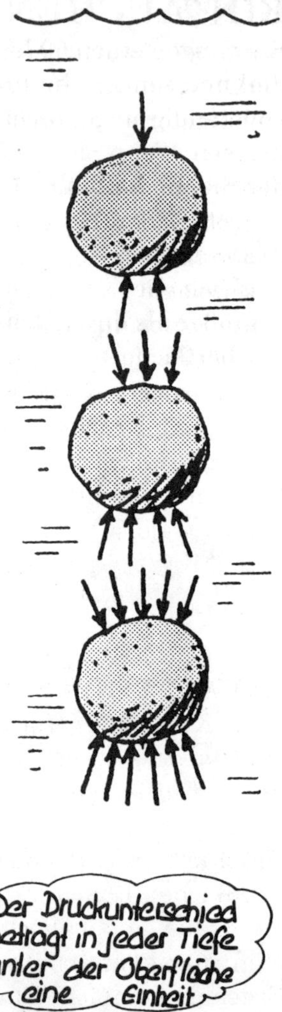

(Unter der ungewöhnlichen Bedingung, daß ein eingetauchter Körper ohne Wasserfilm zwischen dem Körper und dem Behälterboden auf dem Boden liegen würde, gäbe es keine aufwärtsgerichtete Auftriebskraft.)

KOPF

Kann die abwärts gerichtete Kraft auf den Kolben erhöht werden, wenn die Oberseite des Kolbens (z.B. des Kolbens in den Zylindern eines Automobilmotors) entsprechend geformt wird?

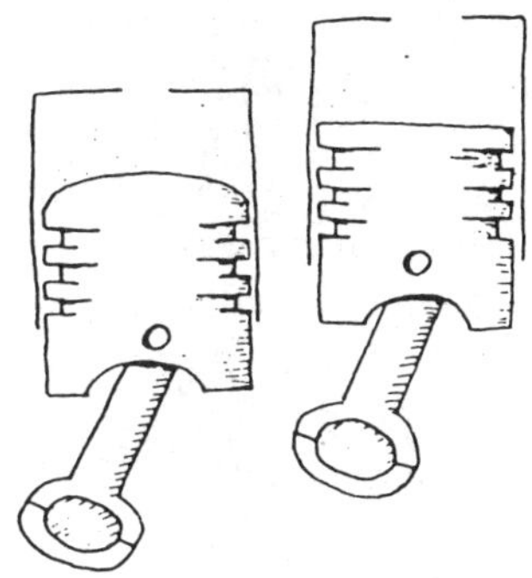

a) Auf den gewölbten Kopf wirkt eine größere abwärts gerichtete Kraft als auf den flachen Kopf, da die gewölbte Oberseite eine größere Oberfläche hat, auf die Druck ausgeübt werden kann.
b) Auf den flachen Kopf wirkt eine größere abwärts gerichtete Kraft, da der gesamte Druck auf den flachen Kopf gerade nach unten drückt.
c) Wenn der Zylinderdurchmesser und der Druck gleich sind, ist die abwärts gerichtete Kraft auf die Kolben gleich.

ANTWORT: KOPF Die Antwort ist: c. Auf den gewölbten Kopf wirkt mehr Kraft, da er eine größere Oberfläche als der flache Kopf besitzt. Es wirkt aber nicht die gesamte Kraft auf den gewölbten Kopf gerade nach unten. Ein Teil der Kraft wird verschwendet, weil sie seitwärts gerichtet ist. Es wird genau soviel verschwendet, daß die übrigbleibende abwärts gerichtete Kraft genau der abwärts gerichteten Kraft entspricht, die auf den flachen Kopf wirkt. Woher weiß man, daß die Kräfte genau gleich groß sind?
Nun, man könnte mit wenig Geometrie zu dem Ergebnis kommen. Eine einleuchtende Erklärung liefert ein Kolben mit zwei Köpfen, der in einem großen kreisförmigen Zylinder läuft. Ein Ende des Kolbens ist flach, das andere gewölbt. Wenn mehr Kraft auf das eine Ende wirken würde als auf das andere, würde der Kolben ohne äußere Krafteinwirkung in ständiger Bewegung im Kreisring herumgedrückt. Das wäre eine tolle Maschine – zu schön, um wahr zu sein.

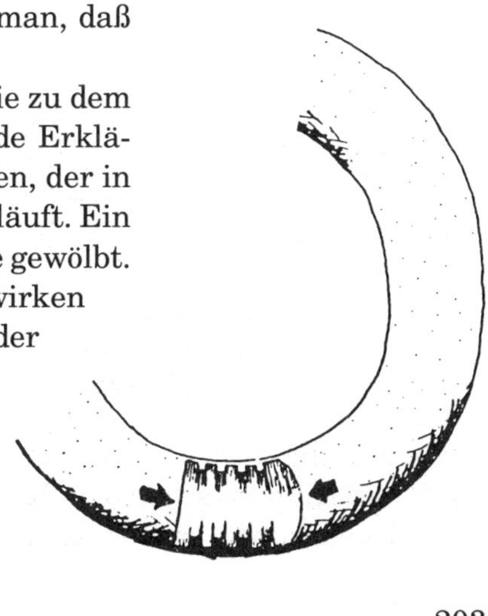

DER WACHSENDE BALLON

Für sehr hoch fliegende Wetterballons werden sehr große Luftsäcke verwendet. Auf dem Erdboden wird die Hülle nur so weit mit Helium gefüllt, daß genügend Auftriebskraft für den Aufstieg da ist. Während der Ballon steigt, erlaubt die weniger dichte Umgebungsluft dem Heliumgas, sich langsam auszudehnen, wodurch der Ballon größer wird. Während der Ballon immer größer wird,

a) nimmt der Auftrieb zu
b) nimmt der Auftrieb ab
c) bleibt er gleich

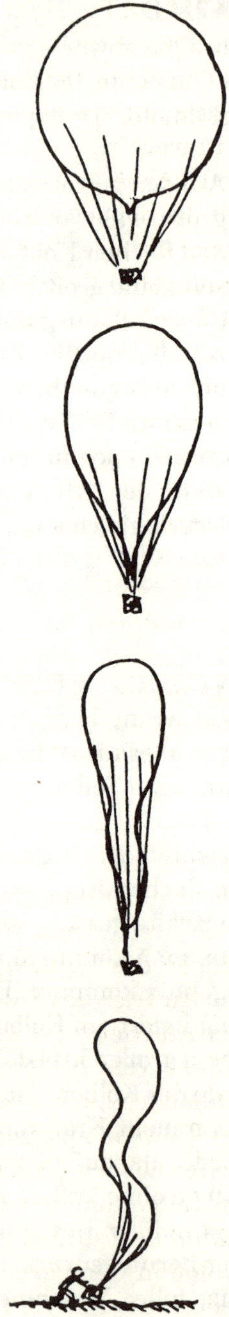

ANTWORT: DER WACHSENDE BALLON

Die Antwort ist: c, der Auftrieb bleibt gleich. Der Ballon dehnt sich beim Steigen aus, weil der Luftdruck mit wachsender Höhe fällt. Hat sich der Luftdruck z.B. auf den halben Wert des Drucks in Bodennähe verringert, dann hat sich der Ballon auf die doppelte Anfangsgröße ausgedehnt. Halb soviel Luftdruck bedeutet, daß die Dichte der Umgebungsluft halb so groß wie die Dichte am Boden ist. Der Auftrieb hängt vom Gewicht der verdrängten Luft ab, und das Gewicht des doppelten Volumens mit halber Dichte entspricht genau dem Bodenwert. Da das Volumen des Ballons und die Luftdichte beide vom Luftdruck in genau entgegengesetzter Weise abhängen, ändert sich der Auftrieb nicht, während der Ballon wächst.

Ändert die Temperatur etwas daran? Schließlich wird die Lufttemperatur mit steigender Höhe kühler, wodurch die Größe des Ballons und das Volumen der verdrängten Luft verringert werden. Interessanterweise wird dabei aber nicht das Gewicht der verdrängten Luft verringert. Warum? Weil die tiefere Temperatur auch die Dichte der Luft um den gleichen Betrag erhöht. Eine Volumenverringerung um 10 % wird von einem Dichteanstieg von 10 % begleitet, daher bleibt das Gewicht der verdrängten Luft und damit die Auftriebskraft gleich. Also beeinflussen weder Änderungen des Luftdrucks noch der Lufttemperatur den Auftrieb des Ballons.

Der Auftrieb wird aber von etwas anderem beeinflußt – vom Ballongewebe. Der Auftrieb wird in sehr großen Höhen schließlich kleiner, wenn der Ballon vollständig aufgeblasen ist und sich das Gewebe auszudehnen beginnt. Wenn sich das Gewebe nicht mehr weiter ausdehnen kann, kann der Ballon nicht mehr wachsen, wodurch das Luftvolumen verkleinert wird, das durch die Druck- und Temperaturfaktoren verdrängt würde. Steigt jetzt der nicht mehr weiter wachsende Ballon in weniger dichte Luft, verringert sich der Auftrieb, bis die Auftriebskraft dem Gewicht des Ballons entspricht. Sind Auftriebskraft und Gewicht gleich, hat der Ballon die maximale Höhe erreicht.

WASSER SUCHT SICH SEINEN EIGENEN PEGEL

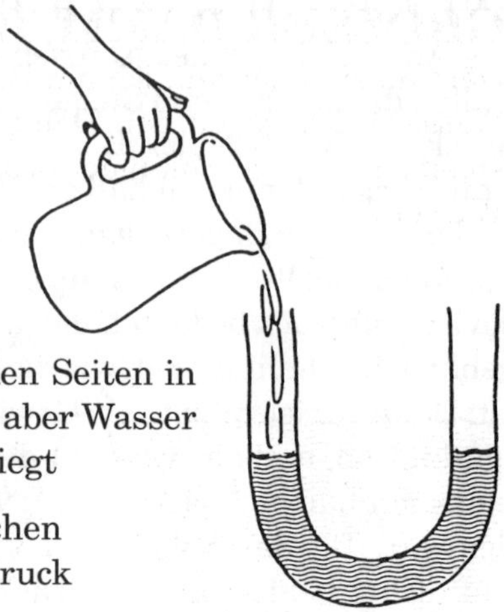

Man sagt häufig, daß Wasser sich seinen eigenen Pegel sucht. Das kann man demonstrieren, wenn man Wasser in einen U-förmigen Behälter gießt und beobachtet, daß die Wasseroberflächen auf beiden Seiten in gleicher Höhe stehen. Warum sucht sich aber Wasser seinen eigenen Pegel? Der Hauptgrund liegt

a) im Luftdruck auf den beiden Oberflächen
b) im von der Tiefe abhängigen Wasserdruck
c) in der Dichte des Wassers

ANTWORT: WASSER SUCHT SICH SEINEN EIGENEN PEGEL
Die Antwort ist: b. Wasser würde sich seinen eigenen Pegel auch im Vakuum suchen, also hat der Luftdruck hier wenig Bedeutung. Der Druck in einer Flüssigkeit hängt von der Dichte der Flüssigkeit und ihrer Tiefe ab (außerdem von ihrer Geschwindigkeit, die hier keine Rolle spielt, da jede auftretende Bewegung vorübergehend ist). Da die Dichte der Flüssigkeit auf jeder Seite des U-Rohrs gleich ist, und zwar ungeachtet der Wassermenge auf jeder Seite, bleibt uns die Tiefe als Hauptfaktor. Betrachten wir die zwei mit "X" markierten Positionen in der Skizze. Ist das Wasser im Ruhezustand, muß der Druck an beiden Stellen gleich sein – andernfalls würde eine Wasserströmung von dem Bereich mit größerem Druck zu dem mit geringerem Druck auftreten, bis ein Druckausgleich eingetreten ist. Da der Druck jedoch von der Wassertiefe abhängt, muß sich gleicher Druck aus gleichen Tiefen ergeben – also muß das Gewicht des Wassers über jedem "X" (oder in jeder Säule) gleich sein (was in unserer Skizze offensichtlich nicht der Fall ist). Wir erkennen also, daß es einen Grund dafür gibt, warum Wasser seinen eigenen Pegel sucht. Wir werden uns diese Idee in der folgenden Frage noch einmal ansehen.

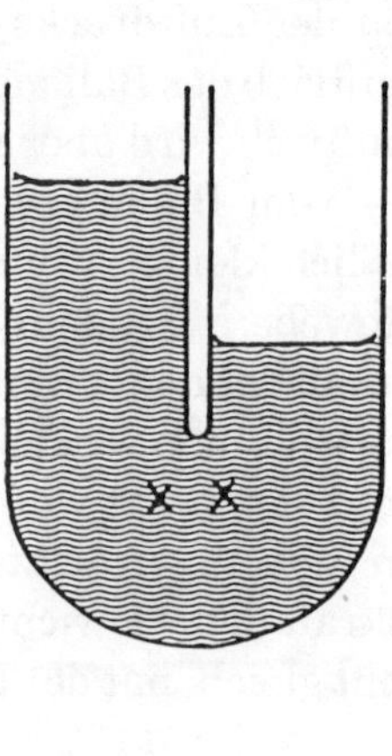

GROSSER DAMM, KLEINER DAMM

Dämme sind gewöhnlich am Boden dicker als am oberen Ende, da der Wasserdruck gegen den Damm mit der Tiefe zunimmt. Welche Rolle spielt aber das Volumen des von einem Damm zurückgehaltenen Wassers?

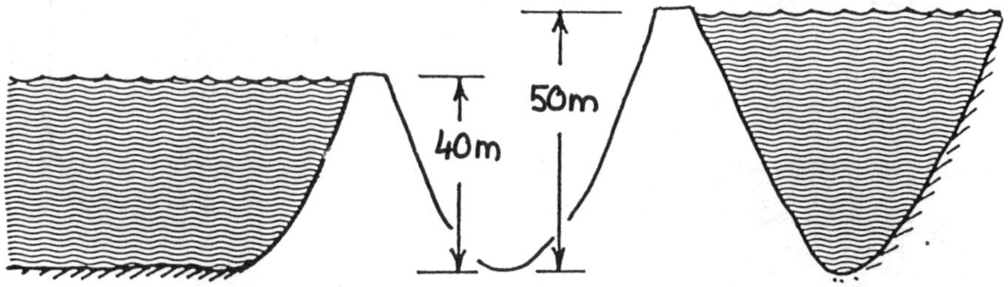

Eine Stromversorgungsgesellschaft hat einen fünfzig Meter hohen Damm mit einem Stausee dahinter gebaut. Nicht weit entfernt steht ein zweiter Staudamm, der nur vierzig Meter hoch ist, aber einen sehr viel größeren See aufstaut. Welcher Damm muß stärker sein?

a) Der höhere Damm muß stärker sein.
b) Der Damm mit dem größeren See muß stärker sein.
c) Beide müssen gleich stark sein.

ANTWORT: GROSSER DAMM, KLEINER DAMM Die Antwort ist: a. Die Stärke des Dammes muß dem Druck des Wassers dahinter standhalten - und der Druck des Wassers hängt ausschließlich von der Tiefe des Sees und nicht von seiner Länge ab. Daher ist der Druck auf denjenigen Damm am größten, hinter dem sich der tiefste See befindet, und das ist nicht notwendigerweise der mit dem meisten Wasser. Wir können uns analog zur letzten Frage die beiden Wasserbecken wie in der Skizze durch ein Rohr verbunden denken.

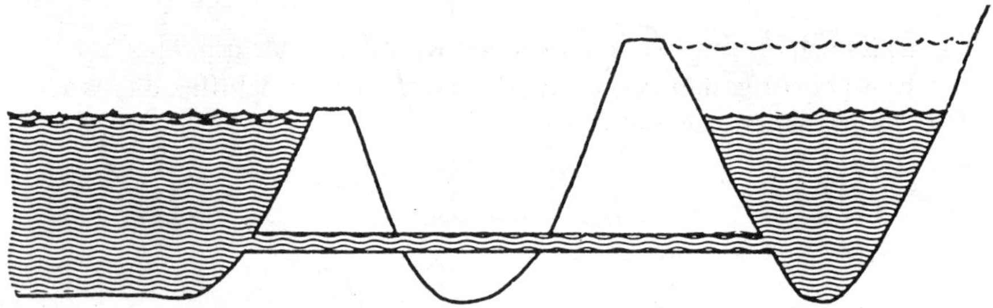

Ist Ihnen klar, daß das Wasser durch das Rohr vom höheren zum niedrigeren Druck fließt, bis ein Druckausgleich hergestellt worden ist? Auf beiden Seiten des Rohrs herrscht der gleiche Druck (und wirkt damit auch auf beide Dämme), wenn die Wasserpegel gleich sind. Der Wasserdruck hängt von der Tiefe und nicht vom Volumen ab.

DAS SCHLACHTSCHIFF IN DER BADEWANNE

Kann ein Schlachtschiff in einer Badewanne schwimmen?*

Natürlich müssen Sie sich eine sehr große Badewanne oder ein sehr kleines Schlachtschiff vorstellen. Auf jeden Fall ist sehr wenig Wasser unter dem Schiff und um es herum. Nehmen wir an, daß das Schiff 100 t wiegt (ein sehr kleines Schiff), während das Wasser in der Wanne 100 kg wiegt. Schwimmt es oder berührt es den Boden?

a) Es schwimmt, wenn es von genügend Wasser umgeben ist.
b) Es berührt den Boden, da das Gewicht des Schiffes das Wassergewicht überschreitet.

* Dies war die Physik-Lieblingsfrage meines Vaters. – L. Epstein.

ANTWORT: DAS SCHLACHTSCHIFF IN DER BADEWANNE

Die Antwort ist: a. Man kann das auf verschiedene Weisen demonstrieren. Die hier gezeigte Darstellung habe ich von einem meiner Studenten übernommen. Stellen Sie sich vor, das Schiff schwimmt im Ozean (Skizze I). Umgeben Sie als nächstes das Schiff mit einer großen Plastiktüte – das wird bei Öltankern manchmal tatsächlich gemacht (Skizze II). Lassen Sie als nächstes den Ozean zufrieren, mit Ausnahme des Wassers zwischen Plastiktüte und Schiff (Skizze III). Lassen Sie schließlich einen Bildhauer eine Badewanne aus dem festen Eis herausmeißeln, dann haben Sie die Lösung (Skizze IV).

Diese Frage zeigt, wie gefährlich es ist, in Worten und nicht in Bildern und Ideen zu denken. Wenn Sie nur in Worten denken, könnten Sie folgendermaßen argumentieren: "Zum Schwimmen muß das Schlachtschiff Wasser seines eigenen Gewichts verdrängen. Das Eigengewicht beträgt 100 t, aber es sind nur 100 kg Wasser verfügbar – daher kann es nicht schwimmen!" Aber wenn Sie es sich bildlich vorstellen, sehen Sie, daß sich die Verdrängung auf das Wasser bezieht, das den Rumpf des Schiffes füllen würde, wenn das Innere des Schiffes bis zur Wasserlinie gefüllt wäre. Und diese Verdrängung beträgt 100 t.

Verlassen Sie sich nicht auf Worte oder Gleichungen, bevor Sie sich nicht ein Bild von der Idee machen können, die ihnen zugrunde liegt.

I

II

III

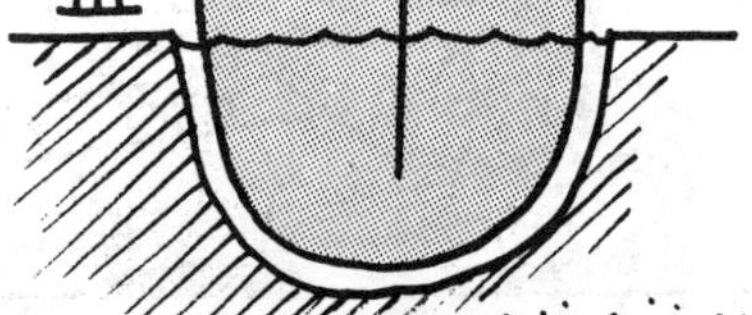

IV

DAS SCHIFF IN DER BADEWANNE

Was wiegt mehr?

a) eine Badewanne randvoll mit Wasser
b) eine Badewanne randvoll mit Wasser mit einem darin schwimmenden Schlachtschiff
c) beide wiegen das gleiche

ANTWORT: DAS SCHIFF IN DER BADEWANNE

KALTES BAD

Jetzt betrachten wir eine Badewanne randvoll mit eiskaltem Wasser, in dem ein Eisberg schwimmt. Wenn der Eisberg schmilzt,

a) sinkt der Wasserspiegel ein wenig
b) läuft das Wasser über
c) bleibt die Badewanne exakt randvoll

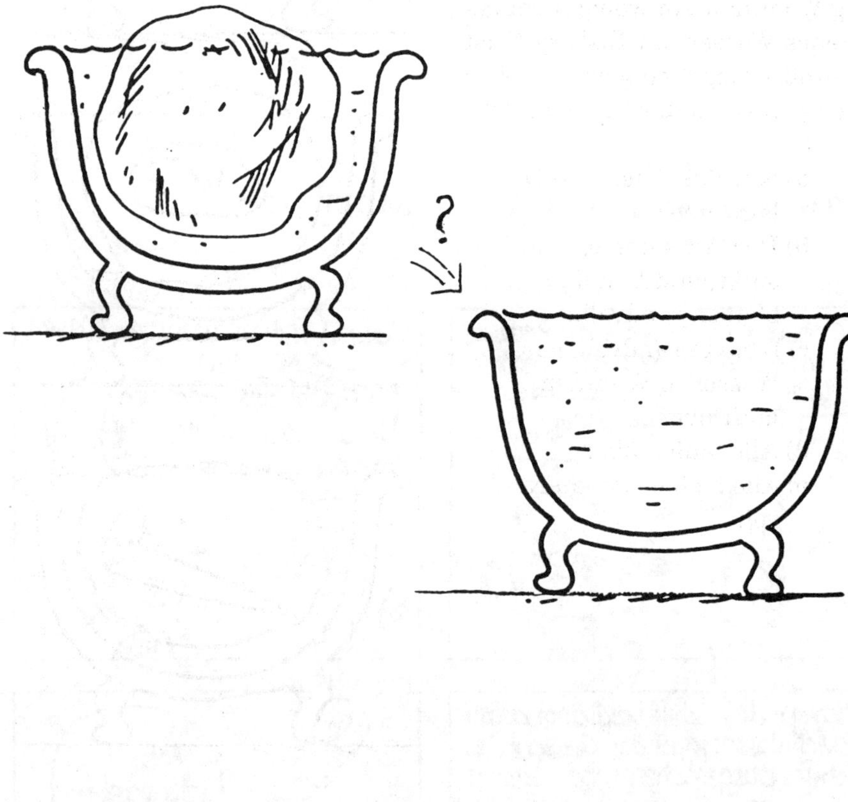

ANTWORT: KALTES BAD Die Antwort ist: c. Die Masse des von dem Eisberg verdrängten Wassers entspricht genau der Masse des Eisbergs. Schmilzt der Eisberg, "schrumpft" er und wird wieder in Wasser zurückverwandelt, das genau das Volumen des verdrängten Wassers hat. Übrigens muß das Volumen des Eises über dem Wasser genau dem Volumenanstieg des Wassers entsprechen, das zu Eis wurde.

DREI EISBERGE

Diese Frage soll die Schlauköpfe in Schwierigkeiten bringen. (Schlauköpfe sind Leute, die alle Fragen richtig beantworten.) Drei Eisberge schwimmen in Badewannen, die alle randvoll mit eiskaltem Wasser sind. In Eisberg L ist eine große Luftblase eingeschlossen. Der Eisberg W enthält ein wenig nicht gefrorenes Wasser. Im Eisberg N ist ein großer Nagel eingefroren. Was geschieht, wenn das Eis schmilzt?

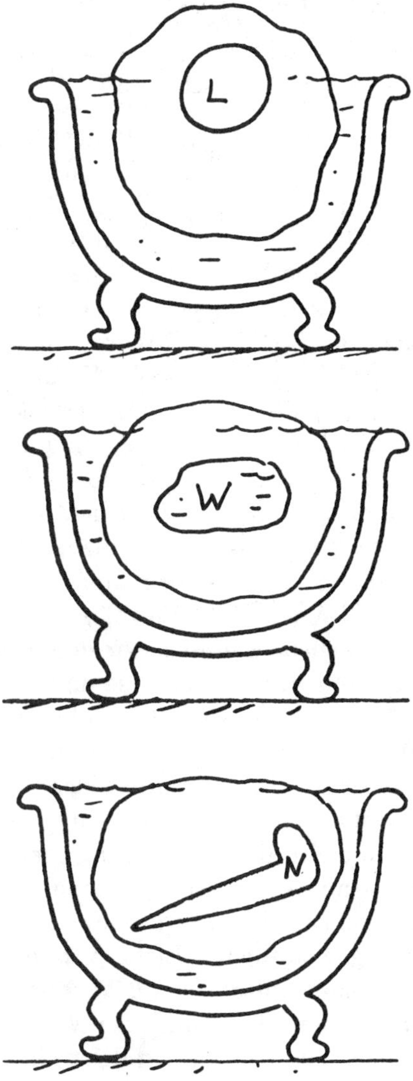

a) Nur das Wasser in N läuft über.
b) Der Wasserspiegel in N sinkt, und L und W bleiben randvoll.
c) L bleibt randvoll, das Wasser in W und in N läuft über.
d) Alle laufen über.
e) Alle bleiben genau randvoll.

ANTWORT: DREI EISBERGE

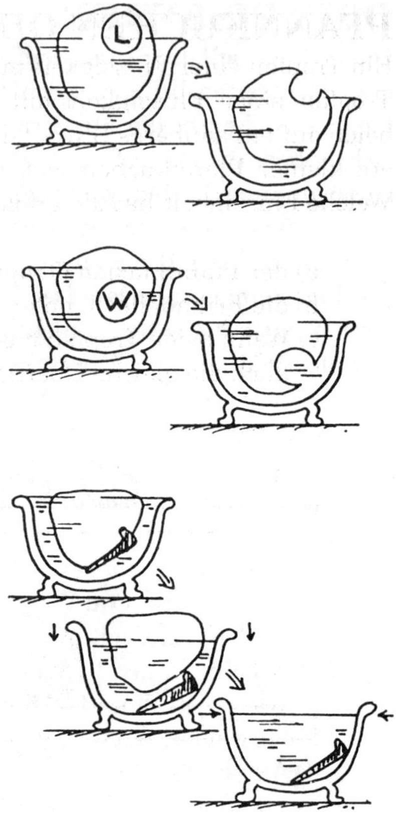

Die Antwort ist: b. Als erstes erinnern wir uns an die Lektion aus "Kaltes Bad". Ein Eisberg, der in einer randvollen Badewanne schwimmt, schmilzt so, daß die Badewanne genau randvoll bleibt. Verschieben Sie jetzt in Ihren Gedanken die Luftblase an die Oberseite des Eisbergs. Das beeinflußt das Gewicht des Eisbergs nicht, kann also auch nicht die Verdrängung beeinflussen. Jetzt stechen Sie die Blase an. Was ursprünglich mal eine Blase war, ist jetzt eine kleine Höhle. Daraus hat sich keine Gewichtsänderung ergeben, der Berg ist jetzt aber ein "gewöhnlicher" Eisberg ohne Luftblase.

Als nächstes nehmen wir den Eisberg mit der Wasserblase und verschieben mit unseren Gedanken die Wasserblase an die Unterseite des Eisbergs. Das beeinflußt das Gewicht des Eisbergs nicht, kann also auch nicht die Verdrängung beeinflussen. Jetzt stechen wir die Wasserblase an. Was ursprünglich mal eine Wasserblase war, ist jetzt eine kleine Höhle. Dabei trat keine Gewichtsänderung auf, der Eisberg ist jetzt aber ein "gewöhnlicher" Eisberg ohne Wasserblase. Daher schmelzen die Eisberge mit Luftblase und Wasserloch genauso wie "gewöhnliche" Eisberge und heben oder senken den Wasserspiegel in der Badewanne nicht.

Verschieben Sie jetzt in Ihren Gedanken den Nagel an die Unterseite des Eisbergs. Keine Änderung in Gewicht oder Verdrängung. Wenn Sie jetzt den Nagel aus dem Eisberg herausbrechen oder herausschmelzen, sinkt er auf den Boden der Wanne, aber seine Verdrängung ändert sich nicht. Der Berg wird jedoch von seiner schweren Last befreit und kommt genau wie ein entleertes Boot aus dem Wasser heraus. Steigt der Berg nach oben, sinkt der Wasserspiegel. Der Eisberg ist jetzt ein "gewöhnlicher" Eisberg und beeinflußt den Wasserspiegel beim Schmelzen nicht – er steht nach dem Schmelzen genauso weit unter dem Rand wie vor dem Schmelzen.

PFANNKUCHEN ODER FRIKADELLE

Ein Tropfen einer Flüssigkeit mit großer Oberflächenspannung und ein Tropfen einer Flüssigkeit mit kleiner Oberflächenspannung werden beide auf ein sauberes Stück Glas gebracht. Der eine Tropfen sieht wie ein kleiner Pfannkuchen aus, der andere wie eine kleine Frikadelle. Welche Flüssigkeit hat die größere Oberflächenspannung?

a) der Pfannkuchen (Tropfen 1)
b) die Frikadelle (Tropfen 2)
c) Wenn beide Tropfen das gleiche Volumen haben, haben sie auch die gleiche Oberflächenspannung.

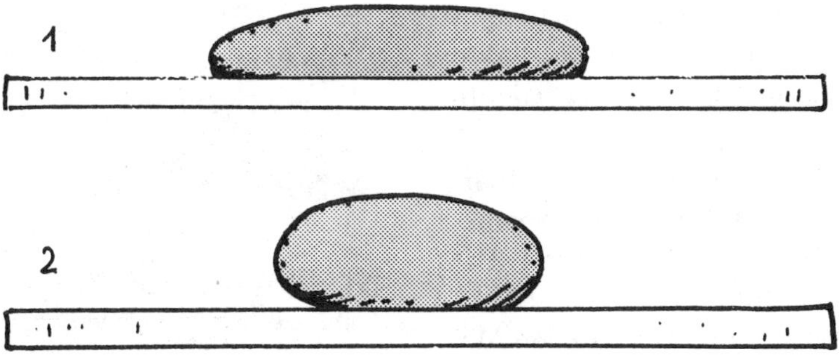

ANTWORT: PFANNKUCHEN ODER FRIKADELLE Die Antwort ist: b. Die Oberflächenspannung, d.h. die zusammenziehende Kraft, die auf die Oberfläche der Flüssigkeiten wirkt, wird durch Anziehungskräfte zwischen den Molekülen verursacht. Ein Molekül unter der Oberfläche einer Flüssigkeit wird von Nachbarmolekülen in jeder Richtung angezogen, wodurch sich keine bevorzugte Richtung ergibt. Ein Molekül an der Oberfläche wird jedoch nur seitlich und abwärts gezogen – nicht aufwärts. Diese molekularen Anziehungskräfte ziehen also das Molekül von der Oberfläche in die Flüssigkeit, wodurch die Oberfläche so klein wie möglich wird. Um die Oberfläche zu minimieren, richten sich die Flüssigkeitstropfen auf sauberem Glas kugelförmig auf, genau wie kleine Kätzchen sich in einer kalten Nacht zusammenkugeln, um ihre ungeschützte Oberfläche und damit ihre Wärmestrahlung zu minimieren. Die Flüssigkeit mit den größten Anziehungskräften zwischen den Molekülen und damit mit der größten Oberflächenspannung nähert sich der Kugel am stärksten.

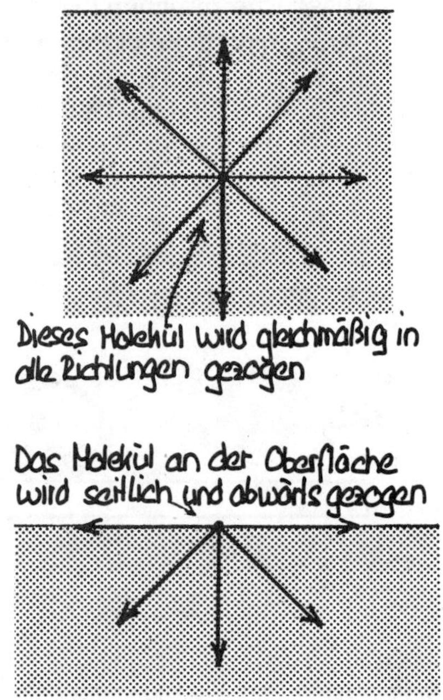

FLASCHENHALS

Zehn Liter Wasser pro Minute fließen durch dieses Rohr. Was ist richtig?

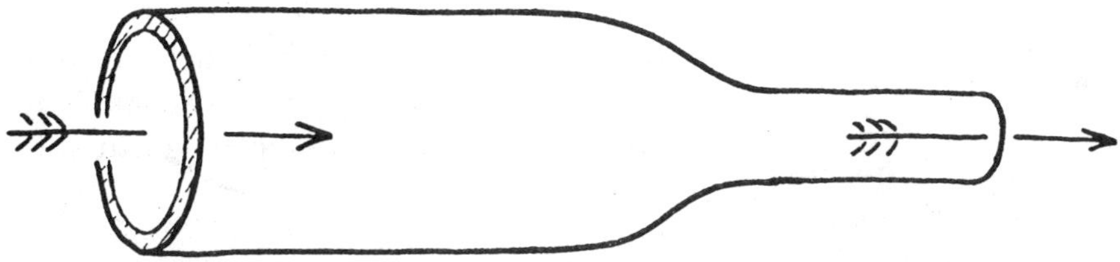

a) Das Wasser fließt am schnellsten im breiten Teil des Rohrs.
b) Das Wasser fließt am schnellsten im engen Teil des Rohrs.
c) Die Geschwindigkeit ist in beiden Teilen gleich.

ANTWORT: FLASCHENHALS Die Antwort ist: b. Wasser fließt schnell in engen Teilen und langsam in breiten Teilen, genau wie in einem Bach. Die Skizzen zeigen, wie weit sich die Anfangsfläche eines Liters Wasser im engen und im weiten Rohr bewegen muß, damit der gesamte Liter am Punkt X vorbeigeflossen ist. Damit ein Liter in einer Minute an X vorbeifließt, muß das Wasser im engen Rohr weiter und damit schneller fließen.

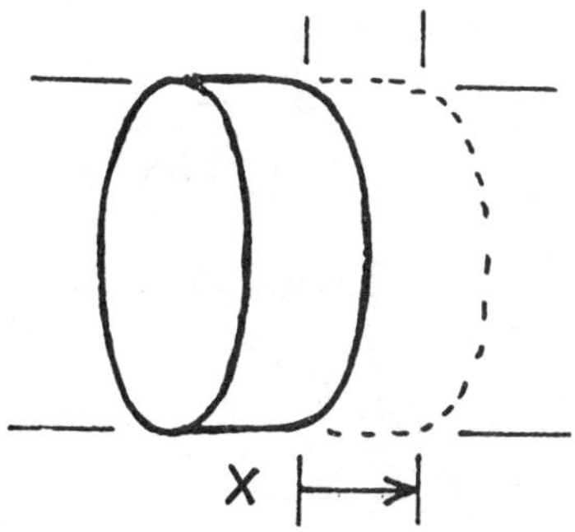

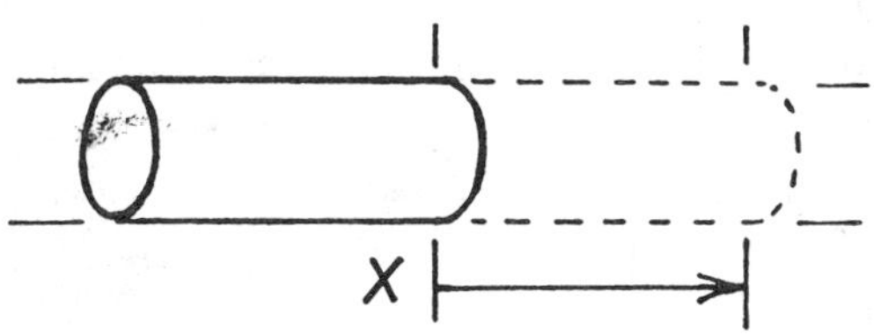

WASSERHAHN

Der aus einem Wasserhahn fließende Wasserstrahl verengt sich auf dem Weg nach unten. Er verengt sich

a) weil die Geschwindigkeit während des Falls steigt
b) wegen der Oberflächenspannung
c) aus beiden Gründen
d) wegen des Luftwiderstands
e) wegen des Luftdrucks

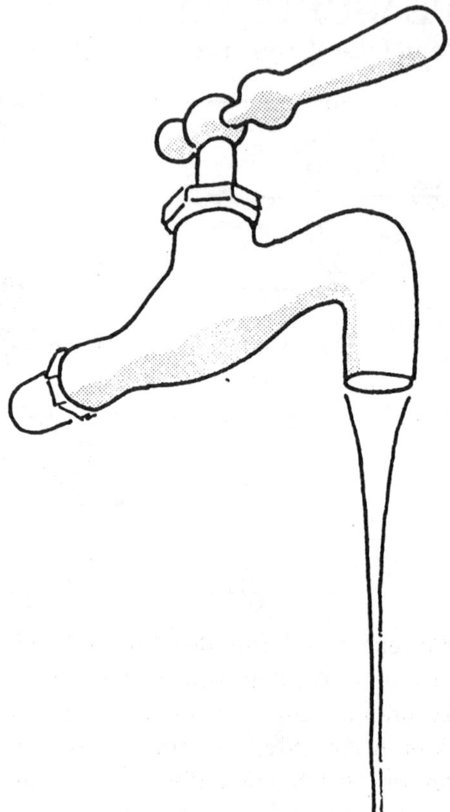

ANTWORT: WASSERHAHN Die Antwort ist: c. Es muß die gleiche Anzahl Liter pro Minute oben an T und weiter unten an B vorbeifließen. Durch die Beschleunigung während des Falls ist die Geschwindigkeit des Wassers in B größer, so daß der Wasserstrom schmaler ist (erinnern Sie sich an die letzte Frage?). Das erklärt die Dinge aber nicht vollständig. Warum teilt sich das fallende Wasser nicht in eine Reihe Teilströme auf? Weil die Oberflächenspannung die Ströme zusammenhält wie die Haare eines feuchten Pinsels. Um das Wasser in Teilströme aufzuteilen, können Sie es durch eine Art Sieb drücken.

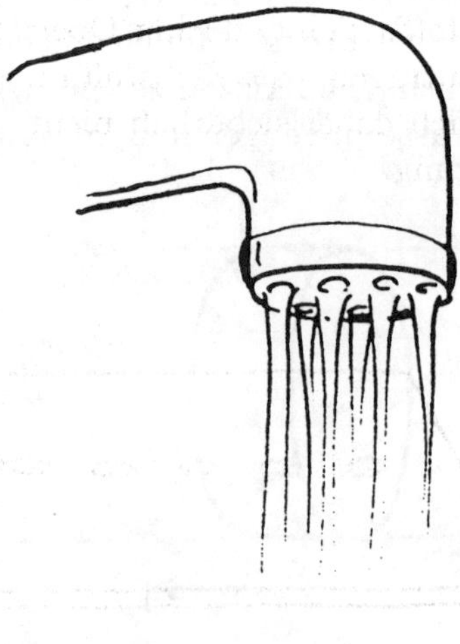

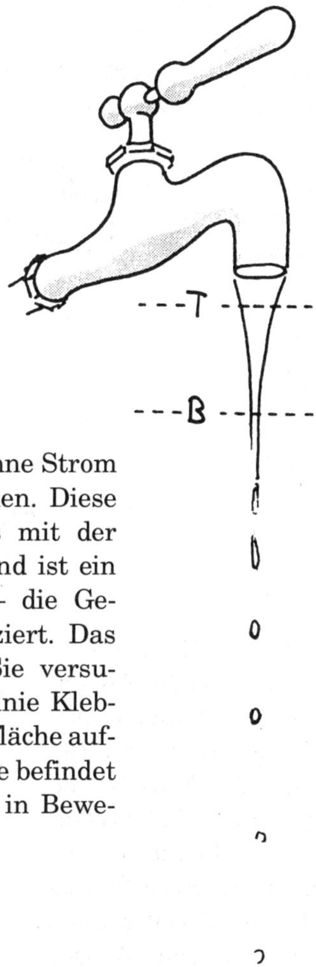

Weiter unten kann der dünne Strom in kleine Tropfen aufbrechen. Diese Tropfenbildung hat nichts mit der Wasserbewegung zu tun und ist ein reiner Oberflächeneffekt – die Gesamtoberfläche wird reduziert. Das gleiche geschieht, wenn Sie versuchen, eine lange, dünne Linie Klebstoff auf einer flachen Oberfläche aufzutragen – die Klebstofflinie befindet sich dabei sicherlich nicht in Bewegung.

BERNOULLI-U-BOOT

Ein Spielzeug-U-Boot treibt im Wasser durch ein Rohr mit unterschiedlicher Breite. Die Geschwindigkeitsänderungen bewirken eine Verschiebung des schweren Gewichts, das mit Federn innerhalb des U-Boots aufgehängt ist. Wenn das U-Boot von A nach B und dann weiter nach C treibt, verschiebt sich das Gewicht

a) zwischen A und B rückwärts und zwischen B und C vorwärts
b) zwischen A und B vorwärts und zwischen B und C rückwärts
c) überhaupt nicht

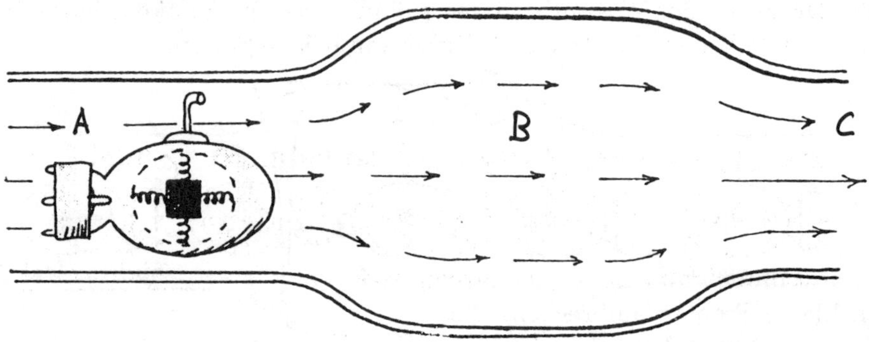

ANTWORT: BERNOULLI-U-BOOT Die Antwort ist: b. Stellen Sie sich selbst anstelle der aufgehängten Masse in dem U-Boot vor. Wenn Sie sich vom engen Bereich A in den weiten Bereich B bewegen, verlangsamt sich die Wasserströmung, und Sie neigen sich nach vorn. Sie drücken auf alles, was sich vor Ihnen befindet, in diesem Fall drücken Sie also die Feder zusammen. Entsprechend wird Druck auf das Wasser im Bereich B ausgeübt, das sich vor Ihnen befindet.
Wenn Sie den breiten Bereich B verlassen und in den engeren Bereich C beschleunigen, neigen Sie sich nach hinten. Sie drücken auf alles, was sich hinter Ihnen befindet und pressen die hintere Feder zusammen. Entsprechend drückt das umgebende Wasser auf das Wasser dahinter und übt Druck auf das Wasser im Bereich B aus. Also wirkt auf das langsam strömende Wasser im Bereich B Druck von beiden Seiten.

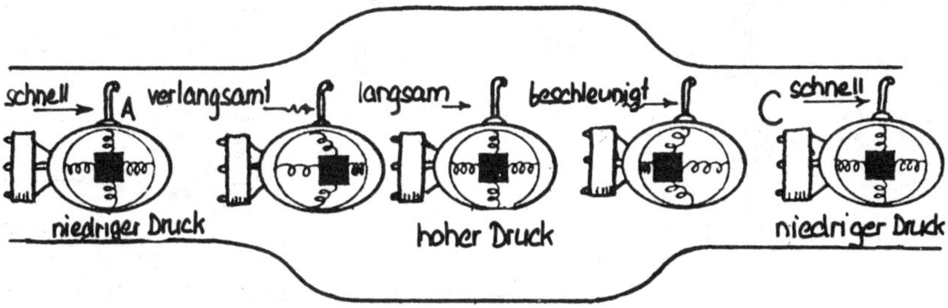

Bei einer Rohrverengung verkehrt sich die Geschichte ins Gegenteil. Die zweite Skizze zeigt, warum der Wasserdruck im engen Teil des Rohrs geringer ist. Wir erkennen also, daß der Wasserdruck höher wird, wenn die Geschwindigkeit abnimmt, bzw. fällt, wenn die Geschwindigkeit zunimmt.* Das gilt in großem Umfang für Gase und Flüssigkeiten und wird das *Bernoulli-Prinzip* genannt, nach dem Mann, der es vor mehr als 250 Jahren entdeckte.

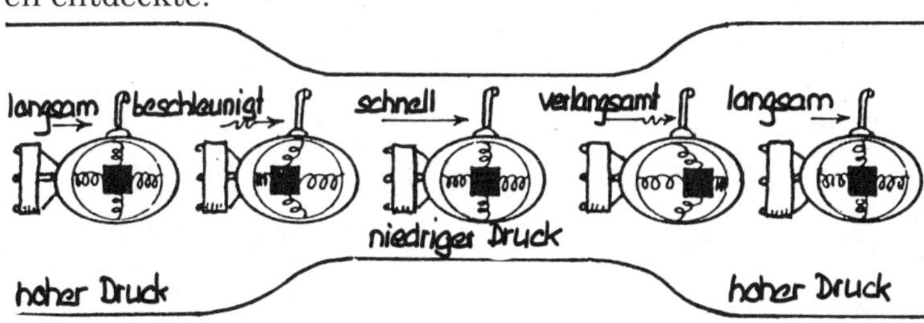

* Die Reibungseffekte sind beim Wasser praktisch null. Würden wir Honig durch das Rohr drücken, wäre das etwas ganz anderes. Der Honigdruck wäre beim Hineindrücken in den engen Abschnitt hoch und beim Austritt niedrig. Die Reibung beraubt den Honig seines Drucks.

In der dritten Skizze ersetzen wir unser U-Boot durch einen ähnlich konstruierten Bernoulli-Zeppelin, der in der Luft über und unter der Tragfläche eines Flugzeugs fliegt. Sehen Sie durch die Verdrängung des aufgehängten Gewichtes, daß der Druck unter dem Flügel steigt, während er über dem Flügel fällt?

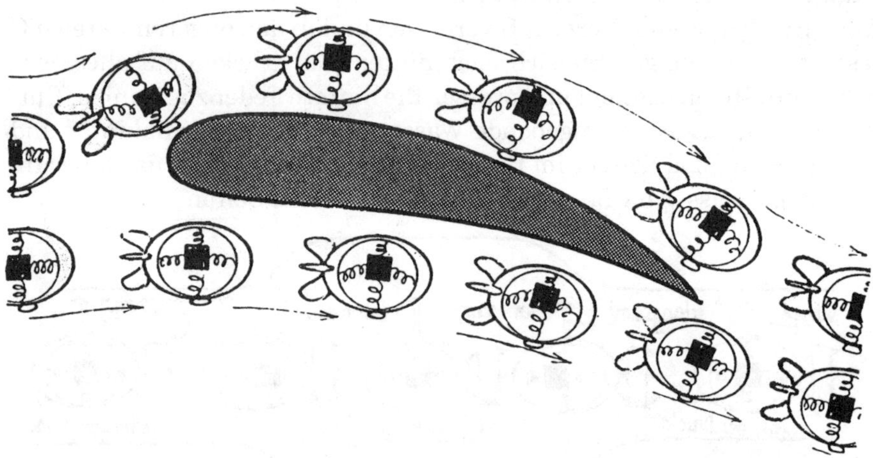

Daher bleibt ein Vogel oder eine Boeing 747 wegen des größeren Drucks der langsamer fließenden Luft unter dem Flügel und des kleineren Drucks der schneller fließenden Luft über dem Flügel in der Luft. Daniel Bernoulli lebte im 18. Jahrhundert und damit natürlich, bevor es die Boeing 747 gab. Was haben aber bloß die Vögel vor der Zeit von Bernoulli gemacht?

KAFFEESCHWALL

An der Vorderseite einer Restaurantkaffeemaschine befindet sich ein Glasrohr, das Schauglas genannt wird. Wird der Hahn geöffnet und läuft Kaffee heraus, verhält sich der Pegel im Schauglas folgendermaßen:

a) Er bleibt im wesentlichen bei G.
b) Er steigt auf O.
c) Er fällt plötzlich auf U.

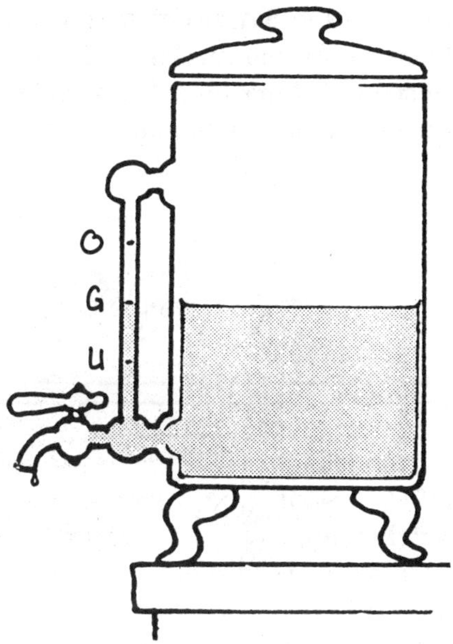

Wird der Hahn geschlossen und der Kaffeestrom plötzlich unterbrochen, geschieht folgendes mit dem Pegel im Schauglas:

a) Er bleibt kurzzeitig bei U, bevor er langsam in die Nähe von G zurückkehrt.
b) Er kehrt sofort zum Pegel der Maschine zurück, der in der Nähe von G liegt.
c) Er steigt plötzlich auf O und fällt dann auf G zurück.
d) Er steigt plötzlich auf O und bleibt dort.

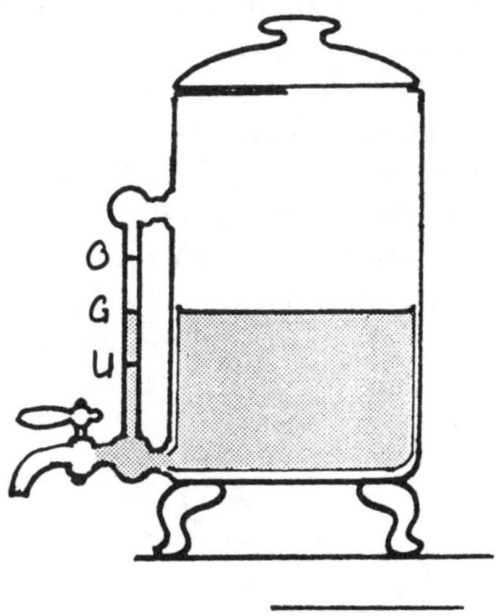

ANTWORT: KAFFEESCHWALL Die Antwort ist in beiden Fällen: c. Wenn der Kaffee durch den Hahn fließt, erwarten wir durch den Bernoulli-Effekt, daß der Pegel auf U fällt. Der reduzierte Druck im Hahn stützt weniger Kaffee im Schauglas.

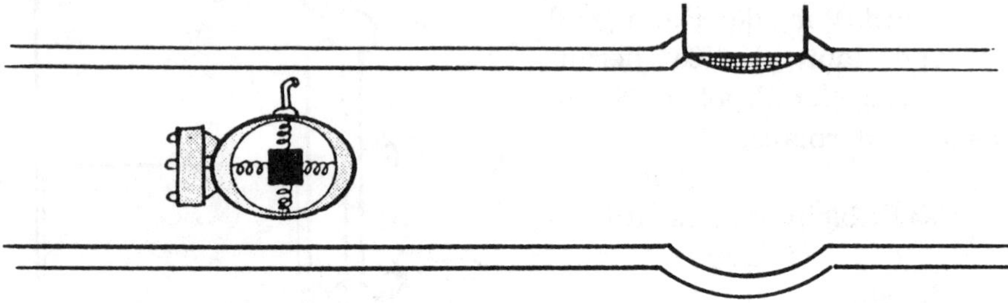

Warum steigt der Pegel aber auf O, wenn die Strömung plötzlich angehalten wird? Betrachten wir erneut unser kleines U-Boot. Wird es plötzlich angehalten, kracht die aufgehängte Masse nach vorn. Die Masse des Kaffees tut das gleiche. Der Druck wird kurzzeitig erhöht und läßt den Pegel im Schauglas auf O steigen.

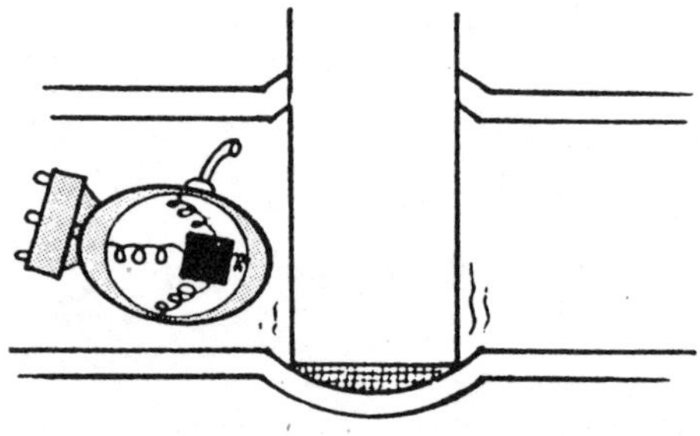

Techniker nennen diesen Effekt "Wasserschlag". Sie können ihn manchmal knallen hören, wenn Sie einen Hahn schnell schließen. Es braucht wohl nicht gesagt zu werden, daß das nachteilig für die Installation ist. Aus diesem Grund verlangen viele Installationsnormen den Einbau eines kurzen senkrechten Rohrs hinter jedem Hahn. Wird der Hahn plötzlich geschlossen, drückt das Wasser in das Standrohr, und die Luft oben im Rohr dämpft den Wasserschlag.

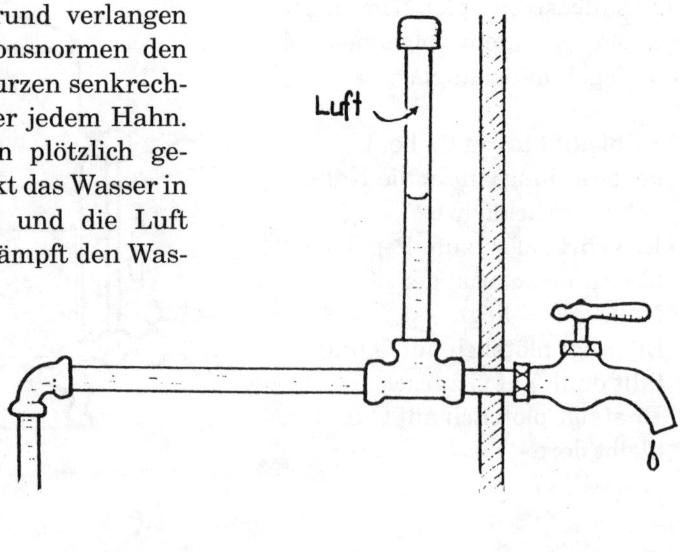

SEKUNDÄRKREISLAUF

Ein großer Flüssigkeitsstrom bewegt sich in dem großen Rohr nach rechts. Der Strom im kleinen Rohr bewegt sich

a) nach rechts
b) nach links
c) weder noch

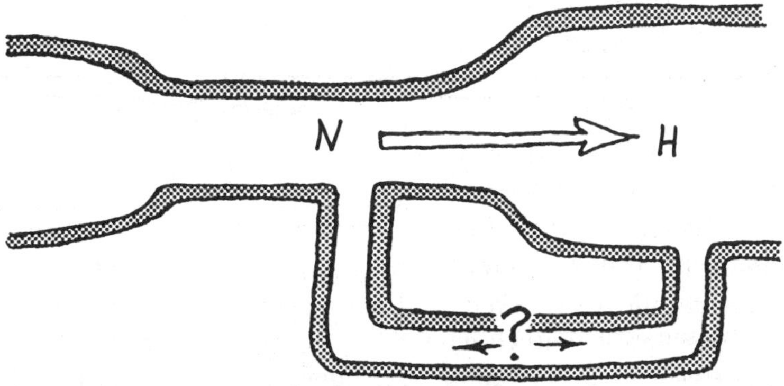

ANTWORT: SEKUNDÄRKREISLAUF Die Antwort ist: b. Wie bereits erklärt, ist der Druck bei N niedriger als bei H, und der Strom im kleinen Rohr fließt vom hohen zum niedrigen Druck. Die Strömung im kleinen Rohr wird Sekundärkreislauf genannt. Häufig benötigt der Sekundärkreislauf nicht einmal ein kleines Rohr, in dem er fließt. Er kann auf der Grenzfläche auf einem Flugzeugflügel hinaufkriechen. Dann kommen Sie in ernsthafte Schwierigkeiten! Die Luftströmung wird turbulent, und der Flügel erzeugt keinen Auftrieb mehr.

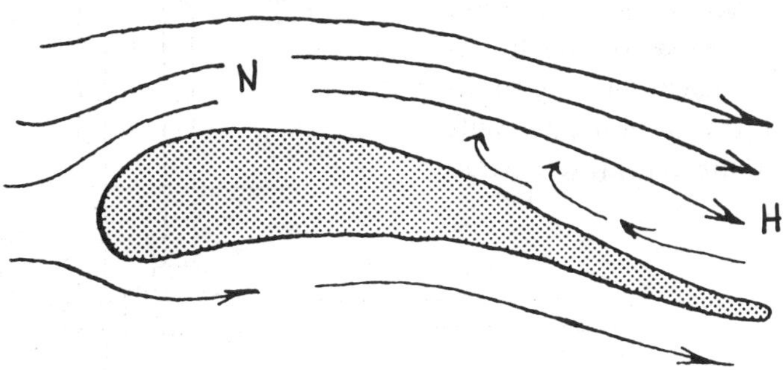

STAUWASSER

Die Hauptströmung in einem Bach fließt nach rechts. Die kleine Strömung hinter dem Felsen fließt

a) nach rechts
b) nach links
c) überhaupt nicht

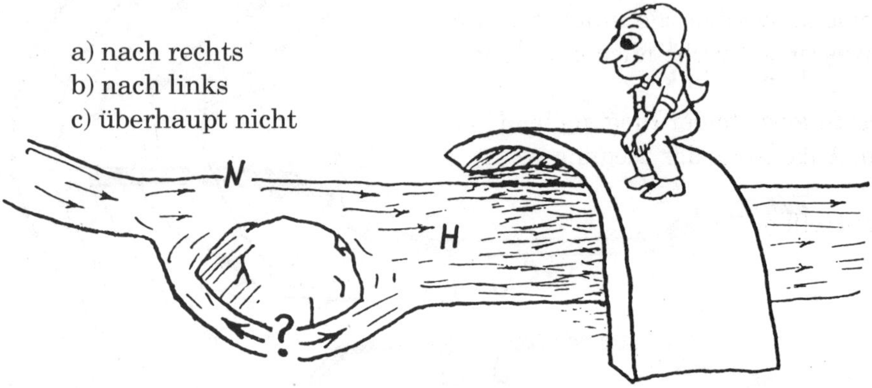

ANTWORT: STAUWASSER Die Antwort ist: b. Der Bach fließt schnell an der engen Stelle bei N und langsamer an der breiten Stelle bei H. Wie wird das Wasser aber die Geschwindigkeit los? Wasser in einem Rohr entledigt sich seiner Geschwindigkeit, indem es von niedrigem zu hohem Druck fließt, aber Wasser in einem Bach kann seinen Druck kaum ändern. Das Wasser im Bach entledigt sich seiner Geschwindigkeit, indem es aufwärts fließt! Das Wasser bei H ist ein wenig höher als das Wasser bei N. Halten Sie Ihr Auge dicht über einen Bach und überprüfen Sie das selbst. Das Wasser fließt von dem höheren Punkt H zum niedrigeren Wasser bei N um den Felsen herum. Wasser fließt abwärts, sofern es nicht eine große Geschwindigkeit hat, und das Wasser hinter dem Felsen hat keine große Geschwindigkeit.

Häufig benötigt das Stauwasser nicht einmal einen kleinen Durchgang zum Fließen. Es kann sich an der Randschicht eines Felsens entlangbewegen. Solches Stauwasser ist der Anfang einer turbulenten Wirbelströmung, die sich hinter Findlingen in einem schnellen Fluß bildet. Wenn Menschen (mit Schwimmwesten) durch Stromschnellen schwimmen, werden sie gelegentlich durch ein Paar solcher Rückströmungen hinter Findlingen festgehalten.

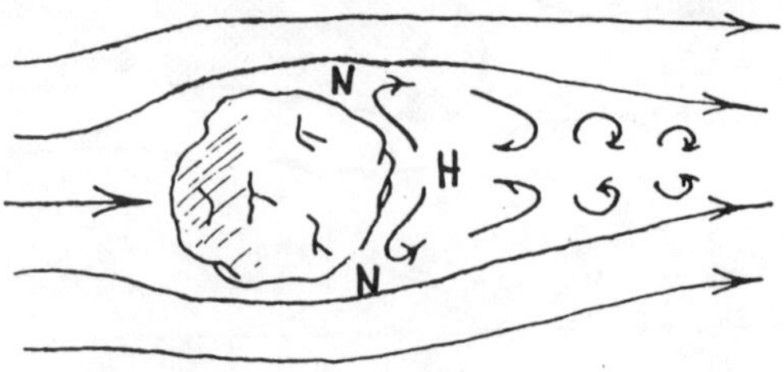

SOG

Wenn ein schnell fließender Fluß eine besonders scharfe Biegung macht, werden Sie einen Sog im Wasser wahrscheinlicher auf der

a) Innenseite der Biegung bei I
b) Außenseite der Biegung bei A

antreffen.

ANTWORT: SOG Die Antwort ist: b. Um das zu verstehen, holen Sie sich ein Glas Wasser und versetzen Sie das Wasser in Drehung (mit einem Teelöffel). Das kreisende Wasser ist ein "Modell" der Flußbiegung. Das Wasser wird durch die Zentrifugalkraft zur Außenseite der Biegung geschleudert. Wäre diese Kraft nicht vorhanden, könnte der Wasserpegel bei A nicht über dem Wasserpegel bei I bleiben. Würde sich das Wasser nicht drehen, gäbe es keine Zentrifugalkraft. Während sich das Wasser an der Oberseite des Flusses oder der Oberseite des Glases schnell bewegt, zieht das Wasser am Boden des Flusses oder Glases nach unten und bewegt sich kaum. (Erinnern Sie sich daran, daß in der Nähe der Erdoberfläche auch dann wenig Wind sein kann, wenn wenige hundert Meter höher ein starker Wind herrscht.) Da sich das Wasser am Boden kaum bewegt, gibt es dort wenig oder keine Zentrifugalkraft auf das Grundwasser. Jetzt ist das Wasser bei A tief und das Wasser bei I flach, also ist unter A mehr Druck auf das Wasser als unter I. Diese Druckdifferenz zwingt das Wasser am Boden, von A nach I zu fließen. Würde sich das Wasser am Boden bewegen, könnte die Zentrifugalkraft gegen diesen Druckunterschied wirken. Das Bodenwasser bewegt sich aber kaum. Während sich also der Fluß dreht oder das Wasser im Glas rotiert, wird ein Sekundärkreislauf erzeugt. Der Sekundärkreislauf trägt das Wasser auf dem Boden von A nach I, dann nach oben bei I, dann von I nach A auf der Oberfläche und unter A wieder von oben nach unten. Der abwärts gerichtete Schenkel bei A ist der Sog. In einem Fluß können Sie manchmal kleine Strudel im Wasser in der Nähe von A sehen. Die Strudel bilden sich dort, wo das Wasser nach unten gesaugt wird. Sie könnten auch das Wasser in der Nähe von I heraufsprudeln sehen, normalerweise ein Stück stromabwärts von den Strudeln.

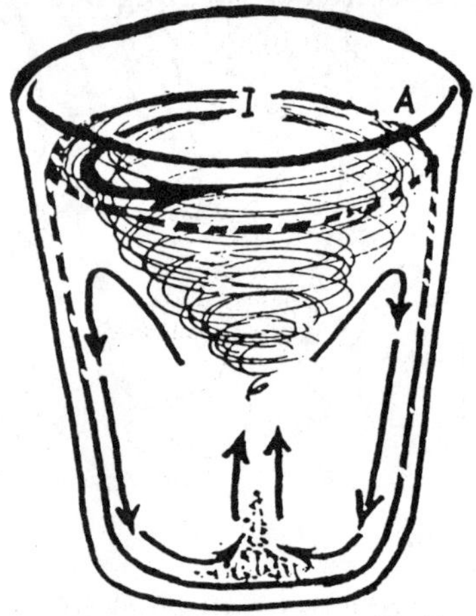

Sie können diesen Sekundärkreislauf sichtbar machen, indem Sie die Blätter in einem Glas Tee beobachten. (Mein Vater trank heißen Tee aus einem Glas.) Wenn sich die Blätter mit Wasser vollgesogen haben und zu Boden sinken, fegt der Sekundärkreislauf sie zusammen und häuft sie unter I auf. Um einen falschen Eindruck zu vermeiden und genau zu sehen, was passiert, verwenden Sie nur ein Blatt.

SCHWARZBRENNEREI

Professor Mild saugt etwas von seinem Gebräu in einen Eimer. Eine notwendige Bedingung für die Funktion des Siphons ist,

a) daß der Luftdruck an beiden Enden unterschiedlich ist
b) daß das Gewicht des Gebräus am Auslaß das Gewicht des Gebräus am Einlaß überschreitet
c) daß das Auslaßende niedriger als das Einlaßende liegt
d) alle genannten Punkte

ANTWORT: SCHWARZBRENNEREI Die Antwort ist: c. Einige Menschen denken, daß der Siphon wegen des unterschiedlichen Luftdrucks zwischen Einlaß und Auslaß des Rohrs wirkt. Das ist aber nicht so. Wäre der unterschiedliche Luftdruck für den Betrieb des Siphons verantwortlich, würde die Flüssigkeit in die Gegenrichtung laufen – der Luftdruck ist am unteren Ende etwas höher! Der Siphon funktioniert zwar durch eine Druckdifferenz, aber nicht wegen irgendwelcher Unterschiede im Luftdruck. An jedem Ende des Rohrs sind zwei Arten von Druck zu berücksichtigen: der Abwärtsdruck durch die eingeschlossene Flüssigkeit und der Aufwärtsdruck durch die Atmosphäre. Unsere Skizze zeigt den Fall, bei dem das Auslaßende zweimal so lang wie das Einlaßende und das Rohr mit Flüssigkeit gefüllt ist. Wir haben den aufwärts wirkenden Luftdruck an beiden Enden gleich gezeichnet (obwohl er am niedrigeren Ende strenggenommen ein klein wenig größer ist) und nehmen hier einen Luftdruck von 1000 mbar an (wir haben gerade ein leichtes Tief). Da der Flüssigkeitsdruck proportional zur Flüssigkeitstiefe (und nicht zum Gewicht der Flüssigkeit) ist, ist der Flüssigkeitsdruck unten am Auslaß doppelt so groß wie am Einlaß. Also machen wir den Abwärtspfeil am Auslaß zweimal so lang wie am Einlaß. Wir sehen, daß der abwärts gerichtete Flüssigkeitsdruck geringer als der aufwärts gerichtete Luftdruck ist. Zur Illustration wollen wir annehmen, daß der Flüssigkeitsdruck am Einlaß 100 mbar und am doppelt so langen Auslaß 200 mbar beträgt. Also ergibt sich am Einlaßende ein Nettodruck von 900 mbar, während am Auslaß

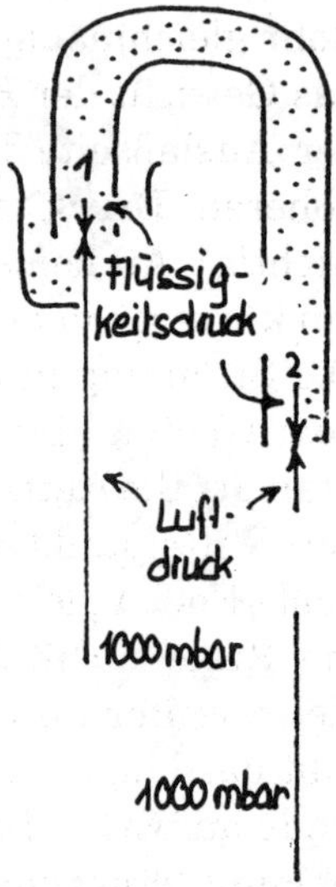

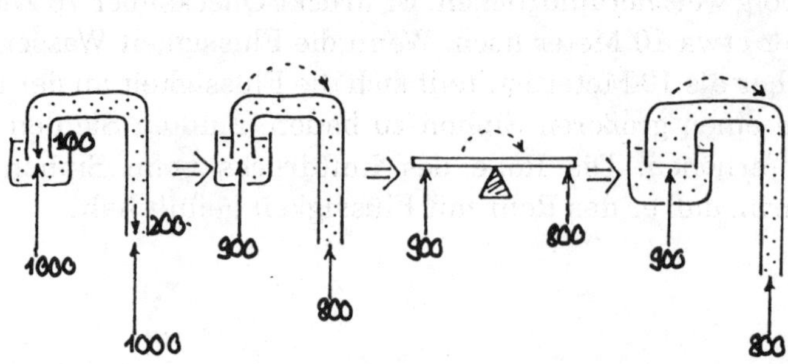

nur 800 mbar herrschen. Die Flüssigkeit fließt vom höheren Druck zum niedrigeren Druck. Es ist zu beachten, daß der Nettodruck an den beiden Rohrenden in Aufwärtsrichtung wirkt, so daß die Flüssigkeit im Uhrzeigersinn bewegt wird, genau wie sich eine entsprechend gedrückte Wippe im Uhrzeigersinn dreht.

Übrigens ist es für die Funktion des Siphons nicht notwendig, daß das Rohr gleichmäßig dick ist. Wenn die Einlaßseite viel breiter ist, so daß das Gewicht der Flüssigkeit größer als das Gewicht der Flüssigkeit auf der Auslaßseite ist, erfolgt die Strömung trotzdem in Richtung vom höheren Druck zum niedrigeren Druck (Druck, nicht Gewicht ist wichtig). An beiden Enden ist der Nettodruck aufwärts gerichtet, aber am kürzeren oder höheren Ende größer.

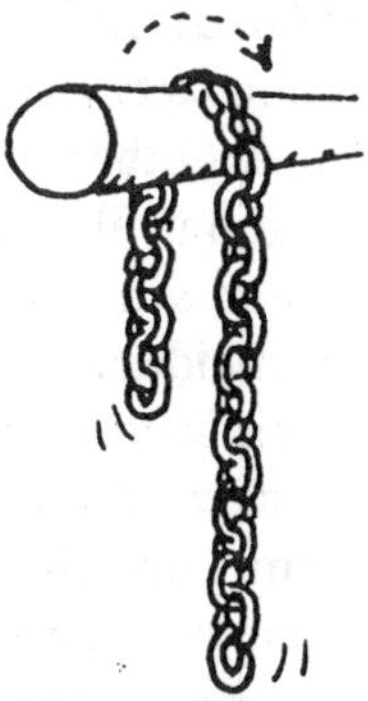

Die Strömung in einem Siphon ähnelt stark dem Gleiten einer Kette über einen glatten Stab. Ist die Kette so auf den Stab gelegt, daß der Mittelpunkt über dem Stab liegt und beide Enden gleich weit herabhängen, gleitet die Kette nicht. Hängt aber ein Ende der Kette weiter herunter als das andere Ende, fällt das längere Ende und zieht das kürzere Ende aufwärts. Die Geschwindigkeit der Bewegung hängt von der relativen Länge der hängenden Seiten ab. So ist es auch beim Siphon. Flüssigkeit ist aber keine Kette. Warum teilt sich die Flüssigkeit also dann nicht einfach oben im Rohr und läuft aus beiden Schenkeln heraus? Weil die Teilung einen Unterdruck im so gebildeten leeren Raum lassen und der äußere Luftdruck sofort mehr Flüssigkeit in das Rohr drücken würde, um das Vakuum aufzufüllen. Der Luftdruck kann jedoch eine Flüssigkeit nicht beliebig weit heraufdrücken. Er drückt Quecksilber 76 Zentimeter und Wasser etwa 10 Meter hoch. Wenn die Flüssigkeit Wasser und der Siphon höher als 10 Meter ist, teilt sich die Flüssigkeit an der höchsten Stelle. Um einen größeren Siphon zu bauen, müßten Sie den äußeren Luftdruck erhöhen. Die Rolle des Luftdrucks beim Siphon besteht einfach darin, daß er das Rohr mit Flüssigkeit gefüllt hält.

SPÜLUNG

Die Spülung einer Toilette beruht auf dem Prinzip

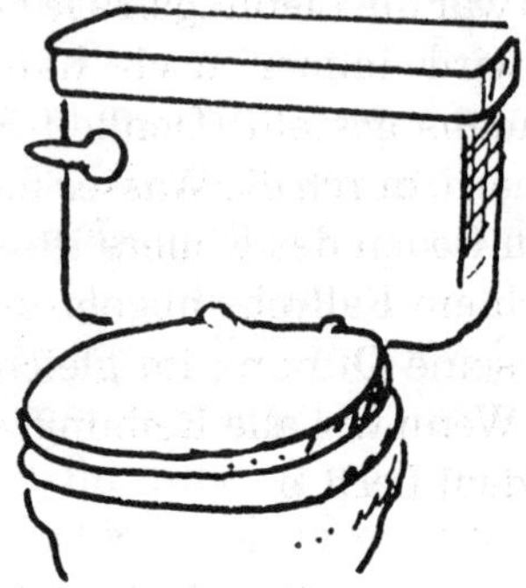

a) des Saugapparats
b) des Auftriebs
c) des Siphons
d) der Zentripetalkraft
e) der hydraulischen Ramme

ANTWORT: SPÜLUNG Die Antwort ist: c. Eine Toilette hat genau wie ein Spülbecken, eine Badewanne oder ein Waschbecken einen Schwanenhals im Abflußrohr. Der Zweck des Schwanenhalses ist es, Abgase am Eindringen in Ihr Haus zu hindern. Er fängt außerdem fallen gelassene Diamanten auf. Wird Wasser in die Toilette gelassen, füllt es den Schwanenhals, wodurch dieser zu einem Siphon wird. Auf diese Weise wird der Inhalt des Toilettenbeckens gespült. Wenn der Pegel im Becken auf einen bestimmten Punkt fällt, füllt wieder Luft den Schwanenhals, so daß die Siphonfunktion beendet ist.

Übrigens wissen viele Leute nicht, daß man eine Toilette einfach dadurch spülen kann, daß man einen Eimer Wasser hineingießt! Die Funktion des Wassertanks besteht einfach darin, Wasser zu liefern.

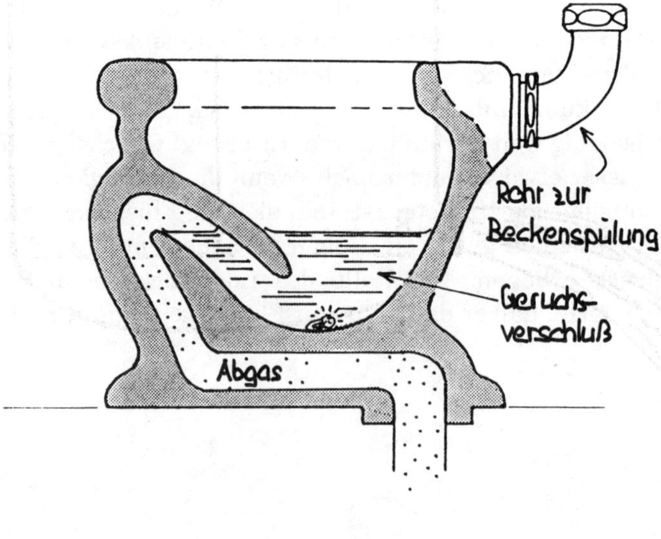

DER "PISSENDE" EIMER

Dies war die Lieblingsfrage des bekannten Hydrologen George J. Pissing; sie wird immer noch häufig Studenten während des mündlichen Examens gestellt: Denken Sie sich einen Eimer voll Wasser mit zwei Löchern, durch die Wasser herausläuft. Das Wasser kann durch ein Loch B am Boden des Eimers im Abstand d unter der Wasseroberfläche oder durch ein Fallrohr abgelassen werden, das an der Oberseite O beginnt und seine Öffnung im gleichen Abstand d unter der Wasseroberfläche hat. Wenn wir alle Reibungseffekte vernachlässigen, strömt das Wasser aus dem Loch B

a) schneller als das Wasser aus dem Fallrohr
b) langsamer als das Wasser aus dem Fallrohr
c) mit der gleichen Geschwindigkeit wie das Wasser aus dem Fallrohr

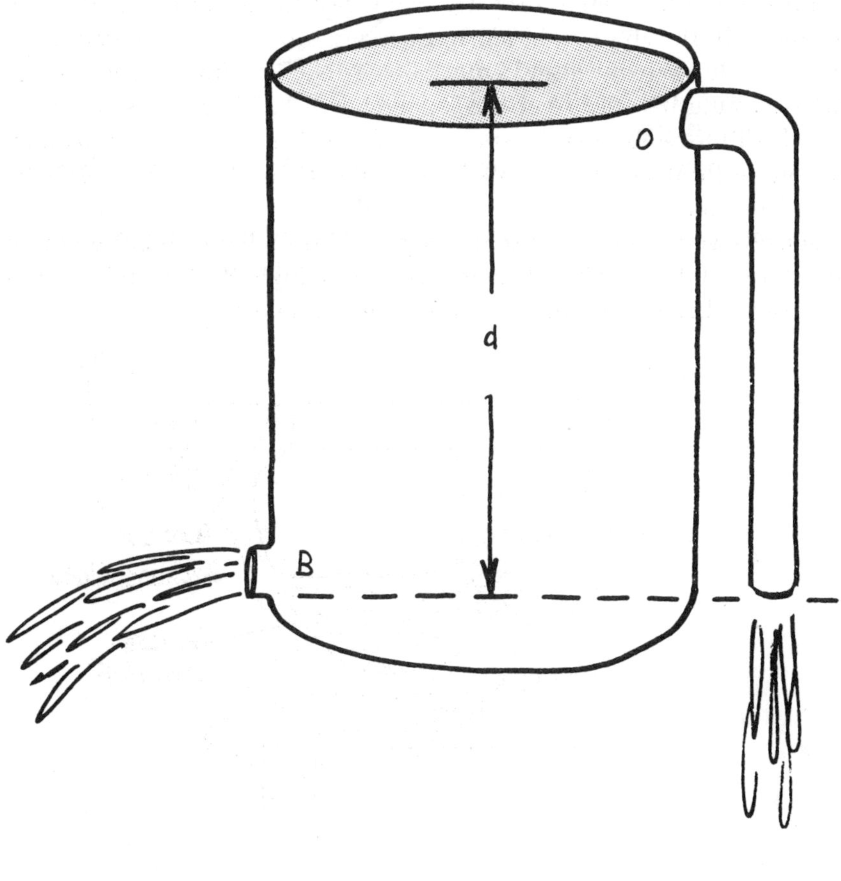

ANTWORT: DER "PISSENDE" EIMER Die Antwort ist: c. Die Geschwindigkeit des Wassers hängt vom Druckgefälle ab bzw. von der Tiefe unter der freien Oberfläche. Das Druckgefälle ist an beiden Öffnungen gleich, daher sind auch die Wassergeschwindigkeiten gleich. Wir können das Problem auch so betrachten: Biegen Sie das Fallrohr herum und bringen Sie es an dem Loch an, wie es in der Skizze gezeigt wird. Käme das Wasser aus dem Fallrohr schneller heraus, würde es die Strömung aus dem Loch überwinden und in den Eimer zurückzwingen, wodurch wir eine Dauerbewegung erhielten, bei der das Wasser von O nach B fließen würde.

Käme das Wasser aus dem unteren Loch schneller, hätten wir ebenfalls eine Dauerbewegung, bei der das Wasser in entgegengesetzter Richtung fließt. Um die Dauerbewegung zu vermeiden (und damit die Energie zu erhalten), muß das Wasser aus dem Loch und dem Fallrohr mit gleicher Geschwindigkeit austreten.

SPRINGBRUNNEN

Eine Springbrunnendüse ist an einem Loch am Boden eines Eimers angebracht. Wenn die Reibungseffekte vernachlässigt werden können, spritzt das Wasser

a) über den Wasserpegel des Eimers hinaus
b) bis zum Wasserpegel des Eimers
c) auf eine Höhe unterhalb des Wasserpegels im Eimer

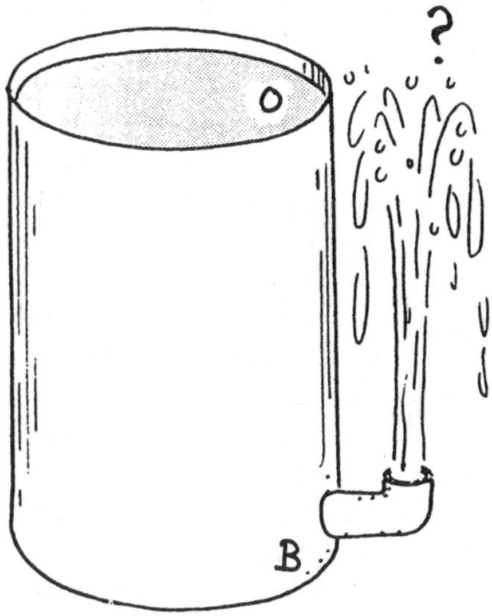

ANTWORT: SPRINGBRUNNEN Die Antwort ist: b. Die Geschwindigkeit des Wassers, das aus dem Loch bei B heraustritt, ist die gleiche wie die des aus dem Fallrohr austretenden Wassers, das seine Geschwindigkeit durch das Fallen von O nach B erhält. (Erinnern Sie sich an die letzte Frage?) Also schießt das Wasser aus dem Brunnen mit der gleichen Geschwindigkeit nach oben, mit der es von oben nach unten fallen würde. Wenn es mit der gleichen Geschwindigkeit nach oben schießt, die es durch das Fallen gewonnen hatte, gelangt es genau bis zur Oberseite, wie ein perfekt springender Ball.

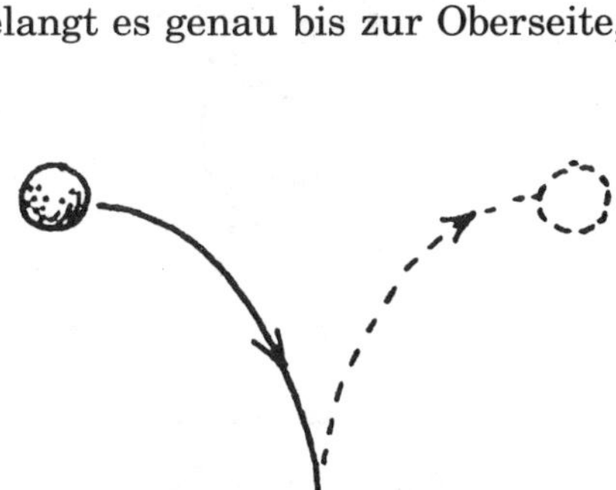

KLEINER STRAHL, GROSSER STRAHL

Zwei dicke Rohre sind direkt an den Boden eines Wassertanks angeschlossen. Beide sind nach oben gebogen, um Springbrunnen zu erzeugen, eins ist jedoch zusammengequetscht und bildet eine Düse, während das andere weit offen gelassen wird. Das Wasser spritzt

a) aus dem weit offenen Rohr am höchsten
b) aus dem zusammengequetschten Rohr am höchsten
c) aus beiden Rohren gleich hoch

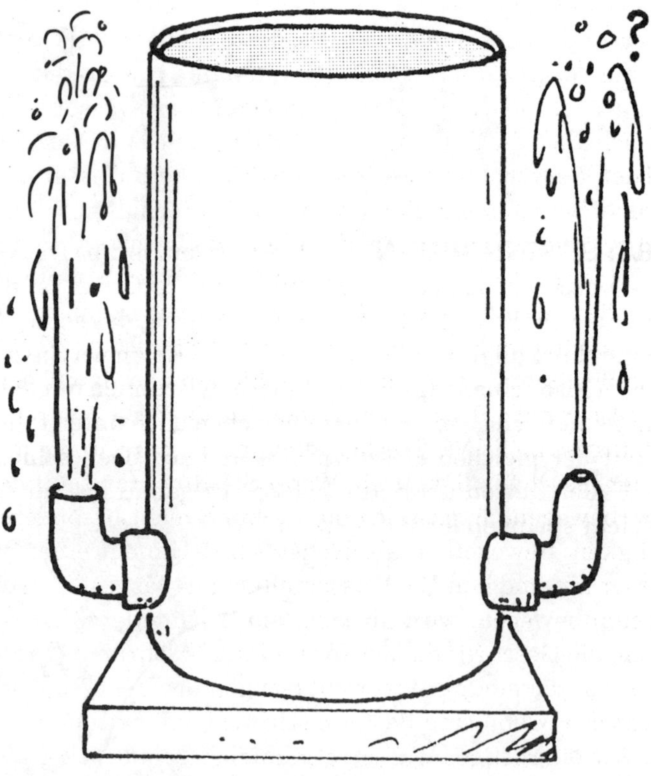

ANTWORT: KLEINER STRAHL, GROSSER STRAHL Die Antwort ist: c. Erinnern Sie sich an die letzte Frage: Das Wasser spritzt bis zum Wasserpegel im Eimer, und die Größe der Strahlöffnung wird nicht einmal erwähnt. Jedermann weiß jedoch, daß man mit einem Gartenschlauch sehr viel weiter spritzen kann, wenn man mit dem Finger die Öffnung verkleinert. Warum würde sich sonst jemand eine Düse kaufen, wenn man damit nicht einen weiter reichenden Wasserstrahl erzeugen könnte? Haben Sie aber jemals einen Schlauch direkt an einen Wassertank angeschlossen? Dann werden Sie eine kleine Überraschung erleben. Das Wasser spritzt ohne eine Düse genauso weit, wie es mit einer Düse spritzt.

Warum können Sie aber mit einer Düse weiter spritzen, wenn Sie Ihren Schlauch zu Hause anschließen? Das liegt daran, daß der Druck am Ende Ihres Schlauches mit mehr als nur der Tiefe des Wassertanks, an den er angeschlossen ist, zu tun hat. Er hängt hier stark von der Geschwindigkeit des Wassers ab, das durch kilometerlange Rohre fließt. Je schneller sich das Wasser durch das Rohr bewegt, desto größer ist die Reibung, die den Druck am Ausgang herabsetzt. (Die Reibung in rostigen Rohren ist sogar noch größer.) Wird die Geschwindigkeit des Wassers verringert, verringert sich auch die Reibung, wodurch der Druck am Ausgang erhöht wird. Wird der Wasserhahn zugedreht und fließt kein Wasser mehr, dann gibt es natürlich auch keine Reibung mehr, also erhalten Sie den vollen Druck – aber keine Wasserausgabe. Fließt das Wasser, reduziert Ihr Finger am Ende des Schlauchs die Anzahl der Liter pro Minute, die durch das Rohr fließen, also fließt das Wasser im Rohr langsamer. Dies führt zu weniger Reibung im Rohr und damit zu mehr Druck im Wasser, wenn es am Ende des Schlauches ankommt – Sie können damit Ihre kleine Schwester besser naßspritzen. Wie finden Sie das?

Wasserreibung ist nicht wie Trockenreibung. Wasserreibung hängt sehr stark von der Geschwindigkeit ab. Wenn Sie Ihre Hand auf dem Tisch hin- und herbewegen, ändert sich die Reibung nicht besonders mit der Geschwindigkeit. Bewegen Sie als nächstes Ihre Hand in einer Badewanne voll Wasser hin und her. Die Wasserreibung ist fast null, wenn Sie die Hand langsam bewegen, wird aber bei einer schnelleren Bewegung so stark, daß sie die Geschwindigkeit Ihrer Hand beschränkt. Dieses ganze Problem der Wasserreibung entspricht fast genau einer erschöpften elektrischen Batterie. Wenn eine Batterie stirbt, steigt ihr Innenwiderstand sehr stark. Wie ein rostiges Wasserrohr korrodieren die Elektroden, was den Fluß des elektrischen Stroms behindert. Wird wenig oder kein Strom aus der erschöpften Batterie gezogen, zeigt sie volle Spannung (Druck) an, weil der Widerstand die Spannung nur begrenzt, wenn der Strom fließt. (Viele Menschen sind erstaunt, wenn sie sehen, daß eine erschöpfte Batterie volle Spannung liefert.) Wenn sie jedoch versuchen, einen großen Strom aus der erschöpften Batterie zu ziehen, was man als Anlegen einer Last an die Batterie bezeichnet, fällt die Spannung (der Druck), weil sie vollständig dafür verbraucht wird, den elektrischen Strom durch die eigenen Gedärme zu zwingen, die voller Widerstand sind. Wir werden später mehr über die Elektrizität erfahren.

WEITERE FRAGEN (OHNE ERKLÄRUNGEN)

Mit den folgenden Fragen, die denen der vorausgegangenen Seiten entsprechen, werden Sie allein gelassen.
Denken Sie physikalisch!

1. Wieviel Kraft müssen Sie ungefähr ausüben, um einen 20-l-Wasserball unter Wasser zu halten?

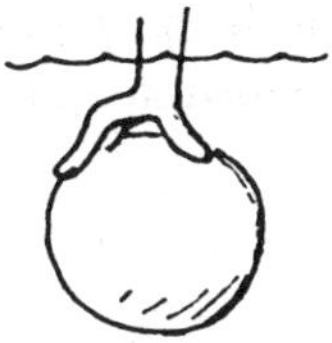

a) 100 N b) 200 N c) 400 N

2. Ein Würfel von 10 cm^3 aus massivem Balsaholz schwimmt auf dem Wasser, während ein Eisenblock von 10 cm^3 im Wasser untergetaucht ist. Die Auftriebskraft wirkt stärker

a) auf das Holz b) auf das Eisen c) ...ist bei beiden gleich

3. Ein mit Eisenschrott beladenes Boot schwimmt in einem Swimmingpool. Wird das Eisen über Bord in den Pool geworfen, wird der Wasserpegel im Pool

a) steigen b) fallen c) unverändert bleiben

4. Wenn ein Schiff in einer geschlossenen Kanalschleuse leckschlägt und sinkt, wird der Wasserpegel in der Kanalschleuse

a) steigen b) fallen c) unverändert bleiben

5. Ein leerer Behälter wird mit der Oberseite nach unten ins Wasser gedrückt. Wird er tiefer gedrückt,

a) steigt die Kraft, die erforderlich ist, um ihn unter Wasser zu halten
b) sinkt die Kraft, die erforderlich ist, um ihn unter Wasser zu halten
c) bleibt die erforderliche Kraft unverändert

6. Ein heliumgefüllter Wetterballon steigt in der Atmosphäre, bis

a) der Luftdruck gegen seinen Boden dem Luftdruck an der Oberseite entspricht
b) der Heliumdruck im Ballon dem außen herrschenden Luftdruck entspricht
c) der Ballon sich nicht länger ausdehnen kann
d) . . . alle genannten Punkte sind richtig
e) . . . alle genannten Punkte sind falsch

7. Ein Paar identischer Behälter wird randvoll mit Wasser gefüllt. In einem schwimmt ein Stück Holz, also ist das Gesamtgewicht

a) größer
b) kleiner
c) genauso groß

als/wie das des anderen Behälters.

8. Am Ende einer Party serviert Ihnen Ihr Gastgeber "noch einen für den Weg". Sie bemerken, daß sich die Eiswürfel eingetaucht am Boden des Glases befinden. Das zeigt, daß die Mischung

a) keine Auftriebskraft auf die Eiswürfel erzeugt
b) nicht vom eingetauchten Eis verdrängt wird
c) weniger dicht als Eis ist
d) auf den Kopf gestellt ist

9. Würde der obere Teil eines Eisbergs, der sich über die Wasserlinie erstreckt, plötzlich irgendwie entfernt, wäre die sich ergebende Konsequenz

a) eine Verringerung der Eisbergdichte
b) eine Verringerung der Auftriebskraft auf den Eisberg
c) ein Anstieg des Drucks auf den Boden des Eisbergs, der ihn auf eine neue Gleichgewichtsposition bringen würde
d) . . . alle genannten Punkte sind richtig
e) . . . alle genannten Punkte sind falsch

10. Kleine Quecksilber- und Wassermengen werden auf einen trockenen Tisch geschüttet. Welche bilden eine stärkere Kugelform heraus?

a) Quecksilber b) Wasser c) beide gleich

11. Kleine Luftblasen werden in Wasser mitgeführt, das durch ein Rohr mit unterschiedlichen Querschnitten fließt. Wenn die Blasen durch einen engen Rohrquerschnitt fließen,

a) steigt die Größe der Blasen
b) verringert sich die Größe der Blasen
c) bleibt die Größe der Blasen unverändert

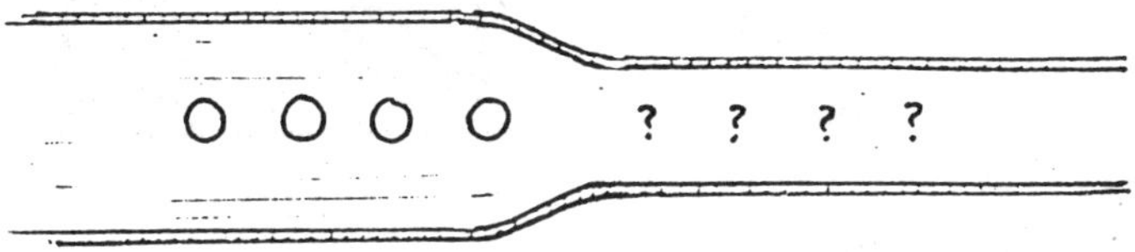

12. Der Druck in der Abgasflamme eines Düsenflugzeugs oder einer Rakete ist verglichen zum umgebenden Luftdruck

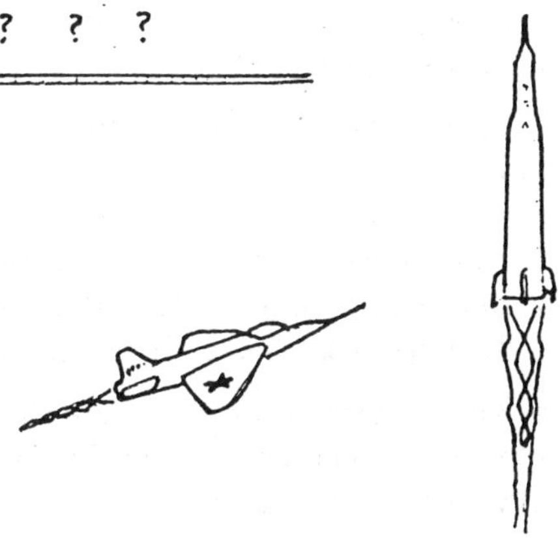

a) höher b) gleich
c) niedriger

13. Welcher Siphon arbeitet mit der größten Strömungsgeschwindigkeit?

a) A b) B c) C d) alle gleich

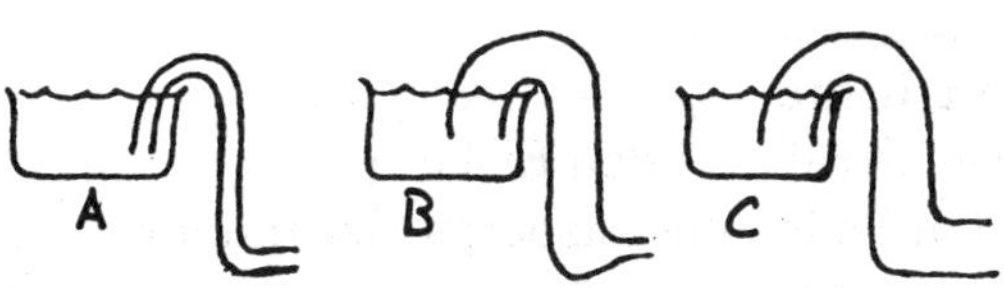

14. Auf dem Mond wäre ein Siphon

a) weniger wirkungsvoll, da kein Luftdruck vorhanden ist
b) wirkungsvoller, da weniger Schwerkraft vorhanden ist

15. Das Spülen einer Toilette hängt vom Luftdruck ab – kein Luftdruck, keine Spülung.

a) richtig b) falsch

16. Wasser fließt durch das gezeigte Rohr mit veränderlichem Querschnitt. Wasser spritzt aus winzigen Lecks an den Punkten A und B heraus, und zwar am höchsten am Punkt

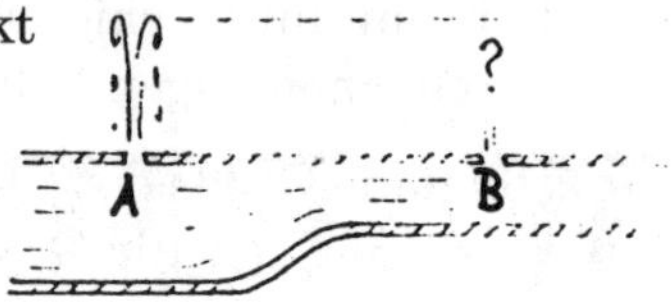

a) A b) B
c) . . . an beiden gleich

17. Eine einfache Möglichkeit, die Installation in einem Haus auf Rost zu prüfen, ist das Anbringen eines Manometers an einem Hahn und die Prüfung auf niedrigen Druck.

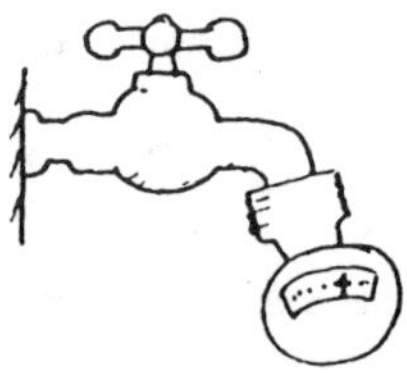

a) richtig b) falsch

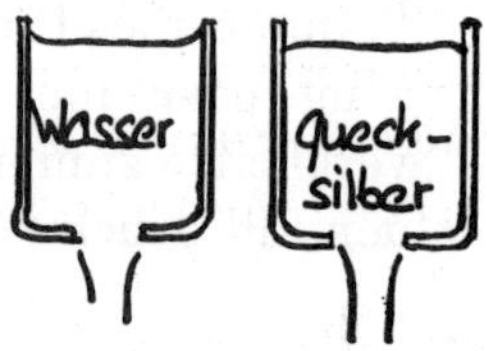

18. Identische Behälter mit identischen Löchern werden einmal mit Wasser und einmal mit Quecksilber gefüllt. Der zuerst leere Behälter enthält

a) Wasser b) Quecksilber c) . . . beide sind gleich schnell leer

19. Die praktischere Konstruktion einer Spüle ist

a) A  b) B 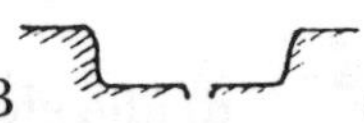 c) C 

(Wenn Sie glauben, daß diese Antwort für jedermann offensichtlich ist, gucken Sie sich einige "modernere" Spülbecken einmal genauer an!)

20. Würde ein Barometerrohr aus sehr dünnem Glas hergestellt, würden die normalerweise darauf einwirkenden Drücke es am wahrscheinlichsten am Punkt

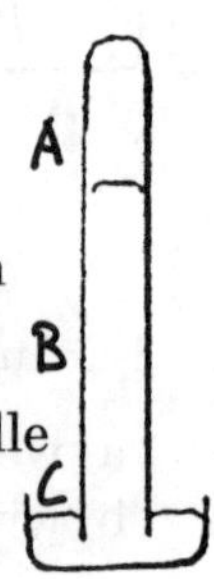

a) A b) B c) C d) an keiner bestimmten Stelle

zerbrechen.

WÄRME

Mechanische Dinge sind sichtbar, sogar Flüssigkeiten und Gase sind sichtbar, Wärme aber nicht. Wärme ist etwas Unsichtbares. Natürlich bedeutet unsichtbar nicht unentdeckbar. Sie können Wärme mit Ihren Fingerspitzen "sehen". Die Physiker verstehen heute vieles, was nicht gesehen werden kann, aber die Wärme war die erste nicht greifbare Erscheinung, die als "real" behandelt wurde, das erste unsichtbare Phänomen, das man sich mit dem geistigen Auge vorzustellen hatte. Und was erblickte man da? Den Friedhof der Energie.

ZUM KOCHEN BRINGEN

Sie bringen einen großen Topf mit kaltem Wasser zum Sieden, weil Sie Kartoffeln kochen wollen. Um dafür sowenig Energie wie möglich zu verbrauchen, sollten Sie

a) die Hitze voll aufdrehen
b) die Hitze sehr klein stellen
c) die Hitze auf einen mittleren Wert einstellen

ANTWORT: ZUM KOCHEN BRINGEN Die Antwort ist: a. Wenn Sie die Hitze sehr niedrig einstellen, könnten Sie den Herd ewig anlassen, ohne das Wasser jemals zum Kochen zu bringen. Vom Herd geht die Hitze in den Topf. Ein Teil davon bleibt im Topf, ein anderer entweicht als Wärmestrahlung, heißer Dampf und heiße Luft. Die im Topf verbleibende Hitze bringt das Wasser schließlich zum Kochen. Die austretende Hitze ist verschwendet. Je länger es dauert, bis das Wasser kocht, desto mehr Zeit hat die Wärme zu entweichen. Je mehr Zeit die Wärme zum Entweichen hat, desto mehr Energie geht verloren und ist verschwendet.
Eine ähnliche Situation ist vorhanden, wenn eine Rakete sich selbst nach oben schießt. Der Raketenantrieb sollte mit voller Kraft brennen, um soviel Impuls wie möglich in der geringstmöglichen Zeit in die Rakete zu bekommen. Warum? Weil die Rakete wegen der Schwerkraft dauernd Impuls verliert, genauso wie der Topf dauernd Wärme verliert. Wird der Raketenantrieb gedrosselt, könnte die Rakete ihre gesamte Energie zum Schweben verbrauchen und würde dabei niemals richtig hochgehen.

KOCHEN

Das Wasser kocht jetzt. Um die Kartoffeln mit sowenig Energie wie möglich zu kochen, sollten Sie

a) weiterhin möglichst viel Hitze verwenden
b) die Hitze so weit herunterregeln, daß das Wasser nur noch gerade so kocht

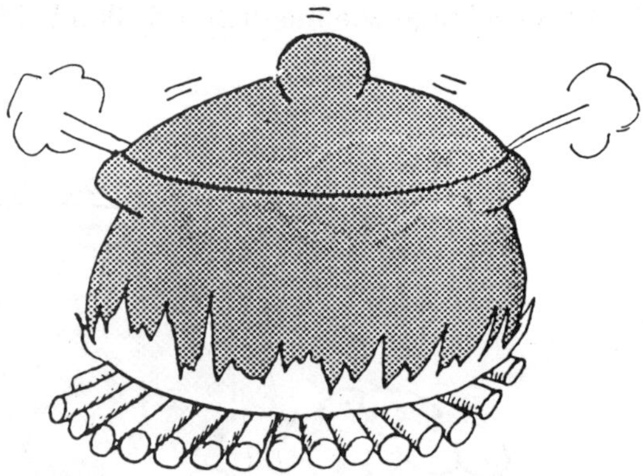

ANTWORT: KOCHEN Die Antwort ist: b. Die Temperatur des Wassers beträgt 100°C, egal ob es sprudelt oder nur gerade so kocht, und für die Kartoffeln ist nur die Temperatur ihres Bades wichtig. Wenn Sie aber mit voller Hitze kochen, wird mehr Energie verbraucht, also regeln Sie sie herunter. Macht die gesamte zusätzliche Wärme, die beim Kochen mit voller Kraft in das Wasser geht, dieses nicht ein wenig heißer? Kein bißchen! Stecken Sie ein Thermometer in sprudelnd kochendes Wasser und in gerade so kochendes Wasser, und prüfen Sie, welches heißer ist. Wenn Sie kein Thermometer haben, führen Sie einen Kartoffelkochwettbewerb aus, und zwar mit sprudelnd kochendem und mit kaum kochendem Wasser. Wenn die zusätzliche Energie, die in das sprudelnd kochende Wasser gesteckt wird, nicht für das Kochen der Kartoffeln verbraucht wird, wo bleibt sie dann? Sie verläßt den Topf als Dampf. Wenn Sie jetzt einen Deckel auf den Topf legen, reduzieren Sie damit die benötigte Energie oder die für das Kochen der Kartoffeln benötigte Zeit? Sie reduzieren beides. Sie reduzieren die Zeit und die Energie, die nötig sind, um das Wasser zum Kochen zu bringen, und sparen während des Kochens Energie, aber keine Zeit.

KÜHL HALTEN

Der Kühlschrank in Ihrem Haus verbraucht wahrscheinlich mehr Energie als alle anderen elektrischen Geräte zusammen (mit Ausnahme von elektrischen Boilern und Klimaanlagen). Nehmen wir an, daß Sie Milch aus Ihrem Kühlschrank nehmen und etwas davon trinken. Um Energie zu sparen, sollten Sie

a) die Milch sofort in den Kühlschrank zurückstellen
b) sie solange wie möglich draußen lassen

ANTWORT: KÜHL HALTEN Die Antwort ist: a. Je länger die Milch draußen bleibt, desto wärmer wird sie. Je wärmer sie wird, desto länger muß der Kühlschrank laufen, um sie wieder kalt zu bekommen. Je länger der Kühlschrank läuft, desto mehr Energie frißt er.

AUSSCHALTEN ODER NICHT

Angenommen, Sie wollen an einem kalten Tag Ihr Haus etwa eine Viertelstunde lang verlassen, um einkaufen zu gehen. Zum Energiesparen wäre es am besten,

a) die Heizung laufen zu lassen, so daß Sie bei der Rückkehr nicht noch mehr Energie zum Wiederaufheizen des Hauses benötigen
b) Ihren Thermostat um etwa 10° herunterzuregeln, aber nicht abzuschalten
c) die Heizung abzuschalten, wenn Sie gehen
d) . . . in bezug auf den Energieverbrauch macht es keinen Unterschied, ob Sie Ihre Heizung ausschalten oder laufen lassen

ANTWORT: AUSSCHALTEN ODER NICHT Die Antwort ist: c. Schalten Sie die Heizung aus. Wenn es draußen kalt ist, verliert Ihr Haus fortlaufend Wärme. Würde es keine Wärme verlieren, brauchten Sie es nur einmal aufzuheizen und es würde ewig warm bleiben. Die Heizung muß alle Wärme ersetzen, die verlorengegangen ist. Wieviel Wärme geht verloren? Das hängt davon ab, wie gut das Haus isoliert und wie kalt es draußen ist. Je größer der Unterschied der Temperaturen innerhalb und außerhalb des Hauses ist, desto größer ist die Abkühlgeschwindigkeit (das ist Newtons Kühlgesetz: Abkühlgeschwindigkeit $\sim \Delta T$). Wenn Sie das Haus warm lassen, während Sie weg sind, führt das zu einem größeren Wärmeverlust als bei einem kälteren Haus. Je wärmer das Haus, verglichen mit der Außentemperatur, ist, desto schneller geht die Wärme verloren. Gäbe es keinen Temperaturunterschied, gäbe es natürlich auch keinen Verlust und keinen Heizbedarf.

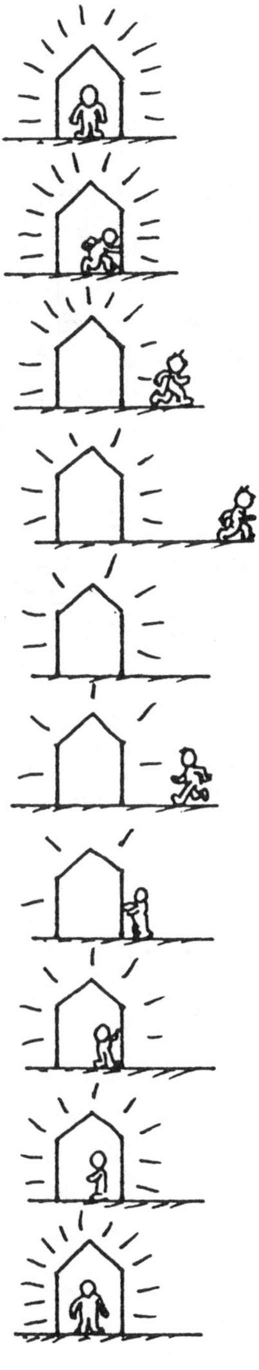

Wir können uns das veranschaulichen, indem wir uns das Haus als einen leckenden Eimer und die Temperatur im Haus als Wasserpegel im Eimer vorstellen. Je höher der Wasserpegel im Eimer ist, desto größer ist der Druck auf die Löcher, und desto schneller tritt das Wasser aus. Also ist, um den hohen Wasserpegel zu erhalten, mehr Wasser pro Minute erforderlich als für einen niedrigeren Pegel. Man kann dann leicht erkennen, daß wir Wasser sparen, indem wir den "Pegel herunterregeln". Sparen wir mehr Wasser, wenn wir es vollständig abschalten, auch wenn es nur für eine kurze Zeit ist? Wenn Sie etwas nachdenken, werden Sie merken, daß, um den Eimer nach dem Abschalten wieder aufzufüllen, insgesamt weniger Wasser erforderlich ist als für die Aufrechterhaltung des gleichen Pegels mit entsprechender Ablaufgeschwindigkeit. Wenn der Eimer leer oder fast leer ist, füllt er sich schnell, da der Zulauf größer als der Ablauf ist. Der maximale Füllpegel ist erreicht, wenn der Zulauf der Austrittsmenge entspricht.

Genauso wie weniger Wasser benötigt wird, um den leckenden Eimer aufzufüllen, als man braucht, um ihn auf einem konstanten Pegel zu halten, ist zum Aufheizen eines abgekühlten Hauses weniger Wärme erforderlich, als um seine Temperatur auf einer höheren Temperatur als der Außentemperatur zu halten. Zum Energiesparen sollten Sie also Ihre Lampen ausschalten, wenn Sie sie nicht brauchen, und Ihre Heizung ausschalten, wenn Sie Ihr Haus verlassen.

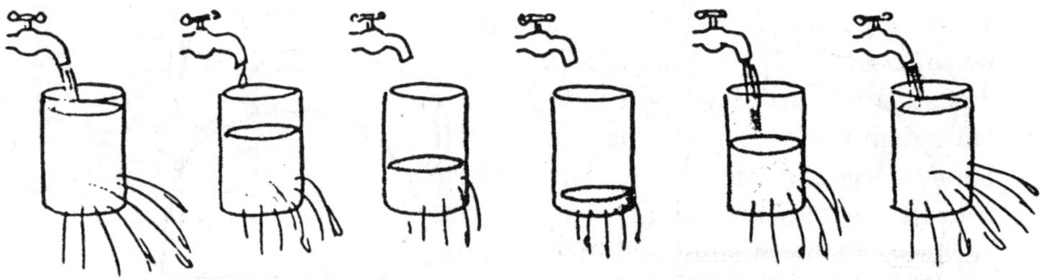

PFEIFENDER TEEKESSEL

Ein Teekessel wird direkt über einer Herdflamme erhitzt, während ein anderer auf eine dicke Metallplatte gestellt wird, die sich direkt über der Flamme befindet. Nachdem beide Teekessel zu pfeifen beginnen, schalten Sie den Herd ab.

a) Der direkt über der Flamme erhitzte Kessel pfeift weiter, der auf der Metallplatte hört sofort auf zu pfeifen.
b) Der Kessel auf der Metallplatte pfeift einige Zeit weiter, der direkt erhitzte hört sofort auf zu pfeifen.
c) Beide hören etwa gleichzeitig auf zu pfeifen.

ANTWORT: PFEIFENDER TEEKESSEL Die Antwort ist: b. Diese Frage könnte einen "guten" Physikstudenten zum Stolpern bringen, da er folgern könnte, daß Metall eine geringere Wärmekapazität als Wasser hat, und daher weniger Energie liefert. Der wesentliche Punkt ist hier aber, daß das Metall heißer ist als das Wasser im Kessel. Es muß heißer sein, wenn Wärme vom Metall in den Kessel fließen soll, und es bleibt eine Zeitlang heißer, nachdem der Herd abgeschaltet worden ist. Während dieser Zeit wird also weiterhin Wärme an den Kessel abgegeben, so daß er weiter pfeift. Wenn kein Metall da ist, wird die Wärmezufuhr unterbrochen. Sobald der Herd abgeschaltet wird, pfeift der Kessel auch nicht mehr.

AUSDEHNUNG VON NICHTS

Eine Metallplatte mit einem Loch darin wird erhitzt, bis sich das Eisen um ein Prozent ausdehnt. Der Lochdurchmesser

a) wird größer
b) wird kleiner
c) ändert sich nicht

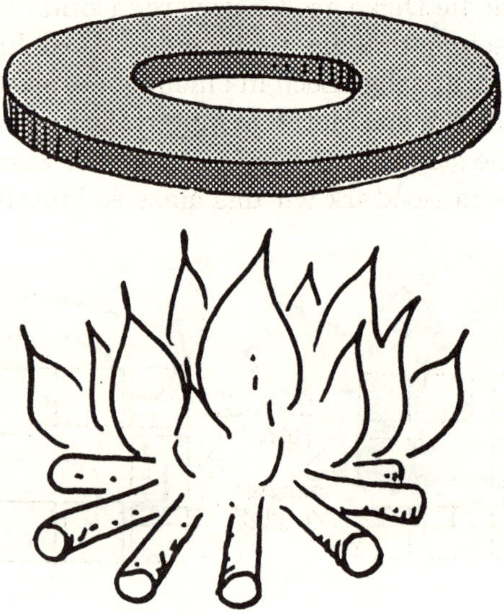

ANTWORT: AUSDEHNUNG VON NICHTS Die Antwort ist: a. Das Loch ist zwar nichts, aber nichts dehnt sich auch aus. Das läßt sich nicht ändern. Jede Dimension des Rings dehnt sich proportional aus. Um die Dehnung zu veranschaulichen, machen wir ein Photo des Rings und vergrößern es um ein Prozent. Alles auf dem Photo ist dann vergrößert, auch das Loch.

Wir können es auch so betrachten: Wir biegen den Ring auf, so daß er einen Stab bildet. Wird dieser erhitzt, wird er dicker, aber auch länger. Biegen wir ihn dann zurück zu einem Ring, erkennen wir, daß der innere Umfang genau wie die Dicke größer geworden sind.

Man kann leicht sehen, daß das Loch bei der Ausdehnung größer wird, wenn man ein quadratisches Loch in einem quadratischen Stück Metall betrachtet. Trennen Sie das Metall in quadratische Segmente auf, erhitzen und dehnen Sie sie, und setzen Sie sie wieder zusammen. Das leere Loch dehnt sich genauso stark wie das massive Metall.

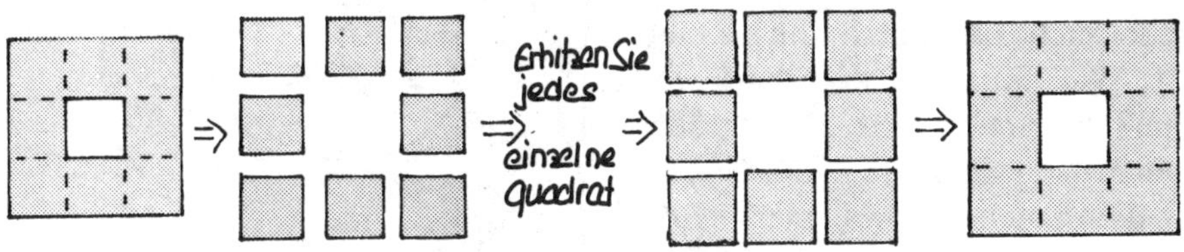

Eisenfelgen wurden früher von den Schmieden auf hölzerne Kutschenräder geschrumpft, indem die etwas zu kleinen Felgen erhitzt und damit gedehnt wurden. Nach der Erhitzung wurde die Felge einfach auf das hölzerne Rad geschoben. Abgekühlt saß die Felge dann so fest, daß sie nicht mehr befestigt werden mußte.

Wenn Sie das nächste Mal den Metalldeckel eines störrischen Glases nicht öffnen können, erhitzen Sie den Deckel unter heißem Wasser oder indem Sie das Glas kurz in einen heißen Ofen stellen. Der Deckel, der innere Umfang und alles andere dehnt sich, und der Deckel kann dann leicht gelöst werden.

FESTSITZENDE MUTTER

Eine Mutter sitzt sehr fest auf einer Schraube. Womit kann man sie am wahrscheinlichsten lösen?

a) durch Abkühlen
b) durch Erhitzen
c) durch beides
d) weder noch

ANTWORT: FESTSITZENDE MUTTER Die Antwort ist: b. Denken Sie an die letzte Frage. Schraube und Mutter sind nicht vollständig in Kontakt miteinander, sondern haben einen kleinen Abstand. Bei einer sehr festen Mutter ist das Problem wahrscheinlich, daß der Spalt zu klein ist. Wie kann er vergrößert werden? Wärme macht alles größer. Die Mutter dehnt sich, die Schraube dehnt sich und, was am wichtigsten ist, der Abstand dazwischen dehnt sich. Um also die Mutter zu lösen, erwärmen Sie sie – auch wenn sich die Schraube ebenfalls ausdehnt.

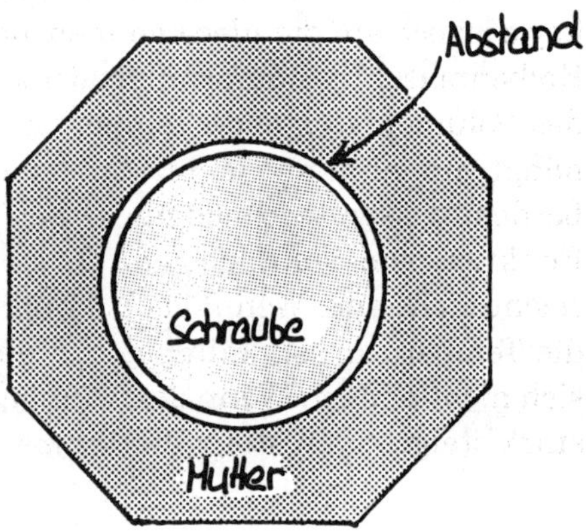

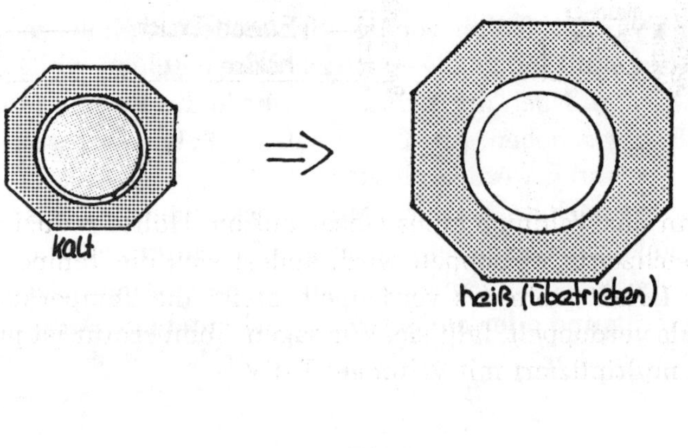

DEFLATION

Wenn der Raum, der von einer bestimmten Menge Luft belegt ist, abnimmt, dann ist die Temperatur der Luft

a) gestiegen b) gefallen c) . . . das läßt sich nicht sagen

ANTWORT: DEFLATION Die Antwort ist: c. Wenn Sie über diese Frage nachdenken, kann Ihnen der Gedanke an einen Ballon kommen, der in einen Kühlschrank gelegt wird. In diesem Fall schrumpft das Volumen des Ballons mit sinkender Temperatur. Eine andere Person kann jedoch auf die Idee kommen, daß die Luft in einer Pumpe oder einer Kolbenmaschine komprimiert wird. In diesem Fall bedeutet schrumpfendes Volumen steigende Temperatur. Die Änderung der Lufttemperatur hängt von mehr ab als nur der Änderung des Volumens. Sie müssen außerdem wissen, wie sich der *Druck* ändert. Die Lufttemperatur ist eine Funktion von Volumen *und* Druck – die Kenntnis einer Größe allein reicht nicht aus. Wenn das Volumen fällt und der Druck fällt, fällt auch die Temperatur, sie fällt sogar, wenn das Volumen fällt und der Druck sich nicht ändert. Wenn das Volumen aber ein wenig fällt und der Druck stark steigt, dann steigt die Temperatur. Was ist ein wenig oder stark?

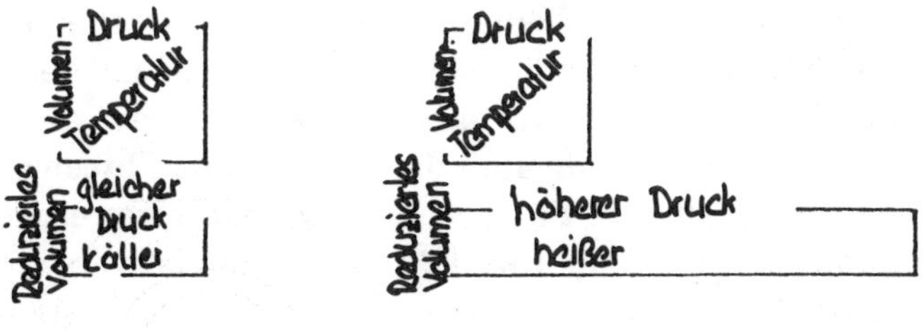

Nun, wenn das Volumen eines Gases auf die Hälfte reduziert und der Druck gleichzeitig verdoppelt wird, ändert sich die Temperatur nicht. Wird der Druck mehr als verdoppelt, steigt die Temperatur, wird er weniger als verdoppelt, fällt sie. Wir sagen, Temperatur ist proportional zu Druck multipliziert mit Volumen: T~PV.

VERSCHWENDUNG

Eine der extravagantesten Verschwendungen elektrischer Energie können Sie in vielen Supermärkten sehen. Kalte Nahrungsmittel werden in den folgenden Kühlvorrichtungen gelagert. Bei welcher wird am meisten Energie verschwendet? Welche bewahrt die Energie am besten?

a) Truhe mit Schiebedeckeln
b) Truhe ohne Abdeckung
c) Schrank mit Tür
d) Schrank ohne Tür

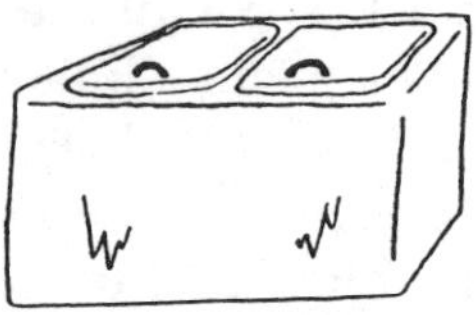
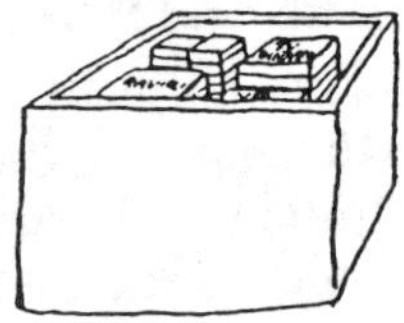

ANTWORT: VERSCHWENDUNG Das verschwenderischste Gerät ist: d. Der sparsamste Gerät ist: a. Kalte Luft ist dichter als warme Luft und fällt daher auf den Boden. Wenn Sie einen aufrechtstehenden Kühlschrank öffnen, fällt die kalte Luft buchstäblich heraus, und neue Warmluft kommt herein, um ihren Platz einzunehmen. Hat der aufrechtstehende Schrank keine Tür, fällt die Luft dauernd heraus. Haben Sie schon einmal bemerkt, wie kalt Ihre Füße werden, wenn Sie vor einem türlosen Kühlschrank in einem Supermarkt stehen? Das ist verschwendete Kühlenergie auf dem Boden, und Sie bezahlen dafür. Die beste Kühlbox kann nur oben aufgemacht werden. Dann kann die kalte Luft nicht herausfallen. Die Klappe dient dazu, daß die kalte Luft nicht in Kontakt mit der warmen Außenluft kommen kann.

Kalte Luft ist dichter als warme Luft, wenn beide den gleichen Druck haben, in diesem Fall den Luftdruck. Steht die warme Luft unter einem höheren Druck, kann sie dichter als die kalte Luft sein. Seien Sie also vorsichtig mit Behauptungen wie "kalte Luft ist dichter als warme Luft".

INVERSION

Sie campieren an einem Bergsee. Der Rauch von Ihrem Frühstücksfeuer geht ein Stück nach oben und breitet sich dann in einer flachen Schicht über dem See aus. Nach dem Frühstück wandern Sie auf eine größere Höhe. Auf dieser Höhe ist die Temperatur wahrscheinlich

a) kühler
b) wärmer

ANTWORT: INVERSION Die Antwort ist: b. Die Rauchschicht wurde durch eine Inversion verursacht. Die Luft in der Nähe des Sees ist abgekühlt. Vielleicht kühlte das kalte Wasser im See die Luft ab, oder vielleicht wälzte die kühle Luft sich während der Nacht einfach in die Talsenke. Denken Sie daran, kalte Luft ist dichter als warme Luft und sinkt. Über der kalten Luft befindet sich wärmere Luft, der Rauch demonstriert das. Die heiße, rauchige Luft steigt durch die kühle Luft auf, da heiße Luft aufsteigt. Wenn sie die darüberliegende Warmluft erreicht, hält der Anstieg an. Ist die warme Luft wärmer als die rauchige Luft, hat der Rauch keinen Grund, weiter anzusteigen. Er breitet sich einfach unter der Warmluft aus. Wenn Sie also bergauf wandern, befinden Sie sich in wärmerer Luft.

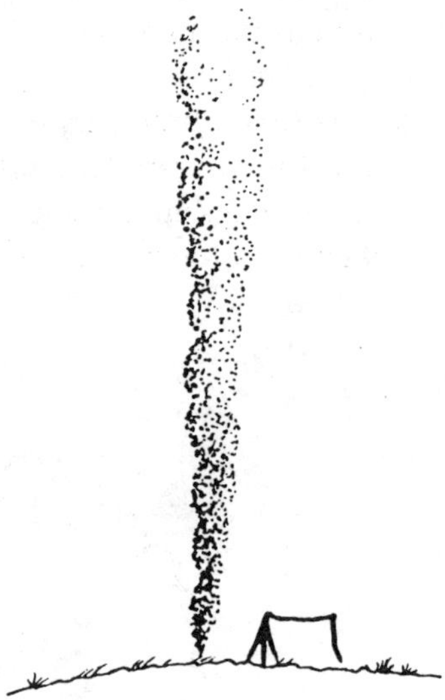

Üblicherweise steigt der Rauch eines Feuers weiter und weiter nach oben. Das bedeutet, daß die Luft in größeren Höhen immer kälter wird, so daß sie immer kälter als der Rauch ist. Ist die obere Luft wärmer – statt kälter zu sein, wie es sein sollte – wird die Situation eine Inversion genannt.

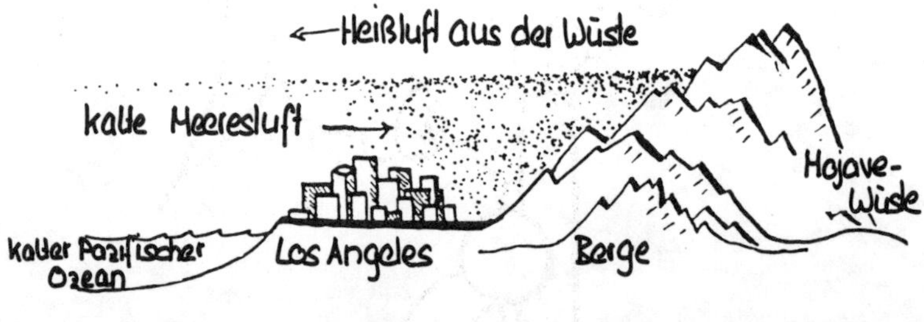

Inversionen findet man manchmal in Küstentälern in der Nähe kalter Meere. In Los Angeles am kalten Pazifischen Ozean schiebt sich z.B. kühle Luft unter die heiße Luft von der Mojave-Wüste. Rauch und Smog von Los Angeles werden von dieser Inversion festgehalten. Häufig können Sie eine gelbliche Schicht über der Stadt sehen – genau wie die Rauchschicht über dem See. Aus dem gleichen Grund kann man auch über dem südlichen Ende der Bucht von San Francisco eine gelbliche Schicht sehen.

MIKRODRUCK

Rauch setzt sich aus sehr vielen kleinen Ascheteilchen zusammen. Wenn Sie den Luftdruck in einem Raum messen könnten, der so klein wie Rauchasche wäre, würden Sie wahrscheinlich herausfinden, daß

a) er zu jedem Zeitpunkt von Ort zu Ort unterschiedlich ist – verschiedene Teile eines Raums haben verschiedene Drücke
b) er sich von einem Zeitpunkt zum nächsten an jeder Stelle in einem Raum ändert – der Druck schwankt mit der Zeit
c) . . . a und b
d) mit Ausnahme variierender Wetterbedingungen und Zugerscheinungen der Luftdruck in einem Raum konstant ist und nicht von Zeit zu Zeit oder von Ort zu Ort schwankt – auch nicht in einem sehr kleinen Raumvolumen

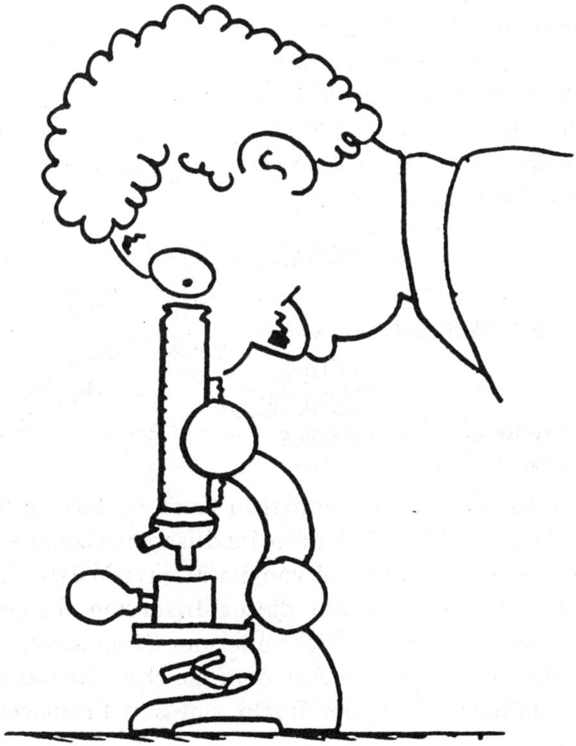

ANTWORT: MIKRODRUCK Die Antwort ist: c. Die Luftmoleküle sind beliebig im Raum verteilt, daher können Sie nicht genau die gleiche Anzahl in jedem kleinen Raumvolumen erwarten. Während die Moleküle herumschwirren, gibt es zu bestimmten Zeitpunkten an bestimmten Orten kleine "Zusammenrottungen". In einem großen Raumvolumen zählt die Wirkung der kleinen Zusammenrottungen kaum, aber in kleinen Volumen stellen sie eine wirkliche Druckschwankung dar – wenn sich Moleküle zusammenrotten, steigt der Druck im kleinen Raum. Angenommen, der Luftdruck auf der linken Seite eines kleinen Ascheteilchens steigt plötzlich – das kleine Teilchen wird nach rechts gestoßen. Später erhält es Stöße aus anderen Richtungen, da sich die Moleküle willkürlich auf den verschiedenen Seiten des Ascheteilchens zusammenrotten.

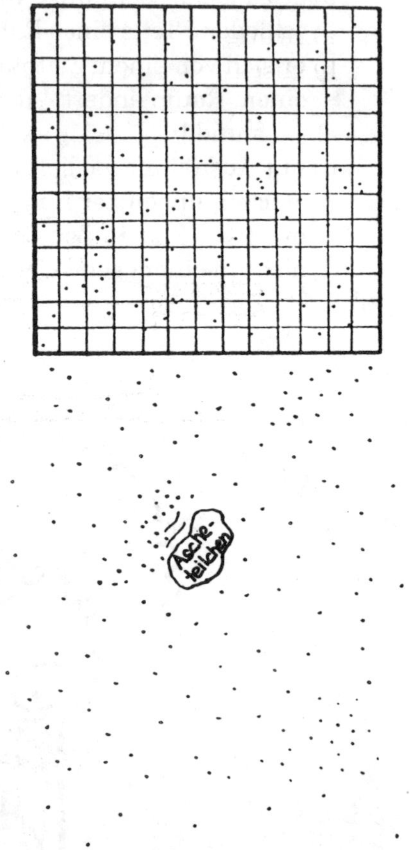

Wenn Sie Zigarettenrauch in ein kleines Kästchen mit einem Glasfenster stecken und mit einem Mikroskop in das Kästchen sehen, erkennen Sie, daß die Rauchteilchen wie Betrunkene einen Zickzackweg in der Luft beschreiben. Die Luftmoleküle, die so klein sind, daß sie nicht einmal durch das beste Mikroskop gesehen werden können, wirbeln herum, treffen auf das "große" Ascheteilchen und zwingen es so zu "tanzen". Dieser Tanz wird Brownsche Bewegung genannt (nach dem ersten Wissenschaftler, der sie sah und über sie berichtete). In Wirklichkeit beeinflussen einzelne "Treffer" das Rauchteilchen nicht sehr stark. Wenn es aber auf einer Seite sehr viel mehr Treffer erhält als auf der anderen, ergibt sich ein sichtbarer Effekt.

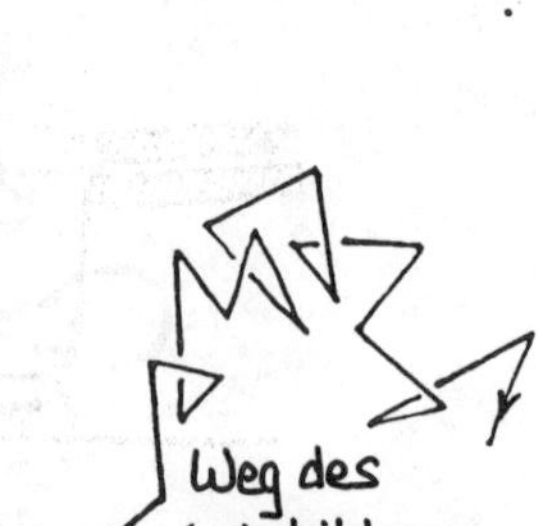

AUA

Der Physiklehrer hält seine Hand in den heißen Dampf, der aus einem Schnellkochtopf austritt, und schreit "aua". Wenn er seine Hand aber einige Zentimeter höher hält, empfindet er den Dampf als kühl. Der Grund dafür ist, daß der Dampf während der Ausdehnung abkühlt.

a) richtig
b) falsch

ANTWORT: AUA Die Antwort ist: b. Wie bei "Deflation" erläutert, muß sich Gas nicht unbedingt abkühlen, wenn es sich ausdehnt. Hat sich der Dampf überhaupt auf den wenigen Zentimetern zwischen dem Schnellkochtopf und der Hand des Lehrers ausgedehnt? Nein. Er steht unter Normaldruck, sobald er aus dem Schnellkochtopf austritt, also geschah die ganze Ausdehnung, bevor er aus dem Topf austrat. Warum wird der Dampf also wenige Zentimeter oberhalb des Schnellkochtopfs kalt? Weil er sich mit kalter Luft mischt.

Bedeutet das, daß sich der Dampf beim Austritt aus dem Schnellkochtopf nicht abkühlen würde, wenn er sich in einem luftleeren Raum befände? Ja. Wenn Sie aus einem abgeschlossenen Raum die gesamte Luft entfernen und dann den Dampf aus einem Schnellkochtopf in diesen Raum austreten lassen, kühlt er sich nicht ab. Dies wird freie Ausdehnung genannt. Wenn Sie glauben, daß sich der Dampf abkühlen würde, dann denken Sie offensichtlich an einen Ort, an dem die Dampfmoleküle etwas von ihrer kinetischen Energie verlieren könnten. Wenn der Raum aber abgedichtet (und isoliert) ist, kann keine Energie entweichen. Angenommen, Sie haben eine Spielzeugturbine oder Dampfmaschine und lassen den Dampf durch die Turbine laufen, wenn er aus dem Schnellkochtopf austritt. Würde der Dampf dadurch abgekühlt? Ja. Und zwar dann, wenn die von der Turbine erzeugte elektrische Energie aus dem abgedichteten Raum herausgelangen könnte. Was geschähe aber, wenn die elektrische Energie verwendet würde, um eine Heizung im abgedichteten Raum zu betreiben? Die Heizung würde den Dampf auf die ursprüngliche Temperatur bringen. Genau auf die ursprüngliche Temperatur? Ja, genau.

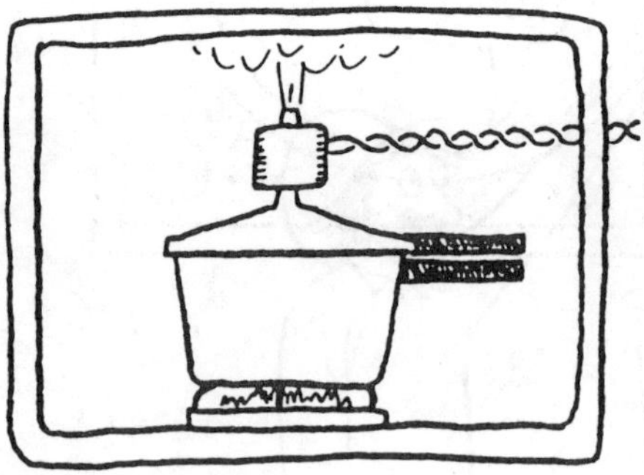

DÜNNE LUFT

Zwei Luftbehälter sind durch ein sehr kleines Loch verbunden. In den Behältern befindet sich etwas dünne Luft – d.h. Luft, in der sich so wenige Moleküle befinden, daß die Moleküle sehr viel wahrscheinlicher mit den Behälterwänden kollidieren als miteinander. Der eine Behälter wird mit Eiswürfeln auf 0°C gehalten. Der andere Behälter wird mit Dampf auf 100°C gehalten.

a) Der Luftdruck in den beiden Behältern muß sich schließlich ausgleichen, und zwar ungeachtet der Temperaturdifferenz.
b) Der Luftdruck im kalten Behälter ist höher als der im heißen Behälter.
c) Der Luftdruck im kalten Behälter ist niedriger als der im heißen Behälter.

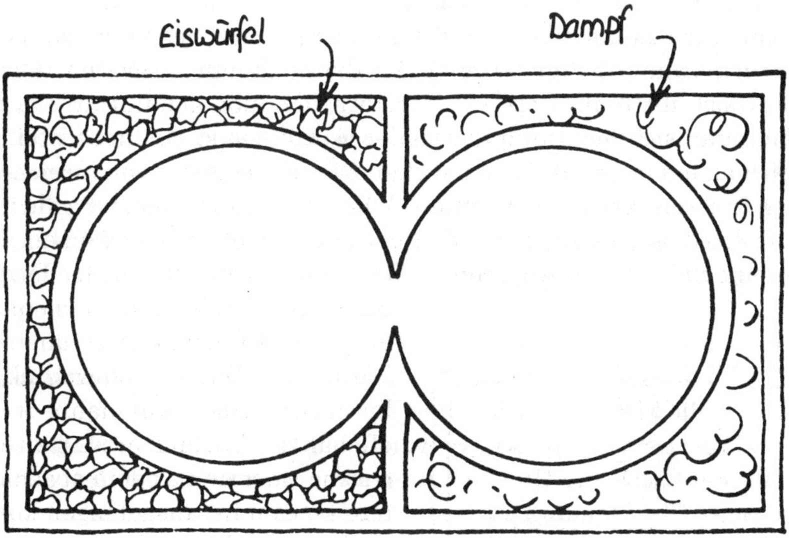

ANTWORT: DÜNNE LUFT Die Antwort ist: c. Der gesunde Menschenverstand sagt uns, daß ein Druckunterschied nicht aufrechterhalten werden kann, wenn die Behälter miteinander verbunden sind. Dies basiert jedoch auf unserer Erfahrung, und die betrifft dichte Luft, in der die Moleküle so gepackt sind, daß sie sehr viel häufiger aufeinandertreffen als auf die Wände. Wir wollen uns jetzt in die Welt der Moleküle begeben.

Die Moleküle im heißen Behälter bewegen sich schneller als die im kalten Behälter. Einige Moleküle aus dem heißen Behälter treten durch das Loch in den kalten Behälter ein und einige Moleküle aus dem kalten Behälter durch das Loch in den heißen Behälter. Die Anzahl der Moleküle, die während eines gegebenen Zeitraums in den kalten Behälter eintreten, muß genauso groß sein wie die, die im gleichen Zeitraum in den heißen Behälter eintreten, da andernfalls schließlich alle Moleküle in einem der beiden Behälter wären. Also muß die Häufigkeit, mit der die Moleküle auf die Wände in den Behältern treffen, gleich groß sein. Die Moleküle im heißen Behälter bewegen sich jedoch schneller. Da der Luftdruck von der Häufigkeit abhängt, mit der Moleküle auf eine Flächeneinheit treffen, multipliziert mit dem Impuls der Moleküle, muß ungeachtet des Lochs der Luftdruck im heißen Behälter höher als der Druck im kalten Behälter sein.

Wie erklärt sich dann unsere Erfahrung, daß sich der Luftdruck ausgleicht, wenn die Behälter miteinander verbunden sind, ungeachtet der Temperaturunterschiede? Der Druckausgleich geschieht bei ausreichend dichter Luft, damit sich die Luftmoleküle stark gegenseitig beeinflussen und wir nicht länger annehmen können, daß die Luftmoleküle selten aufeinandertreffen. Wenn wir nun die Wirkung der aufeinandertreffenden Moleküle berücksichtigen müssen, muß die Wärmeleitung zwischen den Luftmolekülen berücksichtigt werden. Alle Moleküle in der Nähe des Lochs haben ungefähr die gleiche Temperatur oder Geschwindigkeit. Daher sind die Moleküle in der Nähe des Lochs im heißen Behälter etwas kühler als die tiefer drinnen im heißen Behälter, während die Moleküle in der Nähe des Lochs im kalten Behälter etwas wärmer als der Rest der Moleküle weiter drinnen im kalten Behälter sind. Wenn die kalten, langsamen Moleküle in der Nähe des Lochs im heißen Behälter mit den schnelleren Molekülen tiefer im Behälter kollidieren, werden die langsamen Moleküle zurückgestoßen. Einige werden vollständig aus dem heißen Behälter heraus- und in den kalten Behälter hineingestoßen. Das reduziert den Druck im heißen Behälter und steigert den Druck im kalten.

Wenn das Gas dicht genug ist, geht dies weiter bis zum Druckausgleich in den zwei Behältern.

HEISSE LUFT

Warme Luft steigt aus folgendem Grund auf:

a) Die einzelnen heißen Luftmoleküle bewegen sich schneller als die kalten und können daher höher hinaufgelangen.

b) Für die einzelnen heißen Moleküle ist es schwieriger, in die dichte Luft unter ihnen einzudringen als in die dünne Luft über ihnen.

c) Einzelne heiße Moleküle streben nicht nach oben, nur große Gruppen heißer Moleküle streben als Gruppe nach oben.

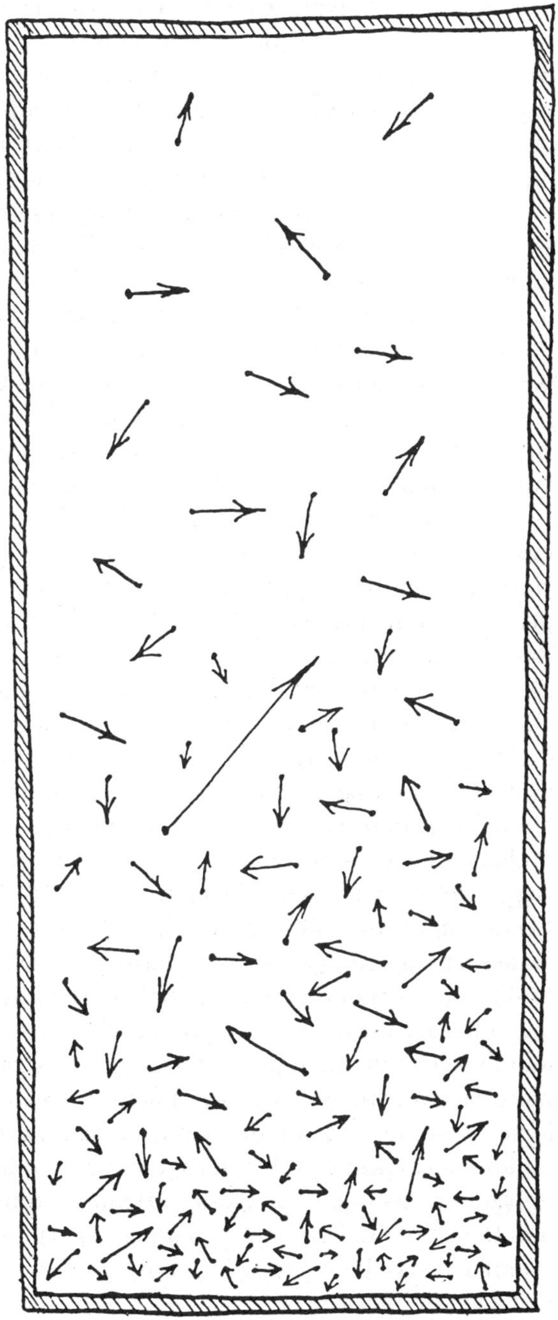

ANTWORT: HEISSE LUFT Die Antwort ist: c. Der mittlere freie Weg eines einzelnen Luftmoleküls beträgt etwa ein zweihunderttausendstel Zentimeter, bevor es auf ein anderes Molekül trifft, also kann es nicht weit nach oben gelangen. Selbst wenn es nach oben gelangen könnte, würde es dabei Geschwindigkeit verlieren, also abkühlen.

Für einzelne heiße (schnelle) Moleküle kann es schwieriger sein, in die dichte Luft unter ihnen als in die weniger dichte Luft über ihnen einzudringen, aber das gilt genauso für kalte (langsame) Moleküle.

Heiße Luft steigt auf, weil ein gegebenes Volumen heißer Luft bei einem gegebenen Druck weniger Moleküle enthält und daher weniger Gewicht besitzt als das gleiche Volumen kalter Luft bei gleichem Druck, d.h. es ist der Dichteunterschied zwischen heißer und kalter Luft, der es der heißen Luft ermöglicht, wie eine Blase aufzusteigen. Es macht nur Sinn, über Dichte zu reden, wenn man eine große Gruppe von Molekülen betrachtet und nicht einzelne Moleküle.

Angenommen, Sie hätten einen Raum, in dem die Lufttemperatur von oben bis unten gleich wäre. Das bedeutet, daß die Durchschnittsgeschwindigkeit der Moleküle oben und unten im Raum gleich sein muß, obwohl es immer einzelne Moleküle gibt, die sich schneller oder langsamer bewegen. Wir wollen jetzt annehmen, daß einzelne heiße Moleküle aufwärts streben würden – die heißen sind natürlich die schnellsten. Dann wäre nach einer Weile die Luft oben im Raum heiß und die Luft am Boden kalt, d.h. die warme Luft würde sich selbst in heiße Luft und kalte Luft trennen.

Das widerspricht aber der realen Erfahrung. In der Realität kühlen heiße Dinge ab, und kalte Dinge erwärmen sich. Wenn Sie etwas finden könnten, was sich von selbst in heiß und kalt auftrennen würde, könnten Sie wundervolle Dinge tun, wie es in der Frage "Wassergetriebener Frachter" beschrieben wird.

All dies enthält eine wichtige Schlußfolgerung. Der Versuch, beobachtbare Phänomene durch das zu erläutern, was einzelne Moleküle tun, ist eine sehr schwierige Sache. In der kinetischen Gastheorie – der molekularen Theorie des Gases – ist wenig Wissen gefährlich. Die molekulare oder atomare Theorie der Materie war bereits den alten Griechen bekannt und vom Konzept her einleuchtend. Sie ist aber so mit Schwierigkeiten befrachtet, daß sie den Mann, der schließlich zu Anfang dieses Jahrhunderts ihre Gültigkeit feststellte, nämlich Ludwig Boltzmann, in Frustration und Selbstmord trieb.

HABEN SIE DAS GESEHEN?

Der leuchtende Weg einer Sternschnuppe oder eines Meteors am Himmel bleibt manchmal mehrere Sekunden lang hell, während ein Blitz im Bruchteil einer Sekunde verschwindet, und zwar aus folgendem Grund:

a) Ein Meteor ist energiereicher als ein Blitz.
b) Der Meteor ist heißer als der Blitz.
c) Der Blitz ist elektrisch, während es der Meteor nicht ist.
d) Der Meteor befindet sich hoch in der Atmosphäre, wo der Luftdruck niedrig ist, während der Blitz unten in der Atmosphäre ist, wo der Luftdruck hoch ist.
e) Die Behauptung ist falsch; ein Blitz dauert mehrere Sekunden, während die Leuchtspur des Meteors im Bruchteil einer Sekunde verschwindet.

ANTWORT: HABEN SIE DAS GESEHEN? Die Antwort ist: d. Eine Sternschnuppe ist normalerweise ein kleines kosmisches Sandkorn, das aus dem Weltall in die Erdatmosphäre eintritt. Es durchläuft die Luft so schnell, daß es Elektronen von den Luftatomen abschlägt, wodurch ein Plasma gebildet wird. Plasma ist der Name für Gas- oder Luftatome, von denen Elektronen abgetrennt wurden. Es ist eine Mischung aus teilweise nackten Atomen und freien Elektronen. Der alte Name für Plasma war ionisiertes Gas. Ungefähr innerhalb einer Sekunde verbinden sich die freien Elektronen wieder mit den Atomen und geben die Energie ab, die vorher erforderlich war, um sie von den Atomen abzutrennen. Die dabei abgegebene Energie ist die Lichtquelle der Spur des Meteors.

Ein Blitzschlag erzeugt in ähnlicher Weise ein Plasma, bei dem durch die Elektronen im elektrischen Strom des Blitzes Elektronen der Atome abgetrennt werden.

Nun befindet sich der Meteor hoch in der Atmosphäre, z.B. 30 Kilometer hoch. Dort oben ist der Luftdruck niedriger, das bedeutet, die Luftatome sind weit voneinander entfernt, also dauert es ungefähr eine Sekunde, bis ein freies Elektron ein Atom findet, mit dem es sich verbinden und dabei seine Energie abgeben kann. Der Blitz befindet sich weiter unten in der Atmosphäre, z.B. auf einer Höhe von einem Kilometer. In der Nähe der Erdoberfläche ist der Luftdruck hoch, d.h. die Luftatome liegen dicht beieinander. Somit braucht ein freies Elektron nur einen Bruchteil einer Sekunde, um ein Atom zu finden, mit dem es sich verbinden kann. Also wird das Plasma in einem Bruchteil einer Sekunde wieder in reguläre Luft zurückverwandelt. Die Verwandlung der Luft in Plasma zieht Energie vom Blitz ab. Die Rückverwandlung des Plasmas in Luft gibt Energie als Licht, Wärme und Schall ab.

In den meisten Blitzschlägen ist mehr Energie als in den meisten Meteoren, und die Energie in einem Blitzschlag wird sehr viel schneller abgegeben, also ist mehr Leistung in der Blitzentladung als im Meteor. Außerdem hat der Blitzschlag eine bläuliche Färbung, während die Meteorspur gelblich ist, das bedeutet, das Blitzplasma ist heißer. Das Blitzplasma wird durch elektrische Energie erzeugt, während das Meteorspurplasma durch die kinetische Energie des Meteoriten erzeugt wird. Es spielt aber keine Rolle, wie das Plasma erzeugt wird; die Zeit für die Rückverwandlung in normale Luft hängt nur davon ab, wie lange die freien Elektronen brauchen, um Atome für die erneute Bindung zu finden.

HEISS UND STICKIG

Das Wetter in New Orleans und entlang der Küste des Golfs von Mexiko ist im Sommer ziemlich heiß und feucht. In einem solchen Klima ist die angenehmste Tageszeit

a) direkt nach Sonnenuntergang, wenn die Temperatur leicht fällt
b) direkt nach Sonnenaufgang, wenn die Temperatur steigt
c) im Durchschnitt zu keinem bestimmten Zeitpunkt

ANTWORT: HEISS UND STICKIG Die Antwort ist: b. Der Hauptgrund für das Unwohlsein in tropischem Klima ist die Feuchtigkeit. Wenn Schweiß von Ihrer Haut verdunstet, nimmt er Wärme mit und kühlt so. Ist die Luft aber sehr feucht, dann ist sie bereits ziemlich voll Wasserdampf und kann nichts mehr aufnehmen. Also bleibt der Schweiß einfach an Ihnen kleben. Wieviel Gramm Wasser ein Kubikmeter Luft aufnehmen kann, hängt von der Temperatur ab. Heiße Luft nimmt mehr Wasser auf. Der Sonnenuntergang kühlt die Luft ab, wodurch deren Fähigkeit zur Wasseraufnahme reduziert wird, so daß sie zu diesem Zeitpunkt Ihren Körperschweiß nicht aufnehmen kann. Wenn sich die Luft weiter abkühlt, kondensiert der Wasserdampf, und es bildet sich Nachttau in der Umgebung.

Bei Sonnenaufgang erwärmt sich die Luft und kann wieder mehr Wasser aufnehmen. Wasser verdunstet zurück in die Luft. Die Luft saugt den Morgentau und auch Ihren Schweiß auf, also fühlen Sie sich trocken und kühl – aber nicht besonders lange. Bald ist es wieder heiß und schwül.

Warum kühlt die Verdunstung? Weil die Moleküle in einer Flüssigkeit verschiedene Geschwindigkeiten haben. In Wasser mit 20°C sind z.B. nicht alle Moleküle bei 20°C. Einige sind bei 30°C, einige bei 10°C. Zwanzig ist nur der Durchschnitt. Welche Moleküle verdunsten zuerst? Die sich schnell bewegenden oder heißen, z.B. die mit 30°C. Dadurch wird der Gesamtdurchschnitt verringert. Damit bleiben die Moleküle mit 20°C und mit 10°C, also fällt der Durchschnitt etwa auf 15°C (abhängig von der relativen Anzahl der Moleküle bei der jeweiligen Temperatur). Wenn also die sich schneller bewegenden oder heißeren Moleküle austreten, sinkt die Durchschnittstemperatur bei den übrigbleibenden Molekülen.

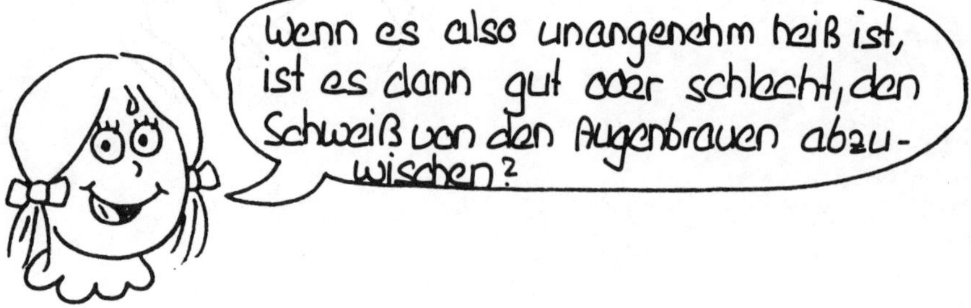

CELSIUS

Auf Meereshöhe kocht Wasser bei 100°C und friert bei 0°C. Unter höherem Druck kocht Wasser bei einer

a) tieferen Temperatur und Eis schmilzt bei einer tieferen Temperatur
b) tieferen Temperatur und Eis schmilzt bei einer höheren Temperatur
c) höheren Temperatur und Eis schmilzt bei einer höheren Temperatur
d) höheren Temperatur und Eis schmilzt bei einer tieferen Temperatur

ANTWORT: CELSIUS Die Antwort ist: d. Begeben Sie sich auf einen Berg, dort kocht Wasser bei einer tieferen Temperatur (z.B. bei 90°C in 3 000 m Höhe) und verdunstet vollständig, ohne jemals 100°C zu erreichen. Daher ist es so schwierig, ein Ei in den Bergen richtig zu kochen; das Wasser wird einfach nicht heiß genug. Ist der Druck niedrig genug, kocht Wasser sogar bei Zimmertemperatur. Das kann man leicht demonstrieren, indem man eine Wasserschale in einen Vakuumbehälter legt und die Luft abpumpt. Andererseits kocht das Wasser auch bei einer höheren Temperatur als 100°C nicht, wenn der Druck hoch genug ist. Das ist z.B. bei einem Dampfkessel der Fall, in dem überhitztes Wasser durch den hohen Druck nicht siedet. Wasser in einem Schnellkochtopf oder am Grund eines Geysirs kann mehr als 100°C haben, ohne zu kochen.

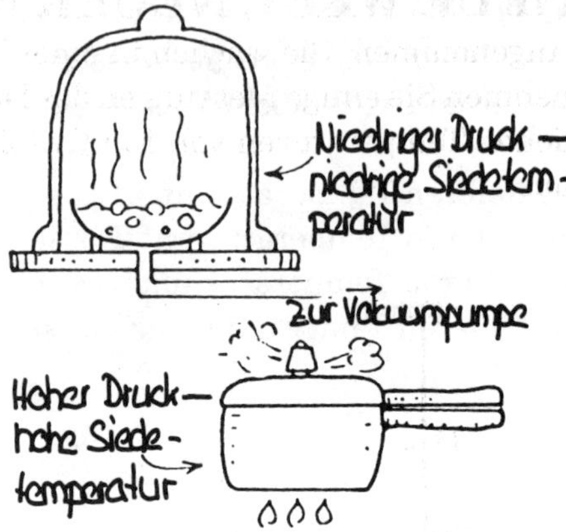

Eis kann zum Schmelzen gebracht werden, auch mit einer Temperatur unter 0°C, wenn es unter Druck gesetzt wird. Wie? Indem man einen schweren Gegenstand, z.B. einen Felsen, auf das Eis legt.

Warum schmilzt Eis leichter bei hohem Druck, während Wasser bei niedrigem Druck leichter kocht? Eine Erklärung ist ganz einfach: Das Volumen des Eises nimmt ab, wenn es zu Wasser schmilzt, und der Druck hilft bei der Verdichtung, während das Volumen des Wassers zunimmt, wenn es zu Dampf verkocht, und der Druck behindert die Ausdehnung.

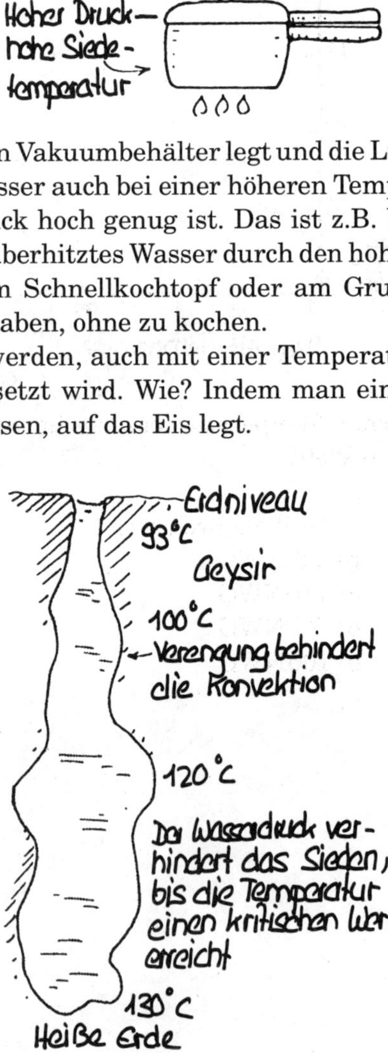

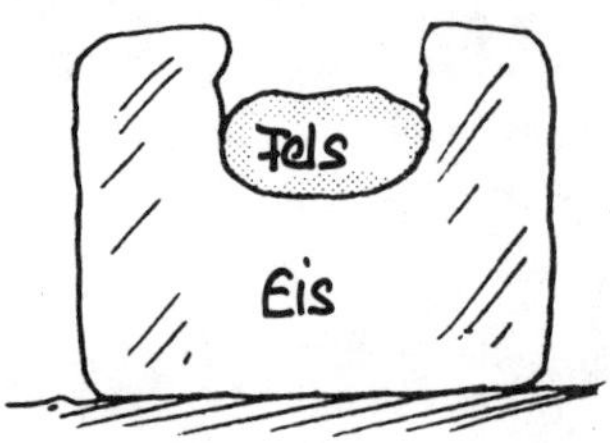

NEUE WELT, NEUER NULLPUNKT

Angenommen, Sie wachen in einer "neuen Welt" auf. In der neuen Welt nehmen Sie einige Messungen des Drucks in einem Gastank bei verschiedenen Temperaturen vor. Ein Graph Ihrer Daten sieht folgendermaßen aus:

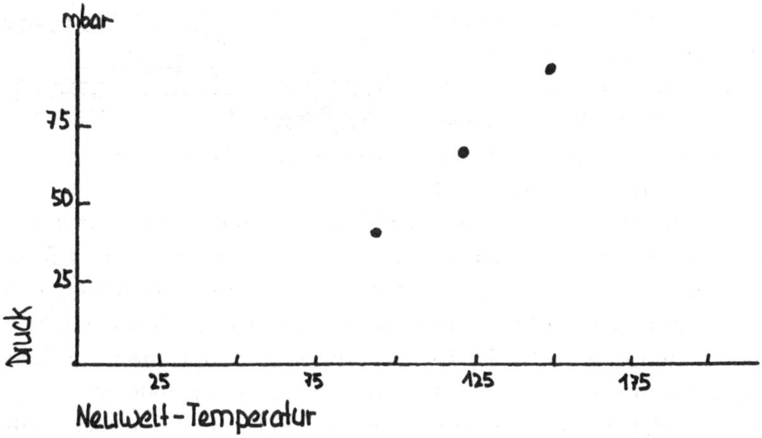

Welcher Temperatur entspricht der absolute Nullpunkt etwa in der neuen Welt?

a) Null Neuwelt-Grad
b) 25 NWG
c) 50 NWG
d) 75 NWG
e) 100NWG

ANTWORT: NEUE WELT, NEUER NULLPUNKT Die Antwort ist: c. Wenn eine übergewichtige Person 150 kg wiegt und pro Woche ein Kilogramm verliert, wie groß ist dann das Gewicht der Person nach 150 Wochen? Ungefähr die gleiche Situation ist bei der Änderung des Gasdrucks vorhanden, wenn sich die Temperatur ändert, und das führte die Wissenschaftler zu der Idee des absoluten Nullpunkts. Bei jedem Grad Temperaturverlust verliert ein in einem Behälter eingeschlossenes Gas eine bestimmte Menge Druck. Wenn das sehr lange so weitergeht, muß das Gas seinen gesamten Druck verlieren. Die Temperatur, bei der ein Gas seinen gesamten Druck verliert, wird absoluter Nullpunkt genannt. Um die Temperatur mit null Druck zu finden, ziehen Sie einfach eine Linie durch die Punkte und sehen nach, wo sie die Null-Drucklinie schneidet. Das ist auf der Hälfte zwischen 25 und 75 Neuwelt-Graden, also liegt der absolute Nullpunkt bei 50 NWG. In unserer (alten) Welt entspricht der absolute Nullpunkt minus 273 Grad Celsius. Nun geschieht wahrscheinlich vor Ablauf der 150 Wochen etwas mit der Person, die ein Kilogramm pro Woche verliert, und genauso geschieht wahrscheinlich etwas mit dem Gas, bevor es zum absoluten Nullpunkt gelangt. Es könnte sich verflüssigen oder sogar gefrieren. Der wichtige Gedanke ist jedoch, daß sich bei Zimmertemperatur alle Gase (Sauerstoff, Wasserstoff, Stickstoff usw.) so verhalten, als wenn ihr Druck bei minus 273°C verschwinden würde.

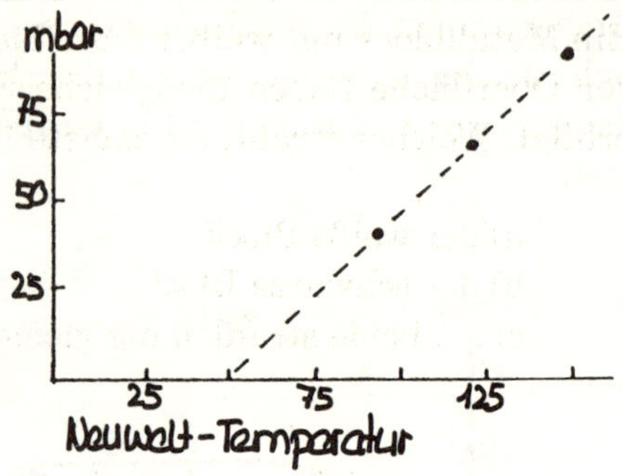

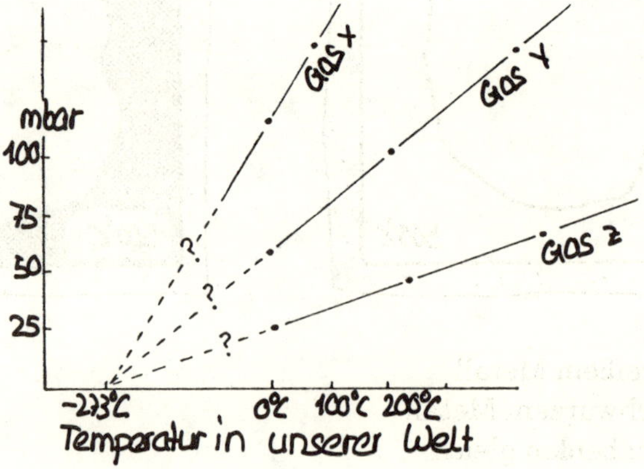

GLEICHE HÖHLUNGEN

Ein Metallblock mit weißer Oberfläche und ein Metallblock mit schwarzer Oberfläche haben die gleiche Größe und werden beide auf 500°C erhitzt. Welcher strahlt die meiste Energie ab?

a) der weiße Block
b) der schwarze Block
c) . . . beide strahlen die gleiche Energie ab

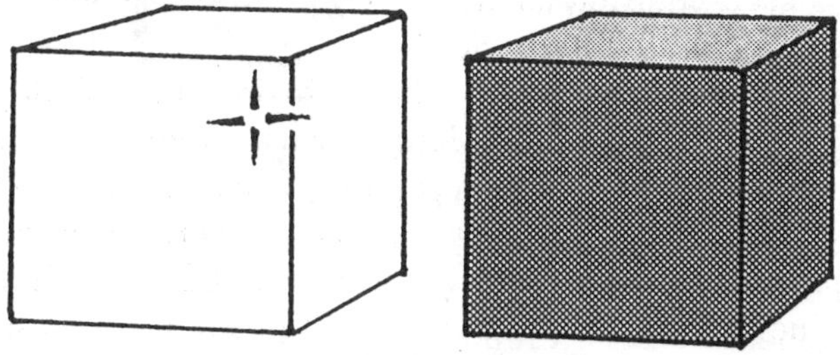

Betrachten Sie jetzt eine Höhlung, die in die beiden Metallblöcke geschnitten wird. Erneut werden sie auf 500°C erhitzt. Bei welchem Block kommt die meiste Energie *aus der Höhlung*? Die meiste Energie kommt aus der Höhlung im Block aus

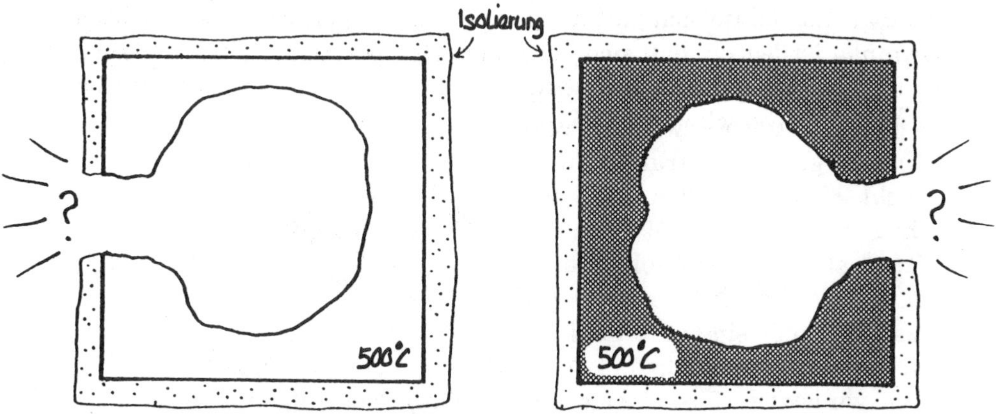

a) weißem Metall
b) schwarzem Metall
c) bei beiden gleich

ANTWORT: GLEICHE HÖHLUNGEN Die Antwort auf die erste Frage ist: b. Angenommen, Sie haben einen isolierten, abgedichteten Kasten auf 500°C erhitzt. Die Hälfte des Kastens ist mit Metall mit einer schwarzen Oberfläche beschichtet, während die andere Hälfte mit weißem Metall beschichtet ist. Die beiden Metalle berühren sich nicht. Sie können die Wärme nur durch Strahlung austauschen. Etwas Wärmestrahlung fließt vom schwarzen zum weißen und vom weißen zum schwarzen Metall. Die beiden Ströme müssen gleich sein, da andernfalls die Seite, die mehr Wärme ausstrahlt, bald kühler als die andere Seite wäre, und eine Nettoenergieströmung würde von selbst von einem kühlen zu einem heißen Ort gehen – das ist unmöglich. Ist die Oberfläche vollkommen schwarz, wird die gesamte auftreffende Wärmestrahlung absorbiert, daher muß die gleiche Wärmemenge abgestrahlt werden, wenn die Temperatur konstant bleiben soll – also absorbiert die Oberfläche genau soviel Wärme wie sie abgibt. Wir sehen also, daß ein guter Absorbierer auch ein guter Strahler sein muß. Die weiße Oberfläche reflektiert jedoch einen großen Teil der auf sie auftreffenden Strahlung und absorbiert nur wenig – also strahlt sie auch nur wenig ab. Ein guter Reflektor ist ein schlechter Strahler. Die Wärmeströme zwischen der weißen und der schwarzen Oberfläche sind gleich, da die Reflektion der weißen Oberfläche die geringere Strahlung ausgleicht. Also schließen wir, daß schwarzes Metall bei 500°C mehr Wärme abstrahlt als weißes Metall bei der gleichen Temperatur. Aus diesem Grunde sind gute Radiatoren schwarz angestrichen.

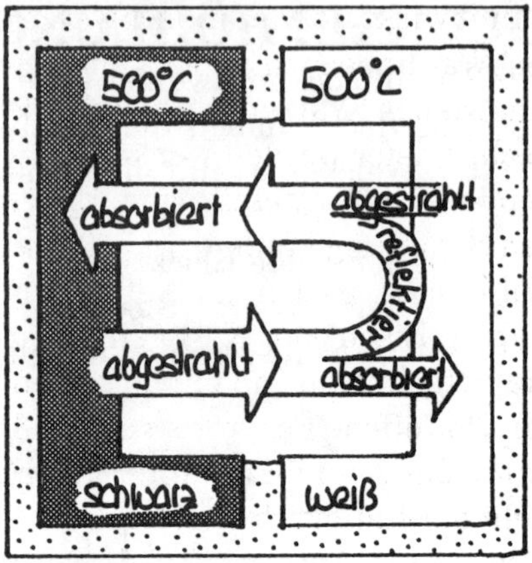

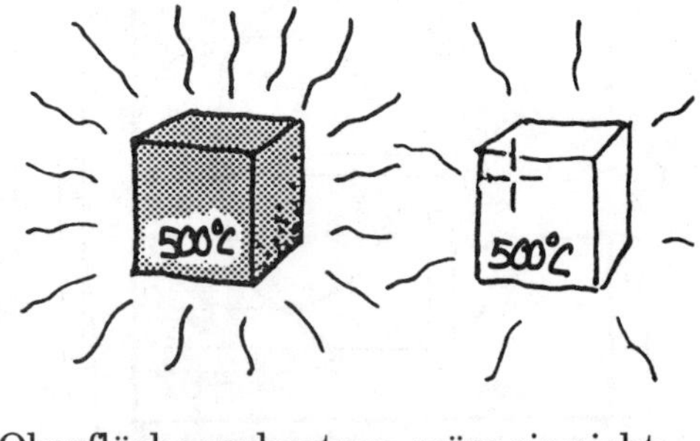

Wenn wir jetzt die ansonsten weiße Oberfläche zerkratzen, wäre sie nicht mehr ein so guter Reflektor. Sie muß dann mehr Strahlung absorbieren. Wenn wir die Oberfläche genügend beschädigen, wird sie ein genauso schlechter Reflektor wie die schwarze Oberfläche, d.h. sie muß genau soviel Strahlung absorbieren wie die schwarze Oberfläche.

Damit wirkt sie wie eine schwarze Oberfläche, d.h. sie muß genauso strahlen. Was haben wir getan, um die weiße Oberfläche zu ändern? Wir haben eine Menge Kratzer und kleine Löcher eingebracht. Wenn die Kratzer und Löcher tiefer werden, wirken sie wie kleine Höhlungen, die die hineingehende Strahlung einfangen. Ein Großteil der in die Höhlungen eintretenden Strahlung kann nicht reflektiert werden und wird daher absorbiert. Höhlungen wirken als Strahlungsfallen. Höhlungen in Silber, Gold, Kupfer, Eisen oder Kohle sind von der Wirkung her alle schwarz. Stellen Sie sich ein Haus an einem hellen Sonnentag mit einem offenen Fenster vor. Das offene Fenster ist eine Höhlung. Es spielt keine Rolle, in welcher Farbe das Zimmer dahinter gestrichen ist (Silber, Gold usw.). Von außen sieht der Raum schwarz aus.

Also ist die Antwort auf die zweite Frage: c. Wenn die Höhlungen in Silber, Gold usw. alle gleichmäßig gute Absorbierer sind, müssen sie auch gleichmäßig gute Strahler sein. Wenn Loch an Loch gesetzt wird, müssen zwei Höhlungen mit der gleichen Temperatur auf der gleichen Temperatur bleiben. Das bedeutet, daß die gesamte beim Eintritt absorbierte

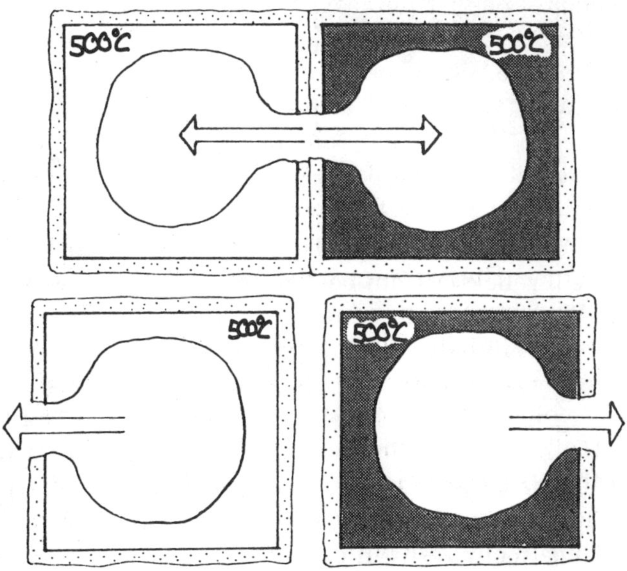

Energie wieder abgestrahlt werden muß. (Verwechseln Sie nicht Strahlung mit Reflektion!) Wenn der Strahlungsfluß von der Höhlung im weißen Metall dem Strahlungsfluß von der Höhlung im schwarzen Metall entspricht, muß jede Höhlung die gleiche Menge Wärmestrahlung aussenden.

HAUSANSTRICH

Die beste Farbe für den Anstrich Ihres Hauses ist

a) eine dunkle Farbe, z.B. Braun
b) eine helle Farbe, z.B. Weiß
c) ...das ist nur eine Frage des künstlerischen Geschmacks

ANTWORT: HAUSANSTRICH Die Antwort ist: b. Dafür gibt es viele Gründe: 1. Weiß reflektiert am besten und hält Ihr Haus während des Tags kühl. 2. Weiß strahlt am wenigsten und hält Ihr Haus während der Nacht warm. 3. Weiß hält am längsten, da es das Licht stärker reflektiert und weniger absorbiert, und absorbiertes Licht zerstört die Farbe und den Untergrund. Vergleichen Sie die Farbe auf der Nord- und Südseite Ihres Hauses, wenn Sie das bezweifeln. 4. Wenn sich zwischen Ihrem Haus und dem Nachbarhaus nur wenig Platz befindet, gelangt nur wenig Licht in Ihre Fenster. Daher sollten Sie die Häuser weiß streichen, damit die Wände mehr Licht in den Raum zwischen den Häusern und damit in Ihre Fenster reflektieren. So können Sie elektrisches Licht sparen. Das Anstreichen des Inneren Ihres Hauses mit weißer Farbe spart ebenfalls elektrische Beleuchtung. Vergessen Sie nicht, Ihr Dach weiß zu streichen oder mit Aluminium zu bedecken. Jetzt wissen Sie, warum die Astronauten weiße Kleidung trugen, als sie auf dem Mond umhergingen.

WÄRMETELESKOP

Bauen Sie sich ein Wärmeteleskop, indem Sie ein Thermometer durch den Boden einer mit Aluminium ausgekleideten Papptasse stecken. Richten Sie das Teleskop in einer kalten, trockenen und klaren Nacht zum Himmel und lesen Sie das Thermometer nach ein paar Minuten ab. Richten Sie es danach ein paar Minuten auf die Erde und lesen Sie das Thermometer erneut ab. Ihre Ergebnisse zeigen, daß

a) der Himmel wärmer als die Erde ist
b) die Erde wärmer als der Himmel ist
c) Himmel und Erde die gleiche Temperatur haben

ANTWORT: WÄRMETELESKOP Die Antwort ist: b. In der Nacht strahlt die Erde die Wärme, die sie während des Tages aufgenommen hat, in den Weltraum zurück (andernfalls wäre jeder Tag wärmer als der vorausgegangene!). Wenn das Wärmeteleskop nach unten gerichtet ist, erfaßt es einen Teil der Strahlung (Infrarotstrahlung) auf dem Weg von der Erde zurück in den Weltraum. Wenn das Teleskop nach oben gerichtet ist, erfaßt es diese Strahlung nicht.

Übrigens wurde als Temperatur des Weltalls 3°C über dem absoluten Nullpunkt gemessen. Man braucht mehr als ein Thermometer und eine Kaffeetasse, um diese Tieftemperaturstrahlung zu messen. Die ersten Experimentatoren, die das schafften, bekamen einen Nobelpreis dafür.

VERSCHMIERTE SONNE

Benutzen Sie Ihre Vorstellungskraft und nehmen Sie an, daß die glühende Scheibe, die wir Sonne nennen, irgendwie auf eine immer größer werdende Scheibe verschmiert würde. Wir wollen annehmen, daß bei der Vergrößerung die Intensität jedes kleinen Teils geringer wird, so daß die Gesamtenergie, die wir von der gesamten Scheibe erhalten, bei wachsender Scheibe immer gleich bleibt. Schließlich wollen wir annehmen, daß die Scheibe über den gesamten Himmel verschmiert ist, so daß es keinen Unterschied zwischen Tag und Nacht gibt. Wir würden trotzdem die gleiche Gesamtenergiemenge wie jetzt erhalten, aber sie würde an jedem Ort gleichmäßig über 24 Stunden verteilt empfangen werden, und nicht nur während der Stunden des Tageslichts. Sollte dies geschehen, würde die Durchschnittstemperatur der Erde

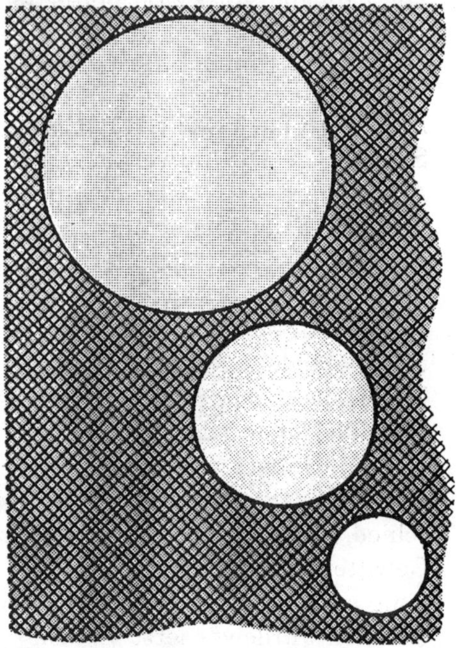

a) steigen
b) fallen
c) gleich bleiben

ANTWORT: VERSCHMIERTE SONNE Die Antwort ist: c. Die Erde würde die gleiche gesamte Energiemenge erhalten, und die Temperatur der Erde müßte gerade so hoch sein, daß genau soviel Energie in den Weltraum abgestrahlt würde, wie von der Sonne empfangen wird. Also würde sich die Temperatur der Erde nicht ändern, auch wenn die Sonne verschmiert wäre. Übrigens würde sich zwar die Temperatur der Erde nicht ändern, aber die der Sonne. Die Verteilung oder Verdünnung der gesamten Energie über eine größere Fläche führt zu einer niedrigeren Temperatur, also wird die Temperatur der Scheibe fallen, wenn die Größe steigt. Mit sinkender Temperatur würde sich die Farbe der Sonne von Gelb auf Orange und schließlich auf Rot ändern.

VERSCHMIERTE SONNE II

Wenn die Sonnenscheibe über den gesamten Himmel verschmiert wäre, würde die Atmosphäre der Erde

a) schneller zirkulieren als heute, so daß es mehr Wind, Regen und Gewitter geben würde
b) langsamer zirkulieren als heute
c) überhaupt nicht zirkulieren

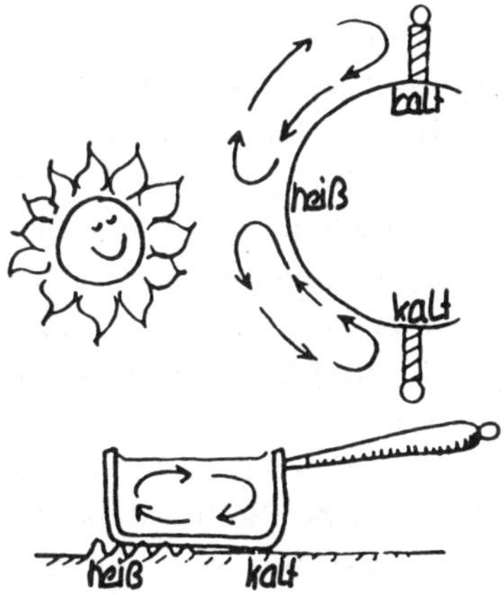

ANTWORT: VERSCHMIERTE SONNE II Die Antwort ist: c. Die Atmosphäre der Erde zirkuliert, weil die Erde ungleichmäßig geheizt wird. Der Äquator ist z.B. heiß, während die Pole kalt sind. Wenn eine Seite des Kochtopfs heiß und die andere Seite kühl ist, zirkuliert die Suppe im Topf genauso. Wäre die Sonne jedoch über den gesamten Himmel verschmiert, wäre der Äquator nicht heißer als die Pole. Gäbe es keinen Temperaturunterschied, gäbe es auch keine Zirkulation, keinen Wind, keinen Regen, kein Gewitter. Tatsächlich gäbe es keine wärmegetriebene organisierte Bewegung auf der Erde. Kein Leben! Obwohl die Erde genau soviel Energie erhalten würde wie jetzt! Die Energie des Sonnenlichts reicht also nicht aus – es braucht mehr als das Sonnenlicht, um die Dinge auf der Erde in Gang zu bringen. Der kühle Nachthimmel ist nicht weniger wichtig als die Sonne selbst, um Leben zu erzeugen. Nicht weil er eine Überhitzung der Erde verhindert, sondern weil er die lebenswichtige Voraussetzung für die Umwandlung der Wärme in organisierte Bewegung erfüllt – eine *Temperaturdifferenz*. Wenn Wärmeenergie Arbeit verrichten soll, muß es eine Temperaturdifferenz geben. Wärme kann nur dann Dinge in Gang setzen, wenn sie sich auf dem Weg von einem warmen Ort zu einem kühleren Ort befindet. Einige Leute sagen, Energie sei die Fähigkeit, Arbeit zu verrichten. Das ist aber nicht immer so.

Wenn die gesamte Welt und der sie umgebende Himmel die gleiche Temperatur hätten, egal wie hoch sie wäre, könnte kein Teil der Wärmeenergie der Welt, egal wieviel davon vorhanden wäre, in Arbeit umgewandelt werden.

WASSERANTRIEB

Überlegen Sie sich folgendes: Ein Schiff heizt seine Kessel und treibt sich selbst ohne Verwendung von Kohle oder Öl in der folgenden Weise an: Es pumpt warmes Meerwasser hinein, entzieht ihm die Wärme und konzentriert diese in den Kesseln. Schließlich läßt es das gekühlte Wasser in das Meer zurückfließen. Das abgelassene Wasser könnte zu Eis geworden sein, wenn ihm genügend Wärme entzogen worden wäre. Stellen Sie sich jetzt zwei Fragen.

1. Verletzt diese Idee die Erhaltung der Energie?

a) ja b) nein

2. Könnte diese Idee funktionieren?

a) ja b) nein

ANTWORT: WASSERANTRIEB Die Antwort auf die erste Frage ist: b. Es verletzt die Erhaltung der Energie nicht, da von der Wärme im Kessel angenommen wird, daß sie aus dem warmen Meerwasser entnommen wurde. Es wird keine Energie erzeugt – sie wird einfach von einem Ort (dem Wasser) zu einem anderen (dem Kessel) übertragen.

Die Antwort auf die zweite Frage ist ebenfalls: b. Wenn man das machen könnte, würde man es auch machen – wie wir wissen, kommt diese Art von Dingen in unserer Welt nicht vor. Unsere gesammelte Lebenserfahrung ist schließlich unser Schlüssel zu den Gesetzen der Physik. Das Nichtauftreten dieses Vorgangs nennen wir den zweiten Hauptsatz der Thermodynamik. Wärme versucht immer, von einem heißen Ort zu einem kühleren Ort zu fließen. Sie fließt nicht eigenständig von dem warmen Meerwasser in den sehr viel heißeren Kessel. Das wäre das gleiche wie ein Ball, der von sich aus bergauf rollt.

Wärme kann gezwungen werden, von einem kälteren Ort zu einem wärmeren überzugehen – das geschieht zum Beispiel in einem Kühlschrank; man braucht aber Energie dafür, und diese Energie wäre sehr viel größer als die Energie, die man aus dem Kessel gewinnen könnte.

Die Welt des Schiffes ist die Meeresoberfläche. Wenn sich die gesamte Welt auf einer Temperatur befindet, egal wie hoch diese ist, kann kein Teil der Wärme aus der Welt, egal wieviel davon vorhanden ist, in Arbeit umgewandelt werden (erinnern Sie sich an die letzte Frage).

GOLF VON MEXIKO

Eine weitere Idee zum Wasserantrieb ist folgende. Das Wasser an der Oberfläche des Golfs von Mexiko ist ziemlich warm, während es weiter unten kalt ist. Die Idee wäre, etwas Gas mit warmen Wasser von der Oberfläche so zu erwärmen, daß es sich ausdehnt, und dann das Gas mit dem Wasser vom Boden abzukühlen, so daß es sich wieder zusammenzieht. Das Gas wird abwechselnd ausgedehnt und zusammengezogen, so daß es einen Kolben vor- und zurücktreibt. Der Kolben ist konventionell an einen elektrischen Generator angeschlossen, der Elektrizität erzeugt.

a) Diese Konstruktion könnte funktionieren.
b) Diese Konstruktion könnte niemals funktionieren.

ANTWORT: GOLF VON MEXIKO Die Antwort ist: a. Im ersten Moment scheint diese Idee dem "wassergetriebenen Schiff" zu entsprechen, es gibt aber einen wesentlichen Unterschied. Hier wird nicht einfach Wärme aus der warmen Oberfläche des Meeres genommen. Es wird auch ein kühler Ort geliefert, an dem die Wärme abgelassen werden kann. Die Konstruktion zwingt nicht Wärme von einem warmen Ort an einen heißen Ort, sondern sie läßt Wärme von einem warmen Ort an einen kühlen Ort strömen. Es ist diese Temperaturdifferenz zwischen der Oberfläche und dem Boden des Meeres, die die Umwandlung der Wärmeenergie in Arbeit möglich macht.

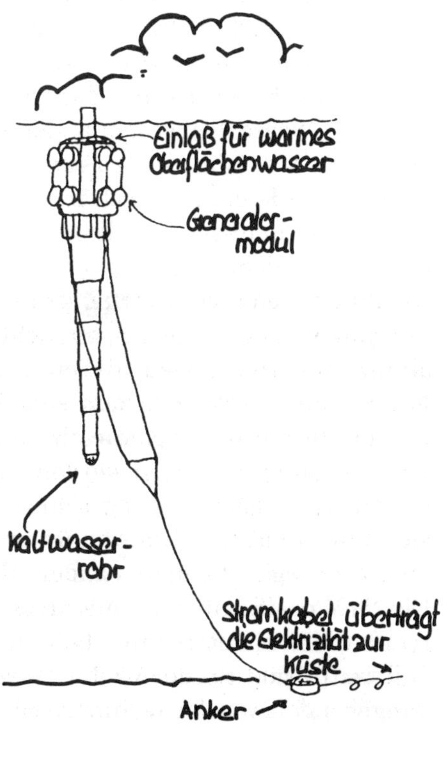

Es gibt gegenwärtig ernsthaftes Interesse an diesem Konzept. Eine kommerzielle Demonstration des OTEC-Konzepts (*Ocean Thermal Energy Conversion*) wurde im Jahre 1984 durchgeführt. Das Bild rechts zeigt, wie ein solches Kraftwerk aussehen könnte.

QUARZHEIZUNG

Bestimmte elektrische Heizungen wie "Quarzheizungen" sind wirksamer als altmodische elektrische Heizungen.

a) richtig
b) falsch

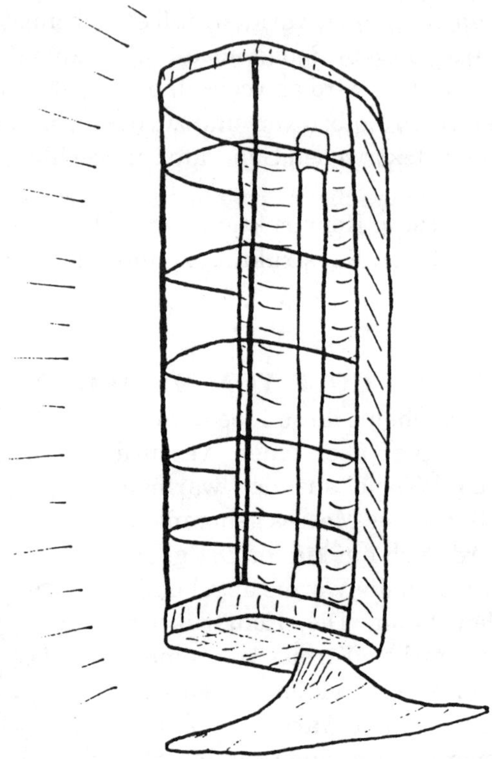

ANTWORT: QUARZHEIZUNG Die Antwort ist: b. Wegen der Werbung meinen viele Leute, daß Quarzheizungen effizienter seien. Das stimmt aber nicht. Wenn Sie Ihrem Stromversorgungsunternehmen eine Kilowattstunde Energie bezahlen (und Ihr Strommeßgerät richtig arbeitet), erhalten Sie eine Kilowattstunde Energie, und wenn Sie diese in die Heizung einspeisen, wird sie vollständig in Wärme umgewandelt. Würde ein Teil der Energie irgendwie verschwendet, fragen Sie sich selbst, wo sie hingehen sollte. Ein Motor verschwendet Energie als Wärme, aber eine Heizung kann nichts außer Wärme herstellen.

Ein Gebläse kann jetzt die Wärme gleichmäßiger über das Zimmer verteilen, oder ein Reflektor kann die Wärme konzentrieren, aber diese Hilfsmittel gibt es schon seit Jahrzehnten. Warum sind dann Quarzheizungen so in Mode? Die Macht der Werbung!

DAS VOLLSTÄNDIG ELEKTRISCHE HAUS

Wenn eine bestimmte Menge Brennstoff (Öl, Gas oder Kohle) in Ihrem Ofen verbrannt wird, erzeugt sie die Wärmemenge X. Wird jetzt die gleiche Menge Brennstoff in einer Stromerzeugungsanlage verbrannt und die gesamte so erzeugte Elektrizität dafür verwendet, Ihr Haus mit Hilfe eines Elektroofens zu heizen, würde der Elektroofen

a) eine größere Wärmemenge als X erzeugen, da die Elektrizität effizienter als Gas ist

b) genau die Wärmemenge X produzieren, da die Energie erhalten bleibt

c) eine sehr viel kleinere Wärmemenge erzeugen als X, da Wärme niemals vollständig in Elektrizität umgewandelt werden kann

ANTWORT: DAS VOLLSTÄNDIG ELEKTRISCHE HAUS Die Antwort ist: c. In der Nähe der meisten Elektrizitätswerke finden Sie Kühltürme oder können sehen, daß warmes Wasser in einen Fluß, einen See oder eine Bucht geleitet wird. Der Grund dafür ist, daß Wärmeenergie nicht vollständig in elektrische Energie umgewandelt werden kann. Ein Teil der Wärmeenergie muß als Abwärme verlorengehen. (In Wasserkraftwerken ist die Abwärme vernachlässigbar, da mit Ausnahme kleiner Reibungsverluste die mechanische Energie des fallenden Wassers vollständig in elektrische Energie umgewandelt wird.) Warum kann die Wärme, die in Kühltürmen oder Flüssen abgeleitet wird, nicht zurückgewonnen und in den Kessel des Kraftwerks gesteckt werden? Weil die Wärme von sich aus nicht von einem kühlen Ort an einen heißen Ort fließt – und der Kessel ist immer sehr viel heißer als die Abwärme. Warum verwendet man dann nicht eine Wärmepumpe, um die Abwärme in den Kessel zurückzuzwingen? Weil die Pumpe Energie benötigt.
Wieviel Energie? Mindestens soviel Energie, wie das Kraftwerk erzeugt hat, als es die Abwärme erzeugte! Dann wäre also absolut keine elektrische Energie mehr zum Verkauf übrig.
Warum muß es Abwärme geben? Weil sich das Gas in einer Dampfmaschine oder Turbine ausdehnen muß, wenn es den Kolben oder die Turbinenblätter antreibt. Während der Ausdehnung kühlt es sich ab. Wenn es ausgedehnt werden könnte, bis seine Temperatur auf den absoluten Nullpunkt gefallen wäre, könnte die gesamte Wärmeenergie in Arbeit umgewandelt werden. In der Realität kann das Gas aber nicht kühler als der Rest der Außenwelt werden, deren Temperatur etwa 300 Grad über dem absoluten Nullpunkt liegt. Also kann man nicht die gesamte Energie aus der Wärme gewinnen.
Wie sieht es mit der folgenden Idee aus? Sie können Dampf ausdehnen, bis er zu Wasser wird, und dann einfach das warme Wasser in den Kessel zurückgeben. Wie kann es dabei Abwärme geben? Sie denken vielleicht, daß es keine Abwärme gibt, da Sie meinen, daß ein geschlossener Kreislauf vorliegt, aber das stimmt nicht. Zuerst wird etwas Energie abgegeben, wenn der Dampf Arbeit ausführt, um während der Ausdehnung den Kolben anzutreiben. Das ist aber genau das, was Sie wollen, also haben wir nichts dagegen einzuwenden. Jetzt kommt die Abwärme. Der Dampf dehnt sich aus, bis seine Temperatur unter 100°C fällt – dann entspricht der Druck in der Maschine dem äußeren Luftdruck. Er kann sich nicht weiter ausdehnen, ist aber auch noch kein Wasser. Er ist immer noch Dampf mit 100°C, und Sie können nicht einfach ein großes Volumen Niederdruckdampf in einen Hochdruckkessel zurückgeben. Sie müssen

zuerst das Volumen des Dampfes durch Umwandlung in Wasser reduzieren. Um aber Dampf mit 100°C in Wasser mit 100°C umzuwandeln, müssen Sie die latente Kondensationswärme entfernen.
Wenn Dampf zu Wasser wird, ändert sich die Temperatur nicht, es muß aber eine große Wärmemenge abgegeben werden. Diese Wärme kann nicht wieder in den Kessel gegeben werden, da die Temperatur der Wärme nur 100°C beträgt und die Temperatur des Kessels sehr viel höher ist. Die latente Kondensationswärme wird zur Abwärme – schade. Warum muß die Temperatur des Kessels über 100°C liegen? Da der Druck von Dampf bis 100°C den Luftdruck nicht überschreitet.
Wenn Sie für die elektrische Heizung zahlen, zahlen Sie sowohl für die Heizung Ihres Hauses als auch für die der Flüsse, des Meeres und des Himmels.

ETWAS UMSONST

Wenn Sie zehn Joule elektrische Energie in eine elektrische Heizung stecken, erhalten Sie zehn Joule Wärme. Gibt es im praktischen Leben eine Möglichkeit, daß Sie *mehr* als zehn Joule Wärme aus einem Gerät erhalten, wenn Ihre elektrische Eingabe nur zehn Joule beträgt?

a) Ja, wenn Sie clever genug sind, können Sie mehr als zehn Joule Wärmeausgabe aus zehn Joule elektrischer Energie erhalten.
b) Ausgeschlossen! Sie können nicht mehr als zehn Joule Wärme aus zehn Joule elektrischer Energie erhalten.

ANTWORT: ETWAS UMSONST Ob Sie es glauben oder nicht, die Antwort ist: a. Nehmen Sie z.B. eine Klimaanlage in einem Fenster. Draußen ist es heiß, innen ist es kühl. Die Klimaanlage verbraucht Elektrizität, entnimmt dem Haus Wärme und lädt sie draußen ab. Wieviel Wärme wird abgeladen? Wenn die Maschine 9 Joule Wärme entzieht und 10 Joule Elektrizität für die Arbeit benötigt (eine sehr schlechte Klimaanlage), muß sie 19 Joule Wärme nach draußen abgeben. Jetzt wird es Winter, draußen ist es kühl, und Sie wollen es innen warm haben. Stellen Sie die Klimaanlage also wieder ins Fenster, drehen Sie sie aber herum, so daß die vorherige Außenseite jetzt die Innenseite ist. Sie geben 10 Joule Elektrizität in die Maschine, um sie in Gang zu setzen. Die Maschine zieht 9 Joule Wärme von der kühlen Seite ab (das ist im Winter die Außenseite) und muß 19 Joule Wärme auf der warmen Seite abgeben, d.h. im Haus. Eine umgedrehte Klimaanlage wird Wärmepumpe genannt.

Erhielt die Wärmepumpe wirklich etwas umsonst? In gewisser Weise ja. In gewisser Weise nein. Man erkennt, daß Wärme erzeugt werden kann, z.B. in einem Toaster, oder verschoben werden kann, z.B. in einer Klimaanlage. Die Wärmepumpe verschiebt Wärme. Die Wärme bewegt sich von allein von einem warmen zu einem kalten Ort. Mit einer Pumpe (und Energie für den Betrieb der Pumpe) kann sie jedoch von kalten Orten an warme Orte verschoben werden.

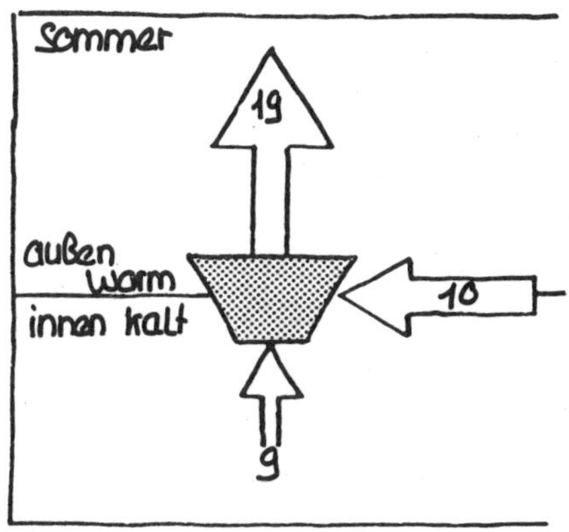

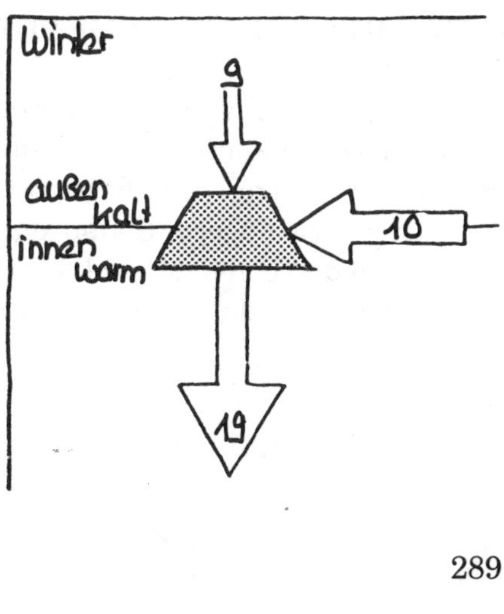

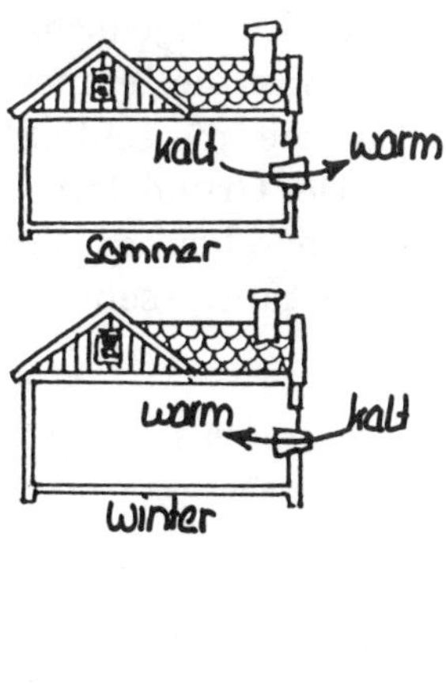

GIBT ES IRGENDWO EIN KALTES FLECKCHEN?

Es gibt die begründete Meinung, daß die Temperatur des gesamten Universums etwa 3 K* beträgt, und zwar durch die bei Entstehung des Universums aus dem kosmischen Feuerball freigesetzte Wärme (Urknall). Wenn das so ist, ist es dann denkbar, daß ein kleiner Teil des Universums kälter als 3 K sein könnte?

a) Ja, ein Teil könnte kälter gemacht werden.
b) Es gibt keine Möglichkeit, einen Teil kälter zu machen.

ANTWORT: GIBT ES IRGENDWO EIN KALTES FLECKCHEN?

Die Antwort ist: a. Im Juli beträgt die Temperatur in ganz Ägypten 35°C, mit einer guten Klimaanlage könnnen Sie einen Raum jedoch auf 20°C abkühlen. Daher könnte man in einem Laboratorium die Temperatur auf unter 3 K absenken. Dafür benötigt man Energie, die schließlich von einem Stern wie unserer Sonne kommen muß. Der Grund dafür, daß wir einige Teile des Universums kälter als 3 K machen können, liegt ironischerweise darin, daß einige andere Teile wie die Sterne sehr viel heißer als 3 K sind.

* K (Kelvin); 3 K = –270°C.

WÄRMETOD

Der Wärmetod des Universums bezieht sich auf einen Zeitpunkt in ferner Zukunft, an dem das gesamte Universum

a) keine Energie mehr hat
b) überhitzt wird
c) friert
d) . . . weder noch

ANTWORT: WÄRMETOD Die Antwort ist: d. Der Wärmetod bezieht sich auf einen Zeitpunkt, an dem das gesamte Universum die gleiche Temperatur hat. Es könnte heiß sein, es könnte kalt sein, oder es könnte gerade so richtig temperiert sein. Das spielt keine Rolle, wenn überall die gleiche Temperatur herrscht. Das Universum ist jetzt in heiße und kühle Orte unterteilt. Die Sterne sind heiß, der Platz dazwischen ist kalt. Jeden Tag werden die Sterne ein wenig kühler, während sie ihre Energie abstrahlen. Und jeden Tag werden die Orte, die die Energie empfangen,etwas wärmer. Früher oder später muß der Temperaturunterschied verschwinden. Soweit es die Energie betrifft, ist dann die in "Verschmierte Sonne" beschriebene Situation zur Realität geworden.
Die Energie wird üblicherweise als "Fähigkeit zur Ausführung von Arbeit" beschrieben; das ist aber keine gute Definition. Nach dem Wärmetod besitzt das Universum immer noch seine gesamte Energie. Energie, die sich jedoch überall auf der gleichen Temperatur befindet, kann keine Arbeit ausführen. Sie kann nur dann Arbeit ausführen, wenn ein kälterer Ort gefunden werden kann.
Wenn Sie übrigens irgendwie fähig wären, das Universum nach dem Wärmetod zu betrachten, würden Sie nichts sehen. Es gäbe keinen Kontrast zwischen den Dingen, genau wie in einem Hochofen mit gleichmäßiger Temperatur die Kohle und die Innenwände nicht unterschieden werden können.

WEITERE FRAGEN (OHNE ERKLÄRUNGEN)

Mit den folgenden Fragen, die denen der vorausgegangenen Seiten entsprechen, werden Sie allein gelassen. Denken Sie physikalisch!

1. Sie haben im Bahnhofsrestaurant eine Tasse Kaffee bestellt und erhalten sie 5 Minuten bevor Ihr Zug abfährt. Der Kaffee ist sehr heiß. Wenn Sie sich beim Austrinken des Kaffees nicht die Zunge verbrennen wollen, ist es günstiger

a) die kalte Milch sofort in den Kaffee zu gießen
b) solange wie möglich zu warten und sie erst kurz vor dem Trinken hineinzugießen
c) . . . wie Sie es auch machen, der Kaffee ist in beiden Fällen gleich heiß (zu heiß).

2. Wenn Glas sich bei Erwärmung stärker ausdehnen würde als Quecksilber, würde das Quecksilber in einem normalen Quecksilberthermometer steigen, wenn die Temperatur

a) steigt   b) fällt   c) steigt oder fällt

3. Wird die Temperatur einer bestimmten Luftmenge gesenkt, muß das Volumen

a) steigen   b) fallen   c) ...kann man nicht sagen

4. Wird ein Metallblech mit einem Loch in der Mitte abgekühlt, wird der Lochdurchmesser

a) größer   b) kleiner   c) ...bleibt gleich

5. Bei gleicher Wärmezufuhr kocht das Wasser schneller

a) in den Bergen   b) auf Meereshöhe

Kartoffeln oder Eier sind am schnellsten gar

a) in den Bergen   b) auf Meereshöhe

6. Eine luftgefüllte Dose wird bei Normaldruck und Zimmertemperatur (20°C) abgedichtet. Um den Druck in der Dose zu verdoppeln, muß sie auf

a) 40°C b) 273°C c) 313°C d) 546°C e) 586°C

erhitzt werden.

7. Wenn die 20°C-Luft in der Dose doppelt so heiß sein soll, ist ihre Temperatur

a) 40°C b) 273°C c) 313°C d) 546°C e) 586°C

8. Ein Topf mit sauberem Schnee und ein Topf mit schmutzigem Schnee werden in die Sonne gestellt. Zuerst schmilzt

a) der saubere Schnee b) der schmutzige Schnee
c) beide gleich schnell

9. Ein Topf mit sauberem Schnee und ein Topf mit schmutzigem Schnee werden auf einen heißen Ofen gestellt. Zuerst schmilzt

a) der saubere Schnee b) der schmutzige Schnee
c) beide gleich schnell

10. Wird einem Stoff Wärme hinzugefügt,

a) steigt die Temperatur b) sinkt die Temperatur
c) kann die Temperatur gleich bleiben

11. Die Flüssigkeit in den Kühlspulen des Kühlschranks befindet sich in der Nähe des

a) Siedepunkts b) Gefrierpunkts

12. In einer warmen, feuchten Höhle, die vollständig von der Außenwelt isoliert ist,

a) könnten einige Lebensformen unendlich gedeihen
b) könnten keine Lebensformen unendlich gedeihen

13. Die Energie des Sonnenlichtes kann mit 100 % Wirkungsgrad

a) in Pflanzen in chemische Energie umgewandelt werden
b) mit von Menschen erdachten Geräten in Wärmeenergie umgewandelt werden
c) sowohl als auch
d) weder noch

14. Eine bestimmte Menge Brennstoff, die in Ihrem Ofen verbrannt wird, erzeugt die Wärmemenge X. Wenn die gleiche Brennstoffmenge in einem Elektrizitätswerk verbrannt und die gesamte so erzeugte Elektrizität dafür verwendet wird, Ihr Haus mit Hilfe einer elektrischen Wärmepumpe zu heizen, würde die Wärmepumpe

a) eine kleinere Wärmemenge als X
b) die Wärmemenge X
c) mehr als die Wärmemenge X

erzeugen.

15. In jedem Gas gibt es immer Stellen, wo mehr Moleküle der einen oder anderen Art spontan und kurzzeitig zusammenkommen, wodurch sich warme und kalte Punkte oder solche mit hohem oder niedrigem Druck entwickeln. Also kann der Wärmetod des Universums niemals vollständig sein.

a) richtig b) falsch

SCHWINGUNGEN

Ein Schlängeln im Raum ist eine Welle, ein Schlängeln in der Zeit ist eine Schwingung. Auf Schlängelbewegungen kann man schlecht seinen Finger legen, sie sind schwer zu greifen. Schlängelbewegungen entziehen sich uns, weil sie sich über Raum oder Zeit erstrecken müssen, um überhaupt vorhanden zu sein. Eine Welle kann nicht an *einem* Ort sein, sie muß sich von einem Ort zu einem anderen erstrecken. Eine Schwingung kann es nicht zu einem Zeit-*punkt* geben – sie benötigt Zeit, um sich hin und her zu bewegen.

Neben der Ausdehnung in Zeit und/oder Raum zeigen Wellen und Schwingungen noch eine weitere Eigentümlichkeit. Im Gegensatz zu einem Felsen, der denselben Platz nicht mit einem anderen Fels teilen kann, können mehrere Wellen oder Schwingungen gleichzeitig am gleichen Ort vorhanden sein, z.B. die Stimmen von Menschen, die gleichzeitig im gleichen Raum singen. Diese Schwingungen und die eines ganzen Sinfonieorchesters können in einer einzelnen geschwungenen Rille einer Schallplatte eingefangen werden. Erstaunlicherweise unterscheiden unsere Ohren die verschiedenen Teilschwingungen, und wir genießen das verschlungene Wechselspiel verschiedener Quellen. Wir erfreuen uns der Schwingungen.

MEEKY MOUSE

Meeky Mouse möchte die Kugel aus der Schale herausbekommen, doch die Kugel ist zu schwer, und die Seiten der Schale sind zu steil, so daß Meeky das Gewicht der Kugel nicht halten kann. Nur mit ihrer eigenen Kraft, ohne Hebel oder andere Hilfsmittel, kann Meeky

a) die Kugel nicht aus der Schale herausbekommen
b) die Kugel aus der Schale herausbekommen (aber wie?)

ANTWORT: MEEKY MOUSE Die Antwort ist: b. Wie? Durch Hin- und Herrollen der Kugel. Jedes Mal, wenn die Kugel vorbeikommt, gibt Meeky ihr einen kleinen Stoß und fügt so etwas Energie hinzu. Schließlich ist genügend Energie hinzugefügt worden, daß die Kugel über den Rand hinausschießt.
Der Trick dabei ist, daß man rechtzeitig in die richtige Richtung schiebt. Meeky muß den Rhythmus der Stöße an den natürlichen Rhythmus der hin- und herrollenden Kugel anpassen. In der Sprache der Physik wird der natürliche Rhythmus die Resonanzfrequenz der Schwingung genannt.*
Neben der Kugel in der Schale haben noch viele andere Dinge Resonanzfrequenzen: Pendel, elektrische Summer, Hupen und Glocken; sogar Wasser in einer Badewanne oder im Ozean schwingt mit einer bestimmten Resonanzfrequenz.
Normalerweise gibt es für ein Ding mehrere Möglichkeiten zu schwingen. Die Kugel in der Schale kann zum Beispiel hin und her oder im Kreis herumschwingen. Diese verschiedenen Möglichkeiten werden Resonanzschwingungen genannt. Manchmal haben die verschiedenen Schwingungen verschiedene Resonanzfrequenzen. Es gibt beispielsweise verschiedene Möglichkeiten, wie eine Autoantenne hin- und herschwingen kann. Genauso können die Saiten eines Musikinstruments mit verschiedenen Resonanzfrequenzen schwingen.

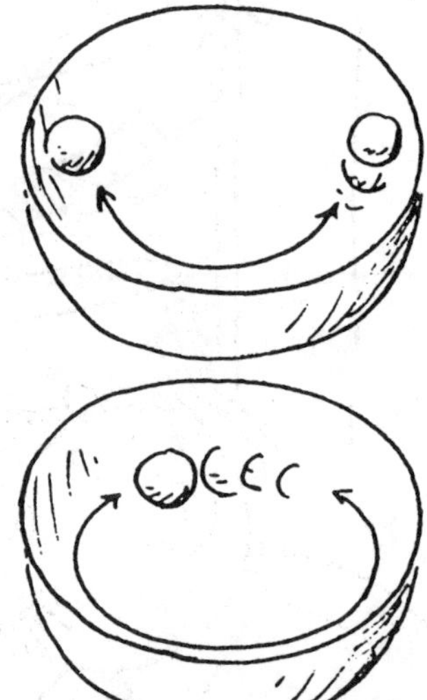

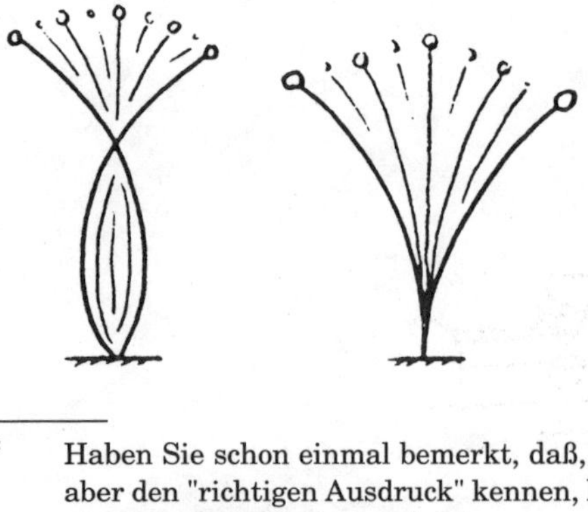

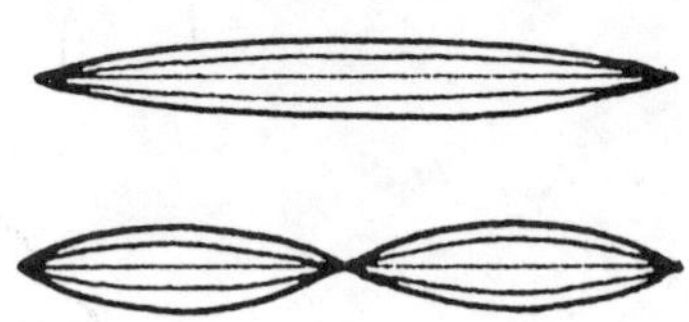

* Haben Sie schon einmal bemerkt, daß, wenn Sie etwas eigentlich nicht verstehen, aber den "richtigen Ausdruck" kennen, Leute, die ebenfalls nichts verstehen, häufig glauben, daß Sie es verstehen?

VERMISCHTES

Bevor es Radio und Telefon gab, wurden Meldungen über lange Strecken mit Hilfe eines Telegraphen übertragen. Eine wesentliche Beschränkung des Telegraphen war, daß jeweils nur eine Meldung zur Zeit über einen einzelnen Telegraphendraht gesendet werden konnte.

a) ja, das ist richtig
b) falsch

ANTWORT: VERMISCHTES Die Antwort ist: b. Vor mehr als einem Jahrhundert wurden mehrere Meldungen in der folgenden Weise übertragen: Eine elektrische Klingel oder ein Summer kann mit Hilfe einer daran befestigten Feder auf eine niedrige oder hohe Frequenz abgestimmt werden. Je fester die Feder ist, desto höher ist die Frequenz. An der Sendestation werden zwei Glocken A_1 und B_1 auf verschiedene Frequenzen abgestimmt. An der Empfangsstation befinden sich auch zwei Glocken. Die eine, A_2, wird auf die gleiche Frequenz wie A_1 und die andere, B_2, auf die gleiche Frequenz wie B_1 abgestimmt.
Wenn Sie jetzt an der Sendestation die Telegraphentaste drücken, die zu Glocke A_1 führt, läutet an der Empfangsstation nur die Glocke A_2, da die andere Glocke an der Empfangsstation (B_2) sich nicht in Resonanz mit der Frequenz der A-Glocken befindet.

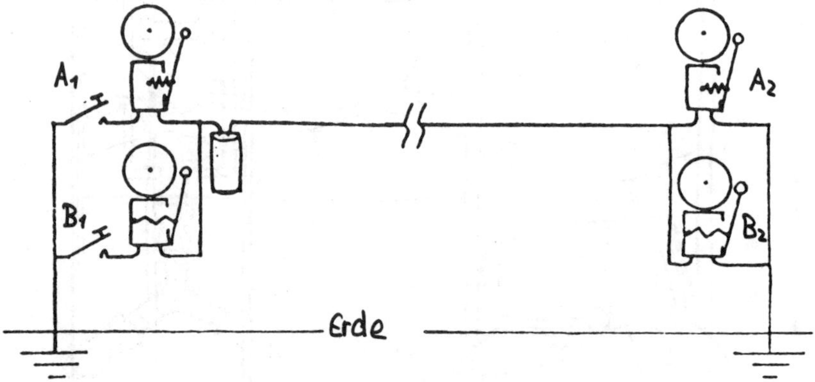

Das Wesentliche daran ist, daß nicht einfach ein Telegraphensignal, z.B. Punkt Punkt Strich (. .–), gesendet wird, sondern daß die Punkte und Striche mit bestimmten Freqenzen moduliert werden. Der Empfänger kann dann die Signale durch die Modulationsdifferenz unterscheiden. In gleicher Weise werden Rundfunkstationen voneinander unterschieden. Unterschiedliche Rundfunkstationen senden auf bestimmten Trägerfrequenzen. Ihr Radiogerät ist ein variabler Resonator, und Sie stellen ihn auf die Trägerfrequenz Ihrer Wahl ein, wodurch Sie zwischen den vielen verschiedenen Signalen, die das Gerät empfängt, unterscheiden.

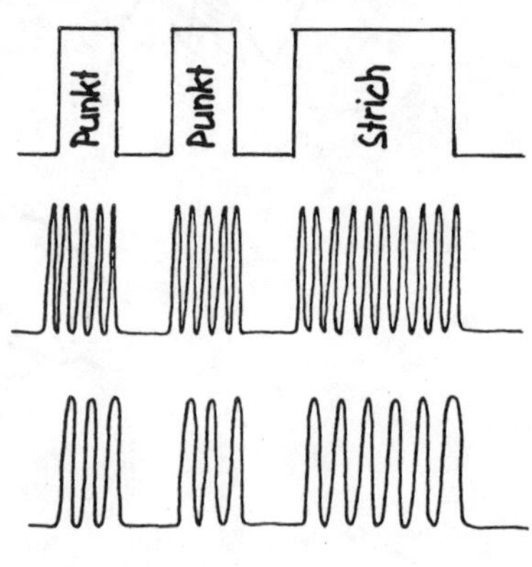

KONSTRUKTIV UND DESTRUKTIV

Die Spritze A ist mit einem Y-förmigen Glas und drei Gummischläuchen an B und C angeschlossen. Werden die Kolben in B und C bewegt, muß sich der Kolben in A

a) ebenfalls bewegen
b) nicht unbedingt bewegen

ANTWORT: KONSTRUKTIV UND DESTRUKTIV Die Antwort ist: b. Bewegen sich B und C beide in dieselbe Richtung, muß sich A auch bewegen. Wird B aber herausgezogen, während C hineingeschoben wird, braucht sich A überhaupt nicht zu bewegen. Die Verschiebung von A ist die Summe von B + C, und diese Summe kann 0 sein, wenn B und C entgegengesetzt sind. Wir nehmen an, daß die Kolben in B und C wie Motorkolben hin- und herschwingen. Wenn sie zusammen schwingen, ist die sich ergebende Schwingung von A groß. Wenn sie entgegengesetzt schwingen, heben sie einander auf, so daß A überhaupt nicht schwingt. Man kann diese Idee auf Wellen erweitern, und zwar auf Wasserwellen oder Schall- oder Lichtwellen, die alle von etwas Schwingendem erzeugt werden. Wenn die Wirkung der verschiedenen schwingenden Dinge oder Wellen zusammenkommt, können Sie die Gesamtwirkung nicht vorhersagen, bevor Sie wissen, ob die Dinge zusammen oder entgegengesetzt schwingen.

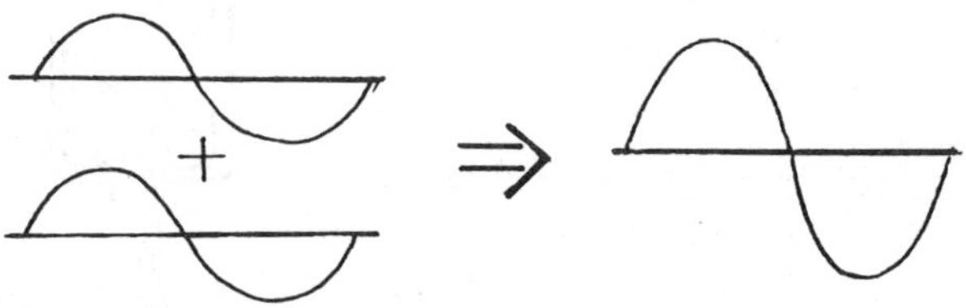

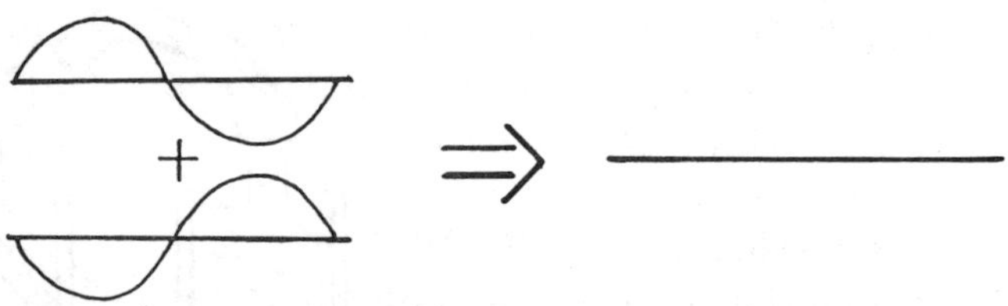

Für diese Vorstellung gibt es wissenschaftliche Bezeichnungen. Wenn Dinge gleichförmig schwingen, werden sie als "in Phase" oder "synchronisiert" bezeichnet. Wenn sie entgegengesetzt schwingen, befinden sie sich "in entgegengesetzter Phase" oder "180° aus der Phase". Wenn Schwingungen nicht in Phase sind, stören sie sich bei Überlagerung destruktiv und löschen einander aus. Befinden sie sich in Phase, überlagern sie sich konstruktiv und verstärken einander. Wenn Wasserwellen so zusammenkommen, finden wir Bereiche der Ruhe; wenn sich Schallwellen kombinieren, hören wir ein Pochen oder Schwebungen; Kombinationen doppelt reflektierter Lichtwellen erzeugen wunderbare Farben, die wir in Seifenblasen oder Benzinpfützen auf einer feuchten Straße sehen.

GLUCK GLUCK GLUCK

Sie leeren eine Literflasche. Während die Flüssigkeit herausläuft, ertönt ein "gluck gluck gluck". Wenn die Flasche leerer wird, ändert sich die Frequenz des Geräusches folgendermaßen:

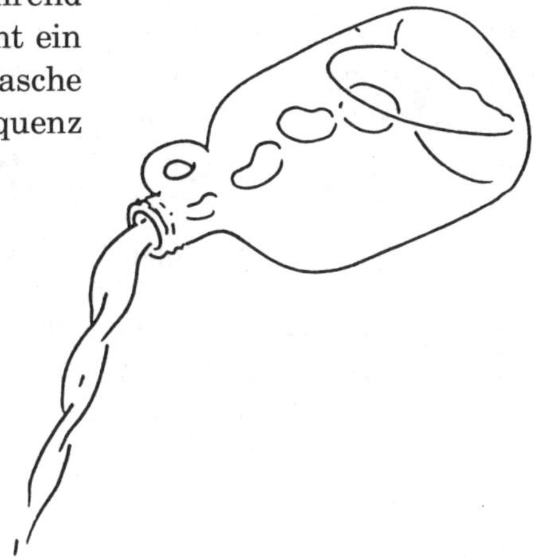

a) Sie wird tiefer, also:
gluck, gluuck, gluuuck.
b) Sie ändert sich nicht, also:
gluck, gluck, gluck.
c) Sie wird höher, also:
gluuuck, gluuck, gluck.

ANTWORT: GLUCK GLUCK GLUCK Die Antwort ist: a. Wenn die Flüssigkeit herausläuft, wird der Luftraum in der Flasche größer und hat damit eine niedrigere Resonanzfrequenz. Denken Sie daran: große Orgelpfeifen erzeugen tiefe Töne. Die Flüssigkeitsströmung pulsiert mit der Resonanzfrequenz des Luftraums, und diese wird geringer, wenn die Flüssigkeit ausläuft.

Das Umgekehrte geschieht, wenn Sie Wasser in einen Behälter laufen lassen. Wenn der Luftraum kleiner wird, steigt die Frequenz des Tons, der aus dem Behälter kommt. Sie können also beinahe durch Zuhören ohne hinzusehen entscheiden, wann der Behälter voll ist.

Warum ist aber die Frequenz des Gluckgeräusches beim Leeren immer so viel tiefer als beim Füllen? Weil das Wasser beim Leeren mit der Luft schwingen muß, während beim Füllen nur die Luft vibriert.

Stellen Sie sich eine kleine Masse vor, die an einer Feder hängt und auf und nieder schwingt. Stellen Sie sich dann eine größere Masse an der gleichen Feder vor. Die größere Masse schwingt langsamer. Die Beschleunigung der größeren Masse ist schwieriger. Genauso verlangsamt die Masse des Wassers die Vibrationen beim Leeren des Behälters.

DR. DINGDONG

Dr. Dingdong schlägt eine Glocke an und hört sie mit ihrem neuen Stethoskop ab. Sie bewegt das Stethoskop um den Rand der Glocke herum und findet dabei, daß

a) alle Stellen des Rands gleich laut sind
b) einige Stellen laut und andere fast geräuschlos sind

ANTWORT: DR. DINGDONG Die Antwort ist: b. Wenn die Glocke vom Klöppel angeschlagen wird, wird der kreisförmige Rand zu einem Oval verbogen, das dann elastisch zu einem anderen Oval zurückschwingt. Der Rand der Glocke verbiegt sich fortlaufend von einer Ovalform in die andere, solange die Glocke klingt. Die vier Punkte a, b, c und d

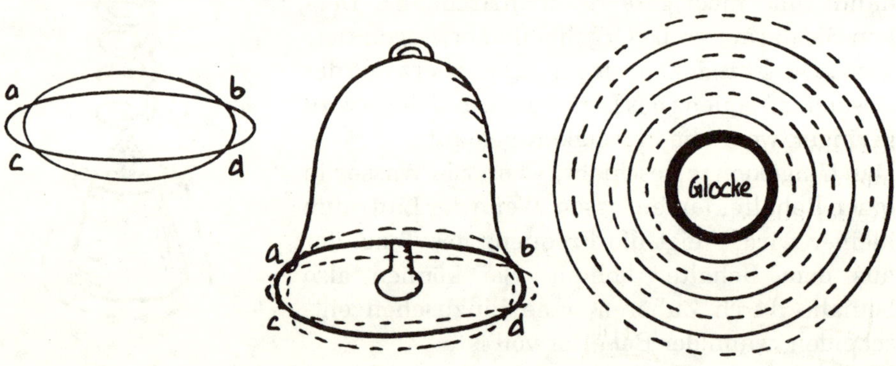

auf dem Rand schwingen aber nicht. Daher tritt an diesen Stellen auch kein Ton aus! (Können Sie sich vorstellen, daß der Rand so schwingt, daß es acht leise Stellen gibt?) Weiterhin gibt es auch leise Stellen außerhalb der Glocke, da sich die Schallwellen, die in der Nähe dieser Stellen von anderen Teilen der Glocke ankommen, gegenseitig aufheben. Wenn die Ruhepunkte um den Rand der Glocke herumlaufen, schwankt der Ton der Glocke.

PLING

Eine Gitarrensaite ist zwischen die Punkte A und G gespannt. Die Saite wird mit den Punkten B, C, D, E, F in gleiche Intervalle unterteilt. An den Punkten D, E und F werden Papierreiter auf die Saite gelegt. Die Saite wird an C festgehalten und an B gezupft. Was geschieht?

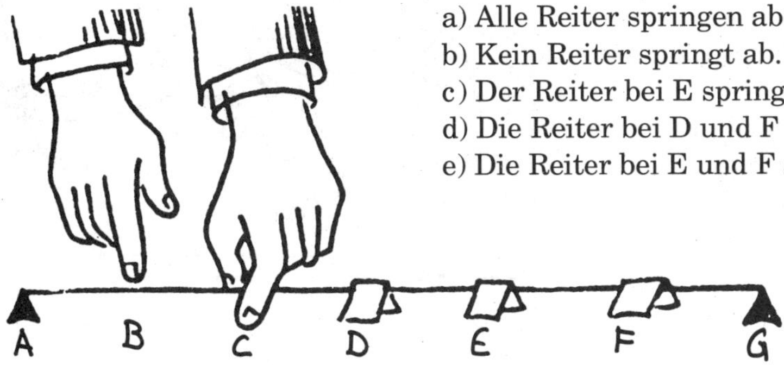

a) Alle Reiter springen ab.
b) Kein Reiter springt ab.
c) Der Reiter bei E springt ab.
d) Die Reiter bei D und F springen ab.
e) Die Reiter bei E und F springen ab.

ANTWORT: PLING Die Antwort ist: d. In diesem Fall sagt ein Bild mehr als 1000 Worte. Die Skizze zeigt, wie die Saite vibriert und welche Reiter abspringen.

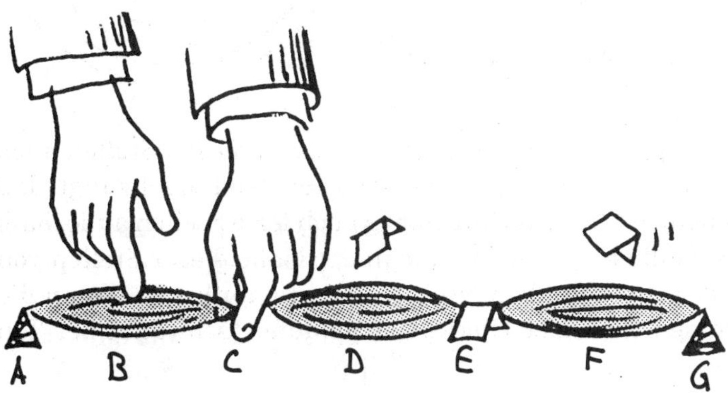

KÖNNEN SIE DIESES BILD HÖREN?

Die Töne A und B werden einzeln auf dem Oszilloskop gezeigt. Der Ton mit der höheren Frequenz ist

a) A
b) B
c) . . . beide haben die gleiche Frequenz

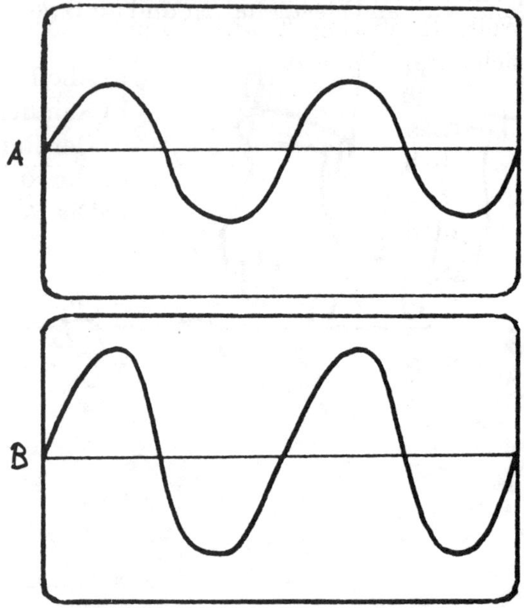

Der lautere Ton ist

a) A
b) B
c) . . . beide sind gleich laut

ANTWORT: KÖNNEN SIE DIESES BILD HÖREN? Die Antworten sind c und b. Auf dem Oszilloskop erscheinen jeweils zwei vollständige Schwingungen (Zyklen), so daß sich die Frequenz nicht unterscheidet. Die Höhe (Amplitude) der Wellen ist jedoch bei B größer, was eine stärkere Schwingungsenergie anzeigt. Damit ist B der lautere Ton.

ADDITION VON RECHTECKWELLEN

Diese Wellen werden Rechteckwellen genannt. Wenn Welle I mit Welle II überlagert wird, ergibt sich daraus Welle

a) a
b) b
c) c
d) d

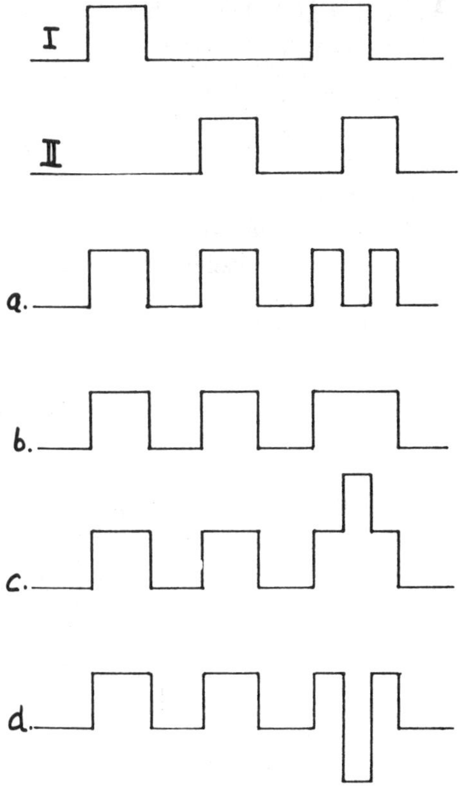

ANTWORT: ADDITION VON RECHTECKWELLEN Die Antwort ist: c. Die vertikalen Auslenkungen der Wellen I und II werden addiert, so daß sich die im Diagramm gezeigte zusammengesetzte Welle ergibt. Dies ist ein einfacher Fall, da die Auslenkungen für I und II überall 0 sind oder einen bestimmten positiven Wert annehmen.

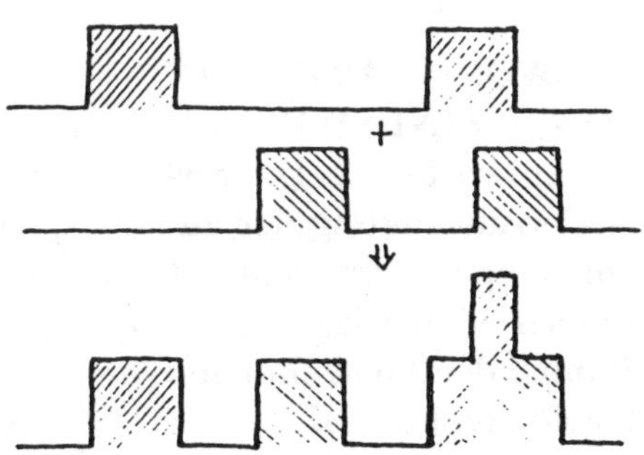

ADDITION VON SINUSWELLEN

Die Wellen I und II werden Sinuswellen (sin) oder Cosinuswellen (cos) genannt (manchmal werden sie auch als reine oder harmonische Wellen bezeichnet). Welle I, überlagert mit Welle II, ergibt Welle

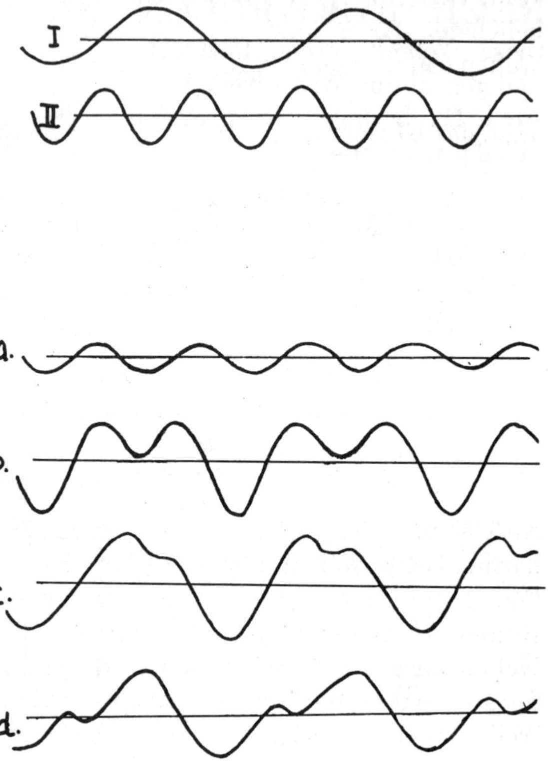

a) a
b) b
c) c
d) d

ANTWORT: ADDITION VON SINUSWELLEN

Die Antwort ist: b. Die vertikale Auslenkung der zusammengesetzten Welle ist einfach die algebraische Summe der Auslenkungen der Wellen I und II.

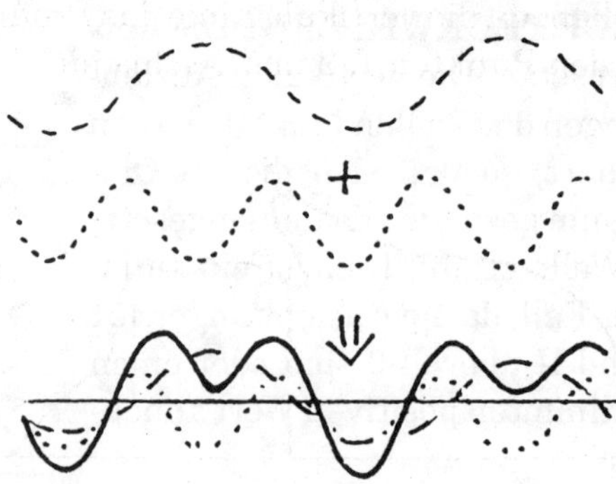

PROFIL

Welle I ist eine Folge menschlicher Profile. Diese Folge oder eine Welle beliebiger Form kann durch Addition verschiedener harmonischer Wellen (Sinuswellen), z.B. II, III usw., erzeugt (aufgebaut) werden.

a) ja, das ist richtig   b) nicht ganz

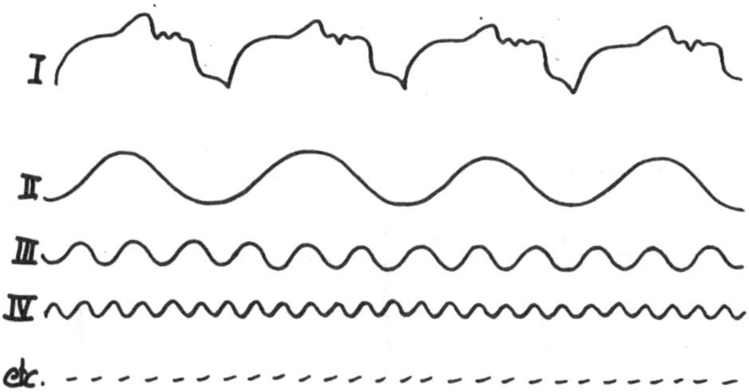

ANTWORT: PROFIL Die Antwort ist: a. Die Addition verschiedener harmonischer Wellen führt zu eigenartig geformten Wellen, aber Joseph Fourier (der mit Napoleon nach Ägypten ging, um die Hieroglyphen zu studieren) zeigte, daß jede Wellenform als Summe vieler harmonischer Wellen dargestellt werden kann. Wenn das gewünschte Profil kleine Sprünge oder scharfe Ecken haben soll, sind viele kleine Wellen (kurze Wellenlänge oder hohe Frequenz) erforderlich, um es aufzubauen. Es gibt nur eine Beschränkung für die Art der Profile, die aus harmonischen Wellen aufgebaut werden können, nämlich daß das Profil einwertig sein muß. Das bedeutet, eine senkrecht durch das Profil gezeichnete Linie darf das Profil nur in einem Punkt schneiden, Punkt 1. Sie können also kein Profil mit einer Hakennase darstellen, da die vertikale Linie das Profil an den Punkten 1, 2 und 3 schneidet.

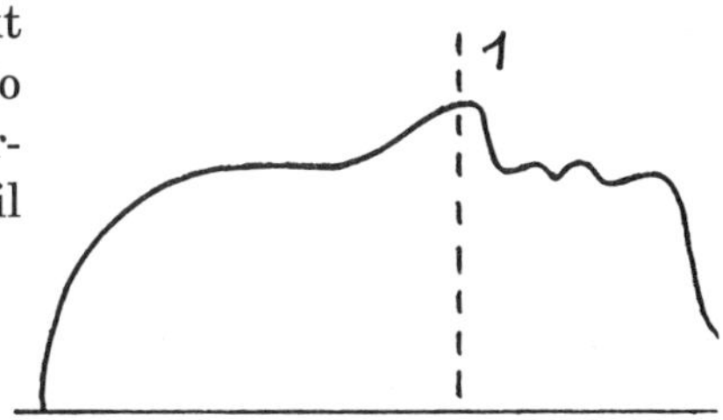

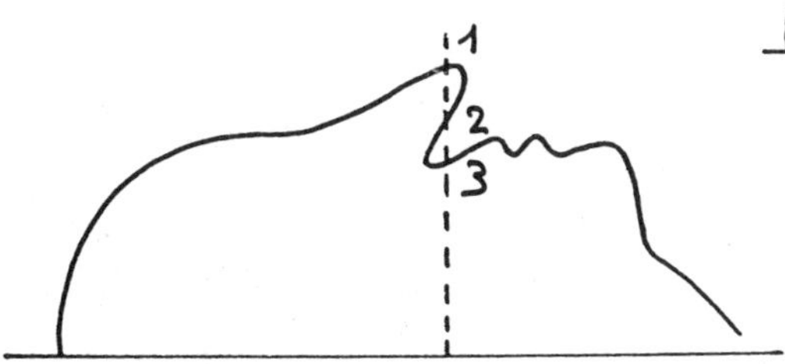

WELLEN INNERHALB VON WELLEN

Die Rechteckwelle und die Sinuswelle in der folgenden Skizze haben die gleiche Frequenz und Wellenlänge. Welche dieser Wellen enthält die Bestandteile mit der höchsten Frequenz oder kürzesten Wellenlänge?

a) die Rechteckwelle
b) die Sinuswelle
c) beide gleich

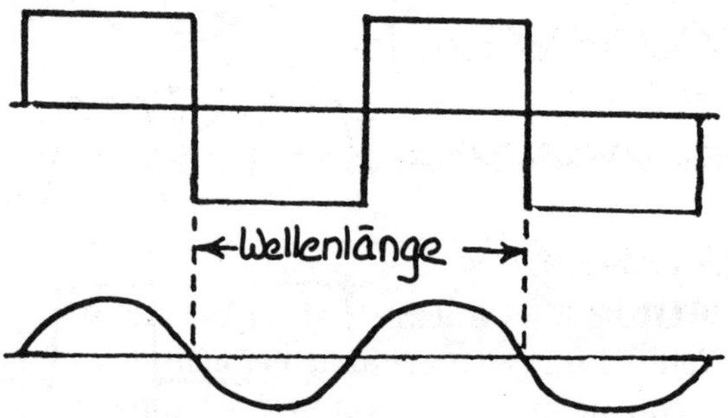

ANTWORT: WELLEN INNERHALB VON WELLEN Die Antwort ist: a. Die Welle mit den schärfsten Ecken setzt sich aus den Wellen mit den höchsten Frequenzen zusammen. Das Diagramm zeigt, wie eine Rechteckwelle schrittweise aus vielen hochfrequenten Sinuswellen zu-

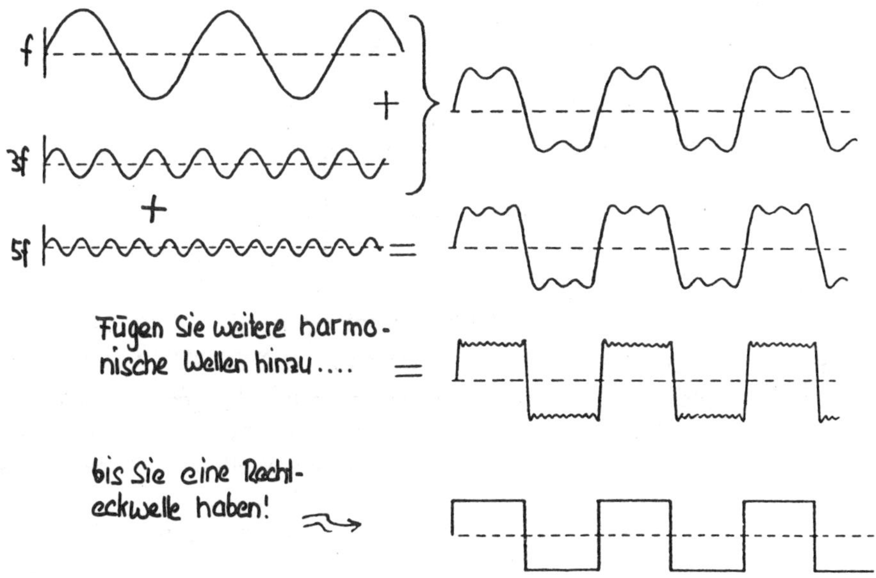

sammengesetzt wird. Wenn Sie eine Rechteckwelle durch einen Verstärker, Lautsprecher oder eine Übertragungsleitung schicken, die hohe Frequenzen nicht weiterleiten können, wird die Rechteckwelle ihrer hochfrequenten Bestandteile beraubt und kommt mit runden Schultern heraus.

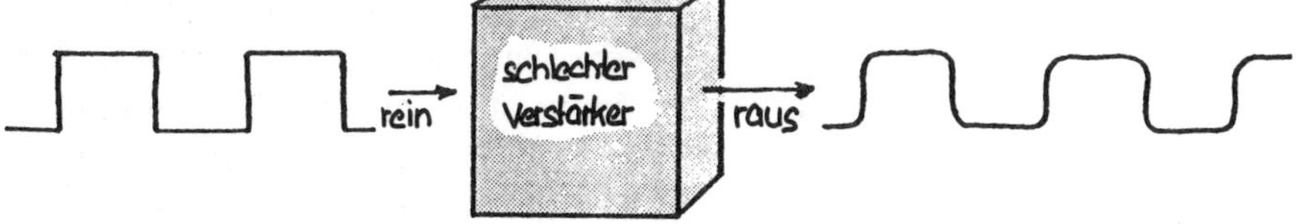

MUSS SICH EINE WELLE BEWEGEN?

Muß sich eine Welle bewegen?

a) ja b) nein

Hat eine Welle immer eine bestimmte Wellenlänge?

a) ja b) nein

Hat eine Welle immer eine bestimmte Frequenz?

a) ja b) nein

ANTWORT: MUSS SICH EINE WELLE BEWEGEN? Alle Antworten sind: b. Wellen bewegen sich nicht immer. Betrachten Sie die kleinen Wellen vor einem Fels in einem Bach.

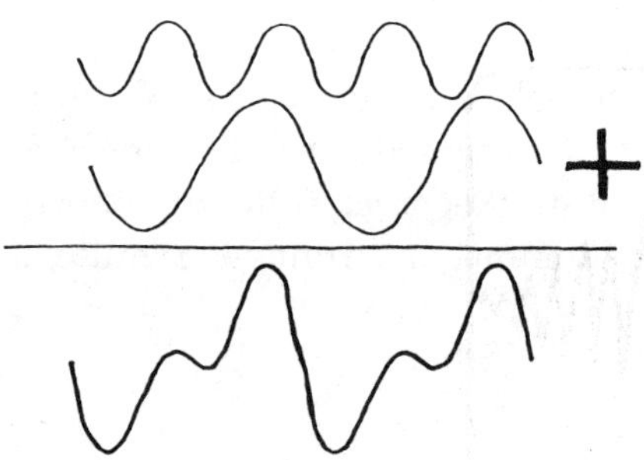

Wellen haben nicht immer eine bestimmte Wellenlänge. Denken Sie daran, daß Sie zwei Wellen addieren können, wodurch Sie eine dritte Welle erhalten. Wenn die beiden addierten Wellen eine unterschiedliche Wellenlänge haben, wie groß ist dann die Wellenlänge der kombinierten Welle?

Ähnlich läßt sich zeigen, daß eine Welle nicht immer eine bestimmte Frequenz hat. Diese Unsicherheit über Wellenlänge und Frequenz spielt eine wesentliche Rolle in der Quantenmechanik, wo Wellenlänge und Frequenz zu Impuls und Energie werden – unscharfer Impuls und unscharfe Energie!

SCHWEBUNGEN

Zwei verschiedene Noten ertönen zur gleichen Zeit. Ihre Töne addieren sich, und die Summe wird auf einem Oszilloskop gezeigt (Bild A). Dann ertönen zwei andere Noten, deren Summe auf dem Oszilloskop (Bild B) gezeigt wird. Aus den beiden Bildern können wir erkennen, daß die im Bild A gezeigten Töne

a) in der Frequenz dichter beieinander liegen
b) in der Frequenz weiter voneinander entfernt liegen
c) in der Frequenz genauso dicht nebeneinander liegen wie die Töne aus Anzeige B
d) mit den Frequenzen in Anzeige B identisch sind
e) Es gibt keine Möglichkeit, aus diesen Bildern zu erkennen, welches Paar Töne in der Frequenz am dichtesten beieinander liegt.

A

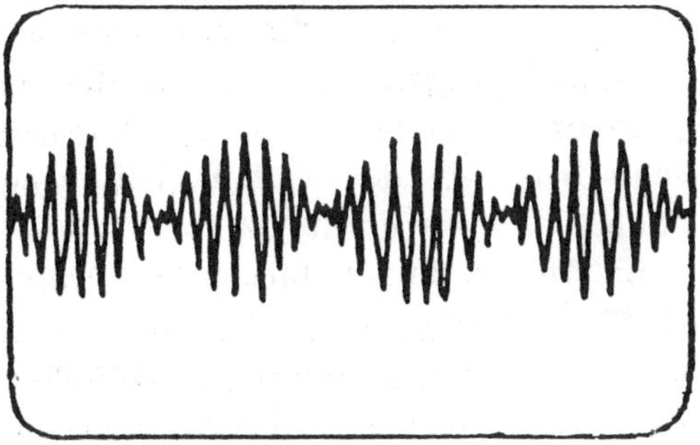

B

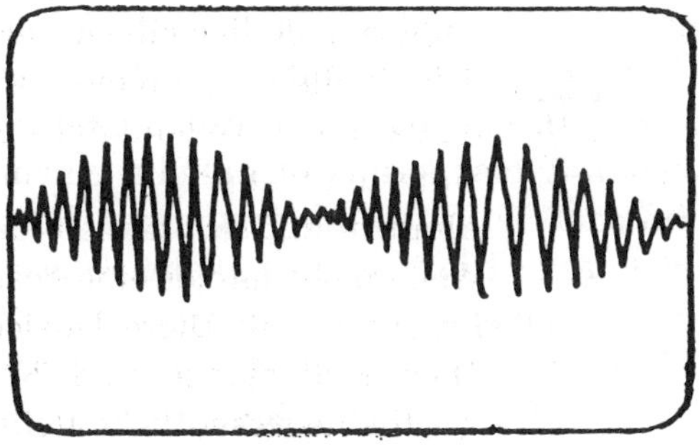

ANTWORT: SCHWEBUNGEN Die Antwort ist: b. Um das zu verstehen, müssen wir die beiden rechts abgebildeten Meßlatten betrachten. Die Markierungen auf Meßlatte I haben etwas größere Zwischenräume als die Markierungen auf Meßlatte II. Bei A stimmen die Markierungen miteinander überein, weiter unten bei B jedoch nicht mehr. Bei C stimmen sie wieder überein, da II um eine volle Markierung zurückgefallen ist. Wenn die Markierungen bei A, C und E übereinstimmen, werden sie als in Phase oder synchronisiert bezeichnet. Bei B und D sind sie nicht in Phase oder nicht synchronisiert.

Kurzes Nachdenken zeigt, daß die Markierungen um so häufiger wieder zusammentreffen, je größer die Differenz der Zwischenräume ist. Sind die Zwischenräume fast gleich groß, treffen die Markierungen an weniger, weiter voneinander entfernten Stellen zusammen. Haben die Markierungen auf beiden Meßlatten die gleichen Abstände, so bleibt ihre Synchronisation immer gleich – entweder stimmen sie überall überein oder nirgends. Wir wollen jetzt die Markierungen auf den Meßlatten zur Darstellung einer Schallwelle verwenden. Die Markierungen sollen die Hochdruckteile der Welle (Verdichtungen) und die Mitte des Raums zwischen den Markierungen die Niederdruckteile der Welle (Verdünnungen) darstellen. Wir erkennen, daß die Frequenz von Welle II höher ist als die Frequenz von Welle I, da die Markierungen oder Wellen bei II häufiger als bei I auftreten.

I und II stellen also ein Paar von Tönen dar. Wenn sie zusammen angeschlagen würden, träten konstruktive Interferenzen bei A, C und E und destruktive Interferenzen bei B und D auf, wo hoher und niedriger Druck zusammenkommen und sich aufheben. Daher wäre an den Punkten A, C und E der Schall laut und an B und D leise. Der Gesamtschall würde pulsieren oder vibrieren. Dieses Vibrieren wird Schwebung genannt; man kann es häufig bei einem Flugzeug mit zwei Motoren oder bei einem zweimotorigen Boot hören. Wenn die Motoren genau gleich laufen, gibt es keine Schwebungen, wenn einer aber etwas schneller als der andere läuft, hat er eine geringfügig höhere Frequenz als der andere, so daß Schwebungen auftreten. Wenn die Differenz der Frequenzen steigt, steigt die Schwebungsfrequenz. In Bild A treten die Schwebungen doppelt so häufig auf wie in Bild B, der Unterschied der Tonfrequenz in A ist also doppelt so groß wie der in Bild B. Die Töne aus Bild B liegen daher in der Frequenz dichter zusammen.

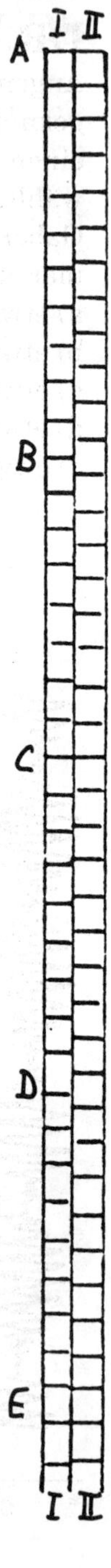

DR. DUREAUS FRAGE*

Angenommen, Sie haben sich gerade einen exzellenten Konzertflügel gekauft und wollen ihn perfekt gestimmt haben. Also bestellen Sie sich einen erstklassigen Klavierstimmer, der das Klavier mit Hilfe ausgewählter Stimmgabeln stimmt. Er schlägt immer eine Taste und eine Gabel an und hört auf Schwebungen. Wie lange braucht der Klavierstimmer, um eine perfekte Stimmung zu erreichen?

a) etwa eine Stunde
b) etwa einen Tag
c) etwa eine Woche
d) etwa einen Monat
e) ewig lange

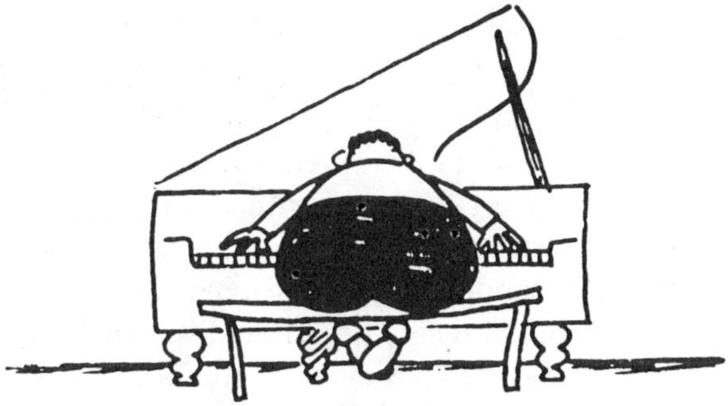

ANTWORT: DR. DUREAUS FRAGE Die Antwort ist: e. Der Klavierstimmer schlägt eine Taste und eine Gabel zusammen an und achtet auf Schwebungen. Je besser die Übereinstimmung zwischen Klaviersaite und Stimmgabel ist, desto weiter auseinander liegen die Schwebungen. Schließlich liegen die Schwebungen mehr als eine Minute auseinander, und das ist gut genug. Es gibt aber immer noch Schwebungen, die zwar sehr weit voneinander entfernt sind, aber bedeuten, daß das Klavier nicht perfekt gestimmt ist. Um die Klavierstimmung perfekt zu machen, müßte der Klavierstimmer unendliche Geduld haben und ewig zuhören. Natürlich ist der Schall lange vorher verklungen, so daß Sie sich mit einer nicht ganz perfekten Stimmung zufriedengeben müssen.

* Dr. Dureau ist ein Physiklehrer, und das ist eine seiner Lieblingsfragen.

AUSSCHNITT

Nehmen wir an, Sie schneiden aus einem vollständigen Tonband einer Symphonie ein winziges Segment heraus, wie es die Abbildung zeigt. Kann man mit diesem sehr kurzen Ausschnitt des Bandes genau feststellen, welche Noten in dem Moment gespielt wurden, als das Stück aufgezeichnet wurde?

a) Ja, man kann das kurze herausgeschnittene Stück analysieren und die Noten genau identifizieren.
b) Nein, für die Identifikation der Noten ist ein langes Stück Band erforderlich. Ein kurzes Stück reicht nicht aus.

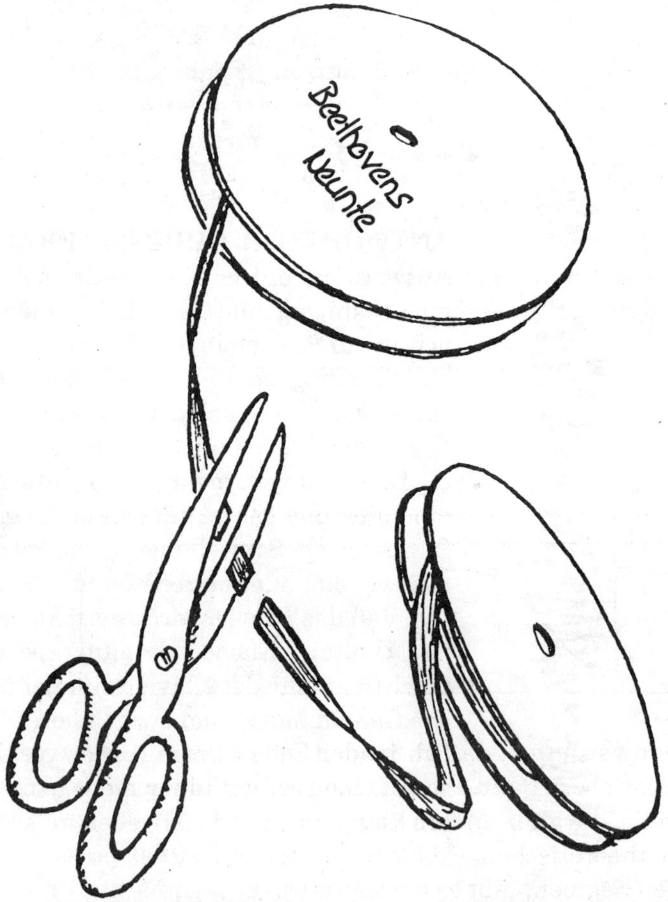

ANTWORT: AUSSCHNITT Die Antwort ist: b. Wäre der Ausschnitt nicht allzu kurz, könnten Sie fast die genaue gespielte Note erkennen, aber bei einem sehr kurzen Stück können Sie praktisch gar nichts erken-

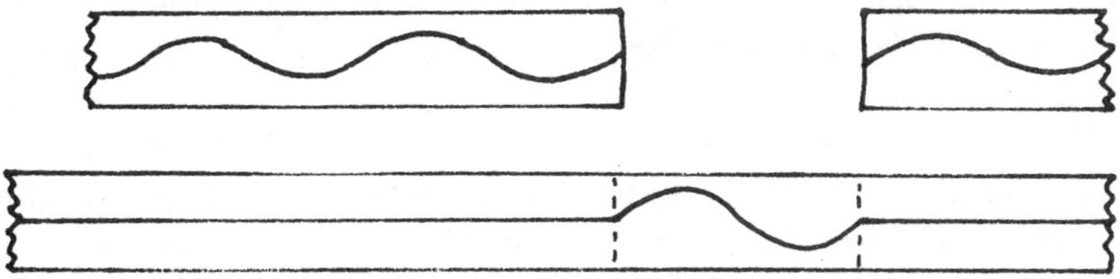

nen. Angenommen, Sie haben ein langes Stück Band mit einem Ton, wie es oben gezeigt wird, und Sie schneiden ein kleines Segment heraus und kleben es in ein langes leeres Band ein. Wenn Sie das zusammengeklebte Band abspielen, hören Sie einen kurzen Impuls, wenn das eingeklebte Segment vorbeiläuft; aus diesem kurzen Impuls können Sie den Ton wahrscheinlich nicht identifizieren. Sie können vermuten, daß Sie die Frequenz des Tons herausfinden können, wenn Sie den Impuls untersuchen und die Wellenlänge oder auch nur die Hälfte oder ein Viertel der Wellenlänge messen könnten.

Das stimmt aber nur, wenn der Ton aus einer reinen Note besteht. Die meisten Töne enthalten viele Grundtöne mit Obertönen. In der folgenden Skizze können Sie ein Segment mit viertel oder halber Wellenlänge

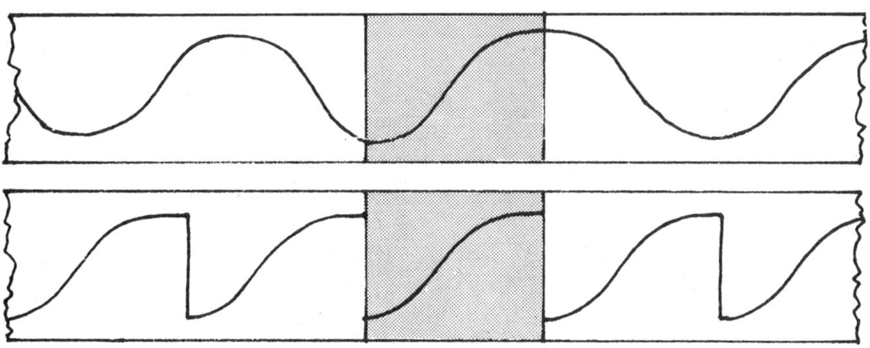

erkennen und vermuten, daß die beiden Töne identisch sind. Sie sind es aber nicht. Das obere Band enthält einen reinen Ton und das untere eine Sägezahnwelle, die ganz anders klingt.

Neben dem theoretischen Problem der Identifikation eines Tons aus einem kurzen Segment gibt es ein weiteres, ein technisches Problem. Es ist schwierig, eine einzelne Periode oder Wellenlänge zu messen, genauso

schwierig, wie die Stärke eines Blattes Papier genau zu messen. Was ist zu tun? Nehmen Sie zehn Blatt, messen Sie die Gesamtstärke und teilen Sie sie durch zehn – oder nehmen Sie zehn Schwingungen, messen die Gesamtzeit und teilen diese durch zehn. So kann man die Frequenz über eine längere Zeit leichter und genauer messen.
Das führt zu einem weiteren Problem: Es gibt auf dieser Welt verschiedene Paare von Dingen, die nicht gleichzeitig gemessen werden können – wie die genaue Frequenzmischung eines Tons und den genauen Zeitpunkt, an dem diese Mischung ertönte. Das bedeutet nicht, daß man keinen genauen Zeitpunkt festhalten kann, und es bedeutet auch nicht, daß keine präzisen Frequenzenmischmessungen gemacht werden können. Es heißt nur, daß man das eine oder das andere tun kann, aber nicht beides gleichzeitig. Diese neue Idee wird die *Unschärferelation* genannt. Die Paare bezeichnet man als *konjugierte Paare*. Sie können den einen Teil des Paars so genau messen, wie Sie wollen, dadurch verschlechtert sich aber die Möglichkeit, den anderen Teil zu messen. Sie können auch beide mit mäßiger Genauigkeit messen; wenn Sie aber versuchen, einen Teil des Paares genauer zu messen, wird dadurch zwangsläufig die Messung des anderen Teils weniger genau. Frequenzmischung und Zeit sind ein konjugiertes Paar.

MODULATION

In der Physik hat das Wort "Information" die Bedeutung von Nachrichtenübertragung. In der Skizze erkennen wir vier Signale, die alle Schall- oder Radiowellen darstellen. Welle I hat eine feste Frequenz. Welle II enthält Änderungen der Frequenz. Welle III enthält Änderungen in der Amplitude. Welle IV pulsiert. Welche dieser Signale könnten keine "Informationen" übertragen?

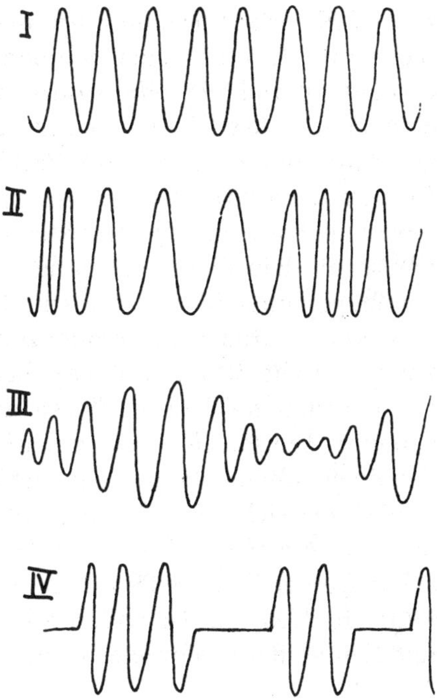

a) Welle I
b) Welle II
c) Welle III
d) Welle IV
e) Alle können Informationen übertragen.

ANTWORT: MODULATION Die Antwort ist: a. Um Informationen zu übertragen, muß das Signal fähig sein, Unterschiede auszudrücken. Eine Welle kann etwas ausdrücken, indem sie ihre Form ändert – keine Änderung, keine Informationen. Die Physik verwendet das Wort "Modulation", um eine bestimmte Formänderung anzuzeigen. Es gibt viele Möglichkeiten für die Formänderung einer Welle. Welle II ändert beispielsweise ihre Form durch Änderung der Frequenz oder Tonhöhe. Viele Vögel tun das. UKW- oder FM-Rundfunkstationen (FM steht für frequenzmoduliert) tun das gleiche. Eine andere Möglichkeit für die Änderung der Wellenform wird in Welle III gezeigt, wo sich die Amplitude ändert, was zu Schwankungen in der Lautstärke oder Leistung führt, wie das Pochen zweier Dieselmotoren, die nur zeitweise in Phase sind. In dieser Weise simulieren MW- oder AM-Rundfunkstationen (AM steht für amplitudenmoduliert) Musik und Stimmen. Sie variieren die Leistung der Rundfunkwelle. Die Welle IV wird einfach ein- und ausgeschaltet, ungefähr wie ein bellender Hund. Das gleiche geschieht bei impulsmodulierten PM-Radiostationen (PM steht für pulsmoduliert). PM-Stationen übertragen normalerweise einen Code.

Die Welle I enthält aber keine Nachrichten. Sie ist einfach ein niemals endendes summmmmmmm... Das Summen hat keine bestimmte Formänderung. Es ist eine reine Wiederholung. Das bedeutet, Sie können genau vorhersagen, was noch kommt. Es enthält keine Neuigkeiten. Wenn das Summen zu einem bestimmten Zeitpunkt eingeschaltet oder ausgeschaltet würde, wäre das etwas anderes. Das wäre eine bestimmte Änderung oder Modulation. Aber: Keine Modulation = keine Nachrichten = keine Informationen.

GENAUE FREQUENZ

Ein bestimmter Radiomusiksender befindet sich bei 100 kHz auf Ihrer Radioskala. Nehmen wir an, Ihr Radio könnte genau auf 100 kHz abgestimmt werden und alle Frequenzen ausschließen, auch jene, die sehr dicht bei 100 kHz liegen, wie bei 100,01 kHz und 99,99 kHz. Bei einem solchen Radio würden Sie die Musik sehr deutlich hören, wenn Sie

a) auf Mittelwelle
b) auf Kurzwelle
c) auf Mittelwelle oder Kurzwelle gesendet würde
d) Sie würden weder auf Mittelwelle noch auf Kurzwelle Musik hören.

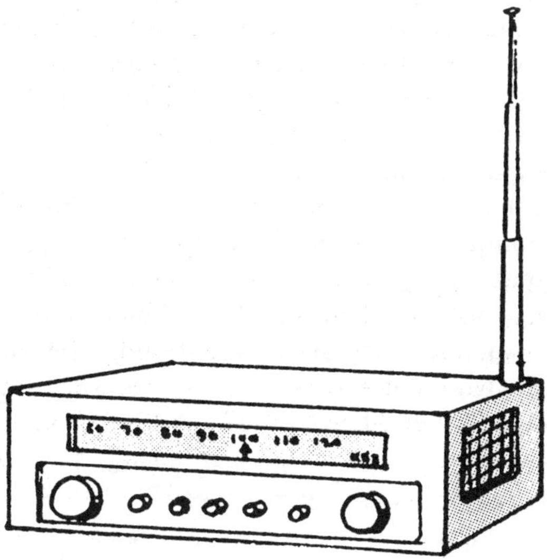

ANTWORT: GENAUE FREQUENZ Die Antwort ist, vielleicht überraschend für Sie: d. Wenn das Radio genau auf eine Frequenz beschränkt ist, kann es nicht moduliert werden. Keine Modulation bedeutet keine Information und damit auch keine Musik. Das Radio könnte nur mit einem sich nicht verändernden Ton summen. Das gilt nicht nur für frequenzmodulierte Signale, sondern auch für amplitudenmodulierte Signale. Einige Leute glauben, daß bei der Amplitudenmodulation nur eine einzelne Frequenz beteiligt zu sein braucht. Das stimmt aber nicht! Um eine amplitudenmodulierte Welle wie I zu erzeugen, wird eine pulsierende Welle wie II zu einer reinen Welle wie III hinzugefügt.

Denken Sie an "Schwebungen". Die pulsierende Welle wird durch Addition zweier Wellen mit geringfügig unterschiedlichen Frequenzen erzeugt. Dadurch ändern sie ihre Phasenbeziehung wie ein Paar Dieselmotoren. Ohne diese geringe Frequenzverschiebung gäbe es keine Amplitudenmodulation und damit keine Musik.

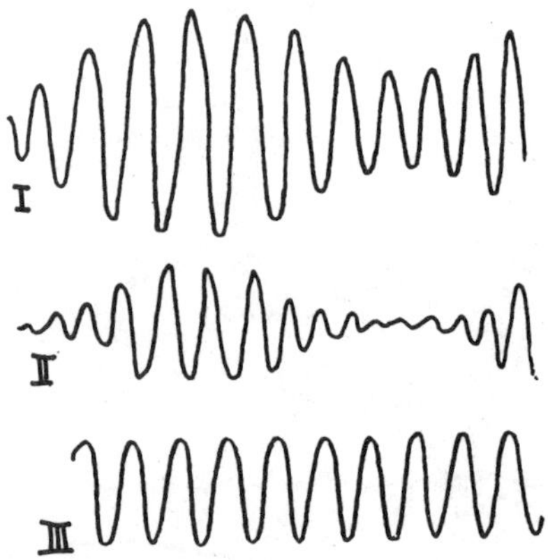

Interessanterweise sagen Radiotechniker, daß alle Informationen eines Funksignals in den Seitenbändern enthalten sind. Seitenbänder sind die Frequenzen direkt über und unter 100 kHz. Wenn Energie gespart werden muß, wie bei einer Sendung von einem entfernten Raumschiff, dann werden die zentrale Trägerfrequenz von 100 kHz und ein Seitenband unterdrückt. Es wird nur ein Seitenband zur Erde gesendet. Auf der Erde werden die 100-kHz-Trägerwelle und das andere Seitenband hinzugefügt, um das Originalsignal wieder herzustellen. Das ist wie bei dehydriertem Essen für Rucksacktouren – Sie können das Wasser immer hinzufügen, wenn Sie die Nahrung verbrauchen wollen.

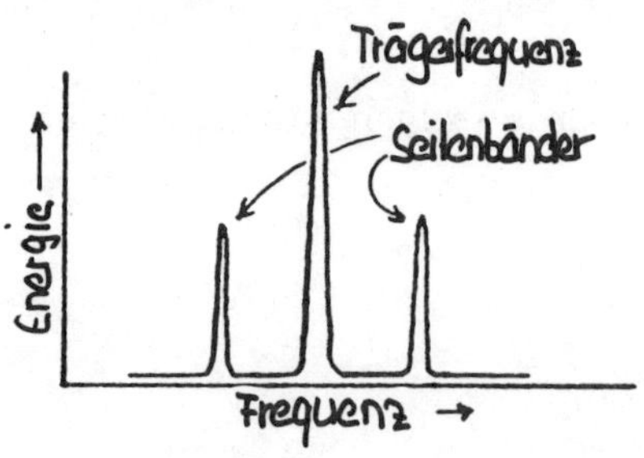

Anmerkung: Das Radio muß zwar die Seitenbandfrequenzen in der Nähe von 100 kHz enthalten, muß aber auch sorgfältig ausgelegt werden, damit es nicht zuviel enthält. Wenn die Seitenbänder zu breit sind, empfängt das Radio mehr als eine Station – ein echtes Kuddelmuddel.

QUECKSILBERMEER

Angenommen, das Wasser im Meer verwandelt sich in Quecksilber (was etwa 13mal so dicht ist wie Meerwasser). Verglichen mit der Geschwindigkeit der Meerwasserwellen, bewegen sich die Quecksilberwellen

a) schneller
b) langsamer
c) gleich schnell

Wenn die Stärke der Schwerkraft auf der Erde steigen würde, würden die Wellen sich

a) schneller bewegen
b) langsamer bewegen
c) weder schneller noch langsamer bewegen

ANTWORT: QUECKSILBERMEER Die Antwort auf die erste Frage ist: c. Konzentrieren Sie Ihre Aufmerksamkeit auf einen Kubikzentimeter Wasser im Meer. Die Kräfte auf diesen Kubikzentimeter sind für die

wellenförmige Bewegung verantwortlich. Welche Kräfte wirken auf den Kubikzentimeter? Die Kraft des Wasserdrucks durch das umgebende Wasser und die Schwerkraft. Nehmen wir jetzt an, daß die Masse jedes Kubikzentimeters auf das 13fache anwächst – das geschähe, wenn sich das Meerwasser in Quecksilber verwandeln würde. Die Druckkräfte wären 13mal größer und die Schwerkraft (oder das Gewicht) wäre ebenfalls 13mal größer. Alle Kräfte, die auf den Kubikzentimeter des in Quecksilber verwandelten Wassers wirken, wären 13mal größer. Bedeutet das, daß der Kubikzentimeter 13mal schneller beschleunigt würde? Nein. Warum? Weil der Kubikzentimeter selbst 13mal massiver also 13mal schwerer zu beschleunigen ist. Damit bleibt die Beschleunigung oder Wellenbewegung jedes Teils des Meers auch dann genau gleich, wenn es sich in Quecksilber verwandelt.
Die Antwort auf die zweite Frage ist: a. Wenn die Schwerkraft steigt, steigt das Gewicht jedes Kubikzentimeters und die Druckkraft ebenfalls. Alle Kräfte steigen. Steigt aber auch die Masse des Kubikzentimeters? Nein. Steigende Schwerkraft bedeutet nicht steigende Masse. Wir haben jetzt nur mehr Kräfte auf der gleichen Masse, daher beschleunigt der Kubikzentimeter schneller. Wenn die Bewegung jedes Teils schneller ist, ist auch die Gesamtbewegung des Ganzen, der Welle, schneller.

WASSERFLOH

Dies sind Wellen, die ein Wasserfloh auf der Wasseroberfläche erzeugt. Aus dem Wellenmuster können wir die Bewegung des Flohs erkennen. Sie verläuft

a) kontinuierlich nach links
b) kontinuierlich nach rechts
c) hin und her
d) in einem Kreis

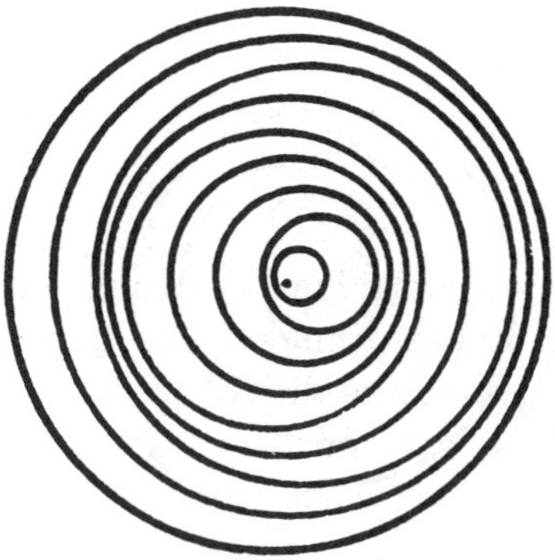

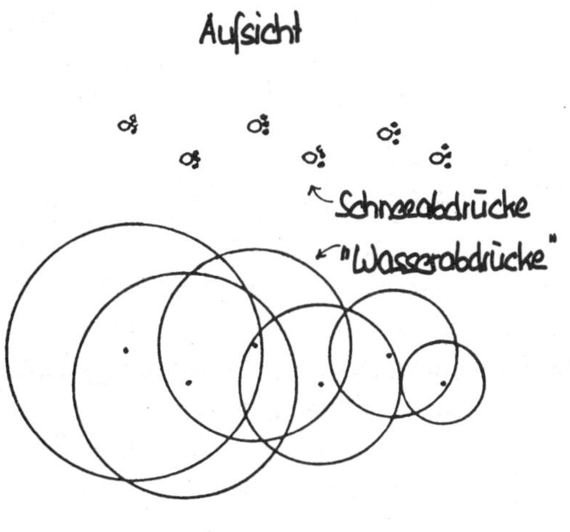

ANTWORT: WASSERFLOH

Die Antwort ist: c. Ein auf Schnee laufendes Tier hinterläßt seine Fußabdrücke und markiert seinen Weg. Auf dem Wasser verwandeln sich die "Fußabdrücke" aber in kreisförmige Kräuselungen, die nicht ortsfest bleiben. Sie dehnen sich aus. Etwas bleibt aber ortsfest, und zwar der Mittelpunkt der Kräuselungen. Er markiert ihren Ausgangspunkt. Wenn der Wasserfloh an einem Ort bleibt, haben alle von ihm erzeugten Wellen einen gemeinsamen Mittelpunkt. Wenn er sich nach rechts bewegt, verschieben sich die Mittelpunkte nach rechts. Das erzeugt eine Zusammenballung der Wellen auf der rechten Seite und eine Ausdehnung auf der linken. Sie können immer erkennen, in welche Richtung sich der Wasserfloh bewegt hat, indem Sie nachsehen, in welche Richtung sich die Wellen zusammenballen. Wir erkennen in dem Bild, daß sich die

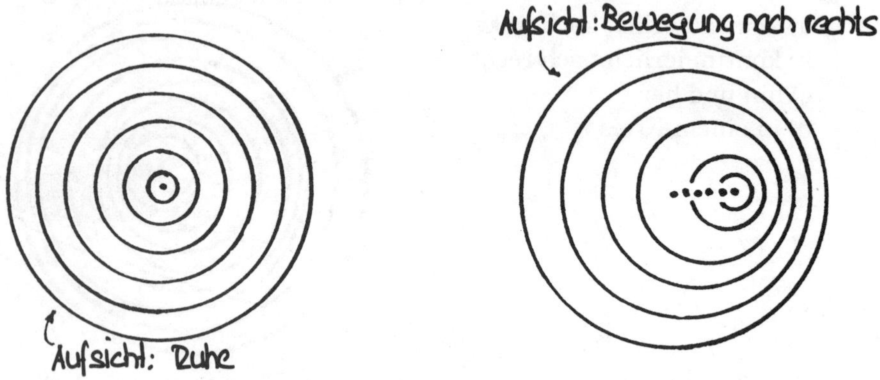

Wellen manchmal links und manchmal rechts zusammenballen, so daß wir daraus schließen können, daß sich der Floh manchmal nach links und manchmal nach rechts bewegt hat.

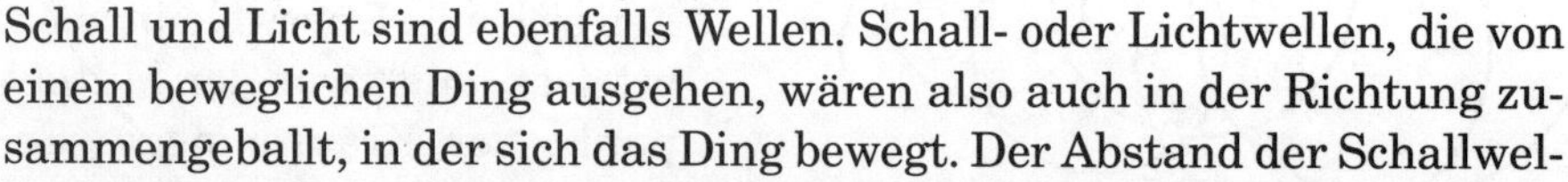

Schall und Licht sind ebenfalls Wellen. Schall- oder Lichtwellen, die von einem beweglichen Ding ausgehen, wären also auch in der Richtung zusammengeballt, in der sich das Ding bewegt. Der Abstand der Schallwellen bestimmt die Tonfrequenz, eine Zusammenballung bedeutet also eine hohe Frequenz. Augen erfassen die Frequenz des Lichts als Farbe. Eine hohe Frequenz ist blau, eine niedrige Frequenz rot.
Wenn sich also ein Licht von Ihnen weg bewegt, sieht es roter als normal aus. Wir sprechen von der Rotverschiebung im Licht der Sterne und Galaxien, die sich von unserem Sonnensystem weg bewegen.

SCHALLMAUER

Zwei Geschosse bewegen sich durch die Luft. Aus den Bugwellen, die sie erzeugen, können wir mit Sicherheit schließen, daß

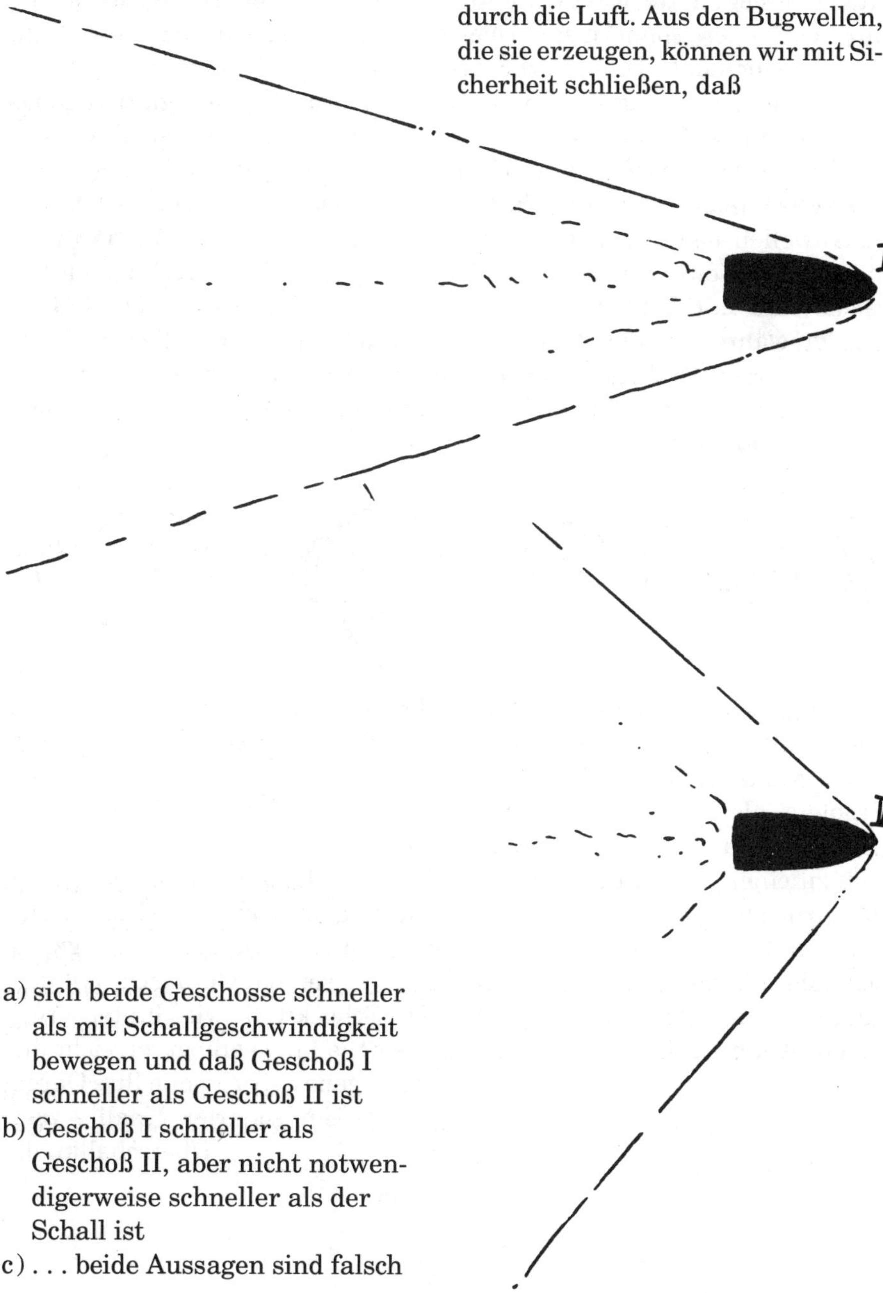

a) sich beide Geschosse schneller als mit Schallgeschwindigkeit bewegen und daß Geschoß I schneller als Geschoß II ist
b) Geschoß I schneller als Geschoß II, aber nicht notwendigerweise schneller als der Schall ist
c) . . . beide Aussagen sind falsch

ANTWORT: SCHALLMAUER Die Antwort ist: a. Wenn der Wasserfloh in unserer letzten Frage sich schneller als die von ihm erzeugten Wellen bewegt hätte, wäre das entstehende Muster keine Zusammenballung der Wellen, sondern eine Überlappung gewesen, die eine V-förmige Bugwelle erzeugt. Das gleiche gilt für ein Geschoß. Wenn sich ein Geschoß langsamer als die von ihm erzeugten Wellen bewegt, tritt keine Überlappung auf (siehe Skizze a). Wenn es sich genauso schnell wie die Wellen bewegt, überlappen sich die Wellen nur an der Vorderseite des Geschosses (siehe Skizze b). Nur wenn sich das Geschoß schneller als die Schallwellen bewegt, tritt eine Überlappung auf, die die vertraute V-förmige Bugwelle erzeugt (siehe Skizzen c und d). Die Überlappungsbereiche sind mit X markiert. In der Skizze werden nur drei X-Paare gezeigt, während in der Praxis weit mehr auftreten. So ist die von einem Geschoß erzeugte Welle tatsächlich die Überlagerung vieler kreisförmiger Wellen. Beachten Sie bitte, daß das V um so enger ist, je schneller das Geschoß fliegt.

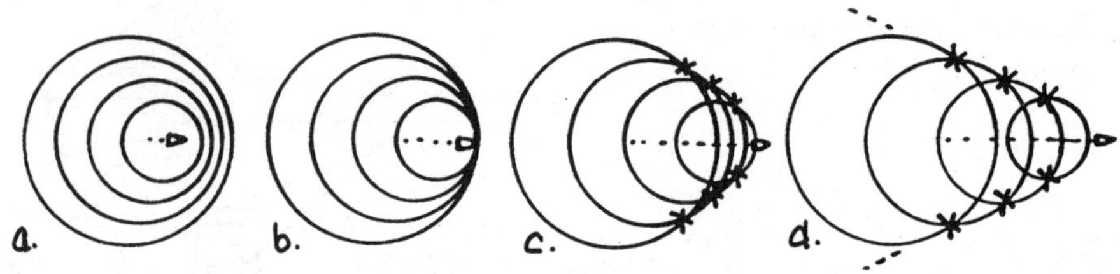

Am Ende des amerikanischen Bürgerkriegs flogen Kugeln schneller als der Schall, und direkt nach dem Zweiten Weltkrieg konnten auch Flugzeuge schneller als der Schall fliegen. Piloten stießen auf ein großes Problem, als sie versuchten, mit der Schallgeschwindigkeit zu fliegen (Skizze b), da sie genau in ihrem eigenen Lärm flogen. Der Lärm baute sich zu einer Druckluftwand, einer Schockwelle, auf, die das Flugzeug durchrüttelte und seine Steuerung manchmal unmöglich machte. So entstanden Geschichten über eine "Schallmauer". Wenn das Flugzeug schneller als der Schall fliegt, entkommt es seinem Geräusch und den damit verbundenen Schwierigkeiten. Die Schockwelle wird hinterhergezogen. Wenn ein Überschallflugzeug über Sie hinwegfliegt, erreicht die hinterhergezogene Schockwelle Ihre Ohren als ein scharfer Knall – der Überschallknall.

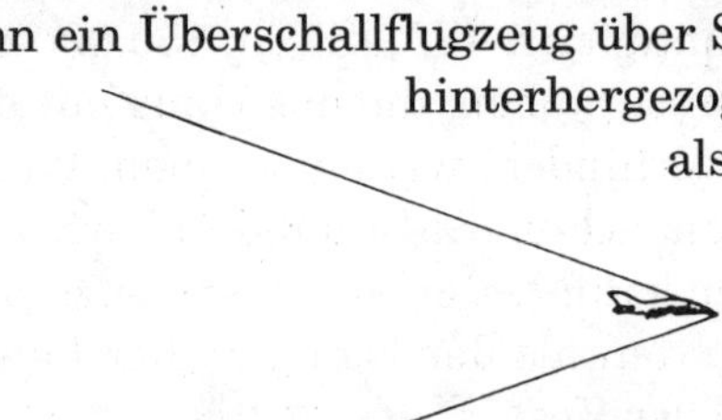

ERDBEBEN

Viele Häuse bestehen aus einer Holzrahmenkonstruktion, die einfach auf einem Betonfundament oder einer Betonplatte ruht. Bei einem mittleren Erdbeben tritt am häufigsten folgender Schaden auf:

a) Das Betonfundament zerbricht, aber der Holzrahmen bleibt intakt.
b) Das Fundament bleibt intakt, aber der Holzrahmen bricht zusammen.
c) Fundament und Holzrahmen bleiben beide intakt, aber der Rahmen rutscht vom Fundament runter.

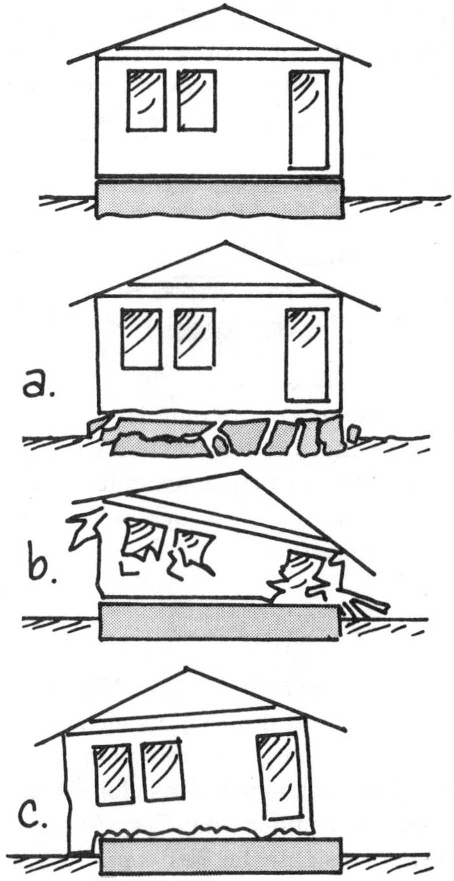

ANTWORT: ERDBEBEN Die Antwort ist: c. Es ist nichts weiter als Trägheit. Das Betonfundament ist mit der Erde verbunden und wird daher mit der Erde hin und her (und manchmal auf und nieder) geschüttelt. Das Haus ist aber nicht fest am Fundament angebracht, also bewegt sich das Fundament mit der Erde, während das Haus stehenbleibt! Bald findet das Haus nichts mehr unter sich. RUMS! Ein 150.000-DM-Unfall, der mit 150 DM teuren Ankerschrauben, die das Haus mit dem Betonfundament verbinden, hätte verhindert werden können. Wenn Sie also ein Haus in Kalifornien kaufen, achten Sie auf die Ankerbolzen. Würde man solche Bolzen in alle alten kalifornischen Häuser setzen, würde das mehr Leben und Eigentum retten als der Neubau aller kalifornischen Schulen – zu einem Bruchteil der Kosten.

NOCHMAL ERDBEBEN

Der Boden vieler Täler ist mit weicher Erde gefüllt (dem sogenannten Alluvium). Welches Haus wird bei einem mittelstarken Erdbeben wahrscheinlich am stärksten beschädigt?

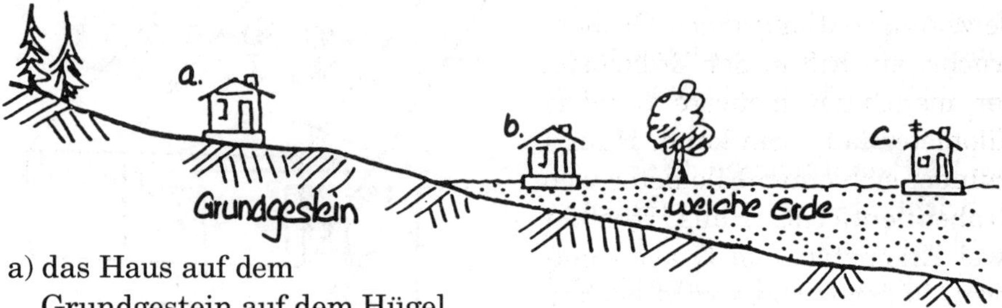

a) das Haus auf dem Grundgestein auf dem Hügel
b) das Haus auf der weichen Erde in der Nähe des Grundgesteins
c) das Haus auf der weichen Erde weit weg vom Grundgestein

ANTWORT: NOCHMAL ERDBEBEN Die Antwort ist: b. Die Erdbebenwelle läuft durch die weiche Erde so ähnlich wie eine Wasserwelle. Die Wellenenergie wird in dem engen Keil der weichen Erde am Grundgestein konzentriert. Das gleiche kann man beobachten, wenn man eine Wasserwelle über einen See oder ein Meer kommen und auf einem Strand auflaufen sieht. Die Wellenenergie wird im flachen Wasser konzentriert, so daß sich ein "Brecher" ausbildet. Diese Energie ermöglicht es der Welle, auf den Strand "heraufzulaufen" und uns die Schuhe naß zu

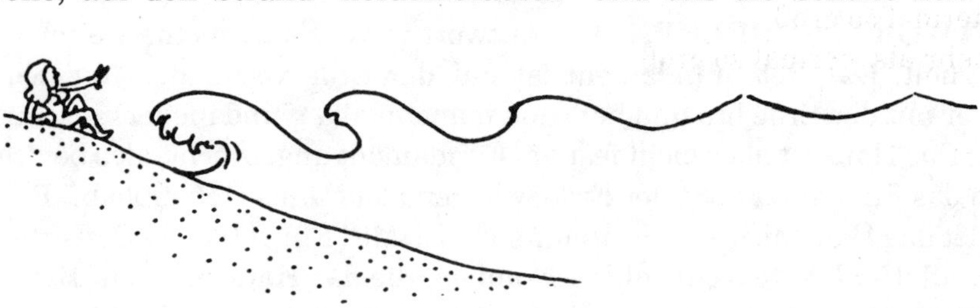

machen. Im Fall der Erdbebenwellen wird am Rand eines Tals manchmal genügend Energie konzentriert, um die weiche Erde aufzureißen. Nach dem Erdbeben sieht es dann so aus, als ob die weiche Erde gepflügt worden wäre.

IN DER NÄHE DES GRABENBRUCHS

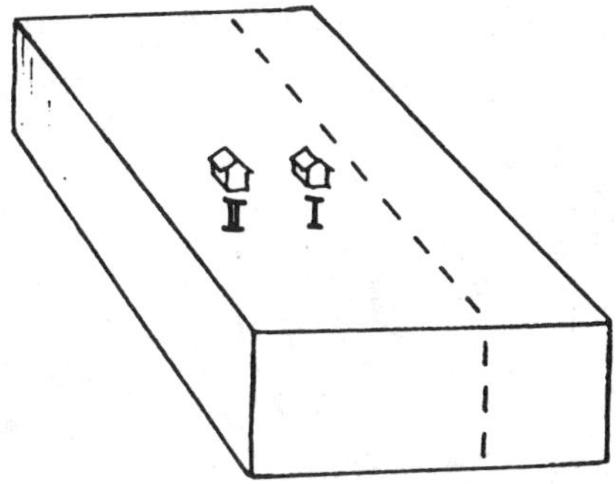

Die Energie eines starken Erdbebens stammt aus der plötzlichen Bewegung entlang eines Grabenbruchs, ein Riß in der Erdkruste, der manchmal mehrere hundert Kilometer lang sein kann. Haus I befindet sich einen Kilometer vom Graben entfernt. Haus II steht zwei Kilometer vom Graben entfernt. Welches Haus wird höchstwahrscheinlich vom Erdbeben beschädigt?

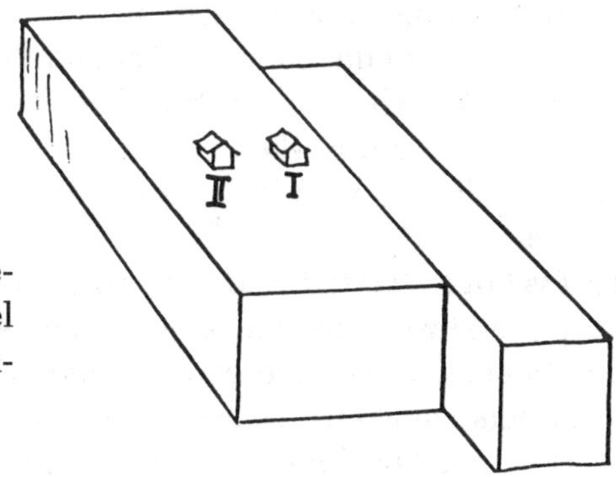

a) Haus I
b) Haus II
c) beide etwa gleich

Die im Haus I ankommende Erdbebenenergie ist etwa um wieviel größer als die im Haus II ankommende?

a) gleich groß – nicht größer
b) doppelt so groß
c) dreimal so groß
d) viermal so groß
e) mehr als viermal so groß

ANTWORT: IN DER NÄHE DES GRABENBRUCHS Die Antwort auf die erste Frage ist: c, weil die Antwort auf die zweite Frage a ist. Die Erdbebenenergie ist an beiden Stellen im wesentlichen gleich! Man kann

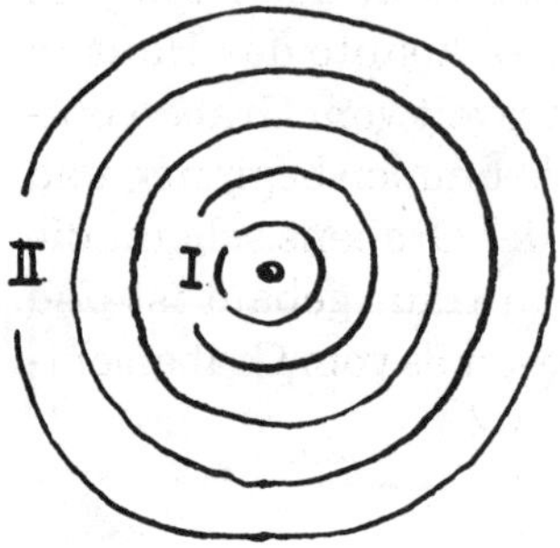

Erdbebenwellen nicht leicht sehen (auch wenn sie bei sehr starken Erdbeben gesehen werden könnten), wir wollen uns den Sachverhalt daher mit Wasserwellen veranschaulichen. Wenn Sie einen Stein in einen See werfen, breiten sich die Wellen und die Wellenenergie vom Stein in Kreisen mit wachsendem Umfang aus. Die von der Welle getragene Energie wird über den gesamten Umfang verteilt. Wenn der Umfang wächst, muß die Energie immer weiter verteilt und weniger konzentriert, also weniger stark werden. Ein bei I im Wasser schwimmender Korken führt daher eine sehr viel stärkere Bewegung aus als ein Korken bei II.

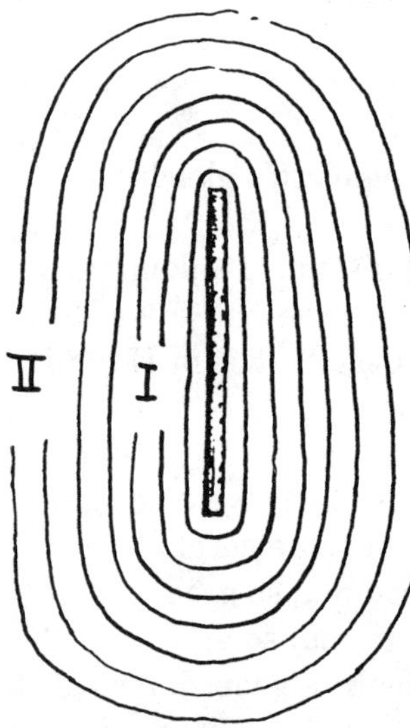

Eine Erdbebenwelle geht aber nicht von einem Punkt aus. Sie geht von einem langen Riß oder Graben aus. Um eine Welle wie eine Erdbebenwelle zu erzeugen, müssen Sie etwas Langes, zum Beispiel ein Holzstück, in den See werfen. An den Enden des Holzstücks ist die Welle gekrümmt und breitet sich aus. An den Seiten des Holzstücks ist die Welle jedoch fast gerade und bleibt über einen gewissen Abstand vom Holzstück aus gerade. Eine gerade Welle kann sich nicht ausdehnen, so daß die Wellenenergie nicht weniger konzentriert oder schwächer werden kann, während sich die Welle vom Holzstück entfernt. Ein bei I im Wasser befindlicher Korken führt fast die gleiche Bewegung aus wie ein Korken bei II. (Die gleiche Art Schlußfolgerung gilt für Licht. Verstehen Sie, warum ein Raum von einer langen

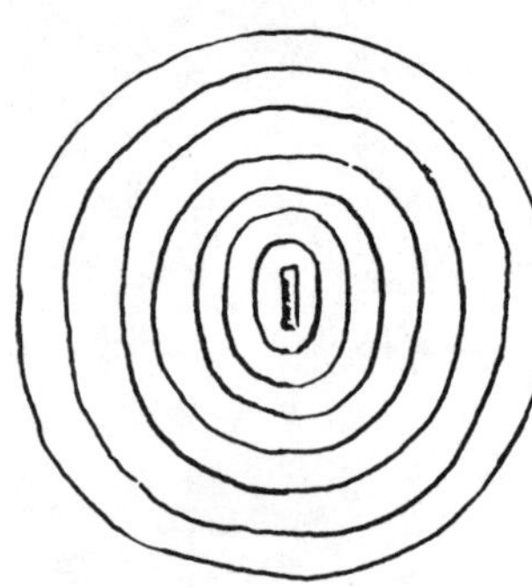

Leuchtstoffröhre gleichmäßiger ausgeleuchtet wird als von einer einzelnen hellen Glühbirne?)

Das Haus in der Nähe des Grabens ist also nicht viel gefährdeter als das weiter entfernt stehende Haus. Natürlich bedeutet "in der Nähe des Grabens" nicht "auf dem Graben". Auf dem Graben könnte das Haus in zwei Teile gerissen werden. Am besten ist es sehr weit vom Graben entfernt, da sich die Wellen in weiter Entfernung zu krümmen beginnen und als kreisförmige Wellen ausbreiten. In der Nähe des Grabens scheint die Zerstörung aber mehr davon abzuhängen, wie ein Haus gebaut ist und auf welchem Untergrund es steht, als davon, wie weit es vom Graben entfernt ist.

SAN ANDREAS

Betrachten wir jetzt die Strecken entlang des Grabens, nahe am und weit entfernt vom Epizentrum. Ein Erdbeben nimmt die Form eines Risses in der Erde an (ein Scherriß – kein Auseinanderziehen), der am Epizentrum beginnt und mehrere Kilometer am Graben entlang läuft (bei einem großen Erdbeben mehrere hundert Kilometer). Die Städte I und II befinden sich im gleichen Abstand vom Graben. Das Erdbeben ist

a) in Stadt I am stärksten
b) in Stadt II am stärksten
c) in beiden Städten gleich stark

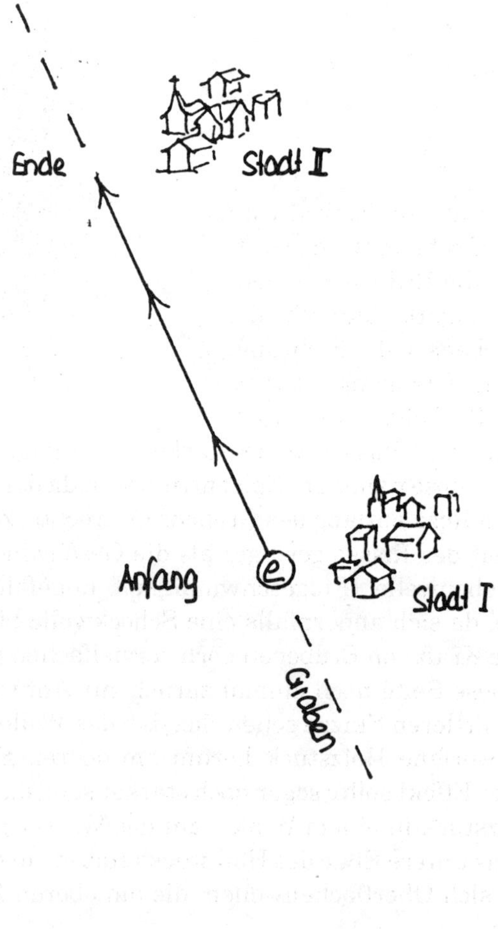

ANTWORT: SAN ANDREAS Die Antwort ist: b. Der momentane Rißpunkt ist der Ursprung der Erdbebenwelle und läuft den Graben entlang – die Lage des Wellenursprungs bewegt sich wie ein Reißverschluß. Ein beweglicher Ursprung führt zu einem Dopplereffekt.

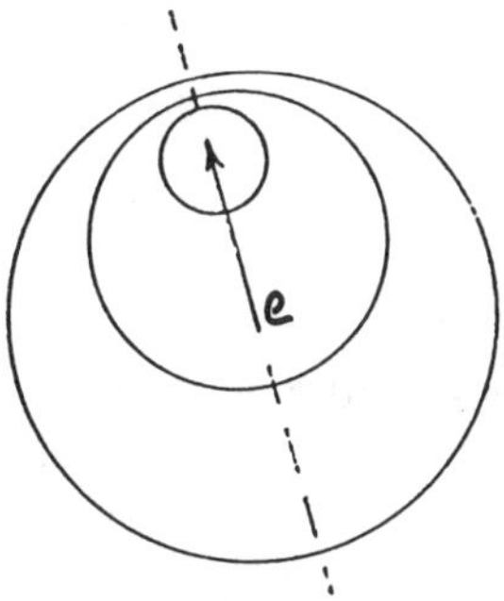

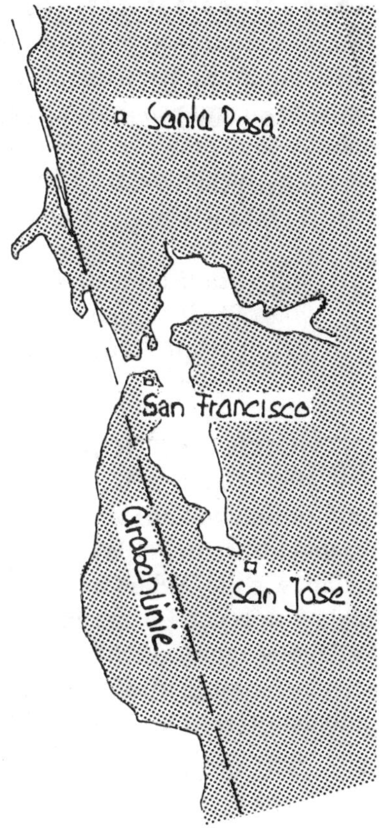

Da der Ursprung am Epizentrum beginnt und am Graben entlang läuft, komprimiert er die Erdbebenwellenenergie und steigert dadurch die Kraft des Erdbebens in der Richtung, in der sich der Ursprung bewegt. Beim großen Erdbeben von 1906 wurde die Stadt Santa Rosa sehr viel stärker beschädigt als die Stadt San Jose, obwohl San Jose näher am Epizentrum war, da der Riß sich von San Jose nach Santa Rosa entlang des Grabens erstreckte. Zum Glück ist die Geschwindigkeit des Risses geringer als die Geschwindigkeit der langsamsten Erdbebenwelle (Rißgeschwindigkeit ungefähr 2/3 Wellengeschwindigkeit), da sich andernfalls eine Schockwelle bilden könnte, die die zerstörende Kraft von Erdbeben noch vervielfachen würde.

Blättern Sie diese Seite noch einmal zurück zur Antwort auf die letzte Frage. In der mittleren Skizze sehen Sie, daß das Wellenmuster um das ins Wasser geworfene Holzstück herum am oberen Ende geringfügig enger ist. Dieser Effekt sollte sogar noch stärker sein, da analog zum Erdbeben das Holzstück in einem Winkel auf das Wasser geworfen werden sollte, so daß das untere Ende des Holzstücks zuerst auf das Wasser trifft. Dann ergeben sich Oberflächenwellen, die am oberen Ende dichter zusammen liegen.

UNTERIRDISCHE TESTS

Eine der Schwierigkeiten bei der Überprüfung des SALT-Vertrags ist, daß es keine einfache Art und Weise gibt, zwischen unterirdischen Atombombentests und natürlichen Erdbeben zu unterscheiden.

a) richtig
b) falsch

ANTWORT: UNTERIRDISCHE TESTS Die Antwort ist: b. In dieser Welt gibt es zwei Arten von Wellen. Es gibt Kompressionswellen (oder Longitudinalwellen) wie die Welle, die durch einen Eisenbahnzug hindurchgeht, wenn ein Wagen angekoppelt wird, und es gibt Transversalwellen, wie die Wellen in einer Flagge. Bei Transversalwellen erfolgt die Auslenkung der Flagge in Richtung T, die senkrecht (transversal) zur Wellenbewegung (Richtung U) steht. Bei Kompressionswellen bewegen sich Auslenkung und Welle auf einer Linie.
Erdbeben treten auf, wenn eine Scherspannung, die sich in einem Fels aufgebaut hat, plötzlich freigesetzt wird. Bei der Freisetzung zittert die

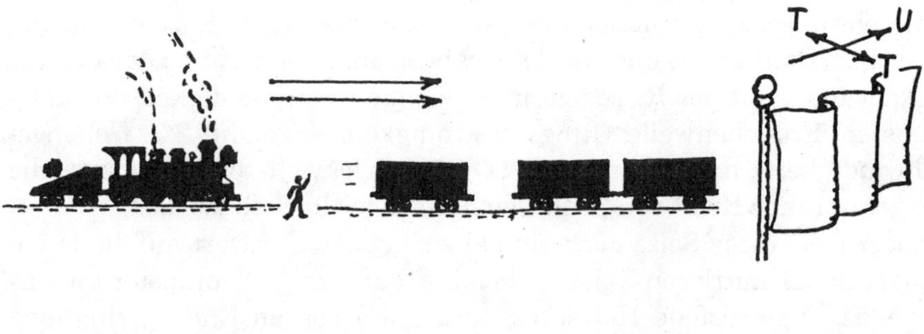

Felsmasse kurzzeitig und sendet Wellen aus. Anfangs sendet sie Transversalwellen aus, die in der Abbildung von den Flächen A und D ausgehen, Kompressionswellen von den Flächen B und E und Verdünnungswellen von den Flächen F und C. Also sendet ein Erdbeben alle Arten von Wellen aus.

Andererseits sendet eine Explosion (in der Luft oder unter der Erde) nur eine Wellenart, nämlich Kompressionswellen, aus. Ein "Erdbeben" nur mit Kompressionswellen ist immer ein von Menschen gemachtes Erdbeben.

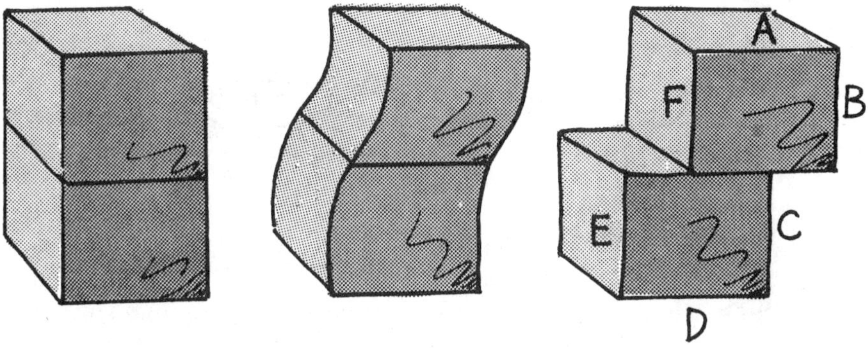

Es gibt weitere Unterscheidungsmöglichkeiten von Wellen. Flaggenwellen und Wasserwellen sind z.B. Oberflächenwellen. Schallwellen und Erdbebenwellen sind Körperwellen, da sie durch dreidimensionale Volumina laufen.

Schallwellen sind reine Kompressionswellen, und Erdbeben sind Kompressions- und Transversalwellen. Gibt es in der Natur reine Transversalkörperwellen? Ja. Lichtwellen (und alle elektromagnetischen Strahlungen) sind reine Transversalwellen. Da Erdbebenwellen die Eigenschaften von Schallwellen und Lichtwellen haben, sind sie die kompliziertesten Körperwellen in der Natur.

BIORHYTHMUS

Es gibt die populäre Vorstellung, daß jeder Mensch bestimmte "natürliche" Rhythmen hat, die von Geburt an das ganze Leben hindurch gute und schlechte Tage verursachen. Man könnte also glauben, daß man die

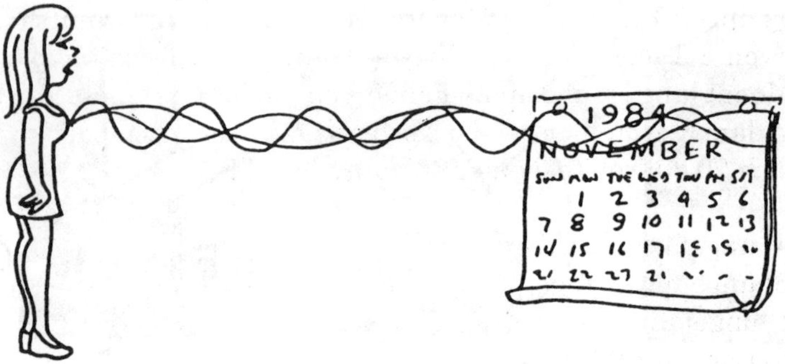

guten und schlechten Tage einer Person bestimmen könnte, wenn man ihr Geburtsdatum und die Periode (oder Frequenz) dieser natürlichen Rhythmen (oder Wellen) kennen würde. Tatsächlich bezahlen manche Leute in Hollywood Hunderte von Dollars, um solche Berechnungen anstellen zu lassen. Keine Uhr läuft jedoch perfekt genau.

Wie groß ist der Fehler in einer menschlichen Biorhythmusuhr? Wir wollen einen allgemein bekannten Biorhythmus betrachten, den Menstruationszyklus, der ungefähr einen Monat beträgt. Ungefähr, weil unter normalen Umständen eine Frau den Beginn ihrer nächsten Periode, wenn sie noch einen Monat entfernt ist, mit einem Fehler von, sagen wir einmal plusminus einen Tag (± 1) vorhersagen kann. Wenn eine Frau jetzt das Einsetzen ihrer Periode zwei Monate im voraus vorhersagen möchte, wird es schwieriger. Die Vorhersage könnte um zwei Tage falsch liegen. Andererseits könnten sich die Fehler auch gegenseitig aufheben, eine Periode kommt einen Tag zu früh, die nächste einen Tag zu spät.

Nehmen wir an, sie versucht, das Einsetzen ihrer Periode weit in der Zukunft vorherzusagen, z.B. in 16 Monaten. Man könnte hoffen, daß es genauso viele verspätete wie verfrühte Perioden gibt, so daß sich die Fehler ausgleichen. Das ist häufig der Fall, aber nicht immer.

Stück für Stück summiert sich der Fehler. Werfen Sie einmal 16 Münzen. Kopf stellt eine verfrühte Periode und Zahl eine verspätete Periode dar. Sie erwarten bestimmt nicht genau die gleiche Anzahl Kopf und Zahl. Im

Durchschnitt ergeben sich von der einen Seite vier mehr als von der anderen. Wenn Sie 100 Münzen werfen, teilen sie sich nur selten 50/50 auf – üblicherweise liegen durchschnittlich etwa 10 mehr auf einer Seite als auf der anderen. Diese Anzahl ist der Fehler, und der durchschnittliche Fehler ist statistisch die Wurzel aus der Anzahl geworfener Münzen: $\sqrt{16} = 4$ und $\sqrt{100} = 10$. Also macht eine Frau bei der Vorhersage des Beginns ihrer Periode 16 Monate im voraus durchschnittlich einen Fehler von 4 Tagen. Jetzt die Frage: Wenn ein typischer Biorhythmus einen Monat lang ist und einen Fehler von plusminus einem Tag hat, wie groß ist dann der Fehler bei der Vorhersage eines guten oder schlechten Tags nach 20 Jahren (bei einer 20 Jahre alten Person)?

a) ungefähr null Tage
b) ungefähr 3 Tage
c) ungefähr 1 Woche
d) ungefähr 2 Wochen
e) mehr als einen Monat

ANTWORT: BIORHYTHMUS Die Antwort ist: d. Zwanzig Jahre mit zwölf Monaten entsprechen 240 Monaten. Die Wurzel aus 240 ist ungefähr 15 ($\sqrt{240} = 15{,}49133...$). Die durchschnittliche Differenz zwischen der Gesamtzahl früherer und späterer Monate beträgt 15. Daher ergibt sich bei einem Fehler von plusminus einem Tag pro Monat ein angesammelter Fehler von 15 Tagen. Sollte man also Langzeitbiorhythmusvorhersagen ernst nehmen?

WEITERE FRAGEN (OHNE ERKLÄRUNGEN)

Mit den folgenden Fragen, die zu denen auf den vorausgegangenen Seiten analog sind, werden Sie allein gelassen. Denken Sie physikalisch!

1. Wenn Sie ein teilweise mit Wasser gefülltes Glas anschlagen, erhalten Sie einen Ton. Wird mehr Wasser in das Glas gefüllt, ist der durch das Anschlagen erzeugte Ton

a) höher b) niedriger

2. Resonanz tritt auf, wenn ein Objekt durch äußere Vibrationen in Schwingungen versetzt wird, die

a) eine höhere Frequenz haben
b) eine niedrigere Frequenz haben
c) eine große Amplitude haben
d) der natürlichen Frequenz des Objekts entsprechen

3. Das Läuten einer Glocke enthält einen Frequenzbereich und nicht nur genau eine Frequenz. Die Frequenzen im Bereich liegen alle eng beieinander, kommen schließlich außer Phase und stehen destruktiv miteinander in Interferenz, was durch das Abklingen der Glocke belegt wird. Damit läutet eine Glocke mit dem reinsten Ton

a) am längsten b) am kürzesten

4. Je größer die Amplitude einer Welle ist, desto größer ist

a) die Frequenz b) die Wellenlänge c) die Lautstärke
d) alle drei e) weder noch

5. Das gezeigte Wellenpaar wird an den Enden eines langen Seils erzeugt und läuft aufeinander zu. Gibt es einen Moment, an dem die Amplitude des Seils überall null ist?

a) ja b) nein

6. 

Diese Wellen I und II werden addiert und erzeugen

a)  b)  c) 

d) keine von diesen Wellen

7. Welche dieser Wellen kann nicht durch Überlagerung vieler Sinuswellen erzeugt werden?

a) 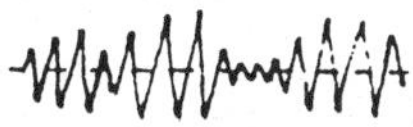 b)  c) 

d) Alle können so erzeugt werden.

8. Es werden zwei Stimmgabeln angeschlagen, eine mit 254 Hz und eine andere mit 256 Hz. Die sich ergebende Schwebungsfrequenz ist

a) 2 Hz b) 4 Hz c) 255 Hz

9. Die vom Wasserfloh erzeugten Wellen zeigen, daß sich der Floh

a) hin und her bewegt
b) nach oben und unten bewegt
c) in Kreisen bewegt
d) keine dieser Möglichkeiten

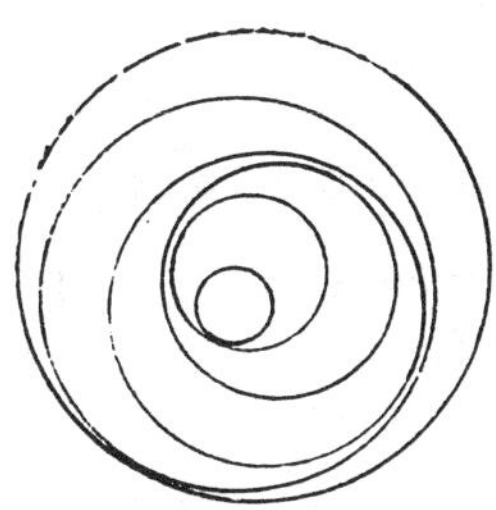

10. Wenn sich Ihnen eine Schallquelle nähert, steigt

a) die Schallgeschwindigkeit
b) die Frequenz
c) die Wellenlänge
d) alles
e) nichts

LICHT

Was ist uns vertrauter als Licht? Was ist uns weniger vertraut als Licht? Was ist Licht? Woraus ist es zusammengesetzt? Hat es Gewicht? Sind Sie sich bewußt, daß Sie das Licht nicht einmal sehen können? Sie können die Sonne sehen, Sie können einen Vogel sehen, Sie können Ihre Umgebung sehen – damit sehen Sie aber nicht das Licht selbst! Licht ist eine Art "Stoff", der sich bewegen muß, um vorhanden zu sein. Wenn es einmal zur Ruhe käme, und sei es auch nur für einen Moment, würde es aufhören zu existieren. Es ist wirklich erstaunlich, daß wir so viel über einen so phantomartigen Stoff herausgefunden haben.

PERSPEKTIVE

Eine Wolke wirft einen Schatten auf den Boden, wie es die Zeichnung zeigt. Wenn Sie die Größe der Wolke und die Größe des Schattens messen, würden Sie herausfinden, daß die Wolke

a) wesentlich größer ist als ihr Schatten
b) wesentlich kleiner ist als ihr Schatten
c) etwa gleich groß ist wie ihr Schatten

ANTWORT: PERSPEKTIVE Die Antwort ist: c. Die Sonne ist so weit entfernt, daß die Lichtstrahlen von der Sonne praktisch parallel zueinander verlaufen, wenn sie die Erde erreichen. Warum sieht es dann so aus, als ob sie auseinanderliefen, wenn ein Sonnenstrahl durch die Wolken bricht? Aus dem gleichen Grund, aus dem auch Eisenbahnschienen auseinanderzulaufen scheinen, wenn sie Ihnen näherkommen,

obwohl sie tatsächlich vollständig parallel laufen. Die Zeichnung in der Frage zeigt die Wolke und ihren Schatten zwischen uns und der Sonne. Befände sich die Sonne hinter uns und die Wolke vor uns, wäre der Schatten der Wolke weiter weg und schiene kleiner als die Wolke.

WELCHE FARBE HAT IHR SCHATTEN?

An einem klaren und sonnigen Tag stehen Sie auf einem Schneefeld und betrachten Ihren Schatten. Sie sehen, daß er die folgende Farbe hat:

a) rot
b) gelb
c) grün
d) blau
e) überhaupt keine

ANTWORT: WELCHE FARBE HAT IHR SCHATTEN? Die Antwort ist: d. Der Schnee im direkten Sonnenlicht zeigt die Farbe der Sonne: gelblichweiß. Der Schnee im Schatten erhält kein direktes Sonnenlicht, sondern wird vom Licht aus dem blauen Himmel beleuchtet. Möglicherweise ist es die bläuliche Farbe der Schatten, die die Menschen blau mit kalt assoziieren läßt.

LANDSCHAFT

Sie betrachten zwei dunkle Berge, von denen einer weiter entfernt ist als der andere. Einer der Berge erscheint Ihnen etwas dunkler, und zwar

a) der nähere Berg

b) der entferntere Berg

c) . . . beide erscheinen gleich dunkel

ANTWORT: LANDSCHAFT Die Antwort ist: a. Der näher liegende Berg ist dunkler. Wenn Sie sich die Berge ansehen, kommt der größte Teil des Lichts, das Sie sehen, aus der Luft zwischen Ihnen und den Bergen. Die Luft streut das Licht aus dem darüberliegenden Himmel und streut einen Teil davon in Ihre Augen. Zwischen Ihnen und dem entfernteren Berg ist mehr Luft als zwischen Ihnen und dem näheren Berg, wodurch mehr Licht zu Ihnen hingestreut wird. Daher erscheinen Berge bläulich, weil die Atmosphäre zwischen Ihnen und den Bergen das blaue Licht streut. Entsprechend ist der Himmel heller, wenn Sie zum Horizont sehen, und dunkler, wenn Sie gerade nach oben sehen (es sei denn, die Sonne steht direkt über Ihnen).

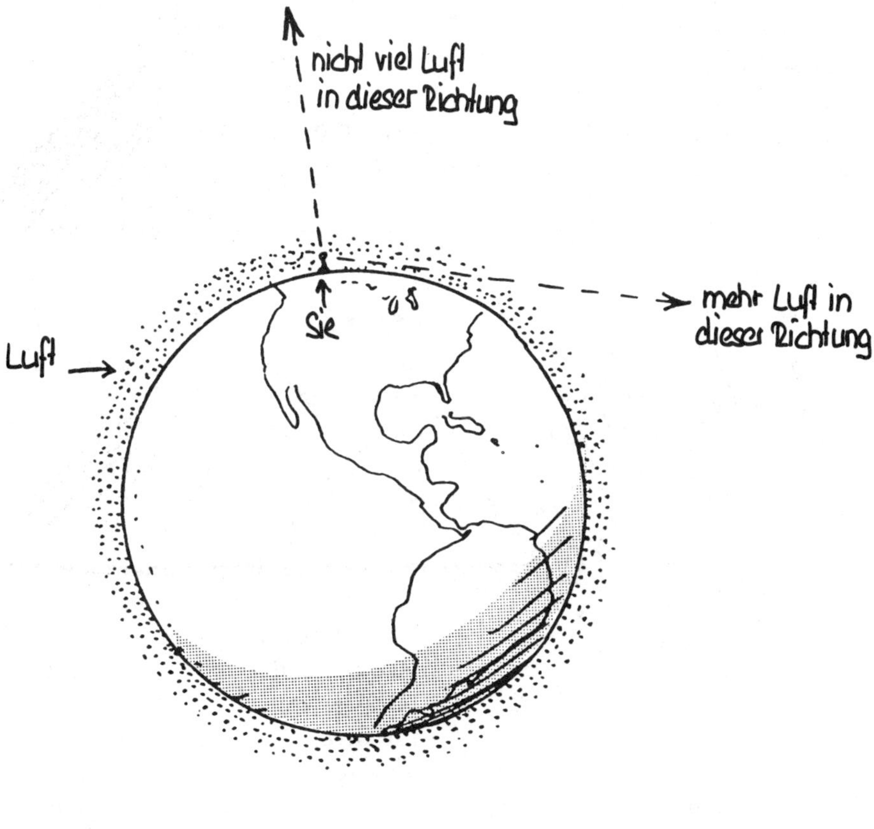

KÜNSTLER

Die Sonne ist gerade hinter den Bergen untergegangen. Rauch aus einem Lagerfeuer steigt zum Himmel auf. Der Teil des Rauches vor dem Berg (Teil I) ist sichtbar, da er geringfügig heller ist als der Berg. Der Teil des Rauches über dem Berg (Teil II) ist sichtbar, da er geringfügig dunkler ist als der Himmel. Mit welchen Farben sollten Teil I und II gemalt werden?

a) Teil II blau und Teil I rot
b) beide Teile rot
c) beide Teile blau
d) Teil II rot und Teil I blau
e) Es gibt keinen Grund, warum einer der Teile eine Färbung haben sollte, das bleibt dem Künstler überlassen.

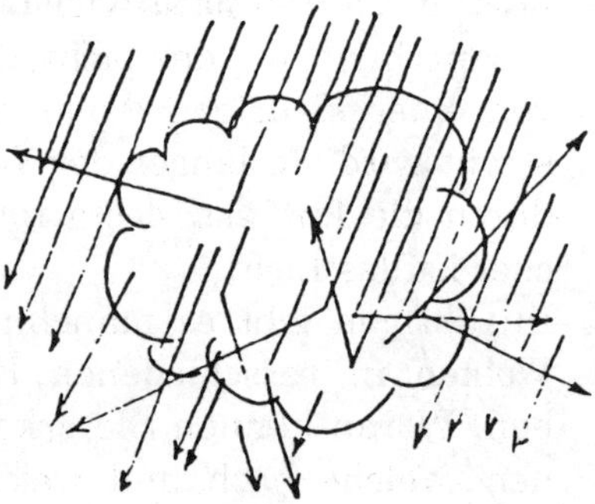

ANTWORT: KÜNSTLER Die Antwort ist: d. Wenn Licht auf den Rauch trifft, tritt ein Teil hindurch, während der andere Teil gestreut wird. Der gestreute Teil ist wahrscheinlich bläulich, während der hindurchtretende Teil rötlich ist (deshalb ist der Himmel blau und der Sonnenuntergang rot). In Teil II des Rauches sehen wir den Teil des Lichts, der vom hellen Himmel dahinter durch den Rauch hindurchtreten konnte, also ist er rötlich. In Teil I kommt kein Licht von hinten durch den Rauch, da sich hinter dem Rauch der dunkle Berg befindet. Das Licht aus Teil I erreicht uns dadurch, daß der Rauch Licht vom Himmel über und vor dem Rauch streut (und reflektiert). Daher ist Teil I bläulich.

ROTE WOLKEN

Manchmal sind die Wolken bei Sonnenuntergang sehr rot, manchmal sind sie nur etwas gerötet. Die sehr roten Wolken sind normalerweise

a) niedrige Wolken
b) hohe Wolken

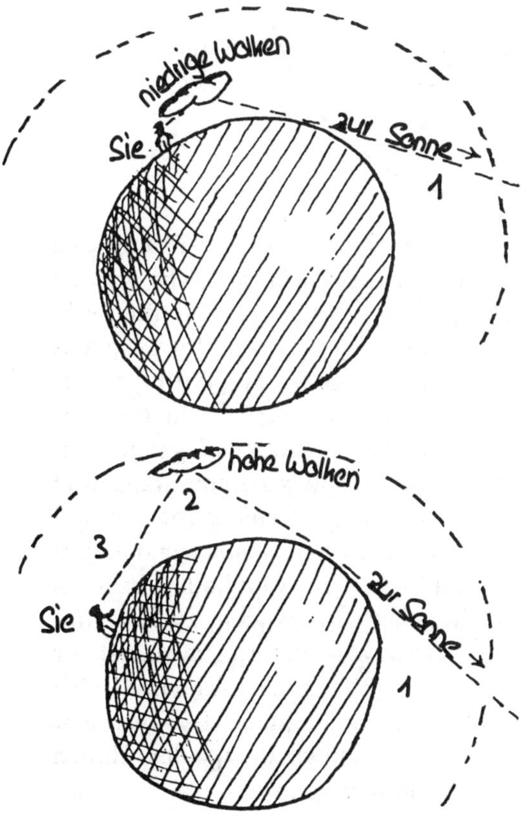

ANTWORT: ROTE WOLKEN

Die Antwort ist: b. Bei Betrachtung der Skizze können Sie erkennen, daß das von einer hohen Wolke gestreute Sonnenlicht durch dreimal soviel Luft hindurchtritt wie das Licht, das von einer niedrigen Wolke gestreut wird. Je länger der Weg durch die Luft ist, desto rötlicher ist das Licht.

Im übrigen gibt es manchmal Wolken in verschiedenen Höhen. Woran können Sie erkennen, welche hoch und welche niedrig sind? Die unteren werden zuerst dunkel. Können Sie erkennen, warum? Die Wolken, die als letzte dunkel werden, sind am höchsten und daher am rötlichsten. Überprüfen Sie es selbst.

AM RANDE DER NACHT

Die Dämmerung ist die Zeit zwischen Sonnenuntergang und dem Dunkelwerden des Himmels. Die Dämmerung dauert länger in

a) New Orleans, Louisiana
b) London, England
c) weder noch; sie dauert an beiden Orten gleich lang

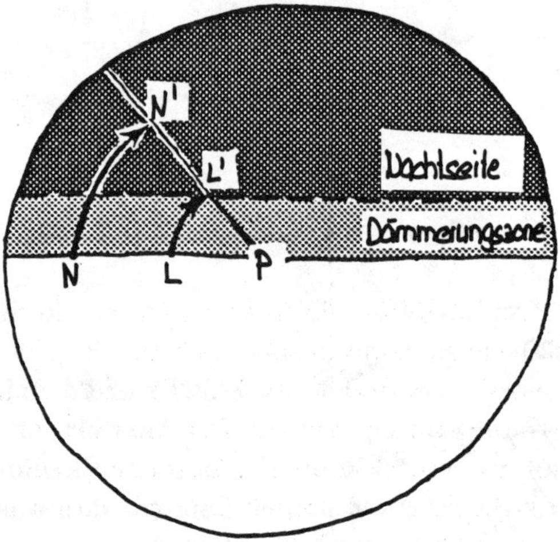

ANTWORT: AM RANDE DER NACHT Die Antwort ist: b. Die Skizze zeigt eine Ansicht der Erde von einem Punkt über dem Nordpol aus gesehen, der mit P markiert worden ist. Auf einer Hälfte der Erde ist Tag, auf der anderen Hälfte Nacht. Die Dämmerungszone erstreckt sich am Rande der Nacht um die Erde herum.

Jetzt liegt London aber näher am Nordpol als New Orleans. In drei Stunden dreht die Erde London von L nach L' und New Orleans von N nach N' (in drei Stunden dreht sich die Erde um 45°). Die Sonne geht am Punkt L unter, während die Dämmerung in L' endet, so daß sich London während der gesamten drei Stunden in der Dämmerungszone befand. In New Orleans reichten die drei Stunden jedoch aus, um vom Sonnenuntergang durch die Dämmerungszone und ein ganzes Stück in die Nacht zu kommen.

Eines Sommerabends machte ich einen Spaziergang in New Orleans. Am nächsten Abend (nach einem Flug) machte ich einen Spaziergang in London. Die unterschiedliche Dauer der Dämmerung war erstaunlich.

DÄMMERUNG

Die kürzeste Dämmerung ist an jedem Punkt der Erde

a) im Winter
b) im Sommer
c) zwischen Winter und Sommer – während der Tag- und Nachtgleiche

ANTWORT: DÄMMERUNG Die Antwort ist: c. Die Skizze zeigt drei Ansichten der Erde, wie sie jemand sehen würde, der sich weit über dem mit P markierten Nordpol befindet. Die erste Ansicht zeigt die Wintersituation. Die Sonne steht unter dem Äquator, so daß der größte Teil der nördlichen Hemisphäre, einschließlich des Nordpols selbst, im Dunkeln liegt. Die dritte Ansicht zeigt die umgekehrte Situation im Sommer. Die mittlere Ansicht zeigt die nördliche Hemisphäre im Frühling oder Herbst, von Tag und Nacht in zwei gleiche Hälften geteilt – darum wird diese Situation Tag- und Nachtgleiche genannt.

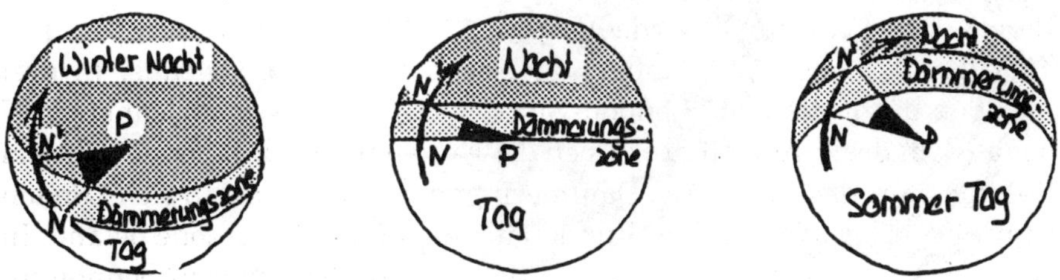

Da sich die Erde um den Pol herumdreht, würde eine auf dem Planeten stehende Person auf einem Bogen, z.B. von N nach N', um den Pol her-

umbewegt. Wie man aus den Skizzen erkennt, sind die Länge des Bogens und die erforderliche Zeit für das Durchlaufen der Dämmerungszone bei der Tag- und Nachtgleiche am kürzesten.
Nun noch etwas anderes: Dauert die Dämmerung in den Bergen oder auf Meereshöhe länger? Auf Meereshöhe dauert sie am längsten. Die Dämmerung kommt folgendermaßen zustande: Wenn Sie sich im Punkt Y im Erdschatten auf der dunklen Seite der Erde befinden, ist die Luft hoch über Ihnen im Punkt A nicht im Schatten. Die Luft am Punkt A streut etwas Sonnenlicht zu Ihnen nach Y herab. Wenn Sie hoch oben in den Bergen sind, gibt es weniger Luft über Ihnen, die das Licht streuen kann, so daß es auch weniger Dämmerung gibt. In Ecuador in den Anden endet der Tag bei der Tag- und Nachtgleiche, "als wenn jemand das Licht ausgeschaltet hätte". Auf dem Mond gibt es keine Luft, also auch keine Dämmerung.

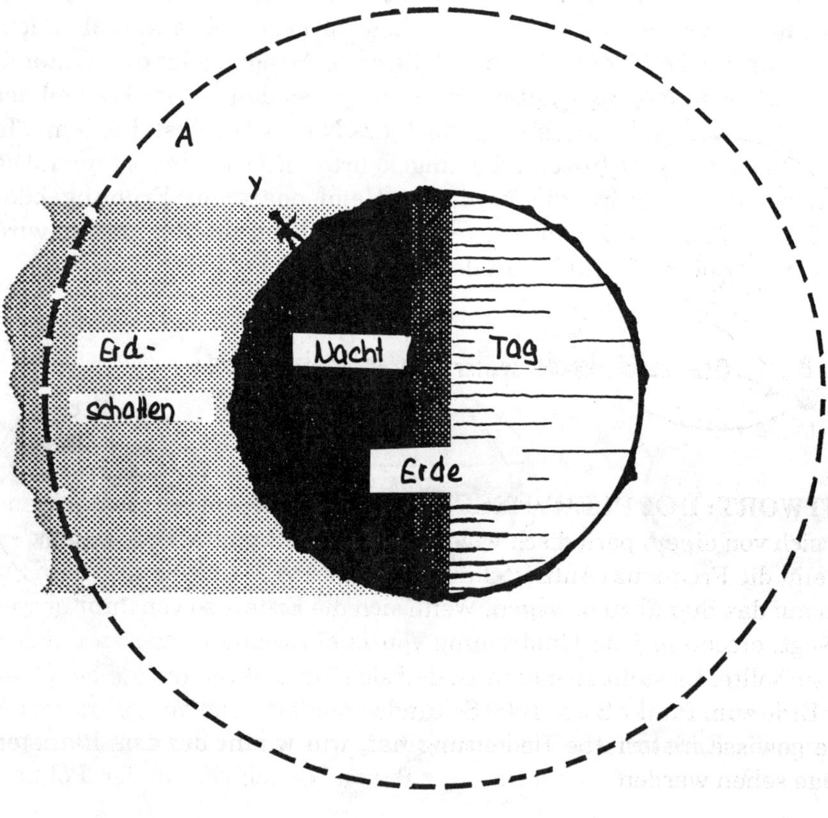

DOPPLERVERSCHIEBUNG

Der Jupiter benötigt etwa 12 Jahre, um die Sonne einmal zu umkreisen. Verglichen mit der Erde ist er also bewegungslos. Er besitzt einen Mond, Io, der Jupiter in etwa 1 3/4 Tagen einmal umkreist. Während der sechs Monate, in denen sich die Erde von Jupiter wegbewegt (von A nach B), dreht sich der Mond Io um den Jupiter von der Erde aus gesehen

a) häufiger als
b) weniger häufig als
c) gleich häufig wie

während der folgenden sechs Monate, wenn sich die Erde von B nach A bewegt.

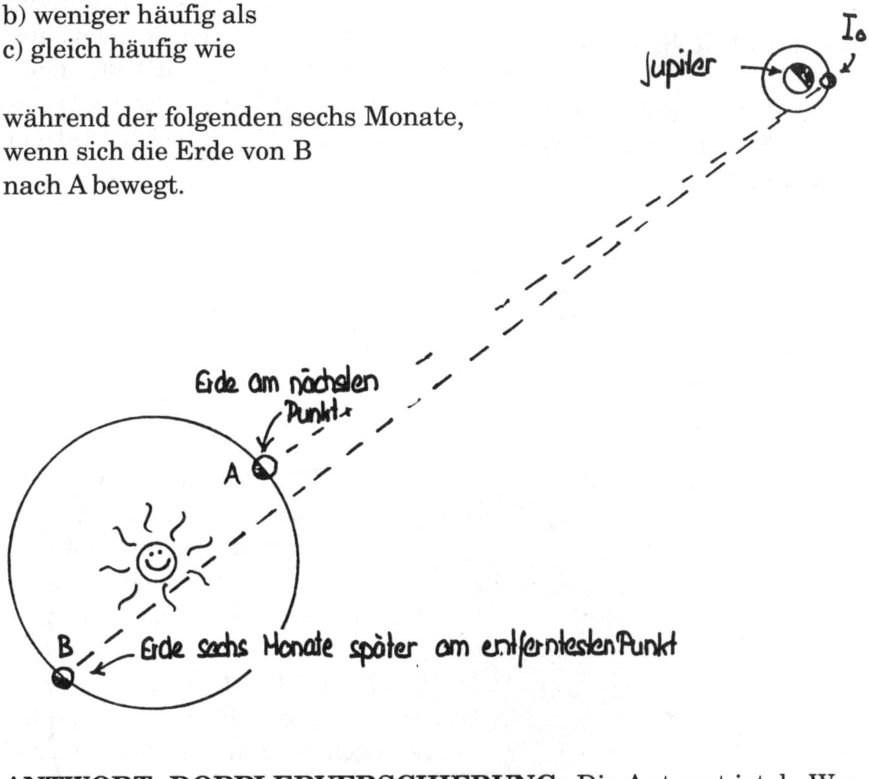

ANTWORT: DOPPLERVERSCHIEBUNG Die Antwort ist: b. Wenn Sie sich von einem periodisch wiederkehrenden Signal weg bewegen, erscheint die Frequenz (Auftrittshäufigkeit) geringer zu sein, als wenn Sie sich auf das Signal zu bewegen. Wenn sich die Erde also von Jupiter weg bewegt, erscheint jede Umdrehung von Io ein wenig länger zu dauern, als sie sollte. Es stellt sich heraus, daß sich die Diskrepanz auf dem Weg der Erde zum Punkt B auf 1000 Sekunden addiert, eine Verzögerung, die eine gewisse historische Bedeutung hat, wie wir in der übernächsten Frage sehen werden.

TAURUS

Hoch oben im Wintersternenhimmel steht Taurus, der Stier. Das Horn von Taurus bildet ein kleiner Sternenhaufen, die Hyaden. Während vieler Jahrzehnte hat man beobachtet, daß sich der Hyadenhaufen langsam auf einen gemeinsamen Punkt im Himmel zu bewegt. Werden diese Sterne alle kollidieren?

a) ja b) nein

Zeigt das Licht dieser Sterne

a) eine blaue Dopplerverschiebung
b) keine Dopplerverschiebung
c) eine rote Dopplerverschiebung?

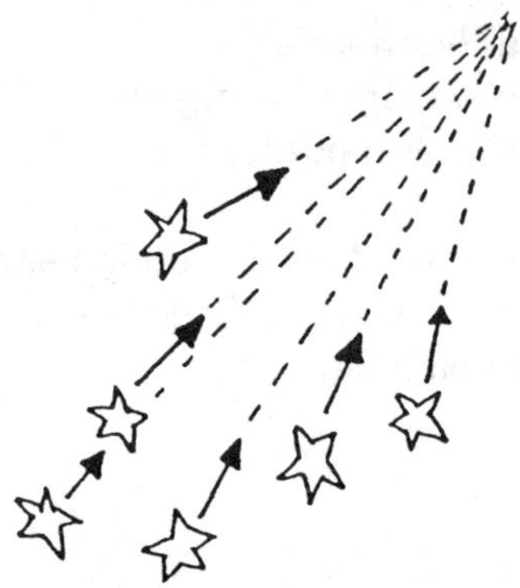

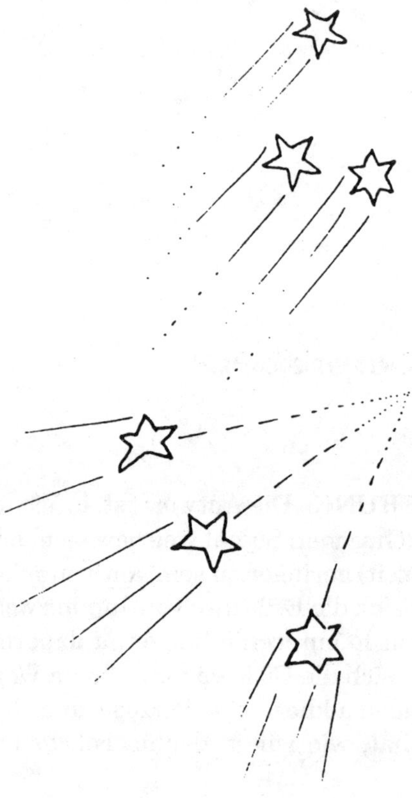

ANTWORT: TAURUS Die Antwort auf die erste Frage ist: b. Es wäre schon ein ziemlicher Zufall, wenn alle diese Sterne einen himmlischen Selbstmordpakt eingegangen wären.

Die Antwort auf die zweite Frage ist: c. Die Sterne im Haufen bewegen sich tatsächlich parallel zueinander durch den Weltraum wie eine Flotte von Schiffen. Da sich die Flotte aber von der Erde weg bewegt, erscheinen die parallelen Wege der Sterne zusammenzulaufen genau wie Eisenbahnschienen. Bei Sternen, die sich von uns weg bewegen, erhalten wir natürlich eine rote Dopplerverschiebung.

WELCHE GESCHWINDIGKEIT?

Jahrelang beobachteten Astronomen die große Umlaufregelmäßigkeit des Mondes Io um den Jupiter. Etwa 1675 bemerkte der dänische Astronom Römer eine Verzögerung von 1000 Sekunden im Umlauf von Io bei der Beobachtung von der Erde im entferntesten Punkt im Vergleich zur Position sechs Monate früher, als die Erde Jupiter am nächsten war (siehe Skizze). Unter Verwendung dieser Information konnte Römer die Geschwindigkeit

a) des Lichts
b) der Umlaufbewegung der Erde
c) der Umlaufbewegung von Io um den Jupiter

berechnen.

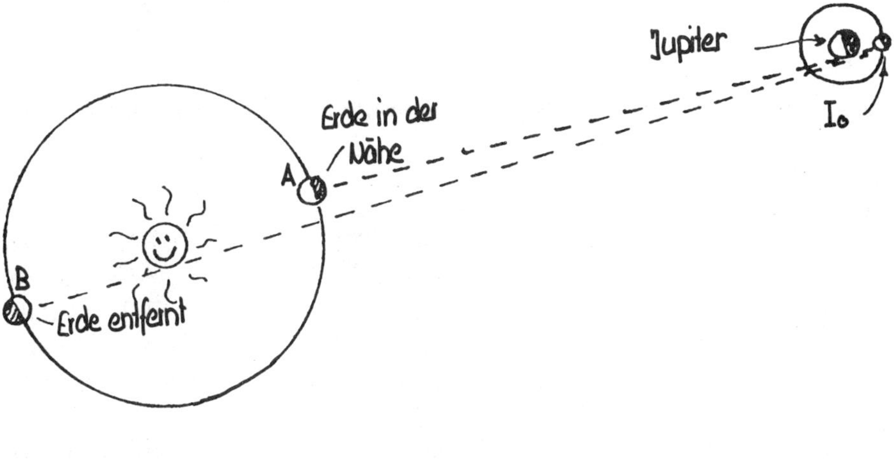

ANTWORT: WELCHE GESCHWINDIGKEIT? Die Antwort ist: a, die Geschwindigkeit des Lichts. Die Geschwindigkeit von etwas kann man einfach dadurch berechnen, daß man die zurückgelegte Strecke durch die für die Strecke benötigte Zeit dividiert. Die Strecke, die das Licht in 1000 Sekunden zurücklegt, ist der Durchmesser des Erdumlaufs um die Sonne. Dieser beträgt 300.000.000 km. Daher ist die Geschwindigkeit des Lichts

$$c = \frac{300.000.000 \text{ km}}{1000 \text{ s}} = 300.000 \text{ km/s}.$$

RADARASTRONOMIE

Objekte werden vom Radar ermittelt, indem Funksignale ausgesendet und dann die von den Objekten reflektierten Wellen empfangen werden. In der Skizze erkennen wir ein Radarsignal, das von der Erde zu einem Planeten gesendet wird. Von welchem Punkt des Planeten kehrt das Signal zuerst zur Erde zurück?

a) A b) B c) C
d) kein bestimmter Punkt

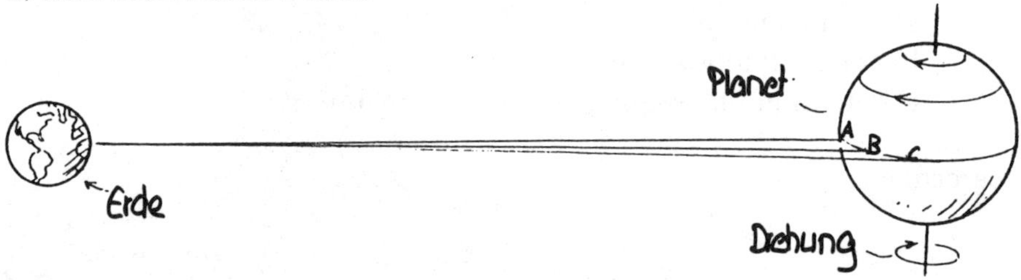

Von welchem Punkt kehrt das Signal mit der höchsten Frequenz zurück?

a) A b) B c) C
d) kein bestimmter Punkt

ANTWORT: RADARASTRONOMIE Die Antwort auf die erste Frage ist: a. Der Punkt A ist der Punkt auf dem Planeten, der der Erde am nächsten ist, daher kehrt das von A reflektierte Signal zuerst zurück.
Die Antwort auf die zweite Frage ist: c. Der Planet dreht sich, und der Punkt C bewegt sich schneller als irgendein anderer Teil des Planeten auf die Erde zu. Daher hat die Reflektion von Punkt C die größte Dopplerverschiebung.
Unter Berücksichtigung der Verzögerungszeit und der Dopplerverschiebung können Radarastronomen ermitteln, von welchem Punkt auf einem Planeten das Radarsignal reflektiert worden ist. Damit können sie "Radarphotographien" der Planetenoberfläche erstellen.

FUNKELN

Wenn die Sterne am Nachthimmel funkeln, funkeln auch die Planeten?

a) Ja, beide funkeln.
b) Nein, nur die Sterne funkeln.

Für einen Astronauten, der die Erde umkreist,

a) würden nur die Sterne funkeln
b) würden nur die Planeten funkeln
c) würden Sterne und Planeten funkeln
d) würden weder Sterne noch Planeten funkeln

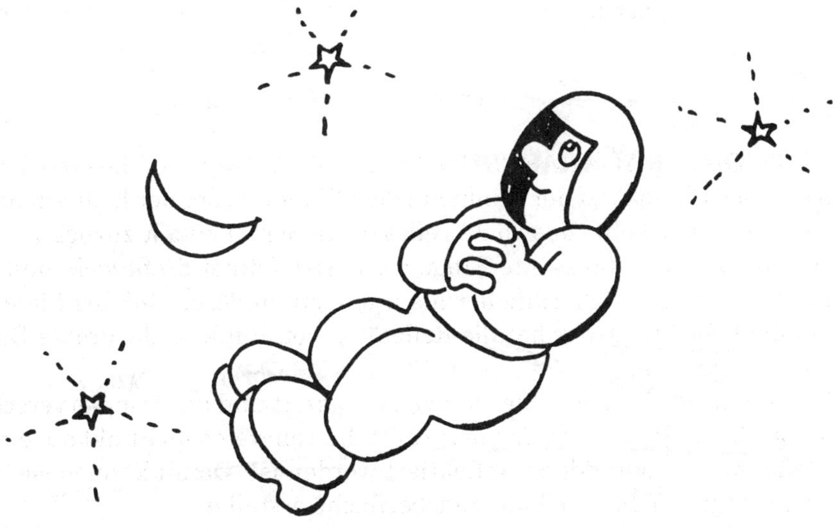

ANTWORT: FUNKELN Die Antwort auf die erste Frage ist: a. Das Funkeln ist das Ergebnis von Schwankungen der Luftdichte in der Erdatmosphäre. Diese Schwankungen werden in stärkerer Form während des Tages offensichtlich, wenn wir das Schimmern von Objekten durch erhitzte Schichten der Luft über einer heißen Oberfläche erkennen. Jede entfernte Lichtquelle schimmert, wenn sie vom Beobachter durch genügend Luft, in der unaufhörliche Wirbelströme vorhanden sind, getrennt ist. Das Schimmern in den turbulenten Schichten der Atmosphäre lenkt Ihre Sichtlinie ab. In der Zeichnung erkennen wir, daß Ihre Sichtlinie am Stern vorbeigeht, wenn sie nach A oder B abgelenkt wird. Diese Ablenkung geht aber nicht am Planeten vorbei, da der Planet ein größeres Ziel ist – d.h. er deckt einen größeren Winkeldurchmesser am Himmel ab. Sie können die Scheibe des Jupiters bei sechsfacher Vergrößerung im Fernrohr sehen. Sie könnten die Scheibe eines Sterns nicht einmal dann sehen, wenn Sie ein Fernrohr mit sechshundertfacher Vergrößerung hätten.
Vom und durch das Vakuum des Weltraums gesehen tritt kein Funkeln auf; daher ist die Antwort auf den zweiten Teil der Frage: d.

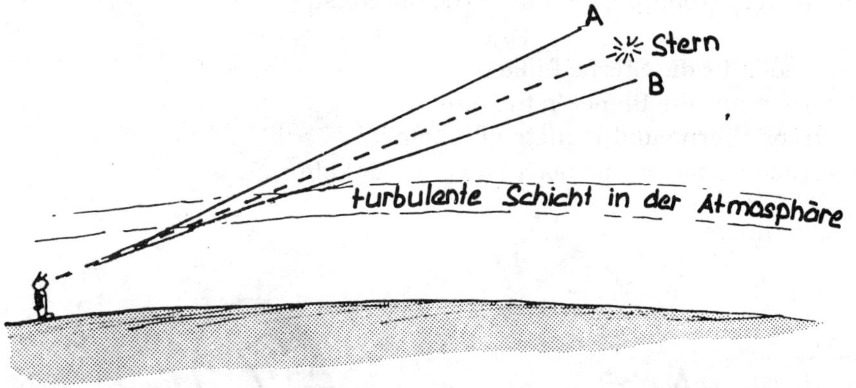

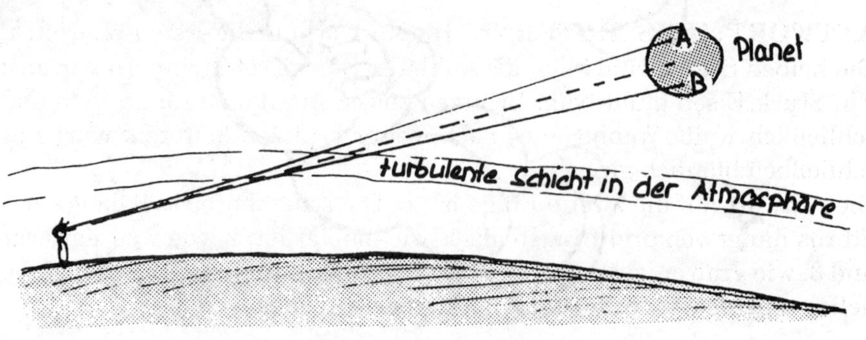

HEISSE STERNE

Kann man nur durch Hinsehen entscheiden, welches die heißesten Sterne am Himmel sind?

a) ja
b) nein

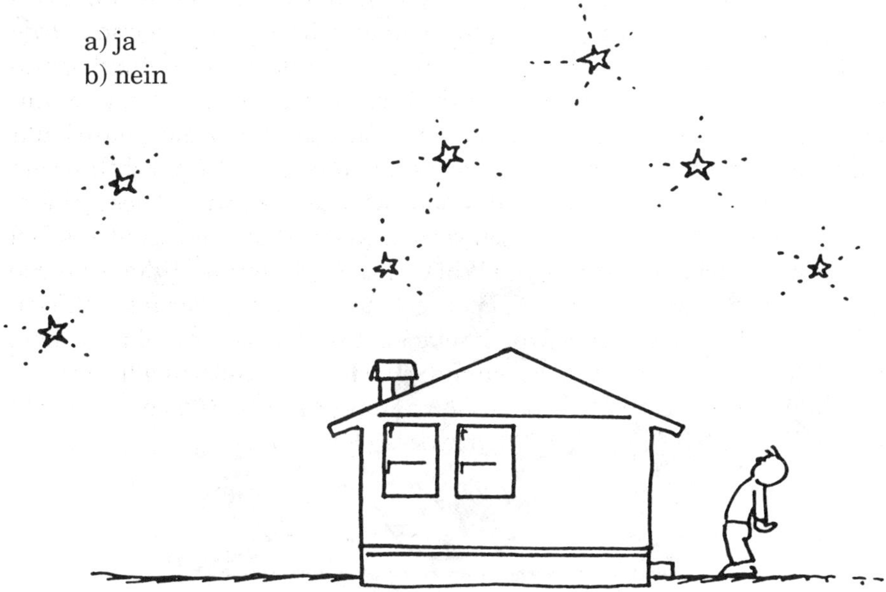

Die heißesten Sterne sind die hellsten Sterne am Himmel.

a) richtig
b) falsch

ANTWORT: HEISSE STERNE Die Antwort auf die erste Frage ist: a. Die heißen Sterne sind blau, die kühleren Sterne rot. Erinnern wir uns: Ein Stück Eisen glüht beim Erhitzen zuerst rot, dann orange, gelb und schließlich weiß. Wenn Sie es noch weiter erhitzen könnten, würde es schließlich bläulich glühen.
Die Antwort auf die zweite Frage ist: b. Die scheinbare Helligkeit eines Sterns hängt von drei Dingen ab: 1. wie heiß er ist, 2. wie weit entfernt und 3. wie groß er ist. Damit könnte ein großer kühler Stern in der Nähe heller sein als ein entfernter oder kleiner heißer Stern.

KOMPRIMIERTES LICHT

Während des letzten Jahrhunderts dachten sich einige Physiker das Licht als ein Gas. Mit dieser Annahme sollte untersucht werden, ob das Wissen über Gase helfen könne, das Licht zu verstehen, und das tat es tatsächlich! Insbesondere ermöglichte es, sich die "Temperatur" des Lichts vorzustellen.

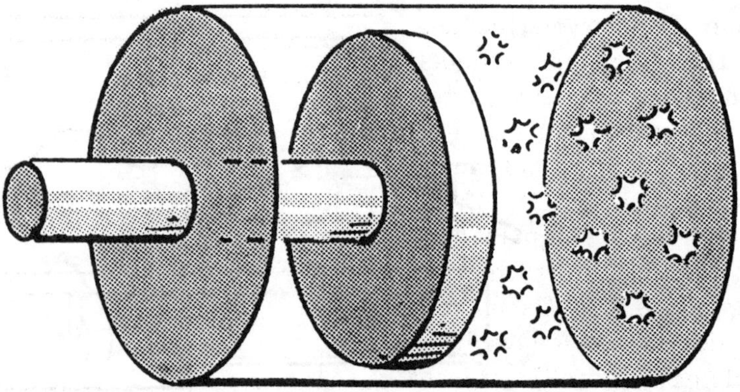

Wie Gas in einer Höhle die Temperatur der Höhle annimmt, nimmt auch Licht in einer glühenden Höhle die Temperatur der Höhle an. Die Altvorderen dachten auch, daß das Licht wie ein Gas in einen Zylinder gesteckt und von einem Kolben zusammengedrückt werden könnte. Der erdachte Zylinder und der Kolben müßten auf der Innenseite vollständig reflektierend sein. Genau wie die Kompression eines Gases dessen Dichte und Temperatur erhöht, würde auch die Kompression des Lichtes seine Dichte und Temperatur erhöhen. Wenn sich jetzt die Temperatur des Lichts erhöht, verschiebt sich seine Farbe

a) von blau nach rot
b) von rot nach blau

ANTWORT: KOMPRIMIERTES LICHT Die Antwort ist: b. Würde das Licht komprimiert, wodurch Temperatur und Dichte erhöht würden, würde sich die Farbe von rot nach blau verschieben. Den Grund kann man auf zwei Arten erkennen. Erstens durch den Dopplereffekt: Wenn sich Ihnen eine Lichtquelle nähert, werden die Lichtquellen zusammengedrückt, und das Licht hat eine Blauverschiebung (es ergibt sich eine Rotverschiebung, wenn sich die Lichtquelle von Ihnen weg bewegt). Wird das Licht von einem Spiegel zurückgeworfen, der sich Ihnen nähert, wird dadurch ebenfalls eine blaue Dopplerverschiebung erzeugt. Das Licht im Zylinder wird vom vorwärts strebenden Kolben zurückgeworfen, während es komprimiert wird, so daß es eine Blauverschiebung erhält. Zweitens werden die Lichtquellen im Zylinder ziemlich wörtlich vom Kolben komprimiert. Dabei verwandelt sich rotes, langwelliges Licht in blaues, kurzwelliges Licht. Natürlich komprimiert niemand Licht in einem Zylinder – mit diesem Modell können wir jedoch erklären, warum blaues Licht heißer ist (von einem heißeren Ort kommt) als rotes Licht. Blaue Sterne sind z.B. heißer als rote Sterne.

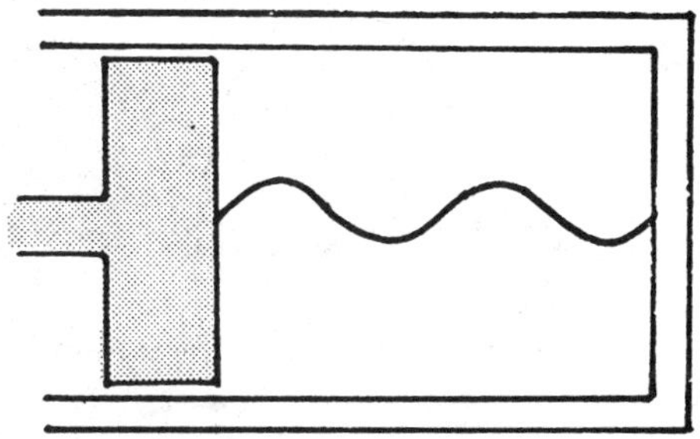

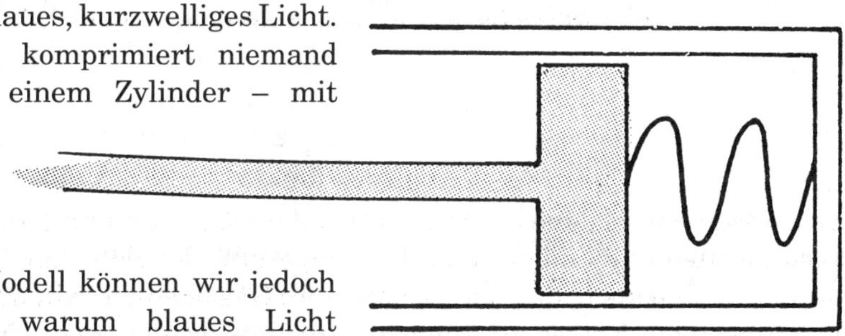

Das Gasmodell für Licht funktioniert, weil sich Licht aus Teilchen zusammensetzt, die Photonen genannt werden, genau wie sich Gas aus Teilchen zusammensetzt, die Moleküle genannt werden. Ungeachtet ihres Namens prallen die Teilchen so vom Kolben ab, daß sie Impuls und Energie bewahren. Überraschenderweise wurde das Gasmodell für das Licht vor der Photonentheorie entwickelt. Daß sich Licht nicht noch in weiteren Punkten wie ein Gas verhält, liegt vor allem daran, daß Gasmoleküle stark miteinander in Wechselwirkung treten, während Lichtphotonen dies nicht tun.

1 + 1 = 0?

Können sich zwei Lichtstrahlen gegenseitig aufheben und zu Dunkelheit führen?

a) Nein, Licht kann niemals Dunkelheit erzeugen – das würde das Energieerhaltungsgesetz verletzen.
b) Ja, es gibt mehrere Möglichkeiten, dem Licht weiteres Licht hinzuzufügen und kein Licht zu erhalten.

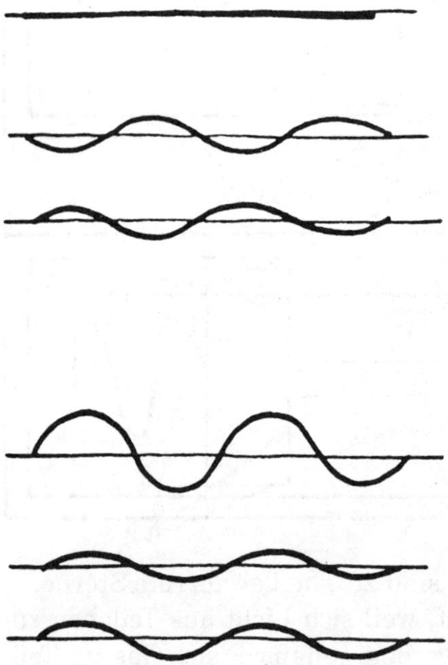

ANTWORT: 1 + 1 = 0? Die Antwort ist: b. Licht ist eine Welle, und Wellen können so kombiniert werden, daß sie sich verstärken oder aufheben. Das gleiche kann bei Wasserwellen geschehen, wenn sich der Berg einer Welle mit dem Tal einer anderen Welle überlagert (oder bei Schallwellen oder jeder anderen Art von Wellen). Dieser Effekt wird Interferenz genannt. In Ordnung, aber das hört sich ein wenig nach einer Verletzung der Energieerhaltung an. Wenn Licht Licht auslöscht, wo bleibt dann die Energie? Es zeigt sich, daß es bei jedem Arrangement, in dem Licht an einer Stelle Licht auslöscht, eine andere Stelle gibt – normalerweise sehr nahe gelegen –, an der Licht auch Licht verstärkt, so daß sich die gesamte Energie, die an einem Ort vermißt wird, am anderen Ort wiederfindet. Das gilt genauso für Schall-, Wasser- und alle anderen Wellen.

KÜRZESTE ZEIT

Ein Rettungsschwimmer am Punkt L am Strand muß eine ertrinkende Person am Punkt P im Wasser retten. Die Zeit ist dabei wesentlich! Wie kommt der Rettungsschwimmer in kürzester Zeit von L nach P? (Hinweis: Beachten Sie die relativen Geschwindigkeiten des Rettungsschwimmers auf dem Land und im Wasser.)

a) L über *a* nach P
b) L über *b* nach P
c) L über *c* nach P
d) Der Rettungsschwimmer braucht auf allen drei Wegen gleich viel Zeit.

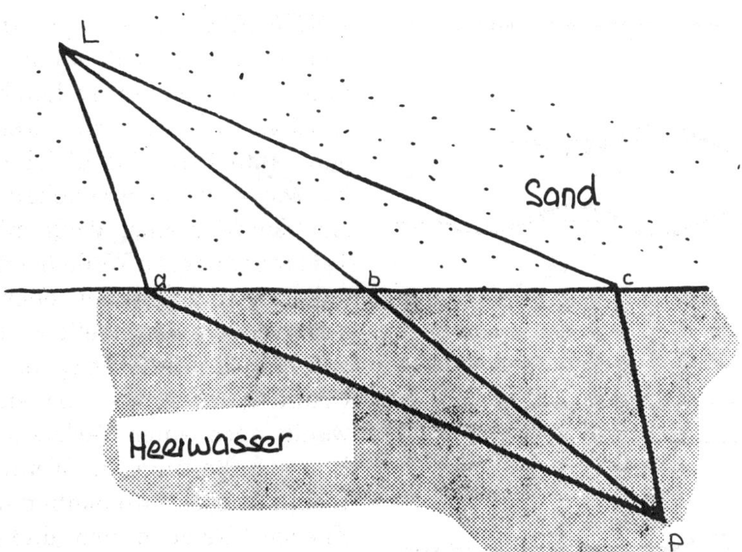

ANTWORT: KÜRZESTE ZEIT Die Antwort ist: c. Warum läuft der Rettungsschwimmer nicht direkt von L nach *b* und schwimmt dann auf einer geraden Linie nach P? Weil der Rettungsschwimmer schneller auf dem Strand laufen als im Wasser schwimmen kann. Die Geschwindigkeit des Rettungsschwimmers beim Laufen von L nach *c* und die reduzierte Strecke des langsamen Schwimmens von *c* nach P sorgen für mehr als einen Ausgleich für den längeren Weg. Durch Laufen nach *c* und Schwimmen von *c* nach P wird nicht die Strecke, aber die für die Rettung erforderliche Zeit minimiert.
Nehmen wir an, ein Delphin würde als Rettungsschwimmer angestellt. Welchen Weg müßte der Delphin nehmen? Der Delphin kann sehr gut schwimmen, sich auf dem Strand aber kaum bewegen, also nimmt er den Weg von L über *a* nach P.

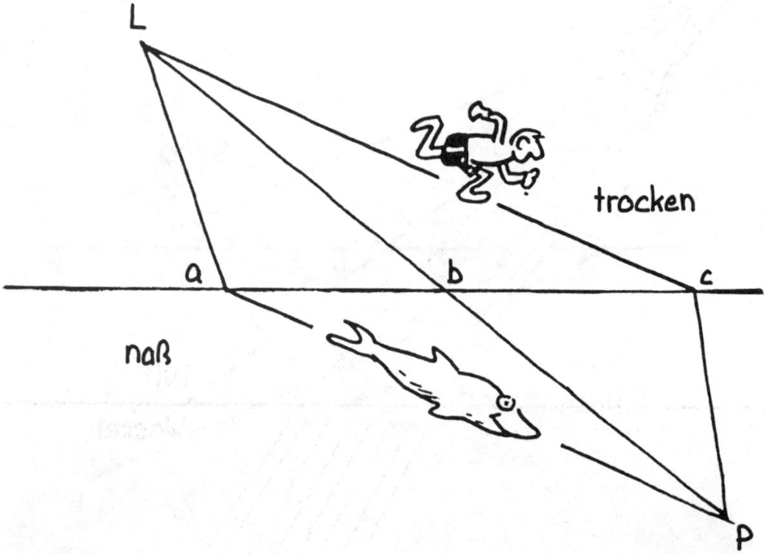

Dieses Prinzip der geringsten Zeit ist in der Optik wichtig. Licht breitet sich von einem Punkt zu einem anderen immer auf dem Weg aus, der die geringste Zeit benötigt.

GESCHWINDIGKEIT IM WASSER

Wenn Licht den Weg mit der geringsten Zeit zwischen zwei Orten nimmt, läßt sich aus seiner Brechung beim Übergang von Luft (oder Vakuum) in transparentes Material schließen, daß seine Geschwindigkeit in diesem Material

a) größer ist als in der Luft
b) genauso groß ist wie in der Luft
c) kleiner ist als in der Luft

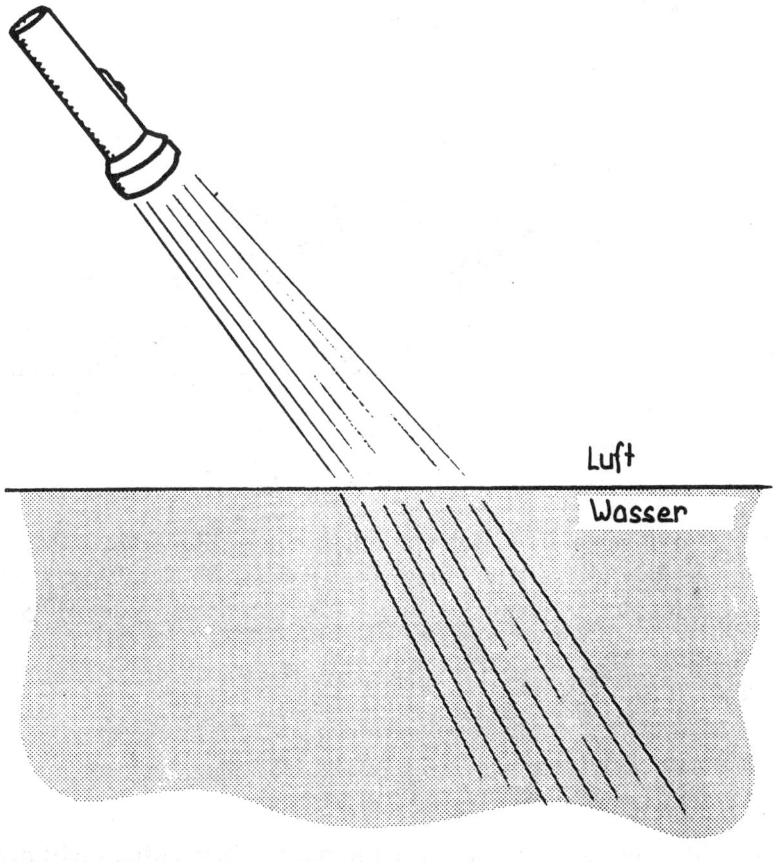

ANTWORT: GESCHWINDIGKEIT IM WASSER Die Antwort ist: c. Erinnern Sie sich an den Menschen und den Delphin als Rettungsschwimmer. Der Weg des Lichtstrahls, der in Glas eintritt, erinnert an den Weg des Menschen und nicht an den des Delphins. Wenn das Licht also wie der Rettungsschwimmer den Weg mit der kürzesten Zeit nimmt, erkennen wir, daß die Geschwindigkeit des Lichts in der Luft schneller und im Wasser langsamer ist. Das gilt für jedes transparente Material.

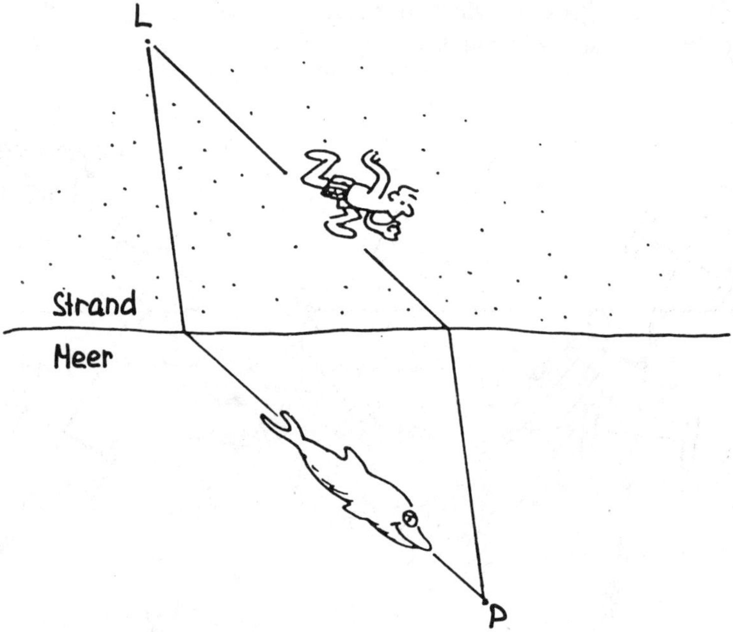

Wenn wir im übrigen die Geschwindigkeit des Lichts in einem Vakuum mit der Geschwindigkeit in einem bestimmten Material vergleichen, nennen wir das sich ergebende Verhältnis *Brechungsindex* des Materials:

$$n = \frac{\text{Geschwindigkeit des Lichts im Vakuum}}{\text{Geschwindigkeit des Lichts im Material}} = \frac{c}{\mathrm{v}}$$

Die Geschwindigkeit des Lichts im Wasser ist z.B. ($\frac{1}{1{,}33}$) c, also ist $n = 1{,}33$.

Gewöhnliches Glas hat den Brechungsindex $n = 1{,}5$; bei einem Vakuum gilt $n = 1$.

BRECHUNG

Angenommen, zwei Spielzeugautoräder auf einer Achse rollen über einem glatten Weg und dann auf einem Rasen. Durch die Wechselwirkung der Räder mit dem Gras rollen sie auf dem Rasen langsamer als auf dem glatten Weg. Wenn die Räder schräg auf den Rasen gerollt werden, ändern sie ihre Richtung. Welche der folgenden Skizzen zeigt den Weg, den sie nehmen?

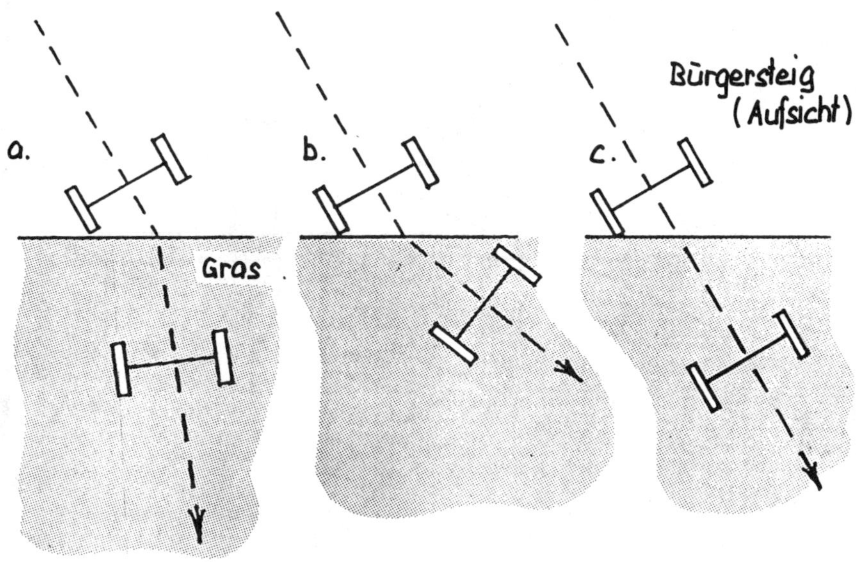

ANTWORT: BRECHUNG Die Antwort ist: a. Das linke Rad trifft zuerst auf das Gras, wo es durch die größere Wechselwirkung verlangsamt wird. Dabei ergibt sich eine Art Drehung, da das rechte Rad weiterhin seine höhere Geschwindigkeit beibehält, solange es noch auf dem Weg ist. Wenn beide Räder auf dem Gras sind, bewegen sie sich wieder auf einer geraden Linie. Das gleiche geschieht mit den Wellenfronten des Lichts, die in einem Winkel auf ein transparentes Medium fallen.

LICHTSTRAHLRENNEN

Drei Lichtstrahlen gehen gleichzeitig von einer Kerze aus. Strahl A läuft durch die Kante der Linse, Strahl B läuft durch die Mitte und Strahl C durch einen Zwischenteil der Linse. Welcher Strahl kommt zuerst auf dem Bildschirm an?

a) A
b) B
c) C
d) Alle kommen gleichzeitig an.

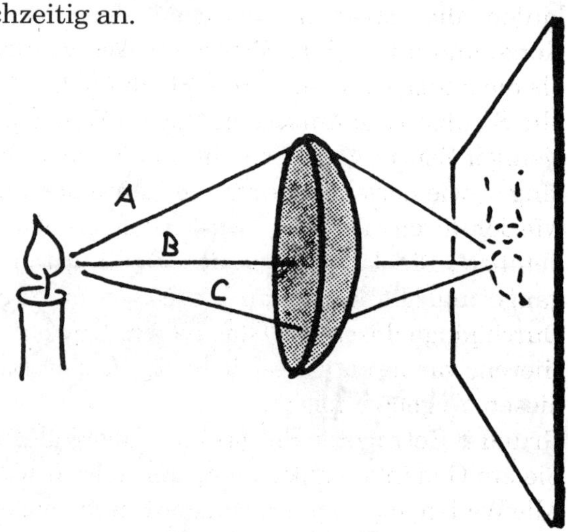

ANTWORT: LICHTSTRAHLRENNEN Die Antwort ist: d. Das Rennen ist unentschieden. Dafür gibt es eine Reihe von Gründen, von denen wir hier zwei betrachten.

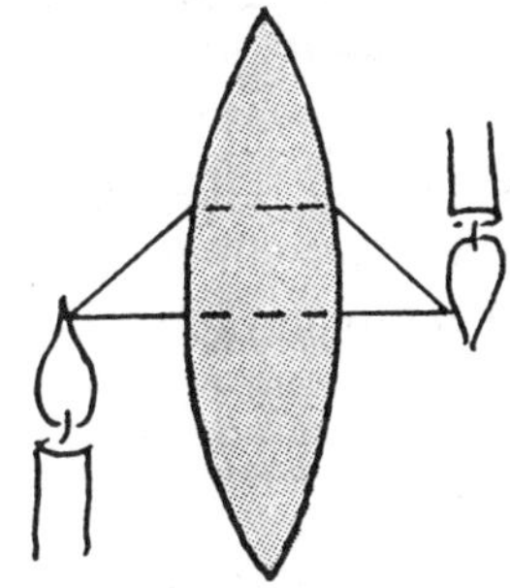

Grund 1: Es gibt ein Prinzip, daß ein Lichtstrahl zwischen zwei Punkten immer den Weg nimmt, der am wenigsten Zeit benötigt. In unserem Fall laufen die Strahlen zwischen der Kerze und ihrem Bild. Wenn ein Weg weniger Zeit in Anspruch nimmt als die anderen, nehmen alle Strahlen diesen Weg. Aber wir wissen, daß alle Strahlen auf unterschiedlichen Wegen ankommen, so daß kein Weg weniger Zeit in Anspruch nimmt als die anderen. Aber einige Wege sind länger, wie derjenige durch die Kante der Linse, und einige sind kürzer, wie der durch die Mitte – wie können sie also die gleiche Zeit in Anspruch nehmen? Die Antwort ist, daß die längsten Wege die kürzesten Durchgänge und die kürzesten Wege, wie die durch die Mitte, die längsten Durchgänge durch das Glas haben. Obwohl die Wege in ihrer Länge variieren, variieren sie nicht in der Gesamtzeit, die erforderlich ist, um diesen Wegen zu folgen.

Grund 2: Betrachten Sie das Licht als Welle, nicht als Strahl, und machen Sie ein Gedankenexperiment. Es sollte etwa folgendermaßen aussehen: Alle Wellen, die zugleich von der Kerze ausgehen, müssen im Bild wieder zusammenlaufen. Wenn eine Welle, die zu einem bestimmten Zeitpunkt von der Kerze ausgeht, nicht vollständig im Bild gleichzeitig zusammenlaufen würde, würde sich die Welle teilweise selbst auslöschen. Wenn ein Weg zum Bild geringfügig weniger Zeit benötigen würde als ein anderer, würde der Teil der Welle, der den schnelleren Weg nimmt, immer etwas früher ankommen. Wenn die Wellen am Bild zusammenkommen, würden sie sich teilweise oder vollständig aufheben. Um ein Bild zu erhalten, benötigen wir Verstärkung und nicht destruktive Interferenzen, und dafür müssen alle Wege die gleiche Zeit benötigen.

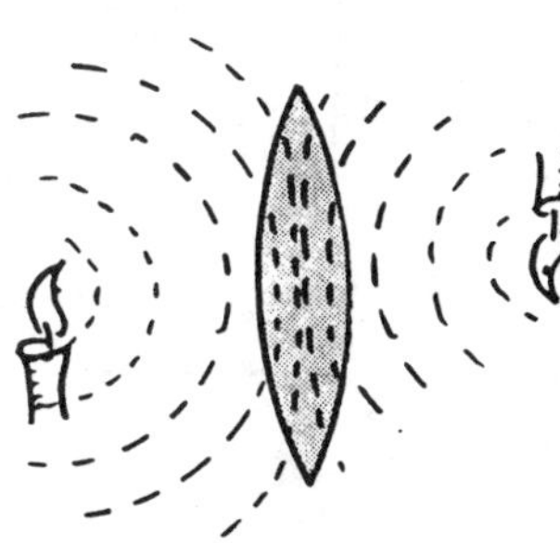

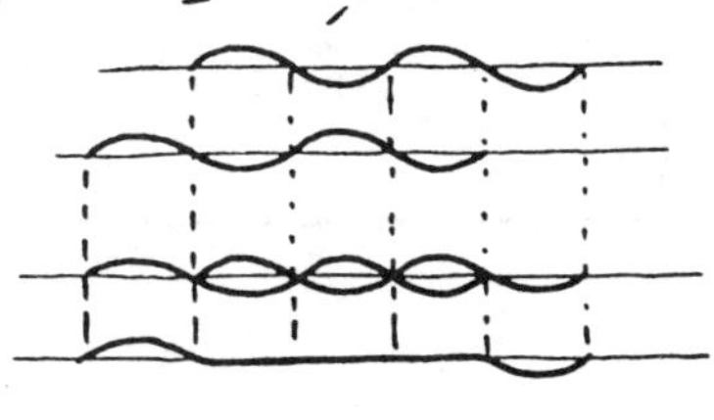

UNTER WASSER

Ein Geldstück liegt unter Wasser. Es scheint

a) näher an der Oberfläche, als es wirklich ist
b) weiter von der Oberfläche entfernt, als es wirklich ist
c) genauso tief zu liegen, wie es wirklich ist

ANTWORT: UNTER WASSER Die Antwort ist: a. Man schätzt den Abstand eines Objektes mit Hilfe beider Augen. Das Gehirn tastet ab, wie stark die Augen aufeinander zu gerichtet werden müssen, um auf dem Objekt zu konvergieren. Je näher das Objekt liegt, desto stärker müssen die Augen aufeinander zu gerichtet werden. Wenn jetzt Wasser hinzukommt, bricht es die Lichtstrahlen, wie die Skizze zeigt. Ihre Augen müssen daher so ausgerichtet werden, als ob das Geldstück sich in Position II befände, obwohl es in Wirklichkeit in Position I liegt. Daher scheint es im Wasser näher zu liegen!

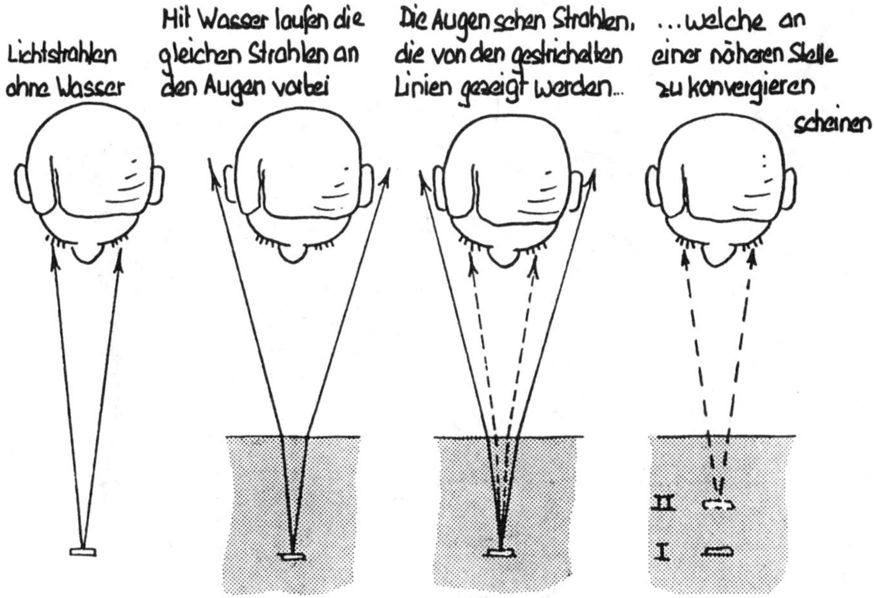

WIE GROSS?

Wenn Sie in ein Goldfischglas sehen, erscheint der Fisch

a) übermäßig groß
b) übermäßig klein
c) genauso groß wie ohne Wasser

ANTWORT: WIE GROSS? Die Antwort ist: a. Sie schätzen die Größe von Objekten anhand der Winkelgröße. Ohne Wasser würde der Fisch den kleinen Winkel S belegen, mit Wasser wird das Licht aber gebrochen, so daß der Fisch den großen Winkel L zu belegen scheint.

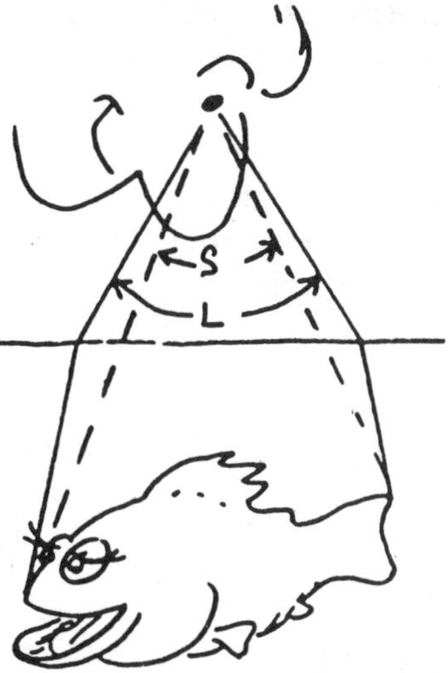

Einige reflektierende Kameraobjektive ziehen Nutzen aus dieser scheinbaren Änderung der Winkelgröße, indem sie den Raum zwischen dem Spiegel und dem Film mit einem massiven Glasstück auffüllen. Das reduziert die Größe des Bildes auf dem Film. Die Reduzierung der Bildgröße intensiviert das Bild und reduziert damit die Belichtungszeit. Sie vergrößert auch das Blickfeld der Kamera (wir können das in der Skizze daran erkennen, daß das reduzierte Bild der Kerze zusätzlichen Platz für Lichtstrahlen läßt, die über und unter der Kerze hindurchgehen).

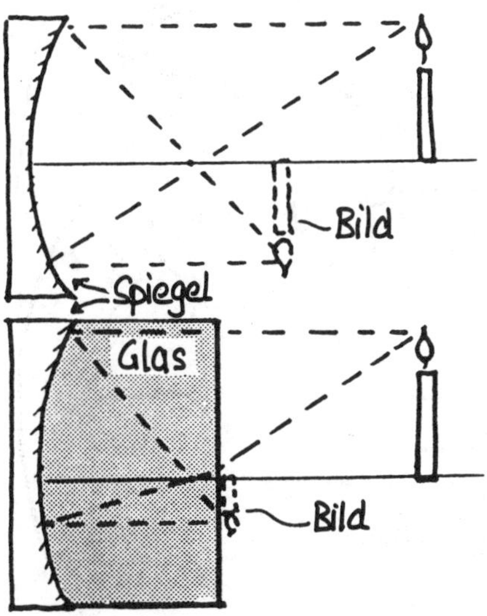

Einige Menschen glauben, daß der Raum selbst gekrümmt sein könnte, so daß Licht, das von einer sehr entfernten Galaxie kommt, beim Durchlaufen des Weltraums gekrümmt würde (siehe Skizze). Wenn dem so ist, kann es sein, daß entfernte Galaxien übermäßig groß erscheinen, genau wie der Fisch übermäßig groß erschien.

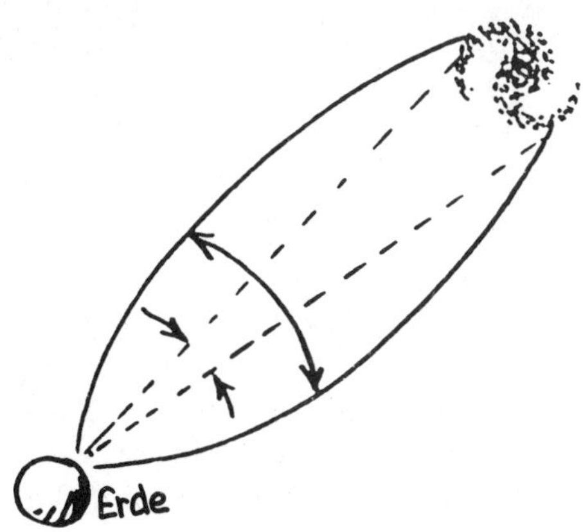

EINE LUPE IM WASCHBECKEN

Wenn eine Lupe unter Wasser gehalten wird, ist ihre Vergrößerungswirkung

a) erhöht
b) gleich groß wie ohne Wasser
c) verringert

ANTWORT: EINE LUPE IM WASCHBECKEN Die Antwort ist: c. Sie könnten die Antwort auf diese Frage herausfinden, indem Sie tatsächlich eine Lupe unter Wasser halten und nachsehen, welche Änderungen auftreten. Versuchen Sie es! Wir wissen, daß eine Lupe Lichtstrahlen bricht, um zu vergrößern. Sie bricht die Lichtstrahlen wegen der Krümmung der Linse und weil die Lichtgeschwindigkeit im Glas geringer ist als die Lichtgeschwindigkeit in der Luft. Die Geschwindigkeitsänderung erzeugt die Brechung. Im Wasser ist das Licht jedoch bereits verlangsamt. Beim Eintritt in das Glas wird es noch weiter verlangsamt, aber die Geschwindigkeitsänderung ist nicht mehr so stark. Daher ist unter Wasser die Brechung geringer und damit auch die Wirkung der Linse geringer. Wenn die Lichtgeschwindigkeit im Wasser genauso langsam wäre wie die Lichtgeschwindigkeit im Glas, würde die Linse die Strahlen überhaupt nicht brechen. Sie würden einfach gerade hindurchlaufen, genau wie durch ein Fenster – flaches Glas fokussiert Licht nicht, daher haben Fenster kein Vergrößerungsvermögen.

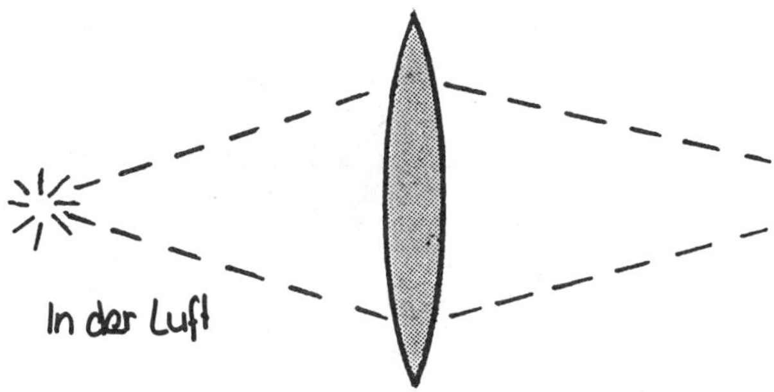

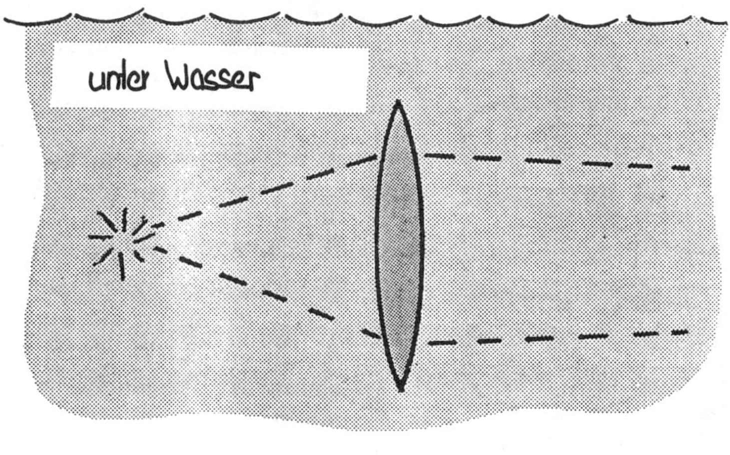

ZWEI POSITIVE LINSEN

Eine positive Linse wird manchmal eine konvexe oder Sammellinse genannt, da sie konvex ist und parallele Lichtstrahlen zum Konvergieren in einem Punkt, dem sogenannten Brennpunkt, bringt.

Wenn zwei positive Linsen nebeneinander gestellt werden, konvergieren die Lichtstrahlen

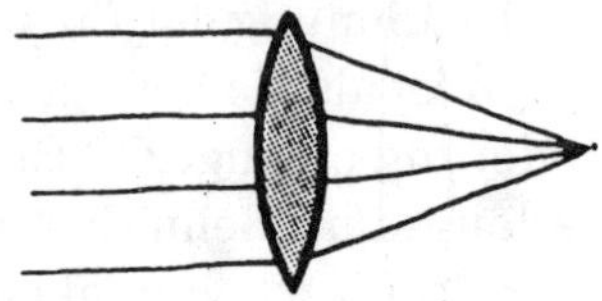

a) stärker als bei einer Linse
b) weniger stark als bei einer Linse
c) gleich wie bei einer Linse

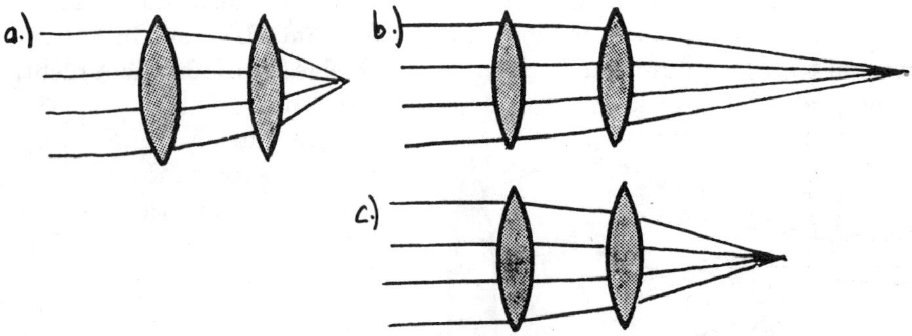

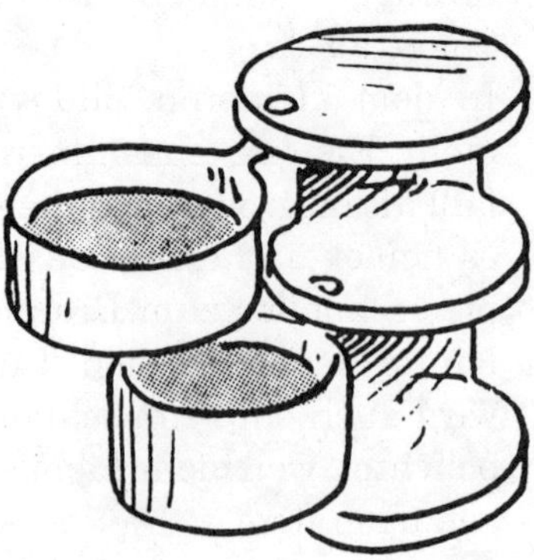

ANTWORT: ZWEI POSITIVE LINSEN Die Antwort ist: a. Die Lichtstrahlen werden von der Linse gebeugt oder gebrochen, so daß sie konvergieren. Die zweite Linse beugt das Licht einfach noch etwas mehr, so daß die Gesamtbeugung größer ist, wodurch das Licht stärker konvergiert.
Die meisten Taschenlupen enthalten zwei Linsen, die je nach erforderlicher Stärke einzeln oder zusammen verwendet werden können.

DIE SCHNELLSTE LINSE

Das Sonnenlicht wird auf ein Stück Papier konzentriert. Welche der unten gezeigten Linsen setzt das Papier am schnellsten in Brand?

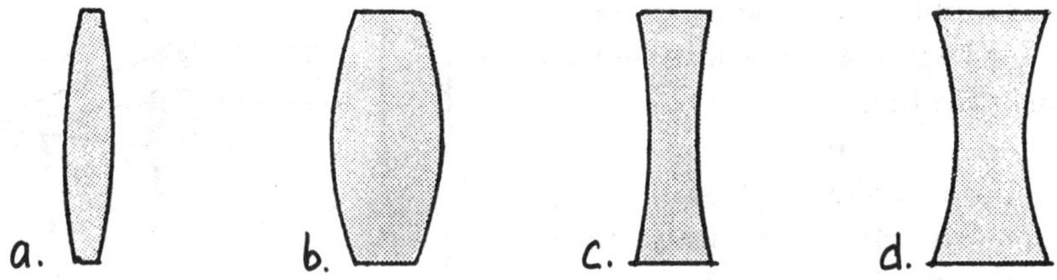

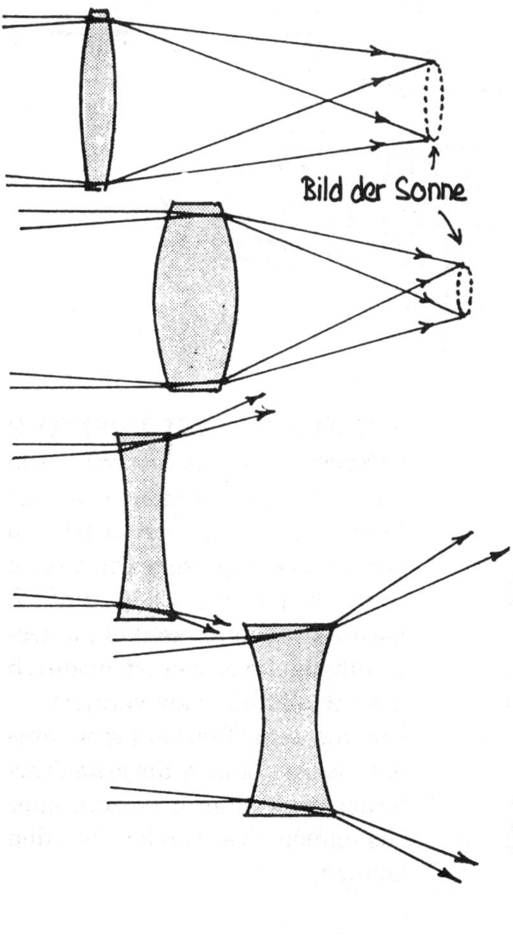

ANTWORT:
DIE SCHNELLSTE LINSE

Die Antwort ist: b. Die Negativ-Linsen (auch Zerstreuungslinsen, C und D) fokussieren das Sonnenlicht überhaupt nicht, so daß sie das Papier auch nicht zum Brennen bringen können. Die Linsen A und B lassen das Licht konvergieren, B bricht das Licht aber stärker, da sie dicker ist und sich wie zwei dünne zusammengeklebte Linsen verhält. Die Konvergenz ist also stärker, und B erzeugt ein kleineres Bild der Sonne als A.

In dem kleineren Bild wird mehr Energie zusammengefaßt als im größeren, daher ist es heißer und bringt das Papier schneller zum Brennen. Hinter einer solchen Linse wird auch ein Film schneller belichtet, weil mehr Licht eingefangen wird.

DICKE LINSEN

Zwei dünne Sammellinsen können "zusammengeschmolzen" werden, um eine dickere Linse zu bilden, die die Wirkung der beiden dünnen Linsen hat. Das heißt, die Brechkraft einer Linse ist umso stärker, je dicker sie ist. Nehmen wir an, zwei Zerstreuungslinsen würden "verschmolzen". Die sich ergebende Linse hätte

a) eine stärkere divergierende Leistung
b) eine geringere divergierende Leistung
c) die gleiche divergierende Leistung

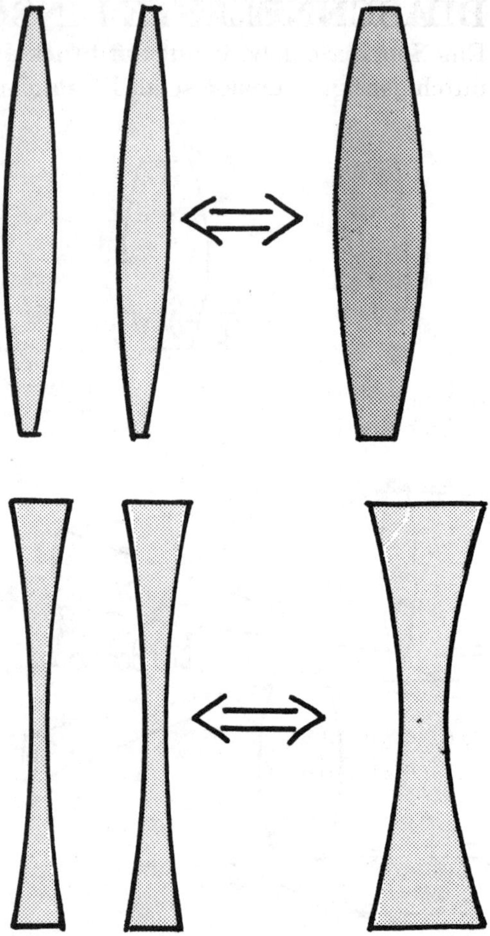

ANTWORT: DICKE LINSEN Die Antwort ist: a. Linsen sammeln Licht, wenn sie in der Mitte dicker sind, und zerstreuen es, wenn sie in der Mitte dünner sind. Wären sie in der Mitte gleich dick wie am Rand, hätten wir ein flaches Fenster anstelle einer Linse. Daher verdoppelt die Verschmelzung zweier Linsen den Unterschied zwischen der Mitte und dem Rand. Und das verdoppelt die Wirkung zweier Sammellinsen bzw. zweier Zerstreuungslinsen. Frage: Was geschieht, wenn Sie eine Sammel- und eine Zerstreuungslinse verschmelzen?

BLASENLINSE

Eine Luftblase befindet sich unter Wasser. Ein Lichtstrahl scheint hindurch. Nach Durchlaufen der Blase

a) konvergiert der Lichtstrahl

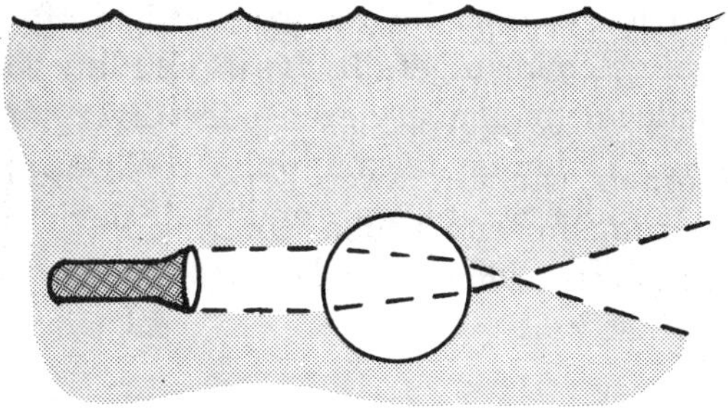

b) divergiert der Lichtstrahl

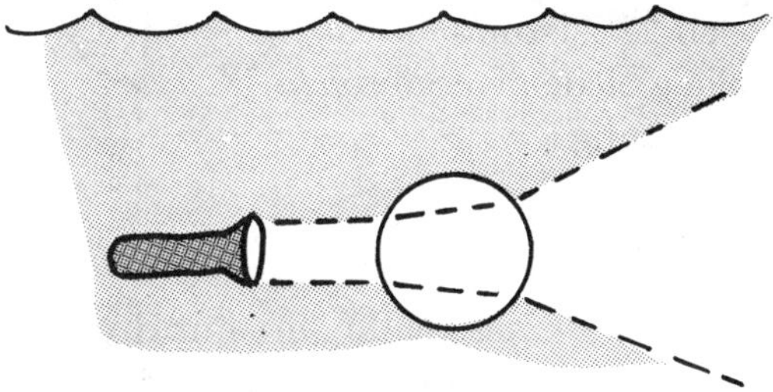

c) bleibt der Lichtstrahl unbeeinflußt

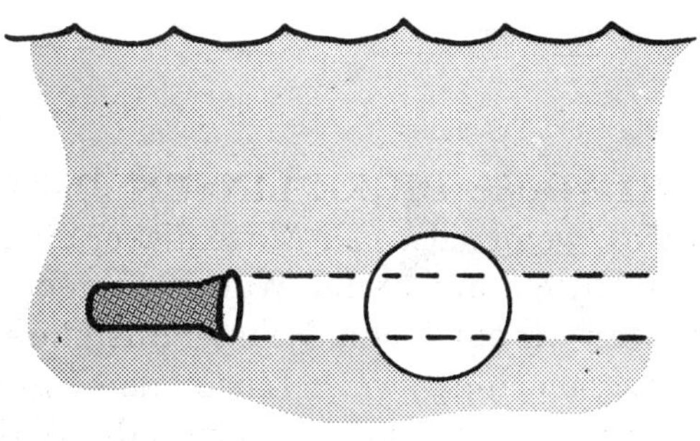

ANTWORT: BLASENLINSE Die Antwort ist: b. Es gibt viele Möglichkeiten, das zu erklären, man kann diese Art von Problemen aber auch allgemein anpacken. Die allgemeine Erklärung sieht folgendermaßen aus: Wäre ein Wasserkügelchen allein im Weltraum, würde es wie eine positive Linse den Strahl zum Konvergieren bringen. Denken wir uns jetzt einen Lichtstrahl, der durch reines Wasser ohne irgendeine Luftblase läuft – d.h., denken wir uns die Luftblase im Wasser durch ein Wasserkügelchen aufgefüllt, das ihren Platz völlig einnimmt. Der Lichtstrahl würde nicht konvergieren oder divergieren. Er würde gerade weiterlaufen. Daher ist die kombinierte Wirkung der Blase und des Kügelchens ein gerader Strahl, während das Kügelchen selbst den Strahl zum Konvergieren bringen würde.

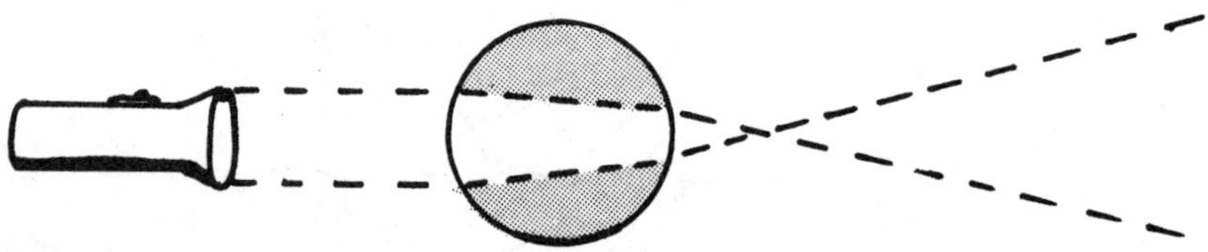

Welche Wirkung kombiniert mit Konvergenz führt zu keiner Wirkung? Divergenz. Also muß die Luftblase dazu führen, daß der Strahl divergiert. Und genau das macht sie.

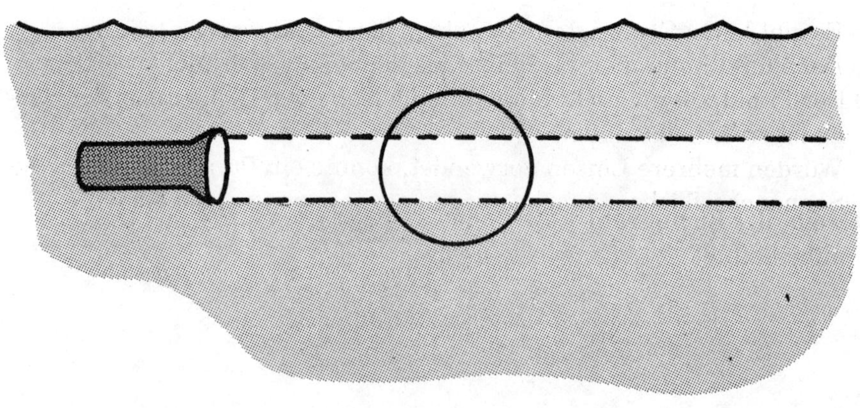

BRENNGLAS

Eine Lupe, die zur Fokussierung des Sonnenlichts auf einen intensiven heißen Punkt verwendet wird, wird zu einem Brennglas oder Sonnenkollektor. Würde die Linse vergrößert und/oder der Brennpunkt verkleinert, würde der heiße Punkt heißer werden. Könnte man das Brennglas so groß machen oder den Brennpunkt so klein, daß der heiße Punkt heißer als die Sonne selbst würde?

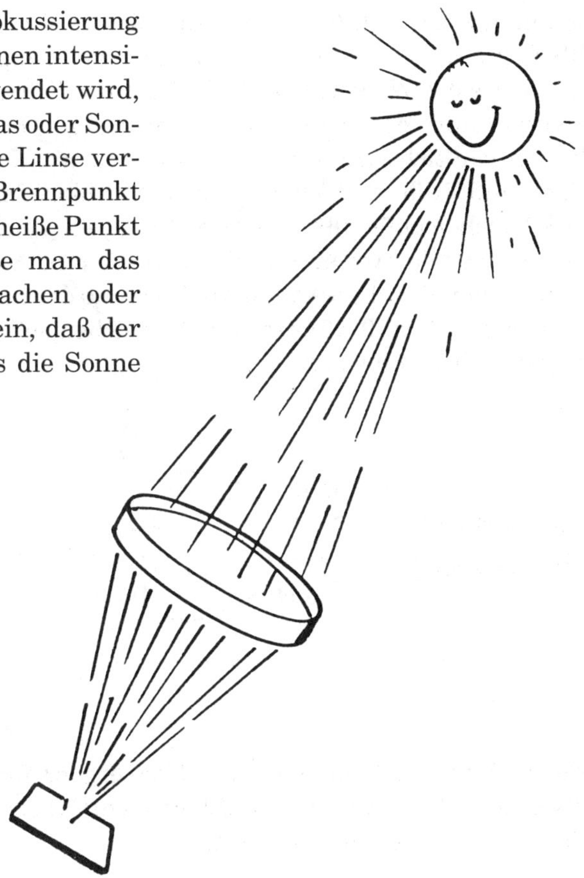

a) Es gibt keine Grenze dafür, wie heiß der Punkt werden könnte.
b) Der Punkt kann niemals heißer als die Sonnenoberfläche werden.
c) Der Punkt könnte nicht einmal in die Nähe der Temperatur der Sonnenoberfläche kommen.
d) Würden mehrere Linsen verwendet, könnte ein Punkt heißer als die Sonnenoberfläche gemacht werden.

ANTWORT: BRENNGLAS

Die Antwort ist: b. Zwei Wege führen zu dieser Antwort.

Erstens: Denken Sie sich Ihr Auge im exakten Brennpunkt der Linse. Egal in welche Richtung Sie sehen, Ihre Blicklinie wird immer zur Sonnenoberfläche zurückgelenkt. Nehmen wir jetzt an, daß die Linse so groß ist (oder daß mehrere Linsen verwendet würden), daß Sie immer die Sonnenoberfläche sehen würden, egal in welche Richtung Sie auch schauen. Dann würden Sie vollständig von der Sonnenoberfläche umhüllt erscheinen. Damit wäre Ihre Temperatur die gleiche wie die Temperatur der Sonnenoberfläche.

Zweitens: Nehmen wir einmal an, daß der Punkt heißer gemacht werden könnte als die Sonnenoberfläche. Das bedeutet, daß Wärme von der Sonnenoberfläche durch die Linse an einen Ort – den Brennpunkt – fließen würde, der heißer als der Herkunftsort wäre. Wärmeenergie tut das aber nicht. Von sich aus fließt Wärmeenergie immer vom heißen Ort zum kühlen und niemals zu einem heißeren Ort.

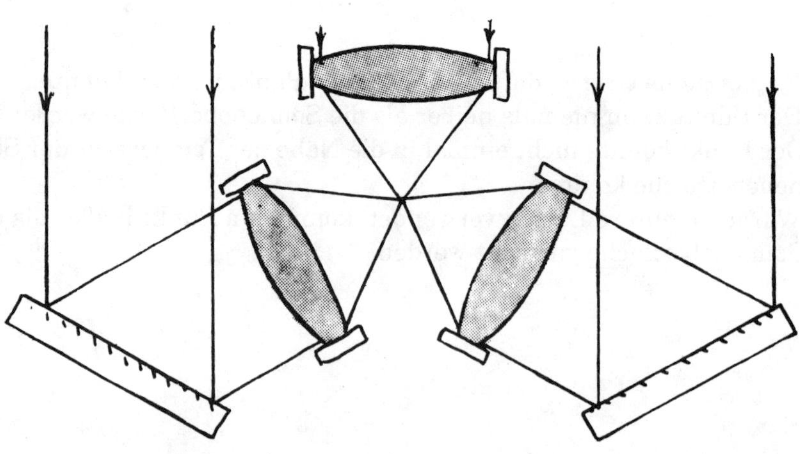

SAMMELLINSE

1. Wenn jemand sagt, er könne sich ein optisches System denken, das das *gesamte* Licht von einem großen Lampenglühfaden auf ein kleineres Bild des Glühfadens fokussiert, würde diese Behauptung einem Grundgesetz der Physik widersprechen?

a) Ja, dieser Anspruch steht im Widerspruch zu einem Grundgesetz der Physik.
b) Nein, dieser Anspruch steht nicht im Widerspruch zu einem Grundgesetz der Physik.

2. Wenn jemand sagt, er könne sich ein optisches System denken, das einen *Teil* des Lichts von einem großen Lampenglühfaden auf ein kleineres Bild des Glühfadens fokussiert, würde diese Behauptung einem Grundgesetz der Physik widersprechen?

a) ja, grundsätzlich unmöglich
b) nein, grundsätzlich möglich

3. Wenn jemand sagt, er könne sich ein optisches System denken, das das *gesamte* Licht von einem *kleinen* Lampenglühfaden auf ein *größeres* Bild des Glühfadens fokussiert, würde diese Behauptung einem Grundgesetz der Physik widersprechen?

a) ja, grundsätzlich unmöglich
b) nein, grundsätzlich möglich

ANTWORT: SAMMELLINSE Die Antwort auf die erste Frage ist: a. Praktisch jeder, der mit Licht und Linsen arbeitet, versucht früher oder später, die Intensität einer Lichtquelle durch Kondensieren des gesamten Lichts vom Glühfaden auf ein kleineres Bild zu erhöhen. Das ist aber nicht möglich. Warum?

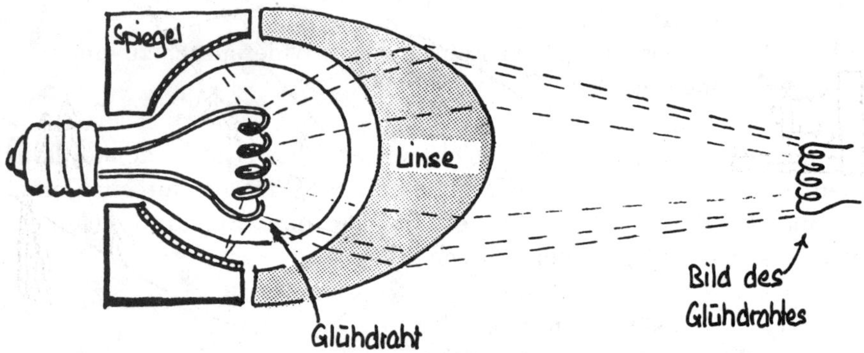

Ein Grund ist, daß das Bild heißer wäre als der Glühfaden selbst. Man kann aber gemäß dem zweiten Hauptsatz der Thermodynamik Wärme nicht von einem heißen Ort zu einem noch heißeren Ort fließen lassen, ohne eine Wärmepumpe zu haben, die für ihren Betrieb Energie benötigt. Eine Linse verwendet keine Energie, ist also auch keine Wärmepumpe. Das Bild einer Lichtquelle kann niemals intensiver sein als die Lichtquelle selbst.

Die Antwort auf die zweite und dritte Frage ist: b. Der zweite Hauptsatz der Thermodynamik würde nicht verletzt, da in diesen beiden Fällen das Bild nicht intensiver als die Lichtquelle sein muß.

NAHAUFNAHME

Die erste Skizze zeigt eine Kamera, die richtig für eine Aufnahme der entfernten Berge eingestellt ist. Wird die Kamera auf ein nahegelegenes Objekt gerichtet, muß sie so eingestellt werden wie in Skizze

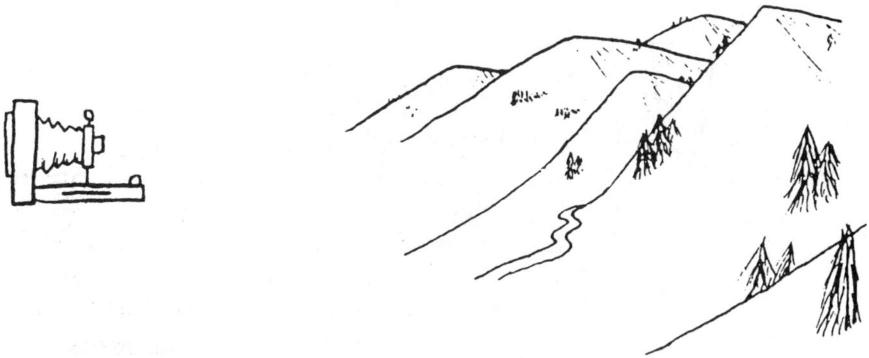

a.

b.

c.

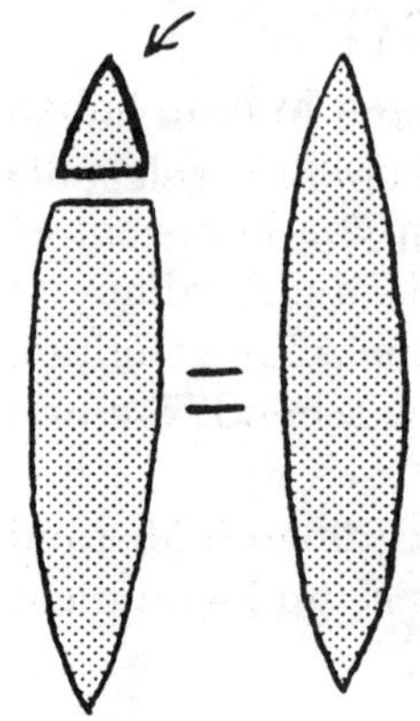

ANTWORT: NAHAUFNAHME Die Antwort ist: c. Wenn sich der Gegenstand auf die Linse zubewegt, muß sich die Linse vom Film wegbewegen, der sich hinten in der Kamera befindet. Um das zu verstehen, konzentrieren wir unsere Aufmerksamkeit auf einen Teil der Linse, z.B. die obere Spitze. Sie ist in Wirklichkeit ein kleines Prisma. Das Prisma kann Licht um einen bestimmten Winkel θ brechen. Ist das Licht also von *A* nach *B* gerichtet, wird es gedreht und läuft schließlich nach *C*.

Als nächstes sehen wir uns die Skizze an, die den Gegenstand oder die Lichtquelle im Punkt *A*, die Linse und den Film im Punkt *C* zeigt. Wenn sich *A* näher zur Linse bewegt, sich der Brechungsinkel θ nicht ändern kann und das Licht im Punkt *C* fokussiert bleiben muß, kann dies nur geschehen, wenn die Linse vom Film wegbewegt wird, wie es in der letzten Skizze gezeigt wird. Käme *A* näher an die Linse heran und würde die Linse nicht von *C* wegbewegt, müßte der Brechungswinkel θ größer werden, Sie müßten also eine stärkere Linse verwenden.

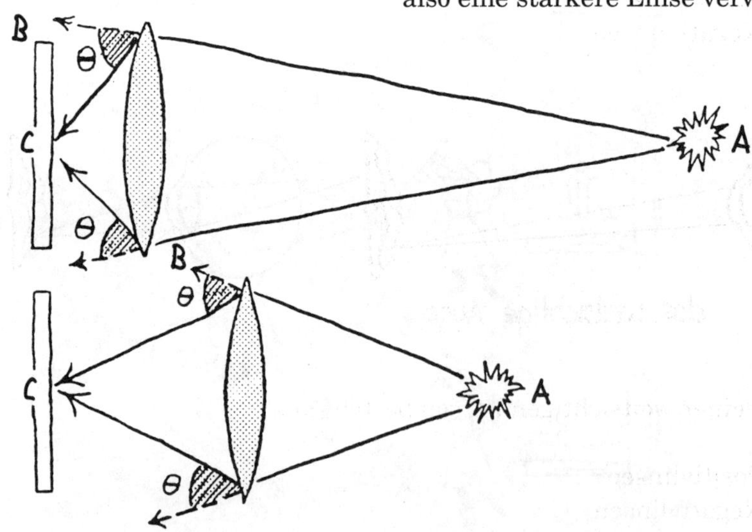

KURZSICHTIG UND WEITSICHTIG

Menschen, die Bücher beim Lesen dicht vor ihre Augen halten, haben wahrscheinlich verlängerte Augäpfel, in denen die Netzhaut weiter als normal von der Linse des Auges entfernt ist. Das ist das kurzsichtige Auge. Ein weitsichtiges Auge ist das genaue Gegenteil – die Netzhaut ist zu dicht an der Linse. Wird das Buch zu dicht vor das Auge gehalten, kann das Bild nicht in der verfügbaren Entfernung zwischen Linse und Netzhaut gebildet werden.

Wenn jetzt die kurzsichtige Person das Buch in einem größeren Abstand hält, verschiebt sich das Bild des Buches zur Augenlinse und wird nicht auf der Netzhaut fokussiert.

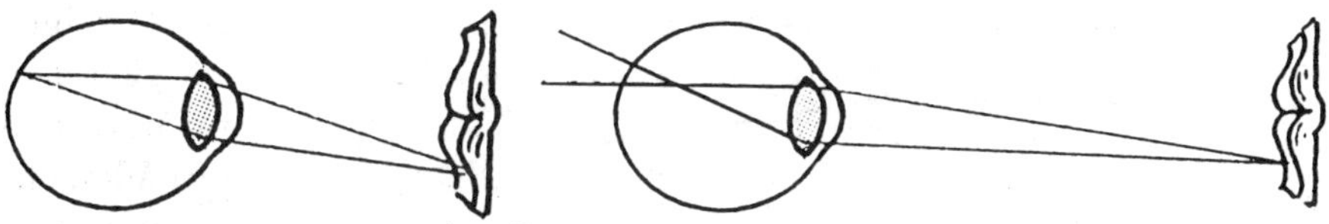

das kurzsichtige Auge

Um diese Defekte zu korrigieren, besteht die Brille einer kurzsichtigen Person aus

a) Positivlinsen
b) Negativlinsen

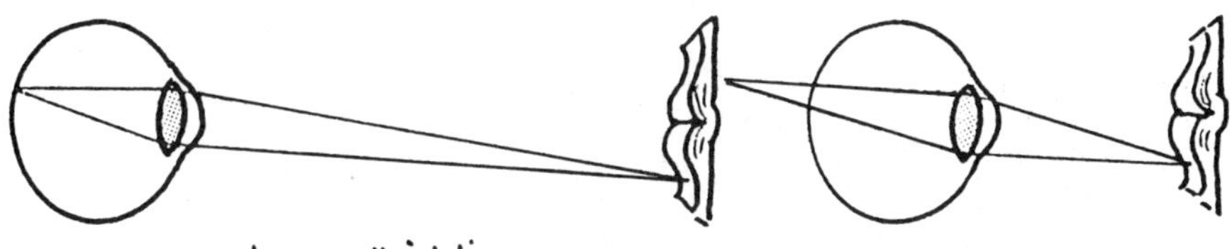

das weitsichtige Auge

Die Brille einer weitsichtigen Person besteht aus

a) Positivlinsen
b) Negativlinsen

ANTWORT: KURZSICHTIG UND WEITSICHTIG Die Antwort auf die erste Frage ist: b. Die Linse im Auge ist eine Positivlinse (Sammellinse), die das Licht im kurzsichtigen Auge zu früh fokussiert. Wird eine Negativlinse (divergierend) hinzugefügt, wird der fokussierende Effekt der Positivlinse verringert. Die Lichtstrahlen konvergieren langsamer. Daher wird vor ein kurzsichtiges Auge eine Negativlinse gesetzt, um den Brennpunkt des Auges auf die Netzhaut zurückzuversetzen.

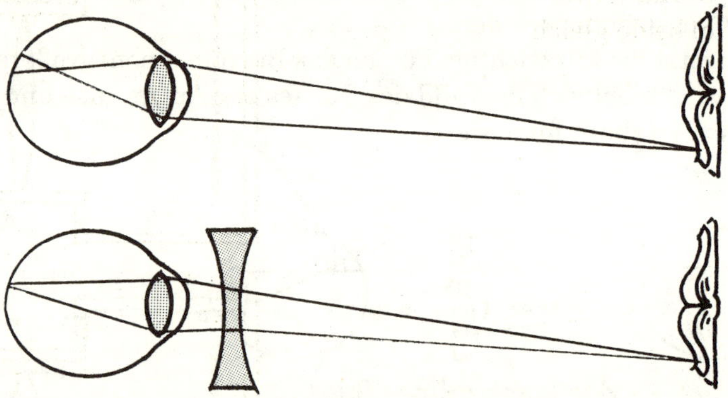

Die Antwort auf die zweite Frage ist: a. In einem weitsichtigen Auge konvergiert das Licht zu langsam, so daß sich der Brennpunkt hinter der Netzhaut befindet. Daher wird eine Positivlinse vor ein weitsichtiges Auge gesetzt, damit die Lichtstrahlen schneller konvergieren und sich der Brennpunkt auf der Netzhaut befindet. Die Brillen weitsichtiger Personen bestehen aus Positivgläsern.

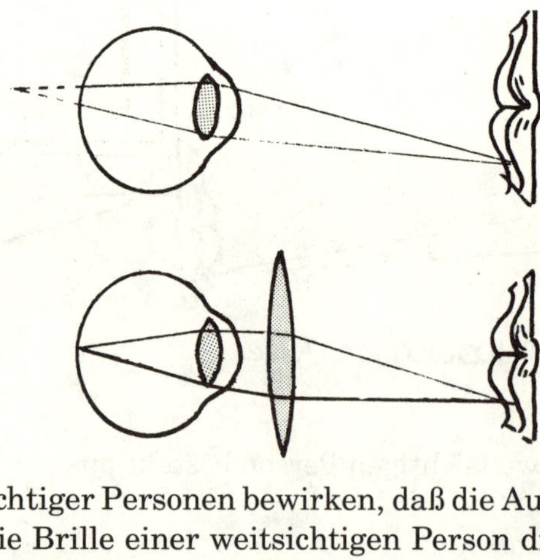

Die Brillen kurzsichtiger Personen bewirken, daß die Augen kleiner aussehen, während die Brille einer weitsichtigen Person die Augen größer erscheinen lassen.

GROSSE KAMERA

Die beiden gezeigten Kameras sind vollständig gleich mit Ausnahme des Linsendurchmessers. Welche Kamera erzeugt das größere Bild, wenn sie zum Photographieren eines entfernten Objekts verwendet wird?

a) Kamera A
b) Kamera B
c) beide gleich

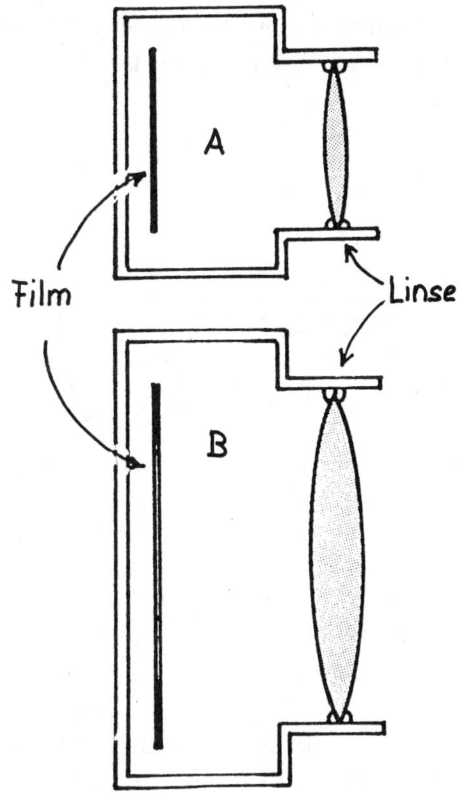

ANTWORT: GROSSE KAMERA Die Antwort ist: c. Die Bildgröße hängt vom Abstand zwischen Linse und Film ab. Der Durchmesser der Kameralinse hat nichts mit der Größe des Bildes zu tun. Die Linse mit dem größeren Durchmesser erfaßt mehr Licht, dadurch wird das Bild heller, aber nicht größer. Daß der Durchmesser der Kameralinse keine Rolle spielt, können Sie daran erkennen, daß die Größe des Bildes auf dem Film sich nicht ändert, wenn Sie die Blende von 1:2 auf 1:8 schließen, was den Durchmesser der Kameralinse effektiv verringert.

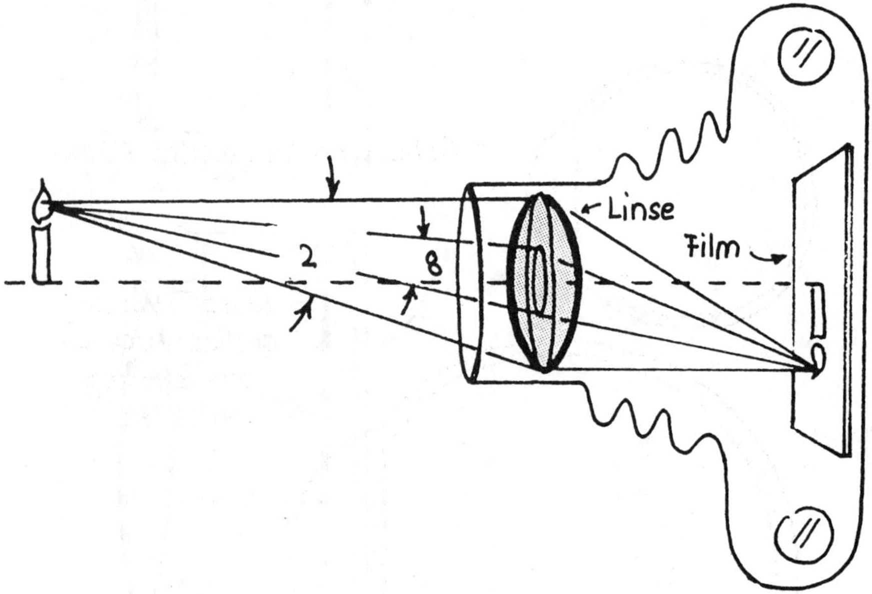

Sie brauchen dafür nicht einmal eine Kamera. Auch Ihr Auge verändert seinen effektiven Durchmesser, ohne die Bildgröße zu ändern.

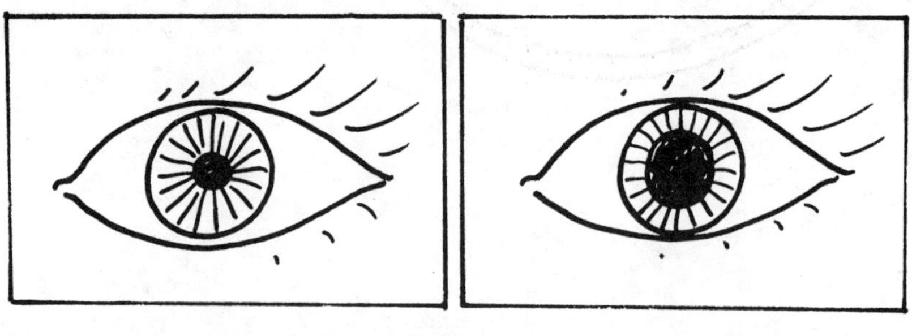

GROSSES AUGE

1609 erforschte Galilei als erster den Himmel mit einem von ihm selbst konstruierten Teleskop. Seitdem bezeichnen populärwissenschaftliche Autoren das Teleskop häufig als ein "großes Auge". Tatsächlich

a) stellt diese übermäßige Vereinfachung das Wesentliche des Teleskops falsch dar
b) trifft dieser Ausdruck die Sache ziemlich genau

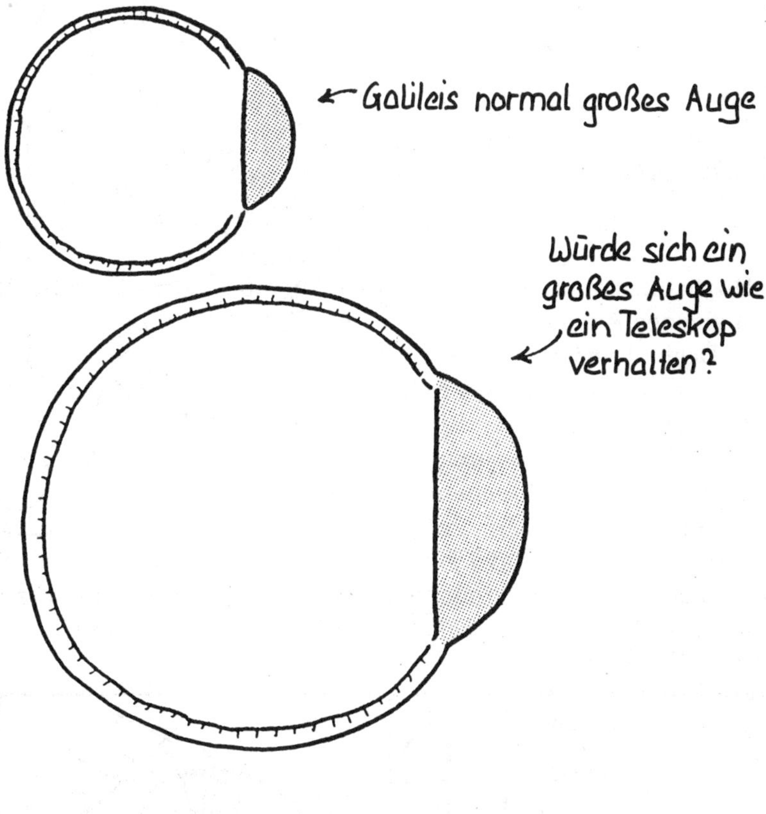

ANTWORT: GROSSES AUGE Die Antwort ist: b. Interessanterweise wußte Galilei nichts über Linsen und Vergrößerungsgleichungen, die man in den Optikkapiteln heutiger Physikbücher findet. Es gab zu seiner Zeit auch sonst niemanden, der etwas darüber wußte. Er wollte einfach ein "größeres Auge" bauen, eines, das alles vergrößerte, was er betrachtete.

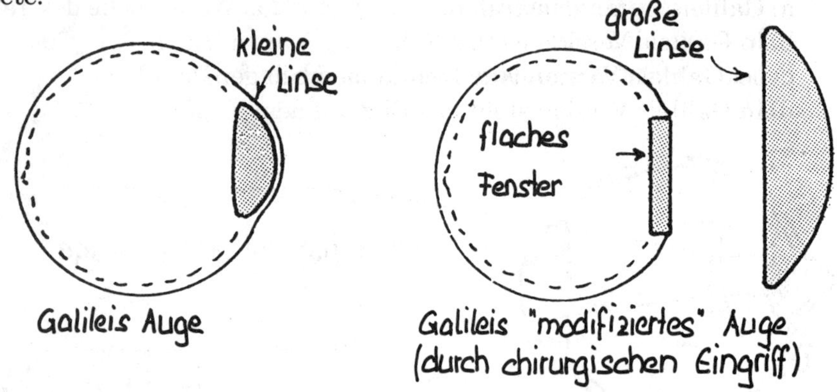

Eine Möglichkeit wäre der chirurgische Austausch der kleinen Linse in seinem eigenen Auge durch eine größere. Die größere würde aber nicht passen. Deshalb würde er die Linse in seinem Auge durch ein flaches Fenster ersetzen und die größere Linse vor das Auge setzen. Wie läßt sich das jetzt ohne chirurgischen Eingriff durchführen? Um die kleine Linse im eigenen Auge effektiv durch ein flaches Fenster zu ersetzen, neutralisierte er es mit einer kleinen Glaslinse entgegengesetzter Art, dem Okular. Danach wurde eine größere Linse mit einer Außenkrümmung wie die der Augenlinse davorgesetzt. Das sich ergebende Teleskop entsprach tatsächlich einem größeren Auge!

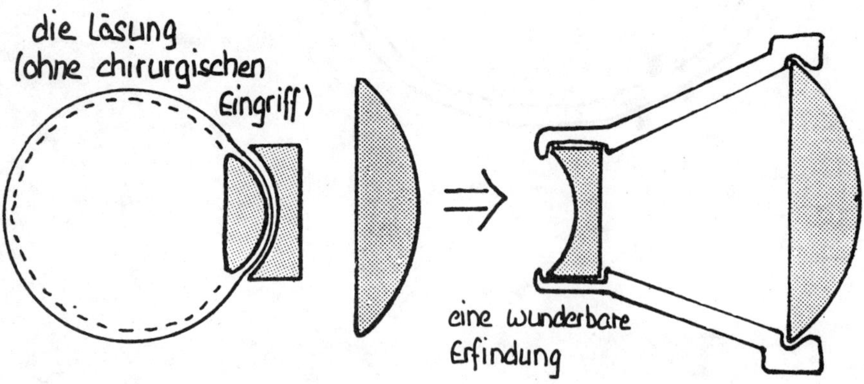

GALILEIS FERNROHR

Skizze I zeigt Galileis Idee für ein Teleskop und Skizze II die Idee von Kepler. Beide funktionieren, Galileis Version wird aber außer bei Operngläsern selten verwendet. Grund:

a) Galileis Gefängnisstrafen
b) in Galileis Version ist das Rohr länger als in Keplers Version
c) bei Galileis Version tritt Licht außerhalb der Pupille aus
d) in Galileis Version steht das Bild auf dem Kopf

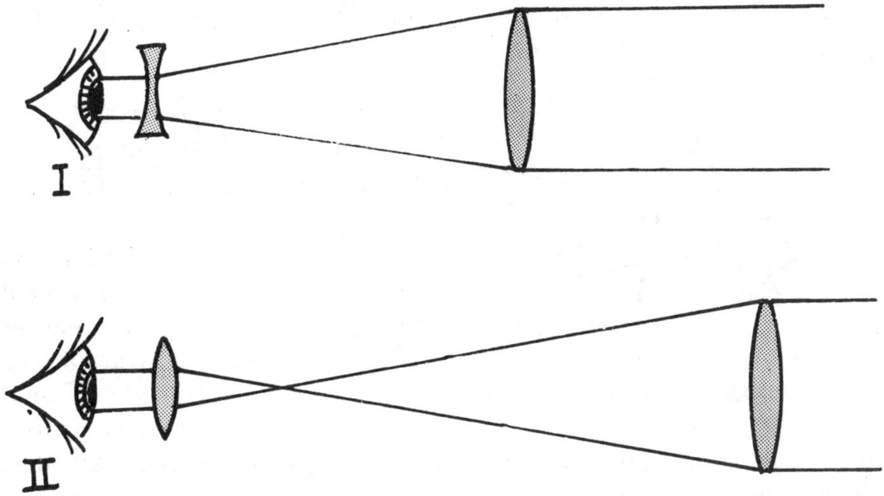

ANTWORT: GALILEIS FERNROHR Die Antwort ist: c. Galileis Fernrohr hat viele Vorteile gegenüber dem Keplerschen Fernrohr. Bei Kepler steht das Bild auf dem Kopf, bei Galilei nicht. Außerdem ist das Keplersche Rohr länger (einige Historiker haben sogar den Verdacht, daß Kepler niemals durch ein Fernrohr blickte!). Bei Galileis Fernrohr gibt es jedoch ein schwerwiegendes Problem. Licht aus verschiedenen Teilen des Blickfelds kann nicht an einem Punkt in die Pupille des Auges eintreten. Das Teleskop verstreut das Licht. Sie müssen Ihr Auge in verschiedene Positionen bringen, um die verschiedenen Teile des Blickfelds zu sehen. Keplers Teleskop bringt das Licht aus dem gesamten Feld in eine Position, in der das Auge stehenbleiben kann. Es hat einen eingebauten Lichttrichter. Fernrohrkonstrukteure nennen den Ort, an dem das Auge stehen muß, die "Austrittspupille".

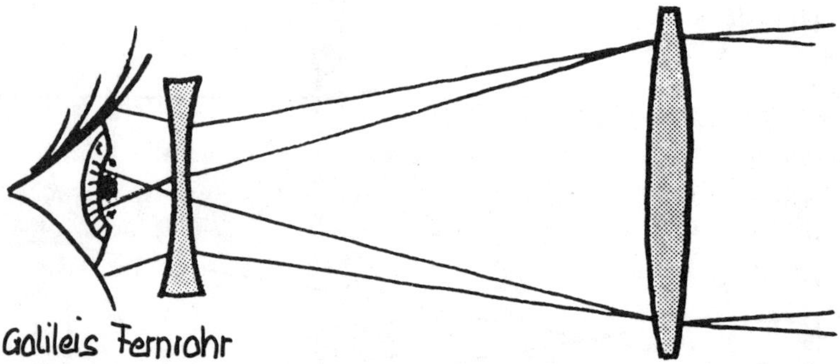

Galileis Fernrohr

Was ist die Moral dieser Geschichte? Die Moral ist, daß Sie beim Nachdenken über optische Systeme (Kameras, Mikroskope, Projektoren usw.) Ihr Denken nicht auf Licht beschränken dürfen, das auf geradem Weg in das System hineingeht. Sie müssen auch über Licht nachdenken, das mit einem Neigungswinkel in das System eintritt.

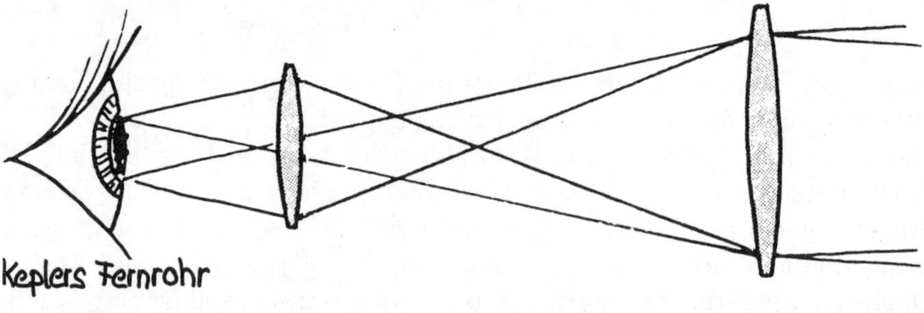

Keplers Fernrohr

ROTER TROPFEN

Wenn ein roter Lichtstrahl auf einen runden Wassertropfen fällt, dann

a) tritt das Licht gleichmäßig in alle Richtungen wieder aus
b) tritt das gesamte rote Licht in einer Richtung wieder aus
c) tritt in alle Richtungen etwas rotes Licht aus, in einige Richtungen allerdings mehr als in andere
d) geht das meiste Licht gerade durch den Tropfen und wird überhaupt nicht gebrochen

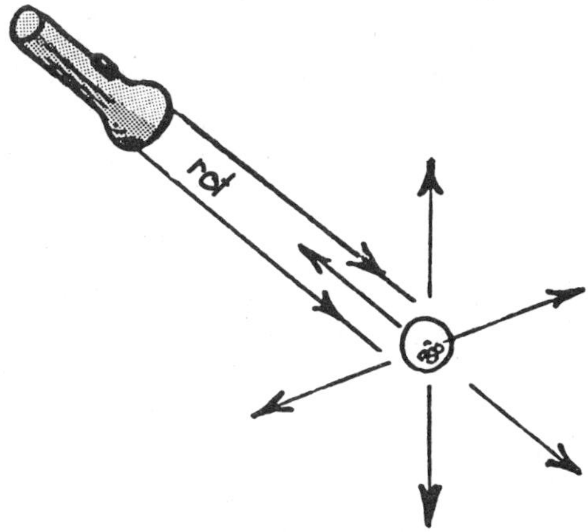

ANTWORT: ROTER TROPFEN Die Antwort ist: c. Die Skizze zeigt den roten Lichtstrahl, der aus der Richtung von Strahl 1 kommt und in den Tropfen eintritt. Die Strahlen werden beim Eintritt gebrochen. Ein Teil von Strahl 1 wird von der Rückseite des Tropfens reflektiert, während der andere Teil von Strahl 1 als Strahl 2 durch den Tropfen hin-

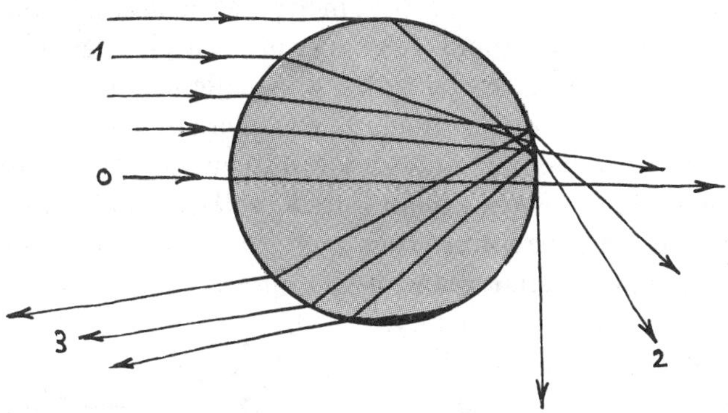

durchtritt. Der reflektierte Teil tritt als Strahl 3 auf der Vorderseite des Tropfens aus. Wenn wir uns die Skizze ansehen, erkennen wir, daß ein Teil des roten Lichts in praktisch jeder Richtung austritt. Das meiste Licht tritt aber in Richtung des Strahls 3 aus. Was ergibt das? Einen Regenbogen! Genau diese Konzentration von in eine bestimmte Richtung austretendem Licht macht einen Regenbogen möglich. Wieviel Licht geht übrigens auf geradem Weg durch den Tropfen, ohne gebeugt zu werden? Sehr wenig. Nur ein Strahl, der Strahl 0.

SCHWARZWEISS-REGENBOGEN

Wo Sie einen Regenbogen sehen, sieht Ihr vollständig farbenblinder Freund nichts Besonderes.

a) richtig
b) falsch

ANTWORT: SCHWARZWEISS-REGENBOGEN Die Antwort ist: b. Wie in so vielen Fällen sagt ein Bild mehr als tausend Worte. Sie können einen Regenbogen mit einem Schwarzweißfilm photographieren. Dann haben Sie zwar nicht die Farben, aber der Regenbogen ist ganz bestimmt drauf! Bei der Erklärung des Regenbogens konzentriert man sich häufig auf die Farben, die Farben sind aber zweitrangig neben dem Hauptproblem: Warum gibt es einen hellen Bogen am Himmel?

Die auf einen Regentropfen treffenden Sonnenstrahlen treten in viele Richtungen aus. Durch die fokussierende Wirkung von Reflexion und Refraktion (Spiegelung und Brechung) treten in bestimmten Winkelbereichen etwas mehr Strahlen aus als in anderen, und das ist der Schlüssel zum Regenbogen. Man kann aus der Skizze erkennen, daß praktisch das gesamte Sonnenlicht, das vom Tropfen bearbeitet wird, in einem Kegel zurückgeworfen wird. Der Mittelpunkt dieses Kegels liegt der Sonne genau gegenüber, der Kegel bildet eine helle Licht-

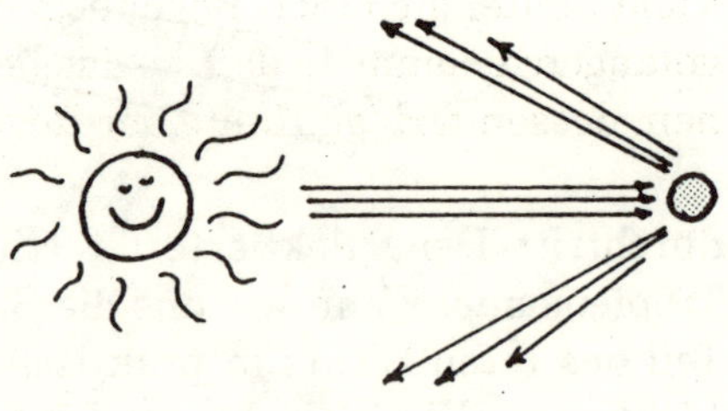

scheibe gegenüber der Sonne. Vom Boden aus kann nur ein Teil dieser Scheibe gesehen werden, von einem hochfliegenden Flugzeug aus kann man manchmal die ganze Scheibe sehen. Die helle Kante dieser Scheibe bildet den Regenbogen.

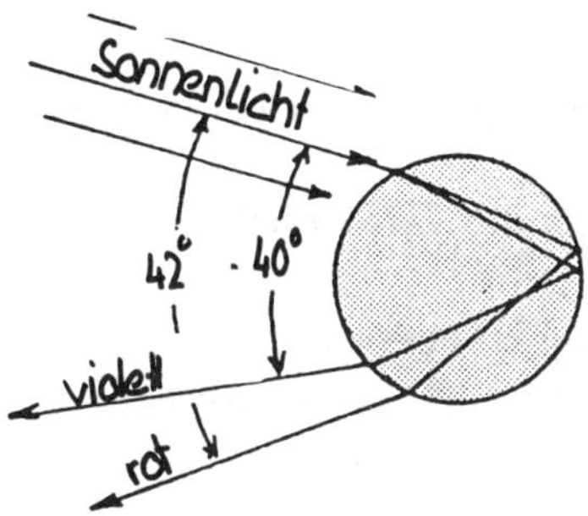

Die Farben des Regenbogens werden durch Brechung getrennt. Die Brechung hängt geringfügig von der Farbe ab, verschiedene Farben des Lichts bewegen sich mit verschiedenen Gechwindigkeiten in den Tropfen und werden dadurch verschieden gebrochen. Dies erzeugt eine Farbentrennung, wie es das Strahlendiagramm zeigt.

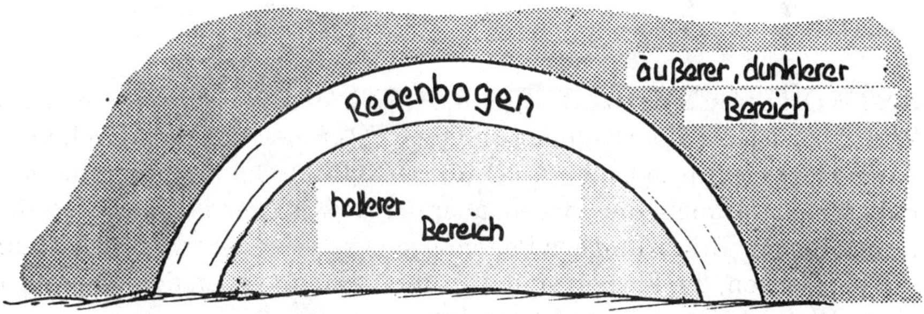

Viele Leute, die einen Regenbogen betrachten, sind so von den Farben gefangengenommen, daß sie das helle Scheibensegment gar nicht erkennen, dessen farbige Kante der Regenbogen ist.

FATA MORGANA

Eine häufig auftretende Fata Morgana an heißen Tagen ist eine scheinbare Wasserpfütze auf einer heißen Straße, die in Wirklichkeit gar nicht vorhanden ist und verschwindet, wenn man sich ihr nähert. Ein solches Trugbild kann mit einer polarisierenden Sonnenbrille von einer Wasserpfütze unterschieden werden, weil

a) die Reflexion an der Wasseroberfläche polarisiert ist, während das Trugbild nicht polarisiert ist
b) das Trugbild polarisiert ist, während die Wasserreflexion nicht polarisiert ist
c) beide polarisiert sind, aber auf verschiedenen Achsen
d) . . . beide sind nicht polarisiert, sie können nicht unterschieden werden

ANTWORT: FATA MORGANA Die Antwort ist: a. Das Licht der Fata Morgana wird durch Brechung und nicht durch Spiegelung abgelenkt. Eine Schicht sehr heißer Luft ca. 20 – 30 cm über der Straße besitzt eine

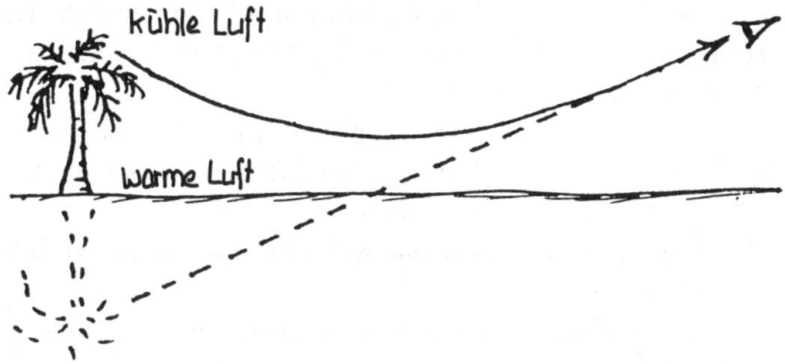

verringerte Dichte, was zu einer geringfügig höheren Geschwindigkeit des durchtretenden Lichts führt, verglichen mit der kühleren, dichteren Luft weiter oben. Dieser "Geschwindigkeitsgradient" verursacht die Brechung der Lichtwellen.

Wir können diese Ablenkung in Abbildung 2 erkennen. Betrachten wir eine Lichtwelle T_1B_1, die sich von links der Straße nähert. Die Unterkante der Welle B_1 bewegt sich über eine weitere Strecke zu B_2 in der gleichen Zeit, in der sich die Oberkante der Welle von T_1 nach T_2 begibt. Können Sie erkennen, warum sich der Strahl biegt?

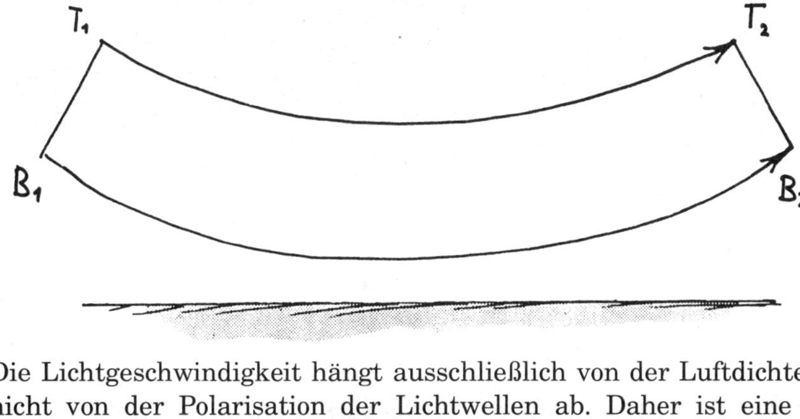

Die Lichtgeschwindigkeit hängt ausschließlich von der Luftdichte und nicht von der Polarisation der Lichtwellen ab. Daher ist eine Fata Morgana nicht stärker polarisiert als das Licht, aus dem sie gebildet wird. Eine Fata Morgana, durch einen Polarisationsfilter betrachtet, ändert ihr Aussehen nicht, egal wie der Filter ausgerichtet wird. Bei Licht, das von Wasser reflektiert wird, ist das anders. Hier zeigt sich einer der Unterschiede zwischen Reflexion und Refraktion (Spiegelung und Brechung).

SPIEGELBILD

Eine wunderschöne Dame hält einen Handspiegel 30 cm hinter ihren Kopf und steht in einer Entfernung von 1,20 m vor ihrem Garderobenspiegel. Wie weit hinter dem Garderobenspiegel steht das Bild der Blume in ihrem Haar?

a) 1,20 m b) 1,50 m c) 1,80 m d) 2,10 m e) 2,40 m

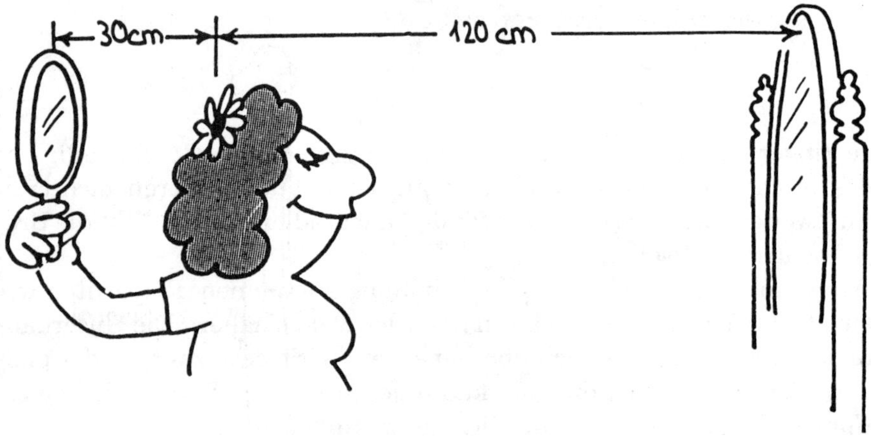

ANTWORT: SPIEGELBILD Die Antwort ist: c, 1,80 m. Warum? Weil das Bild der Blume im Handspiegel genauso weit hinter dem Spiegel steht, wie die Blume vom Spiegel entfernt ist, 30 cm. Dadurch steht das erste Bild in einer Entfernung von 1,80 m (1,20 m + 0,30 m + 0,30 m) vor dem großen Spiegel. Das Bild steht genauso weit hinter dem großen Spiegel – 1,80 m.

PLANSPIEGEL

Welche Größe muß ein Planspiegel mindestens haben, damit Sie sich ganz in ihm betrachten können?

a) ein Viertel Ihrer Größe
b) die Hälfte Ihrer Größe
c) drei Viertel Ihrer Größe
d) Ihre volle Größe
e) . . . das hängt davon ab,
wie weit entfernt man steht

ANTWORT: PLANSPIEGEL Die Antwort ist: b. Genau halb so groß wie Sie. Warum? Weil bei der Reflexion der Einfallswinkel gleich dem Ausfallswinkel ist. Betrachten wir einen Mann, der vor einem sehr großen Spiegel steht, wie es in der Skizze gezeigt wird. Die einzigen Lichtstrahlen von seinen Schuhen, die auf seine Augen treffen, sind die, die auf halber Höhe auf den Spiegel treffen. Höher auf den Spiegel treffende Strahlen des "Schuhlichts" werden auf einen Punkt oberhalb seiner Augen reflektiert, während tiefer auf den Spiegel treffende Strahlen unter seine Augen reflektiert werden. Daher ist der Teil des Spiegels unter der halben Körperhöhe nicht nötig – er zeigt nur eine Reflexion des Bodens vor seinen Füßen. Das gleiche gilt für den oberen Teil des Spiegels. Die einzigen Strahlen, die vom obersten Punkt seines Kopfs auf die Augen treffen, sind die, die auf halbem Wege zwischen dem obersten Punkt seines Kopfs und seiner Augenhöhe auf den Spiegel treffen. Der darüberliegende Teil des Spiegels ist nicht nötig. Daher reicht für die Betrachtung seines Ebenbilds der Teil des Spiegels von der Mitte zwischen

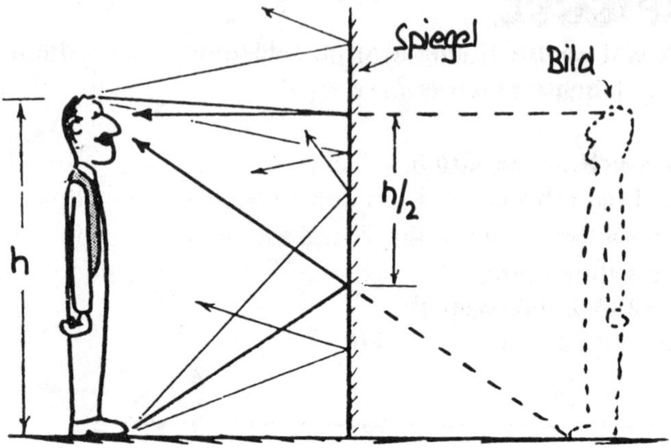

seiner Augenhöhe und dem obersten Punkt seines Kopfes bis zur Mitte zwischen seiner Augenhöhe und seinen Zehen – das ist genau seine halbe Größe.

Spiegel sind wie Fenster zu einer hinter ihnen liegenden Welt. Alles in der Spiegelwelt ist ein Spiegelbild dieser Welt. Die Skizze zeigt, daß Sie für die Betrachtung Ihres Ebenbilds in der Spiegelwelt nur ein Fenster benötigen, das halb so groß ist wie Sie, und zwar unabhängig davon, wie weit Sie vom Fenster entfernt sind.

Machen Sie das nächste Mal, wenn Sie sich im Spiegel betrachten, Markierungen an den Punkten, wo Sie den oberen Rand Ihres Kopfes und den unteren Rand Ihres Kinns sehen. Sie werden feststellen, daß der Abstand zwischen den beiden Markierungen Ihrer halben Gesichtshöhe entspricht und daß das Gesicht immer den Platz zwischen den Markierungen ausfüllt, egal ob Sie sich weiter weg oder näher an den Spiegel heran bewegen.

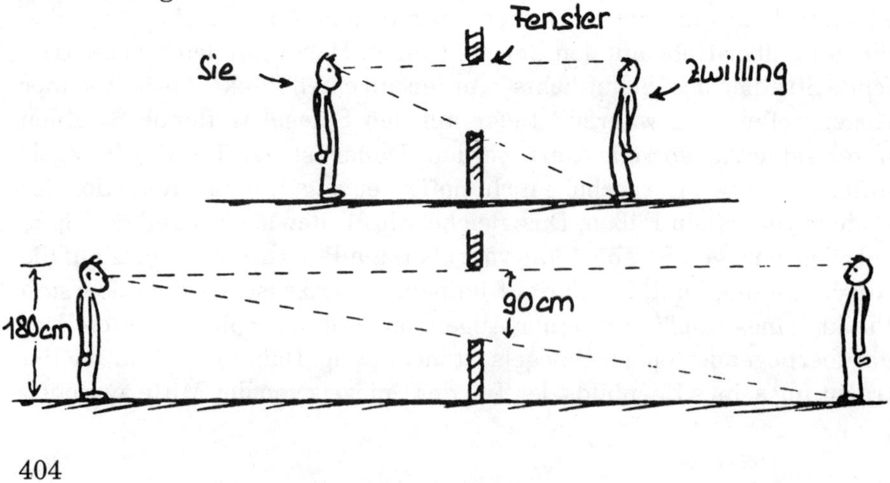

HOHLSPIEGEL

Wenn ein Strahl weißen Lichts auf einen Hohlspiegel trifft und wie in der Abbildung fokussiert wird, dann wird

a) die rote Komponente des Lichts auf den Nahpunkt (N) und die blaue Komponente auf den Fernpunkt (F) fokussiert
b) die rote Komponente auf F und die blaue auf N fokussiert
c) . . . die Zeichnung ist falsch – alle Farben werden auf den gleichen Punkt fokussiert

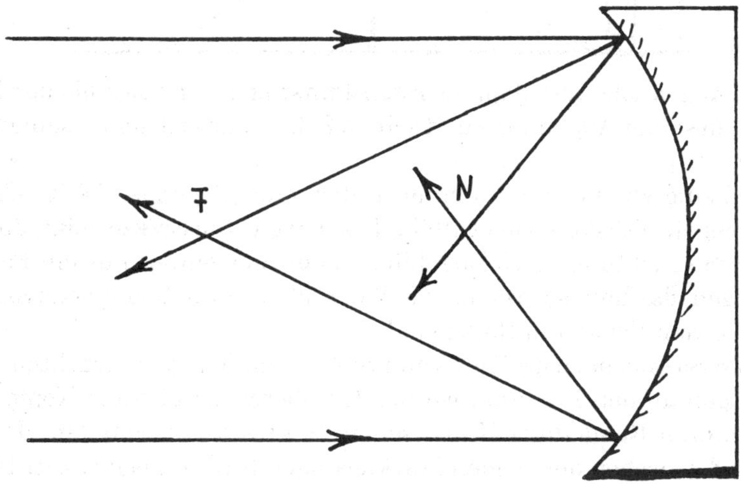

ANTWORT: HOHLSPIEGEL Die Antwort ist: c.

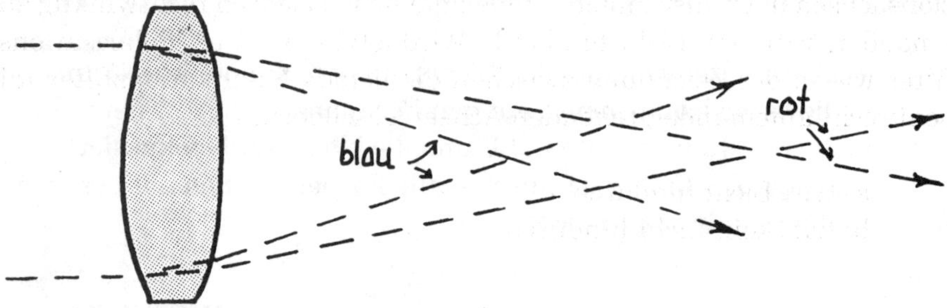

Das Reflexionsgesetz besagt, daß der Winkel des auftreffenden Lichts gleich dem Reflexionswinkel ist, und zwar ungeachtet der Frequenz. Ein Spiegel behandelt also alle Farben gleich und sammelt sie auf dem gleichen Punkt. Für eine einfache Linse gilt das nicht. Eine einfache Linse beugt blaues Licht stärker als rotes, so daß jede Farbe in einem anderen Brennpunkt gesammelt wird. Zur Vermeidung dieser unerwünschten Farbtrennung (die chromatische Aberration genannt wird) erfand Sir Isaac Newton das Reflexionsteleskop, das zur Fokussierung des Lichts einen Spiegel statt einer Linse verwendet. Galileis erstes Teleskop (ein Refraktionsteleskop) verwendete eine Linse; heute verwenden jedoch die meisten großen Teleskope Spiegel.

1733 überraschte ein englischer Anwalt und Amateurwissenschaftler, Chester Mohr Hall, die Experten und präsentierte eine Linse, die die meisten Farben auf eine Stelle fokussierte – es war eine zusammengesetzte Linse, die aus verschiedenen Glasarten bestand. Diese heute häufig verwendete Konstruktion wird achromatische Linse genannt.

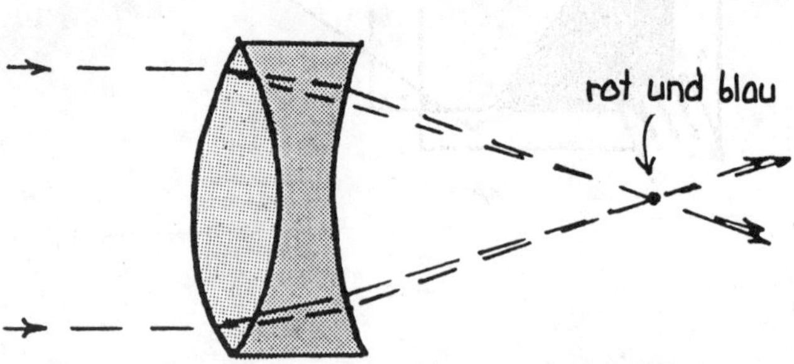

POLARISATIONSFILTER

Licht tritt durch zwei Polarisationsfilter hindurch, wenn deren Polarisationsachsen übereinstimmen. Stehen die Achsen jedoch rechtwinklig zueinander, tritt kein Licht hindurch. Wird jetzt ein dritter Polarisationsfilter wie in der Zeichnung zwischen die beiden Polarisationsfilter mit senkrecht aufeinanderstehenden Achsen geschoben,

a) tritt Licht hindurch
b) tritt kein Licht hindurch

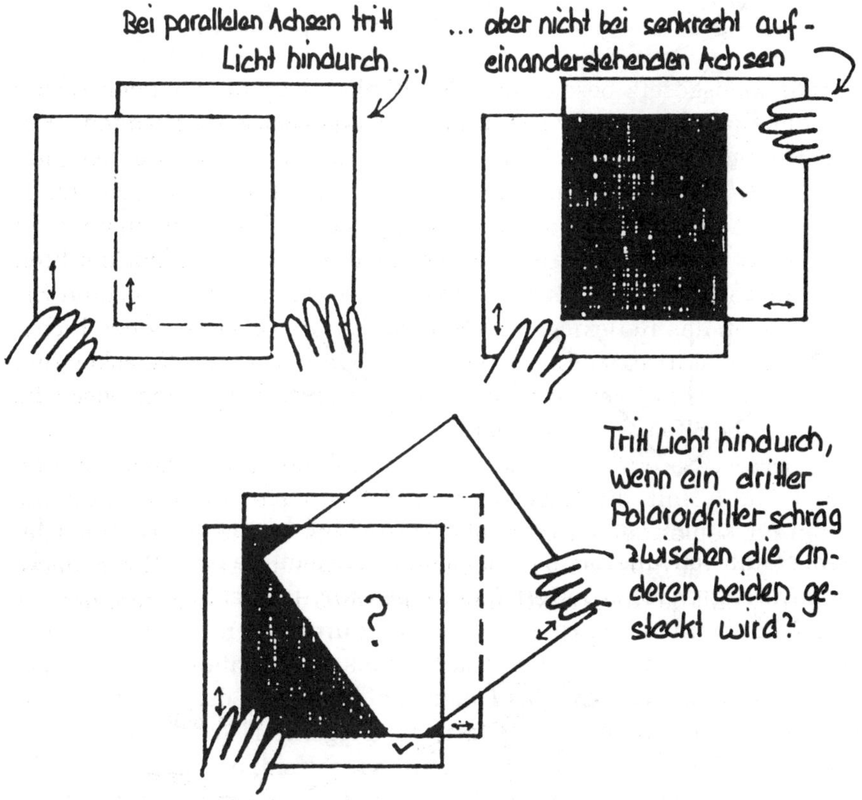

ANTWORT: POLARISATIONSFILTER Die Antwort ist: a. Bei einem einfachen Paar senkrecht aufeinanderstehender Polarisationsfilter tritt kein Licht hindurch, da die Achse des zweiten Polarisationsfilters genau senkrecht auf der Komponente steht, die durch den ersten Filter hindurchtritt. Wenn der dritte Polarisationsfilter aber mit einer schrägen Orientierung zwischen die beiden Filter gesetzt wird, stellen wir fest, daß das Licht zwar abgeschwächt wird, aber durch die Polarisationsfilter hindurchtritt. Das kann man am besten verstehen, wenn

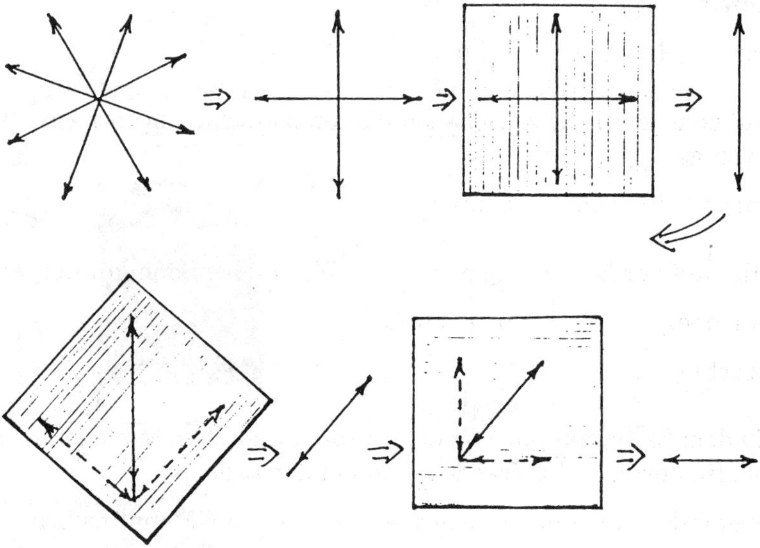

man die Vektoreigenschaft des Lichts betrachtet. Licht ist eine Welle, die in dem Raum schwingt, den sie durchläuft. Wenn die Schwingungen in einer bevorzugten Richtung erfolgen, sagen wir, daß das Licht polarisiert ist. Das durch einen Polarisationsfilter hindurchtretende Licht ist polarisiert, da die rechtwinklig zur Polarisationsachse einfallenden Komponenten absorbiert werden. Das Diagramm zeigt, wie das anfangs nicht polarisierte Licht vom ersten Polarisator so gefiltert wird, daß nur die parallel zur Polarisationsachse verlaufenden Komponenten hindurchtreten. Fallen diese auf einen Polarisationsfilter, dessen Achse um 90° verdreht ist, werden sie vollständig absorbiert. Der dazwischengeschobene Polarisationsfilter steht jedoch nicht im Winkel von 90°. Es gibt Komponenten entlang der Achse dieses Polarisationsfilters. Diese treten hindurch und fallen auf den dritten Polarisationsfilter, der die Komponenten hindurchläßt, die parallel zu seiner Achse sind.

WEITERE FRAGEN (OHNE ERKLÄRUNGEN)

Mit den folgenden Fragen, die zu denen auf den vorangegangenen Seiten analog sind, werden Sie allein gelassen. Denken Sie physikalisch!

1. Wenn die Atmosphäre eines Planeten hauptsächlich die tiefen Frequenzen des Lichts streuen und die höheren Frequenzen stärker durchlassen würde, wären die Sonnenuntergänge auf diesem Planeten

a) rot b) weiß c) blau

2. Auf dem gerade beschriebenen Planeten erschienen entfernte Berge mittags

a) rot b) weiß c) blau

3. Hier auf der Erde werden die roten Wolken bei Sonnenuntergang

a) von oben b) von unten

beschienen.

4. Zu dem Zeitpunkt, an dem ein Astronaut auf dem Mond eine Sonnenfinsternis sieht, erkennt man auf der Erde

a) ebenfalls eine Sonnenfinsternis b) eine Mondfinsternis
c) beides d) weder noch

5. Angenommen, die Achse eines sich drehenden Sterns steht parallel zur Erdachse, so daß eine Oberfläche des Sterns sich zu uns hin, während die entgegengesetzte Seite sich von uns weg dreht. Das Licht, das uns von der Seite erreicht, die sich zu uns hin dreht, wird mit einer größeren

a) Geschwindigkeit b) Frequenz c) beides d) weder noch

gemessen.

6. Die Farbe eines Sterns zeigt uns seine Temperatur. Der heißere Stern erscheint

a) rot b) weiß c) blau

7. Das berühmte Zwiebelmuster ist ein dunkelblaues Muster auf weißem Porzellan. Wird der Porzellanteller erhitzt, bis er glüht,

a) bleibt das Muster dunkel auf hellem Porzellan
b) wird das Muster hell auf dunklem Porzellan

8. In einer Sternennacht blinken die Sterne

a) am Horizont stärker b) direkt über dem Kopf stärker
c) etwa gleich

9. Die durchschnittliche Lichtgeschwindigkeit ist geringer in

a) Luft b) Wasser c) gleich

10. Die Brechung des Lichts, das von einem Medium in ein anderes eintritt (Refraktion), wird hauptsächlich verursacht durch die Unterschiede in der

a) Lichtgeschwindigkeit b) Frequenz
c) beides d) weder noch

11. Der wichtigste Unterschied zwischen den Fokussiereigenschaften zweier Linsen liegt in

a) der Stärke b) der Krümmung c) dem Durchmesser

12. Unterschiedliche Farben des Lichts entsprechen verschiedenen

a) Intensitäten b) Frequenzen c) Geschwindigkeiten

13. Die Person, die unter Wasser ohne Taucherbrille am deutlichsten sieht, ist

a) kurzsichtig b) weitsichtig c) weder noch

14. Die Größe des Bildes, das von einer Positivlinse gebildet wird, hängt ab

a) vom Linsendurchmesser b) vom Abstand zwischen Linse und Bild
c) von beidem d) weder noch

15. Zur Erzeugung eines Regenbogens wird Licht

a) gebrochen b) reflektiert c) beides d) weder noch

16. Eine Linse kann verwendet werden, um Licht, das von einem Ort austritt, aufzunehmen und zu einem anderen Ort – seinem Bild – zu bringen. Bei einer einzelnen Linse wird welche Farbe am Brennpunkt, d.h. am dichtesten an der Linse gesammelt?

a) Rot b) Blau c) beide gleich

17. Interferenz ist ein Phänomen, das gezeigt werden kann an

a) Lichtwellen b) Schallwellen c) Wasserwellen
d) allen e) keiner

18. Der kürzeste Weg von Punkt I zu Punkt II ist der über

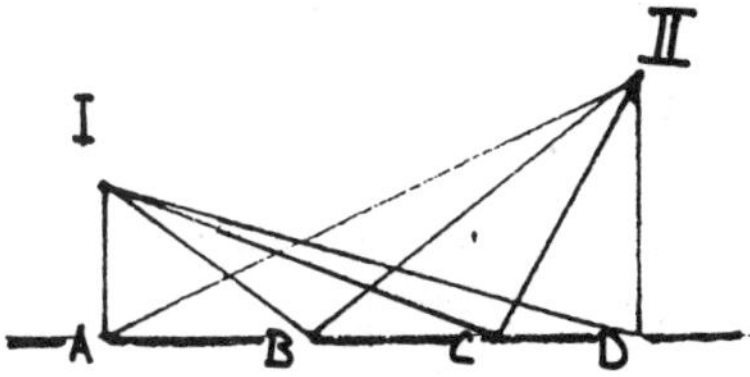

a) A b) B c) C
d) D e) alle sind gleich lang

19. Eine Frau geht mit 1 km/h auf einen großen Planspiegel zu. Ihr Bild nähert sich ihr mit einer Geschwindigkeit von

a) 0,5 km/h b) 1 km/h c) 1,5 km/h d) 2 km/h
e) mit einer anderen Geschwindigkeit

20. Sie ist 1,80 m groß. Um sich ganz im Spiegel betrachten zu können, muß ihr Spiegel folgende Höhe haben

a) 1,80 m b) 1,20 m c) 90 cm hoch
d) das kommt auf die Entfernung vom Spiegel an

21. Bei einem Sonnenaufgang in einer hügeligen Stadt wie San Francisco wird das Licht vom Osten in den Fenstern der Häuser auf den im Westen gelegenen Hügeln reflektiert. Wenn die Sonne steigt, scheinen sich die funkelnden Fenster

a) weiter den Hügel hinaufzubewegen
b) den Hügel herabzubewegen
c) weder noch – der funkelnde Bereich bleibt im wesentlichen an Ort und Stelle

ELEKTRIZITÄT UND MAGNETISMUS

Flüssigkeiten, Mechanik, Wärme, Schwingungen und Licht waren bereits den Technikern bekannt, die die Pyramiden bauten. Jetzt wollen wir aber etwas "Neues" behandeln – Elektrizität und Magnetismus. Zur Zeit der Amerikanischen Revolution waren Elektrizität und Magnetismus immer noch exotisch, schwer herzustellen und von geringem praktischem Nutzen. Dann wurden die Geheimnisse der Elektrizität und des Magnetismus gefunden ... und die Welt veränderte sich.

Drehende Turbinen erzeugten Elektrizität, die anstelle von Walöl und Gas die Städte beleuchtete und Motoren antrieb, um die Arbeit von Mensch und Tier zu erleichtern. Mit Hilfe von Drähten kam Wärme aus Wänden, elektrische Schwingungen übertrugen Nachrichten quer über das Land und dann zum Mond, und schließlich verstanden Physiker die Natur des Lichts – die Strahlung elektromagnetischer Felder.

STRIEGELN

Wenn etwas eine positive elektrische Ladung erhält, folgt daraus, daß etwas anderes

a) gleich stark positiv geladen wird
b) gleich stark negativ geladen wird
c) negativ geladen wird, aber nicht notwendigerweise gleich stark
d) magnetisiert wird

ANTWORT: STRIEGELN Die Antwort ist: b. Wenn Sie eine Katze striegeln, wird die Katze positiv geladen, während die Bürste negativ geladen wird. Damit erzeugen Sie keine Elektrizität. Die Elektrizität war bereits vorhanden. Das Katzenfell enthielt vor dem Striegeln gleiche Mengen positiver und negativer Elektrizität in *jedem* seiner Atome, positiv im Kern und negativ in den umgebenden Elektronen. Das Striegeln trennte nur Negatives von Positivem, und zwar deshalb, weil die Borsten in der Bürste eine größere Affinität zu Elektronen haben als das Katzenfell. Negativ geladene Elektronen werden durch Reibung vom Katzenfell auf die Bürste übertragen, wodurch sowohl auf der Bürste als auch im Fell ein Ungleichgewicht der elektrischen Ladung entsteht. Das Fell hat zu wenig negative Ladung, wir bezeichnen es daher als positiv geladen. Die überschüssige negative Ladung auf der Bürste macht diese negativ. Daher sind Fell und Bürste gleich stark, aber entgegengesetzt geladen. Die beim Striegeln aufgewendete Energie ist in den getrennten Ladungen gespeichert. Man sieht das, wenn man die Bürste in die Nähe des Fells bringt: damit wird ein Funke erzeugt.

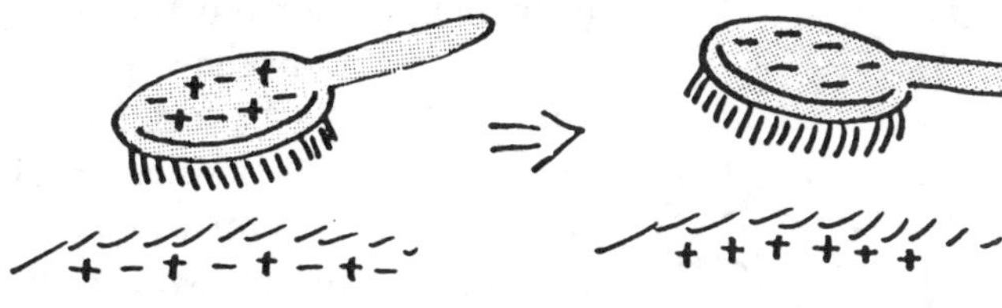

TRENNUNG DES NICHTS

Das Laden ist ein Vorgang der Ladungstrennung, die Arbeit benötigt. Ist es aber möglich, Ladung aus dem Nichts zu erzeugen, wenn man genügend Energie zur Verfügung hat, z.B. im Vakuum des leeren Raums?

a) Ja, das ist nicht ungewöhnlich.
b) Nein, ein solches Ereignis würde die Gesetze der Physik verletzen.

ANTWORT: TRENNUNG DES NICHTS Die Antwort ist: a. Wenn ein ausreichend energiereicher Röntgenstrahl nahe an einem Materiestück vorbeiläuft oder wenn zwei Röntgenstrahlen kollidieren, erzeugt die Energie der Röntgenstrahlen ein positives und ein negatives Elektron im leeren Raum. Dieser Vorgang ist photographiert worden. Er ist ein Routineereignis, wenn hohe Energien beteiligt sind. Das positive Elektron ist als *Positron* oder Anti-Elektron bekannt.

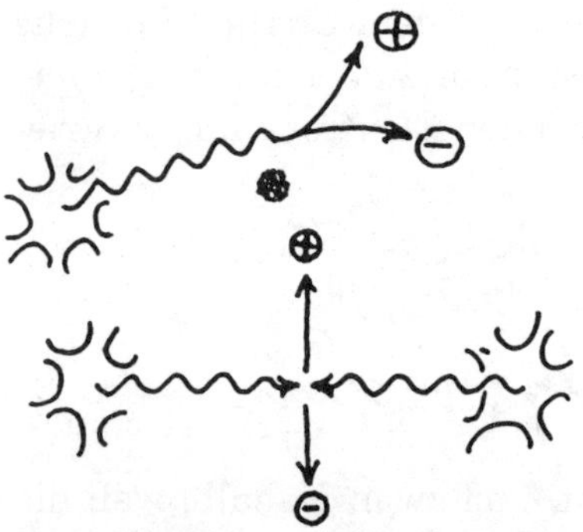

Wie kommt das zustande? Sie wissen natürlich, woher die Energie kommt – aus den Röntgenstrahlen. Woher kommt aber die Ladung? Eine Nettoladung kann auf keinen Fall erzeugt werden, d.h., wenn am Anfang keine Ladung vorhanden war, muß am Ende die Ladungssumme ebenfalls Null betragen. Die Ladung kann nur in dem eingeschränkten Sinne erzeugt werden, daß gleiche Mengen positiver und negativer Ladung zusammen erzeugt werden, so daß die Gesamtwirkung Null ist, da sich positive und negative Ladungen aufheben. Wir könnten genauer sagen, daß die Ladung aus dem leeren Raum herausgetrennt wird. Wir können uns das folgendermaßen verdeutlichen: Nehmen wir an, daß das Vakuum des leeren Raums ein graues Nichts ist. Aus dem Bereich **a** entfernen wir ein bißchen Grau, wodurch der weiße Bereich **b** übrigbleibt, und verdichten den entfernten grauen Teil in einem anderen grauen Bereich **c**. Dadurch machen wir **c** noch grauer,

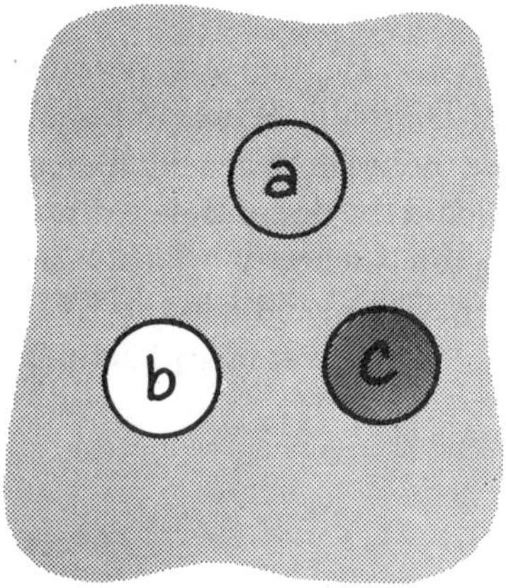

möglicherweise schwarz. Wir haben dadurch nicht schwarz oder weiß erzeugt, sondern nur schwarz und weiß aus grau separiert. In gleicher Weise können positive und negative Ladungen aus dem Vakuum separiert werden – die Aufteilung des Nichts. Natürlich braucht man für die Aufteilung Energie.

Dazu noch etwas: Wenn wir ein Stück leeren grauen Raums nehmen und die Grauheit an eine andere Stelle zwingen, wodurch wir etwas Weißes übriglassen, erzeugen wir eine Spannung oder Verschiebung, die im Raum zwischen den schwarzen und weißen Bereichen übrigbleibt. Diese Spannung ist das *elektrische Feld* oder *Verschiebungsfeld*. Wenn die positiven und negativen Ladungen nicht auseinandergehalten werden, werden sie durch die Spannung zusammengezogen.

Wenn Sie Plus und Minus wieder vereinigen, könnten Sie erwarten, daß die Spannung beseitigt würde, wodurch alles wieder genauso wäre wie vorher – das reine graue Nichts. Wenn aber die Spannung in der Erde durch das Aufreißen einer Grabenfalte freigesetzt wird, geht dann alles wieder ruhig in seinen Urzustand zurück? Alles geht zurück, aber nicht ruhig. Die Spannungsenergie tritt aus und bringt die Erde zum Zittern. Genauso bringt die plötzliche Freisetzung der Spannung zwischen Plus und Minus das umgebende Grau zum Zittern. Das Zittern ist der Strahlungsimpuls, der immer bei Elektron-Positron-Zerstörung ausgestrahlt wird.

Übrigens gibt es den Begriff der Erzeugung von Dingen (zweier entgegengesetzter Dinge) aus dem Nichts nicht nur in der Physik. In der Geschäftswelt wird eine neue Firma durch Verkauf von Aktien erzeugt. Einerseits hat dann die Firma Geld für ihre Operationen, andererseits hat sie Schulden bei denen, die das Geld zur Verfügung gestellt haben. Die Schuldverschreibungen heben die beim Start der Firma ausgegebenen Aktien genau auf: Kapital + Schulden = 0.

SPIELRAUM

Moleküle in einem Gas versuchen, sich soweit wie möglich voneinander zu entfernen. Freie Elektronen versuchen dies ebenfalls. Wird ein Behälter mit Gas gefüllt, verteilen sich die Moleküle mehr oder weniger gleichförmig über das Volumen des Behälters, wodurch jedes Molekül den maximal möglichen Abstand von seinen nächsten Nachbarn erhält. Wird eine Kupferkugel mit Elektrizität geladen, verteilen sich die freien Elektronen praktisch aus dem gleichen Grund mehr oder weniger gleichmäßig über das Volumen der Kugel.

a) richtig
b) falsch

ANTWORT: SPIELRAUM Die Antwort ist: b. Im ersten Augenblick könnte man erwarten, daß sich die Elektronen wie die Gasmoleküle über das gesamte Volumen der Kupferkugel verteilen, wodurch jedes Elektron soviel Spielraum wie möglich zwischen sich selbst und den Nachbarn hätte. Aber das geschieht nicht. Die Elektronen sammeln sich alle in der Nähe der äußeren Oberfläche der Kupferkugel. Wie kommt dieser überraschende Unterschied zwischen der Elektronen- und der Gasverteilung zustande? Die Gasmoleküle treten mit ihren Nachbarn nur durch Stöße in Wechselwirkung. Moleküle üben Kräfte mit kurzer Reichweite aufeinander aus, ein Molekül hat keine Wechselwirkung mit einem entfernten Molekül auf der anderen Seite des Gasbehälters. Die Moleküle verteilen sich daher so, daß sie den Abstand zu ihren nächsten Nachbarn maximieren.

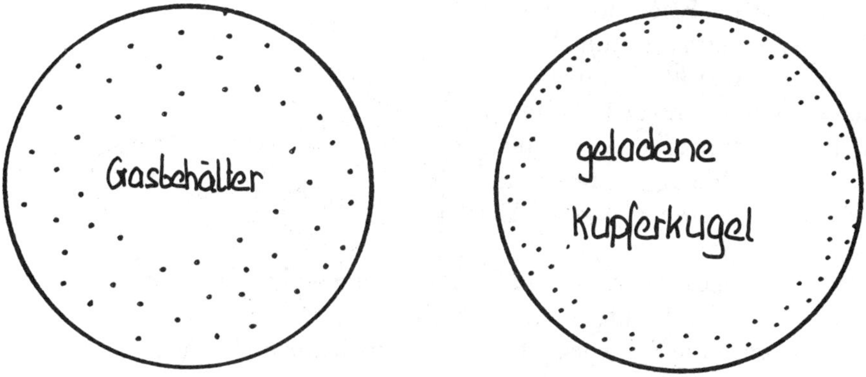

Andererseits kann das Elektron mit entfernten Elektronen über sein Feld in Wechselwirkung treten. Es kann eine Kraft auf ein anderes Elektron ausüben, ohne ihm nahe sein zu müssen. Ein Elektron maximiert nicht den Abstand zu den nächsten Nachbarn, sondern zu allen Elektronen in der Kupferkugel. Das führt dazu, daß das Elektron wenige enge Nachbarn im Tausch dafür akzeptiert, daß alle anderen Elektronen so weit wie möglich entfernt sind. "So weit wie möglich" bedeutet hier die andere Seite der Kugel. Elektronen üben weitreichende Kräfte aufeinander aus.

Die Elektronen, die ein Metallobjekt negativ aufladen, befinden sich immer auf der äußeren Oberfläche des Objekts.

MONDSTAUB

Vor der ersten Mondlandung machten sich mehrere NASA-Wissenschaftler Gedanken über die Möglichkeit, daß das Mondlandefahrzeug in einer Staubschicht begraben werden könnte, die direkt über der Mondoberfläche schwebt. Könnte es einen bestimmten Abstand von der Mondoberfläche geben, wo elektrisch geladener Staub oder sogar Elektronen schweben?

Angenommen, der Mond wäre elektrisch geladen; dann würde er eine abstoßende Kraft auf die Elektronen in seiner Nähe ausüben. Die Schwerkraft des Mondes übt aber eine Anziehung auf die Elektronen aus. Nehmen wir an, daß sich ein Elektron einen Kilometer über der Mondoberfläche befindet und die Anziehung genau die Abstoßung ausgleicht, so daß das Elektron schwebt. Nehmen wir als nächstes an, daß das gleiche Elektron sich zwei Kilometer über dem Mond befände. In diesem größeren Abstand

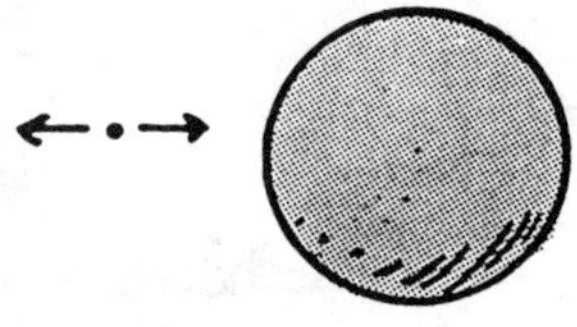

a) wäre die Schwerkraft größer als die elektrostatische Kraft, so daß das Elektron fallen würde
b) wäre die Schwerkraft schwächer als die elektrostatische Kraft, so daß das Elektron in den Raum hinausgedrückt würde
c) würde die Schwerkraft die elektrostatische Kraft immer noch ausgleichen, so daß das Elektron schweben würde

ANTWORT: MONDSTAUB Die Antwort ist: c. Es kann keinen bestimmten Abstand vom Mond geben, wo allein sich die elektrostatische Kraft und die Schwerkraft aufheben. Warum? Wenn sich die beiden Kräfte in einem bestimmten Abstand aufheben, wären sie im doppelten Abstand um den gleichen Faktor verkleinert, so daß sie sich immer noch aufheben. Wenn der Staub also durch die elektrostatische Ladung einen Meter über der Mondoberfläche schweben könnte, könnte er auch auf jeder anderen Höhe schweben, so daß er einfach vom Mond wegschweben würde! Tatsächlich ist es unmöglich, ein Objekt durch eine Kombination von *statischer* elektrischer Kraft, Schwerkraft oder magnetischer Kraft zum Schweben zu bringen, da sie alle umgekehrt proportional zum Quadrat des Abstands sind.

UNTER EINFLUSS

Zwei nicht geladene Metallkugeln X und Y stehen auf Glasstäben. Eine dritte Kugel Z trägt eine positive Ladung und wird in die Nähe der ersten beiden Kugeln gebracht. Dann werden X und Y mit einem leitfähigen Draht verbunden. Schließlich wird der Draht entfernt und die Kugel Z zur Seite geschoben. Danach zeigt sich, daß

a) die Kugeln X und Y immer noch ungeladen sind
b) die Kugeln X und Y beide positiv geladen sind
c) die Kugeln X und Y beide negativ geladen sind
d) die Kugel X positiv und die Kugel Y negativ geladen ist
e) die Kugel X negativ und die Kugel Y positiv geladen ist

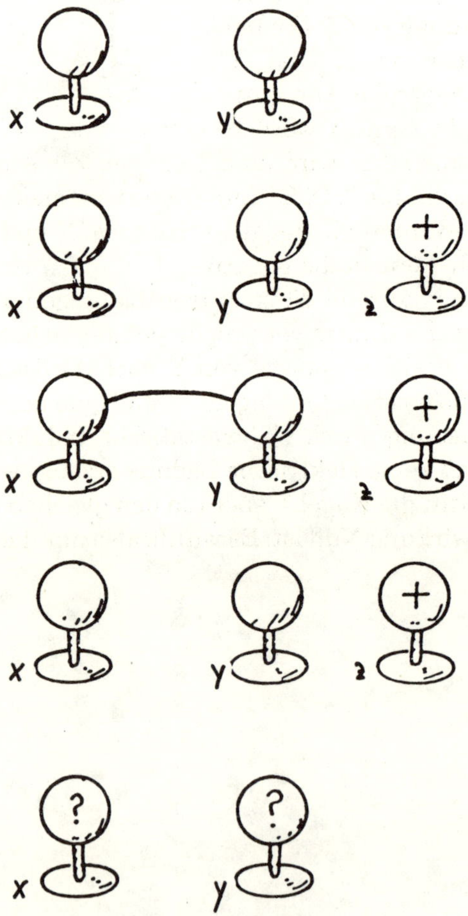

ANTWORT: UNTER EINFLUSS

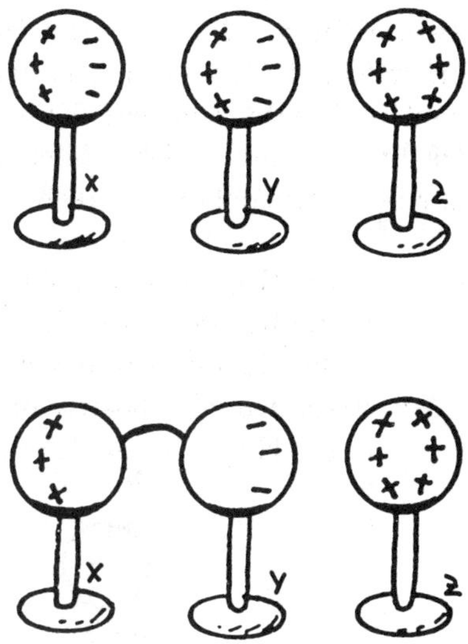

Die Antwort ist: d. Der Trick liegt darin, die Welt etwas anders zu betrachten. Es ist richtig, daß X und Y ungeladen sind, das bedeutet aber nicht, daß sie keine Ladung tragen. Auf ihnen sind gleiche Mengen positiver und negativer Ladungen gemischt, so daß die Gesamtwirkung einer Nulladung entspricht. Nun kommt aber die Kugel Z mit ihrer positiven Ladung hinzu. Z berührt zwar niemals X oder Y, diese stehen aber trotzdem unter dem Einfluß der positiven Ladung von Z. Die negativen Ladungen in X und Y werden von Z angezogen. Die positiven Ladungen in X und Y werden von Z abgestoßen. Daher wird eine Seite von X positiv und die andere negativ. Gleiches gilt für Y. Diese Aufteilung wird elektrostatische Polarisation genannt. Werden die negative Seite von X und die positive Seite von Y verbunden, können die negativen Ladungen von X noch näher an Z herangelangen, während die positiven Ladungen auf Y weiter von Z wegkommen können. Daher verschiebt sich die negative Ladung von X nach Y und die positive Ladung von Y nach X. Nach Entfernung des Drahts bleibt eine positive Ladung auf X und eine negative auf Y. Dieser Vorgang wird Ladung durch elektrostatische Induktion genannt. Entscheidend ist, daß keine elektrische Ladung erzeugt wurde. Die Kugel X wurde zwar positiv, die Kugel Y aber um den gleichen Betrag negativ, so daß die Gesamtwirkung Null ist. Es wurde also nur die Ladung getrennt.

EINE FLASCHE VOLL ELEKTRIZITÄT

Eine Leidener Flasche ist ein altmodischer Kondensator. Ein Kondensator besteht aus Metalloberflächen, die voneinander getrennt sind. Sie sind Lagerhäuser elektrischer Energie, wenn eine Oberfläche positiv und die andere negativ geladen ist. Vor zweihundert Jahren wurden Kondensatoren dadurch hergestellt, daß man ein Stück Metallfolie in eine Flasche und ein anderes Stück auf die Außenseite setzte. Das so präparierte Gefäß wurde Leidener Flasche genannt, da sie zuerst an der Universität von Leiden in Holland – eine der führenden technischen Universitäten ihrer Zeit – hergestellt wurde. Die in einer geladenen Leidener Flasche gespeicherte Energie befindet sich tatsächlich

a) auf der Metallfolie in der Flasche
b) auf der Metallfolie an der Außenseite der Flasche
c) im Glas zwischen der inneren und äußeren Folie
d) in der Flasche selbst

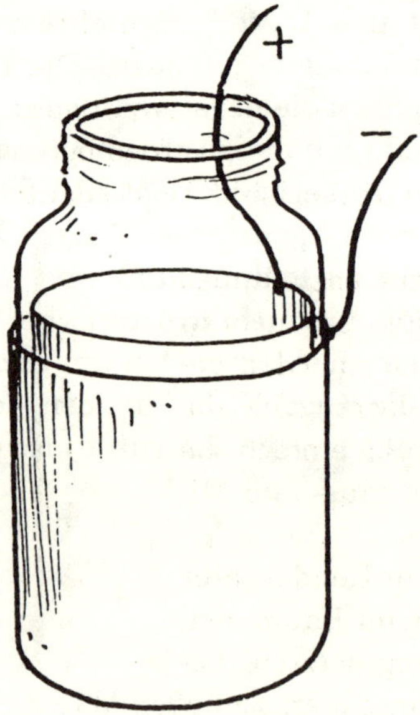

ANTWORT: EINE FLASCHE VOLL ELEKTRIZITÄT Die Antwort ist: c. Ein einfacher Kondensator besteht aus zwei leitenden Stücken, normalerweise Metall, die *eng beieinander, aber nicht in Kontakt* sind. Das ist das elektrische Äquivalent zu einer Praxis aus dem 18. Jahrhundert, bei der Verlobte im gleichen Bett liegen durften, wenn ein aufrecht stehendes Brett jede Berührung verhinderte. In einer Leidener Flasche wird die Berührung der entgegengesetzten Ladungen durch die Glasflasche verhindert. Wir wollen annehmen, daß die Innenseite positiv und die Außenseite negativ geladen ist. Dann laufen die elektrischen Kraftfeldlinien von den Plusladungen auf der Innenseite zu den Minusladungen auf der Außenseite. Die Ladungen markieren die Anfänge und Enden der Kraftlinien. Also befindet sich das Kraftfeld im Glas und die Energie im Kraftfeld. Das bedeutet, daß sich die Energie im Glas befindet!

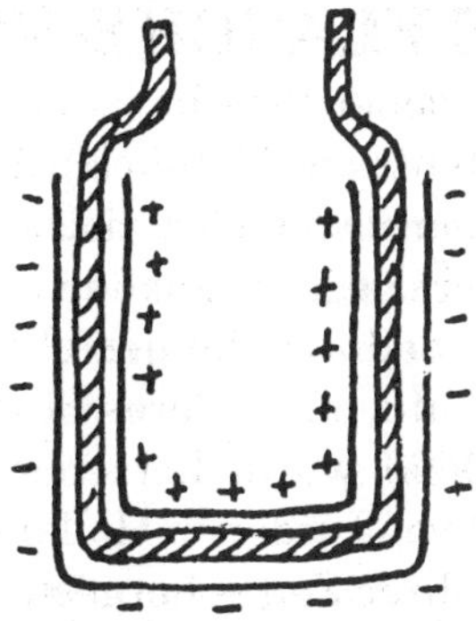

Eine Leidener Flasche enthält also Elektrizität, deren Energie nicht in der Flasche, sondern im Glas gespeichert ist. Wie leeren Sie die Flasche? Verbinden Sie einfach die Zuleitungen von den Plus- und Minusseiten des Glases.

Die Energie in einem Kondensator befindet sich immer im Raum zwischen den entgegengesetzten Ladungen. Daraus könnte man schließen, daß die Energiemenge in einem Kondensator nicht nur von der Menge der elektrischen Ladung, sondern auch vom Raum zwischen den Ladungen und der Füllung des Raums, z.B. Glas, Luft oder Öl, abhängt. Wir werden das in den nächsten beiden Fragen untersuchen.

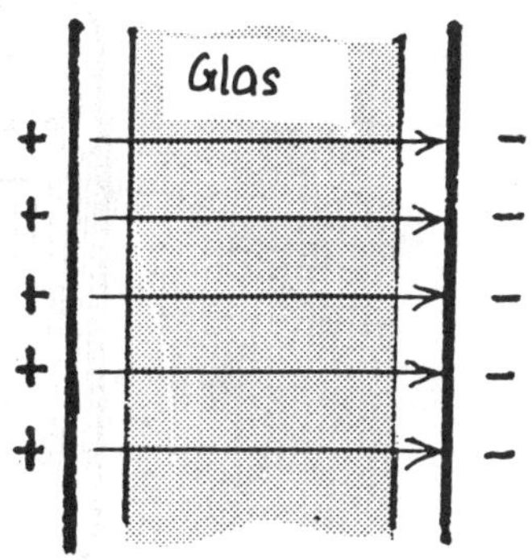

ENERGIE IN EINEM KONDENSATOR

Wir wollen einen einfachen Kondensator betrachten, der aus zwei eng benachbarten leitfähigen Platten besteht. Wir wollen annehmen, daß die Platten entsprechend positiv und negativ geladen sind und dann über einen Funken entladen werden. Als nächstes werden die Platten erneut genauso wie vorher geladen und nach der Aufladung weiter auseinandergezogen. Wenn sie jetzt wiederum kurzgeschlossen werden, ist der erzeugte Funke

a) größer als der erste Funke (setzt mehr Energie frei)
b) kleiner als der erste Funke
c) genauso groß wie der erste Funke

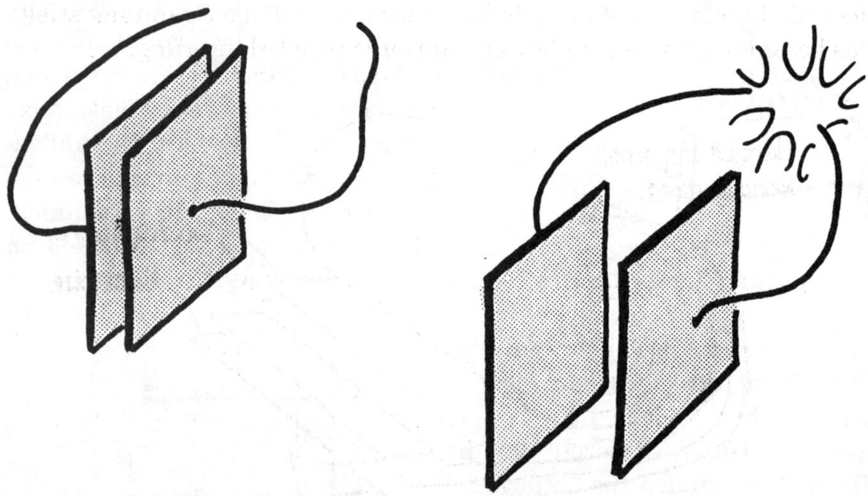

ANTWORT: ENERGIE IN EINEM KONDENSATOR Die Antwort ist: a. Woher kam die Energie, die den Funken vergrößerte? Die Energie kam aus der Arbeit, die jemand ausführte, als er die positive Platte von der negativen Platte wegzog. Durch das Auseinanderziehen der Platten wurde dem Kondensator aber keine zusätzliche Ladung hinzugefügt. Statt dessen wanderte die Arbeit für die Überwindung der gegenseitigen Anziehung zwischen den entgegengesetzt geladenen Platten beim Auseinanderziehen in das elektrische Feld zwischen den Platten. Wir sagen, daß die *Spannung* zwischen den Platten erhöht worden ist. Die Spannung ist eine elektrische Energiepotentialdifferenz wie die Energiepotentialdifferenz der Schwerkraft bei fallenden Objekten. In unserem Fall "fallen" die Elektronen von der negativen zur positiven Platte. Ist also der Abstand zwischen den Platten größer, verlängert sich der Fall und vergrößert damit die Potentialdifferenz.
Man kann auch sagen, daß die Kapazität des Kondensators verringert, aber die Ladung konstant gehalten wurde, so daß die Spannung stieg – das besagt aber nichts anderes als unsere obige Erläuterung.

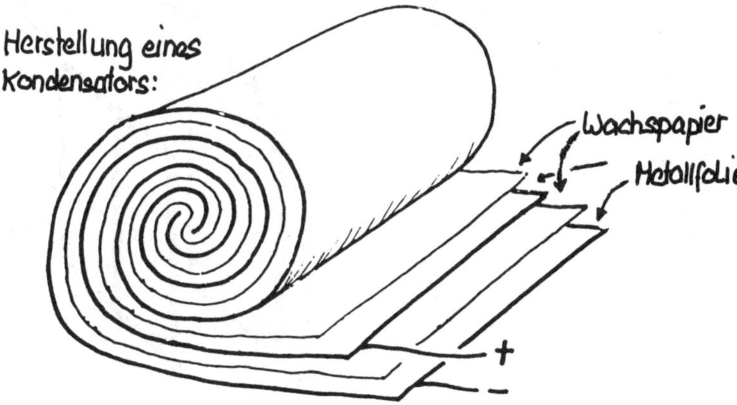

Ein Kondensator verhält sich nicht wie ein Widerstand oder eine Batterie. Ein Kondensator läßt keinen elektrischen Strom hindurchfließen, da die Leiter getrennt sind, daher unterscheidet er sich von einem Widerstand, der Strom durchläßt. Ein Kondensator produziert keinen elektrischen Strom, er muß geladen werden. Daher verhält er sich nicht wie ein Generator, der Strom erzeugt, ohne geladen zu werden. Ein Kondensator verhält sich auch nicht wie eine Batterie, die eine Spannung ausgibt, da ein Kondensator auf viele verschiedene Spannungen aufgeladen werden kann. Er ist ein Lagerhaus für elektrische Energie.

GLASKONDENSATOREN

Zwischen den Platten eines Kondensators kann sich Luft, Glas, Plastik, Wachspapier oder Öl befinden. Zur Zeit von Benjamin Franklin waren die Kondensatoren die bereits erwähnten Leidener Flaschen – Sie lernen jetzt also 200 Jahre alte Physik. Wird ein Glaskondensator geladen, das Glas zwischen den Platten aber vor der Entladung entfernt, ist der Funke

a) größer, als wenn das Glas bei der Entladung noch zwischen den Platten wäre
b) kleiner, als wenn das Glas bei der Entladung noch zwischen den Platten wäre
c) genauso groß, wie er mit dem Glas gewesen wäre

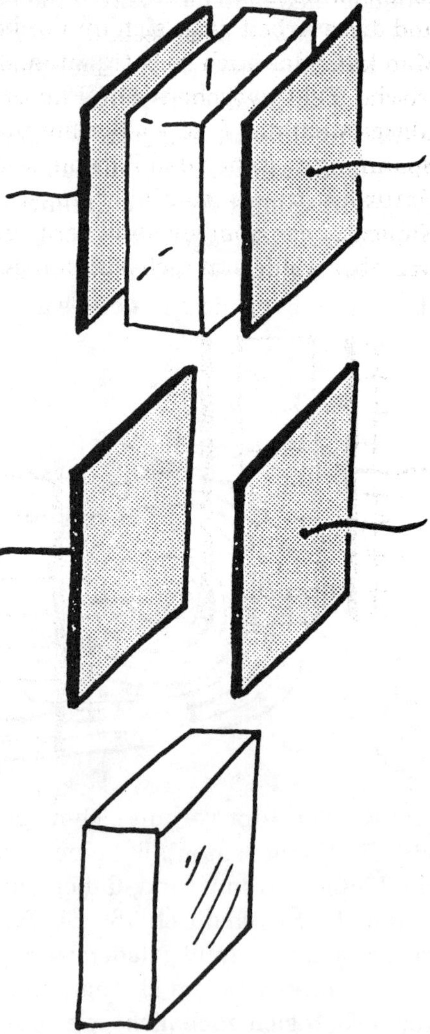

ANTWORT: GLASKONDENSATOREN Die Antwort ist: a. Das Glas im Kondensator ist polarisiert, die Seite des Glases in der Nähe der positiven Platte wird negativ, und das Glas in der Nähe der negativen Platte wird positiv. Wird das Glas entfernt, wird die negative Ladung auf dem Glas aus der Nähe der positiven Ladung auf der Platte und die positive Ladung auf dem Glas aus der Nähe der negativen Ladung auf der Platte entfernt, so daß Arbeit erforderlich ist, um die Anziehung der Ladungen zu überwinden. Es ist also Arbeit erforderlich, um das Glas zu entfernen, und diese Arbeit zeigt sich im Funken.
Man kann das auch so betrachten, daß man sagt, daß das Glas das elektrische Feld zwischen den Platten abschwächt. Die Entfernung des Glases stellt das Feld wieder her und erhöht die Potentialdifferenz oder Spannung zwischen den Platten, wodurch sich ein größerer Funke ergibt. Natürlich könnte man auch sagen, daß die Entfernung des Glases die Kapazität des Kondensators verringert und daher die Spannung steigert, was aber wiederum nichts anderes als das oben Gesagte ist.

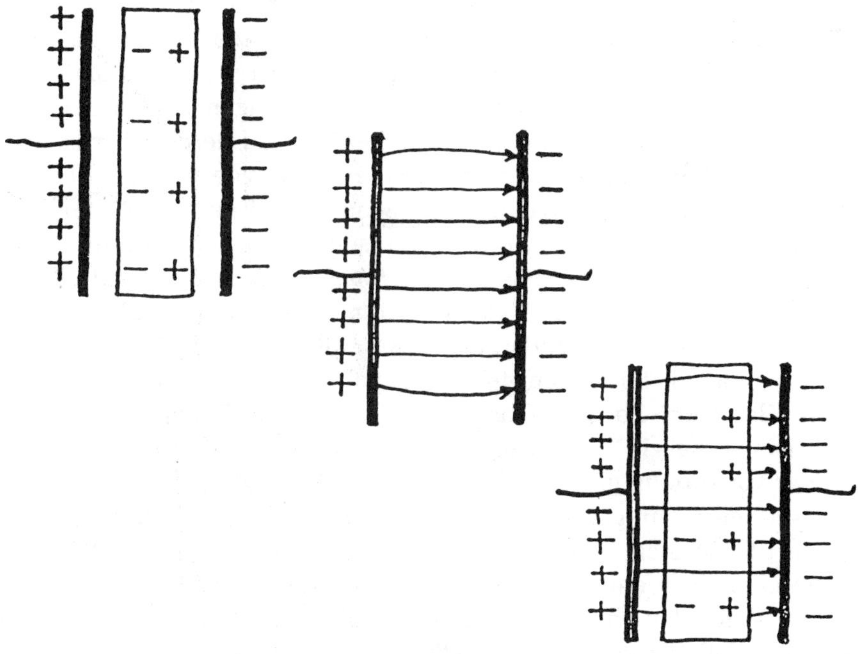

HOCHSPANNUNG

Ist eine Situation wahrscheinlich, in der es sehr viel Spannung ohne gleichzeitig sehr viel Strom gibt?

a) Ja, solche Situationen gibt es häufig.
b) Nein, solche Situationen sind nicht häufig.

ANTWORT: HOCHSPANNUNG Die Antwort ist: a. Positive Ladung und negative Ladung ziehen einander an, während Plus und Plus sowie Minus und Minus sich abstoßen. Gleiche Ladungen stoßen sich ab, während sich ungleiche Ladungen anziehen. Es ist Energie erforderlich, um Plus und Minus zu trennen. Diese Energie kann gespeichert werden, solange die Ladungen getrennt sind, genau wie Energie im Hammer einer Ramme gespeichert werden kann, solange er hochgehalten wird. Gespeicherte Energie wird *potentielle Energie* genannt – im Fall der Ramme sagen wir, daß der Hammer potentielle Gravitationsenergie in bezug auf den Boden darunter besitzt, im Fall der getrennten Ladungen sagen wir, daß die Ladungen elektrische potentielle Energie in bezug auf die jeweils andere Ladung haben. Wenn wir von der Menge elektrischer potentieller Energie *pro Ladung* sprechen, sprechen wir von *Spannung*. In einer vollständig geladenen 12-V-Autobatterie haben z.B. die entgegengesetzten Ladungen auf den Batterieklemmen eine Trennungsenergie von 12 Energieeinheiten pro Ladungseinheit oder genauer 12 V = 12 Joule/Coulomb. Wenn die Kugel eines Van de Graaff-Generators auf 100.000 V geladen wird, hat jedes Coulomb der Ladung auf der Kugel eine potentielle Energie von 100.000 Joule.
Wie sieht es jetzt mit dem Strom aus? Es gibt keinen. Wenn wir jedoch die beiden Orte der entgegengesetzten Ladungen miteinander verbinden, fließt die Ladung, so daß wir einen elektrischen Strom haben.

STARKSTROM

Wir wollen die Situation aus der vorherigen Frage umkehren und uns fragen, ob es eine Situation geben kann, in der eine hohe Stromstärke (gemessen in Ampère) fließt, ohne daß gleichzeitig eine hohe Spannung vorhanden ist?

a) ja
b) nein

ANTWORT: STARKSTROM Die Antwort ist: a. Die Strommenge in einer einfachen Schaltung hängt nicht nur von der Spannung, sondern auch vom Widerstand ab. Ist der Widerstand eines Leiters sehr klein, erzeugt eine winzige Spannung über ihn einen großen Stromfluß. Einige auf sehr tiefe Temperaturen abgekühlte Materialien, die sogenannten *Supraleiter*, haben Null Widerstand. In diesen Supraleitern erzeugen winzige Spannungen enorme Ströme. Tatsächlich fließt Strom in einem supraleitenden Stromkreis unbegrenzt weiter, nachdem die Spannungsquelle abgetrennt worden ist!

HOHER WIDERSTAND

In dieser Schaltung befindet sich der größte Widerstand in

a) der Zuleitung
b) der Glühlampe

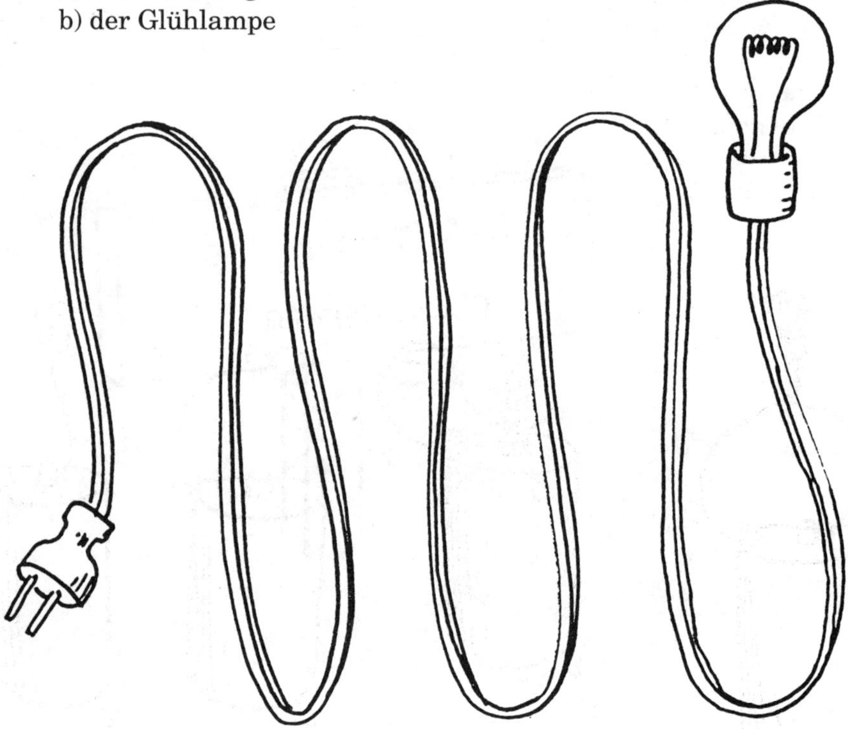

ANTWORT: HOHER WIDERSTAND Die Antwort ist: b. Der Draht in der Zuleitung ist sehr viel dicker als der Glühdraht. Hätte die Zuleitung einen größeren Widerstand als die Glühbirne, würde sie heiß werden und glühen, während die Lampe relativ kalt bliebe.

GESCHLOSSENER STROMKREIS

Ein einfacher elektrischer Stromkreis kann mit einer Batterie, einer Glühlampe und etwas Draht aufgebaut werden. In welcher der folgenden Anordnungen leuchtet die Lampe?

ANTWORT: GESCHLOSSENER STROMKREIS Die Antwort ist: c. Eine Batterie ist keine Energiequelle, die eine Lampe wie ein Waschbecken füllt. Es muß ein "Durchgang" in der Schaltung vorhanden sein. Strom fließt nicht in eine Lampe oder aus einer Lampe. Strom fließt *durch* eine Lampe und durch alles andere im Stromkreis, einschließlich der Batterie selbst. Untersucht man die Anordnungen, erkennt man, daß nur in Abbildung c eine Zuleitung und Ableitung von der Lampe vorhanden ist.

ELEKTRISCHES ROHR

Dies ist eine wichtige Frage, seien Sie also vorsichtig. Wir wollen annehmen, daß das Objekt A eine kleine negative Ladung und das Objekt B eine kleine positive Ladung besitzt. Das Objekt C hat eine sehr große negative Ladung. Weiterhin wollen wir annehmen, daß A und B über einen Kupferdraht verbunden sind, der sehr dicht an C vorbeiläuft, C aber nicht berührt. In dieser Anordnung fließt die negative Ladung von A

a) durch den Draht zum positiven Objekt B
b) wegen des abstoßenden Einflusses von C nicht nach B

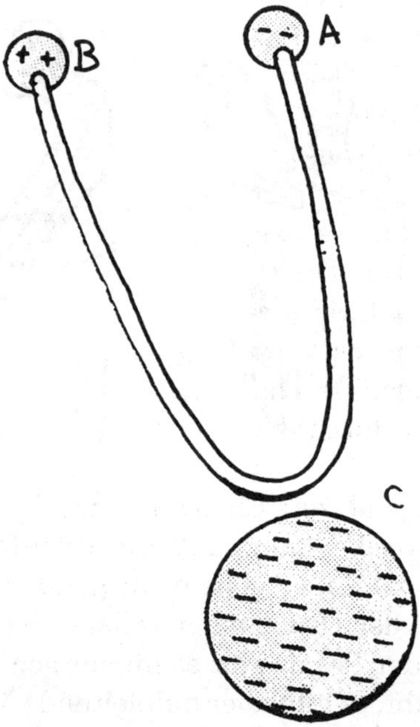

ANTWORT: ELEKTRISCHES ROHR Die Antwort ist: a, auch wenn es so scheinen mag, als ob die Elektronen von der negativen Ladung auf C zurückgestoßen würden. Das Problem ergibt sich daraus, daß man sich den Draht als leeres Glasrohr vorstellt, durch das kleine Kugeln, die Elektronen genannt werden, fließen. Dieses Bild ist irreführend. Wäre es richtig, wäre die Antwort auf diese Frage b. Tatsächlich ist der Strom im Draht aber genauso, als wenn C nicht vorhanden wäre.

Was geschieht ist, daß die Elektronen im Draht das Innere des Drahts gegen den Einfluß von C abschirmen. Das geschieht folgendermaßen: Betrachten wir nur den Draht und das Objekt C ohne A und B. Die positive Ladung wird in dem Teil des Drahts in der Nähe von C induziert, während negative Ladung in dem Teil des Drahts entfernt von C induziert wird. Diese induzierte Ladungsverteilung baut ein elektrisches Feld im Draht auf, das genau das Feld von C ausgleicht. Dies geschieht durch einen kurzzeitigen Elektronenfluß im Draht, bis das elektrische Nettofeld im Draht gleich Null ist. Dann ist der weitere Strom Null, es sei denn, es wird eine zusätzliche Potentialdifferenz angelegt. Das geschieht durch die Einführung von A und B.

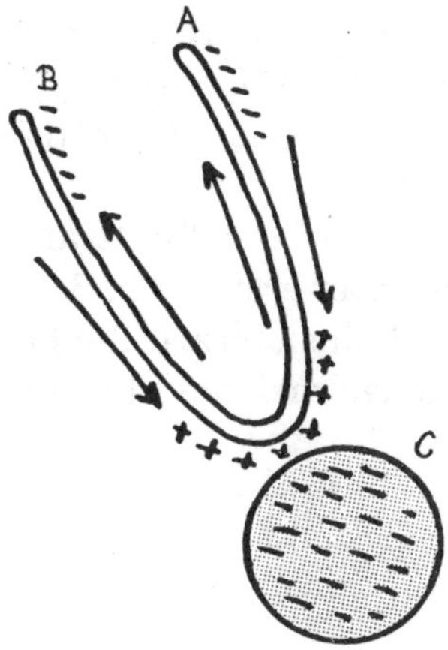

Natürlich muß es genügend freie Elektronen im Draht geben, damit die Ladung so umverteilt werden kann, daß die Wirkung von C aufgehoben wird. Nehmen wir einmal an, es gebe nicht genügend freie Elektronen im Draht. Dann würde der Draht nicht vollständig gegen die Wirkung von C abgeschirmt. In der Praxis gibt es immer genügend freie Elektronen in einem Metalldraht, es gibt aber halbleitende Materialien wie Germanium, die relativ wenig freie Elektronen besitzen. Dieser Umstand wird bei der Herstellung des sogenannten Feldeffekttransistors genutzt. Dieses Gerät ermöglicht die Unterbrechung eines schwachen Elektronenflusses mit Hilfe anderer Elektronen und funktioniert gemäß der Skizze auf S. 436: Eine Halbleiterbrücke verbindet zwei Metalldrähte. Normalerweise fließen die Elektronen vom Quellendraht über die Halbleiterbrücke zum Abflußdraht. Wird jedoch ein weiteres Metallstück, das Gatter genannt wird, sehr dicht an die Brücke herangebracht, ohne sie zu berühren, und negativ aufgeladen, stößt es die Elektronen in der

Brücke ab. Dadurch wird der Strom unterbrochen und das Ventil geschlossen.

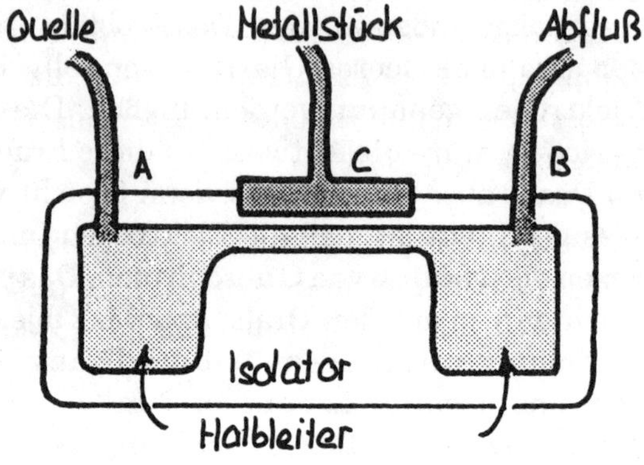

Wäre die Brücke aus Kupfer, würde das elektrische Ventil nicht arbeiten, da die Oberseite der Brücke ausreichend positiv würde, um das Material darunter gegen die negative Ladung auf dem Gatter abzuschirmen. In einem Halbleiter gibt es aber nicht genügend freie Elektronen, um die Oberseite der Brücke ausreichend positiv zu machen.

Die Idee des Feldeffekttransistors wurde in den zwanziger Jahren entwickelt, aber erst in den Sechzigern in die Praxis umgesetzt. Es gibt eine andere Transistorart, die bipolarer Transistor genannt wird. Diese Art wird in den meisten Physikbüchern beschrieben.

IN REIHE

Ein defekter Toaster kann Ihre Haussicherung zum Durchbrennen bringen, wenn er einen Kurzschluß verursacht. Wir wollen einmal annehmen, daß wir eine Glühlampe in die Schaltung einfügen, wie es die Zeichnung zeigt. Wird der Toaster mit der Glühlampe an die Steckdose angeschlossen, dann

a) bringt er die Sicherung manchmal zum Durchbrennen
b) bringt er die Sicherung niemals zum Durchbrennen
c) bringt er die Sicherung immer zum Durchbrennen

ANTWORT: IN REIHE Die Antwort ist: b. Die erste Skizze zeigt einen guten Toaster. Der elektrische Strom kommt von einem Pol des Steckers, läuft durch das Heizelement im Toaster und läuft dann zum anderen Pol des Steckers zurück. Der gesamte eintretende Strom muß auch wieder herausfließen. Das Heizelement hat einen Widerstand, der so etwas wie elektrische Reibung ist. Er widersteht dem Stromfluß, so daß sich nur wenig Strom hindurchquetschen kann. Der Widerstand begrenzt den Strom. Ist der Toaster aber beschädigt, so daß sich die beiden Zuleitungen vom Stecker berühren, haben wir einen Kurzschluß. Dieser verkürzt den Stromweg. Der Strom muß nicht mehr durch den Widerstand fließen und wird dadurch auch nicht mehr begrenzt. Der Strom fließt wie verrückt, was zum Durchbrennen der Sicherung führt. Wäre keine Sicherung vorhanden, könnte möglicherweise ein Brand entstehen! Wird jetzt eine Glühbirne hinzugefügt, muß der Strom durch die Glühbirne fließen, und die hat einen Widerstand. Der Widerstand der Glühbirne begrenzt den Strom, behindert natürlich aber auch den Stromfluß durch den Toaster, so daß dieser nicht so heiß wie normal wird. Dafür wird die Sicherung geschont.

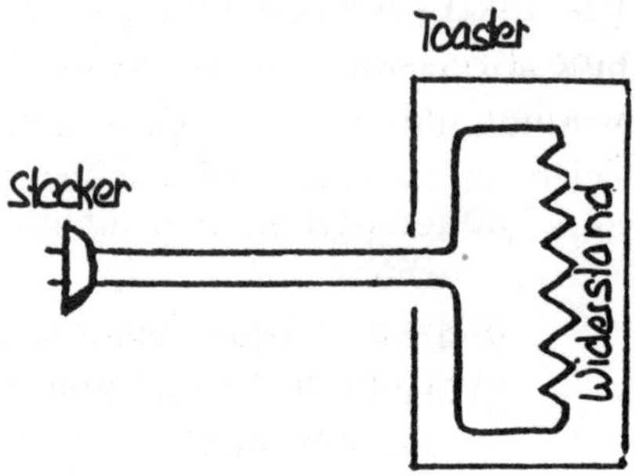

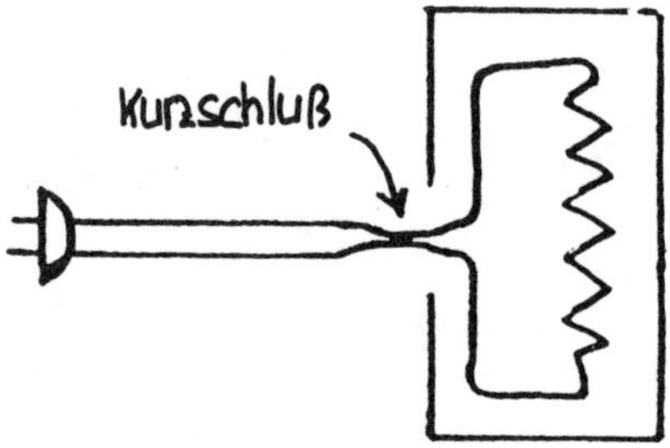

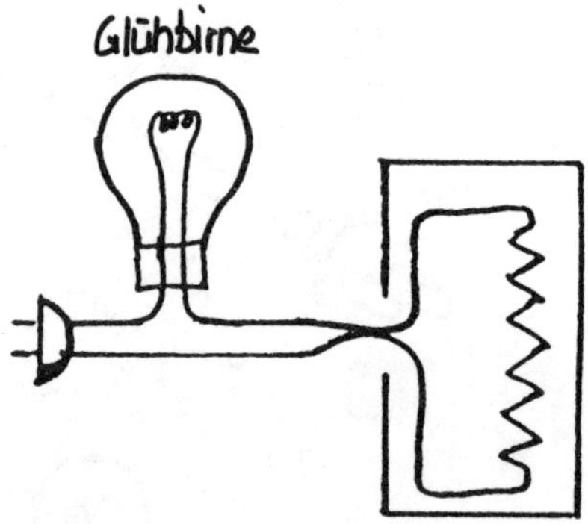

Früher setzten manche Experimentatoren bei Versuchen mit elektrischem Strom absichtlich eine Glühbirne in die Schaltung, damit diese, wenn etwas schiefging und zu einem Kurzschluß führte, den Strom begrenzte und die Sicherung schützte.

WATT

Die elektrische Leistung, die an ein elektrisches Gerät geliefert wird (z.B. eine Kreissäge), wird in Watt gemessen und kann dadurch erhöht werden, daß man

a) den Strom, aber nicht die Potentialdifferenz (Spannung) erhöht
b) die angelegte Spannung erhöht, aber nicht den Strom
c) Strom und Spannung erhöht
d) . . . alles falsch

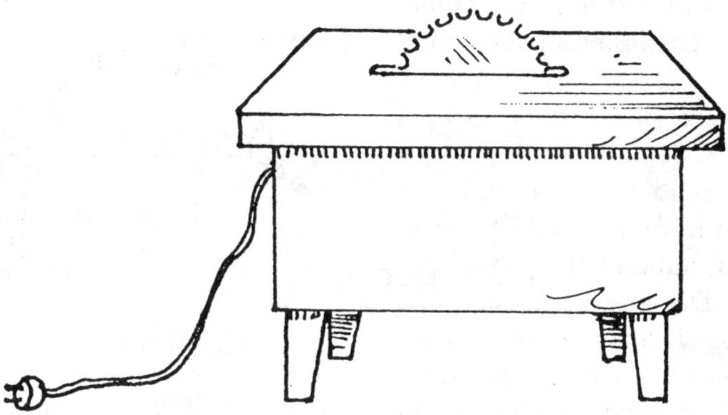

ANTWORT: WATT Die Antwort ist: c. Wird eine Kreissäge angeschlossen, beträgt die angelegte Spannung 220 V. Das ist die größte Spannung, die für die Säge verfügbar ist. Wie steigert sie ihre Leistungsabgabe, wenn ein Stück Holz in die Säge geschoben wird? Indem sie den Strom erhöht, den sie bezieht. Wenn Sie die Säge überlasten und sie verlangsamen, zieht sie übermäßigen Strom, was man am Schwächerwerden der Lampen im Raum erkennen kann. Das ist genau wie der Abfall im Leitungswasserdruck, wenn jemand einen großen Wasserhahn öffnet. Können Sie sich einen Fall denken, in dem die Spannung ohne Änderung des Stroms erhöht wird? Denken Sie sich eine Batterie, an die eine Glühlampe angeschlossen ist. Denken Sie sich dann zwei Batterien, an die zwei Glühlampen in Reihe angeschlossen sind. Die Spannung und die Leistung sind verdoppelt; da der Lastwiderstand aber auch verdoppelt ist, bleibt der Strom in der Schaltung unverändert.

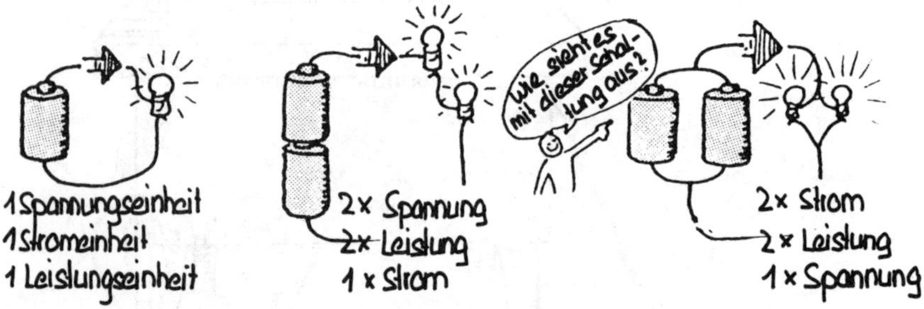

Die gelieferte Leistung kann dadurch verdoppelt werden, daß man entweder den Strom oder die an das elektrische Gerät angelegte Spannung verdoppelt. Im allgemeinen gilt: *Leistung = Spannung × Strom*.
Diese Idee ist nicht auf die Elektrizität beschränkt. Sie gilt z.B. auch für Wasserräder. Die Leistungsabgabe eines Wasserrads hängt von dem Produkt zweier Dinge ab. Erstens vom Durchmesser des Rades, der ein Maß für die Potentialdifferenz ist, die das Wasser durchläuft. Das entspricht der Spannung. Zweitens von der Anzahl der Liter Wasser, die pro Stunde über das Rad fließen. Das entspricht dem Strom.

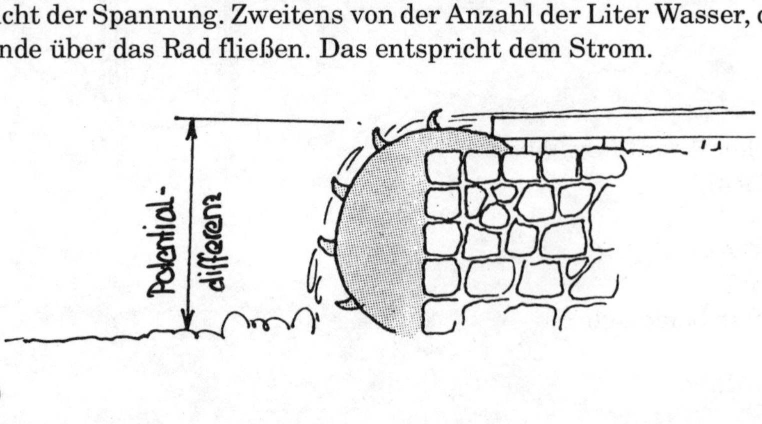

ABGABE

Zuerst ist eine Lampe an eine Batterie angeschlossen. Dann werden zwei Lampen in Reihe an die gleiche Batterie angeschlossen. Wenn beide angeschlossen werden, liefert die Batterie

a) weniger Strom
b) mehr Strom
c) weniger Spannung
d) den gleichen Strom

A

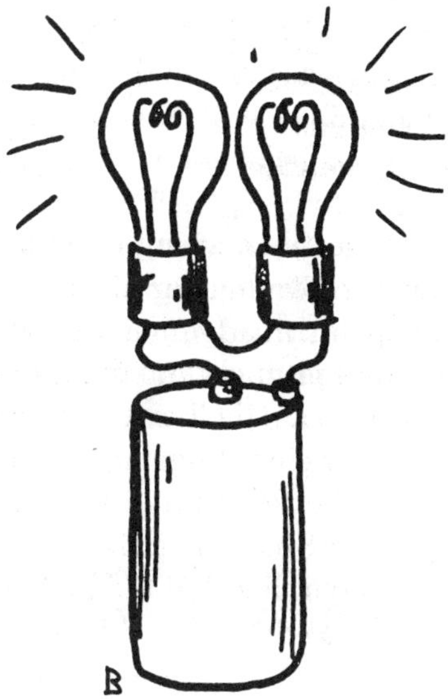

B

In welcher Anordnung gibt es mehr Licht?

a) A
b) B
c) in beiden gleich

ANTWORT: ABGABE Die Antwort ist: a. Die Batterie liefert eine Spannung (z.B. 6 V oder 12 V), die einem bestimmten Druck entspricht. Die Spannung erzwingt einen Fluß der Ladung (Strom) durch die Glühlampen, die dem Strom einen Widerstand entgegenstellen. Der Draht liefert auch einen Widerstand, er ist aber sehr viel kleiner als der Widerstand der Glühlampen. Zwei identische Glühlampen, die in Reihe angeschlossen werden, haben doppelt soviel Widerstand wie eine Glühlampe. Wenn sich der Widerstand verdoppelt, fließt nur noch halb soviel Ladung. Der Strom wird halbiert.

Die Situation ähnelt stark dem menschlichen Blutkreislauf. Wenn die Arterien verkalken, steigt ihr Widerstand gegen den Blutstrom, so daß weniger Blut fließt. Wird der Widerstand verdoppelt, fließt nur noch halb soviel Blut. Der Körper kann aber nicht mit halb soviel Blut auskommen und fordert mehr. Daher pumpt das Herz mit mehr Druck (hoher Blutdruck), um mehr Blut durch die Arterien zu zwingen. Das Herz ist wie eine Batterie: es liefert den Druck oder die Spannung. Eine Batterie kann allerdings nur eine bestimmte Höchstspannung liefern. Im Gegensatz dazu kann ein Herz mehr Druck abgeben, wenn es nötig ist, wird dann aber übermäßig belastet.

Die Antwort auf den zweiten Teil der Frage ist: a. Wir haben bereits gesehen, daß bei A am meisten Strom abgegeben wird. Da die von der Batterie abgegebene Leistung Strom x Spannung ist und die Spannung in beiden Fällen gleich bleibt, erkennen wir, daß im Fall A die meiste Leistung abgegeben wird – und damit auch das meiste Licht. Um das zu verdeutlichen, wollen wir annehmen, daß z.B. 50 Glühlampen in Reihe angeschlossen würden – dann könnten wir höchstens noch ein schwaches rotes Glühen der Glühdrähte erkennen. Eine einzelne Glühlampe gibt mehr Licht als mehrere Glühlampen in Reihe.

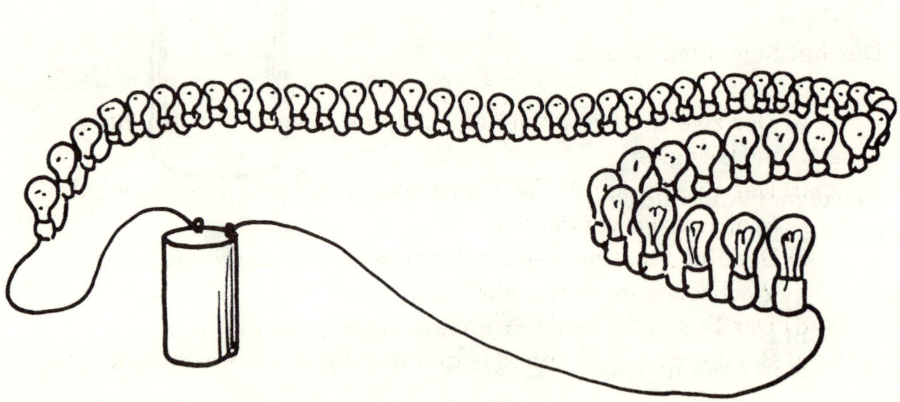

STROMABNEHMER

Eine Straßenbahn hat einen Stromabnehmer.

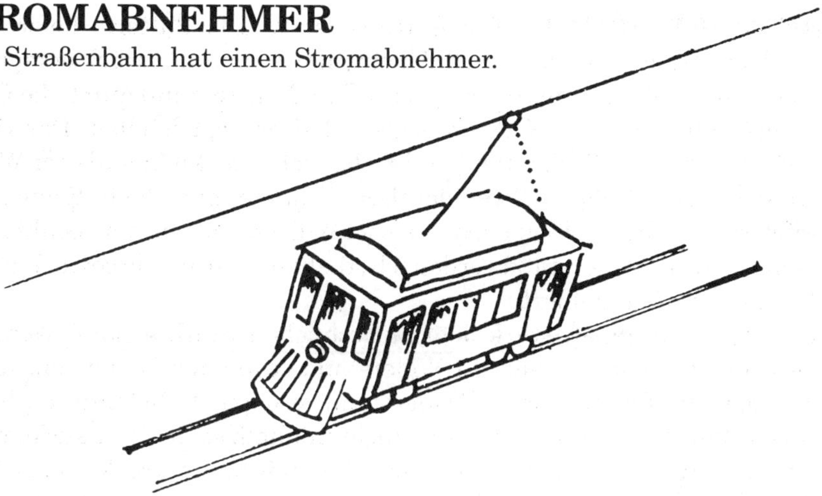

Ein elektrischer Bus hat zwei Stromabnehmer.

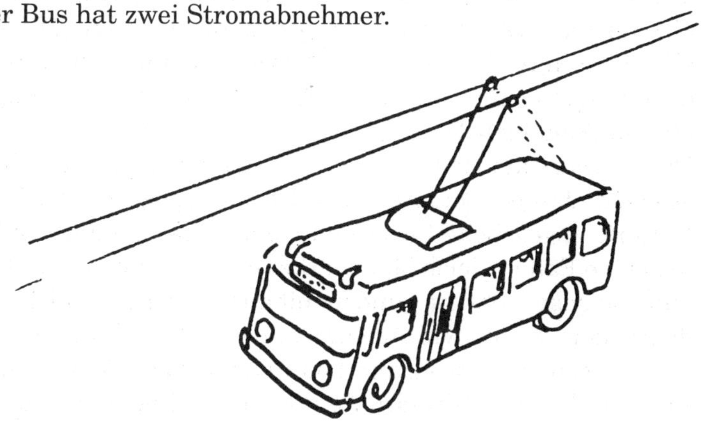

Das hat folgenden Grund:

a) Der zweite Stromabnehmer ist eine Reserve für erhöhte Zuverlässigkeit.
b) Der Bus fährt mit Wechselstrom, während die Straßenbahn Gleichstrom verwendet.
c) Der Bus fährt mit Gleichstrom, während die Straßenbahn Wechselstrom verwendet.
d) Der Bus zieht mehr Strom als die Straßenbahn.
e) Bei der Straßenbahn arbeiten die Räder als Stromabnehmer.

ANTWORT: STROMABNEHMER Die Antwort ist: e. Eine Seite des elektrischen Generators, der die Straßenbahn mit Strom versorgt, ist "an Erde gelegt". Der Strom fließt vom Generator durch den einen Stromabnehmerdraht zur Straßenbahn und von dort über die Erde zum Generator zurück. Ein Bus fährt auf Gummirädern, so daß die Elektrizität nicht über die Erde zurückfließen kann. Daher sind zwei Drähte und zwei Stromabnehmer nötig.

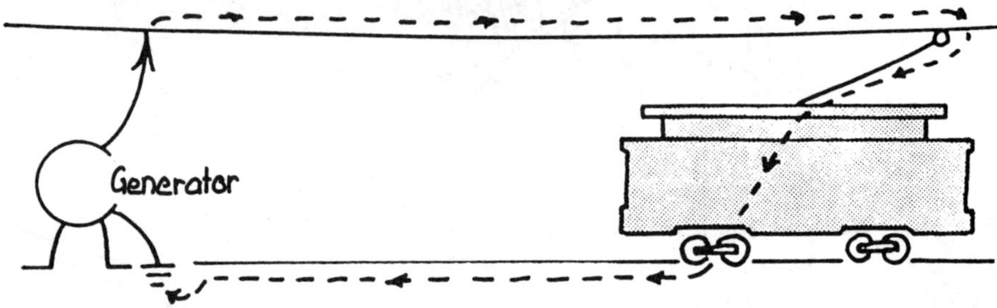

GEERDETE SCHALTUNG

Leuchtet die Lampe, wenn die Schaltung wie in der Zeichnung geerdet ist?

a) ja
b) nein

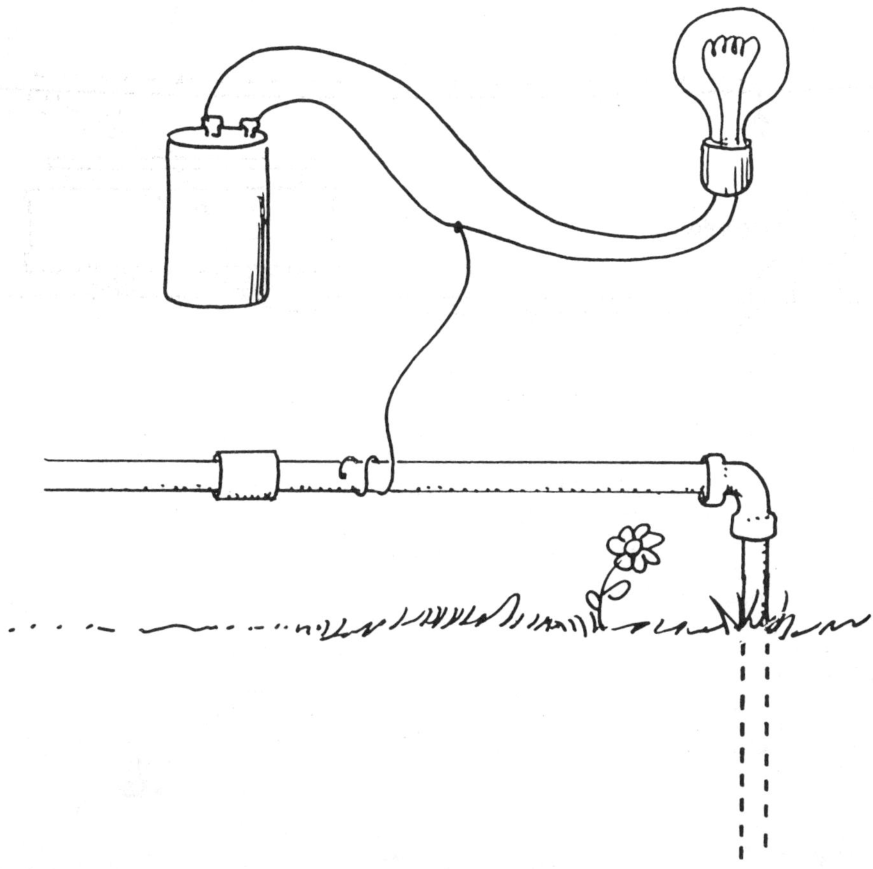

ANTWORT: GEERDETE SCHALTUNG
Die Antwort ist: a. Wird die Schaltung an einer Stelle geerdet, hat das keine Wirkung auf sie. Die Elektronen bewegen sich von der negativen zur positiven Seite der Batterie. Würden sie in die Erde fließen, kämen sie in eine Sackgasse.

PARALLELSCHALTUNG

In der rechts gezeigten Zeichnung ist der Spannungsabfall an den einzelnen Widerständen

a) auf die drei Widerstände aufgeteilt
b) abhängig vom Gesamtwiderstand
c) gleich

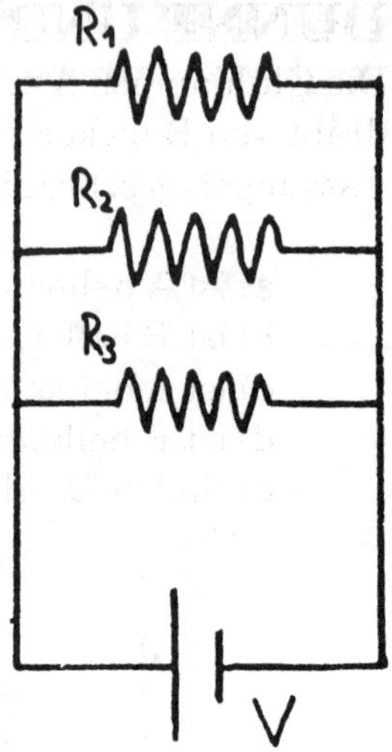

ANTWORT: PARALLELSCHALTUNG Die Antwort ist: c. Wir können das an diesen beiden Zeichnungen erkennen. Die in der Frage gezeigte Schaltung kann eine Darstellung der links gezeigten Situation sein. Alle drei Glühlampen sind über der gleichen Spannungsquelle angeschlossen. Hat die Zelle 1,5 V, liefert sie 1,5 V an jede Glühlampe. Verändert sich aber die Situation, wenn die Glühlampen so angeschlossen werden, wie es rechts gezeigt wird? Nein. Ist der Widerstand der Anschlußdrähte vernachlässigbar, sind die beiden Fälle gleich. In einer Schaltung ist die Spannung an Zweigen, die parallel angeschlossen sind, gleich.

DÜNNE UND DICKE GLÜHDRÄHTE

Die Glühlampen A und B sind vollständig identisch, außer daß der Glühdraht von B dicker als der von A. Werden beide Glühlampen in 220 V-Fassungen geschraubt, dann

a) ist A heller, da sie den größten Widerstand hat
b) ist B heller, da sie den größten Widerstand hat
c) ist A heller, da sie den geringsten Widerstand hat
d) ist B heller, da sie den geringsten Widerstand hat
e) sind beide gleich hell

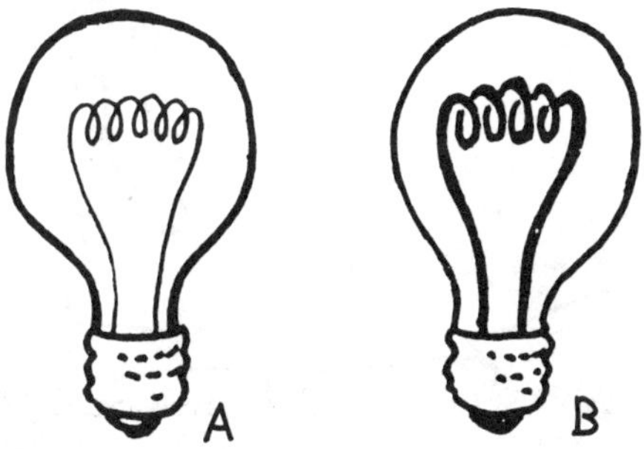

ANTWORT: DÜNNE UND DICKE GLÜHDRÄHTE Die Antwort ist: d. Die hellste Lampe ist die, die die meiste Energie pro Sekunde verbraucht. Die verbrauchte Energie hängt davon ab, wieviel Ladung durch welche Potentialdifferenz oder Spannung fällt. Die Spannung an jeder Glühlampe beträgt 220 V, da jede in eine 220 V-Fassung geschraubt worden ist. Der einzige Unterschied zwischen den beiden Glühlampen besteht in der Menge der Ladung, die pro Sekunde durch sie fließt. Der dicke Glühdraht bietet weniger Widerstand als der dünne Glühdraht, daher fließt mehr Strom durch ihn. Schließlich kann man sich den dicken Draht als mehrere dünne Drähte nebeneinander vorstellen. Daher verwendet die Glühlampe mit dem dicken Draht die meiste Energie pro Sekunde (Energie pro Sekunde = Leistung) und ist somit heller.

IM BETT

Sie haben eine schöne, neue, dicke Decke, die gut isoliert, und eine dünne, alte Decke, die schlecht isoliert. Die Nacht ist kalt, so daß Sie beide Decken brauchen. Ihnen ist am wärmsten, wenn Sie

a) die schlechte Decke über sich ziehen und die gute Decke darüber legen, um die Kälte aus dem Bett zu halten
b) die gute Decke über sich ziehen, um die Wärme drinnen zu halten, und die schlechte Decke darüber legen
c) . . . es spielt keine Rolle, welche Decke oben und welche unten liegt

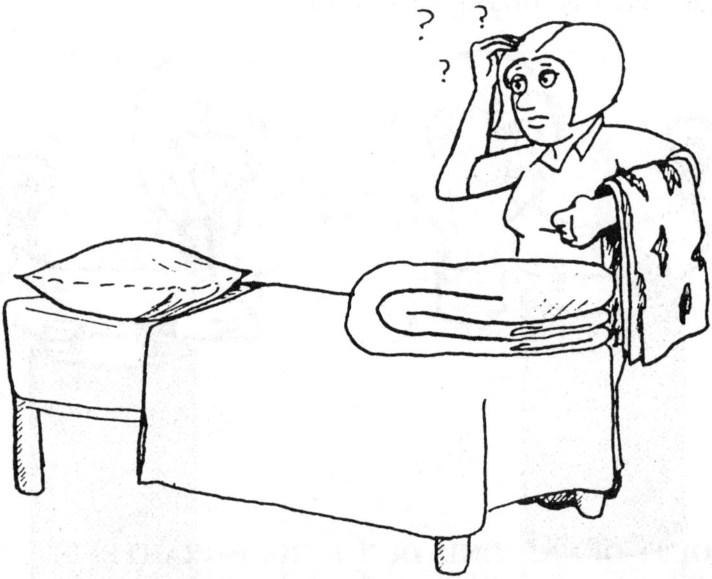

ANTWORT: IM BETT Die Antwort ist: c. Die Decken liegen übereinander; d.h., die Wärme muß beide durchlaufen, bevor sie entkommt (oder die Kälte muß durch beide hindurch ins Bett gelangen). Die Wärme fließt von heiß nach kalt, genau wie die Elektrizität von hoher zu niedriger Spannung fließt. Die Decken sind aneinandergereihte Wärmeisolatoren. Sie arbeiten genau wie aneinandergereihte elektrische Widerstände. Nehmen wir an, Sie haben einen großen und einen kleinen Widerstand in Reihe (Glühlampen können als Widerstände verwendet werden). Fließt mehr oder weniger Elektrizität durch diese beiden Glühlampen, wenn Sie ihre Reihenfolge austauschen? Natürlich nicht. Sie können also mit dem Verständnis der Elektrizität den Wärmefluß verstehen. In Wirklichkeit verstand man zuerst den Wärmefluß, was den Menschen beim Verständnis des elektrischen Stroms half.

HOCHSPANNUNGSVOGEL

Erhält dieser Vogel einen Schlag, wenn er auf einer blanken Hochspannungsleitung sitzt?

a) ja
b) nein

ANTWORT: HOCHSPANNUNGSVOGEL Die Antwort ist: b. Sie könnten glauben, daß eine Spannung, die hoch genug ist, um den hohen Widerstand des Vogels auszugleichen, z.B. 20 000 V, einen zerstörerischen Strom im Vogel erzeugen würde. 20 000 V beziehen sich aber auf die Spannung des Drahtes in bezug auf die Erde. Der gesamte Vogel befindet sich also auf einem Potential von 20 000 V gegenüber der Erde, es gibt jedoch keine Potentialdifferenz (d. h. Spannung) über dem Körper. Strom fließt aber nur in einem leitfähigen Medium, wenn eine Spannung vorhanden ist – keine Spannung, kein Strom. Würde der Vogel jetzt seine Schwingen ausbreiten und einen benachbarten Draht mit einem anderen Potential berühren, würde er einen gewaltigen Schlag erhalten. Stromleitungen werden weit genug voneinander aufgehängt, so daß sie nicht durch Vögel kurzgeschlossen werden können.

ELEKTRISCHER SCHLAG

Was verursacht den elektrischen Schlag – Strom oder Spannung?

a) Strom
b) Spannung
c) beides
d) weder noch

ANTWORT: ELEKTRISCHER SCHLAG Die Antwort ist: c. Ein elektrischer Schlag tritt auf, wenn Strom im Körper fließt. Fließt kein Strom, gibt es keinen Schlag. Man könnte also a für die richtige Antwort halten. Was verursacht aber den Strom, der den Schlag verursacht? Eine Spannung ist für den Strom verantwortlich. Also sind eine eingeprägte Spannung und der sich ergebende Strom die Ursachen des elektrischen Schlags. Man könnte mit Recht behaupten, daß die Antwort a richtig ist, da der Schlag direkt nur mit dem Strom verbunden ist, ungeachtet der Ursache des Stroms. Oder man könnte genauso gut argumentieren, daß die Antwort b deshalb richtig ist, weil eine eingeprägte Spannung die Ursache des Schlags ist, ohne sich um die Rolle des dazwischenliegenden Stroms zu kümmern. Es gibt z.B. keine Warnschilder: "LEBENSGEFAHR – STARKSTROM", sondern eher "LEBENSGEFAHR – HOCHSPANNUNG". Sie können sich also selbst aussuchen, ob Sie die Antwort a, b oder c wählen. Sollten Sie aber d gewählt haben, sind Sie durchgefallen!

NOCH EIN HOCHSPANNUNGSVOGEL

Nehmen wir an, daß ein Vogel mit einem Bein auf jeder Seite der Glühlampe in der gezeigten Schaltung steht. In diesem Fall erhält der Vogel

a) einen Schlag, wenn der Schalter offen ist
b) einen Schlag, wenn der Schalter geschlossen ist
c) einen Schlag, wenn der Schalter offen oder geschlossen ist
d) in beiden Fällen keinen Schlag

ANTWORT: NOCH EIN HOCHSPANNUNGSVOGEL Die Antwort ist: b. Ist der Schalter offen, befindet sich der Draht auf einer Seite des Schalters auf z.B. 12 V, während der gesamte Draht auf der anderen Seite des Schalters sich auf 0 V befindet. Der Vogel steht auf einer Seite, so daß keine Spannung über dem Vogel vorhanden ist. Schließen wir jetzt den Schalter. Strom fließt und wird durch den Widerstand der Glühlampe gezwungen. Ein Teil des Stroms nimmt einen Umweg und fließt durch den Vogel. Der Vogel erhält einen Schlag.

In einer Schaltung ist die Spannung immer über dem Teil der Schaltung, der den Strom am meisten behindert. Ist der Schalter offen, liegt die Behinderung im Schalter. Ist er geschlossen, bleibt der Widerstand als Behinderung. Die Spannung erstreckt sich von einem Ende des Widerstands zum anderen, und der unglückliche Vogel hat die Beine über dieser Spannung gespreizt.

Können Sie in der Skizze erkennen, daß nur der Vogel mit den Beinen über der Lampe einen Schlag erhält, wenn der Schalter geschlossen wird?

ELEKTRONENGESCHWINDIGKEIT

Wenn Sie den Zündschlüssel in einem Auto drehen, schließen Sie eine Schaltung von der negativen Batterieklemme über den elektrischen Starter zurück zur positiven Batterieklemme. Dies ist eine Gleichstromschaltung, in der die Elektronen von der negativen Batterieklemme zur positiven Klemme wandern. Wie lange müßte der Schlüssel in der Einschaltstellung bleiben, damit Elektronen, die an dem negativen Pol starten, den positiven Pol erreichen?

a) weniger lang, als man zum Ein- oder Ausschalten eines Schalters braucht
b) 1/4 Sekunde
c) 4 Sekunden
d) 4 Minuten
e) 4 Stunden

ANTWORT: ELEKTRONENGESCHWINDIGKEIT Die Antwort ist: e. Die Geschwindigkeit, mit der das elektrische Signal durch die geschlossene Schaltung wandert, entspricht zwar etwa der Lichtgeschwindigkeit, die tatsächliche Geschwindigkeit der Elektronenwanderung (Driftgeschwindigkeit) ist jedoch sehr viel geringer. Die Elektronen in einer offenen Schaltung (Schlüssel in der Aus-Position) haben bei Zimmertemperatur eine Durchschnittsgeschwindigkeit von mehreren Millionen Kilometer pro Stunde, sie erzeugen aber keinen Strom, da sie sich in alle möglichen Richtungen bewegen. Es gibt keine Nettoströmung in eine bevorzugte Richtung. Wird aber der Schlüssel in die Einschaltstellung gedreht, wird die Schaltung geschlossen und das elektrische Feld zwischen den Batterieklemmen durch die angeschlossene Schaltung gelenkt. Es ist dieses elektrische Feld, das in der Schaltung etwa mit Lichtgeschwindigkeit aufgebaut wird. Die Elektronen in der gesamten Schaltung setzen ihre zufällige Bewegung fort, werden aber durch das angelegte elektrische Feld in Richtung auf das Ende der Schaltung beschleunigt, das an die positive Batterieklemme angeschlossen ist. Die beschleunigten Elektronen können keine nennenswerte Geschwindigkeit erreichen, da sie auf ihrem Weg dauernd mit den festliegenden Atomen zusammenstoßen. Diese Kollisionen unterbrechen die Bewegung der Elektronen fortlaufend, so daß die durchschnittliche Nettogeschwindigkeit extrem langsam ist – weniger als ein winziger Bruchteil eines Zentimeters pro Sekunde. Daher sind für die Wanderung der Elektronen von einer Batterieklemme durch die Schaltung zur anderen Klemme mehrere Stunden erforderlich.

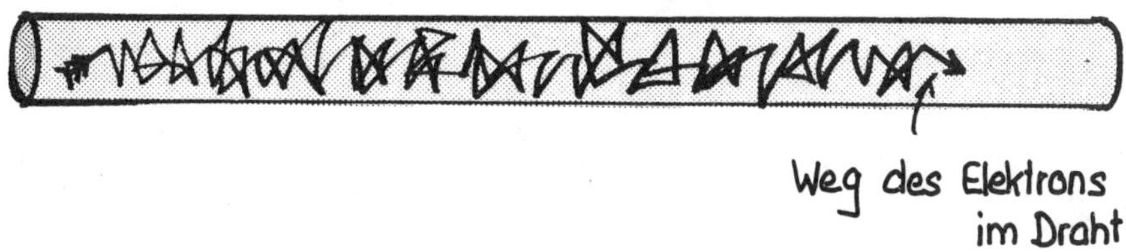

COULOMBFRESSER

Wenn ein Elektromotor Arbeit verrichtet oder wenn ein Elektrotoaster toastet, laufen mehr Coulomb Elektrizität hinein als hinaus.

a) richtig
b) falsch

Ein Elektrogenerator

a) erzeugt Coulomb
b) nimmt genauso viel Coulomb auf, wie er ausgibt

ANTWORT: COULOMBFRESSER Die Antwort auf beide Fragen ist: b. Ein Elektromotor oder Toaster verbraucht keine Elektrizität. Er verbraucht Energie. Ein Elektrogenerator erzeugt keine Elektrizität. Er erzeugt elektrische Energie. Die gleiche Anzahl von Coulomb, die in einen Motor oder Toaster eintritt, muß diesen Motor oder Toaster auch wieder verlassen – sie verläßt ihn aber "erschöpft". Was bedeutet "erschöpft"? In diesem Fall bedeutet es eine geringere Spannung. Denken Sie an Dampf, der durch eine Dampfmaschine läuft. Der gesamte Dampf kommt wieder aus der Dampfmaschine heraus, hat aber beim Austritt einen geringeren Druck als beim Eintritt. Genauso verlieren die Coulomb Spannung im Motor oder Toaster und gewinnen Spannung im Generator. Die Energie in einem Coulomb hängt von der Spannung ab:

$$\text{Energie} = \text{Spannung} \times \text{Ladung (Coulomb)}$$

Also bedeutet Null Spannung Null Energie. Ladung – eine beliebige Zahl von Coulomb – mit Null Spannung hat immer noch Null Energie.

ELEKTRONEN ZU VERKAUFEN

Schätzen Sie die Anzahl der Elektronen, die jährlich durch die Häuser und Fabriken einer typischen europäischen Stadt mit 50 000 Einwohnern hindurchgehen.

a) überhaupt keine
b) etwa soviel Elektronen, wie in einer Erbse vorhanden sind
c) etwa soviel Elektronen, wie in der Ostsee vorhanden sind
d) etwa soviel Elektronen, wie in der Erde vorhanden sind
e) etwa soviel Elektronen, wie in der Sonne vorhanden sind

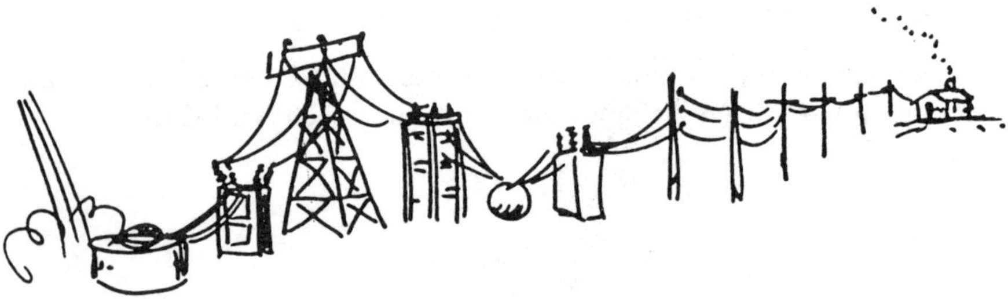

ANTWORT: ELEKTRONEN ZU VERKAUFEN Die Antwort ist: a. Überhaupt keine. Es ist ein verbreitetes Mißverständnis, daß Elektronen von den Elektrizitätswerken über Stromleitungen zu den Steckdosen der Verbraucher fließen. In einer typischen europäischen Stadt wird Wechselstrom verwendet, was bedeutet, daß die Elektronen nicht durch die Stromleitungen wandern, sondern einfach 50mal pro Sekunde in den Leitungen hin- und herschwingen. Stromleitungen sind keine Kanäle für Elektronen, sondern für Energie. Wenn Sie ein Gerät in eine Wechselspannungssteckdose stecken, fließt Energie von der Steckdose in das Gerät und schiebt Elektronen hin und her, die sich bereits in den leitenden Elementen des Geräts befinden. Das Elektrizitätswerk liefert die Energie, wenn Sie die Elektronen liefern.

Wenn Sie einen elektrischen Schlag aus einer Wechselspannungsleitung erhalten, denken Sie daran, daß die Elektronen, die den Strom in Ihrem Körper bilden, schon die ganze Zeit da waren. Es ist elektrische Energie, die aus dem Draht kommt und durch Sie in den Boden fließt. Keine Elektronen.

ANZIEHUNG

Ein Kamm wird manchmal elektrisch aufgeladen, wenn Sie ihn durch Ihr Haar ziehen. Der geladene Kamm zieht dann kleine Papierstückchen an. Zieht der geladene Kamm auch Magnete an?

a) Ja, er zieht auch Magnete an.
b) Nein, er zieht keine Magnete an.

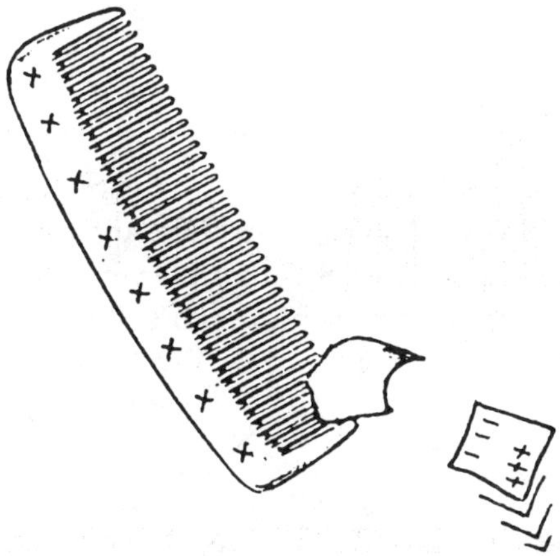

ANTWORT : ANZIEHUNG Die Antwort ist: b. Magnetische Anziehung und elektrische Anziehung sind verschiedene Dinge. Es gibt zwar einen Zusammenhang zwischen ihnen, sie sind aber trotzdem unterschiedlich, wie wir noch sehen werden.

STROM UND KOMPASS

Wenn ein stromführender Draht direkt über einen magnetischen Kompaß gelegt wird, wird die Nadel des Kompasses

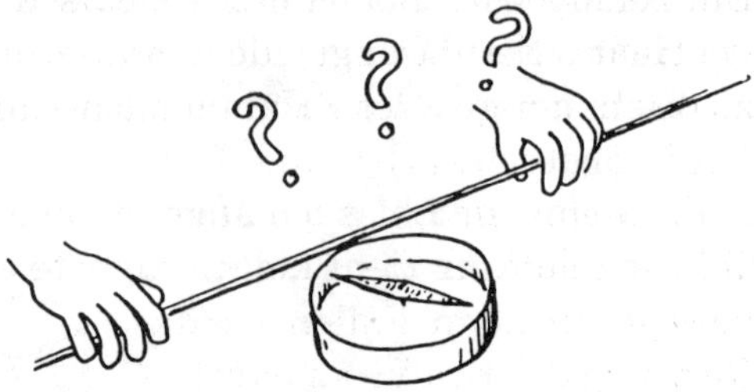

a) nicht vom Strom beeinflußt
b) in einer Richtung senkrecht zum Draht zeigen
c) in einer Richtung parallel zum Draht zeigen
d) versuchen, direkt auf den Draht zu zeigen

ANTWORT : STROM UND KOMPASS Die Antwort ist: b. Die magnetischen Feldlinien umkreisen den Strom im Draht, wie es die Abbildung zeigt. Die Nadel des Kompasses richtet sich selbst parallel zu den magnetischen Feldlinien aus. Daher steht die Nadel senkrecht zum Strom.

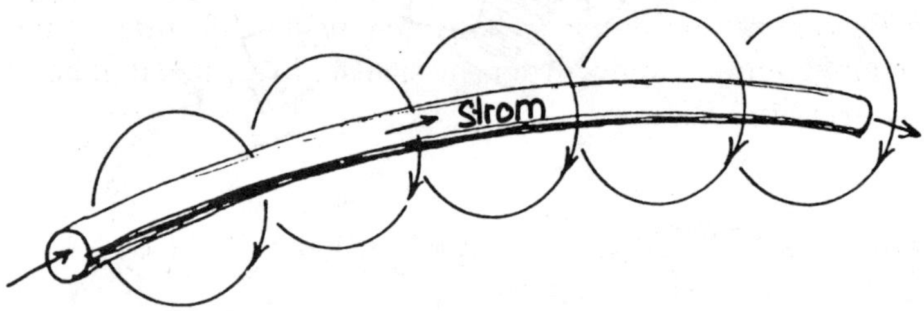

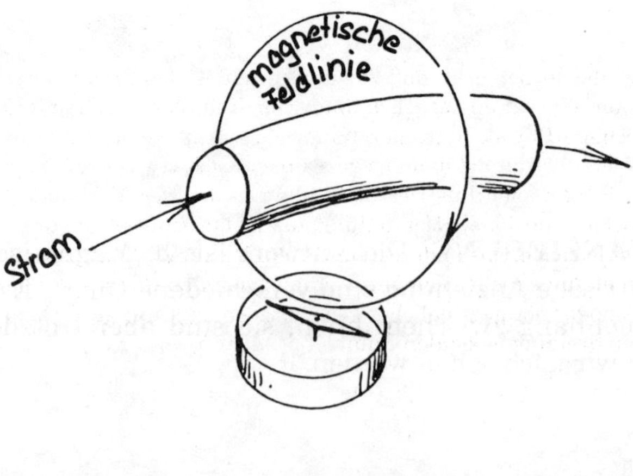

ELEKTRONENFALLE

Ein geladenes Teilchen erfährt eine Kraft, wenn es sich durch ein magnetisches Feld bewegt. Die Kraft ist am größten, wenn es sich senkrecht zu den magnetischen Feldlinien bewegt. In einem anderen Winkel ist die Kraft abgeschwächt und wird Null, wenn sich das geladene Teilchen entlang der Feldlinien bewegt. In allen Fällen ist die Richtung der Kraft immer senkrecht auf den magnetischen Feldlinien und der Geschwindigkeit des geladenen Teilchens*. In der Skizze erkennen wir, daß die Elektronen auf einer gekrümmten Bahn fliegen, wenn sie sich durch das Feld eines kleinen Magneten bewegen. Der gekrümmte Teil ihres Pfads ist klein, da ihre Aufenthaltszeit im Feld kurz ist – sie durchlaufen das Feld schnell. Wäre jetzt ihre Bewegung die ganze Zeit in einem gleichförmigen magnetischen Feld eingebunden und würden sie sich senkrecht zu den Feldlinien bewegen, wären ihre Bahnen

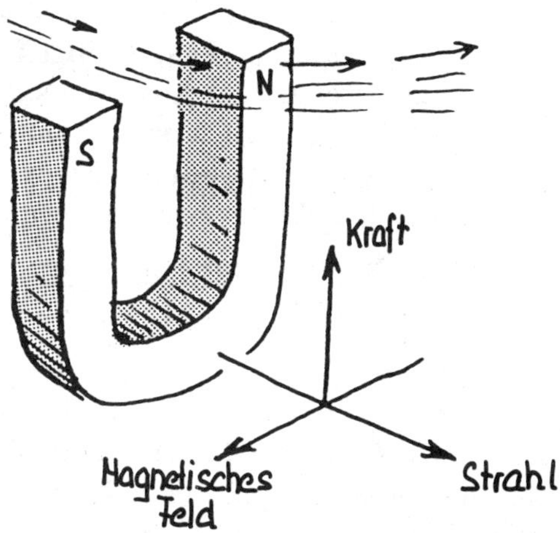

a) Parabeln 

b) Spiralen 

c) Kreise 

d) gerade Linien 

---

* Sie haben vielleicht bemerkt, daß wir uns gerade in den dreidimensionalen Raum begeben haben. Wir waren natürlich immer im dreidimensionalen Raum, für die bis jetzt besprochene Physik hätte der Raum aber genausogut zweidimensional sein können. Bis jetzt waren Sie niemals gezwungen, sich etwas dreidimensional vorzustellen. Das Billardspiel illustriert z. B. alle Gesetze der Mechanik, Sie benötigen aber keine dreidimensionale Vorstellung, um Billard zu verstehen. Der Elektromagnetismus ist jedoch etwas anderes. Im Gegensatz zum Billard passen die Ideen des Elektromagnetismus nicht in einen zweidimensionalen Raum – es sind drei räumliche Dimensionen nötig. Möglicherweise passen zukünftige Erkenntnisse nicht einmal in den dreidimensionalen Raum!

ANTWORT: ELEKTRONENFALLE Die Antwort ist: c. Die auf ein Elektron (oder ein geladenes Teilchen) in einem magnetischen Feld wirkende Kraft steht immer senkrecht auf der Richtung der Teilchenbewegung, genau wie der Radius eines Kreises immer senkrecht auf dem Umfang steht. Daher ist die Kraft auf das geladene Teilchen radial gerichtet und zwingt das Teilchen auf eine Kreisbahn. Somit ist das Teilchen im magnetischen Feld gefangen. Wenn es sich unter einem Winkel bewegt, der größer oder kleiner als 90° in bezug auf die Feldlinien ist, wird die "kreisförmige" Bahn in eine Schraubenlinie auseinandergezogen. Das liegt daran, daß die Komponente der Bewegung entlang der Feldlinien ohne Wechselwirkung mit dem Feld weiterbesteht.

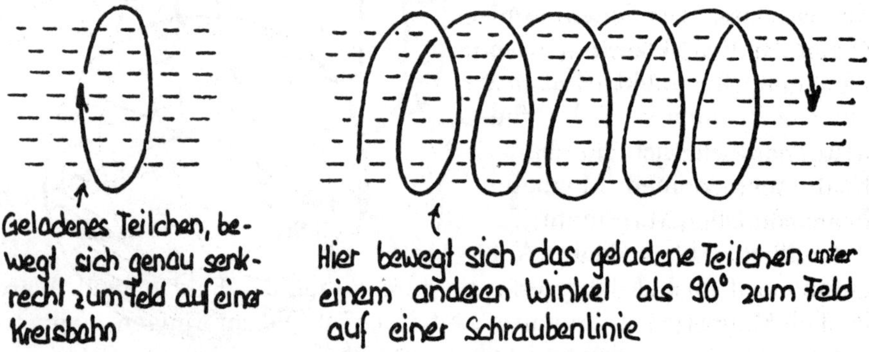

Elektronen (und Protonen) im Raum werden im magnetischen Feld der Erde eingefangen und folgen schraubenförmigen Bahnen entlang den Feldlinien. Die Wolke der magnetisch eingefangenen Teilchen, die die Erde umgibt, nennen wir Van-Allen-Gürtel. Die engen Feldlinien an den Polen wirken wie magnetische Spiegel, so daß die geladenen Teilchen zwischen den Polen hin- und hergeworfen werden. Manchmal tauchen sie in die Atmosphäre ein, und wir sehen eine Aurora Borealis, besser bekannt als "Polarlicht" oder "Nordlicht".

KÜNSTLICHES POLARLICHT

Bei der Detonation von Wasserstoffbomben über der Erdatmosphäre erzeugten diese ein *künstliches* Polarlicht, als die von der Explosion ausgesandten Teilchen in die Erdatmosphäre eintraten. Würde eine solche Bombe hoch über dem nördlichen Magnetpol der Erde zur Explosion gebracht, an welchem Ort oder welchen Orten der Erde könnte man dann das künstliche Polarlicht sehen?

a) am nördlichen Magnetpol
b) am Äquator
c) am südlichen Magnetpol
(südlich von Australien)
d) am nördlichen und am südlichen Magnetpol
e) an beiden Polen und am Äquator

ANTWORT: KÜNSTLICHES POLARLICHT Die Antwort ist: d. Die von der Explosion freigesetzten Elektronen und Protonen bewegen sich auf schraubenförmigen Bahnen entlang den Linien des Erdmagnetfeldes. Oberhalb des magnetischen Nordpols verlaufen die Linien fast gerade nach oben, ein Ende geht direkt in den nördlichen Magnetpol. Das andere Ende biegt sich um den Planeten und verläuft zum südlichen Magnetpol. Daher "spiralen" einige Elektronen in die Atmosphäre beim Nordpol und einige um die Erde herum zum Südpol.

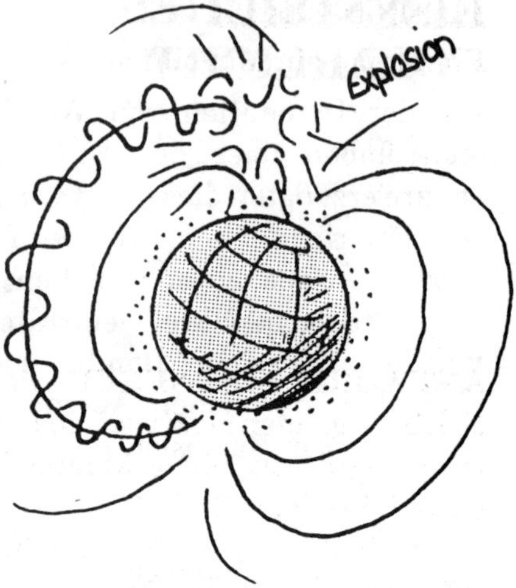

Über dem Pol wurde keine Bombe zur Explosion gebracht, in den frühen 60er Jahren explodierte aber eine über Johnston Island im Pazifik (das "Starfish-Projekt"). Die magnetischen Feldlinien über Johnston Island laufen dicht an Hawaii vorbei. Daher konnten die Hawaianer ein "Nordlicht" sehen, als die Teilchen der Bombe wieder in die Erdatmosphäre eintraten. Die meisten Hawaianer hatten noch nie ein Polarlicht gesehen.

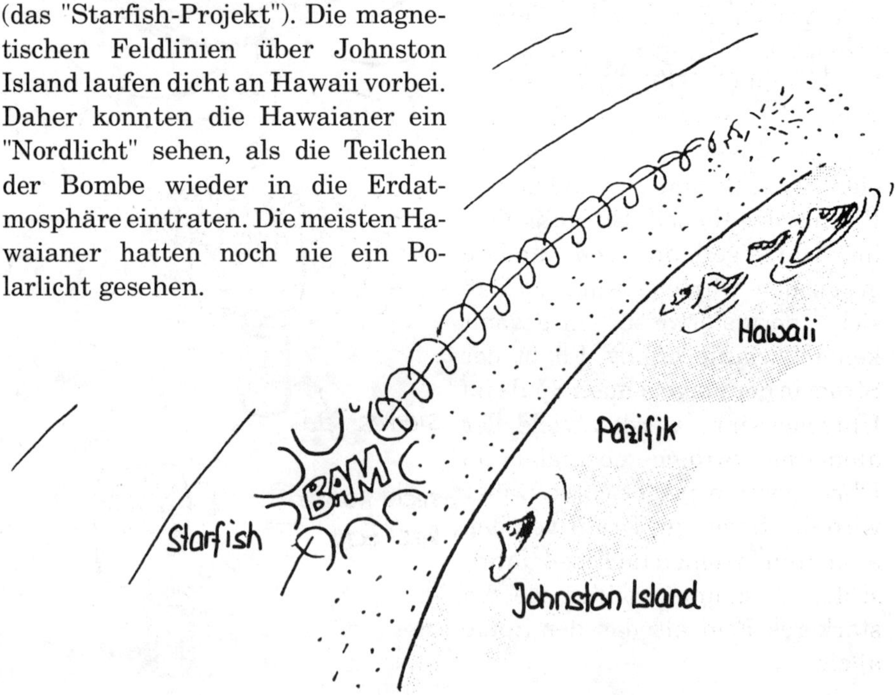

EISENFREI

Kann man ein Magnetfeld ohne Verwendung von Eisen aufbauen?

a) ja
b) nein

ANTWORT: EISENFREI Die Antwort ist: a. Ein Magnetfeld ist mit sich bewegenden elektrischen Ladungen verbunden. Ein stromführender Draht wird von einem Magnetfeld umgeben. Das zeigt sich, wenn ein stromführender Draht über einen Kompaß gelegt wird. Die magnetischen Feldlinien werden auf Kreisbahnen um den Draht gezwungen; man sieht das an der Kompaßnadel, die sich immer senkrecht zum Draht und parallel zu den Feldlinien ausrichtet. Wird der Draht zu einer Spule gewickelt, wird das Magnetfeld in der Spule konzentriert. Setzt man einen Eisenkern in die Spule und bildet so einen Elektromagneten, wird das Feld viel stärker, aber das Eisen ist *nicht* wesentlich – nur hilfreich. Das Magnetfeld kann im leeren Raum vorhanden sein, wenn es einen elektrischen Strom gibt, der es erzeugt. Der Strom *ist* wesentlich. Wie kommt die Hilfe des Eisens zustande? Eisenatome sind selbst winzige Elektromagnete, da es elektrische Ströme gibt, die um die Eisenatome fließen. Einige fließen im Uhrzeigersinn und andere gegen den Uhrzeigersinn, so daß sich normalerweise insgesamt keine Wirkung ergibt. Fließt der Strom in der umgebenden Spule im Uhrzeigersinn, werden viele der atomaren Ströme ebenfalls im Uhrzeigersinn ausgerichtet. Daher wird der Strom im Draht von den atomaren Strömen im Eisen unterstützt. Zusammen bilden sie ein stärkeres Feld als das der Spule allein.

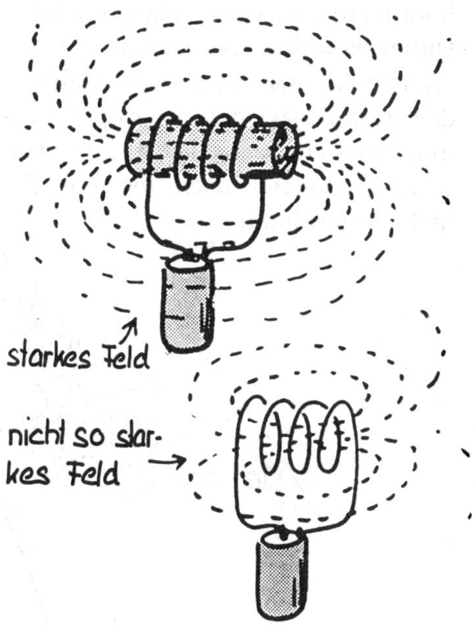

AUF DER ERDE WIE IM HIMMEL

Die ablenkende Kraft, die auf kosmische Strahlen ausgeübt wird, wenn sie in das Erdmagnetfeld eintreten, ist im wesentlichen die gleiche Kraft, die auch einen Elektromotor dreht, wenn Strom durch seine Spulen fließt.

a) ja
b) keinesfalls

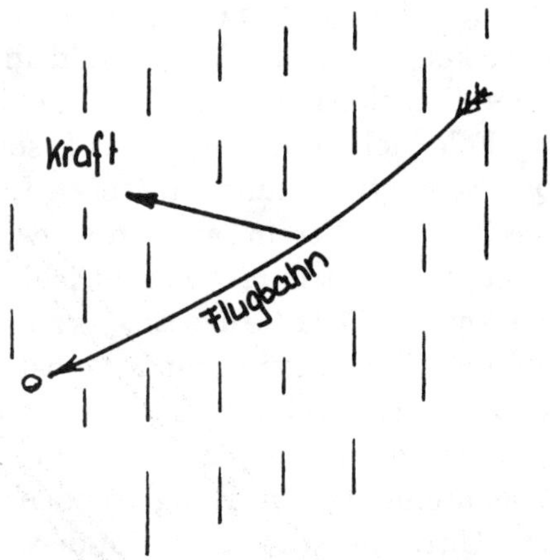

ANTWORT: AUF DER ERDE WIE IM HIMMEL Die Antwort ist: a. Das freie Elektron erfährt auf seiner Bahn durch den Raum eine Kraft, die senkrecht auf der Flugbahn und dem Magnetfeld steht, und wird dadurch auf eine gekrümmte Bahn gezwungen.

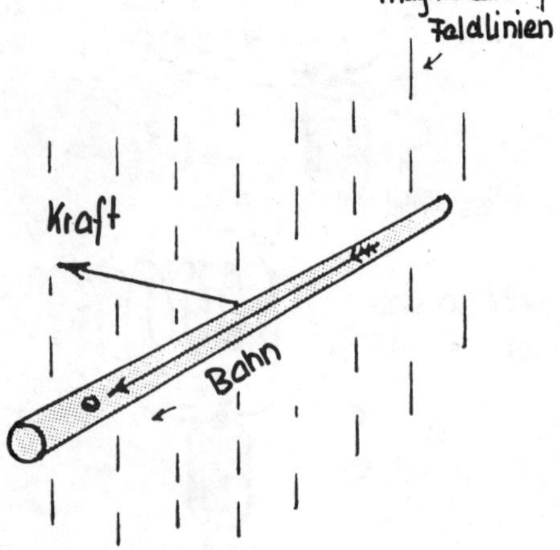

Das gefangene Elektron, das sich durch den Draht (in der Motorspule) bewegt, erfährt ebenfalls eine Kraft, die senkrecht auf der verordneten Bahn durch den Draht und dem Magnetfeld steht. Das Elektron kann aber nicht aus dem Draht hinaus. Daher zieht es den gesamten Draht mit sich. Diese auf den Draht wirkende Zugkraft bringt den Motor in Bewegung.

ANZIEHUNG - ABSTOSSUNG

Wenn der elektrische Strom in zwei parallelen Drähten in der gleichen Richtung fließt,

a) stoßen sich die Drähte ab
b) ziehen sie sich an
c) üben sie keine Kraft aufeinander aus
d) verdrehen sie sich rechtwinklig zueinander
e) wickeln sie sich auf

ANTWORT: ANZIEHUNG – ABSTOSSUNG Die Antwort ist: b. Die Drähte werden zueinander hingebogen. Was wäre, wenn die Ströme in entgegengesetzten Richtungen fließen würden? Die Drähte würden auseinandergedrückt. Als Grundregel des Magnetismus nimmt man normalerweise an, daß die Nord- und Südpole einander anziehen, während sich zwei Südpole oder zwei Nordpole abstoßen. Die Quelle des Magnetismus liegt jedoch in elektrischen Strömen; wäre es daher nicht einfacher, diese Regeln der magnetischen Kraft mit Hilfe der Ströme auszudrücken, die den Magneten bilden? Ja. Wir haben also eine "neue" Regel des Magnetismus: Ströme, die in die gleiche Richtung fließen, ziehen sich an, während Ströme in entgegengesetzter Richtung sich abstoßen. Diese Regel führt sofort wieder zur ersten Regel, da, wenn die Elektronen beispielsweise um einen Eisenzylinder fließen, ein Ende des Zylinders zum Nordpol und das andere zum Südpol wird.

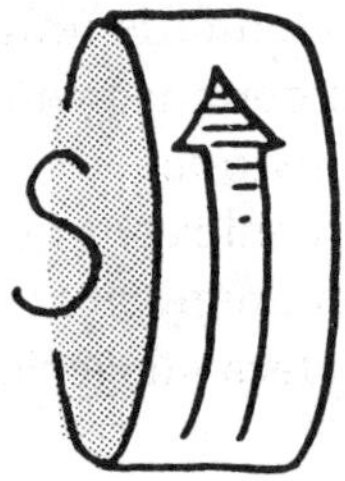

Werden jetzt zwei Zylinder nebeneinandergestellt, so daß die Elektronen in der gleichen Richtung fließen, zeigt der Nordpol eines Zylinders zum Südpol des anderen, so daß sie einander anziehen. Wir können sagen, daß sich magnetische Nord- und Südpole anziehen, oder wir können sagen, daß Ströme, die in die gleiche Richtung fließen, aufeinander zustreben.

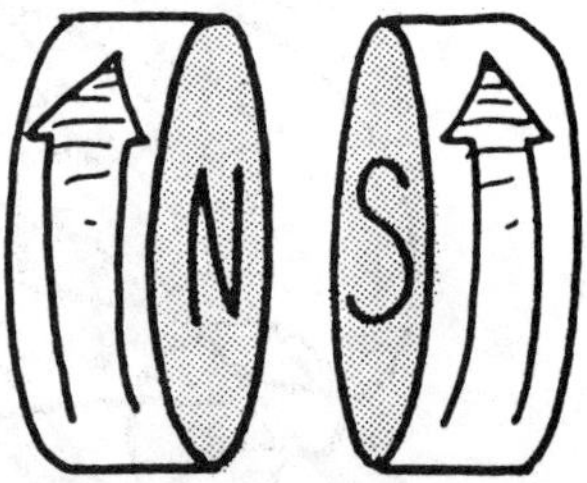

Werden die Zylinder so nebeneinandergesetzt, daß die Ströme in entgegengesetzte Richtungen fließen, zeigt der Nordpol eines Zylinders zum Nordpol des anderen, so daß sie sich abstoßen. Zur Erklärung der Abstoßung können wir also sagen, daß sich die Pole abstoßen oder daß entgegengesetzte Ströme voneinander fortstreben.

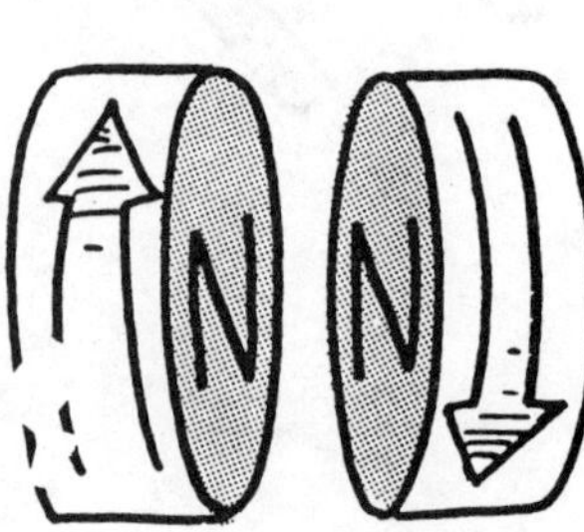

DAS MAGNETISCHE KNÄUEL

Die Skizze zeigt einen langen, verwickelten Draht von A nach B. Sie zeigt außerdem einen kurzen geraden Draht CD. Wir wollen jetzt annehmen, daß ein elektrischer Strom von A nach B und ein anderer von C nach D fließt (Sie müssen sich Batterien oder etwas Ähnliches vorstellen). Wegen des Stroms wird eine bestimmte Kraft auf den Draht CD ausgeübt. Jetzt kehren wir in unserer Vorstellung alle elektrischen Ströme um, so daß jetzt die umgekehrten Ströme von B nach A und von D nach C fließen. Die Kraft auf das kurze gerade Drahtsegment

a) wird ebenfalls umgekehrt
b) bleibt genauso wie vor der Umkehrung
c) verschwindet
d) steht senkrecht auf der Kraft, die vorhanden war, bevor der Strom umgekehrt wurde
e) ist anders ausgerichtet als oben erwähnt

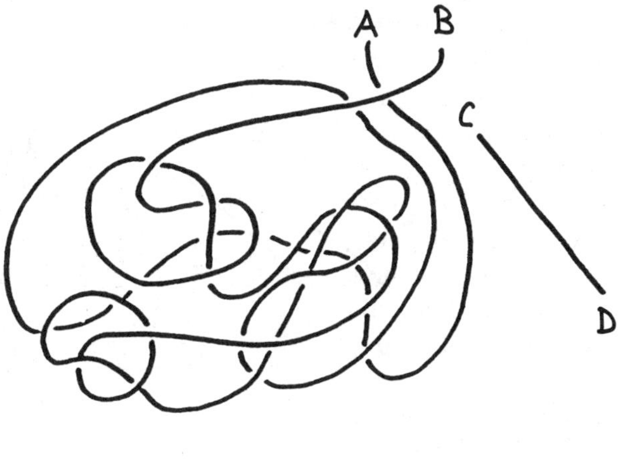

ANTWORT: DAS MAGNETISCHE KNÄUEL Die Antwort ist: b. Der Draht AB erzeugt zweifellos ein sehr kompliziertes Magnetfeld, aber wie es auch immer aussieht, durch Umkehrung des Stroms wird es genau umgekehrt*. Sollte damit auch die Kraft auf CD umgekehrt werden? Ja, wenn der Strom immer noch von C nach D fließen würde. Da aber der Strom in CD umgekehrt wird, wird die Kraft erneut umgekehrt. Diese beiden Umkehrungen bringen uns zum Anfang zurück. Die Kraft auf CD ist also nach der Umkehrung genauso wie vorher.

* Daß der Strom von B nach A ein Magnetfeld erzeugen muß, das *genau* das Gegenteil des Magnetfelds ist, das erzeugt wird, wenn der Strom von A nach B fließt, können wir mit der folgenden Begründung erkennen: Wenn wir den Strom gleichzeitig von A nach B und von B nach A fließen lassen, ist es dasselbe, als wenn überhaupt kein Strom fließt. Kein Stromfluß bedeutet aber auch kein Magnetfeld. Daher müssen sich die Magnetfelder der beiden Ströme genau aufheben, und dafür müssen sie genau gleich und entgegengerichtet sein.

UMPOLUNG EINES GLEICHSTROMMOTORS

Ein Gleichstrommotor dreht sich im Uhrzeigersinn, wenn der Draht A mit der positiven und B mit der negativen Seite einer Batterie verbunden wird (der Motor enthält keine Dauermagnete). Wenn wir jetzt A und B austauschen, so daß B positiv und A negativ ist,

a) dreht sich der Motor gegen den Uhrzeigersinn
b) dreht sich der Motor weiterhin im Uhrzeigersinn

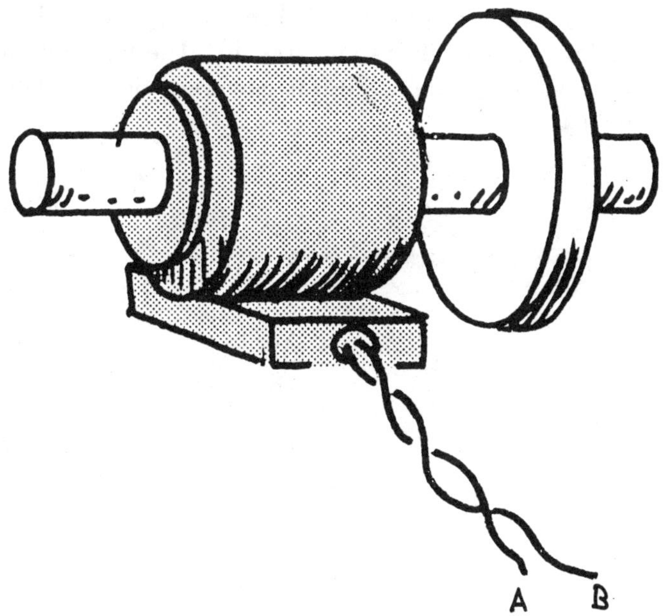

ANTWORT: UMPOLUNG EINES GLEICHSTROMMOTORS Die Antwort ist: b. Im Motor befinden sich ein drehender Elektromagnet (Anker) und ein stationärer Elektromagnet (Stator). Wird der Strom durch den Motor umgekehrt, kehrt sich der Strom durch jeden Elektromagneten um, so daß der Nettoeffekt der *beiden* Umkehrungen keine Änderung der Kraft ergibt, wie in der letzten Frage erklärt wurde.
Dies ist auch ein Beispiel des Relativitätsprinzips. Die Kraft zwischen zwei Drähten hängt überhaupt nicht davon ab, in welche Richtung die Ströme durch die Drähte fließen. Sie hängt nur davon ab, ob die Ströme in gleicher oder entgegengesetzter Richtung fließen.
Wie können Sie die Drehung des Motors umkehren? Indem Sie den Strom nur im Anker oder nur im Stator umkehren. Das geht am leichtesten, wenn man die Position der "Bürsten" umkehrt. Die Bürsten dienen als Schalter und "bürsten" die Elektrizität in gewissem Sinne auf den Anker und von ihm herunter.

FARADAYS PARADOXON

Die Skizze zeigt eine Spule mit einem Eisenkern.

a) Fließt ein Strom durch den Draht, wird das Eisen zu einem Magneten.
b) Ist das Eisen magnetisch, fließt ein Strom durch den Draht.
c) Beide Behauptungen sind richtig.
d) Beide Behauptungen sind falsch.

ANTWORT: FARADAYS PARADOXON Die Antwort ist: a. Wenn ein Strom in einem Draht fließt, der um ein Eisenstück (z.B. einen Nagel) gewickelt ist, wird das Eisenstück zu einem Elektromagneten. Die Herstellung eines solchen Magneten ist ein alter Pfadfindertrick. Befindet sich jedoch ein Magnet in einer Spule, verursacht er keinen Strom in der Spule, er lädt nicht einmal die Drähte auf. In der Victorianischen Zeit machten sich Michael Faraday* und viele seiner Zeitgenossen Gedanken darüber. Sie dachten, wenn Strom Magnetismus erzeugt, dann sollte doch Magnetismus auch Strom erzeugen, aber wie? Während er darüber nachdachte, machte Michael Faraday seine große Entdeckung. Ein Magnet erzeugte einen Strom in der Spule, aber nur dann, wenn er in der Spule bewegt wurde. Schließlich braucht man Energie, um Strom zu erzeugen, und diese Energie kommt von der Kraft, die den Magneten oder die Spule bewegt.

Faradays Entdeckung war der Schlüssel für die Entwicklung von Elektrogeneratoren. Ein Generator bewegt einfach einen Magneten in der Nähe einer Spule hin und her (oder bewegt eine Spule in der Nähe eines Magneten) und erzeugt so einen elektrischen Strom im Draht. Der Premierminister von England kam in Faradays Labor, um die so erzeugte Elektrizität zu sehen. Nach der Demonstration fragte er Faraday, wofür Elektrizität gut sei. Faraday antwortete, daß er das nicht wisse, daß er aber sehr genau wisse, daß der Premierminister eines Tages eine Steuer darauf erheben werde!

* Zu etwa der gleichen Zeit, zu der Faraday die sogenannte elektromagnetische Induktion entdeckte, machte ein amerikanischer Physiker, Joseph Henry, unabhängig davon die gleiche Entdeckung.

VOM MESSGERÄT ZUM MOTOR

Wenn Elektronen in einem Draht durch ein Magnetfeld in der gezeigten Richtung fließen, wird der Draht nach oben gedrückt. Wird der Strom umgekehrt, wird der Draht nach unten gezogen. Wird statt dessen eine Drahtschleife in das Magnetfeld gesetzt und fließen die Elektronen in der gezeigten Richtung,

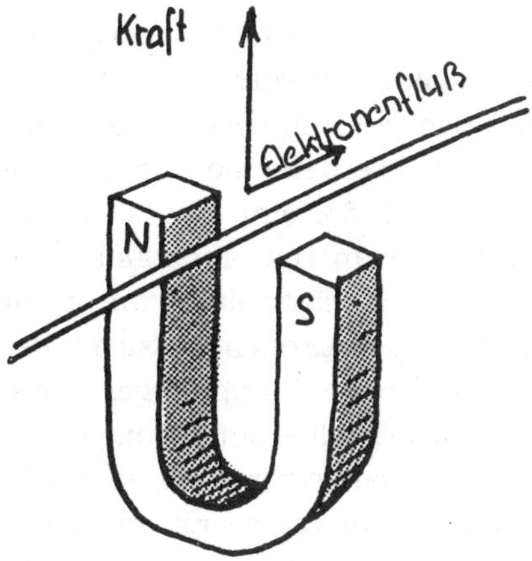

a) dreht sich die Schleife im Uhrzeigersinn
b) dreht sich die Schleife gegen den Uhrzeigersinn
c) passiert überhaupt nichts

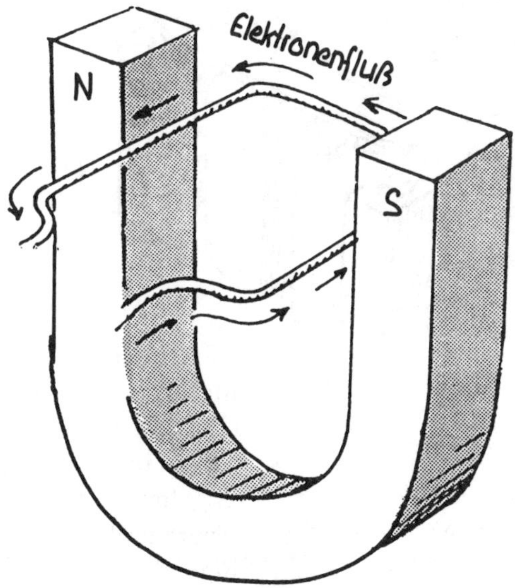

ANTWORT: VOM MESSGERÄT ZUM MOTOR Die Antwort ist: b, da die rechte Seite nach oben gezogen wird, während die linke Seite nach unten gedrückt wird. Diese Frage ist zwar leicht zu beantworten, sie ist aber wichtig zum Verständnis der Funktion von Meßgeräten. Statt einer Schleife werden viele Schleifen verwendet, die eine Spule bilden, die wiederum von einer Feder gehalten wird. Fließt ein Strom durch die Spule, verdrehen die sich ergebenden Kräfte die Spule gegen die Feder – je größer der Strom, desto stärker die Verdrehung, die von einem Zeiger angezeigt wird, der den Meßwert angibt. Bis zum Elektromotor ist es nur noch ein Schritt, indem der Strom nach jeder halben Drehung umgekehrt wird, so daß sich die Spule wiederholt dreht.

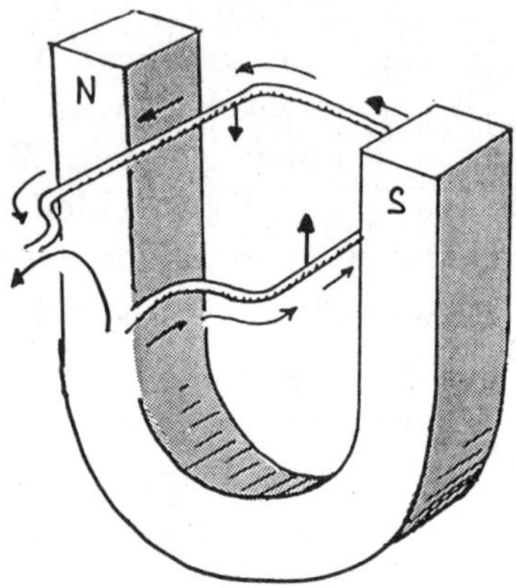

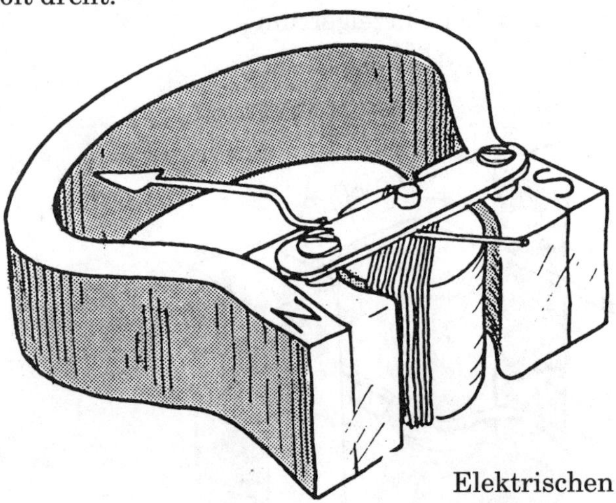

Elektrischen Meßgeräten und Motoren liegt die einfache Tatsache zugrunde, daß elektrischer Strom in einem magnetischen Feld abgelenkt wird. Die ablenkende Kraft steht immer senkrecht auf dem Strom und dem Magnetfeld, wie es in der Skizze gezeigt wird.

MOTORGENERATOR

Ein Elektromotor und ein Generator bestehen beide aus Drahtspulen auf einem Rotor, der sich in einem Magnetfeld drehen kann. Der wesentliche Unterschied zwischen beiden liegt darin, ob elektrische Energie die Eingabe und mechanische Energie die Ausgabe (Motor) oder mechanische Energie die Eingabe und elektrische Energie die Ausgabe ist (Generator). Nun wird Strom erzeugt, wenn der Rotor in Drehung versetzt wird, wobei es dem Motor gleich sein kann, ob er durch elektrische oder mechanische Energie gedreht wird. Ist ein Motor damit auch ein Generator, wenn er läuft?

a) Ja, er sendet elektrische Energie durch die Zuleitung zurück zur Quelle.
b) Er würde es tun, wenn er nicht mit einer internen Umgehungsschaltung versehen wäre, die das verhindert.
c) Nein, das Gerät ist entweder ein Motor oder ein Generator – beides gleichzeitig würde die Energieerhaltung verletzen.

ANTWORT: MOTORGENERATOR Die Antwort ist: a. Jeder Elektromotor ist auch ein Generator. Tatsächlich vergütet die Elektrizitätsgesellschaft, die Ihnen den Strom liefert, die Energie, die Sie zurückschicken. Sie bezahlen nämlich nur für den Nettostrom und damit für die verbrauchte Nettoenergie. Wenn Ihr Motor sich frei ohne externe Last dreht, erzeugt er fast genausoviel Strom wie er erhält, so daß der Nettostrom im Motor sehr klein ist. Damit ist auch der Betrag auf Ihrer Rechnung klein. Der Rückstrom, nicht die Reibung beschränkt die Drehzahl eines frei drehenden Motors. Wenn der Rückstrom den Vorwärtsstrom auslöscht, kann sich der Motor nicht mehr schneller drehen. Wird Ihr Motor jedoch an eine Last angeschlossen und Arbeit ausgeführt, wird mehr Strom und mehr Energie aus der Zuleitung gezogen, als zurückgeleitet wird. Ist die Last zu groß, kann sich der Motor überhitzen. Wenn Sie im Extremfall eine so große Last an den Motor legen, daß er sich nicht mehr dreht – wenn z.B. eine Kreissäge in einem dicken, astreichen Balken steckenbleibt –, wird kein Rückstrom erzeugt, und der unverringerte Eingabestrom kann die Isolierung der Motorwicklungen schmelzen und den Motor zum Durchbrennen bringen!

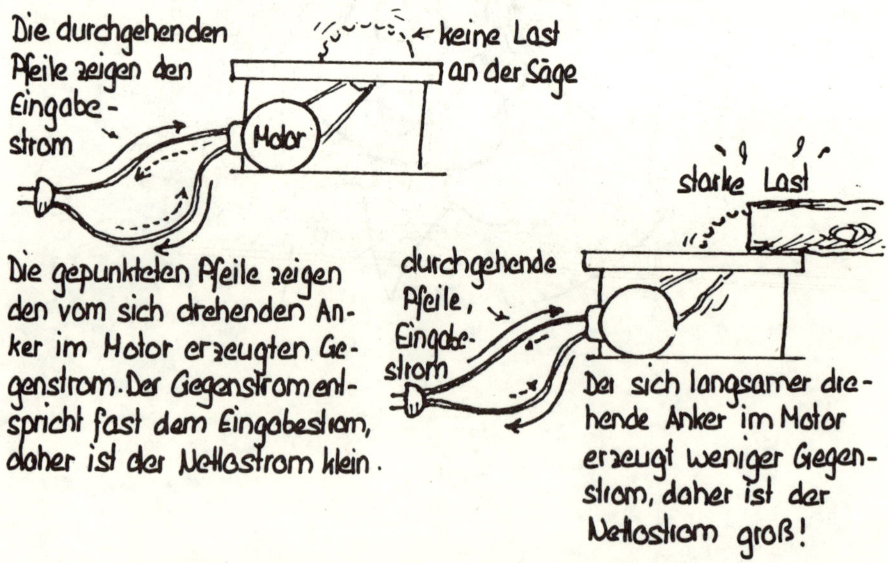

DYNAMISCHES BREMSEN

Um die Jahrhundertwende, als zum ersten Mal Eisenbahnstrecken durch die Alpen gebaut wurden, wurde vorgeschlagen, daß die Elektrolokomotiven auf langen Gefällstrecken in der folgenden Weise bremsen sollten: Der Elektromotor wird von der Zuleitung getrennt und statt dessen an einen großen Widerstand angeschlossen, so daß der Motor als Generator verwendet wird, der die mechanische Energie der sich drehenden Räder in Elektrizität und dann in Wärme umwandelt. Wird der Motor dadurch tatsächlich zu einer Bremse?

a) ja
b) nein

ANTWORT: DYNAMISCHES BREMSEN Die Antwort ist: a. In "Motorgenerator" haben wir gesehen, daß ein Motor auch ein Generator ist. Die Energie des bergab rollenden Zuges dreht den Generator, der diese Energie in elektrischen Strom umwandelt, der wiederum vom Widerstand in Wärme umgewandelt wird. Jede Einheit der erzeugten Wärmeenergie entspricht einer entzogenen Einheit kinetischer Energie, wodurch der Zug gebremst wird. Im Sinne der Energieeinsparung wäre es besser, den beim Bremsen erzeugten Strom für den Antrieb anderer Lokomotiven zu verwenden, die bergauf fahren.

ELEKTRISCHER HEBEL

Ein Transformator ist im Prinzip nichts anderes als ein Stück Eisen, um das zwei Drähte gewickelt sind. Er funktioniert aufgrund der elektromagnetischen Induktion. Ein Wechselstrom in der Eingabe- oder Primär-

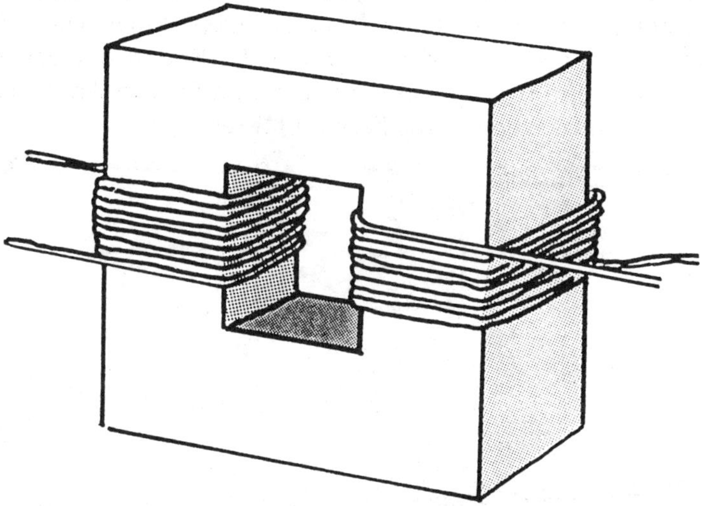

spule macht das Eisen zu einem "Wechselmagneten", der Strom in der Ausgabe- oder Sekundärspule "erzeugt". In einem perfekten Transformator werden eine bestimmte Spannung und ein bestimmter Strom und damit also eine bestimmte Leistung eingespeist. Der Transformator muß dann

a) den gleichen Strom
b) die gleiche Spannung
c) die gleiche Leistung
d) den gleichen Strom, die gleiche Spannung und die gleiche Leistung
e) weder noch

ausgeben.

ANTWORT: ELEKTRISCHER HEBEL Die Antwort ist: c. Ein Transformator ist keine Energiequelle, sondern ein passives Gerät. Es kann nicht mehr Leistung herauskommen, als hineingeht. In einem perfekten Transformator kommt die gesamte Leistung wieder heraus, die hineingesteckt wird – ist er nicht perfekt, wird ein Teil der Leistung in Wärme umgewandelt.

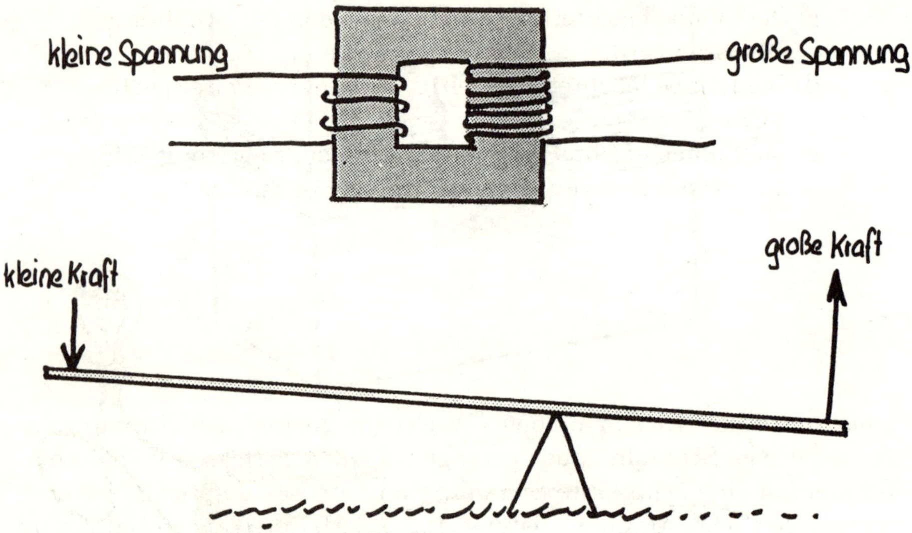

Ein Transformator ähnelt sehr stark einem Hebel. Die an einem Ende eines Hebels abgegebene Leistung entspricht der am anderen Ende eingegebenen Leistung, da ein Hebel keine Leistungsquelle ist. Der Hebel kann eine kleine, sich schnell bewegende Kraft in eine große, sich langsam bewegende Kraft oder umgekehrt umwandeln. Entsprechend kann ein Transformator eine kleine Spannung, die einen großen elektrischen Strom in Gang setzt, in eine große Spannung, die einen kleinen elektrischen Strom in Gang setzt, umwandeln oder umgekehrt.

MISSBRAUCHTER TRANSFORMATOR

Eine große Batterie ist über einen Transformator an eine Lampe angeschlossen. Es kann aber keine Elektrizität die Batterie verlassen, bevor der Schalter heruntergedrückt und geschlossen worden ist. Nur eine der folgenden Behauptungen ist wahr. Welche?

a) Die Lampe leuchtet so lange, wie der Schalter geschlossen ist.
b) In dieser Anordnung leuchtet die Lampe überhaupt nicht.
c) Die Lampe leuchtet nur kurzzeitig, wenn der Schalter geschlossen wird.
d) Die Lampe leuchtet kurzzeitig, wenn der Schalter geöffnet wird.
e) Die Lampe leuchtet kurzzeitig, wenn der Schalter geöffnet, und erneut kurzzeitig, wenn er geschlossen wird.

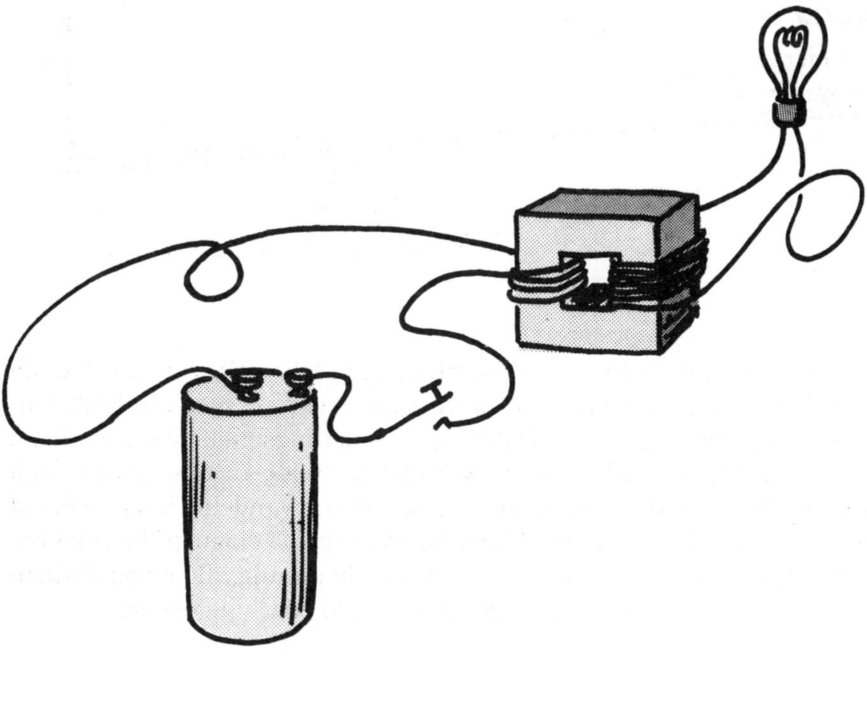

ANTWORT: MISSBRAUCHTER TRANSFORMATOR Die Antwort ist: e. Der Transformator wird offensichtlich mißbraucht, da er für Wechselstrom gedacht ist, während die Batterie nur Gleichstrom abgibt. Kann also überhaupt etwas geschehen? Ein gleichförmiger Strom in einem Transformator erzeugt ein gleichförmiges Magnetfeld im Transformatoreisen. Dieses Feld erstreckt sich durch die Spule, die an die Lampe angeschlossen ist. Wenn das Feld aber nicht schwankt oder sich in gewisser Weise ändert, wird kein Strom in der Sekundärspule induziert. Wird der Schalter geschlossen, fließt Strom in die Primärspule und baut ein Magnetfeld im Eisen auf. Das wachsende Feld induziert einen Strom in der Sekundärspule, der durch die Lampe fließt. Hat sich das Magnetfeld vollständig aufgebaut, ändert es sich nicht mehr. Daher wird kein Strom mehr durch die Lampe induziert. Wird der Schalter wieder geöffnet (und die Batterie abgetrennt), verschwindet der Strom im Primärkreis und bringt das Magnetfeld zum Erliegen. Ein zum Erliegen kommendes Magnetfeld ist aber ein sich änderndes Feld. Daher fließt erneut Strom durch die Lampe, jetzt jedoch in entgegengesetzter Richtung. Die Lampe kümmert sich aber nicht um die Stromrichtung; ist der Strom stark genug, leuchtet sie.

WANZE

Einige Leute glauben, daß man ein Telefon abhören kann, indem man die Telefondrähte voneinander trennt und einen an einen Kopfhörer angeschlossenen Draht entlang einem der Telefondrähte legt, wie es in der folgenden Skizze gezeigt wird. Natürlich sind alle Drähte voneinander isoliert. Funktioniert eine solche "Wanze"?

a) ja　　　　　　　　b) nein

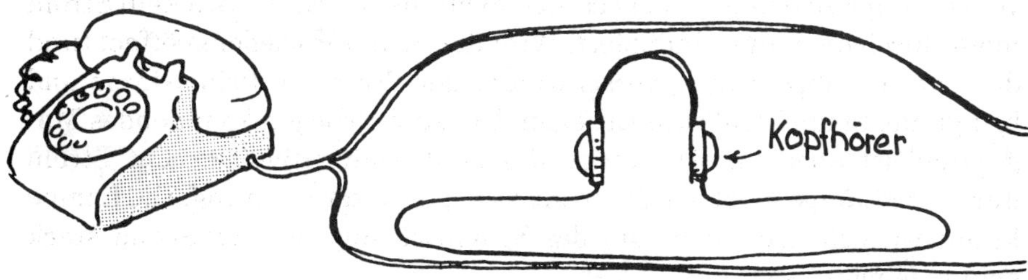

ANTWORT: WANZE Die Antwort ist: a. Dies ist eine sehr alte Möglichkeit, eine Telefonleitung anzuzapfen. Fließt Strom in der Telefonleitung oder in einem anderen beliebigen Draht, wissen wir, daß sich ein Magnetfeld um den Strom herum bildet. Wenn wir die Anzapfleitung dicht neben den Draht bringen, bildet das Magnetfeld auch eine Schleife um die Anzapfleitung. Wenn sich der Strom in der Telefonleitung mit der Frequenz der Stimme ändert, ändert sich auch das Magnetfeld und induziert einen Strom in der geschlossenen Schleife der Anzapfleitung.

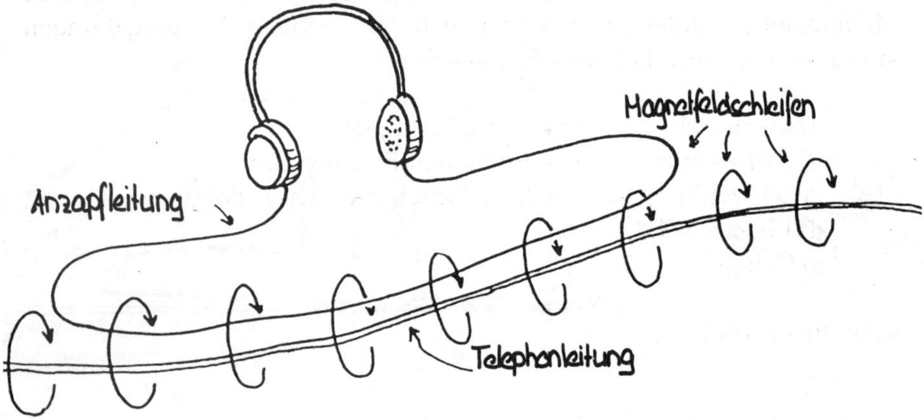

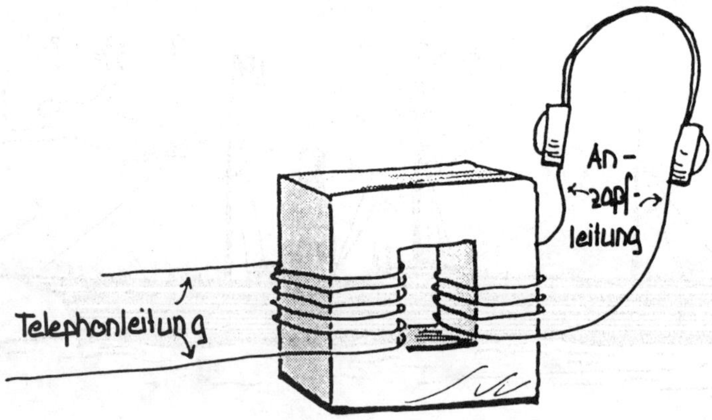

Wir können uns den Telefondraht als Primär- und die Anzapfleitung als Sekundärseite eines Transformators denken. Die Abhöranlage funktioniert noch besser, wenn die Drähte wie bei einem Transformator um einen Eisenkern gewickelt werden.

GEISTERSIGNALE

Faradays Gesetz besagt, daß durch eine Drahtschleife, die sich in einem sich ändernden Magnetfeld befindet, Strom fließt. Nun ist eine Telegraphenschaltung eine Schleife. Die Elektrizität fließt vom Sender zum Empfänger durch den Draht und dann vom Empfänger durch die Erde zurück zum Sender. Vor mehr als einem Jahrhundert, kurz vor dem amerikanischen Bürgerkrieg, wurde das Transatlantikkabel fertiggestellt, wodurch die größte elektrische Schleife auf der Welt erstellt wurde. Häufig hörte man fremdartige "Geistersignale" auf der Leitung, egal ob Meldungen gesendet wurden oder nicht. Nach vielen Untersuchungen stellte sich heraus, daß diese Signale durch

a) thermische Schwankungen im Kabel
b) Schwankungen im elektrischen Feld der Erde
c) Schwankungen im magnetischen Feld der Erde
d) Eisenschiffe
e) Geister

verursacht werden.

ANTWORT: GEISTERSIGNALE Die Antwort ist: c. Das Magnetfeld der Erde ist nicht perfekt statisch, sondern es gibt häufig Schwankungen. Schwankungen werden magnetische Stürme genannt (sie treten auch auf der Sonne auf). Diese Änderungen der Magnetfeldintensität induzieren in der aus dem Telegraphenkabel und der Erde gebildeten Schleife Ströme, die als Geistersignale empfangen werden. Zwar liegt die Vermutung nahe, daß keine Geistersignalströme in der Schleife fließen sollten, wenn die Telegraphentaste offen ist. Das transatlantische Kabel war aber so lang, daß kleine Ströme auch bei geöffneter Taste hin- und

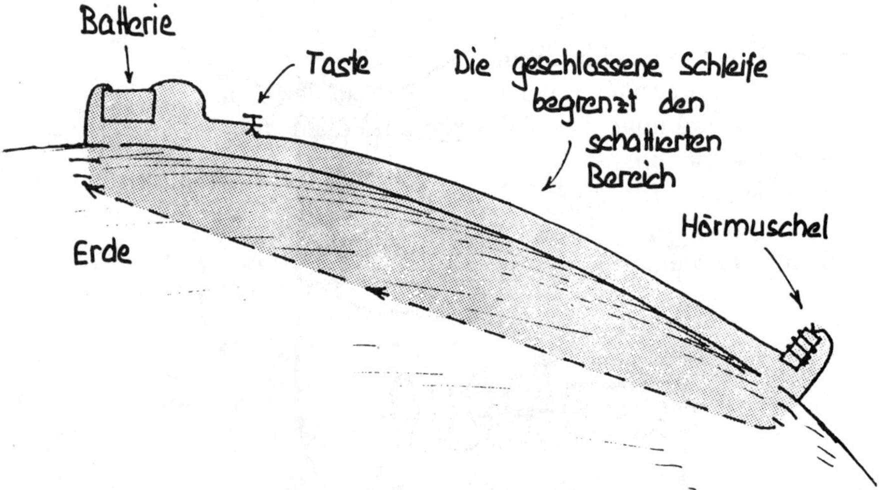

herfließen konnten. Die Ströme eilten einfach in der offenen Schleife hin und her und liefen an den Enden auf. Die Länge des Kabels lieferte eine elektrische Speicherkapazität, die das Auflaufen möglich machte. Damals war das eine faszinierende Entdeckung. Die Konstruktion des Transatlantikkabels war das "Mondprojekt" jener Zeit.

HINEINSCHIEBEN

Eine Glühlampe wird mit einem dicken Draht an eine Wechselstromquelle angeschlossen, wie es die Skizze zeigt.
Nachdem ein Stück Eisen in die Drahtspule geschoben worden ist,

a) leuchtet das Licht auf
b) wird das Licht schwächer
c) wird das Licht nicht beeinflußt

ANTWORT: HINEINSCHIEBEN Die Antwort ist: b. Die Spule und die Glühlampe sind in Reihe geschaltet. Daher muß der gesamte Spannungsabfall in der Reihenschaltung der Spannungsabfall in der Spule plus der Spannungsabfall in der Glühlampe sein, und dieser Abfall muß den 220 V Potentialdifferenz der Steckdose entsprechen. Daher fällt ein Teil der 220 V in der Spule und der übrige Teil der 220 V in der Glühlampe ab. Wenn der Spannungsabfall in der Spule groß ist, bleibt nur wenig Spannungsabfall für die Glühlampe übrig. Ein kleiner Spannungsabfall macht das Licht aber schwächer. Wodurch kommt der Spannungsabfall in der Spule? Nun, ein Teil des Spulenspannungsabfalls entsteht durch den Widerstand, dieser Teil ist aber klein, da die Spule aus dickem Draht gebildet wird. Die Hauptursache des Spannungsabfalls in der Spule ist das sich ändernde Feld in der Spule. Je größer die Änderung des Magnetfelds pro Sekunde ist, desto größer ist die Spannung über der

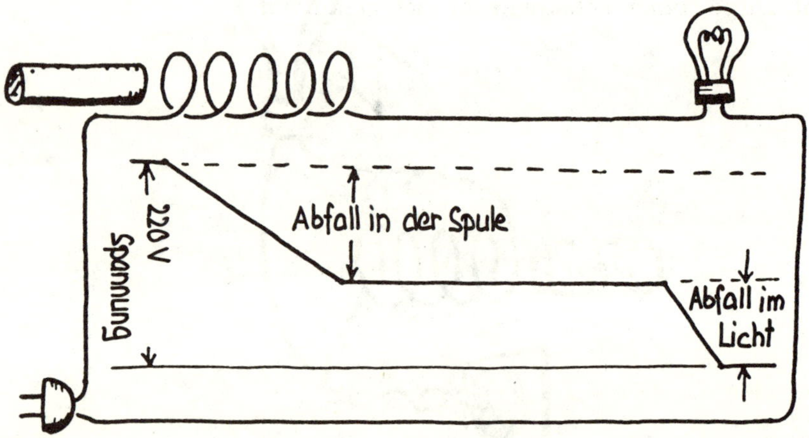

Spule. Was bestimmt die Änderung im Magnetfeld pro Sekunde? Zwei Dinge: *wie stark* das maximale Feld ist und *wie schnell* es sich ändert. Die Schnelligkeit der Änderung können wir nicht beeinflussen – sie wird vom Elektrizitätswerk eingestellt. Die vom Elektrizitätswerk gelieferte Spannung schwankt 50mal pro Sekunde, daher schwankt auch der Strom im Draht 50mal pro Sekunde, und dieser Strom bildet das magnetische Feld, so daß das Feld ebenfalls 50mal pro Sekunde schwankt.
Wir können aber die *Stärke* des Magnetfelds ändern. Wie? Indem wir das Eisen in die Spule stecken. Wegen der magnetischen "Domänen" im Eisen, die sich am Magnetfeld in der Spule ausrichten, bildet das Eisen

ein stärkeres Magnetfeld. Das bedeutet, daß ein stärkeres Feld 50mal pro Sekunde geändert werden muß. Das bedeutet mehr Spannung in der Spule. Das bedeutet weniger Spannung für die Glühlampe, und *das* wiederum bedeutet ein schwächeres Licht. Einige alte Bühnenleuchtregler arbeiteten genauso.

Die in der Spule durch das sich ändernde Magnetfeld erzeugte Spannung ist immer so ausgerichtet, daß sie eine Stromänderung bekämpft. Damit bekämpft der sich ändernde Strom seine eigene Änderung (das wird "Selbstinduktionswiderstand" genannt). Einige Leute glauben, daß dieser Widerstand gegen die Änderung (die "elektrische Trägheit") das Magnetfeld bildet und das Licht abschwächt. Das stimmt aber nicht. Der Strom ändert sich, er baut sich wiederholt auf und ab. Während die "elektrische Trägheit" den Strom in der Aufbauphase behindert und so das Licht dämpft, treibt die gleiche "elektrische Trägheit" Strom in der Zeit des Spannungsabfalls durch die Glühlampe und verstärkt damit das Licht. Diese beiden Effekte heben sich genau auf.

NOCH EINMAL HINEINSCHIEBEN

Dies ist eine schwierige Frage. Nachdem ein Stück Eisen in die Drahtspule hineingeschoben wurde, ist das Licht

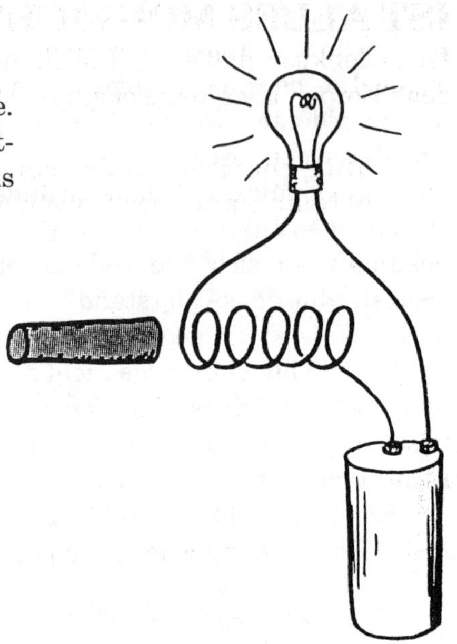

a) heller
b) schwächer
c) genauso hell wie vorher

ANTWORT: NOCH EINMAL HINEINSCHIEBEN Die Antwort ist: c. Wir haben gerade eine ähnliche Frage gehabt ("Hineinschieben"), und die Antwort darauf war, daß das Licht schwächer wird. Jetzt schieben Sie *das Eisen erneut hinein,* und wir behaupten jetzt, daß sich die Helligkeit des Lichts nicht ändert. Was geht hier vor?

Bei der letzten Frage erfolgte die Stromversorgung mit Wechselstrom (50 Hz). Die Stromversorgung in diesem Beispiel erfolgt jedoch mit einer Batterie, und diese gibt Gleichstrom ab. Gleichstrom erzeugt kein sich *änderndes* Magnetfeld, und die Änderung des Magnetfeldes ist für den Spannungsabfall in der Spule wesentlich.

Hat das Hineinschieben des Eisens also absolut keine Wirkung auf das Licht? Nicht ganz. Wird das Eisen hineingeschoben, wird es magnetisiert, wodurch etwas Energie verbraucht wird, so daß die Glühlampe kurzzeitig etwas schwächer leuchtet. Ziehen Sie das Eisen heraus, leuchtet die Lampe kurzzeitig auf. Diese Änderungen treten aber nur dann auf, wenn sich das Eisen bewegt. Das Licht wird nicht beeinflußt, *nachdem* das Eisen in die Spule hineingeschoben worden ist. Ein unbeweglicher Eisenkern hat keine Wirkung auf die Helligkeit des Lichts.

Übrigens brauchen Sie es nicht wirklich hineinzuschieben. Das Eisen wird "hineingesaugt". Warum? Locker ausgedrückt, ist die Spule ein Elektromagnet, und Magnete "lieben" Eisen.

IST ALLES MÖGLICH?

Ist es denkbar, daß es ein unbekanntes Universum gibt, in dem es geladene Körper, aber keine elektrischen Felder gibt?

a) Ja, ein solches Universum ist denkbar.
b) Nein, ein solches Universum kann es nicht geben.

ANTWORT: IST ALLES MÖGLICH? Die Antwort ist: b. Es ist nicht alles möglich. Inbesondere kann es keine geladenen Körper ohne elektrische Felder geben. Ein geladener Körper kann nur durch sein elektrisches Feld ermittelt werden. Zum Beispiel können wir nicht einfach *sehen,* daß ungeladene Dinge "weiß" und geladene "rot" oder "grün" sind. Wir können nur fühlen, und wir fühlen das elektrische Feld, das geladene Dinge umgibt. Es gäbe keine Möglichkeit zur Ermittlung des Vorhandenseins geladener Körper, wenn keine Felder vorhanden wären, da alles, was wegen ihrer Ladung geschieht, mit Hilfe der Felder geschieht. Einige Physiker betrachten eine elektrische Ladung einfach nur als Ort, von dem die Feldlinien austreten oder divergieren. Dieser Gesichtspunkt wird in der ersten der vier berühmten Maxwellschen Feldgleichungen ausgedrückt*. Diese Gleichung besagt einfach, daß die Divergenz eines elektrischen Feldes der elektrischen Ladung entspricht. Als Gleichung geschrieben: Div E = q mit Div = Divergenz, E = elektrisches Feld und q = Ladung. Wenn aber nun q eine negative Ladung ist? Ist dann die Divergenz des Feldes negativ? Ja. Was ist eine negative Divergenz? Eine negative Divergenz ist eine Konvergenz. Es ist ein schönes Bild, wenn man das Feld um eine negative Ladung genau entgegengesetzt zum Feld um eine positive Ladung darstellt.

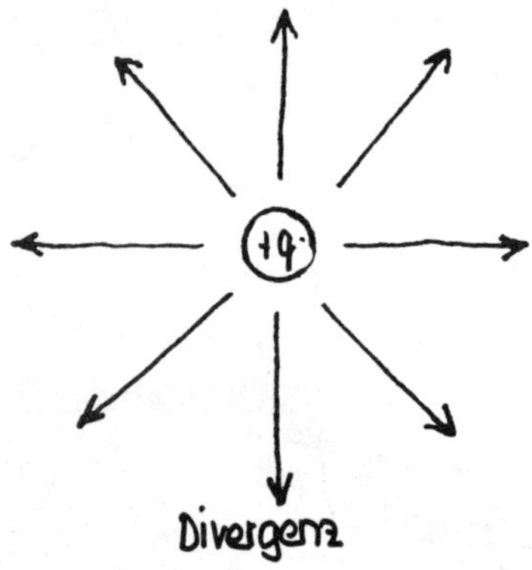

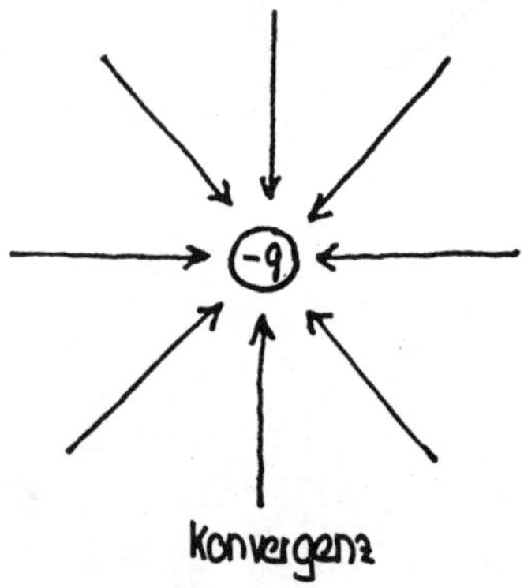

* Studenten, die sich mit Elektrizität und Magnetismus beschäftigen, sind mit den vier fundamentalen Gleichungen des elektromagnetischen Feldes vertraut, die Maxwellsche Gleichungen genannt werden. Sie wurden nach James Clerk Maxwell benannt, der im letzten Jahrhundert bei seinen Vorhaben Erfolg hatte, alle Gesetze und Gleichungen, die elektrische und magnetische Felder und ihre Wechselwirkungen mit Strömen und Ladungen beschreiben, in ein paar Gleichungen zusammenzufassen.

ELEKTROMAGNETISCHER KERNSATZ

Das Faradaysche Gesetz der elektromagnetischen Induktion besagt, daß eine Spannung und ein sich daraus ergebender elektrischer Strom in einer Leiterschleife induziert werden, die sich in einem sich mit der Zeit ändernden Magnetfeld befindet. Maxwell drückte das so aus, daß ein sich änderndes Magnetfeld ein elektrisches Feld induziert. Ist das Umgekehrte auch richtig – d.h. induziert ein sich änderndes elektrisches Feld ein Magnetfeld?

a) Ja, das ist auf jeden Fall richtig!
b) Kann sein, kann auch nicht sein.
c) Nein, das ist nicht möglich.

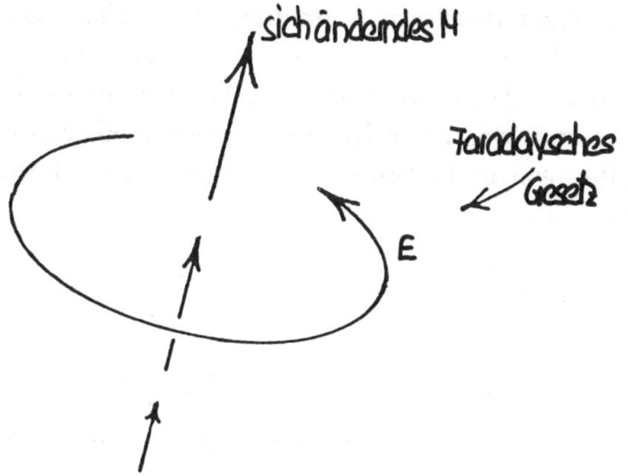

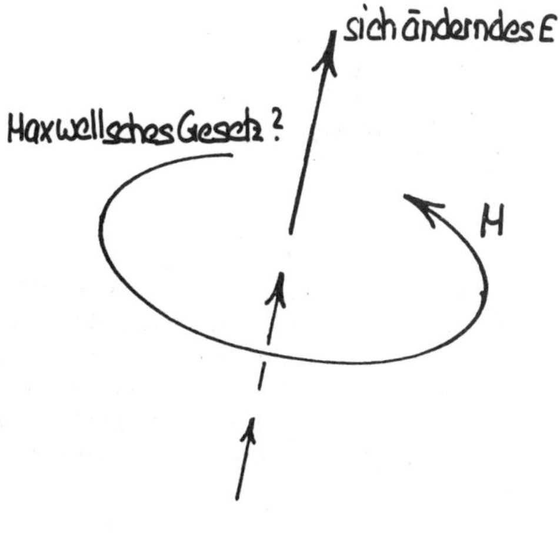

ANTWORT: ELEKTROMAGNETISCHER KERNSATZ Die Antwort ist: a. Diese Dualität ist im wesentlichen der eigentliche Kern der elektromagnetischen Theorie. Sie bedeutet unmittelbar, daß ein einmal in das Universum eingeführtes elektrisches oder magnetisches Feld unsterblich ist. Wenn Sie nämlich einen elektrisch geladenen Körper entladen und versuchen, das zugehörige elektrische Feld zu beseitigen, oder wenn Sie einen Magneten zerstören und versuchen, das zugehörige Magnetfeld zu beseitigen, erzeugt die Beseitigung eines der beiden Felder ein neues Feld der anderen Art. Elektrizität führt zu Magnetismus und Magnetismus führt zu Elektrizität. Das sterbende Feld ist ein *sich änderndes Feld*, muß also ein neues Feld der anderen Art erzeugen.

So geht das immer weiter. Das kollabierende elektrische Feld bildet ein Magnetfeld, das kollabierende Magnetfeld bildet ein elektrisches Feld – ein elektrisches Feld wird "wiedergeboren". Das ist die Maschinerie, die Radiowellen, Lichtwellen und sogar Röntgenwellen durch den Raum verbreitet.

Immer in Bewegung. Obwohl die Radiostation schon lange nicht mehr sendet, die Kerzen lange aus sind, das Strahlungslabor lange geschlossen ist, bewegen sich die Wellen weiter. Ihrem letzten Befehl immerwährend treu: *niemals anhalten.*

RING WORUM?

Eine magnetische Feldlinie beschreibt einen Kreis und schließt sich, wodurch ein Ring gebildet wird. Was finden Sie vor, wenn Sie durch den vom Ring umschlossenen Bereich dringen?

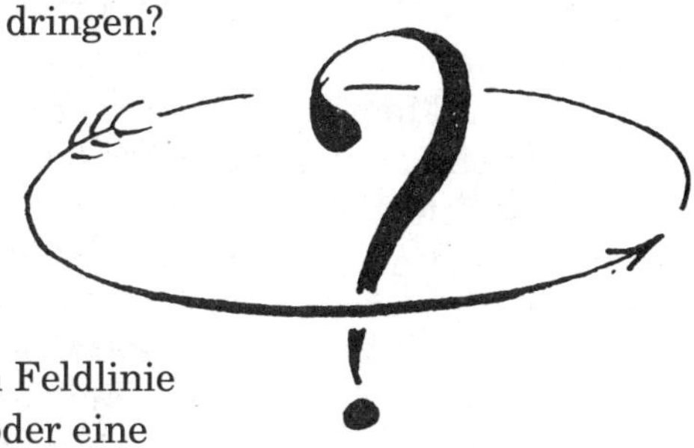

a) eine elektrische Feldlinie
b) einen elektrischen Strom
c) eine sich ändernde elektrischen Feldlinie
d) einen elektrischen Strom und/oder eine sich ändernde elektrische Feldlinie

ANTWORT: RING WORUM? Die Antwort ist: d. Zur Zeit von Napoleon wußte man, daß eine magnetische Feldlinie einen Draht umkreist, durch den ein elektrischer Strom fließt.

Etwa zur Zeit des amerikanischen Bürgerkriegs erkannte man (in

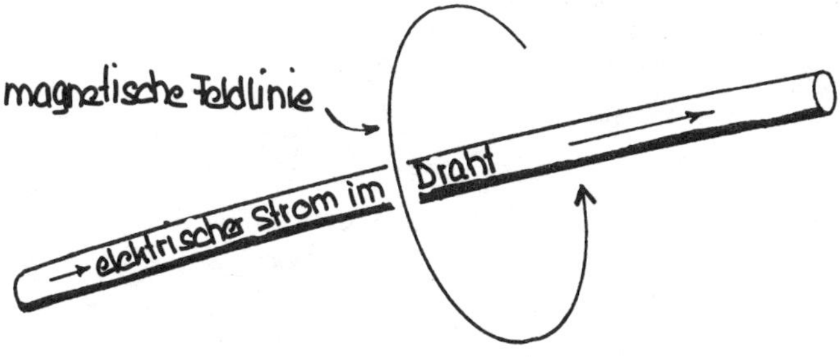

England), daß ein magnetisches Feld auch auf andere Weise aufgebaut werden konnte. Das war der wesentliche Punkt unserer letzten Frage – ein sich änderndes elektrisches Feld bildet ebenfalls ein Magnetfeld. Wenn das elektrische Feld stärker wird, dreht sich das Magnetfeld in einer bestimmten Richtung. Wenn das elektrische Feld schwächer wird, dreht sich das Magnetfeld in der entgegengesetzten Richtung. Wenn sich das elektrische Feld nicht ändert (d.h. statisch ist), bildet es überhaupt kein Magnetfeld.

Das erinnert stark an einen Transformator. In einem Transformator in-

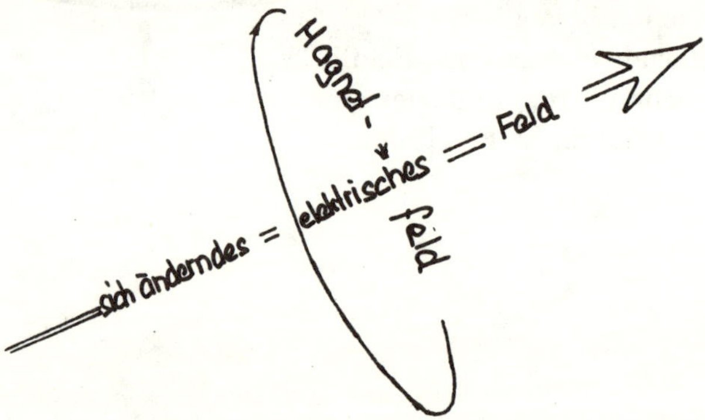

duziert ein sich änderndes Magnetfeld ein elektrisches Feld, das es umkreist. Jetzt haben wir gelernt, daß ein sich änderndes elektrisches Feld ebenso ein Magnetfeld induziert, das es umkreist. Das plötzliche Verschwinden eines Feldes führt zum Aufbau neuer Felder, die eine Kette elektrischer und magnetischer Felder bilden, die einander jeweils umkreisen. Das einzig Wichtige dabei ist, daß es *veränderliche* Felder sein müssen. Diese Kette kann also niemals unbeweglich sein. Sie kann nie stillstehen.

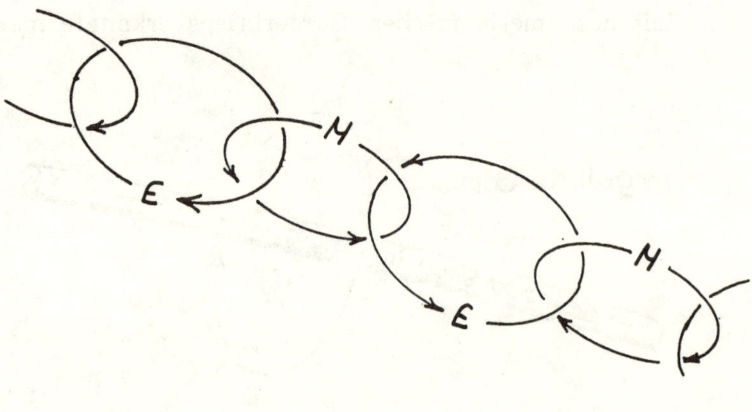

DIE VORSTELLUNG

Ist ein Universum denkbar, in dem es elektrische Felder gibt, aber keine geladenen Körper?

a) Ja, ein solches Universum ist denkbar.
b) Nein, ein solches Universum kann es nicht geben.

ANTWORT: DIE VORSTELLUNG Die Antwort ist: a. Natürlich gibt es kein Wissen über ein solches Universum aus erster Hand, man kann aber trotzdem Überlegungen darüber anstellen, was geschehen würde; man kann alles in seiner Vorstellung ablaufen lassen.

Es gibt mehrere Betrachtungsmöglichkeiten. Wie wir in der vorletzten Frage gesehen haben, wird ein elektrisches Feld erzeugt, wenn sich ein Magnetfeld verstärkt oder abschwächt. Dieses elektrische Feld umkreist das sich ändernde Magnetfeld. Verstärkt sich das elektrische Feld oder schwächt es sich ab, wird ein Magnetfeld erzeugt, das das sich ändernde elektrische Feld umkreist. Kollabierende oder sterbende Felder einer Art induzieren neue Felder der anderen Art. So geht es immer weiter, von einer Übergabe zur nächsten. Die wiederholte Übergabe wird elektromagnetische Welle genannt. Ist sie einmal gestartet, erhält sie sich selbst aufrecht und hängt in keiner Weise von der ursprünglichen Ladung ab, die das erste elektrische Feld bildete, das alles in Gang brachte. Ein Radiosender oder ein Stern können zerstört werden. Wenn die elektrischen und magnetischen Felder im Radiosignal oder Sternenlicht aber erst einmal in Gang gesetzt worden sind, streben sie Millionen Jahre lang immer weiter, ungeachtet des Schicksals ihrer ursprünglichen Quelle.

Man kann das auch vom elektrischen Feld des geladenen Körpers aus betrachten, das sich durch den Raum ausbreitet. Wenn der Körper neutralisiert wird, muß das Feld verschwinden. Aber die "Nachricht", daß die Ladung neutralisiert worden ist, kann nicht sofort überall im Raum ankommen. Sie bewegt sich vom Körper mit Lichtgeschwindigkeit weg. Daher bleibt das Feld auch dann noch in entfernten Teilen des Raums vorhanden, wenn die Ladung vernichtet worden ist, solange die Nachricht noch nicht angekommen ist. (Die Schlacht von New Orleans wurde geschlagen, nachdem der Krieg von 1812 bereits *vorbei* war, weil die "Nachricht" noch nicht in den Sümpfen von Louisiana angekommen war.)

In der Frage "Ist alles möglich?" wurde geschlossen, daß nicht alles möglich ist. Insbesondere kann man keine geladenen Körper ohne Felder haben. Jetzt haben wir aber geschlossen, daß man Felder ohne geladene Körper haben kann. Offensichtlich sind Felder grundlegender als Ladungen! Wie eigenartig. Die Menschen dachten immer, daß die Ladungen die realen Dinge und die Felder nur Abstraktionen waren – und nun ist es genau umgekehrt.

VERSCHIEBUNGSSTROM

Ein Draht verbindet zwei entgegengesetzt geladene Platten, wie es in der Zeichnung gezeigt wird (eine solche Anordnung ist ein Kondensator). Ein magnetischer Kompaß befindet sich gerade außerhalb der Platten. Wird der Schalter geschlossen, können sich die Platten über den Draht entladen, und es gibt einen kurzzeitigen Strom im Draht. Sie könnten daher erwarten, daß der magnetische Kompaß irgendwie beeinflußt würde. Wird er beeinflußt?

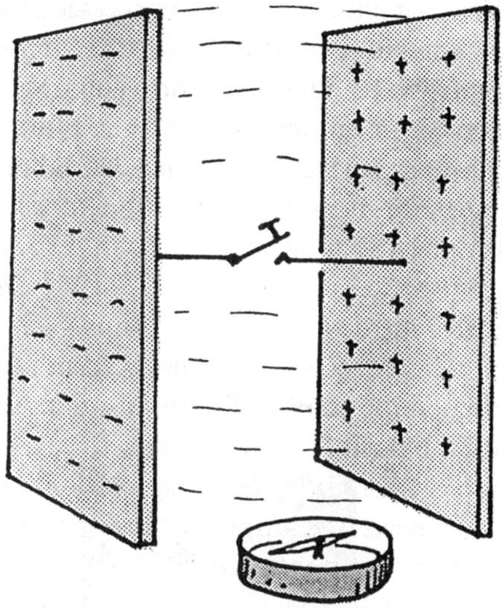

a) Ja, er wird beeinflußt.
b) Nein, er wird nicht beeinflußt.

ANTWORT: VERSCHIEBUNGSSTROM Die Antwort ist: b. Sie nehmen vielleicht an, daß ein Magnetfeld um den Draht erzeugt wird, da bei der Entladung der Platten Strom fließt, und daß dieses magnetische Feld den Kompaß beeinflussen müßte. Es gibt aber auch ein sterbendes elektrisches Feld zwischen den Platten, und ein sterbendes elektrisches Feld ist ein sich änderndes elektrisches Feld, und ein sich änderndes elektrisches Feld erzeugt ein Magnetfeld um sich herum, genau wie der Strom. Die magnetische Wirkung des sterbenden elektrischen Feld ist genau entgegengesetzt zur magnetischen Wirkung des elektrischen Stroms. Daher heben sich die beiden auf.

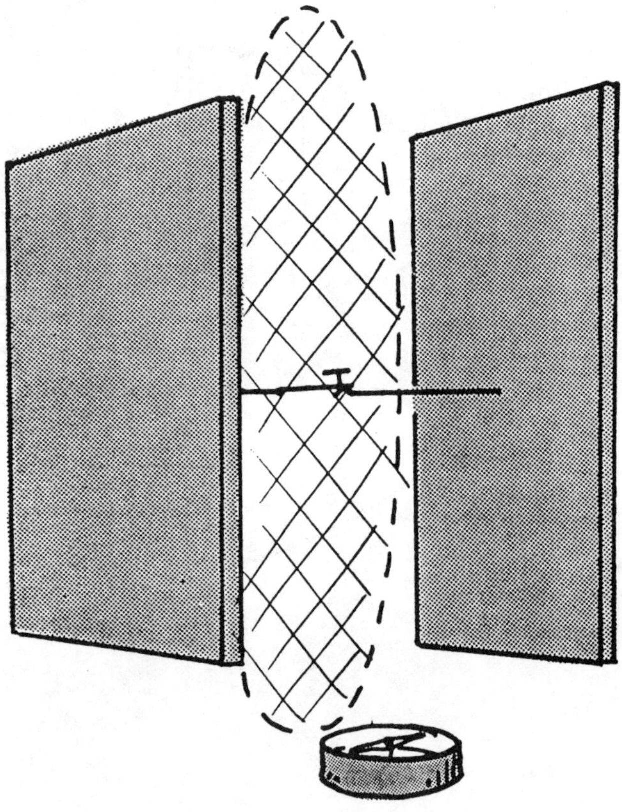

Ein sich änderndes elektrisches Feld wird Verschiebungsstrom genannt. Der Name kommt von der alten Vorstellung, daß ein elektrisches Feld in Wirklichkeit eine Spannung oder Verschiebung im "Äther" sei, der den leeren Raum ausfülle.

RÖNTGENSTRAHLEN

Wenn ein Elektronenstrahl in einer Fernsehröhre auf die Vorderseite trifft und angehalten wird, werden einige Röntgenstrahlen erzeugt. Die meisten dieser Röntgenstrahlen bewegen sich

a) vorwärts in der gleichen Richtung wie der Elektronenstrahl
b) seitlich rechtwinklig zum Elektronenstrahl
c) rückwärts und entgegengesetzt zum Elektronenstrahl
d) gleichmäßig in alle Richtungen

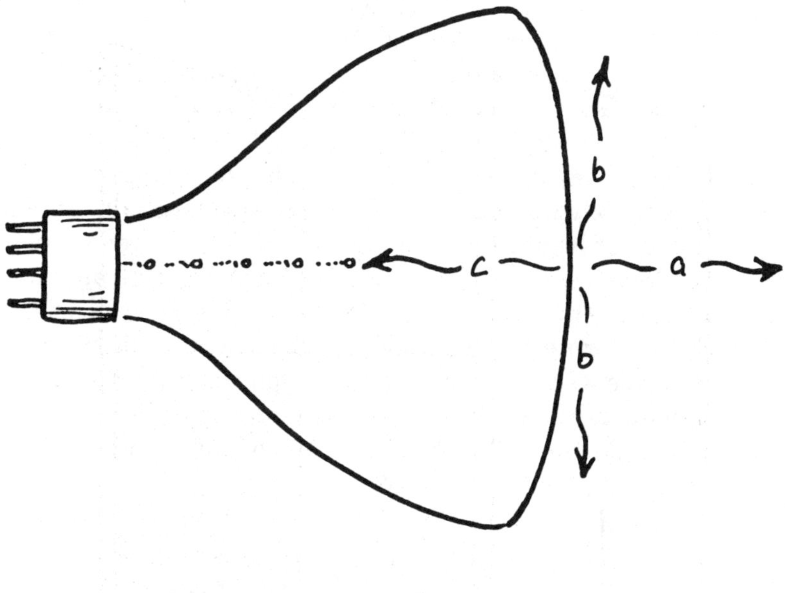

ANTWORT: RÖNTGENSTRAHLEN Die Antwort ist: b.

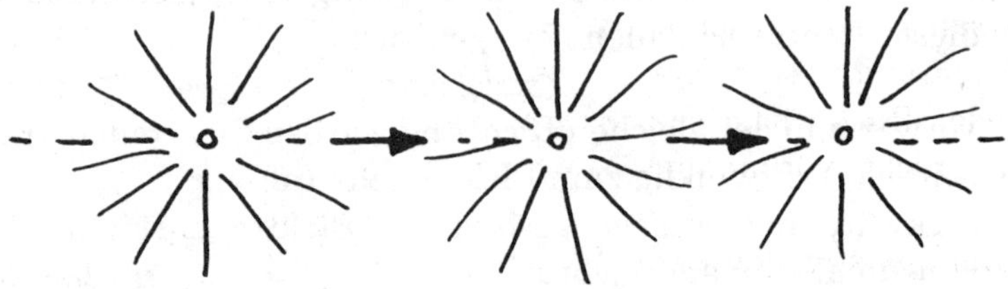

Elektronen werden von einem elektrischen Feld umgeben. Wenn sich die Elektronen bewegen, tragen sie ihr elektrisches Feld mit sich, wie es oben gezeigt wird. Die elektrischen Felder breiten sich unbegrenzt aus.

Wird ein Elektron plötzlich gestoppt, kann nicht das gesamte *Feld* zu einem plötzlichen Stopp kommen. Der Teil des Felds in der Nähe des Elektrons stoppt zuerst, während der weiter entfernte Teil die Nachricht über den Stopp noch nicht erhalten hat, so daß er sich noch so weiter bewegt, als ob nichts geschehen wäre. Dadurch entwickelt sich ein "Knick" im elektrischen Feld. Dieser Knick bewegt sich mit den Feldlinien nach außen, er ist der Röntgenimpuls oder die Röntgenwelle.

Die folgende Skizze zeigt, was geschieht, wenn ein Elektron am Punkt A auf die Vorderseite einer Bildröhre trifft und anhält. Die Nachricht des Anhaltens hat entfernte Teile des Feldes noch nicht erreicht. Sie erscheinen deshalb so, als wenn sie von B ausgegangen wären. Wenn die Nachricht vom Anhalten nur so weit gekommen ist, wie es der gestrichelte Kreis zeigt, können wir auf diesem Kreis einen Knick im Feld feststel-

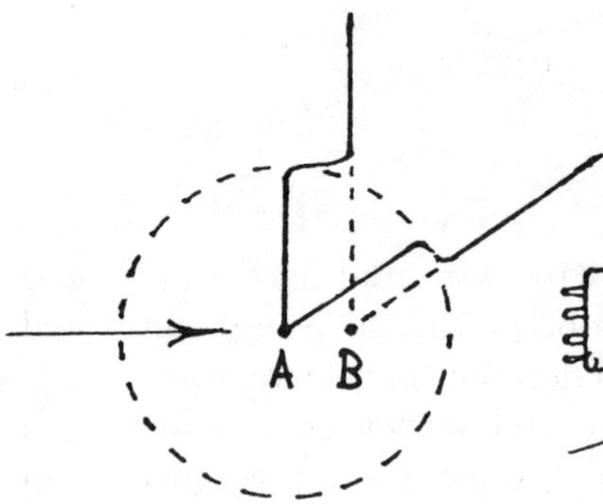

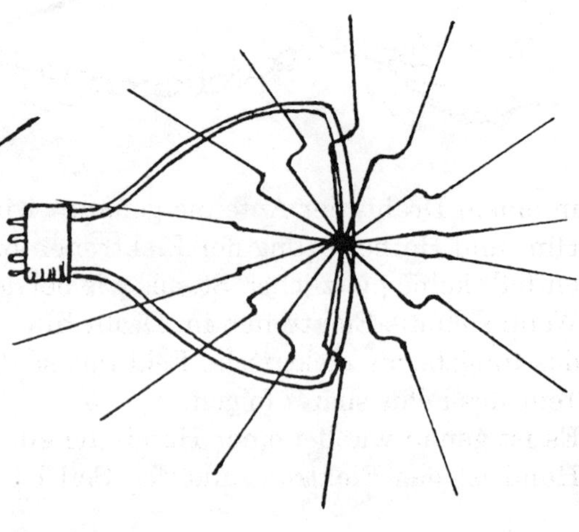

len. Geometrisch können wir erkennen, daß der Knick quer zur Richtung des Elektronenstrahls am größten ist, während er direkt in Vorwärts- oder Rückwärtsrichtung gar nicht vorhanden ist.

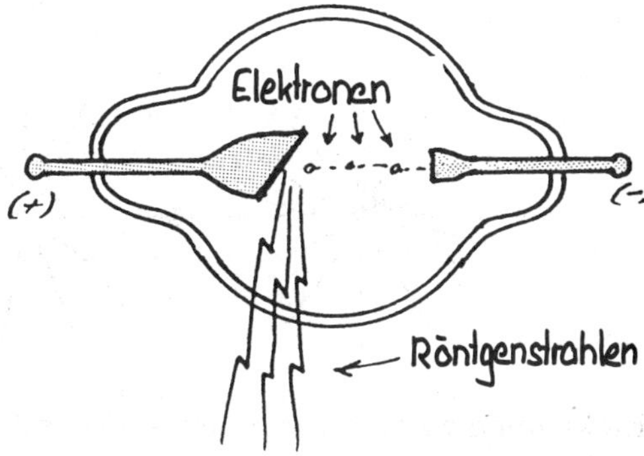

Da die Röntgenstrahlen zur Seite austreten, sind Röntgenröhren so ausgelegt, daß die Röntgenstrahlen an einer Seite herauskommen. Das Ding, das die Elektronen stoppt, wird Target (Ziel) genannt. Das Target ist leicht geneigt, um die Aussendung der Röntgenstrahlen nach einer Seite zu verstärken. (Daß die Elektronen hauptsächlich auf das Target fliegen, liegt daran, daß das Target positiv geladen ist, während die Elektronenquelle, d.h. der Ort, von wo die Elektronen kommen, negativ geladen ist.) Wenn Sie sich vorstellen können, wie Röntgenstrahlen erzeugt werden, können Sie sich auch vorstellen, wie Radiowellen entstehen. Radiowellen werden dadurch erzeugt, daß Elektronen sich

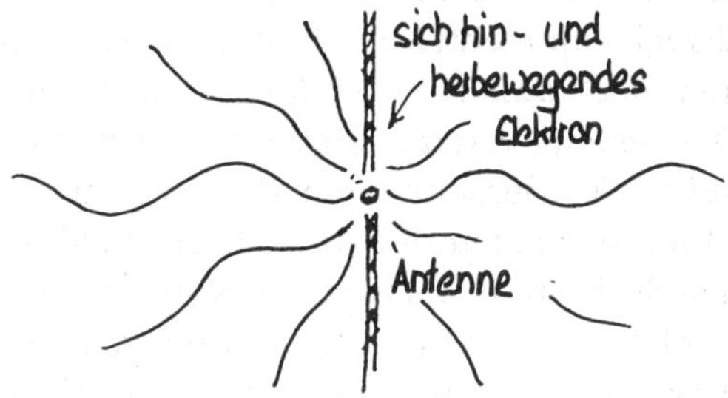

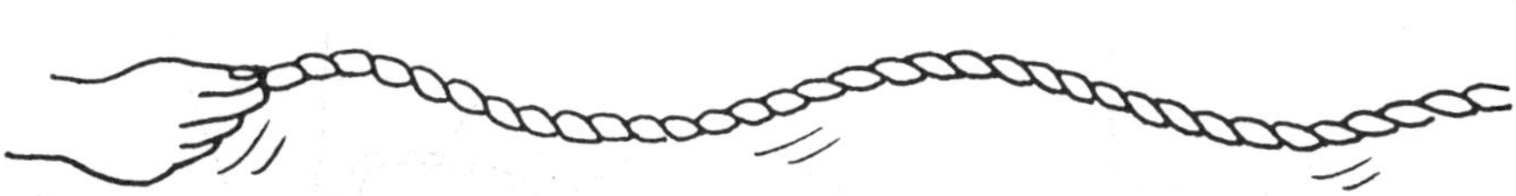

in einem Draht, der Antenne genannt wird, hin- und herbewegen. Die Hin- und Herbewegung der Elektronen ist gleichmäßig und stetig und enthält keine plötzlichen Stopps wie bei den Röntgenstrahlen.
Wenn sich die Elektronen im Draht hin- und herbewegen, bewegen sie das umgebende elektrische Feld mit sich, wobei die weiter entfernten Teile des Felds später folgen.
Es ist genau wie bei einer Hand, die ein Seil hin- und herbewegt. Die Hand ist das Elektron, und das Seil ist das elektrische Feld. Wellen

breiten sich entlang des Seils aus. Elektrische Wellen breiten sich entlang des elektrischen Feldes aus. Die Geschwindigkeit der Wellen hängt davon ab, wieviel Spannung im Seil vorhanden ist. Die Frequenz der Welle hängt davon ab, wie schnell sich die Hand bewegt. Die Geschwindigkeit der elektrischen Wellen ist die Lichtgeschwindigkeit. Diese Geschwindigkeit ist immer gleich, egal ob die Wellen Lichtwellen, Röntgenstrahlen oder Radiowellen sind. Der Unterschied zwischen diesen Wellen liegt nur in der unterschiedlichen Bewegung der Elektronenquellen.

SYNCHROTRONSTRAHLUNG

Wenn ein sich schnell bewegendes Elektron auf eine Kreisbahn gezwungen wird, sendet es

a) polarisiertes Licht
b) Schwarzkörperstrahlung
c) überhaupt keine Strahlung

aus.

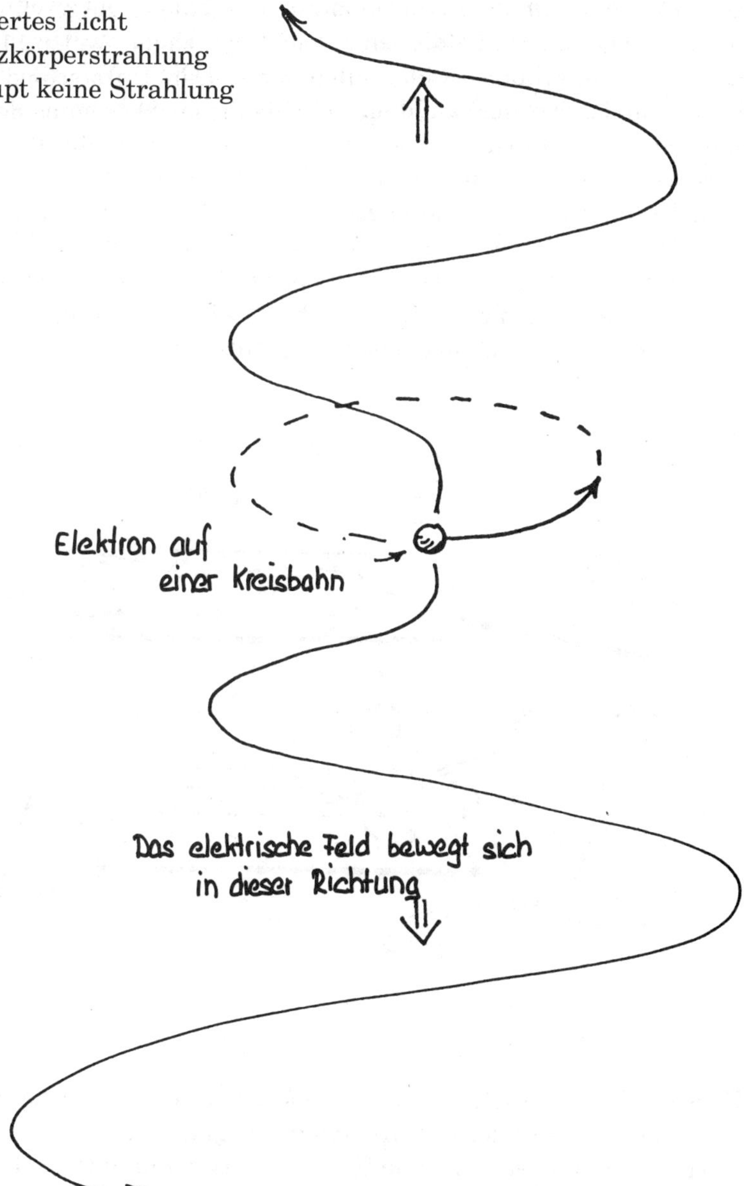

ANTWORT: SYNCHROTRONSTRAHLUNG Die Antwort ist: a. Eine sehr starke Quelle für Röntgenstrahlung und sichtbares Licht ist eine Maschine, die Synchrotron genannt wird und Elektronen auf eine Kreisbahn zwingt (die Elektronen sind in einem Magnetfeld eingefangen). Während sich die Elektronen auf der Kreisbahn bewegen, schwingen ihre elektrischen Feldlinien hin und her. Diese schwingenden Feldlinien sind tatsächlich die Strahlungswellen. Diese Wellen schwingen in der Ebene des Kreises, auf dem sich das Elektron bewegt, wie Skizze I zeigt. Sie können sich nicht wie in Skizze II auf- und abwärts bewegen. Eine Welle, die sich nur in einer Richtung hin- und herbewegt, wird als in dieser Richtung polarisiert bezeichnet. Die Welle schwingt mit der gleichen Frequenz, mit der das Elektron auf dem Kreis umläuft (obwohl ein relativistischer Effekt das ganze etwas verändert). Daher kann die Synchrotronstrahlung nicht mit der Schwarzkörperstrahlung verwechselt werden, die eine Mischung vieler Frequenzen ist.

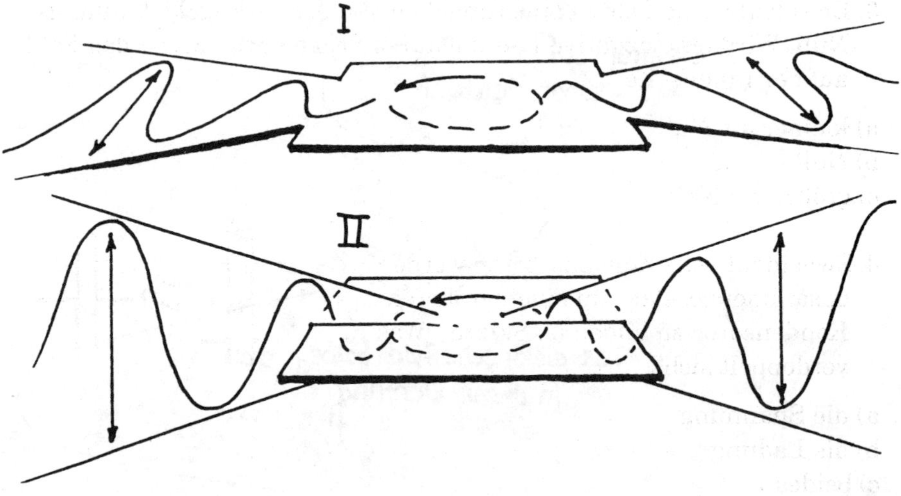

Übrigens senden Elektronen, die im Magnetfeld der Milchstraße und in den Magnetfeldern der Pulsare und im Magnetfeld der Erde (Van-Allen-Gürtel) eingefangen sind, alle Synchrotronstrahlung mit sehr niedrigen Frequenzen (Radiofrequenzen) aus.

WEITERE FRAGEN (OHNE ERKLÄRUNGEN)

Mit den folgenden Fragen, die zu denen auf den vorangegangenen Seiten analog sind, werden Sie allein gelassen. Denken Sie physikalisch!

1. Wenn ein Körper positiv geladen wird, verändert sich seine Masse genaugenommen folgendermaßen:

a) sie wird größer
b) sie wird kleiner
c) sie ändert sich nicht

2. Wenn zwei freie Elektronen, die anfangs in Ruhe sind, dicht nebeneinander gesetzt werden,

a) verstärkt sich die Kraft auf jedes Elektron während der Bewegung
b) verringert sich die Kraft bei der Bewegung
c) bleibt die Kraft konstant

3. Das elektrische Feld in einer ungeladenen Kupferkugel ist anfangs Null. Wird eine negative Ladung auf die Kugel gesetzt, ist das Feld auf der Innenseite

a) kleiner als Null
b) Null
c) größer als Null

4. Zwei identische Kondensatoren werden zusammengesetzt, um einen größeren Kondensator zu bilden (s. Skizze). Was verdoppelt sich?

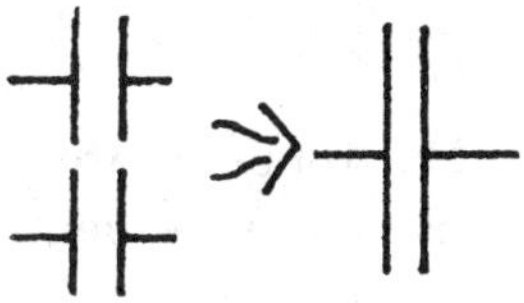

a) die Spannung
b) die Ladung
c) beides
d) weder noch

5. Eine Glühlampe und eine Batterie bilden einen Stromkreis. Der Strom fließt

a) von der Batterie in die Glühlampe
b) durch Batterie und Glühlampe

6. Zwei Glühlampen, die in Reihe an eine Batterie angeschlossen sind, beziehen

a) weniger Strom als eine einzelne Glühlampe
b) den gleichen Strom wie eine einzelne Glühlampe
c) mehr Strom als eine einzelne Glühlampe

7. Zwei parallel an eine Batterie angeschlossene Glühlampen beziehen

a) weniger Strom als eine einzelne Glühlampe
b) den gleichen Strom wie eine einzelne Glühlampe
c) mehr Strom als eine einzelne Glühlampe

8. Welche Glühlampe hat den dickeren Glühdraht?

a) eine 40 W-Lampe
b) eine 100 W-Lampe

9. Wieviel Ampere fließen durch eine 60 W-Glühlampe, die an eine 120 V-Leitung angeschlossen ist?

a) 1/4 b) 1/2 c) 2 d) 4

10. Die Anzahl der Elektronen, die 1980 an einen durchschnittlichen amerikanischen Haushalt von den Elektrizitätswerken geliefert wurden, betrug ca.

a) 0 b) 110
c) Milliarden und Abermilliarden

11. Ein 1000mal pro Sekunde hin- und herschwingendes Elektron erzeugt eine elektromagnetische Welle der Frequenz

a) 0 Hz b) 1000 Hz c) 2000 Hz

12. Welche dieser Behauptungen ist immer richtig?

a) Immer wenn ein elektrisches Feld existiert, gibt es auch einen elektrischen Strom.
b) Immer wenn ein elektrischer Strom existiert, gibt es auch ein elektrisches Feld.
c) Beide Behauptungen sind richtig.
d) Keine ist richtig.

13. Bewegte elektrische Ladungen treten mit einem

a) Magnetfeld b) elektrischen Feld c) beiden
d) weder noch

in Wechselwirkung.

14. Wird ein Magnet in eine Spule mit 10 Schleifen gesteckt, wird eine Spannung in der Spule erzeugt. Wird der Magnet entsprechend in eine Spule mit 20 Schleifen gesteckt, ist die induzierte Spannung

a) halb so groß b) gleich groß
c) doppelt so groß d) viermal so groß

wie bei der ersten Spule.

15. Ein Transformator wird verwendet, um

a) die Spannung b) die Energie c) die Leistung
d) alles e) nichts davon

zu erhöhen.

16. Ein Eremit in Vermont zog einmal einen Draht von seiner Hütte unter einer Überlandleitung, wie es die Skizze zeigt.

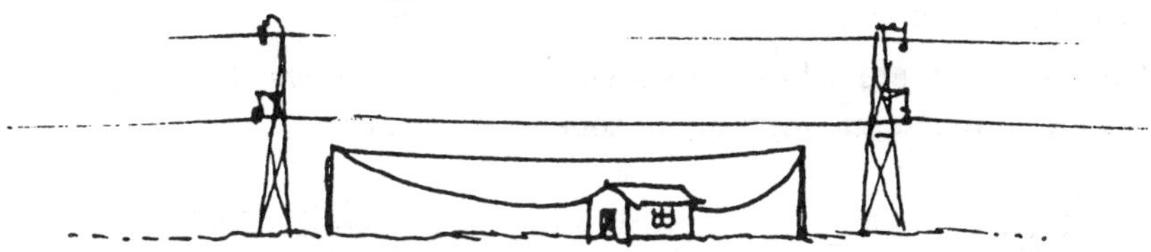

Kann diese Anordnung die Hütte des Eremiten mit Spannung versorgen?
a) ja b) nein

17. Ein Radiosender sendet Radiowellen aus, indem er Elektronen in der Antenne hin- und herschwingen läßt. Die meisten Radiowellen treten in Richtung

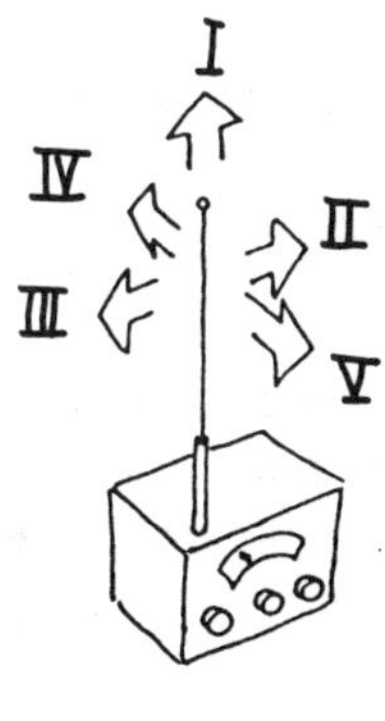

a) I b) II und III
c) IV und V d) II, III, IV und V
e) I, II, III, IV und V

aus.

18. Wenn immer mehr Glühlampen so angeschlossen werden, wie es die Zeichnung zeigt, wird die bezogene Leistung

a) erhöht
b) verringert
c) nicht beeinflußt

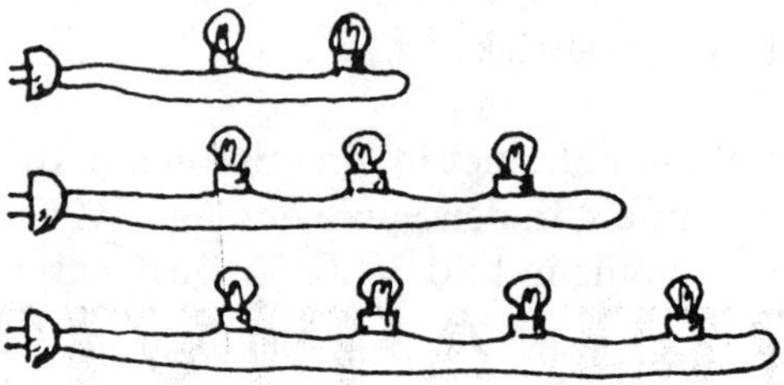

19. Wenn immer mehr Glühlampen so angeschlossen werden, wie es die Zeichnung zeigt, wird die bezogene Leistung

a) erhöht
b) verringert
c) nicht beeinflußt

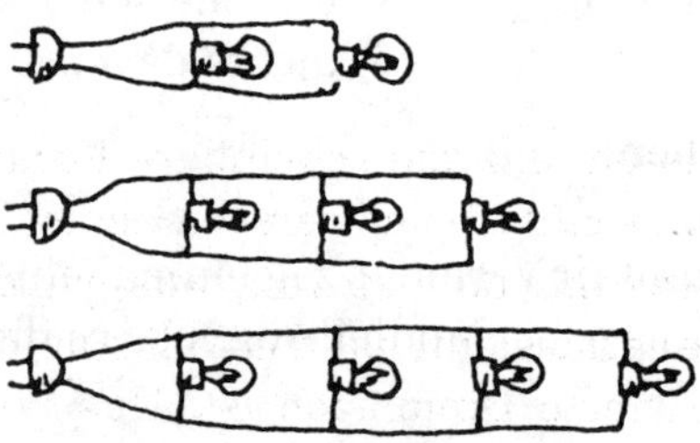

20. Wenn immer mehr Glühlampen so angeschlossen werden, wie es die Zeichnung zeigt, wird die bezogene Leistung

a) erhöht
b) verringert
c) nicht beeinflußt

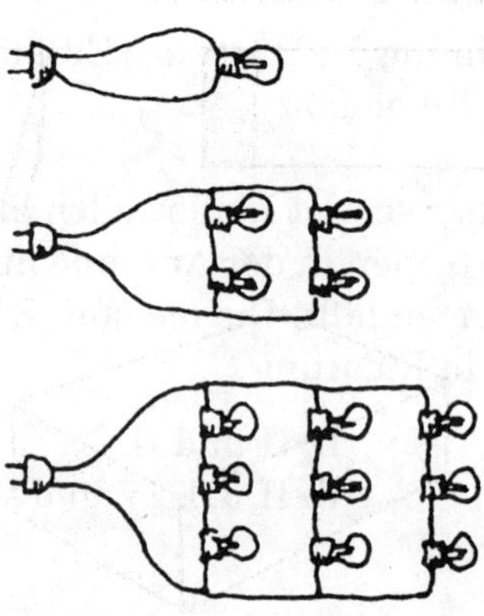

RELATIVITÄT

Künstler wissen, daß die scheinbare Form und Größe einer Sache sich ändern kann, wenn sie aus verschiedenen Blickwinkeln betrachtet wird. Das hat etwas mir dem zu tun, was wir dreidimensionale Perspektive nennen. Wie es aussieht, hat die Welt zumindest vier Dimensionen, wobei die Zeit die vierte Dimension ist. Das Wichtige dabei ist, daß Sie die gleiche Sache aus verschiedenen Winkeln in vier Dimensionen betrachten können, indem Sie Ihre Geschwindigkeit ändern! Die gleiche Sache, egal ob es eine Kraft, eine Zeit oder die Geometrie einer Schachtel ist, sieht völlig verschieden aus, wenn Sie sie mit verschiedenen Geschwindigkeiten betrachten – vierdimensionale Perspektive. Daraus besteht die gesamte Einsteinsche Relativitätstheorie.

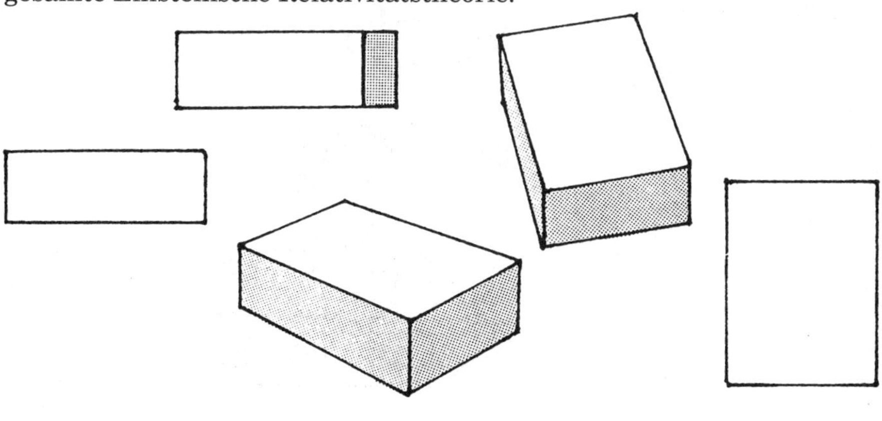

IHR PERSÖNLICHER GESCHWINDIGKEITSMESSER

Wenn Sie sich in bezug auf die Sterne mit einer Geschwindigkeit bewegen würden, die der Lichtgeschwindigkeit* nahekommt, könnten Sie das ermitteln, da

a) Ihre Masse steigen würde
b) Ihr Herzschlag sich verlangsamen würde
c) Sie kleiner würden
d) alles obige gilt
e) Sie können Ihre Geschwindigkeit niemals durch Veränderungen an Ihnen erkennen.

ANTWORT: IHR PERSÖNLICHER GESCHWINDIGKEITSMESSER Die Antwort ist: e. Die Grundidee der Relativität ist, daß Sie in einem geschlossen Raum absolut keine Möglichkeit haben, zu entscheiden, ob sich der Raum bewegt oder nicht. Kurz gesagt, Sie haben keinen persönlichen Geschwindigkeitsmesser. Wenn der Raum plötzlich anhält, kann die Person, die sich darin befindet, das erkennen. Wenn sich der Raum plötzlich zu bewegen beginnt, kann das die Person darin auch erkennen. Wenn sich der Raum dreht, kann das die Person ebenfalls erkennen. Wenn sich der Raum aber gleichmäßig auf einer geraden Linie bewegt und nicht beschleunigt wird, gibt es keine Möglichkeit für Sie (da Sie sich darin befinden), zu erkennen, ob sich der Raum bewegt oder nicht. Auch wenn der Raum ein Fenster besitzt und Sie heraussehen und etwas erkennen, das sich auf Sie zubewegt, können Sie nicht entscheiden, ob sich das Ding auf Sie zubewegt oder Sie sich auf das Ding.

Wenn die Raumbewegung Ihre Masse, Ihren Herzschlag oder Ihre Größe beeinflussen würde, würde sie auch alle anderen Massen oder Herzschläge oder Größen im Raum in genau der gleichen Weise beeinflussen. Daher gäbe es nichts in dem Raum, das sich nicht verändern würde. Es gibt also keinen festen Bezugspunkt, mit dem Sie einen Vergleich anstellen könnten, also auch keine Möglichkeit, eine Änderung festzustellen. Es ist unmöglich, einen persönlichen Geschwindigkeitsmesser zu finden.

---

* Die Lichtgeschwindigkeit beträgt etwa 300.000 km/s.

ENTFERNUNG IM RAUM, ZEITINTERVALL, TRENNUNG IN DER RAUMZEIT

Das persönliche Zeitintervall aller Personen, die sich zwischen zwei Ereignissen bewegen (z.B. heute mittag und morgen mittag) ist gleich, ungeachtet welcher (Raumzeit-) Weg zwischen den beiden Ereignissen genommen wird.

a) richtig
b) falsch

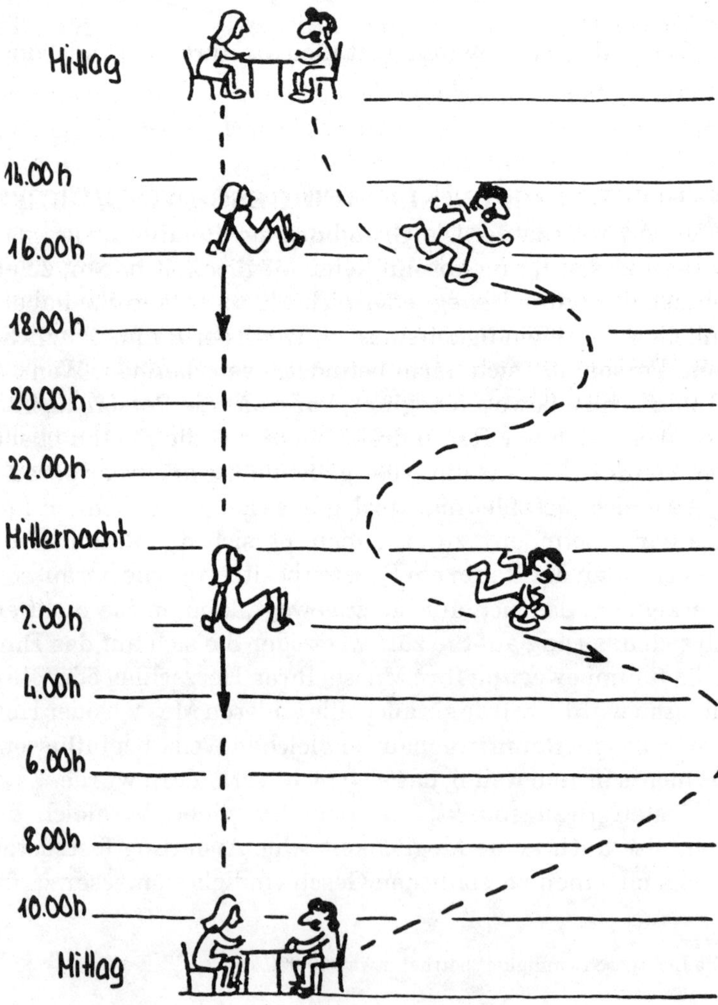

ANTWORT: ENTFERNUNG IM RAUM, ZEITINTERVALL, TRENNUNG IN DER RAUMZEIT Die Antwort ist: b. Sie könnten glauben, daß zwischen diesen beiden Ereignissen (Mittagessen) 24 Stunden Zeit liegen. Das ist auch so, wenn Sie dort sitzen bleiben. Wenn Sie aber auf eine sehr schnelle Weise zwischen den beiden Mittagessen aufbrechen und eine Uhr mitnehmen, werden Sie herausfinden, daß zwischen den beiden Mittagessen weniger als 24 Stunden liegen. Die wirkliche Idee ist, daß die beiden Mittagessen nicht durch eine bestimmte Zeitmenge, sondern durch eine bestimmte Raumzeitmenge getrennt werden. Wenn Sie sitzen bleiben und sich nicht bewegen, ist kein Raum zwischen den Mittagessen – sie werden nur durch Zeit getrennt. Wenn Sie aber reisen, setzen Sie etwas Raum zwischen die Mittagessen. Wenn jetzt die Raumzeit zwischen den Mittagessen gleich bleibt, aber die Menge des Raums dazwischen steigt, muß sich die Menge der Zeit dazwischen verringern. Und sie verringert sich. Wenn Sie sich nach dem Mittagessen in ein Raumschiff setzen, mit Lichtgeschwindigkeit herumfliegen und zum nächsten Mittagessen zurück sind, zeichnen Sie und Ihre Uhr den Ablauf von Null Zeit auf – das nächste Mittagessen steht aber bereit.

Das ist gerade das Wichtige daran. Sie bewegen sich immer. Und Sie tun das immer mit einer konstanten Geschwindigkeit. Auch wenn Sie zur Ruhe kommen. Wenn Sie irgendwo still stehen, bewegen Sie sich durch die Zeit. Wird die Geschwindigkeit so ausgerichtet, daß sie Sie durch den Raum trägt, wird die Komponente, die Sie durch die Zeit trägt, verringert. Wird die Geschwindigkeit vollständig verwendet, um Sie durch den Raum zu tragen (mit Lichtgeschwindigkeit), bleibt nichts übrig, um Sie durch die Zeit zu tragen.

KOSMISCHER GESCHWINDIGKEITS-MESSER

Wenn Sie eine Person sehen, die sich mit halber Lichtgeschwindigkeit durch den Raum bewegt, werden Sie feststellen, daß ihre Uhr

a) mit der halben Normalgeschwindigkeit
b) langsamer als mit der halben Normalgeschwindigkeit
c) langsamer, aber nicht auf die Hälfte verlangsamt
d) mit Normalgeschwindigkeit
e) rückwärts

läuft.

ANTWORT: KOSMISCHER GESCHWINDIGKEITSMESSER Die Antwort ist: c. Stellen Sie sich eine Lichtuhr vor. Wenn die Uhr stationär ist, läuft ein Blitz vom Boden der Uhr bei e bis zur Spitze in j z.B. in einer Sekunde. Wenn sich aber die Uhr z.B. mit der halben Lichtgeschwindigkeit bewegt, läuft der Blitz von e nach g in einer Sekunde. (Würde sich die Uhr mit Lichtgeschwindigkeit bewegen, würde der Blitz in einer Sekunde von e nach h laufen.) Wenn sich jetzt die Uhr nach g bewegt, kann der Blitz in einer Sekunde nur bis f gelangen, da das Licht in einer Sekunde nur den Abstand von e nach j zurücklegen kann; und das ist genau der Abstand von e nach f. (Beachten Sie den Kreisbogen.) f ist aber nicht die Spitze der Uhr. Der Abstand zwischen f und der Spitze der Uhr ist etwa 1/7 der Gesamthöhe der Uhr. Das bedeutet, daß die sich durch den Raum bewegende Uhr sich mit etwa 6/7 der Normalgeschwindigkeit zu bewegen scheint.

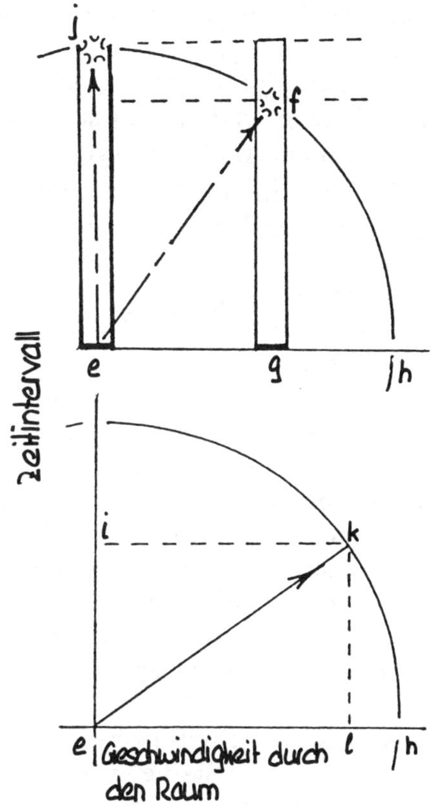

Wie schnell müßte sich die Uhr bewegen, damit sie auf halbe Geschwindigkeit verlangsamt würde? Zeichnen Sie einen kosmischen Geschwindigkeitsmesser (einen Viertelkreis). Ziehen Sie für eine Uhr mit halber Geschwindigkeit eine Linie von i nach k auf halber Höhe zwischen j und e. Zeichnen Sie dann eine Linie von k nach l, die das Rohr der Lichtuhr darstellt. Die Uhr mit halber Geschwindigkeit muß sich in einer Sekunde von e nach l bewegen. Der Abstand von e nach l beträgt ca. 6/7 des Abstands von e nach h, daher muß sich eine Uhr, die mit halber Geschwindigkeit läuft, mit etwa 6/7 der Lichtgeschwindigkeit durch den Raum bewegen.

Der kosmische Geschwindigkeitsmesser erläutert Ihnen, warum Sie sehen, wie sich eine Uhr verlangsamt, während Sie sie durch den Raum fliegen sehen. Er erläutert Ihnen auch, warum Sie sie nicht schneller als mit Lichtgeschwindigkeit fliegen sehen können. Die Geschwindigkeit ist nämlich immer gleich. Nur die Richtung der Geschwindigkeit kann sich ändern. In Richtung e → j erfolgt die Bewegung vollständig durch die Zeit und überhaupt nicht durch den Raum. In Richtung e → h erfolgt sie vollständig durch den Raum und überhaupt nicht durch die Zeit. In Richtung e → f erfolgt sie hauptsächlich durch die Zeit und geringfügig durch den Raum. In Richtung e → k erfolgt sie hauptsächlich durch den Raum und geringfügig durch die Zeit.

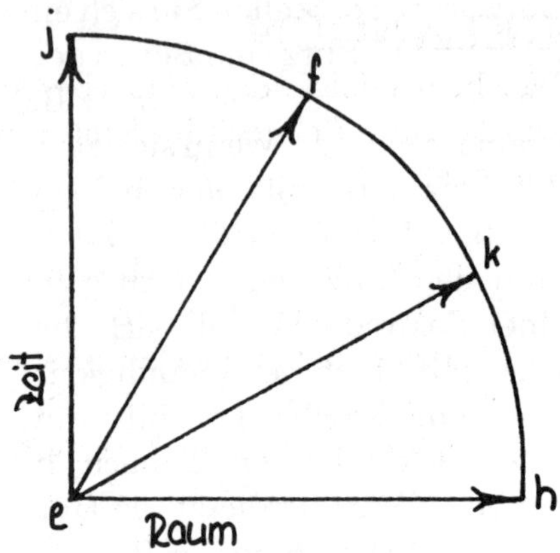

Sie können sich nun aber nicht selbst durch den Raum bewegen sehen (es sei denn, Sie haben Out-of-Body- Erfahrungen), daher müssen Sie sich immer vollständig durch die Zeit bewegen sehen (e → j). Mit etwas Poesie könnte man es so ausdrücken, daß Sie sich immer mit Lichtgeschwindigkeit durch die Zeit bewegen – schneller geht's nicht. Also wissen Sie, wie es sich anfühlt, sich mit Lichtgeschwindigkeit zu bewegen!

Haben Sie sich jemals gefragt, warum die Zeit nicht schneller vergehen kann? Nun, wenn Sie die Antwort darauf finden, wissen Sie auch, warum Sie nicht erwarten können, daß sich Dinge schneller als mit Lichtgeschwindigkeit bewegen.

SIE KÖNNEN NICHT VON DORT HIERHER GELANGEN

Welche der folgenden Tatsachen würden, wenn sie definitiv festgestellt würden, die "Relativitätstheorie" nach unseren heutigen Erkenntnissen verletzen?

a) Dinge können sich schneller als mit Lichtgeschwindigkeit bewegen.
b) Nichts kann sich schneller als mit Lichtgeschwindigkeit bewegen.
c) Wenn sich eine Sache schneller als mit Lichtgeschwindigkeit bewegt, wird sie schnell auf eine Geschwindigkeit verlangsamt, die geringer als die Lichtgeschwindigkeit ist.

ANTWORT: SIE KÖNNEN NICHT VON DORT HIERHER GELANGEN

Die Antwort ist: c. Die Relativitätstheorie (man sollte besser vom "Relativitätsgesetz" sprechen) besagt, daß man, wenn sich etwas langsamer als mit Lichtgeschwindigkeit bewegt, so viel Geschwindigkeit hinzufügen kann, wie man will, ohne es auf eine Geschwindigkeit über der Lichtgeschwindigkeit beschleunigen zu können. Nichts hält einen davon ab, Geschwindigkeit hinzuzufügen, aber die resultierende Geschwindigkeit ist einfach *nicht* die Summe der addierten Geschwindigkeiten. Es ist so, als ob man auf den Gleisen spazierengeht. Sie beginnen auf der Linie AA, gehen nach BB und möglicherweise nach CC. Nichts hält Sie auf. Wenn Sie wollen, können Sie immer weiter gehen. Wie weit Sie auch immer gehen, Sie erreichen niemals die Linie DD. Das bedeutet nicht, daß sich dort nichts befinden kann. Es bedeutet nur, daß Sie nicht von AA auf den Gleisen nach DD kommen können. Genauso können Sie durch Hinzufügung von Geschwindigkeiten nicht über die Lichtgeschwindigkeit hinauskommen. Lichtgeschwindigkeit ist wie der Horizont – Sie können ihn nicht überqueren. Das bedeutet nicht, daß nichts über der Lichtgeschwindigkeit sein kann. Es bedeutet nur: Wenn sich etwas "dort oben" befindet, dann ist es nicht durch Hinzufügen von Geschwindigkeit von hier dorthin gelangt. Vielleicht gibt es dort etwas oder auch nicht, man weiß es nicht; bis zur Drucklegung dieses Buches hat jedenfalls noch niemand etwas festgestellt.

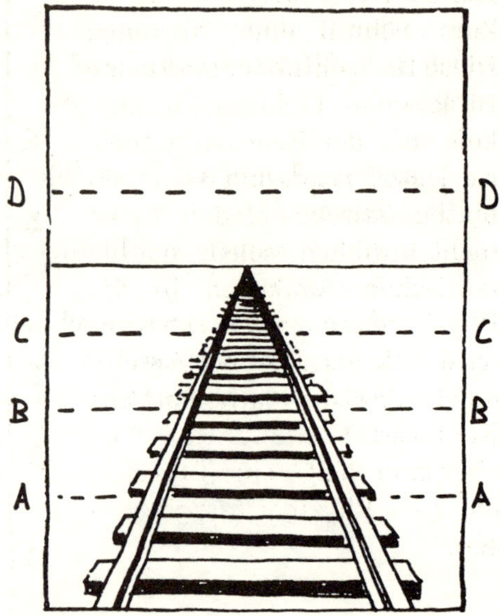

Würde eine Sache gefunden, die sich schneller als mit Lichtgeschwindigkeit bewegt, wäre das so, als ob man ein zweites Gleis im Himmel finden würde. Aber, und das ist der kritische Punkt der Geschichte, egal wie weit Sie auch immer auf diesen Schienen entlanggingen, Sie würden niemals unter den Horizont kommen, d.h. unter die Lichtgeschwindigkeit.

Die Relativitätstheorie wäre nur verletzt, wenn etwas den Horizont *überqueren* würde.

Zum Schluß eine Warnung: Diese Horizontbilder sind keine Bilder der Lichtgeschwindigkeit oder der Relativitätstheorie. Das Horizontbild ist nur ein mathematisches Modell. Es ist nicht unüblich, solche mathematischen Analogien in der Physik zu verwenden. Die Kraft wird z.B. als Pfeil dargestellt, da sie ähnliche mathematische Kennwerte besitzt. Die Kraft ist aber kein Pfeil – eine Tatsache, die viele Physiker fast vergessen.

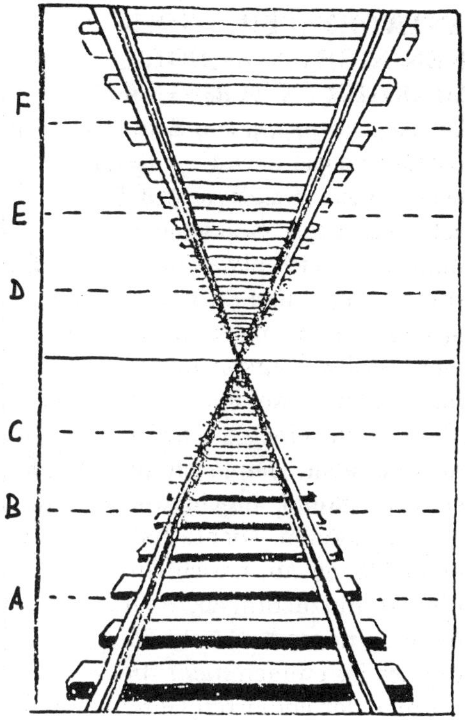

FRAU HELL

Frau Hell ist eine junge Dame aus der Mythologie der Physik, die schneller als das Licht laufen kann. Natürlich ist das unmöglich. Aber warum kann sie tatsächlich nicht schneller als Licht laufen? Manchmal wird die folgende Begründung angegeben: Wenn Frau Hell immer schneller läuft, steigt ihre Masse, so daß Frau Hell herausfindet, daß sie eine sehr massive Dame geworden ist, wenn sie sich der Lichtgeschwindigkeit nähert. Sie erkennt außerdem, daß ihre Muskeln die gesteigerte Masse ihres Körpers nicht mehr tragen können. Das ist es! Was sie auch immer versucht, sie kann nicht mehr schneller werden.

a) Die obige Begründung, warum Frau Hell nicht schneller als Licht werden kann, ist schlüssig.
b) Frau Hell kann tatsächlich nicht schneller als das Licht laufen, die obige Begründung dafür ist aber nicht schlüssig.

ANTWORT: FRAU HELL Die Antwort ist: b. Nichts hält Frau Hell davon ab, schneller zu laufen. Wir, die wir nicht laufen, sehen ihre Masse ansteigen, da sie sich relativ zu uns bewegt; relativ zu sich selbst bewegt sie sich aber nicht, so daß ihre Masse normal bleibt. Erinnern Sie sich daran, es gibt keine "persönlichen Geschwindigkeitsmesser", das bedeutet, daß Menschen ihre Geschwindigkeit nicht durch Änderungen in sich selbst ermitteln können.

Wenn wir versuchen würden, Frau Hell schneller zu machen, indem wir sie mit einem langen Stab schieben, würde sich ihre gesteigerte Masse unserem Schieben widersetzen. Wenn sie sich aber selbst mit ihren eigenen Füßen schiebt, erkennt sie daran nichts Ungewöhnliches. Warum kann sie dann ihre Geschwindigkeit nicht über die Lichtgeschwindigkeit hinaus steigern? Weil die 10 km/h, die sie ihrer Geschwindigkeit hinzufügt, für uns nicht wie 10 km/h aussehen. Warum nicht? Weil sie die Stunde nach ihrer Zeit erkennt, sie bewegt sich aber, daher könnte ihre Stunde ein Monat für uns sein. Außerdem erkennt sie ihre Kilometer in ihrem Raum. Sie ist aber in Bewegung, daher könnte ihr Kilometer ein Zentimeter für uns sein. Damit könnte das, was für sie 10 km/h ist, für uns 10 cm/Monat sein. Sie kann ihre Geschwindigkeit immer weiter erhöhen, die Steigerungen addieren sich aber nicht. (Vergleiche "Sie können nicht von dort hierher gelangen".)

FAST UNGLAUBLICH

Sie stehen ungefähr in der Mitte eines langen Bretts, das, nach Ihrer Wahrnehmung, so herunterfällt, daß beide Enden gleichzeitig auf den Boden fallen. Sie glauben daher, daß das Brett *flach* herunterfällt. Fau Hell jedoch (die fast mit Lichtgeschwindigkeit an Ihnen vorbeiläuft) nimmt wahr, daß das Ende B *vor* dem Ende A den Boden berührt, und glaubt daher, daß das Brett vor dem Fallen nach rechts *geneigt* war.

a) richtig
b) falsch

ANTWORT: FAST UNGLAUBLICH Die Antwort ist: a, richtig. Wenn zwei Dinge an verschiedenen Orten, aber nach Ihrer Wahrnehmung zur gleichen Zeit geschehen (wie die Berührung des Bodens durch die Enden A und B), so können die gleichen beiden Dinge für Frau Hell, die sich relativ zu Ihnen in Bewegung befindet, niemals gleichzeitig geschehen. Warum?

Nehmen wir an, daß Sie an drei Sternen, die zueinander den gleichen Abstand haben, in einem Raumschiff vorbeifliegen und diese durch das Fenster Ihres Raumschiffes betrachten. Plötzlich explodiert der mittlere Stern. Sollte der Lichtblitz vom mittleren Stern die beiden gleich weit entfernten Endsterne gleichzeitig erreichen? Sie könnten das glauben, und das wäre auch so, wenn Sie sich mit dem Sternenhaufen zusammen bewegen würden. Sie überholen aber den Sternenhaufen, und von Ihrem Fenster aus gesehen erreicht der Blitz die Endsterne nicht gleichzeitig. Er erreicht zuerst B.

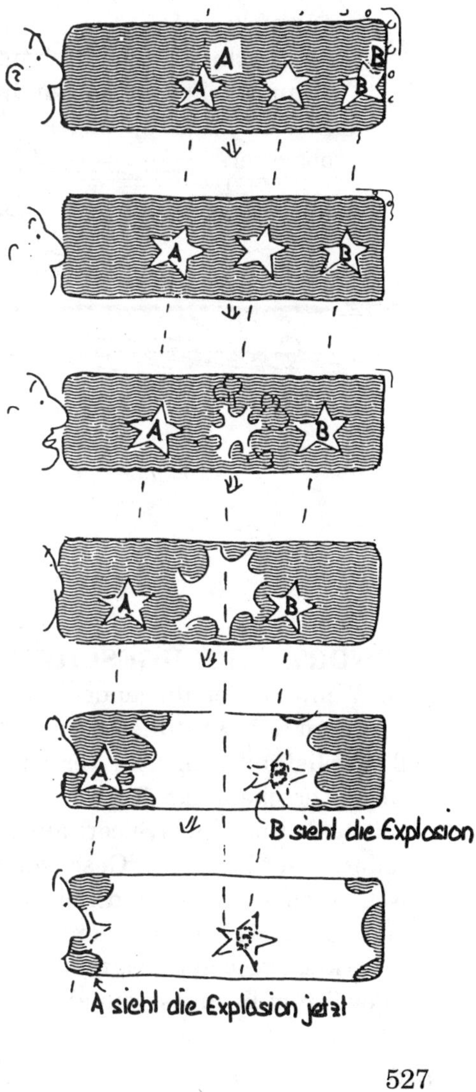

Während Frau Hell am Brett vorbeiläuft, sieht es für sie nicht nur so aus, als ob das Brett fällt, sondern als ob das Brett fällt *und* an ihr vorbeifliegt, so wie die Sterne an Ihrem Raumschiff vorbeifliegen. Was Ihnen gleichzeitig zu geschehen scheint, scheint Frau Hell zuerst im Punkt B zu geschehen.

Geschah es nun wirklich gleichzeitig in A und B oder zuerst in B? Diese Frage kann man nicht beantworten, da man nicht sagen kann, wer sich wirklich bewegt. Es hängt nur von Ihrem Bezugssystem ab. Für Sie fiel das Brett flach herunter. Für Frau Hell war es nach rechts geneigt. Es ist wirklich fast unglaublich!

HOCHGESCHWINDIGKEITSSPEER

Ein 10 Meter langer Speer wird mit relativistischer Geschwindigkeit durch ein Rohr geworfen, das ebenfalls 10 Meter lang ist. Beide Maße werden gemessen, wenn die Gegenstände in Ruhe sind. Welche der folgenden Behauptungen beschreibt am besten, was beobachtet wird, wenn der Speer durch das Rohr fliegt?

a) Der Speer schrumpft, so daß das Rohr ihn zu einem gewissen Zeitpunkt vollständig abdeckt.
b) Das Rohr schrumpft, so daß der Speer an beiden Seiten herausguckt.
c) Beide schrumpfen gleichmäßig, so daß das Rohr zu einem bestimmten Zeitpunkt den Speer gerade abdeckt.
d) Alle drei Behauptungen stimmenm, je nach Bewegung des Beobachters.

ANTWORT: HOCHGESCHWINDIGKEITSSPEER Die Antwort ist: d. Wenn Sie den fliegenden Speer von einem Ort aus beobachten, der relativ zum Rohr in Ruhe ist, erscheint der Speer kürzer als das Rohr, so daß er vollständig im Rohr verschwindet. Wenn Sie sich mit dem Speer bewegen, erscheint das Rohr verkürzt, so daß zu einem bestimmten Zeitpunkt beide Enden des Speers aus dem Rohr herausragen. Wenn Sie sich gerade mit der Hälfte der Geschwindigkeitsdifferenz von Speer und Rohr bewegen, haben Speer und Rohr die gleiche Geschwindigkeit relativ zu Ihnen, so daß sie beide um den gleichen Betrag verkürzt erscheinen. Was also wirklich geschieht, ist relativ – es hängt von Ihrer Betrachtungsweise oder Ihrem Bezugssytem ab.

MAGNETISCHE URSACHE

Wenn Strom durch ein Paar paralleler Drähte fließt, werden sie zueinander hingezogen, wenn der Strom in der gleichen Richtung fließt, und voneinander abgestoßen, wenn er in entgegengesetzter Richtung fließt. Diese magnetische Kraft ist

a) das relativistische Ergebnis unausgeglichener elektrostatischer Kräfte
b) ein Ergebnis der Äquivalenz von Masse und Energie
c) eine der Grundkräfte der Natur
d) alles ist richtig
e) nichts davon ist richtig

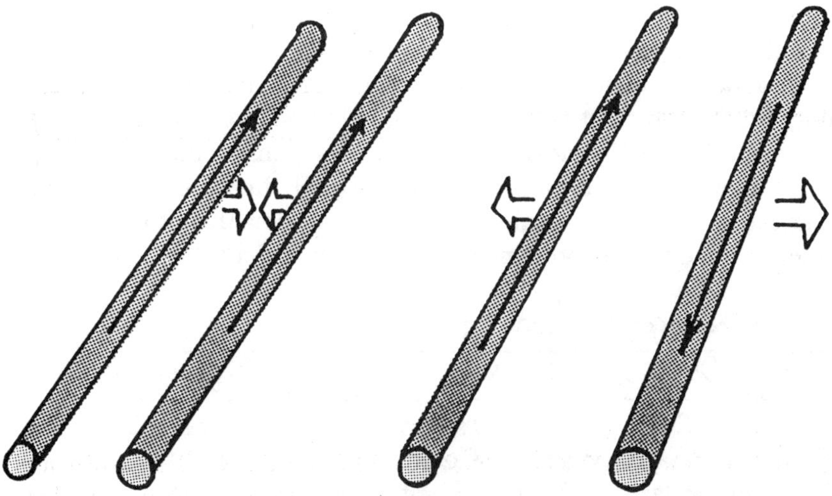

ANTWORT: MAGNETISCHE URSACHE Die Antwort ist: a. Magnetische Kräfte ergeben sich aus der wahrgenommenen Steigerung der elektrostatischen Ladungsdichte durch die relativistische Längenkontraktion. Ein Meter Draht hat genauso viele positive Protonen wie negative Elektronen, so daß die Nettoladung Null ist. Das gilt auch dann, wenn ein Elektronenstrom hineinfließt, da an einem Ende genauso viele Elektronen austreten, wie am anderen Ende eintreten.

Mit oder ohne Strom erkennt das Elektron im Draht eine gleiche Dichte positiver und negativer Ladungen im benachbarten Paralleldraht. Es fühlt keine Wirkung.

Wie sieht der Draht aber aus, wenn sich ein Elektron parallel dazu im angrenzenden Draht bewegt? Ein Elektron in einem Draht sieht die Elektronen im anderen Draht in relativer Ruhe, da sie sich in der gleichen Richtung mit der gleichen Durchschnittsgeschwindigkeit bewegen. Das gilt aber nicht für die Protonen, die sich in entgegengesetzter Richtung zum Elektronenstrom zu bewegen scheinen. Durch die wahrgenommene relativistische Längenkontraktion des Drahtes ist der Abstand zwischen aneinandergrenzenden Protonen reduziert. Daher sieht das bewegliche

Aber wenn Strom in beiden Drähten fließt, erkennt und fühlt ein sich bewegendes Elektron eine positive Nettoladungsdichte im anderen Draht – es fühlt eine anziehende Kraft.

Elektron eine größere Protonendichte im Vergleich zu den Elektronen im benachbarten Draht. Entgegengesetzte Ladungen ziehen sich elektrostatisch an, so daß die Drähte versuchen, sich näherzukommen. Wir nennen das magnetische Anziehung, interessanterweise beruht sie aber auf einfacher Elektrostatik.
Können Sie daraus die Abstoßung ableiten, wenn beide Ströme in entgegengesetzter Richtung fließen?

VERFOLGT VON EINEM KOMETEN

Ein Komet verfolgt ein Raumschiff. Wir wollen annehmen, daß der Astronaut im Raumschiff die Geschwindigkeit V, den Impuls P und die Energie E des Kometen wahrnimmt, wenn er auf das Raumschiff trifft. Wie würde eine Steigerung der Raumschiffgeschwindigkeit die vom Astronauten wahrgenommenen Werte V, P und E verändern?

a) V, P und E bleiben konstant und ändern sich überhaupt nicht.
b) V, P und E werden alle geringer.
c) V und P werden kleiner, E ändert sich nicht.
d) V und E werden kleiner, P ändert sich nicht.
e) E und P werden kleiner, V ändert sich nicht.

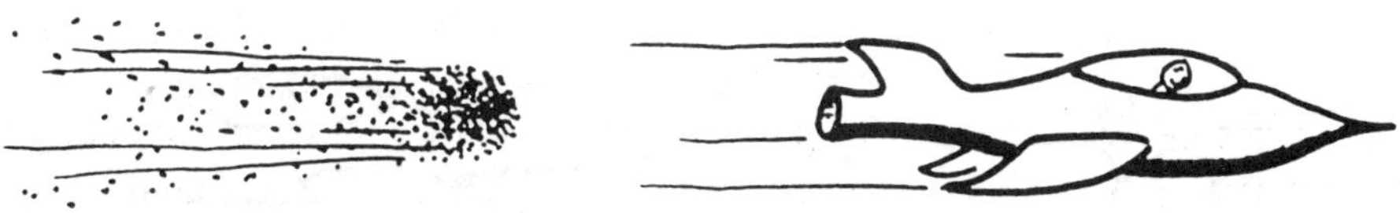

ANTWORT: VERFOLGT VON EINEM KOMETEN Die Antwort ist: b. Der Komet bewegt sich schnell, aber seine Geschwindigkeit ist sehr viel geringer als die Lichtgeschwindigkeit. Eventuell kann der Astronaut den Kometen abhängen. Je schneller er wird, desto langsamer fliegt der Komet – relativ zum Astronauten. Er nimmt wahr, daß der Komet langsamer wird, wenn er selbst schneller wird (falls er schnell genug fliegt, kann er sogar eine Rückwärtsbewegung des Kometen beobachten). Wenn sich die beobachtete Geschwindigkeit des Kometen reduziert, reduzieren sich auch der beobachtete Impuls und die beobachtete kinetische Energie. Impuls und Energie eines Schlags werden durch Zurückweichen vor dem Schlag verringert – und unser Astronaut versucht, vor dem Kometen zurückzuweichen.

VON EINEM PHOTON VERFOLGT

Die folgende Situation verwirrt viele Physiker, wenn sie über die Relativität nachzudenken beginnen: Ein Raumschiff versucht, einem Photon zu entkommen (das wird ihm natürlich nie gelingen). V sei die Geschwindigkeit, P der Impuls und E die Energie des Photons in der Wahrnehmung des Astronauten, wenn das Photon auf das Raumschiff trifft. In welcher Weise ändert die Steigerung der Raumschiffgeschwindigkeit die wahrgenommenen Werte V, P und E?

a) V, P und E sind konstant und ändern sich überhaupt nicht.
b) V, P und E werden alle geringer.
c) V und P werden geringer, E ändert sich nicht.
d) V und E werden geringer, P ändert sich nicht.
e) P und E werden geringer, V ändert sich nicht.

ANTWORT: VON EINEM PHOTON VERFOLGT Die Antwort ist: e. Die wahrgenommene Lichtgeschwindigkeit verringert sich nicht, auch wenn der Beobachter vor dem Licht wegläuft. Diese seltsame, aber experimentell bestätigte Tatsache ist einer der Eckpfeiler der Physik. V ändert sich nicht. Wenn jedoch der Beobachter immer schneller vor dem sich nähernden Licht wegläuft, macht der Doppler-Effekt die beobachtete Lichtfrequenz kleiner und die beobachtete Wellenlänge größer, d.h. das Licht erfährt eine Rotverschiebung. Je röter ein Photon wird, desto weniger Energie und Impuls enthält es. Das ist der Grund dafür, warum die Dunkelkammerbeleuchtung rot ist. Also werden P und E kleiner.
Die gute alte Intuition hatte zumindest zu zwei Dritteln Recht. Die Intuition würde nahelegen, daß V, P und E alle geringer werden, wenn die Rakete vor dem Photon wegläuft, was ja auch tatsächlich geschah, als die Rakete vor dem Kometen weglief. Es mag seltsam erscheinen, daß die weniger vertrauten Konzepte des Impulses und der Energie näher an der Intuition liegen als das besser vertraute Konzept der Geschwindigkeit.

WAS BEWEGT SICH?

Die Doppler-Frequenzverschiebung, die erzeugt wird, wenn Sie sich von einer Schallquelle zurückziehen, ist die gleiche wie die, die erzeugt wird, wenn sich die Schallquelle von Ihnen zurückzieht.

a) richtig
b) falsch

Die Doppler-Frequenzverschiebung, die erzeugt wird, wenn Sie sich von einer Lichtquelle zurückziehen, ist die gleiche wie die, die erzeugt wird, wenn sich die Lichtquelle von Ihnen zurückzieht.

a) richtig
b) falsch

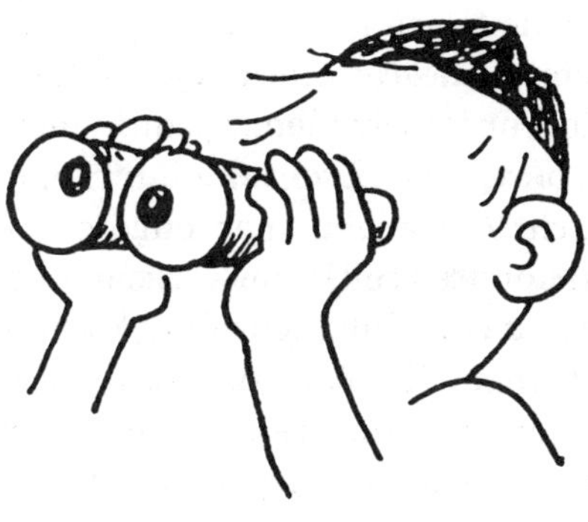

ANTWORT: WAS BEWEGT SICH? Die Antwort auf die erste Frage ist: b. Die Antwort auf die zweite Frage ist: a. Es gibt nicht nur einen Doppler-Effekt, sondern mehrere Variationen.

Wenn Sie von einer Schallquelle mit Schallgeschwindigkeit weglaufen, ist die von Ihnen wahrgenommene Frequenz auf Null gesunken. Das liegt daran, daß Sie überhaupt keinen Schall mehr empfangen – Sie laufen ihm davon. Wenn statt dessen die Schallquelle mit Schallgeschwindigkeit von Ihnen wegläuft, ist die empfangene Frequenz halbiert, weil die Schallwellen sich über den doppelten Raum ausbreiten, verglichen mit dem Raum bei einer ruhenden Schallquelle. Wenn Sie sich einer Schallquelle mit Schallgeschwindigkeit nähern, wird die Schallfrequenz verdoppelt, da die Geschwindigkeit des Schalls relativ zu Ihnen verdoppelt wird. Nähert sich Ihnen die Schallquelle mit Schallgeschwindigkeit, wird die Frequenz unendlich, da alle Wellen zu einem "Schallknall" zusammengeschoben werden.

Beim Schall macht es also einen großen Unterschied, ob sich die Quelle oder der Empfänger bewegt. Wir erkennen, daß der Doppler-Effekt Ihnen beim Schall ermöglicht zu unterscheiden, wer sich bewegt, die Quelle oder der Empfänger. Angewendet auf das Licht, würde dieser Effekt uns erlauben zu unterscheiden, ob sich die Erde einem Stern nähert oder der Stern der Erde. Das wäre ein Test, mit dem wir bestimmen könnten, wer sich wirklich durch den leeren Raum bewegt. Die zentrale Idee der Relativität ist jedoch, daß Sie die absolute Bewegung nicht bestimmen können – nur die relative Bewegung. Wenn Sie z.B. einem Stern immer näher kommen, können Sie nicht unterscheiden, ob Sie sich bewegen oder der Stern.

Daher muß sich der Doppler-Effekt beim Licht vom Doppler-Effekt beim Schall unterscheiden. Beim Licht kann der Doppler-Effekt nicht verraten, ob sich die Erde oder der Stern bewegt. Er muß in beiden Fällen die gleiche Verschiebung erzeugen.

Nun könnten Sie fragen, wieso der Schall das Prinzip der Relativität verletzen darf? Muß nicht die gesamte Physik den gleichen Grundgesetzen gehorchen? Die Antwort ist, daß es beim Schall noch einen Dritten gibt, der den Königmacher spielt. Das ist die Luft. Es hätte ja sein können, daß es etwas im Raum gibt (z.B. Äther), das mit den Lichtwellen das gleiche macht wie die Luft mit dem Schall. Die Welt wurde aber nicht so zusammengesetzt. Der leere Raum enthält nichts, das als Königmacher verwendet werden könnte, d.h. als Bezugspunkt für die Entscheidungen, was sich wirklich bewegt.

LICHTUHR

Ein Raumschiff sendet kurze Lichtblitze aus, und zwar einen Blitz alle 6 Minuten Raketenzeit. Diese Blitze werden auf einem entfernten Planeten beobachtet. Wenn sich das Raumschiff dem Planeten mit einer hohen Geschwindigkeit nähert, sehen die Beobachter auf dem Planeten die Blitze in Intervallen von

a) weniger als 6 Minuten
b) 6 Minuten
c) mehr als 6 Minuten

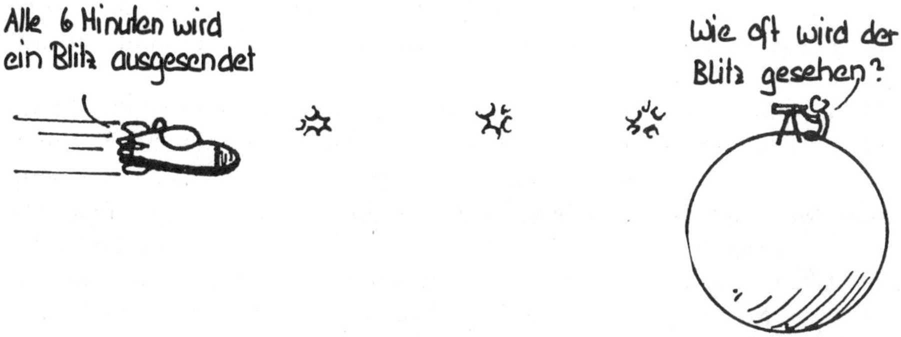

ANTWORT: LICHTUHR Die Antwort ist: a, in Übereinstimmung mit dem Doppler-Effekt. Je größer die relative Geschwindigkeit zwischen Sender und Beobachter ist, desto kürzer ist das beobachtete Zeitintervall. Wenn sich das Schiff z.B. mit der Geschwindigkeit 0,6c dem Planeten nähert, werden die Blitze in Intervallen von 3 Minuten gesehen.

NOCH EINE LICHTUHR

Ein Raumschiff sendet alle 6 Minuten einen Lichtblitz und fliegt vom Planeten A zum Planeten B. Wenn auf dem Planeten B die Lichtblitze alle 3 Minuten gesehen werden, sieht ein Beobachter auf dem Planeten A die Blitze alle

a) 3 Minuten
b) 6 Minuten
c) 9 Minuten
d) 12 Minuten

ANTWORT: NOCH EINE LICHTUHR Die Antwort ist: d. Dies kann folgendermaßen gezeigt werden: Betrachten Sie Skizze 1, in der ein Sender auf der Erde Blitze in 3-Minuten-Intervallen zu einem entfernten Planeten sendet, der sich in relativer Ruhe befindet. Ein Beobachter auf dem entfernten Planeten empfängt die Blitze alle 3 Minuten. Eine Rakete, die zwischen der Erde und dem Planeten fliegt, empfängt sie jedoch in größeren Intervallen – wir wollen annehmen, daß die Raumschiffgeschwindigkeit so ist, daß die Blitze alle 6 Minuten empfangen werden. Wir wollen weiterhin annehmen, daß das Schiff jedes Mal einen Blitz aussendet, wenn es einen empfängt. Einsteins erstes Postulat ist,

1

daß das Licht in allen Bezugssystemen die gleiche Geschwindigkeit hat, daher laufen diese Blitze mit denen der Erde zusammen und werden auf dem entfernten Planeten in 3-Minuten-Intervallen gesehen, siehe Skizze 2. Dies steht im Einklang mit der vorausgegangenen Frage "Lichtuhr". Wie häufig würden aber die Blitze des Schiffs auf der Erde gesehen? Hier

2

nehmen wir das zweite Postulat von Einstein hinzu, nämlich daß man durch keine Beobachtung unterscheiden kann, ob sich die Erde bewegt und das Schiff in Ruhe ist oder ob sich das Schiff bewegt und die Erde in Ruhe ist. Da das Schiff die Blitze von der Erde in doppelt so großen Intervallen empfängt (6 Minuten statt 3 Minuten), muß auch die Erde die Impulse des Schiffes in doppelten Intervallen empfangen (12 Minuten statt 6 Minuten).

Daher werden die vom Schiff ausgesendeten Blitze mit 6 Minuten Abstand auf dem angeflogenen Planeten in Abständen von 3 Minuten gesehen, während sie auf dem Planeten, von dem es wegfliegt, alle 12 Minuten erkannt werden. Diese reziproke Beziehung zum Licht gilt für alle Geschwindigkeiten. Wenn sich das Raumschiff schneller bewegen würde, so daß die Zeitintervalle zwischen den Blitzen bei Annäherung mit 1/3 oder 1/4 ihrer Annäherungsrate beobachtet würden, würden sie sich bei der Entfernung auf das 3- oder 4fache verlängern. Diese einfache Beziehung gilt nicht für Schallwellen (siehe "Was bewegt sich?").

AUSREISE

Wir wollen annehmen, daß Ihr Raumschiff um 12 Uhr mittags von der Erde startet und mit gleichbleibender Geschwindigkeit eine Stunde Raketenzeit durch den Raum fliegt. Während dieser Stunde sendet es alle 6 Minuten einen Blitz aus, insgesamt 10. Ein Erdbeobachter sieht diese Blitze in 12-Minuten-Intervallen. Wenn der zehnte Blitz ausgesendet worden ist, zeigen die Uhren im Raumschiff 1:00 h. Wird der zehnte Blitz auf der Erde empfangen, zeigen die Uhren auf der Erde

a) 1:00 h
b) 1:30 h
c) 2:00 h
d) 2:30 h

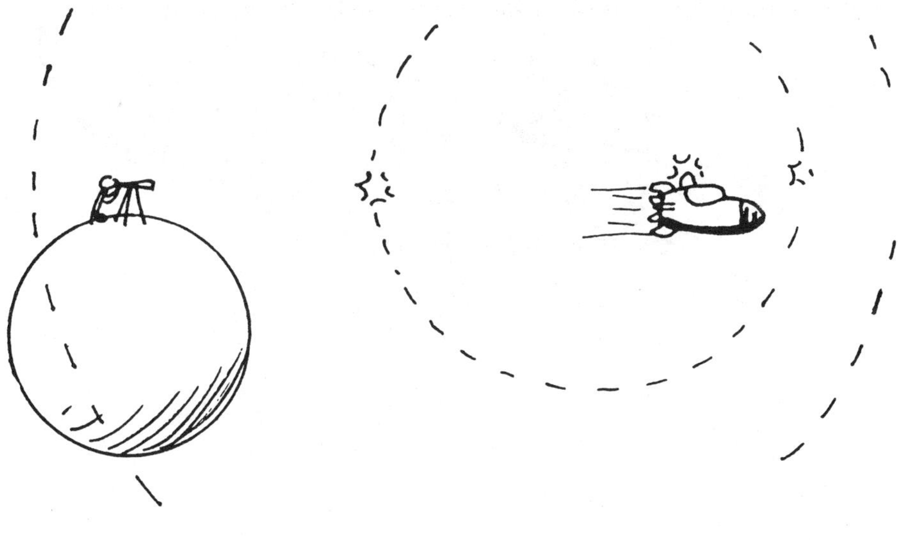

ANTWORT: AUSREISE Die Antwort ist: c, 2:00 h. Das mag nicht besonders ungewöhnlich erscheinen, da die Blitze Zeit benötigen, um die Erde zu erreichen. Die zehn Blitze werden auf der Erde in 12-Minuten-Intervallen gesehen, damit gilt 10 x 12 = 120 Minuten = 2 Stunden. Lesen Sie weiter.

RUNDREISE

Angenommen, Ihr Raumschiff könnte eine plötzliche Kehrtwendung vollführen, wenn es den zehnten Blitz aussendet, und dann mit der gleichen Geschwindigkeit zur Erde zurückkehren. Es sendet weiterhin alle 6 Minuten einen Blitz und sendet damit 10 Blitze in der Stunde der Rückkehr. Diese Blitze werden aber auf der Erde in 3-Minuten-Intervallen gesehen. Damit zeigt die Uhr an Bord des Raumschiffes 2:00 h, wenn das Schiff wieder auf die Erde zurückkehrt (1 Stunde hin und 1 Stunde zurück); die Uhren auf der Erde zeigen

a) ebenfalls 2:00 h
b) 2:30 h
c) weder noch

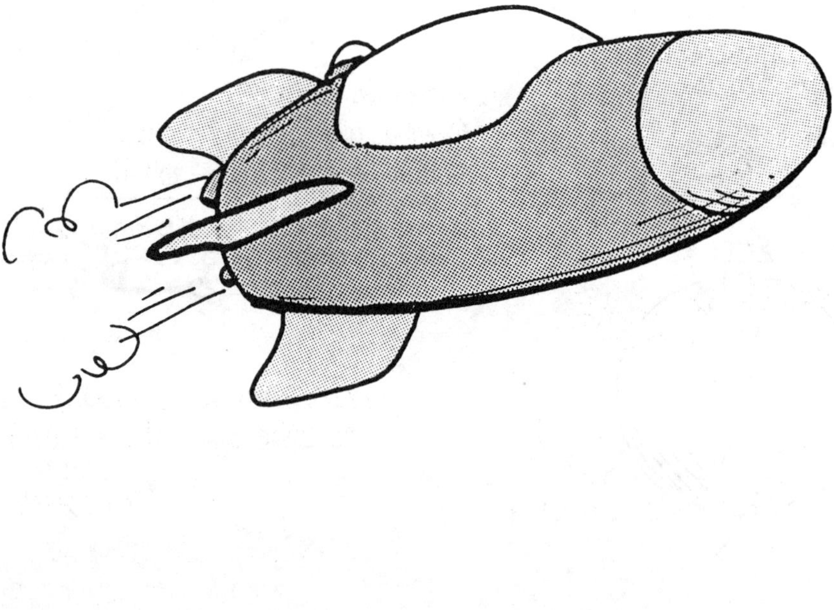

ANTWORT: RUNDREISE Die Antwort ist: b. Eine Person auf dem schnellen Raumschiff altert nur 2 Stunden, während die Menschen auf der Erde 2 1/2 Stunden altern! Wenn sich das Schiff schneller bewegt, steigen die Unterschiede in der Zeit sogar noch mehr. Bei 0,87c erscheinen z.B. 2 Stunden auf dem Raumschiff wie 4 Stunden im Bezugssystem der Erde, bei 0,995c werden sie zu 20 Stunden. Bei unseren tagtäglichen Geschwindigkeiten sind die Zeitunterschiede winzig, aber vorhanden. Das ist die Zeitdehnung oder Zeitdilatation. Sie können sich nicht durch den Raum bewegen, ohne die Zeit zu ändern. Ein Reisender im Raum ist auch ein Reisender in der Zeit. Zwei Menschen können in der Raumzeit am gleichen Ort sein, wenn aber einer von ihnen weggeht und zum gleichen Ort zurückkehrt, geschieht das auf Kosten der Zeit.

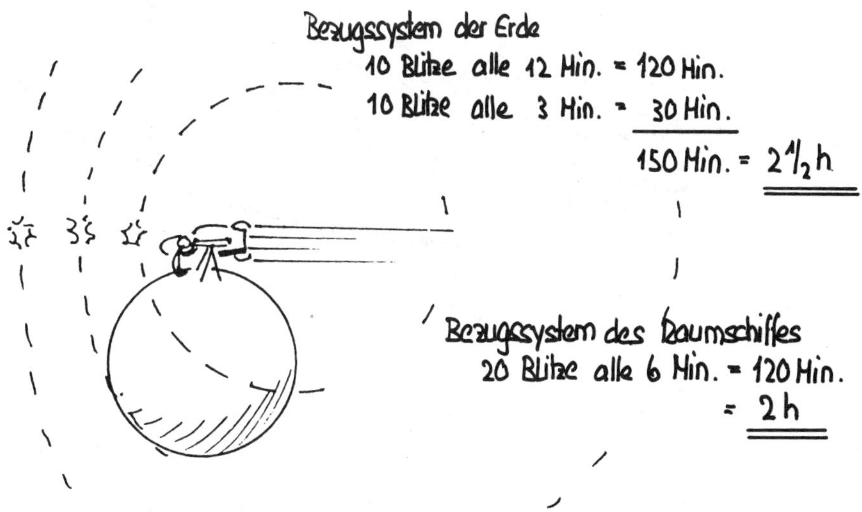

BIOLOGISCHE ZEIT

Es gibt viele Arten von Uhren: Sanduhren, elektrische Uhren, mechanische Uhren, Sonnenuhren und biologische Uhren. Da jetzt gezeigt werden kann, daß Bewegung die Geschwindigkeit jeder Art von Uhr reduziert, muß sie notwendigerweise alle Uhren gleichmäßig beeinflussen?

a) Ja, sie muß alle Uhren gleichmäßig beeinflussen.
b) Nein, sie braucht nicht alle zu beeinflussen.

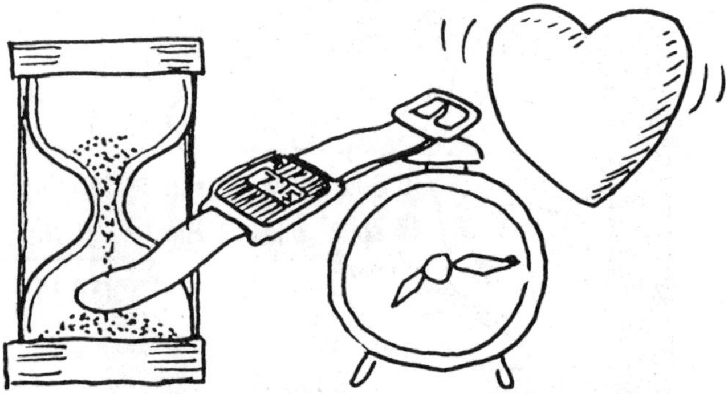

ANTWORT: BIOLOGISCHE ZEIT Die Antwort ist: a. Wir wollen annehmen, daß zwei verschiedene Uhrarten so eingestellt werden, daß sie synchron laufen, und dann in einem Kasten versiegelt werden. Der Kasten wird jetzt in gleichmäßige Bewegung versetzt. *Wenn* die Bewegung eine Uhr stärker als eine andere beeinflußt, würde eine Person, die in dem versiegelten Kasten mitreisen würde, den Unterschied zwischen den Uhren bemerken. Damit hätte die Person eine Möglichkeit zu erkennen, daß sich der Kasten bewegt! Das würde ein Hauptprinzip der Relativität verletzen, nämlich daß es für eine Person in einem geschlossenen Kasten keine Möglichkeit gibt, den Zustand der Ruhe und den Zustand einer gleichförmigen Bewegung zu unterscheiden. Wenn sich also eine Uhr verlangsamt, müssen sich alle Uhren verlangsamen, auch die biologische Uhr Ihres Körpers – und zwar um genau denselben Betrag.

STARKER KASTEN

Wir wollen annehmen, daß eine Atombombe in einem Kasten explodiert, der stark genug ist, um die gesamte von der Bombe freigesetzte Energie zurückzuhalten. Nach der Explosion würde der Kasten

a) mehr wiegen als vor der Explosion
b) weniger wiegen als vorher
c) genausoviel wiegen wie vorher

ANTWORT: STARKER KASTEN Die Antwort ist: c. Die Atombombe wandelt einen Teil ihrer Masse in Energie um. Daher wiegt die Bombe oder das, was noch davon übrig ist, nach der Explosion weniger als vorher. Vergessen Sie aber nicht: die Energie hat auch Masse. Wieviel? Die Energie hat genausoviel Masse, wie die Bombe verloren hat, und diese Gesamtenergie ist im Kasten gefangen. Daher gleicht die Masse der Energie den Masseverlust der Bombe genau aus, so daß sich das Gesamtgewicht des Kastens durch die Explosion nicht ändern kann.

LORD KELVINS VISION

Vor mehr als einem Jahrhundert lebte ein Physiker mit Namen Lord Kelvin. Er war der Lehrer von Maxwell, und zu seinen Ehren schreiben wir die Absolute Temperatur als 273 K (273 Kelvin).

Lord Kelvin stellte sich vor, daß der gesamte Raum mit einer unsichtbaren Substanz gefüllt wäre, die "Äther" genannt wurde und mit deren Hilfe er das Vorhandensein von Licht und Materie beschrieb. In Ruhe war der Äther überhaupt nichts, nur leerer Raum. In Schwingungen versetzt, würde der Äther jedoch diese Schwingungen durch den Raum ausbreiten, genau wie sich Schallwellen durch die Luft ausbreiten. Die Ätherwellen wären damit die Lichtwellen. Die Materieatome wären nichts als winzige Wirbel im Äther, wie ein Rauchring ein Wirbel in der Luft ist. Der Äther wäre reibungslos, so daß ein einmal in Gang gesetzter Wirbel sich immer weiter drehen und damit zusammenhalten würde.

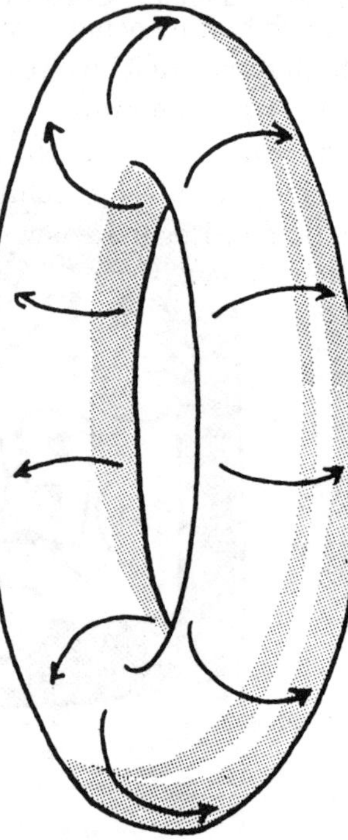

Wir wollen jetzt einmal annehmen, daß Kelvins Vision richtig wäre und die Atome Wirbel im Äther wären. Sie könnten eines der Wirbelatome zerstören. Würde dabei kinetische Energie freigesetzt?

a) ja b) nein

ANTWORT: LORD KELVINS VISION Die Antwort ist: a. Das Wirbelatom enthält kinetische Energie, genau wie ein Schwungrad kinetische Energie enthält. Würde der Wirbel zerstört, müßte die Energie irgendwohin gehen. Damit war die Freisetzung der Energie durch die Zerstörung der Materie tatsächlich über ein Jahrhundert vor der ersten Atombombe vorausgesehen worden.

Lord Kelvin versuchte, alle Dinge im Universum als verschiedene Manifestationen von Zuständen einer zugrundeliegenden Sache zu erklären – das ist auch heute noch das Ziel der Physik. Kelvin griff nach etwas, was außerhalb seiner Reichweite lag, er wußte aber ganz bestimmt, in welche Richtung er greifen mußte.

Übrigens war Kelvin ein sehr praktischer Mann, der sehr viele Erfindungen machte: Geräte für Schiffskompasse, Geräte für Unterwassertelegraphenkabel, Rechner usw. Lord Kelvin war geschäftlich und wissenschaftlich ein praktischer Mann.

EINSTEINS DILEMMA

Welche der folgenden Behauptungen ist richtig? Die Geschwindigkeit des Lichts im freien Raum

a) ist immer konstant
b) ist an einigen Orten langsamer als an anderen – daher ist die Lichtgeschwindigkeit nicht immer konstant

ANTWORT: EINSTEINS DILEMMA Es erscheint fast blasphemisch, aber die Antwort ist: b. Die Gravitation kann einen Lichtstrahl biegen, so daß er gekrümmt verläuft. Während also die Unterseite des Lichtstrahls von L nach l verläuft, verläuft die Oberseite des Strahls von H nach h. Die Unterseite hat einen kürzeren Weg zurückzulegen als die Oberseite, da L bis l kürzer als H bis h ist.
Wenn der Lichtstrahl aus der Taschenlampe in einem Stück beim Papier ankommen soll, muß das Licht auf der Unterseite langsamer als auf der Oberseite sein.
Als Einstein dies sagte, hatten seine Gegner einen großen Tag. Aus ver-

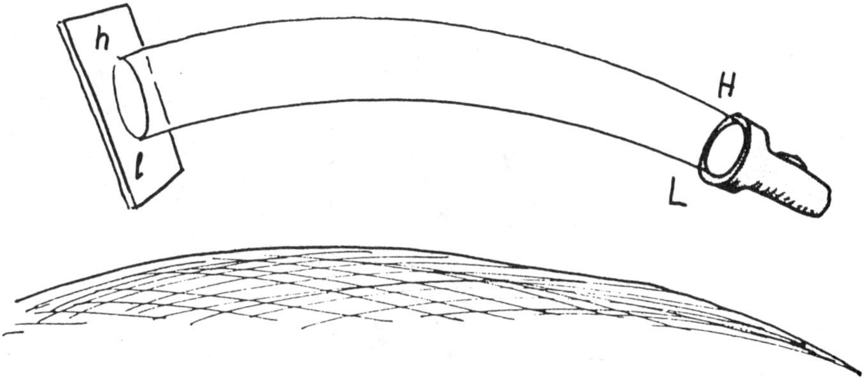

schiedenen Gründen gab es eine Menge Leute, die etwas gegen Einstein hatten, einige aus politischen Gründen und einige, weil sie seine Theorie nicht verstanden, obwohl sie eine Menge über Physik wußten. Einstein hatte zuerst eine große Sache daraus gemacht, daß die Lichtgeschwindigkeit konstant war, nun mußte er aber sagen, daß sie nicht immer konstant ist. Damit ergab sich für viele die Gelegenheit, ihn zu blamieren. Um die Dinge für jene zu verdeutlichen, die denken und zuhören, erläuterte Einstein die Sache folgendermaßen: In den Teilen des Raums, in denen es keine Gravitation oder so wenig Gravitation gibt, daß man sie vergessen kann, gibt es einen einfachen Fall – die *spezielle* Relativitätstheorie. In der *speziellen* Relativitätstheorie ist die Lichtgeschwindigkeit konstant. Im allgemeinen Fall, in dem man die Gravitation nicht vergessen kann, ergibt sich ein komplizierterer Fall – die *allgemeine* Relativitätstheorie. In der *allgemeinen* Relativitätstheorie ist die Lichtgeschwindigkeit nicht konstant. In der allgemeinen Theorie wird die Lichtgeschwindigkeit reduziert, wenn man dichter an die Erde oder eine andere große Masse herankommt. Daher bewegt sich die Unterseite des Lichtstrahls langsamer als die Oberseite, weil sie dichter an der Erde ist. Nun sprechen wir üblicherweise über die Lichtgeschwindigkeit im leeren Raum. Natürlich ist die Lichtgeschwindigkeit in Glas oder Wasser reduziert. Dadurch bekamen einige Leute die Vorstellung, daß der leere Raum um eine Masse herum sich so verhält, als ob er Glas oder Wasser enthielte. Einige Leute stellen sich das gern so vor, aber die meisten Menschen bevorzugen eine andere Vorstellung, die in "Zeitverzerrung" erläutert wird.

ZEITVERZERRUNG

Welche der folgenden Behauptungen ist richtig?

a) Es gibt einige Orte im Raum, an denen die Zeit auch im Ruhezustand langsam läuft.

b) Es gibt keine bekannten Orte im Raum, an denen die Zeit langsam läuft.

ANTWORT: ZEITVERZERRUNG Die Antwort ist genau wie in Science-Fiction-Geschichten: a. Einstein sagte, wir könnten uns die Gravitation folgendermaßen vorstellen: Die Dinge fallen nicht wirklich nach unten – der Boden kommt nach oben! Tatsächlich wird der Boden nach oben beschleunigt wie der Boden in einem sich beschleunigenden Raumschiff.

Wenn ein Raumschiff im schwerelosen Raum fliegt, zündet es seine Raketen, und alles im Raumschiff scheint zum Heck des Raumschiffs zu fallen. Die Beschleunigung der Rakete erzeugt eine künstliche Gravitation. Nun sagt Einstein, es gebe keinen Unterschied zwischen den Wirkungen der künstlichen Gravitation und der realen Gravitation. (Natürlich kann die künstliche Gravitation nur so lange anhalten, bis das Raumschiff allen Treibstoff verbrannt hat.)

Im ersten Moment erscheint es so, als wenn es keinen Unterschied zwischen der künstlichen und der realen Gravitation gibt. Betrachten wir aber einmal folgendes: Zwei Lichtblitze werden vom Boden zur Spitze des Raumschiffs gesendet. Wir wollen uns den unten gezeigten Trickfilm ansehen und dabei annehmen, daß die einzelnen Bilder des Trickfilms eine Sekunde voneinander entfert sind.

Die von der Rakete von einem Bild zum nächsten zurückgelegte Strecke wird größer, da die Rakete beschleunigt. Der Blitz A startet im Bild 1, und Blitz B startet im Bild 2 genau eine Sekunde später. Die vom Blitz zurückgelegte Strecke ist konstant. Der Blitz A kommt an der Spitze im Bild 3 und der Blitz B im Bild 6 an.

Also wurden die Blitze im Abstand von einer Sekunde *gestartet* und *kamen* im Abstand von drei Sekunden *an*. Würde eine lange Reihe von Blitzen im Abstand von einer Sekunde gestartet, würden sie als Reihe von Blitzen im Abstand von drei Sekunden ankommen. Die Frequenz der Ankunft ist niedriger als die Startfrequenz.

Jetzt sind nach Einstein die künstliche Gravitation des Raumschiffs und die reale Gravitation gleichwertig. Wenn sie

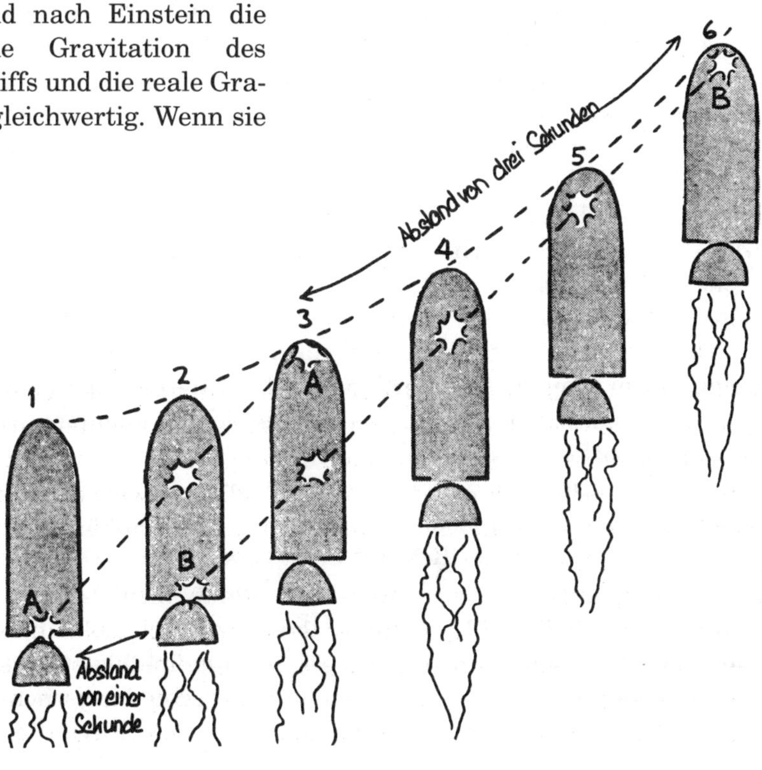

gleichwertig sind, müssen Lichtblitze, die am Boden eines Turms gestartet werden, an der Spitze des Turms mit einer niedrigeren Frequenz ankommen als die, mit der sie gestartet wurden.
Wenn Sie z.B. Blitze mit der Frequenz 1000 Hz am Boden auslösen, sollten sie an der Spitze mit einer niedrigeren Frequenz ankommen, z.B. 999 Hz. Das ist aber nur schwer zu glauben. Wo blieb der fehlende Blitz? 1000 starteten während einer Sekunde am Boden, oben kamen aber nur 999 in einer Sekunde an. Irgend etwas muß einen Blitz pro Sekunde auffessen! Es gibt natürlich nichts, was Blitze essen kann.
Jetzt kommt der Geniestreich. Einstein erkannte, daß der einzige Grund dafür, daß sich die Frequenz oben von der Frequenz am Boden unterscheidet, darin liegen könnte, daß die Uhr oben mit einer anderen Geschwindigkeit läuft als die Uhr am Boden. Bei einer Uhr mit halber Geschwindigkeit gäbe es zwei Sonnenuntergänge in 24 Stunden – bei einer Uhr mit einem Viertel der Geschwindigkeit gäbe es vier Sonnenuntergänge in 24 Stunden. Wenn die Frequenz der Blitze unten im Turm größer als die Frequenz an der Spitze ist, liegt es daran, daß die Uhr am Boden langsamer als an der Spitze läuft.
Gravitation verlangsamt die Zeit. Masse erzeugt Gravitation. Also verlangsamt Masse die Zeit. In der Nähe großer Massen läuft die Zeit langsamer als in den Teilen des Raums, die sich weit von den Massen entfernt befinden. Ihre Füße altern langsamer als Ihr Kopf! Wie langsam kann die Zeit werden? Wenn Sie genügend Masse haben, können Sie die Zeit anhalten.
Wenn die Zeit langsam läuft, läuft alles langsam – sogar das Licht. Das erklärt, warum das Licht sich in der Nähe von Massen verlangsamt (siehe "Einsteins Dilemma"). Sie können also auch das Licht verlangsamen, ohne die Lichtgeschwindigkeit zu ändern. Sie ändern also die Geschwindigkeit der Zeit. Wenn es genügend Masse gibt, um die Zeit zum Stillstand zu bringen, steht auch das Licht still – es ist gelähmt, also gefangen. Aus diesen Massefallen kann kein Licht entkommen. Sie werden "schwarze Löcher" genannt.
Schwarze Löcher existieren in der Theorie. Einige Wissenschaftler glauben, daß sie auch in der Realität vorhanden sind. Einstein selbst glaubte, daß es sie in der Realität nicht geben könne. Die Antwort wird wahrscheinlich zu unseren Lebzeiten gefunden werden.
Kehren wir aber zur Frage zurück. Gibt es Orte im Raum, an denen die Zeit langsamer läuft? Die Antwort ist "ja". Sie befinden sich gerade an einem solchen Ort.

$E = MC^2$

Die gefeierte Gleichung $E = mc^2$ oder $m = E/c^2$ (c ist die Lichtgeschwindigkeit) sagt uns, wieviel Masse m ein Kernreaktor verlieren muß, um einen gegebenen Betrag Energie E zu erzeugen. Welche der folgenden Behauptungen ist richtig?

a) Dieselbe Gleichung $E = mc^2$ oder $m = E/c^2$ besagt auch, wieviel Masse m eine Taschenlampenbatterie verlieren muß, wenn die Taschenlampe eine bestimmte Energiemenge E ausgibt.

b) Die Gleichung $E = mc^2$ gilt nur für die Kernenergie in einem Reaktor, aber nicht für die chemische Energie in einer Batterie.

ANTWORT: $E = MC^2$ Die Antwort ist: a. Wenn die Masse-Energie-Gleichung $E = mc^2$ für irgendeine Energieform gilt, z.B. für die Kernenergie, muß sie auch für jede andere Energieform gelten, einschließlich der Batterieenergie. Das ist nicht schwer zu verstehen. Wir versiegeln einen Kernreaktor und eine Batterie in einem Kasten. Nichts kann in diesen Kasten eindringen oder ihn verlassen. Wir wollen jetzt den Reaktor Energie abgeben lassen und diese Energie in die Batterie stecken. Während der Reaktor Energie ab gibt, verliert er Masse. Aus dem versiegelten Kasten kann aber keine Masse austreten. Wo bleibt also die verlorene Masse? Sie kann nur in die Batterie übergehen. Daher gewinnt die Batterie Masse, wenn sie Energie gewinnt, und verliert Masse, wenn sie Energie abgibt. Wer auch immer Energie von der Batterie erhält, erhält auch einen Teil der Batteriemasse.

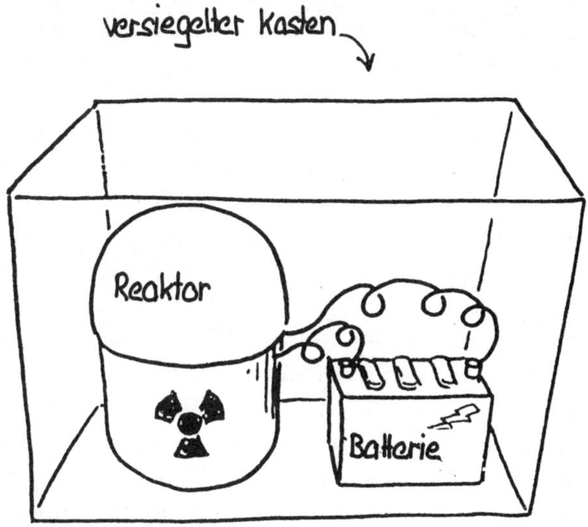

RELATIVISTISCHES MOTORRAD UND RELATIVISTISCHE STRASSENBAHN

Wir stellen uns ein Motorrad, das mit superhochleistungsfähigen Batterien angetrieben wird, und eine normale Straßenbahn vor. Beide werden so stark angetrieben, daß sich ihre Geschwindigkeiten der Lichtgeschwindigkeit nähern. Wenn wir ihre Masse in unserem Bezugssystem messen, erhalten wir einen Anstieg der Masse

a) beim Motorrad
b) bei der Straßenbahn
c) bei beiden
d) bei keinem von beiden

ANTWORT: RELATIVISTISCHES MOTORRAD UND RELATIVISTISCHE STRASSENBAHN Die Antwort ist: b, im Gegensatz zur weitverbreiteten Fehleinschätzung, daß die Masse einer beweglichen Sache immer ansteigt und sich der Unendlichkeit nähert, wenn die Geschwindigkeit der Sache sich der Lichtgeschwindigkeit nähert. Die Masse einer Sache steigt aber nicht dann, wenn ihr Geschwindigkeit hinzugefügt wird, sondern nur dann, wenn ihr Energie hinzugefügt wird.

Die Straßenbahn erhält Energie über die Fahrleitung aus dem Kraftwerk. Das Motorrad trägt aber seine eigene Energieversorgung mit sich. Im Gegensatz zur Straßenbahn wird dem Motorrad also keine neue Energie hinzugefügt. Energie besitzt Trägheit. Die Masse der Straßenbahn steigt mit der Geschwindigkeit, während die Masse des Motorrads bei jeder Geschwindigkeit gleich bleibt.

Interessanterweise wird die gesamte von der Straßenbahn gewonnene Masse durch den entsprechenden Massenverlust im Kraftwerk kompensiert. Wenn die Straßenbahn 1000 kg Masse gewinnt, verlieren der Treibstoff und seine Produkte im Kraftwerk 1000 kg Masse! Beim Motorrad wird jeder Massegewinn des Motorrads und des Fahrers durch den entsprechenden Masseverlust der Batterie kompensiert, so daß sich keine Nettoänderung ergibt.

Die Masse aller Dinge strebt nicht einfach dadurch gegen Unendlich, daß ihre Geschwindigkeit sich der Lichtgeschwindigkeit nähert. Schließlich bewegt sich das Licht mit Lichtgeschwindigkeit, und dessen Masse ist bestimmt nicht unendlich.

WEITERE FRAGEN (OHNE ERKLÄRUNGEN)

Mit den folgenden Fragen, die zu denen auf den vorangegangenen Seiten analog sind, werden Sie allein gelassen. Denken Sie physikalisch!

1. Ein Raumschiff strebt mit 3/4c von der Station weg. Es feuert eine Rakete mit 3/4c geradeaus weg von der Station. In bezug auf die Raumstation bewegt sich die Rakete mit einer Geschwindigkeit von

a) weniger als 3/4c b) 3/4c
c) mehr als 3/4c, aber weniger als c d) 1 1/2c

2. Nichtmaterielle Dinge wie Schatten bewegen sich häufig schneller als mit Lichtgeschwindigkeit.

a) richtig b) falsch

3. In Ruhe ist ein Zug 110 m lang. Ein Tunnel ist in Ruhe 100 m lang. Bei niedrigen Geschwindigkeiten gibt es keinen Punkt, an dem der Zug vollständig im Tunnel ist, aber bei relativistischer Geschwindigkeit könnte der Zug vollständig im Tunnel gesehen werden, und zwar aus dem Bezugssystem

a) des Tunnels b) des sich bewegenden Zuges
c) aus beiden d) aus keinem von beiden

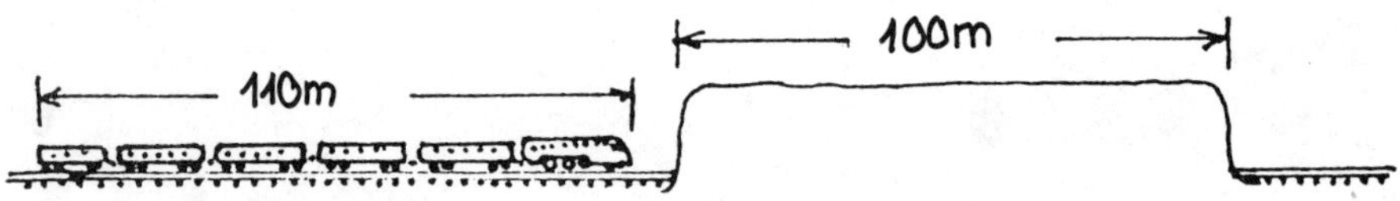

4. Wenn sich Ihnen eine blinkende Lichtquelle mit hoher Geschwindigkeit nähert, messen Sie eine Steigerung der

a) Lichtfrequenz b) Lichtgeschwindigkeit
c) beides d) weder noch

5. Entsprechend Einsteins Vorstellung der Gravitation würde ein entfernter Beobachter, der Licht an einem sehr massiven Körper vorbeilaufen sieht,

a) eine Erhöhung der Lichtgeschwindigkeit
b) eine Verringerung der Lichtgeschwindigkeit
c) überhaupt keine Veränderung

erkennen.

6. Genaugenommen altert vom Standpunkt einer Person im Erdgeschoß eines hohen Wolkenkratzers eine Person in der Spitze dieses Wolkenkratzers

a) langsamer b) schneller c) gleich schnell

QUANTEN

Es gibt eine Vorstellung, die vor Jahrtausenden entwickelt wurde und nach und nach ihre Bestätigung erhalten hat. Die Welt, in der wir leben, ist nach dieser Vorstellung das Ergebnis einer anderen Welt. Einer Welt, die sich uns entzieht, da sie zu klein ist, um erkannt zu werden. Nach dieser Vorstellung ist alles aus sehr kleinen Dingen zusammengesetzt, die Teilchen oder Moleküle oder Atome oder Nukleonen oder Quarks genannt werden. Es scheint so, als ob alles, sogar Energie, Licht und Elektrizität, in kleinen Paketen daherkommt, die Quanten genannt werden.
Der Traum der Physik ist es, daß wir das Funktionieren der ganzen Welt verstehen könnten, wenn wir die Funktionsweise der Quanten verstünden und wenn die Welt wirklich nur aus Quanten bestünde.

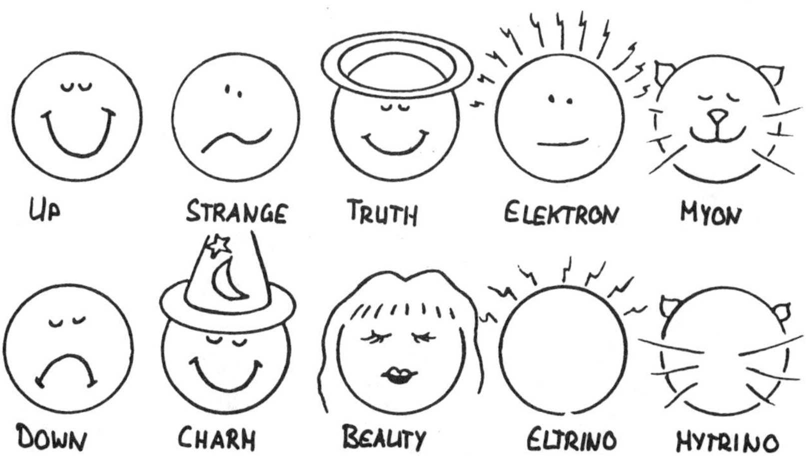

Einige Elementarteilchen

DIE GEBEINE TOTER THEORIEN

Man sagt: "Wissenschaft ist auf den Gebeinen toter Theorien aufgebaut." Wir behaupten z.B., daß man mit absoluter Sicherheit sagen kann,

a) wie ein Atom aussieht
b) wie ein Atom nicht aussieht
c) beides
d) weder noch

ANTWORT: DIE GEBEINE TOTER THEORIEN Die Antwort ist: b. Wenn man wissenschaftliche Bücher liest, kann man sich des Eindrucks nicht erwehren, daß die Wissenschaftler (oder die Autoren wissenschaftlicher Bücher) glauben, sie wüßten alles darüber, wie die Welt funktioniert. Das ist aber ein falscher Eindruck. Alles, was man wirklich weiß, ist, wie die Welt *nicht* funktioniert. Warum? Weil die Wissenschaft nicht wie die Geometrie ist, in der Beweise auf Logik beruhen. In der Wissenschaft beruhen die Beweise letztendlich auf Experimenten. Das Labor ist der oberste Gerichtshof der Wissenschaft.

Nehmen wir jetzt einmal an, Sie glauben und beobachten, daß eine bestimmte Sache ein Quadrat ist. Bedeutet das, daß das Ding wirklich ein Quadrat ist? Nein. Bei starker Vergrößerung könnte man feststellen, daß es nur ungefähr ein Quadrat ist. Sie können sich also niemals sicher sein, daß es wirklich ein Quadrat ist, Sie können sich aber sicher sein, daß es kein Kreis ist.

Ideen können mit Sicherheit widerlegt werden, keine Idee kann aber mit Sicherheit Bestand haben. Niemand weiß genau, wie ein Atom aussieht, alle wissen aber (ganz bestimmt), daß es nicht wie ein Katze aussieht.

KOSMISCHE STRAHLEN

Das Sternenlicht regnet aus dem Nachthimmel herunter. Kosmische Strahlen regnen ebenfalls aus dem Nachthimmel. Die Gesamtenergie kosmischer Strahlen aus dem Himmel ist

a) sehr viel geringer als
b) etwa gleich wie
c) sehr viel größer als

die Gesamtenergie des Sternenlichts aus dem Nachthimmel.

ANTWORT: KOSMISCHE STRAHLEN Die Antwort ist: b. Warum werden dann Gedichte über das Sternenlicht, aber nur selten über kosmische Strahlen geschrieben? Weil wir das Universum als das annehmen, was wir sehen können. Aber wieviel sehen wir wirklich?

KLEINER UND KLEINER

Was ist kleiner?

a) ein Atom
b) eine Lichtwelle
c) . . . beide haben etwa die gleiche Größe

ANTWORT: KLEINER UND KLEINER Die Antwort ist: a. Woher wissen wir das? Weil irgend jemand Messungen in einem Labor gemacht hat? Nein! Aus der Reflexion können wir erkennen, daß Atome kleiner als Lichtwellen sein müssen. Wären die Atome nicht sehr viel kleiner, wäre es unmöglich, eine Oberfläche herzustellen, die glatt genug wäre, um eine gute Reflexion zu erzeugen. Ist eine Reflexion deutlich, muß die Wellenlänge der reflektierten Welle sehr viel größer als die Größe der Dellen in der reflektierenden Oberfläche sein.

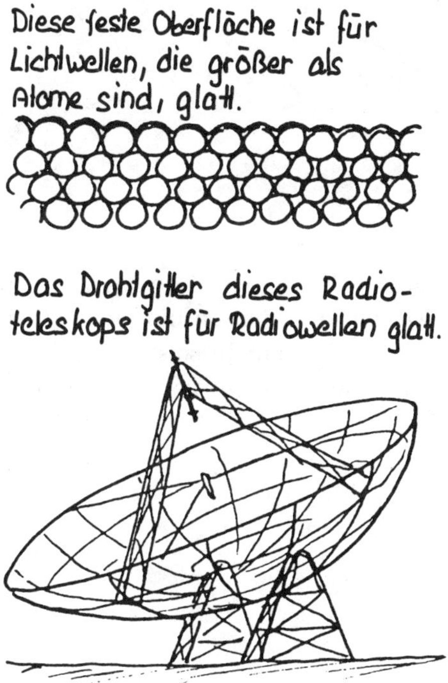

Übrigens bedeutet das, daß die Oberfläche bei einem Teleskopspiegel für ultraviolettes Licht sehr viel glatter sein muß als bei einem Teleskop für sichtbares Licht. Andererseits kann ein Infrarotteleskop mit einem sehr viel rauheren Spiegel auskommen als ein normales Teleskop. Bei einem Radioteleskop kann die Spiegeloberfläche so rauh sein, daß Kaninchendraht ein akzeptierbarer Reflektor ist.

Wenn der Lack eines Autos schlecht zu werden beginnt, erhält die Reflexion des Sonnenlichts von der Oberfläche eine rötliche Tönung. Warum?

Die Oberfläche ist schlecht, weil sie rauh wird und kleine Vertiefungen enthält. Dadurch werden die kleinen blauen Wellen schlechter reflektiert, während die roten Wellen nicht so stark beeinflußt werden. Das ist eine netter kleiner Nebenbeweis, der zeigt, daß blaue Wellen kleiner als rote Wellen sind.

ROTGLÜHEND

Vega ist ein blauer Stern. Antares ist ein roter Stern. Welcher ist heißer?

a) Vega
b) Antares

Über der Eckkneipe befindet sich ein rotes Neonschild. Ist das Neon in dem Schild genauso heiß wie Antares?

a) ja
b) nein

ANTWORT: ROTGLÜHEND Die Antwort auf die erste Frage ist: a. Wird ein massives Objekt erhitzt, glüht es zuerst rot. Wenn die Temperatur weiter steigt, ändert sich das Glühen auf orange, dann gelb und schließlich weiß. Wird die Temperatur noch weiter erhöht, glüht der Gegenstand blau. Stahlkocher verwenden die Farbe des geschmolzenen Stahls zur Messung seiner Temperatur. Glühendes Gas unter einem sehr hohen Druck ändert seine Farbe mit der Temperatur genauso, wie ein glühendes Metall seine Farbe ändert.

Die Antwort auf die zweite Frage ist: b. Wäre das Neonschild genauso heiß wie Antares, würde das Schild schmelzen, während Sie in der Realität die Neonröhre anfassen und feststellen können, daß sie nur lauwarm ist. Wie kann die Röhre also rot glühen? Weil das, was glüht, weder fest noch unter hohem Druck ist. Es glüht ein Niederdruckgas (Neon). Das unter niedrigem Druck stehende Gas gibt nicht soviel Energie ab wie ein Feststoff, der mit der gleichen Farbe glüht. Daher kann das Niederdruckgas eine sehr viel niedrigere Temperatur als der Feststoff haben.

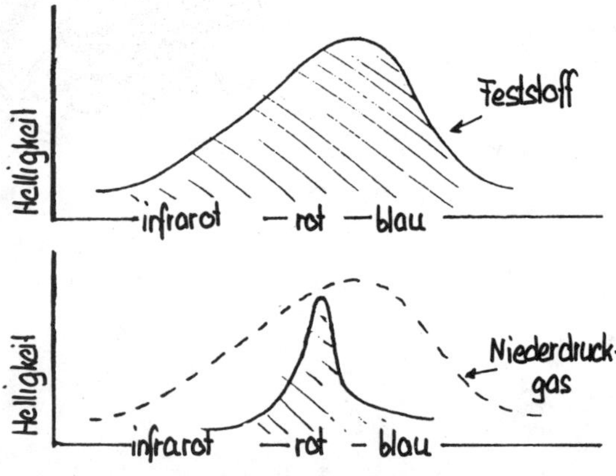

Sie können das selbst mit einem Prisma erkennen. Wenn Sie sich Licht durch ein Prisma ansehen, bricht das Prisma das Licht in die Farben auf, aus denen es besteht. Wenn Sie sich einen rot glühenden Feststoff oder Stern durch das Prisma ansehen, sehen Sie *alle* Farben. Rot ist am hellsten, die anderen Farben sind aber auch vorhanden. Wenn Sie sich eine rote Neonleuchte durch ein Prisma ansehen, sehen Sie *nur* rot (und möglicherweise andere sehr schwache Farben). Das Niederdruckneongas emittiert weniger Strahlung (weniger Farben) als das Hochdruckgas oder der Feststoff. Daher kann das Neon seine Aufgabe erfüllen und trotzdem "cool" bleiben.

VERLORENE PERSÖNLICHKEIT

Wenn das von einem glühenden Gas ausgesandte Licht durch einen dünnen Spalt und dann durch ein Prisma läuft, wird ein Linienspektrum erzeugt. Es wird ein kontinuierliches Spektrum erzeugt, wenn das Gas

a) eine Mischung mehrerer Atomarten ist
b) unter niedrigem Druck steht
c) unter hohem Druck steht
d) . . . alle drei Aussagen gelten
e) . . . keine der Aussagen gilt

ANTWORT: VERLORENE PERSÖNLICHKEIT Die Antwort ist: c. Auf sich allein gestellt, ermöglicht ein Atom seinen Elektronen, sich auf bestimmten Bahnen zu bewegen. Wenn das Atom Energie gewinnt oder verliert, springen seine Elektronen zwischen diesen zulässigen Bahnen hin und her. Jede Bahn hat eine bestimmte Energie, also wird bei einem Sprung ein Photon mit genau der Farbe (oder Frequenz oder Wellenlänge) abgestrahlt. Daher strahlen Atome bei Erhitzung nicht in allen Farben. Sie strahlen nur ganz bestimmte Farben ab. Dies wird "Linienspektrum" genannt, da Sie nur wenige farbige Bilder des Spalts sehen, durch den das Licht läuft. Diese Bilder sind die Linien des Linienspektrums. Die Linien werden durch Dunkelheit getrennt.

Wir wollen jetzt annehmen, daß das Atom nicht sich selbst überlassen ist. Nehmen wir an, daß es sich unter hohem Druck befindet, d.h. dicht mit anderen Atomen zusammen gedrängt ist. Die Atome stören gegenseitig ihre Elektronenbahnen. Dadurch existieren jetzt alle möglichen Arten verformter Elektronenbahnen. Dadurch werden auch neue Sprünge möglich. Jeder dieser neuen Sprünge bedeutet eine neue Farbe. So zeigen sich bald alle Farben von Rot bis Violett, wodurch wir ein kontinuierliches Spektrum erhalten. Gas unter einem niedrigen Druck zeigt also nur ein Linienspektrum, während das gleiche Gas in einem Hochdruckstern ein kontinuierliches Spektrum zeigt.

Genau das gleiche passiert mit Glocken. Werden Glocken einzeln aufgehängt, haben sie alle ihre eigene Frequenz, Färbung und Persönlichkeit. Werden sie aber zusammengehängt, stören sie sich gegenseitig. Sie verlieren ihre individuellen Frequenzen, Färbungen und Persönlichkeiten. Sie klingen nicht einmal mehr wie Glocken.

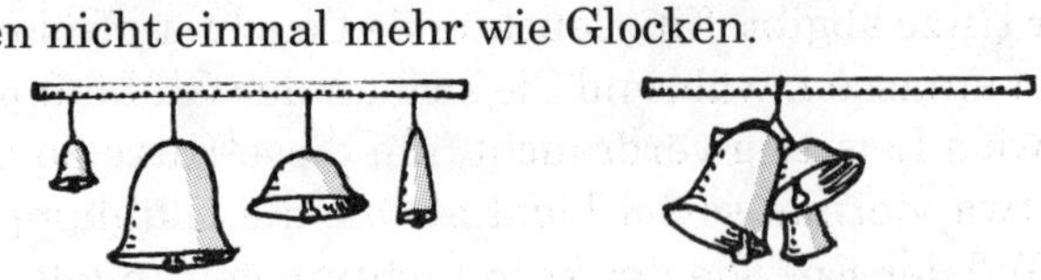

In einem Niederdruckgas kann man also die individuellen Persönlichkeiten der Atome erkennen. In einem Hochdruckgas oder Feststoff gehen die individuellen Persönlichkeiten der Atome verloren.

ÖKO-LICHT

Eine Glühlampe und eine Leuchtstoffröhre verbrauchen beide 40 W. Welche gibt mehr Licht ab?

a) die Glühlampe
b) die Leuchtstoffröhre
c) . . . beide sind gleich hell

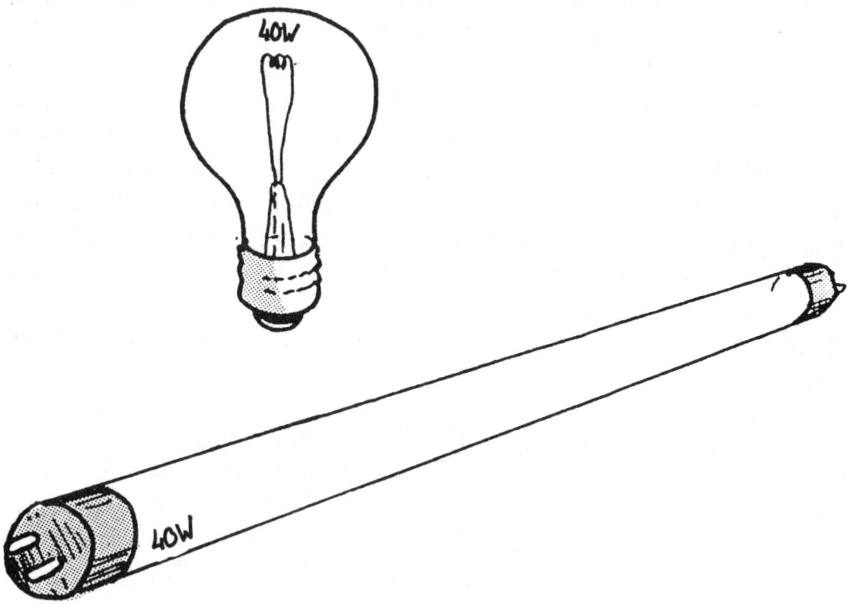

ANTWORT: ÖKO-LICHT Die Antwort ist: b. Das liegt daran, daß die Glühlampe mehr Hitze abgibt. Eine leuchtende Leuchtstoffröhre können Sie ohne Schaden anfassen, während Sie sich an der Glühlampe schnell verbrennen. Es wird Leistung verbraucht, um diese Hitze zu erzeugen. Die Röhre gibt etwa viermal soviel Licht ab wie die Glühlampe. Daher wird der größte Teil der Energie direkt in Licht umgewandelt.
Der Grund dafür ist der Unterschied zwischen dem Eindringen von Energie in ein Gas und in einen Feststoff. Im gasförmigen Zustand sind die Atome relativ isoliert, während sie im festen Zustand zusammenge-

ballt sind. Denken Sie an die unterschiedlichen Wirkungen, die Sie erhalten, wenn Sie eine einzelne Glocke und einen Kasten voller Glocken anschlagen. Von der einzelnen Glocke erhalten Sie einen schönen, klaren Ton. Der größte Teil der in die Glocke gesteckten Energie käme als klarer Ton mit dem Frequenzgang der Glocke heraus. Bei dem Kasten voller Glocken ist es aber nicht so. Der aus dem Kasten austretende Schall wäre unbestimmt, er bestünde aus vielen Frequenzen, die nicht für irgendwelche der einzelnen Glocken charakteristisch sind. Akustiker haben einen Namen für diese Art Töne. Sie nennen sie *weißes Rauschen*, da sie ein Gemisch vieler Frequenzen sind, genau wie weißes Licht eine Mischung vieler Farben ist.

Atome verhalten sich wie kleine Glocken, und die von ihnen ausgesandte Strahlung ist wie der Schall. Die Strahlung von isolierten Atomen schwingt mit deutlichen Frequenzen, die für die Atome charakteristisch sind. Das ist der Fall bei der Strahlung der Gasatome in der Leuchtstoffröhre. Der größte Teil der in die Atome eingegebenen Energie wird als sichtbares Licht ausgestrahlt. Die Energie, die in die im Glühdraht der Glühlampe zusammengedrängten Atome eingegeben wird, wird nur teilweise als sichtbares Licht ausgestrahlt. Das meiste davon wird als Infrarotstrahlung abgegeben, die häufig "Wärmestrahlung" genannt wird. Diese kann zwar für Sie kochen, unterstützt Ihr Sehvermögen aber nicht. Je mehr elektrischer Strom durch den Glühdraht gezwungen wird, desto heißer wird er, und desto mehr Hitze und Licht werden ausgesandt. Der prozentuale Anstieg der Lichtausbeute überschreitet den prozentualen Anstieg der Wärme, so daß die Glühlampe effizienter wird. Sie brennt aber auch schneller durch.

DUNKELKAMMERBELEUCHTUNG

Erinnern Sie sich daran, daß ein Schwarzweißfilm empfindlicher für blaues als für rotes Licht ist (das ist der Grund dafür, daß die Dunkelkammerbeleuchtung rot ist). Daraus folgt:

a) Es gibt mehr Photonen in einem Joule roten Lichts als in einem Joule blauen Lichts.
b) Es gibt mehr Photonen in einem Joule blauen Lichts als in einem Joule roten Lichts.
c) Es gibt die gleiche Anzahl von Photonen in einem Joule roten Lichts wie in einem Joule blauen Lichts.

ANTWORT: DUNKELKAMMERBELEUCHTUNG Die Antwort ist: a. Der Film wird belichtet, wenn ein Photon des Lichts auf ein Molekül im Film trifft und eine chemische Reaktion verursacht.

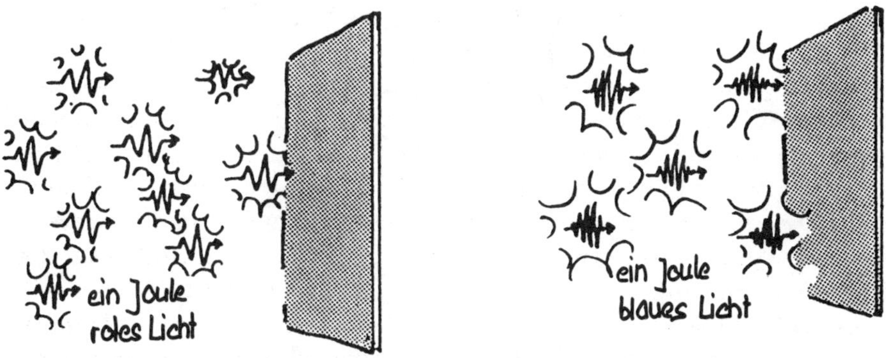

Die Wahrscheinlichkeit, daß zwei Photonen gleichzeitig auf das gleiche Molekül treffen, ist praktisch Null. Wenn das blaue Licht effektiver als das rote Licht ist, muß das daran liegen, daß jedes blaue Photon mehr Energie enthält als ein rotes Photon. Wenn ein blaues Photon auf ein Filmmolekül trifft, besitzt es alles, was für die Arbeit vonnöten ist. Ein rotes Photon kann die Arbeit nicht ausführen. Natürlich muß die Gesamtenergie in einem Joule roten oder blauen Lichts gleich sein. Also muß es in einem Joule roten Lichts mehr Photonen geben, von denen aber jedes einzelne weniger Energie trägt.

PHOTONEN

Photonen sind kleine Bündel der Lichtenergie. Alle Photonen enthalten den gleichen Energiebetrag.

a) richtig
b) falsch

Alle gelben Photonen enthalten den gleichen Energiebetrag.

a) richtig
b) falsch

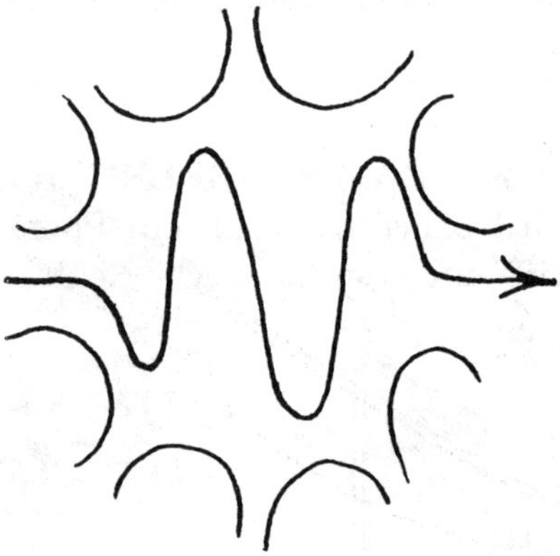

ANTWORT: PHOTONEN Die Antwort auf die erste Frage ist: b. Die Energie in einem Photon hängt von der Farbe ab. Rote Photonen haben mehr Energie als infrarote Photonen, gelbe mehr Energie als rote, blaue mehr als gelbe, violette mehr als blaue, ultraviolette mehr als violette. Die Antwort auf die zweite Frage ist: a. Alle gelben Photonen der gleichen Färbung enthalten einen bestimmten Energiebetrag – nicht mehr und nicht weniger.

PHOTONENSCHNITT

Ein Strahl gelben Lichts kann in zwei Hälften aufgeteilt werden, beide Hälften erscheinen gelb. Kann ein Photon im gelben Strahl "in zwei Hälften geschnitten werden"? Wenn ja, erscheinen beide Hälften wiederum gelb?

a) Es kann halbiert werden, und die Hälften erscheinen immer noch gelb.
b) Es kann halbiert werden, die Hälften sind aber nicht mehr gelb.
c) Es kann nicht halbiert werden, und die Hälften würden auch nicht gelb erscheinen.
d) Es kann nicht halbiert werden, die Hälften würden aber gelb erscheinen.

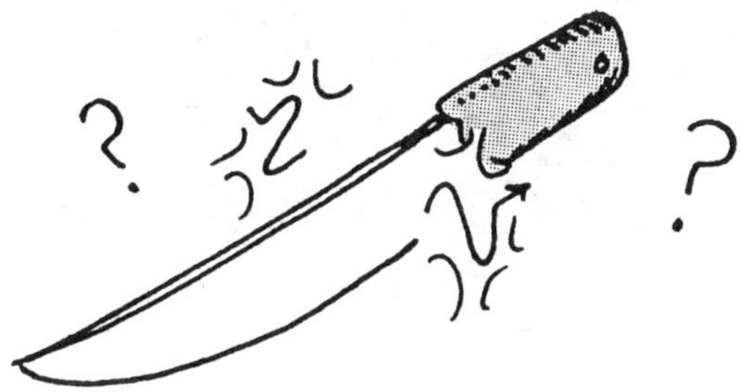

ANTWORT: PHOTONENSCHNITT Die Antwort ist: c. Wenn Sie versuchen, ein Photon durchzuschneiden, werden Sie entdecken, daß sich das Photon immer auf einer Seite des Schnitts befindet. Sie können zwar nicht sagen, auf welcher Seite es sich befinden wird, aber es wird sich immer vollständig auf einer Seite des Schnitts befinden. Sie können ein Photon zwar nicht zerschneiden, es kann aber absorbiert und seine Energie als Paar von Photonen wieder ausgestrahlt werden – diese haben dann aber niedrigere Frequenzen. Dies geschieht in fluoreszierenden Materialien, in denen ein Molekül ein einzelnes UV-Photon absorbieren und dann ein Paar roter Photonen aussenden kann. Die Energie der beiden roten Photonen addiert sich zur Energie des einen UV-Photons.

PHOTONENSCHLAG

Jedermann weiß, daß Lichtwellen Energie tragen – auf diese Weise gelangt die Sonnenenergie von der Sonne zu uns. Trägt eine Lichtwelle aber auch einen Impuls?

a) Alle Wellen, die Energie tragen, tragen auch einen Impuls.
b) Die Lichtwellenenergie ist reine Energie und trägt keinen Impuls.
c) Lichtwellen tragen Impuls sowie Energie.

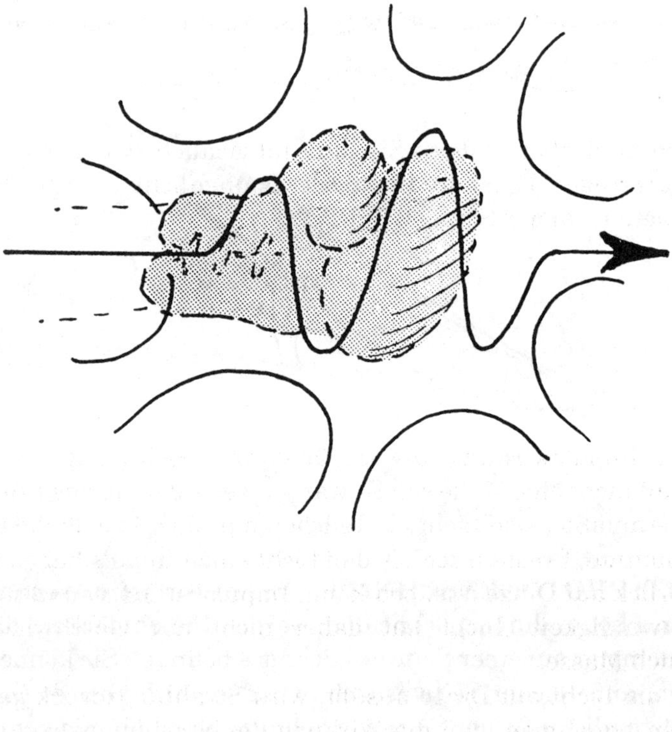

ANTWORT: PHOTONENSCHLAG Die Antwort ist: c. Nicht alle Wellen tragen einen Impuls. Tatsächlich tragen die meisten Wellen den Nettoimpuls Null.* Wasserwellen tragen z.B. Energie, sie verschieben aber keinen Korken, der auf ihnen schwimmt. Der Korken hüpft auf und nieder und kehrt an seinen Ausgangspunkt zurück. Er gewinnt keinen Nettoimpuls. Gleiches gilt für Schallwellen.

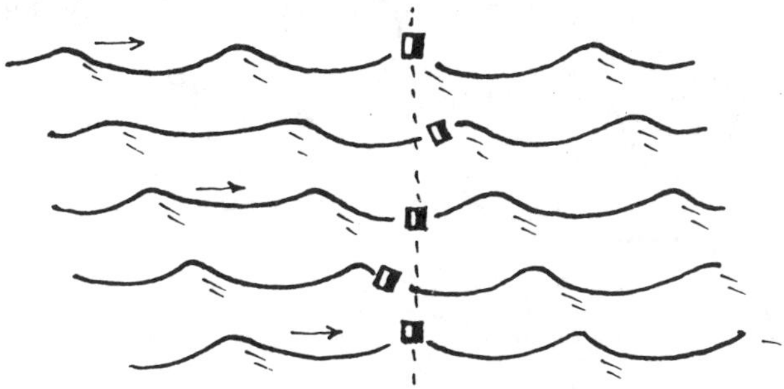

Lichtwellen sind aber anders. Sie sind tatsächlich einzigartig, da sie einen Impuls tragen. Es ist der Impuls des Sonnenlichts, der die Schwänze der Kometen von der Sonne wegdrückt!

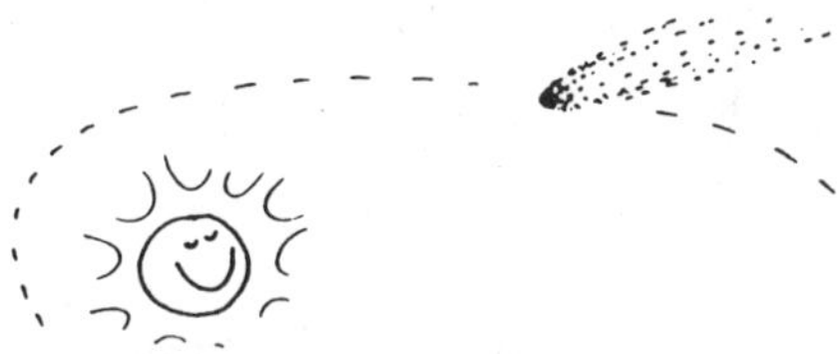

Es war die Impulswirkung, die es für Newton schwierig machte zu glauben, daß Licht eine Welle sei. Es war teilweise der gleiche Effekt, der Einstein veranlaßte, sich Licht als Teilchen mit Masse zu denken, die er Photonen nannte. Einstein schloß, daß Licht einen Impuls haben müsse, wenn es Druck auf Dinge ausüben kann. Impuls ist Masse multipliziert mit Geschwindigkeit. Licht hat daher nicht nur Geschwindigkeit, sondern auch Masse.

Die Kraft, die Licht auf Dinge ausübt, wird Strahlungsdruck genannt. Sie könnten annehmen, daß die Wirkung des Strahlungsdrucks darin besteht, daß er immer die Dinge von der Sonne wegdrückt. Erstaunlicherweise ist das nicht so, wie die nächste Frage zeigt.

---

* Der Gesamtimpuls einer Welle ist die Summe der Impulse in den Einzelteilen der Welle, und diese Summe ist, wenn man Effekte zweiter Ordnung vernachlässigt, Null, außer im Fall von Lichtwellen. – Lewis Epstein.

STRAHLUNGSDRUCK DER SONNE

Kann der Strahlungsdruck der Sonne etwas aus dem Sonnensystem herausblasen?

a) ja
b) nein

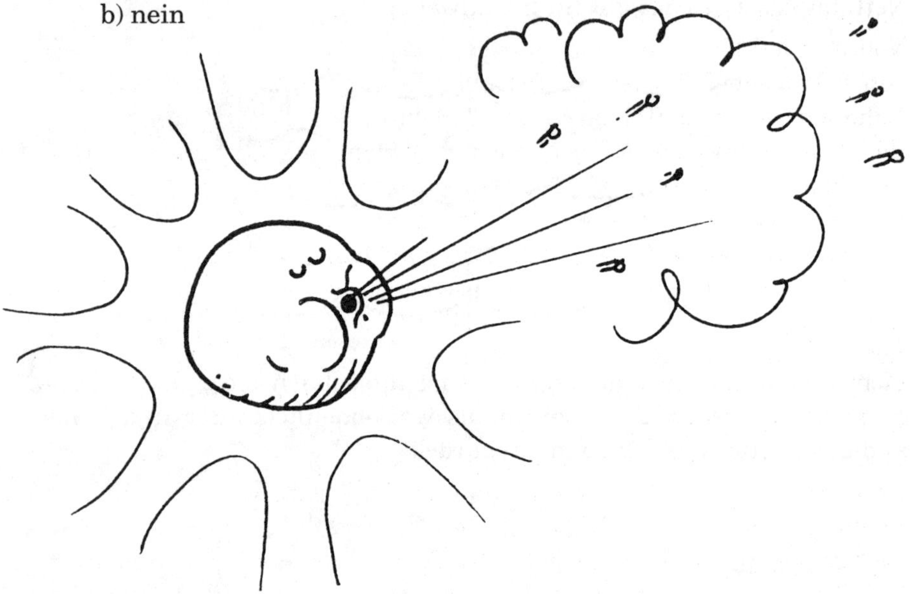

Kann der Strahlungsdruck der Sonne dazu führen, daß Dinge in die Sonne fallen?

a) ja
b) nein

ANTWORT: STRAHLUNGSDRUCK DER SONNE Die Antwort auf die erste Frage ist: a. Denken Sie an ein kleines Stück Staub auf einer Umlaufbahn um die Sonne. Der Druck des Sonnenlichts auf das Teilchen ist proportional zum Schattenbereich oder zur Silhouette, während die Schwerkraft proportional zur Masse ist, die wiederum proportional zum Volumen ist. Kleine Teilchen haben einen größeren Schattenbereich für *jeden* Kubikzentimeter Volumen als große Teilchen. Das bedeutet, daß der Strahlungsdruck der Sonne bei sehr kleinen Teilchen die Schwerkraft überwinden kann – darum zeigen die Kometenschweife immer von der Sonne weg. Aus diesem Grund kann auch der Wind kleine Regentropfen herumschieben (er kann sie sogar nach oben blasen), während die Schwerkraft große Regentropfen beherrscht.

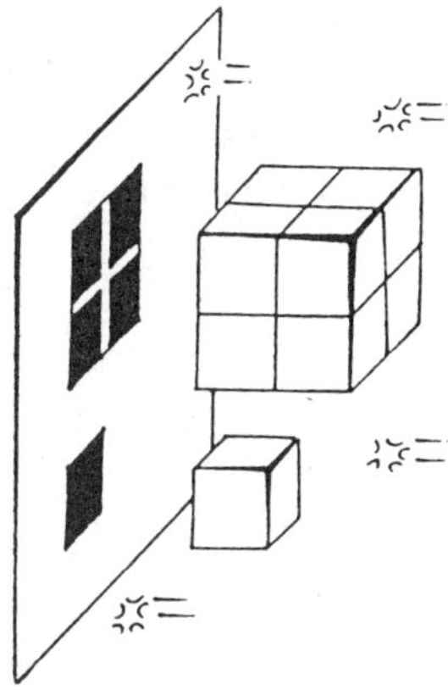

Die Antwort auf die zweite Frage ist ebenfalls: a. Das scheint dem ersten Teil zu widersprechen, ist aber in Wirklichkeit kein Widerspruch. Nehmen wir an, daß ein Teilchen ausreichend groß ist, so daß die Schwerkraft stärker als die Kraft des Strahlungsdrucks ist, wie es bei allen Planeten und Asteroiden der Fall ist. Dann ist das Teilchen an das Sonnensystem gebunden. Wenn wir jetzt das Teilchen auf der Bewegung um die Sonne betrachten, scheint das Sonnenlicht einfach auf das Teilchen herunterzuregnen. (Ist die Umlaufbahn ein Kreis, steht das Sonnenlicht senkrecht auf der Teilchenbewegungsrichtung.) Vom Teilchen aus gesehen unterscheiden sich die Dinge ein wenig. Regen fällt vielleicht senkrecht auf ein stehendes Auto, wenn sich das Auto aber bewegt, scheint der Regen, vom sich bewegenden Auto aus gesehen, von vorn zu kommen. Genauso kommt das Sonnenlicht, vom beweglichen Teilchen aus gesehen, von vorn. (Astronomen nennen diese Verschiebung "Aberration".) Der Strahlungsdruck hat eine Komponente, die gegen die Bahnbewegung des Teilchens drückt. Langsam, aber unausweichlich verliert das Teilchen Bahngeschwindigkeit und fliegt auf einer Spiralbahn in die Sonne. Dies wird der Poynting-Robertson-Effekt genannt – der Staubsauger des Sonnensystems!

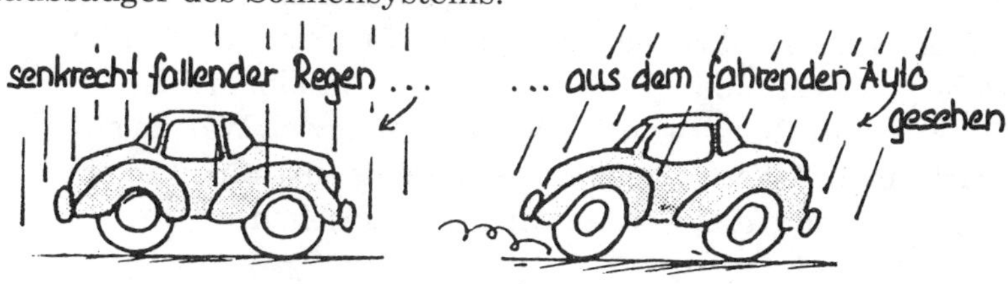

WAS IST IM OFEN?

Was ist am wahrscheinlichsten in dem warmen Backofen vorhanden?

a) Zwei-Meter-Radiowellen
b) Zwei-Millimeter-Radiowellen
c) beides
d) weder noch

ANTWORT: WAS IST IM OFEN? Die Antwort ist: b. Die Radiowellen müssen buchstäblich in den Ofen passen. Es gibt aber keine Möglichkeit, eine zwei Meter lange Welle in Ihren Backofen zu bekommen.

Sie könnten und würden Zwei-Millimeter-Wellen in einem Backofen finden – und zwar nicht nur in Mikrowellenöfen, sondern auch in normalen Gas- oder sogar holzgefeuerten Öfen. Die Energie in einem Ofen besteht hauptsächlich aus Infrarotstrahlung. Infrarotwellen sind kürzer als Radiowellen, aber länger als Lichtwellen. Nun müssen Sie nicht glauben, daß es eine Menge Zwei-Millimeter-Wellen im Ofen gibt, es gibt aber einige. Die wichtige Idee hier ist, daß es einige Wellen jeder Größe im Backofen geben könnte, die dort hineinpassen. Im ersten Moment halten Sie das wahrscheinlich für vernünftig, später könnten Sie aber über folgendes nachdenken: "Röntgenstrahlen sind sehr kleine Wellen, daher könnten sie in den Ofen passen." Gibt es Röntgenstrahlen im Backofen? Es gibt bestimmt einige Mikrowellen in einem Ofen – aber auch noch Röntgenstrahlen zu verlangen, das ist zuviel. Warum gilt die Logik hier nicht mehr? Warum gibt es keine Röntgenstrahlen in einem Backofen? Den Grund dafür werden wir in Kürze sehen.

ULTRAVIOLETTKATASTROPHE

Angenommen, Sie erzeugen eine große, lange Welle, indem Sie kurzzeitig ein Brett in einen Wassertank klatschen, wie es die Skizze zeigt. Wenn Sie dann das Wasser nicht mehr stören, stellen Sie nach kurzer Zeit fest, daß die große, lange Welle

a) noch größer und länger geworden ist
b) sich in viele kleine, kürzere Wellen aufgeteilt hat

Wenn sich Lichtwellen wie Wasserwellen verhielten und Sie etwas gelbes Licht in einen Tank gäben, würden Sie herausfinden, daß das gelbe Licht

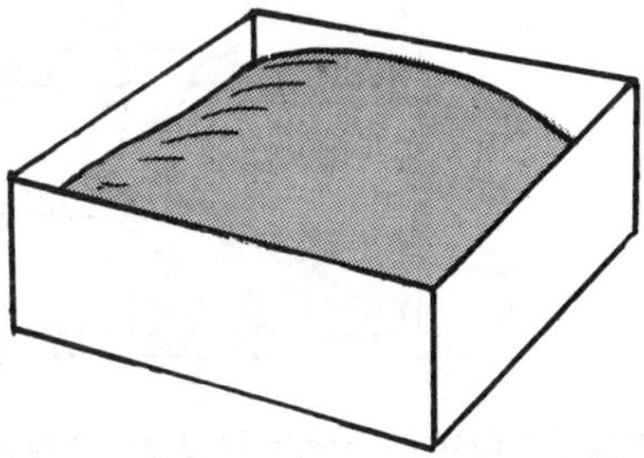

A

a) blau geworden ist
b) rot geworden ist
c) gelb geblieben ist

Verhalten sich Lichtwellen in einem Behälter tatsächlich wie Wasserwellen in einem Behälter?

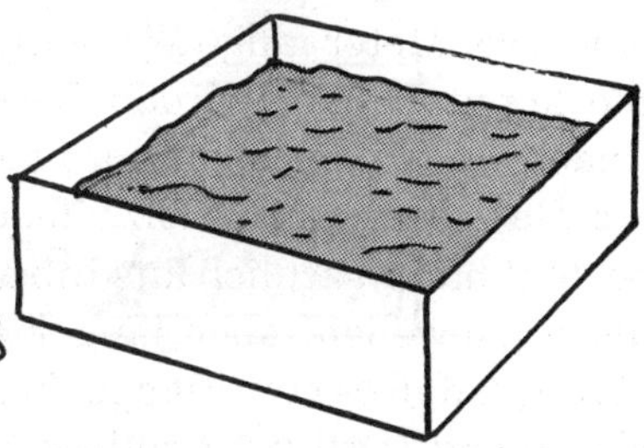

B

a) ja
b) nein

ANTWORT: ULTRAVIOLETTKATASTROPHE Die Antwort auf die erste Frage ist: b. Jeder weiß die Antwort auf diese Frage aus eigener Erfahrung, aber warum wandelt sich die lange Welle in viele kurze Wellen um? Weil die Wellenenergie zwischen allen *möglichen* Arten von Wellen, die in den Behälter passen, aufgeteilt wird und es sehr viele Wellen mit kurzer Wellenlänge gibt, die hineinpassen. Theoretisch gibt es eine unendlich große Zahl von Wellen, die hineinpassen – die meisten von ihnen sind überaus kurz.

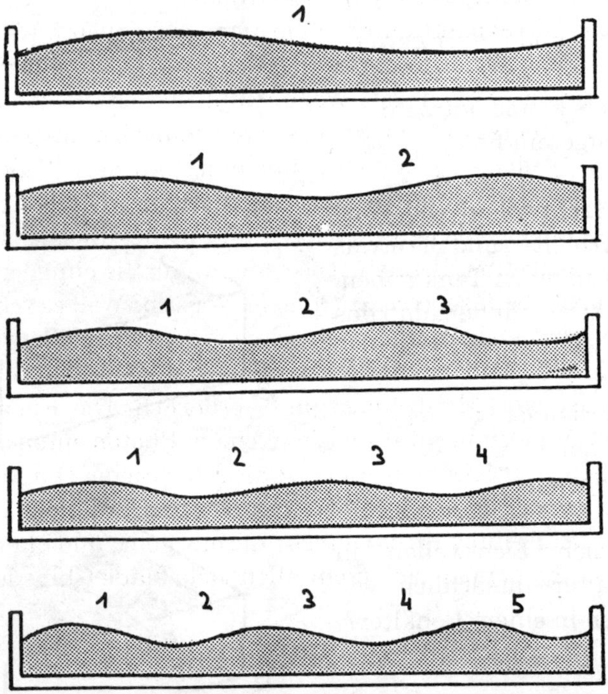

Die Antwort auf die zweite Frage ist: a. Lange Wasserwellen in einem Behälter wandeln sich in kurze Wellen um. Würden gelbe Lichtwellen kürzer, würden sie sich in blaues Licht umwandeln. (Rote Lichtwellen sind länger als gelbe.) Die Geschichte würde jedoch nicht hier enden, da blaue Wellen wie gelbe Wellen immer noch kürzer würden und sich in violette, dann ultraviolette und schließlich in Röntgenstrahlen umwandeln würden.

Die Antwort auf die letzte Frage muß sein: b. Wenn Sie immer mehr gelbes Licht in einen Behälter steckten und nichts davon wieder austreten könnte, würde das Innere des Behälters zu einem gelbglühenden Ofen. Wenn Sie jetzt die Zufuhr des gelben Lichts stoppen und den Ofen versiegeln lassen würden, und *wenn* sich die Lichtwellen wie Wasserwellen verhielten, würde das gelbe Licht blau, dann violett und schließlich ultraviolett werden. Die gesamte Wärme in Ihrem Backofen würde sich in Ultraviolettstrahlung umwandeln. Die gesamte Wärme und das Licht in der Sonne würden sich in Ultraviolettstrahlung umwandeln. Die gesamte Wärme und das Licht im Universum würden sich in Ultraviolettstrahlung umwandeln. Es gäbe eine Ultraviolettkatastrophe! (Und bald darauf eine Röntgenstrahlenkatastrophe.)

Nun tritt diese Ultraviolettkatastrophe nicht wirklich auf. Warum nicht? Warum teilt sich die Energie der gelben Lichtwelle nicht gleichmäßig auf die verschiedenen Größen von Wellen auf, wie es die Wasserwellenenergie macht? Zuerst müssen Sie erkennen, daß sich das gelbe Licht in einige längere Wellen – rotes Licht – und einige kürzere Wellen – blaues Licht – aufgeteilt hat, wenn Sie durch ein Prisma in ein gelbglühendes Ding (wie die Sonne) blicken und rotes und blaues Licht zusätzlich zu dem dominanten Gelb erkennen. Aber auch wenn Sie einige kurze blaue Wellen sehen, bleibt das meiste Licht gelb. Warum? Weil es schwierig ist, blaues Licht herzustellen, und noch schwieriger, ultraviolettes Licht zu erzeugen. Für den Aufbau einer Lichtwelle einer bestimmten Farbe oder Wellenlänge ist eine Mindestenergie erforderlich. Die Energie in der Welle muß zumindestens der Energie in einem Photon entsprechen, und blaue Photonen erfordern mehr Energie als rote. (Siehe "Dunkelkammerbeleuchtung" und "Photonenschnitt".) Die Unterteilung der Energie ist genau wie die Aufteilung Ihres Geldes auf rote, gelbe und blaue Chips in einem Kasino. Sie können sich nicht allzu viele blaue Chips leisten.

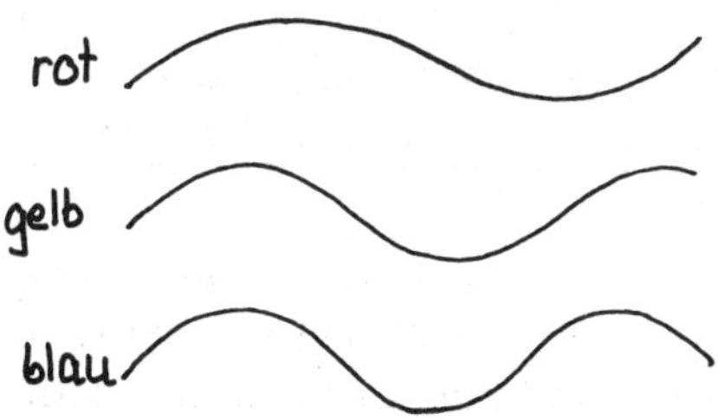

Jetzt wissen Sie also, warum ein gelbglühender Backofen (oder Hochofen) gelb bleibt. Die gelben Wellen können nicht zu sehr langen Radiowellen werden, da diese nicht in den Ofen passen. Sie können auch nicht zu sehr kurzen Ultraviolett- oder Röntgenstrahlenwellen werden, da diese kurzen Wellen so viel Energie benötigen, daß nicht mehr genügend Energie vorhanden wäre.

BEUGUNG ODER NICHT

Ein Photonenstrahl verhält sich wie eine Welle, wie durch das Phänomen der Beugung belegt wird. Ein Teilchenstrahl verhält sich auch wie eine Welle. Wir nennen einen Teilchenstrahl eine Materiewelle. Welche der folgenden Behauptungen ist richtig?

a) Alle Wellen unterliegen der Beugung (Ausbreitung) beim Durchlaufen eines Loches.
b) Nur Materiewellen unterliegen der Beugung beim Durchlaufen eines Loches.
c) Nur Materiewellen unterliegen *keiner* Beugung beim Durchlaufen eines Loches.

ANTWORT: BEUGUNG ODER NICHT Die Antwort ist: a. Wellen breiten sich aus – werden gebeugt –, wenn sie kleine Löcher durchlaufen. Wenn Teilchen die Welleneigenschaften nicht hätten, würden sie perfekt geradeaus laufen. Wasserwellen können wir sehen, es gibt aber

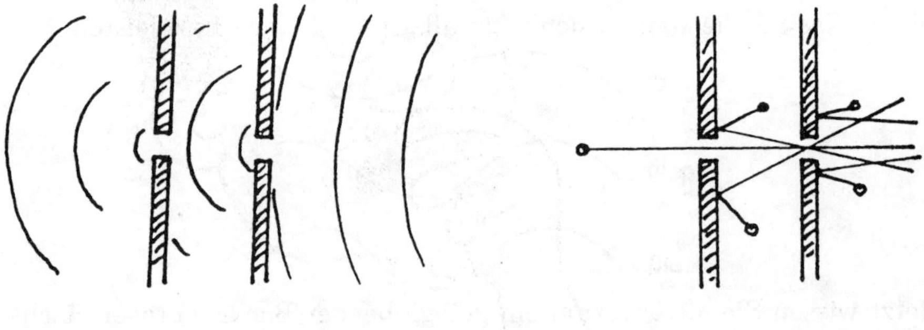

viele Wellenarten, die wir nicht sehen können: z.B. Schallwellen und Lichtwellen. Daß diese "unsichtbaren" Dinge Wellen sind, schließen wir *aus der Weise, wie sie sich verhalten*. Das Verhalten, nach dem wir Ausschau halten, ist die Ausbreitung.

UNSCHÄRFE ÜBER UNSCHÄRFE

Gemäß des Heisenbergschen Unschärfeprinzips muß es immer eine Unschärfe h in

a) dem Impuls eines Teilchens
b) der Energie eines Teilchens
c) der Lage eines Teilchens im Raum
d) der Lebensdauer eines Teilchens
e) keinem der genannten Punkte

geben.

ANTWORT: UNSCHÄRFE ÜBER UNSCHÄRFE Die Antwort ist: e. (Dies baut auf der Idee auf, die in "Photonenschnitt" eingeführt wurde.) Die Unschärferelation beruht auf den wellenartigen Eigenschaften von "Teilchen" wie Elektronen und Protonen. Die Wellen geben die Dynamik des Teilchens an – seinen Impuls, seine Energie und sogar seinen Drehimpuls. Die Wellen laufen durch Raum und Zeit. Die Wellenlänge der durch den Raum laufenden Welle gibt den Impuls des Teilchens an. Die Frequenz der durch die Zeit laufenden Welle gibt die Energie des Teilchens an. Eine Welle kann aber nicht wirklich ein Teilchen darstellen! Ein Teilchen befindet sich nur an einem Ort im Raum. Eine Welle befindet sich nicht nur an einem Ort. Der Konflikt zwischen einer Welle und einem Teilchen kann niemals gelöst werden. Man kan nur einen Kompromiß schließen, und dieser Kompromiß ist die Unschärferelation. Der Kompromiß sieht folgendermaßen aus: Wenn Sie eine Welle erhalten, die nicht immer weiterläuft, sondern nur eine Welle an einem Ort ist und sich dann selbst aufhebt, verhält sie sich wie ein Teilchen. Diese Art von Welle wird "Wellenpaket" genannt.

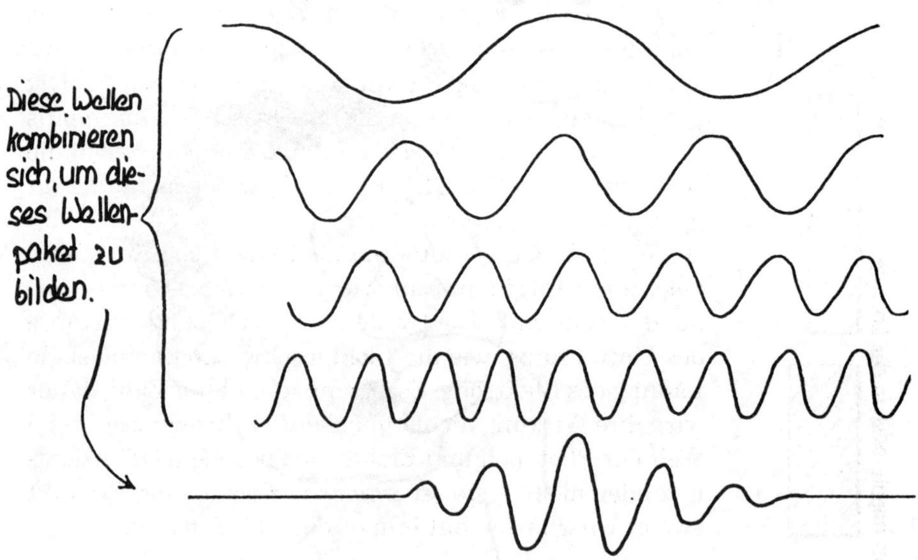

Wellenpakete werden durch Addition vieler einfacher (harmonischer) Wellen, die immer weiterlaufen, gebildet. Die Wirkung der Addition vieler Wellen ist, daß sie einander aufheben. Das liegt daran, daß die

Wellen verschiedene Wellenlängen oder Frequenzen haben, so daß einige von ihnen in Phase sind, während andere es nicht sind. Sie sollten sich aber nicht vollständig aufheben. An einem bestimmten Ort, nämlich dem Ort, an dem das Teilchen vorhanden sein soll, sollten alle Wellen in Phase sein. In dieser Art und Weise ist die zusammengenommene Wirkung der Wellen an diesem einen speziellen Ort konstruktiv und überall sonst destruktiv.

Man benötigt also eine *Mischung* verschiedener Wellen, um ein Wellenpaket herzustellen, das wir ein Teilchen nennen. Nun kommt der Kniff. Die Wellenlänge oder Frequenz stellt den Impuls oder die Energie des Teilchens dar. Wenn eine Mischung verschiedener Wellen ein Teilchen bildet, hat das Teilchen automatisch eine Mischung von Impulsen oder Energien! Diese Mischung ist die "Unschärfe". Natürlich können Sie ein Teilchen nur aus einer Welle aufbauen, so daß es keine Unschärfe im Impuls oder in der Energie gibt. Diese Welle bildet aber kein Wellenpaket. Eine Welle läuft immer weiter. Wenn Sie also ein Teilchen nur aus einer Welle aufbauen, können Sie nicht sagen, an welchem Ort oder zu welcher Zeit es existiert. Wir haben schon wieder eine Unschärfe. Sie brauchen aber keine Unschärfe im Impuls oder in der Energie zu haben – wenn Sie willens sind, eine Unschärfe in Ort oder Zeit zu akzeptieren. Entsprechend brauchen Sie auch keine Unschärfe in Ort oder Zeit zu haben – wenn Sie eine Unschärfe im Impuls oder in der Energie akzeptieren. Sie können überall die Unschärfe loswerden, Sie können sie aber nicht *überall* gleichzeitig loswerden.

Die durch h dargestellte und als Plancksche Konstante bekannte Zahl gibt uns an, wieviel Unschärfe immer vorhanden sein muß. Die Größe h ist eine Grundkonstante des Universums, wie die Lichtgeschwindigkeit oder die Ladung des Elektrons. Es ist eine sehr kleine Zahl, daher wird ihre Wirkung nicht offensichtlich, bis wir uns in die Welt der Photonen und Elektronen begeben. Offensichtlich oder nicht – sie ist *immer* wirksam. Das Produkt zweier Unschärfen hat immer den Mindestwert h.

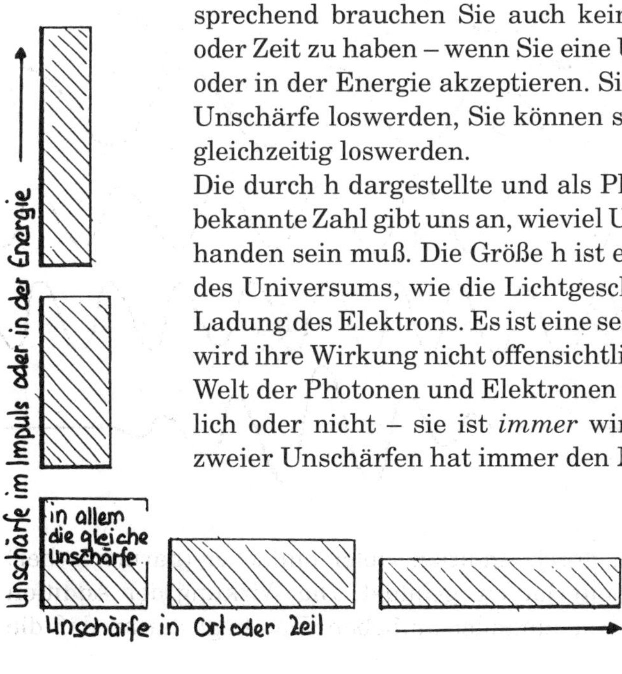

AUFESSEN

Weit draußen im Weltraum trifft ein einsames Elektron auf ein einsames Proton. Sie ziehen sich elektrisch an und

a) werden durch Kernkräfte voneinander entfernt gehalten
b) verschmelzen, heben sich gegenseitig auf und wandeln sich in reine Energie um – dadurch leuchten die Sterne
c) das Proton verschlingt das Elektron
d) das Elektron verschlingt das Proton

ANTWORT: AUFESSEN Die Antwort ist: d. Das Wellenpaket eines Elektrons ist sehr viel größer als das Proton, also kann das Proton das Elektron auf keinen Fall verschlingen. Das Proton wiegt fast 2000mal

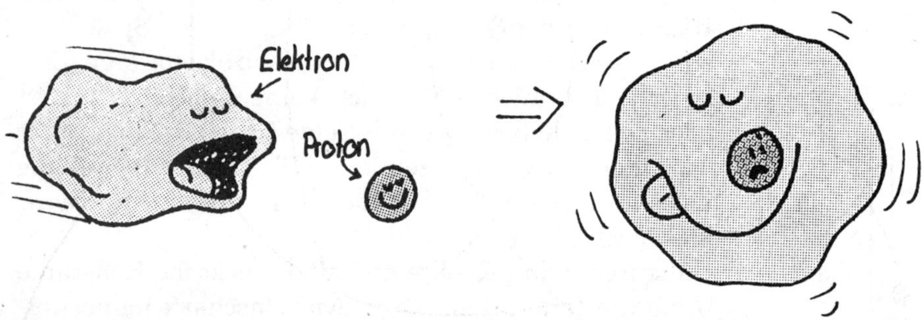

soviel wie das Elektron und ist trotzdem sehr klein. Daraus, daß Elektronen wenig Masse haben, sollten Sie *nicht* schließen, daß sie sehr klein sind! (Schließlich hat der leere Raum Null Masse und belegt trotzdem das meiste des Universums.) Tatsächlich verschlingt das Wellenpaket des Elektrons das Proton! Das gibt eine große, leichte Elektronenwelle mit einem schweren, kleinen Proton in der Mitte. Das System ist unter Berücksichtigung der verfügbaren Energie so komprimiert wie möglich. Die Schlagworte sind: "Es befindet sich in seinem niedrigsten Energiezustand." Wie nennt man ein Elektron mit einem Proton in der Mitte? Ein Wasserstoffatom.

KREISENDE KREISBAHNEN

Manche Menschen stellen sich ein Elektron, das sich um einen Atomkern bewegt, als Miniaturplaneten vor, der sich um eine Miniatursonne bewegt. Ist es wesentlich, daß das Elektron eines Atoms sich *um* den Kern des Atoms *bewegt*? D.h. ist es wesentlich, daß das Elektron einen Drehimpuls um den Kern hat?

a) ja
b) nein

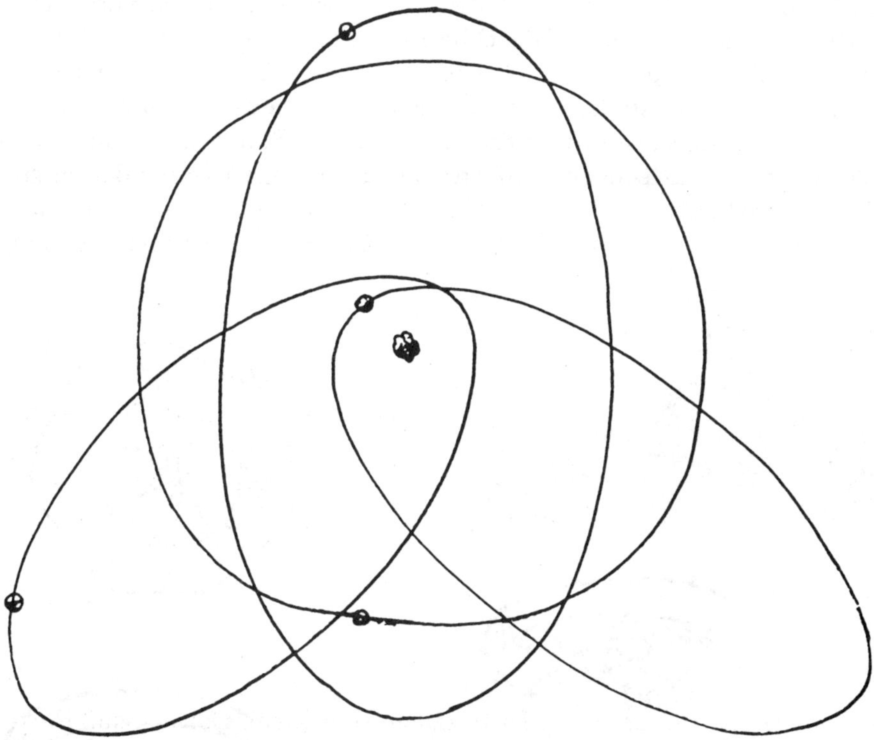

ANTWORT: KREISENDE KREISBAHNEN Die Antwort ist: b. Ein Satellit benötigt einen Drehimpuls, um einen Schwerkraft ausübenden Körper wie die Sonne zu umkreisen; bei Elektronen in einem Atom ist diese Situation aber ganz anders. Elektronen können tatsächlich direkt in den Kern hineingezogen werden. Sie fliegen aber an der anderen Seite einfach wieder heraus und können immer wieder hineingezogen werden. Elektronen bleiben nur selten im Kern, sie fliegen normalerweise einfach hindurch. Wir können uns das Elektron am besten als Welle vorstellen – eine Welle, die zu groß ist, um in den kleinen Kern zu passen. Jetzt kann diese Welle in Kreisen um den Atomkern oder einfach durch den Kern hin- und herlaufen. Tatsächlich stellt sich die einfachste "Kreisbahn" für Elektronen in dem einfachsten aller Atome (das ist der Grundzustand des Wasserstoffs, die atomare Elektronenbewegung, die von Studenten mit Hauptfach Physik zuerst studiert wird) überhaupt nicht als Kreisbahn heraus, sondern einfach als eine Welle, die durch den Kern hin- und herläuft.

ERDGESCHOSS

Atome können Energie aus Licht und/oder Wärme absorbieren. Die absorbierte Energie hebt die Elektronenwelle aus der niedrigen Bahn in der Nähe des Kerns in eine höhere Bahn. Wenn das Atom die absorbierte Energie abstrahlt, fällt diese wieder auf eine niedrigere und kleinere Bahn zurück. Auf der kleinsten Bahn, dem "Erdgeschoß", kann das Elektron keine Energie abstrahlen, weil

a) es Null kinetische Energie hat
b) die Welle nicht in eine kleinere Bahn paßt
c) aus beiden Gründen
d) aus keinem der beiden Gründe

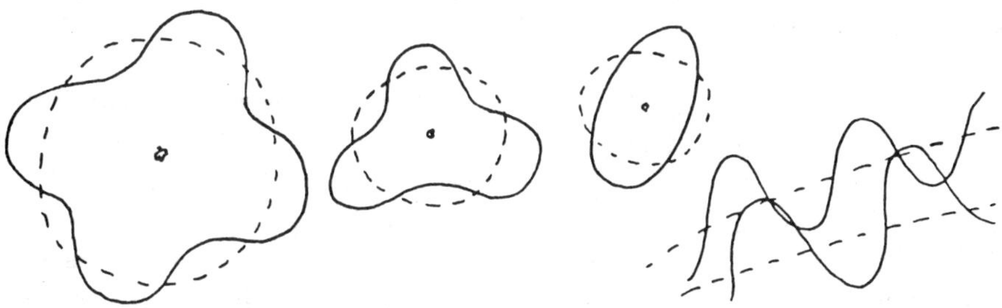

ANTWORT: ERDGESCHOSS Die Antwort ist: b. Die Wellenlänge des Elektrons muß in den Umfang der Kreisbahn hineinpassen. Damit entspricht der Umfang der kleinsten Kreisbahn einer Wellenlänge. Die Welle paßt einfach nicht in eine kleinere und tiefere Bahn. In der tiefsten Bahn hat die Elektronenwelle immer noch kinetische Energie (anderenfalls könnte sie nicht "schwingen"), sie kann diese Energie aber nicht loswerden, da sie nicht in eine kleinere Bahn paßt.
Hier noch zwei wichtige Punkt: Erstens sind die Wellen in verschiedenen Bahnen nicht voneinander getrennt, obwohl einige Lehrbücher sie fehlerhaft als getrennt zeigen. Sie überlappen sich in der Tat stark. Zweitens fallen Elektronenwellen von sich aus auch nicht mehr von hohen Bahnen auf niedrigere Bahnen, als Planeten von sich aus von höheren auf niedrigere Bahnen fallen. Etwas von außen muß diesen Fall und die sich daraus ergebende Freisetzung der abgestrahlten Energie auslösen. Das ist der Gegenstand der nächsten Frage.

WELLE ODER TEILCHEN

Innerhalb eines Atoms verhält sich ein Elektron wie

a) eine Welle b) ein Teilchen c) beides

Eine Elektronenwelle kann mit sich selbst interferieren.

a) richtig b) falsch

ANTWORT: WELLE ODER TEILCHEN Die Antwort auf die erste Frage ist: c, weil die Antwort auf die zweite Frage a ist.
Wenn sich ein Elektron auf einem Kreis bewegt, strahlt es Energie ab (siehe "Synchrotronstrahlung"), daher könnten Sie erwarten, daß ein Elektron, das den Kern eines Atoms umkreist, fortlaufend Strahlungsenergie abgibt. Atome strahlen aber nicht fortlaufend Energie ab. Warum ist das so?
Weil das Elektron in einer Welle um den Atomkern herum verschmiert ist. Man kann also nicht genau sagen, wo sich das Elektron befindet. Man kennt nur die Wahrscheinlichkeitsverteilung seiner möglichen Orte. Dort befindet sich die Welle. Die Wahrscheinlichkeit des Elektrons ist "in einem Kreis um den Kern herum verschmolzen", und solange das so bleibt, ändert sich nichts an der bekannten Position. Keine Positionsänderung bedeutet keine Bewegung und damit keine Strahlung.
Wie kommt es dann, daß Atome manchmal Energie ausstrahlen? Von Zeit zu Zeit wird das Atom von einem anderen Atom oder möglicherweise von einem Photon getroffen. Der Aufprall verbiegt die schöne kreisförmige Welle und drückt einen Teil der Welle in eine andere, niedrigere Bahn. Das bedeutet, es gibt jetzt eine gewisse Wahrscheinlichkeit, daß sich das Elektron auf jeder der beiden Bahnen befinden kann. Sie haben also jetzt nicht eine, sondern zwei Wellen. Diese beiden Wellen überlappen sich und treten miteinander in Interferenz. An einer Stelle ist die Interferenz vielleicht konstruktiv, an einer anderen destruktiv. Dort, wo sie konstruktiv ist, gibt es eine größere Wahrscheinlichkeit, das Elektron anzutreffen. Dort, wo sie destruktiv ist, ist die Wahrscheinlichkeit geringer. Die Wahrscheinlichkeit des Elektrons ist nicht länger "in einem Kreis um den Kern herum verschmolzen". Der Ort, an dem das Elektron am wahrscheinlichsten ist, das Wellenpaket, umkreist den Atomkern und gibt Synchrotronstrahlung ab, genau wie Sie es erwarten würden.
In diesem Fall, in dem die Aufenthaltswahrscheinlichkeit des Elektrons

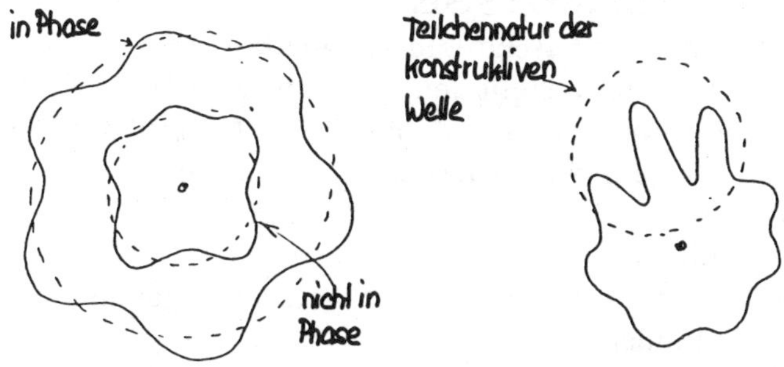

zwischen zwei Orbitalen verteilt ist, steht die Elektronenwelle mit sich selbst in Interferenz, und das durch die Interferenz erzeugte Wellenpaket verhält sich wie ein Teilchen.
Man muß dabei beachten, daß etwas einen Teil der Welle auf eine niedrigere Bahn drücken mußte, um den Strahlungsprozeß in Gang zu setzen*. In einem Laser kommt dieser Stoß von einem vorbeilaufenden Lichtwellenphoton. Die vorbeilaufende Lichtwelle drückt nicht nur einen Teil der Welle auf eine andere Bahn, sondern genau auf die Bahn, die ein Elektronenwellenpaket bildet, das mit der Frequenz der vorbeilaufenden Welle um das Atom schwingt. Dies ist ein Resonanzeffekt (siehe "Meeky Mouse").
Wir wollen annehmen, daß ein Atom im Raum isoliert ist. Wenn es genügend Energie besitzt, kann es spontan strahlen. Wodurch wird aber der Strahlungsprozeß in Gang gesetzt? Was drückt einen Teil der Welle auf eine andere Bahn? Das ist eine wichtige Frage und der Schlüssel zu einer fremdartigen, neuen Idee. Es scheint, daß im Raum, im leeren Raum, im Raum, der ohne Lichtwellen und Photonen darin gleichmäßig dunkel ist, Phantomphotonen vorhanden sind. Die Phantomphotonen erscheinen und verschwinden innerhalb eines so kurzen Zeitraums, daß ihre Existenz durch die Unschärferelation erlaubt wird. (Siehe "Unschärfe über Unschärfe"). Wenn die Zeit sehr kurz ist, ist die Energie unbekannt; wenn die Energie unbekannt ist, braucht sie nicht Null zu sein. Daher kann es im Weltraum alles mögliche für überaus kurze Zeiträume geben – verrückt – in der Tat! Weiterhin sind es diese Phantomphotonen, die die spontane Strahlung in Gang setzen. Wenn sie reale Dinge tun, können sie natürlich nicht Phantomphotonen genannt werden, daher werden sie virtuelle Photonen genannt – das ist Latein und heißt "Phantom".

* Dies ist eine der Lieblingsfragen von Lewis Epstein.

ELEKTRONENMASSE

Wir wollen uns die elektrische Ladung eines einzelnen Elektrons über den unendlichen Raum verteilt denken. Es wäre Arbeit erforderlich, um diese Ladung auf ein winziges Volumen in der Größe eines Elektrons zu komprimieren. Die dafür erforderliche Energie wäre

a) fast Null
b) gleich dem Energieäquivalent der Elektronenmasse
c) fast unendlich

ANTWORT: ELEKTRONENMASSE Die Antwort ist: b. Masse ist nichts anderes als verborgene Energie! Die Äquivalenz von Masse und Energie wird von Einsteins berühmter Gleichung $E = mc^2$ angegeben. Das Masseäquivalent der potentiellen Energie der elektrischen Ladung, die auf die Größe eines Elektrons komprimiert wird, ist einfach die Masse. Wir können uns das auch anders vorstellen. Wir betrachten das Elektron als Wellenpaket unendlicher Größe. Wenn wir es komprimieren, verkürzen wir seine Wellenlänge. Die für das Zusammendrücken eines unendlichen Wellenpakets auf die Größe eines Elektrons erforderliche Arbeit liefert eine Wellenlänge und entsprechende Frequenz und Energie, die sich dem Masseäquivalent des Elektrons nähern. Eine interessante Beobachtung ist, daß sich diese beiden vollständig verschiedenen Möglichkeiten für die Erklärung der Masse des Elektrons nur um einen Faktor 137 unterscheiden. Diese reine Zahl ist sehr signifikant und tritt in der Physik immer wieder auf.

ELEKTRONENPRESSE

Das Ergebnis kontinuierlicher Komprimierung eines Elektrons wäre

a) ein unendlich dichtes Wellenpaket
b) weitere Elektronen
c) weder noch

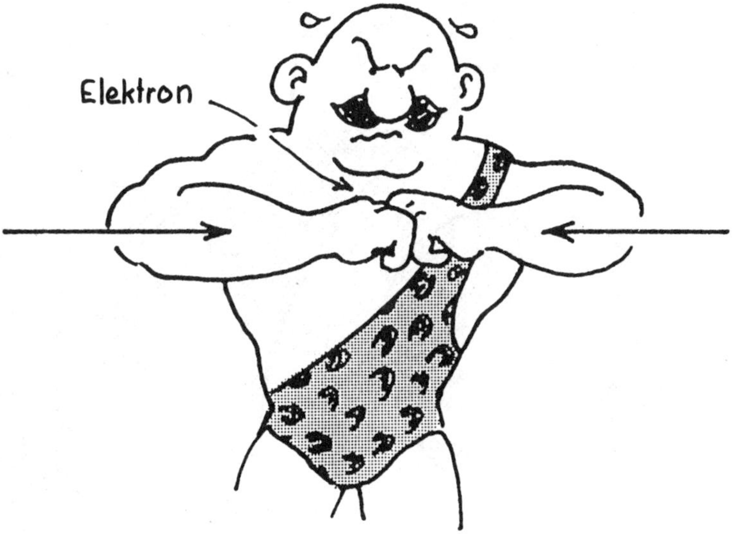

ANTWORT: ELEKTRONENPRESSE Die Antwort ist: b. Für die Komprimierung eines Wellenpakets ist Energie nötig, da kürzere Wellen höhere Energie benötigen, um zu existieren. Wenn Sie das Elektronenwellenpaket zusammendrücken, stecken Sie mehr Energie hinein. Früher oder später ist genügend Energie hineingedrückt worden, um ein zusätzliches Elektron mit einem entsprechenden Anti-Elektron, das *Positron* genannt wird, zu erzeugen. Kontinuierliches Zusammendrücken erzeugt mehr Elektronen statt eines kleineren Elektrons.

ANTIMATERIE - ANTIMASSE

Hat Antimaterie Antimasse?

a) ja
b) nein

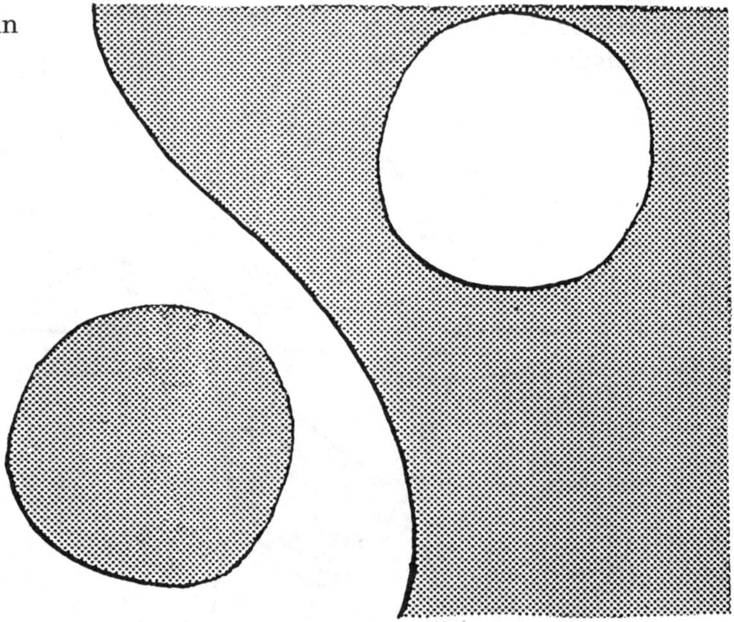

ANTWORT: ANTIMATERIE - ANTIMASSE Die Antwort ist: b. Anti-Elektronen sind genau wie Elektronen, außer daß sie positive elektrische Ladung statt negativer elektrischer Ladung tragen. Könnten sie also entgegengesetzte Masse haben? Nein, und zwar aus folgendem Grund: Wenn ein Anti-Elektron auf ein normales Elektron trifft, heben sie sich gegenseitig auf und geben einen kurzen Impuls Strahlungsenergie ab, normalerweise energiereiche Röntgenstrahlen. Damit bleibt nach der gegenseitigen Aufhebung Energie übrig. Energie hat aber Masse. Wenn das Elektron und das Anti-Elektron gleiche, aber entgegengesetzte Massen hätten, wäre ihre kombinierte Masse Null und es könnte keine Strahlung geben, was den Tatsachen widerspricht. Die Masse der Röntgenstrahlung ist als Masse zweier Elektronen bestimmt worden. Daher müssen das Elektron und das Anti-Elektron die gleiche Masse haben. Übrigens ist nicht die gesamte Antimaterie entgegengesetzt geladen. Neutronen und Antineutronen haben z.B. beide Null Ladung, zerstören sich aber trotzdem gegenseitig.

FLIEGENDER TEPPICH

Ein Antimaterieraumschiff würde wie ein fliegender Teppich durch die Schwerkraft der Erde nach oben gestoßen.

a) richtig
b) falsch

ANTWORT: FLIEGENDER TEPPICH Die Antwort ist: b. Die Masse der Antimaterie kann in Strahlungsmasse umgewandelt werden. Die Strahlungsmasse wird von der Schwerkraft genau wie alle anderen Massen beeinflußt. Denken Sie z.B. daran, daß die Anziehung der Sonne vorbeilaufende Lichtstrahlen biegt (Licht ist eine Form der Strahlung). Wenn eine Sache Masse hat, wird sie von der Schwerkraft beeinflußt und ist selbst eine Quelle der Schwerkraft, und Antimaterie hat Masse, reale Masse.

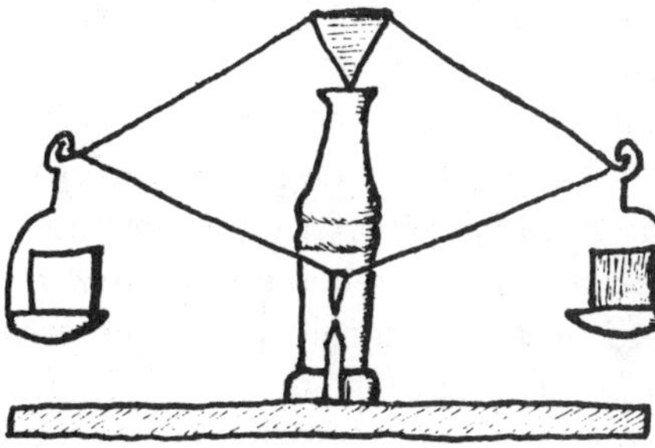

HART UND WEICH

Galaxien kollidieren manchmal miteinander, und Atomkerne kollidieren ebenfalls manchmal miteinander*. Die Skizzen zeigen typische Kollisionsbahnen und die nachfolgenden Ablenkungen. In Skizze I erkennen wir, daß die kollidierenden Körper beim Auftreffen zurückprallen, während in Skizze II die Körper fast ohne Ablenkung weiterlaufen.

a) Skizze I illustriert eine galaktische Kollision,
   Skizze II illustriert eine nukleare Kollision.
b) Skizze I illustriert eine nukleare Kollision,
   Skizze II illustriert eine galaktische Kollision.

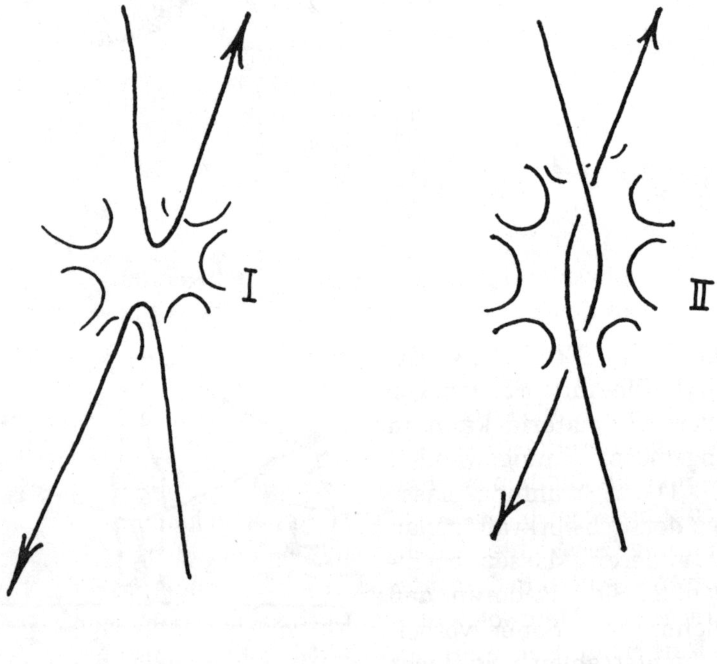

* Kerne mit hoher Geschwindigkeit stammen aus kosmischen Strahlen oder schießen aus radioaktiven Atomen und Teilchenbeschleunigern heraus.

ANTWORT: HART UND WEICH Die Antwort ist: b. Eine Galaxie ist eine Ansammlung von Milliarden von Sternen. Wir leben in einer Galaxie, die Milchstraße genannt wird. Gelegentlich kann man entfernte Galaxien kollidieren sehen. Das ist jedoch nicht so schlimm, wie es erscheint, da die Sterne in Galaxien über einen so großen Raum verteilt sind, daß einzelne Sterne nur selten aufeinandertreffen. (Während einer Kollision wäre die Dichte der Sterne im Raum nur doppelt so groß wie jetzt, und die Sterne sind sehr weit verteilt.)

Die Galaxien sind so groß, daß ihre Zentren während des Kontakts 100 000 Lichtjahre voneinander entfernt sein können, so daß die Schwerkraft zwischen ihnen nicht allzu stark ist. Wenn sie ineinander eindringen, wird die Schwerkraft zwischen ihnen schwächer, nicht stärker! (Genau wie die Schwerkraft schwächer wird, wenn Sie in die Masse der Erde eindringen, siehe "Innenraum".) Da die Kraft klein und die Masse der Galaxien groß ist, setzen die Galaxien nach der Kollision ihren Weg fast auf einer geraden Linie fort. Die Ablenkung ist klein. Dies wird eine weiche Kollision genannt.

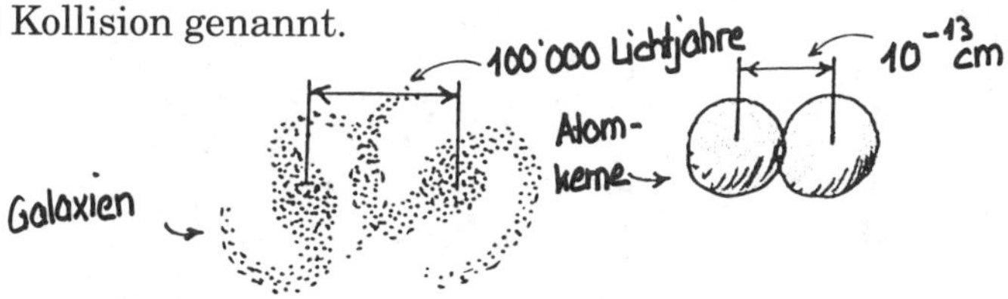

Atomkerne sind andererseits sehr klein, sehr dicht und sehr hart. Die Mittelpunkte kollidierender Kerne können einander sehr nahe kommen – nur $\frac{1}{10\,000\,000\,000\,000} = 10^{-13}$ cm voneinander entfernt –, und die Kraft zwischen ihnen ist teilweise elektrostatisch und damit stärker als die Schwerkraft, und teilweise nuklear, also noch stärker. Die Kraft zwischen den kollidierenden Kernen ist groß und die Masse der Kerne klein, daher werden die Bahnen der Kerne nach der Kollision stark verändert. Die Ablenkung ist groß. Das wird harte Kollision genannt.

Nun ein wenig Geschichte. Anfangs wußte niemand, ob Kerne hart oder weich wären – schließlich hat niemand jemals einen gesehen. Tatsächlich herrschte die Meinung, daß sie weich seien. Dann schoß ein Mann namens Rutherford Kerne eines radioaktiven Materials auf die Kerne in einer dünnen Goldfolie und beobachtete, wie die Bahnen der Kerne durch die Kollisionen geändert wurden.

Die Ablenkungen waren groß, daher wußte Rutherford, daß die Kerne hart sein mußten, auch wenn er sie nie gesehen hatte.

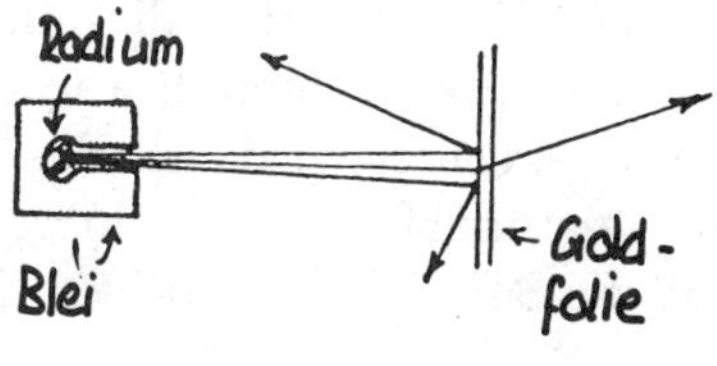

ZEEMAN

Die ersten Erkenntnisse darüber, daß die Sonne ein Magnetfeld besitzt, erhielten wir

a) durch Messungen eines Raumschiffs, das in die Nähe der Sonne flog
b) durch die direkte Wirkung, die das Magnetfeld der Sonne auf die Magnetkompasse auf der Erde ausübte
c) weil alles, was Schwerkraft hat, auch Magnetismus haben muß
d) durch die Wirkung des Magnetismus der Sonne auf das Licht, das wir von der Sonne erhalten
e) . . . tatsächlich haben wir keine Erkenntnisse über das Magnetfeld der Sonne und gegenwärtig auch keine Möglichkeit, solche Erkenntnisse zu erlangen

ANTWORT: ZEEMAN Die Antwort ist: d. Wenn Sie sich das Licht einer Leuchtstofflampe durch ein Prisma ansehen, erkennen Sie mehrere getrennte Farbbänder mit Dunkelheit dazwischen. Das sind die Spektrallinien.

Ende des letzten Jahrhunderts entdeckte ein holländischer Physiker namens Zeeman, daß die einzelnen Spektrallinien des Lichts in drei Komponenten aufgeteilt werden, wenn das Licht einem starken Magnetfeld ausgesetzt wird. Als das Sonnenspektrum zur Jahrhundertwende mit leistungsfähigen Spektroskopen untersucht wurde, entdeckte man, daß die Sonnenlinien aufgeteilt waren.

ERSTE BERÜHRUNG

Der Zeeman-Effekt faszinierte die Physiker, da sie mit diesem Effekt zum ersten Mal (1896) in einer kontrollierbaren Weise Elektronen berühren konnten, die an Atome gebunden waren. Der berührende Finger war der Magnetismus, und die Wirkung der magnetischen Kraft war die Linienaufspaltung. Die von der Emission oder Absorption in einem Gas, das sich in einem Magnetfeld befindet, erzeugten Spektrallinien werden aufgespalten, weil

a) eine magnetische Kraft die Farbe eines Photons leicht verschieben kann
b) die magnetische Kraft einige Gasatome anzieht und andere abstößt
c) die magnetische Kraft die Bewegung der Elektronen in den Atomen verändert
d) die magnetische Kraft Photonen teilt

ANTWORT: ERSTE BERÜHRUNG Die Antwort ist: c. Was verursacht die Aufspaltung der Spektrallinien? Die Aufspaltung kommt von der Wirkung, die das Magnetfeld auf die Orbitale der Elektronen in den Atomen des leuchtenden Gases hat. Alle Änderungen der Frequenz, mit der sich die Elektronen um den Kern der Gasatome drehen, bewirken entsprechende Änderungen in der Position der Spektrallinien. Das magnetische Feld beeinflußt diese Frequenz.
Ein Elektron, das sich in einem Magnetfeld bewegt, erfährt eine Kraft, die auf der Richtung des Magnetfeldes und der Geschwindigkeit des Elektrons beruht. Bewegt sich das Elektron parallel zum Magnetfeld, gibt es keine Kraft; bewegt es sich aber senkrecht zum Feld, gibt es eine Kraft, die senkrecht auf dem Feld und der Bewegungsrichtung des Elektrons steht.
Wie beeinflußt diese Kraft jetzt die Bahnbewegung der Elektronen? Die Bahnbewegung des Elektrons kann man sich als Kreisbewegung senk-

recht zum Magnetfeld, kombiniert mit einer Schwingung parallel zum Feld, vorstellen. Die Bewegungskomponente parallel zum Feld bleibt vom Feld unbeeinflußt. Die Bewegungskomponente senkrecht zum Feld

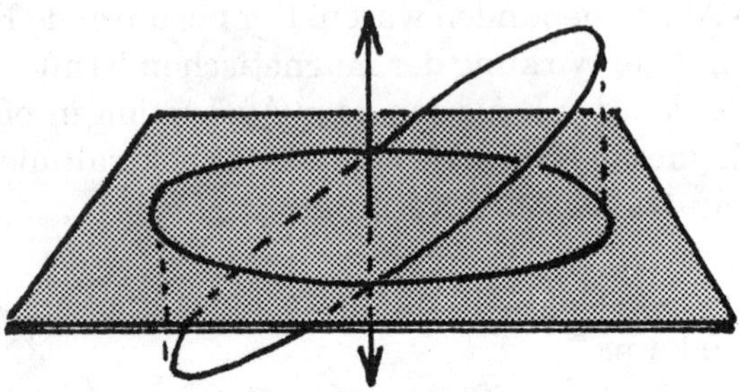

wird beeinflußt. Je nach der Art der Bewegung des Elektrons kann das Magnetfeld eine Kraft erzeugen, die die vorhandene Zentripetalkraft des Kerns auf das Elektron erhöhen oder verringern kann (siehe "Elektronenfalle"). So werden bei etwa der Hälfte der Atome die Elektronen auf eine geringfügig höhere Frequenz und bei der anderen Hälfte auf eine niedrigere Frequenz verschoben. Während aber die Frequenz der Kreisbewegung in der Ebene je nach Drehrichtung des Elektrons erhöht oder verringert wird, bleibt die Frequenz der senkrechten Schwingung unverändert.
Wenn Sie sich die Strahlung der Atome in einer Richtung senkrecht auf dem magnetischen Feld ansehen, erkennen Sie, daß jede Spektrallinie in drei Teile aufgespalten ist. Eine Linie wird durch die Parallelbewegung vom Feld nicht beeinflußt, während die anderen beiden Linien durch Elektronen erzeugt werden, die entweder im Uhrzeigersinn oder gegen den Uhrzeigersinn umlaufen. Frage: Wenn Sie parallel zum Feld blicken, erkennen Sie dann Strahlung aus der Bewegung parallel zum Feld? Wie viele Linien sehen Sie also, wenn Sie in diesem Winkel auf das Feld blicken?

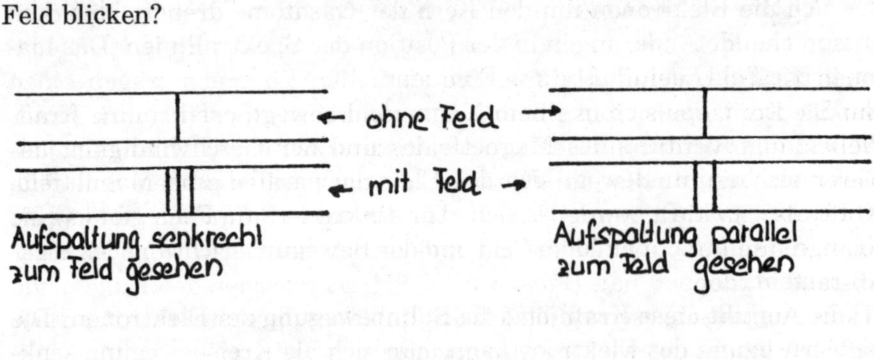

ZUSAMMENBALLUNG

Die Kugeln X, Y und Z tragen die gleichen positiven Ladungen. Zwischen welchem Kugelpaar ist die Kraft am größten?

a) X und Y
b) X und Z
c) Y und Z
d) Die Kraft ist zwischen allen Paaren gleich.

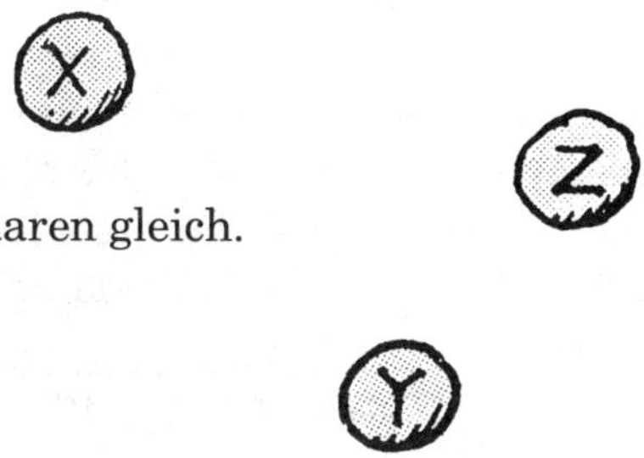

ANTWORT: ZUSAMMENBALLUNG Die Antwort ist: c. Alle Kugeln tragen die gleiche Ladung und stoßen sich damit ab, aber Y und Z sind stärker zusammengedrängt als Y und X oder Z und X, daher ist die Abstoßung zwischen Y und Z am größten. Die Kraft wird schwächer, wenn der Abstand steigt. Das gilt für viele Kräfte in der Natur: Schwerkraft, Magnetismus, starke und schwache Kernkräfte. Es gilt aber nicht für alle Kräfte zwischen Dingen: Die Kraft eines Gummibands steigt z.B., wenn die Trennung steigt.

Wenn Sie den Abstand zwischen den Kugeln verdoppeln, könnten Sie erwarten, daß die Kraft zwischen ihnen auf die Hälfte reduziert wird, sie wird aber auf ein Viertel reduziert. Warum? Wir können das beantworten, indem wir sagen, daß elektrische Kräfte zwischen geladenen Teilchen umgekehrt proportional zum Quadrat des Abstands sind. Wir können uns das aber auch ganz anders vor stellen – durch den Austausch "virtueller Photonen". Die Kugeln üben durch Austausch virtueller Pho-

tonen Kräfte aufeinander aus. Die virtuellen Photonen tragen einen Impuls. Der Impuls eines Photons ist umgekehrt proportional zu seiner Wellenlänge; verdoppelt sich also der Abstand zwischen den Kugeln, halbieren sich die Impulse der Photonen, die dazwischen passen. Sollte die Kraft also halbiert werden? Nein. Die Photonen brauchen oft doppelt solange, um von einer Kugel zur anderen zu gelangen, wenn sich der Abstand verdoppelt hat. Daher wird die Kraft zwischen den Kugeln, die als die Austauschgeschwindigkeit des Impulses dargestellt wird, erneut halbiert. Insgesamt wird sie also geviertelt.

HALBWERTZEIT

Auf einem entfernten Planeten müssen Sie eine Basisstation hinterlassen, die mit einer radioaktiven Energieversorgung ausgerüstet ist. Sie haben die Wahl zwischen zwei Versorgungen mit gleicher Masse. Welche betreibt die Basis am längsten? Die Versorgung I verwendet ein Radioisotop mit der Halbwertzeit sechs Monate. Die Versorgung II verwendet ein anderes Radioisotop, das nur halb so radioaktiv ist (nur halb soviel Leistung abgibt) wie das erste Radioisotop, aber die Halbwertzeit 1 Jahr besitzt. Die Basis läuft am längsten mit

a) Versorgung I b) Versorgung II c) beiden gleich

ANTWORT: HALBWERTZEIT Die Antwort ist: b. Um das zu verstehen, wollen wir die Versorgung in unserem Kopf ablaufen lassen. Angenommen, Versorgung II beginnt mit der Leistung 1. Nach einem Jahr hat sie die Leistung 1/2 und ein Jahr später 1/4 und schließlich 1/8. Die Versorgung I ist doppelt so leistungsstark, beginnt also mit der Leistung 2, hat aber nach einem Jahr bereits zwei Halbwertzeiten hinter sich (jeweils 6 Monate), so daß sie auf die Leistung 1/2, ein Jahr später auf 1/8 und dann auf 1/32 herunter ist. Daher ist auf jeden Fall Versorgung II vorzuziehen.

Genau die gleiche mathematische Situation ist bei der optischen Kommunikation anzutreffen. Licht aus einem Laser wird durch eine Glasfaser gesendet. Wenn Licht durch etwas läuft, was nicht perfekt klar ist, wird die Hälfte nach einer bestimmten Strecke absorbiert, die Hälfte des Rests wird danach auf der gleichen Strecke halbiert. Eine Glasfaseroptik ist nicht perfekt klar.

Wenn Sie jetzt die Wahl hätten, die Laserleistung zu verdoppeln oder die Absorption der Glasfaser zu halbieren, welche Alternative würden Sie ergreifen? Die Verringerung des Übertragungsverlustes in der Faser ist mit der Verlängerung der Halbwertzeit des Radioisotops mathematisch äquivalent.

Jahr	0	1	2	3
Versorgung I	2	$\frac{1}{2}$	$\frac{1}{8}$	$\frac{1}{32}$
Versorgung II	1	$\frac{1}{2}$	$\frac{1}{4}$	$\frac{1}{8}$

HALBIEREN MIT ZENO

Zeno war ein alter Grieche, der vor den Tagen von Aristoteles viel nachdachte. Zeno zeigte, daß das logisch Offensichtliche häufig überhaupt nicht offensichtlich ist, wenn Sie wirklich darüber nachdenken. Er sagte z.B., daß Sie niemals vollständig über eine Straße gehen können, da Sie dafür zuerst die Hälfte der Strecke gehen müßten – danach die Hälfte der restlichen Hälfte, danach die Hälfte des restlichen Viertels, danach die Hälfte des restlichen Achtels und immer so weiter. Daher argumentierte Zeno, daß es ewig dauern würde, die Straße zu überqueren. Wenn Sie also tatsächlich eine Strecke halbieren, dann die Hälfte wiederum halbieren usw., wie Zeno es vorschlug, müßten Sie dann ewig weiter halbieren?

a) ja　　　　b) nein

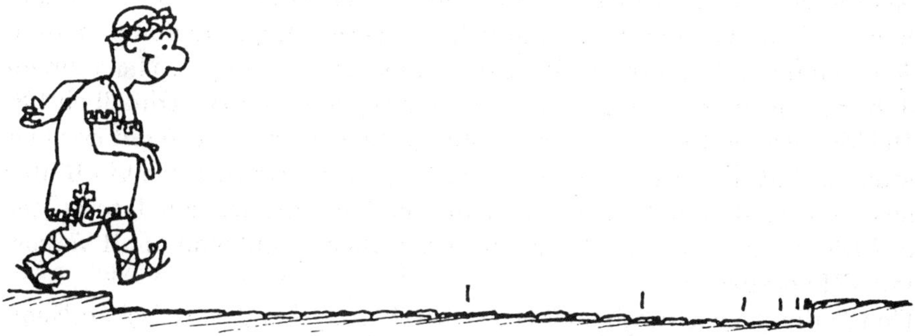

Wenn Sie sich also entschließen, über eine Straße zu gehen, brauchen Sie dann ewig, um die andere Seite zu erreichen?

a) ganz bestimmt　　　　b) keinesfalls

ANTWORT: HALBIEREN MIT ZENO Die Antwort auf die erste Frage ist: a. Sie können eine Strecke immer wieder halbieren. In der Praxis mag das schwierig sein, aber im Prinzip können Sie immer weiter schneiden. Wir reden hier über das Halbieren oder Unterteilen des Raums, nicht eines materiellen Objekts, daher brauchen wir uns keine Gedanken über das Zerschneiden von Atomen zu machen.

Die zweite Antwort ist: b. Das Überqueren einer Straße ist eine häufige Erfahrung, damit ist die Antwort nur gesunder Menschenverstand. Wie sieht es aber mit der Logik aus? Um die erste Hälfte zu überqueren, braucht man eine bestimmte Zeit, z.B. 1/2 Minute. Das Überqueren der Hälfte des Rests dauert 1/4 Minute, die Hälfte des Rests dauert 1/8 Minute, das nächste Intervall 1/16 Minute, dann 1/32 Minute usw. Die für das Überqueren benötigte Zeit ist die Summe einer unendlichen Zahl von Brüchen: 1/2 + 1/4 + 1/8 + 1/16 + 1/32 + ... und immer so weiter. Aber auch wenn die Anzahl der Brüche unendlich ist, ist ihre Summe nicht unendlich. Es folgt der Grund. Nehmen wir an s = 1/2 + 1/4 + 1/8 + 1/16 + ... Jetzt multiplizieren wir alles mit zwei, damit erhalten wir

$$2\,s = 2/2 + 2/4 + 2/8 + 2/16 + \ldots \text{ oder}$$

$$2\,s = 1 + 1/2 + 1/4 + 1/8 + \ldots$$

Jetzt ziehen wir die Gleichungen voneinander ab:

$$\begin{array}{rl} 2\,s & = 1 + 1/2 + 1/4 + 1/8 + \ldots \\ -\,s & = -\,1/2 - 1/4 - 1/8 - \ldots \\ \hline s & = 1 \end{array}$$

Das bedeutet: 1 = s = 1/2 + 1/4 + 1/8 + 1/16 + ... und immer so weiter. Sie überqueren die Straße also in einer Minute!

Diese Analyse gilt auch für die Bundesbank, die unsere Geldversorgung kontrolliert. Um zu verstehen, wie das funktioniert, müssen Sie sich zweier Dinge bewußt sein: Die meisten großen Geldsummen werden in Banken hinterlegt, und die meisten großen Käufe werden mit Geld bezahlt, das von Banken geliehen wird. Wieviel ist jetzt eine DM wert? Eine DM? Nein! Mehr als das. Hier ist der Grund. Die Person, die eine frisch geprägte DM erhält, hinterlegt sie in der Bank, die sie dann an jemand anderen ausleiht, der sie verwendet, um den Wert einer DM in Waren zu kaufen. Die gleiche DM wird bald wieder in der Bank hinterlegt und erneut ausgeliehen. Dieser Zyklus kann sich fortlaufend wiederholen, so daß im Prinzip eine DM für die Bezahlung einer unendlichen Menge Waren verwendet werden kann! Warum geschieht das nicht? Weil das Bundesbankgesetz besagt, daß die Banken nur einen bestimmten Teil jeder hinterlegten DM ausleihen dürfen, z.B. die Hälfte davon. Sie hinterlegen also eine DM, und die Bank verleiht 50 Pf. Wenn diese wieder

hinterlegt werden, leiht die Bank die Hälfte davon oder 25 Pf aus usw. Wieviel kann man also mit der ursprünglichen DM kaufen? In jedem Umlauf etwas weniger.
Wenn Sie aber unendlich oft umläuft, können Waren im Wert von 1 DM + 1/2 DM + 1/4 DM + 1/8 DM + 1/16 DM + ... gekauft werden, was 2 DM entspricht.
Einige Leute glauben, daß die Regierung mehr Geld drucken muß, wenn sie den Geldumlauf erhöhen will – das braucht sie aber nicht einmal zu tun. Sie muß nur den Banken erlauben, mehr Geld auszuleihen, z.B. 3/4 statt 1/2 jeder hinterlegten DM. Wieviel kann man dann mit dieser DM kaufen? 1 DM + 3/4 DM + (3/4)(3/4) DM + (3/4)(3/4)(3/4) DM + (3/4)(3/4)(3/4)(3/4) DM + ... Wieviel ist das? Verwenden wir den alten Trick. Subtrahieren wir von dieser Reihe die gleiche Reihe multipliziert mit 3/4.

$$
\begin{array}{rl}
s &= 1 + 3/4 + (3/4)(3/4) + (3/4)(3/4)(3/4) + \ldots \\
-\ 3/4\ \ s &= -\ 3/4 - (3/4)(3/4) - (3/4)(3/4)(3/4) - \ldots \\
\hline
1/4\ \ s &= 1
\end{array}
$$

Eine einfache Rechnung ergibt s = 4, also kann man mit einer DM Waren im Wert von 4 DM bezahlen.
Wenn von jeder hinterlegten DM 90 Pf ausgeliehen werden dürfen, wieviel Waren kann man dann mit dieser DM bezahlen?
Die Antwort ist: den Gegenwert von 10 DM.
Also erkennen wir, daß wir mit jeder DM den Gegenwert von 2 DM kaufen können, wenn die Banken 50 Pf von jeder hinterlegten DM ausleihen. Wenn sie 75 Pf jeder hinterlegten DM ausleihen, können wir den Gegenwert von 4 DM kaufen, beim Ausleihen von 90 Pf beträgt der Gegenwert der gekauften Waren 10 DM. Es sieht so aus, als ob die Regierung soviel Geld in den Umlauf bringen kann, wie sie will, indem sie einfach den Banken erlaubt, einen größeren Teil des hinterlegten Geldes auszuleihen. Wo ist dann der Haken daran? Inflation!
Es gibt einige Situationen, die genau zu Zenos Denkweise passen. Es gibt Geräte, die Elektrizität speichern und Kondensatoren genannt werden. Wenn sie entladen werden, verlieren sie die Hälfte ihrer Elektrizität in einem bestimmten Zeitraum. Im nächsten gleich langen Zeitraum verlieren sie die Hälfte der restlichen Elektrizität usw. Es dauert also unendlich lange, bis sie die gesamte Elektrizität verloren haben! Das gleiche gilt für radioaktive Materialien beim Verlieren der Radioaktivität und für Kühlgeräte, die durch Abscheiden von Wärme versuchen, den absoluten Nullpunkt zu erreichen.

VERSCHMELZUNG UND SPALTUNG

Das natürliche Uran in der Erde wurde wahrscheinlich durch die Verschmelzung von Eisenkernen in alten Sternen gebildet. Diese nukleare Verschmelzung

a) kühlte den Stern
b) erhitzte den Stern
c) könnte beides getan haben

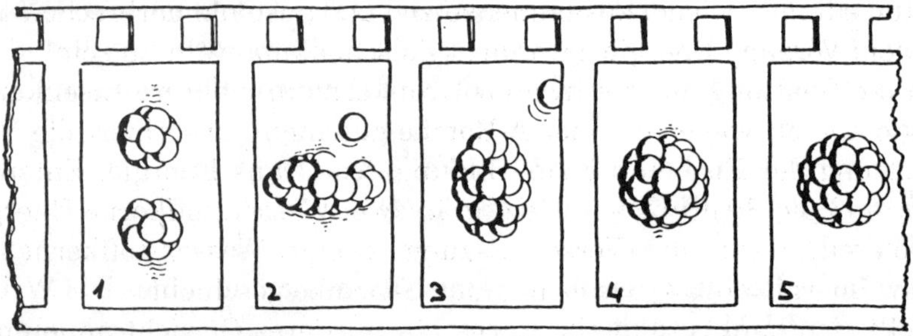

Verschmelzung

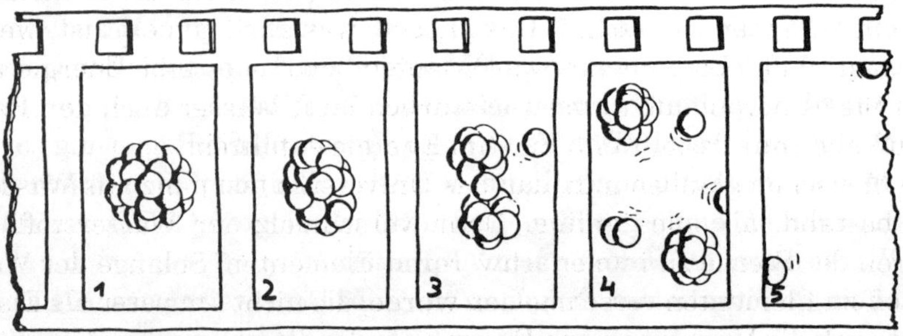

Spaltung

ANTWORT: VERSCHMELZUNG UND SPALTUNG Die Antwort ist: a. Sie könnten glauben, daß eine Kernverschmelzung – das Zusammendrücken der Kerne zweier leichter Atome zu dem Kern eines schwereren Atoms – immer Energie freisetzt, wie es in der Sonne und in der Explosion einer Wasserstoffbombe geschieht. Das ist aber nicht so. Warum? Weil die Kernspaltung – das Auseinanderbrechen des Kerns eines schweren Atoms und die Bildung der Kerne zweier oder mehrerer leichterer Atome – ebenfalls Energie abgeben kann, wie es in einem Kernreaktor und in einer normalen Atombombe geschieht. Wenn die Kernverschmelzung sowie die Kernspaltung immer Energie freisetzte, könnten Sie Atome immer wieder zusammensetzen und auseinanderbrechen und bei jedem Vorgang Energie gewinnen. Zu schön, um wahr zu sein!
Wenn die Spaltung eines schweren Urankerns in mehrere Eisenkerne Energie abgibt, wie es in einer A-Bombe geschieht, absorbiert die Verschmelzung der Eisenkerne zur Bildung des Urans Energie. Entsprechend muß die Spaltung von Helium in zwei Wasserstoffkerne Energie absorbieren, wenn die Verschmelzung zweier Wasserstoffkerne zu Helium Energie abgibt, wie es in einer H-Bombe geschieht.
Es stellt sich heraus, daß alle Kerne ein mittleres Gewicht annehmen wollen. Wasserstoff ist leicht, Eisen liegt ungefähr in der Mitte und Uran ist schwergewichtig. Daher möchte sich Wasserstoff verschmelzen (obwohl die Reaktion sich nicht selbst in Gang setzt), und Uran wünscht sich zu spalten. Was bedeutet es, wenn man sagt, daß ein Kern mittleres Gewicht zu haben "wünscht"? Das gleiche, was auch gemeint ist, wenn man sagt, daß Wasser bergabwärts laufen "will" – es gibt Energie ab, wenn Sie es herablaufen lassen. Natürlich läuft Wasser auch den Berg hinauf, aber nur dann, wenn Sie ihm Energie zuführen.
Viele Menschen glauben nun, daß das Universum fast ganz aus Wasserstoff bestand, als alles anfing. Dann verschmolz der Wasserstoff im Inneren der Sterne zu immer schwereren Elementen. Solange der Wasserstoff zu Elementen verschmolzen wurde, die nicht schwerer als Eisen waren, gab die Verschmelzung Energie ab, die die Sterne zum Leuchten brachte. Schließlich müssen aber Dinge geschehen sein, die die Kerne dazu veranlaßte, zu schwereren Elementen als Eisen zu verschmelzen – z.B. Uran, da Uran existiert! Und diese Verschmelzung muß Energie aus dem Stern abgesaugt haben, so daß der Stern durch die Bildung von Uran in seinem Inneren abgekühlt ist. Wieviel Wärme absorbierte das Uran, als es erzeugt wurde? Genauso viel, wie es in einem Kernreaktor oder in einer A-Bombe abgibt.

STERBLICHKEIT

Von 1000 Neugeborenen lebt erwartungsgemäß nur noch die Hälfte (500) im Alter von 68 Jahren (damit haben Sie nur 6 Jahre für das Ausnutzen Ihrer Rente oder sogar noch weniger, wenn Sie männlich sind).
Wir wollen annehmen, daß das Radioisotop "Humanitron" eine Halbwertzeit von 68 Jahren hat, und beginnen mit 1000 Kindern und 1000 "Humanitron"-Atomen. Wir finden folgendes heraus:

a) Die überlebende Anzahl der Kinder und Atome ist immer ungefähr gleich.
b) Während der ersten 68 Jahre ist die Anzahl der noch vorhandenen Atome größer als die durchschnittliche Anzahl der noch lebenden Kinder, nach 68 Jahren gibt es aber immer noch mehr noch lebende Kinder als noch vorhandene Atome.
c) Während der ersten 68 Jahre ist die durchschnittliche Anzahl der noch lebenden Kinder größer als die durchschnittliche Anzahl der noch vorhandenen Atome, nach 68 Jahren gibt es aber mehr Atome als Kinder.

ANTWORT: STERBLICHKEIT Die Antwort ist: c.

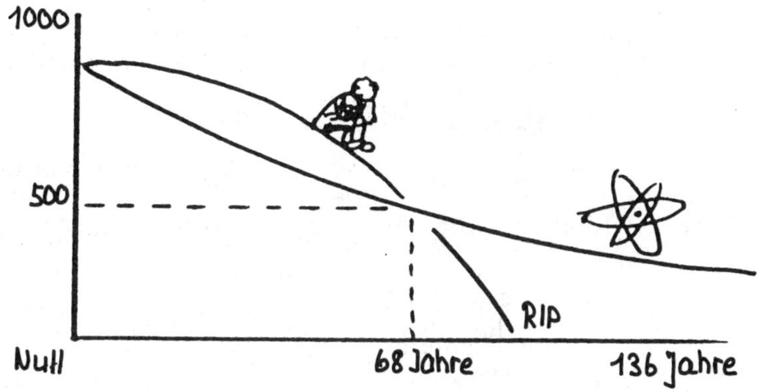

Die Sterblichkeitskurven für Menschen und radioaktive Atome haben verschiedene Formen. Von 1000 Neugeborenen sind im Alter von 35 noch 90 % lebendig, 80 % erreichen das Alter von 50. Dann steigt die Sterblichkeitszahl stark. Nur 50 % erreichen 68 Jahre, 25 % 77 Jahre, und 10 % erreichen 84 Jahre. 1 % erreicht 92 Jahre, 1/10 % 97 Jahre und etwa 1/100 % das Alter von 100 Jahren. Von 1000 "Humanitron"-Atomen erreichen 50 % 68 Jahre, aber 25 % 136 Jahre.

Was macht die Kurven so unterschiedlich? Die Wahrscheinlichkeit, daß eine Person im Alter von 47 Jahren ein weiteres Jahr überlebt, ist 99 %, ist die Person 76 Jahre alt, ist die Wahrscheinlichkeit, ein weiteres Jahr zu überleben, nur 90 %. Die Wahrscheinlicheit eines "Humanitron"-Atoms, ein weiteres Jahr zu überleben, ist immer etwa 99 %. In diesem Sinne ist es so, als ob die "Humanitron"-Atome immer 47 Jahre alt sind – d.h., der Prozentsatz der "Humanitron"-Atome, die ein weiteres Jahr überleben, ist immer gleich dem Prozentsatz der 47 Jahren alten Menschen, die ein weiteres Jahr überleben, nämlich 99 %.

Was ist die Moral von der Geschicht'? Sagt sie etwas über Radioaktivität oder verschiedene Arten von Kurven aus? Die Moral steht uns viel näher. Die Moral ist, daß wir unser Leben anders betrachten sollten. Wir sollten nicht so sehr auf die zurückgelegten Jahre (unser "Alter") blicken. Wir sollten uns eher ansehen, wie groß die erwartete Anzahl der Jahre ist, die uns noch bleibt. Die folgende Tabelle zeigt die Umwandlung Ihres Alters in die ungefähr verbleibende Lebenserwartung.

gelebte Jahre .... Ihr Alter

10	15	20	25	30	35	40	45	50	55	60	65	70	75	80	85
55	51	46	42	38	33	29	25	21	18	14	11	9	7	5	4

noch zu erwartende Lebensjahre

Mit zehn Jahren beträgt Ihre Erwartung 55 weitere Jahre. Warum ist dann im Alter von 15 Jahren Ihre zu erwartende Lebensdauer noch 51 Jahre und nicht 50 Jahre?
Ihre Lebenserwartung steigt aus dem gleichen Grund, wie die Erwartung einer Person steigt, sicher über eine Autobahn zu laufen, wenn die Person bereits ein Stück zurückgelegt hat. In unserem Leben laufen wir über eine Autobahn mit einer unendlichen Anzahl von Fahrspuren, deren Verkehrsdichte immer größer wird.

Das "Humanitron" läuft auch über eine Autobahn mit einer unendlichen Anzahl von Fahrspuren, aber in diesem Fall ist die Verkehrsdichte auf jeder Spur gleich. Denken Sie darüber nach!

WEITERE FRAGEN (OHNE ERKLÄRUNGEN)

Mit den folgenden Fragen, die zu denen auf den vorangegangenen Seiten analog sind, werden Sie allein gelassen. Denken Sie physikalisch!

1. Die Art der Kraft, die Elektronen in der Nähe des Atomkerns hält, ist

a) elektrostatisch
b) eine Gravitationskraft
c) magnetisch
d) weder noch

2. Der Hauptgrund dafür, daß umlaufende Elektronen nicht auf spiralförmigen Bahnen in den Atomkern fallen, ist/sind

a) der Drehimpuls
b) elektrische Kräfte
c) die Wellennatur der Elektronen
d) die diskreten Energiezustände

3. Der Atomkern besteht zum Teil aus einem oder mehreren positiv geladenen Teilchen, den Protonen. Diese Protonen

a) benötigen keine Kraft, um zusammenzuhalten
b) werden durch elektrostatische Kräfte zusammengehalten
c) werden durch die Schwerkraft zusammengehalten
d) werden durch magnetische Kräfte zusammengehalten
e) weder noch

4. Alle verschiedenen Kraftarten in der Natur, die entweder Körper anziehen oder voneinander abstoßen, verändern sich so, daß die Kraft zwischen den Körpern auf 1/4 des Anfangswerts reduziert wird, wenn der Abstand zwischen den Körpern verdoppelt wird.

Diese Aussage ist a) richtig b) falsch

5. Das Unschärfeprinzip besagt, daß

a) alle Messungen im wesentlichen in einem gewissen Grad fehlerhaft sind, keine Messung ist exakt
b) wir im Prinzip nicht sowohl die Position als auch den Impuls (oder die Energie und die Zeit) eines Teilchens mit absoluter Sicherheit wissen können
c) die Wissenschaft der Physik im wesentlichen unscharf ist
d) alle obigen Aussagen zutreffend sind
e) keine der obigen Aussagen zutreffend ist

6. Die Lichtintensität einer Leuchtquelle wird als Funktion der Frequenz aufgezeichnet, wie es die Strahlungskurve zeigt. Wird das Licht zuerst durch ein Gas geleitet, würde die sich ergebende Strahlungskurve wahrscheinlich folgendermaßen aussehen:

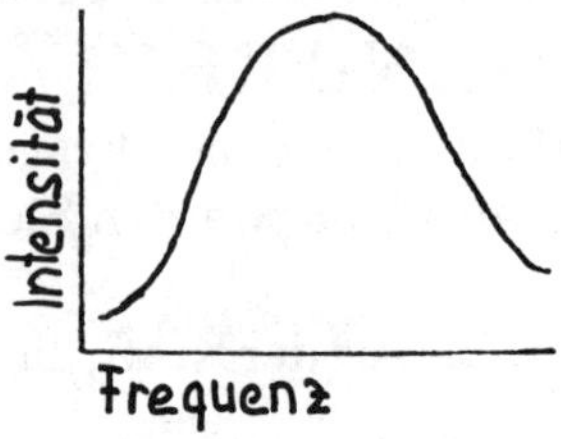

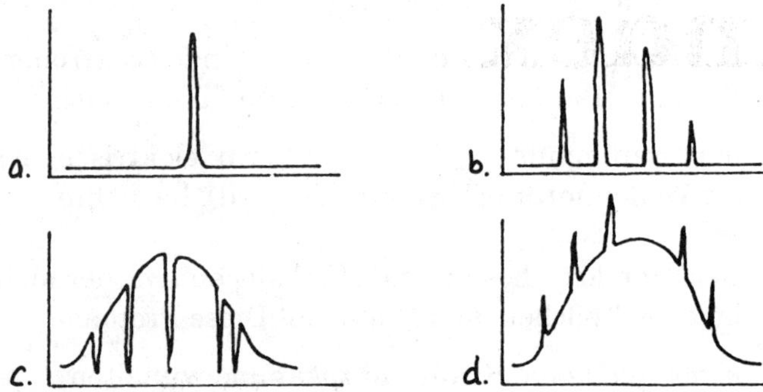

7. Das Lichtspektrum eines glühenden Feststoffes wird in der Strahlungskurve gezeigt. Das im *gasförmigen* Zustand von den Atomen ausgesandte Licht würde wahrscheinlich eine Kurve erzeugen, die folgendermaßen aussieht:

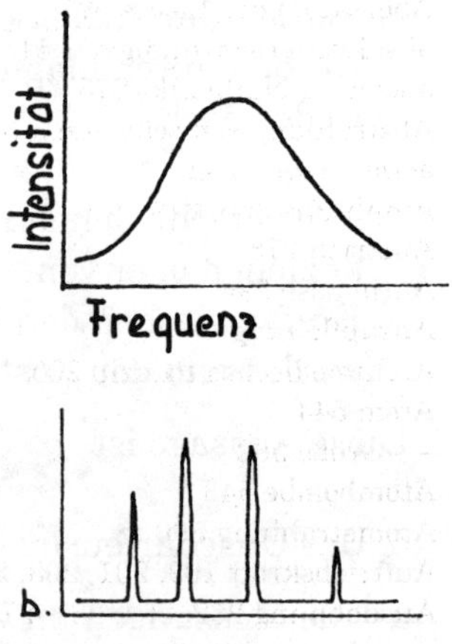

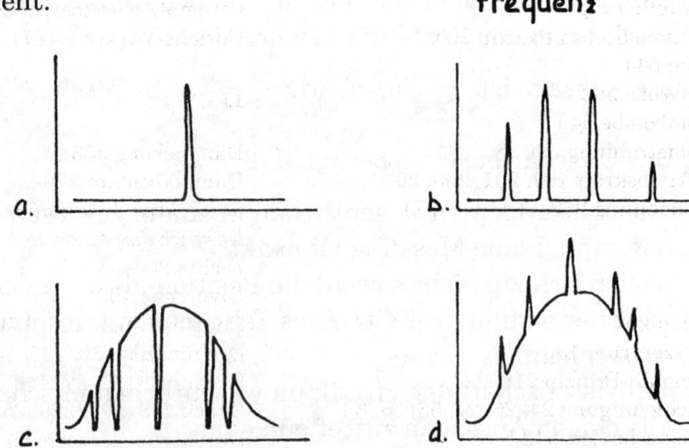

Index

M

N

O

P

R

S

T

U

V

W

Z